土木在线给水排水热点专题

土木在线　组织编写

中国建筑工业出版社

图书在版编目（CIP）数据

土木在线给水排水热点专题/土木在线组织编写. —北京：中国建筑工业出版社，2017.5
ISBN 978-7-112-20301-7

Ⅰ.①土…　Ⅱ.①土…　Ⅲ.①给水工程②排水工程　Ⅳ.①TU991

中国版本图书馆CIP数据核字（2017）第010740号

本书是土木在线论坛自创办以来，有关给水排水论坛的部分精华讨论帖汇编，积聚了近百万通过土木在线论坛进行沟通、学习、交流的网友的心血，汇集了给排水工程分区网友发布的经典热帖，包括建筑给水排水，消防给水排水，市政给水排水，给水排水施工四大板块内容，介绍了给水排水各个分区的热门技术问题，围绕给水系统、排水系统、精彩案例、工程常见问题等展开一系列的讨论，以通俗易懂的语言和生动的插图，简明扼要、深入浅出的提供给读者一个内容丰富的参考学习资料。这些帖子都是从网站上近期的热点内容中经过反复筛选，精选出来的具有一定代表性的作品，并经过了专业人员后期的整理，使其具有更好的规范性与可参考性。

本书理论性和实践性兼备，适合从事给水排水设计、施工、监理等相关专业人员使用以及各大专院校相关专业的师生参考。

责任编辑：于　莉　田启铭
责任设计：李志立
责任校对：焦　乐　关　健

土木在线给水排水热点专题
土木在线　组织编写
*
中国建筑工业出版社出版、发行（北京海淀三里河路9号）
各地新华书店、建筑书店经销
霸州市顺浩图文科技发展有限公司制版
北京建筑工业印刷厂印刷
*
开本：787×1092毫米　1/16　印张：26¼　字数：649千字
2017年5月第一版　2017年5月第一次印刷
定价：**68.00**元
ISBN 978-7-112-20301-7
（29551）

本书编委会

组织编写单位：

土木在线网站

参编人员名单：

李小丽　王　军　李子奇　邓毅丰　于兆山　蔡志宏　刘彦萍

张志贵　孙银青　刘　杰　李四磊　肖冠军　孙　盼　王　勇

安　平　王佳平　马禾午　谢永亮　黄　肖　陈　云　胡　军

王　伟　陈　锋

前　言

土木在线给水排水工程分区属于土木在线论坛给水排水工程专业论坛，原名网易给水排水论坛。给水排水工程分区主要供广大给水排水工程师进行给水排水工程专业相关的专业交流及资源共享，主要内容包括：建筑给水排水工程、消防给水排水工程、市政给水排水工程、给水排水工程施工及给水排水工程施工图、给水排水工程论文以及众多网友上传分享的给水排水工程专业经验交流、给水排水工程专业相关软件的使用技巧等，是国内交流讨论给水排水工程专业内容最专业、人气最旺的平台。

为满足广大给水排水工作者的需求，为大家提供一个良好的交流平台，把优秀的给水排水热帖传递给更多的人，土木在线组织编写了这本《土木在线给水排水热点专题》。

本书是土木在线论坛创办以来，有关给水排水论坛的部分精华讨论帖的汇编，积聚了近百万名通过土木在线论坛进行沟通、学习、交流的网友的心血。汇集了给水排水工程分区网友发布的经典热帖，包括建筑给水排水、消防给水排水、市政给水排水、给水排水施工四大板块的内容，这些帖子都是从网站上近期的热点内容中经过反复筛选，精选出来的具有一定代表性的作品，并经过了专业人员后期的整理，使其具有更好的规范性与可参考性。

本书以四大板块出现的高频话题为基本内容，介绍了给水排水各个分区的热门技术问题，围绕给水系统、排水系统、精彩案例、工程常见问题等展开一系列的讨论，收录帖子一百多个，以通俗易懂的语言和生动的插图，简明扼要、深入浅出地提供给读者一个内容丰富的参考学习资料。

本书理论性和实践性兼备，适合从事给水排水设计、施工、监理等工作的相关专业人员使用以及供各大专院校相关专业的师生参考。

目　　录

1　建筑给水排水板块

1.1　建筑给水系统

1.1.1　超高层给水及消防系统设计经典案例剖析

超高层给水排水设计一直是建筑给水排水设计的热点及重点，整合了一些资料，给大家详细地介绍一下超高层给水及消防系统的具体设计过程及难点分析，希望对大家有所帮助！

一、案例背景介绍

案例一：平安国际金融中心项目，总占地面积 18931.74m^2，总建筑面积约 458292m^2；本项目由一栋甲级商务写字楼和综合性商业裙楼组成（见图 1-1），甲级商务写字楼地上 115 层，主体建筑高度为 598m。

案例二：卓越皇岗世纪中心是深圳市目前为止最大的、最著名的城市综合体之一，由四栋超高层公共建筑组成（见图 1-2）。1 号楼为 63 层的办公楼；2 号楼为 54 层集办公、酒店、服务式公寓为一体的大型综合楼；3 号楼为 34 层的商务公寓；4 号楼为 37 层的商务办公楼。

图 1-1　平安国际金融中心项目

图 1-2　卓越皇岗世纪中心

案例三：华润中心二期是一个多功能的综合性项目，地上建筑分 A、B、C 三个区，A 区为一栋 40 层超高层君悦酒店（总高度 193m）及 3 层裙房；B 区由四栋多层商业建筑组成，功能包括商业零售、餐饮、多厅电影院；C 区包括三栋 49 层的超高层住宅（总高度 162.6m）。如图 1-3 所示。

图 1-3 华润中心二期项目

二、给水方案选型分析

1. 四种供水方式的能耗比较

四种供水方式的能耗比较见表 1-1。

四种供水方式的能耗比较 **表 1-1**

供水方式	图示	泵组的流量和扬程	水泵运行工况	能耗情况	供水稳定性	消除二次污染	一次投资	运行费用
高位水箱		$Q=Q_h$ $H=H_1$	在高效段运行	1	最好	差	1	1
气压供水		$Q=1.2Q_1$ $H=(1.1\sim1.5)H_1$	比高压水箱供水方式稍差	>1	比高压水箱供水方式差	较差	<1	稍>1

续表

供水方式	图示	泵组的流量和扬程	水泵运行工况	能耗情况	供水稳定性	消除二次污染	一次投资	运行费用
变频调速泵		$Q=q(1.5\sim3)Q_1$ $H=H_1$	大部分在高效段运行	1.5～2	比高位水箱供水方式差	较差	<1	>1
叠压供水设备		$Q=Q_1$ $H<H_1$	稍优于变频调速泵供水方式	≈1	最差	好	<1	≈1

（1）平安国际金融中心生活给水系统

最高日用水量：裙楼为 864m³/d，办公为 753m³/d，观光层为 107m³/d。

市政供水直接供水至地下三层生活水池及消防水池及地下一层商业的各用水点，裙房1～10层由地下三层变频供水设备加压供水，塔楼办公11～105层采用常速泵组及高位水箱供水，塔顶商业及餐饮采用变频供水设备加压供水。

（2）卓越皇岗世纪中心生活给水系统

针对卓越和皇岗2个业主及项目的特点，项目分别设置了生活给水、消防水池及泵房，便于产权的划分和物业管理。

生活给水均采用工频水泵＋高位水箱重力供水，设计按最大小时流量选用工频供水泵组，水泵均在高效段运行，而且高位水箱供水安全、稳定、节水；1、3、4号楼最高日用水量为2100m³/d，2号楼最高日用水量为1344m³/d。

（3）华润中心二期生活给水系统

酒店、商业、住宅分别设置生活和消防给水，酒店最高日用水量为1557m³/d，商业最高日用水量为240m³/d，住宅最高日用水量为806m³/d。

酒店生活给水均采用工频水泵＋高位水箱重力供水，三栋超高层住宅因未设置避难层，故均采用分区变频加压供水，商业因均为小多层，故单独设置变频加压供水。

图1-4　华润中心二期生活给水系统现场图

2. 生活热水系统

君悦酒店生活热水采用半容积式换热器换热，同时利用在空调冷冻机房设置的水源热泵全热回收系统进行生活热水预热，在换热站设置四个 5m^3 的预热蓄热水罐，如图 1-5 所示。

图 1-5 君悦酒店生活热水系统现场图

热水系统分区同给水系统，各区的水加热器的进水均由同区的给水系统专管供应，以确保用水点处冷热水压力平衡，设置热水回水立管，保证干管和立管中的热水循环，循环管道采用同程布置，并采用循环水泵机械循环。

公寓和酒店采用带热回收的制冷机组为生活热水系统提供冷水预热，在换热站设置四个 5m^3 的预热蓄热水罐预热冷水。

皇岗酒店生活热水设计小时耗热量为 1212kW，卓越 3 号楼公寓用水定额为 120L/(人·d)，设计小时耗热量为 3431kW，设计小时热水用量为 53.6m^3/h。

生活热水采用板式换热器换热，同时利用在空调冷冻机房设置的水源热泵全热回收系统进行生活热水预热，每年可以节约运行费用约 86 万元。

因深圳低谷电价政策，卓越 3 号楼公寓采用间接加热电锅炉全蓄热系统，采用强制循环加热方式，即热媒水通过水泵的强制循环在换热器和电常压热水锅炉间循环。

图 1-6 为皇岗酒店生活热水系统现场图；图 1-7 为真空锅炉系统原理图。

图 1-6 皇岗酒店生活热水系统现场图

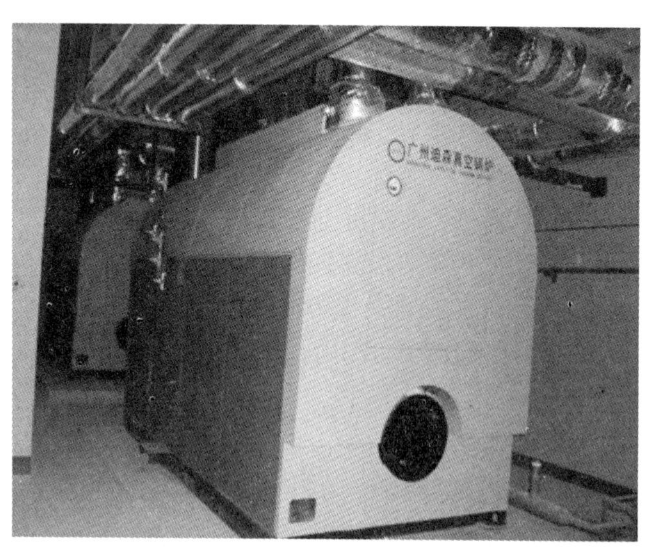

图 1-7 真空锅炉

3. 消防系统方案选型分析

各项目消防系统方案选型分析见表 1-2。

各项目消防系统方案选型分析　　表 1-2

项目名称	建筑高度(m)	系统形式		
		按压力	按给水方式	按供水设备
上海环球金融中心	500	临时高压制	串联	消防水泵为主
广州西塔	432	常高压制为主	串联	高位水池为主(600m^3)
南京紫峰大厦	420	常高压制为主	串联	高位水池为主(576m^3)
上海金茂大厦	420	常高压制为主	串联	高位水池为主(126m^3)
京基·蔡屋围金融中心	439	常高压制为主	串联	高位水池为主(540m^3)
CCTV 主楼	330	临时高压制	并联(部分串联)	消防水泵为主
中钢天津响锣湾项目	358	临时高压制	串联	消防水泵为主
卓越世纪中心	280	临时高压制	串联	消防水泵为主
上海世贸中心	250	临时高压制	串联	消防水泵为主

(1) 平安国际金融中心消防设计水量

平安国际金融中心消防用水量标准及一次灭火用水量见表 1-3。

消防用水量标准及一次灭火用水量　　表 1-3

序号	消防系统名称	消防用水量标准(L/s)	火灾延续时间(h)	一次灭火用水量(m^3)	备注
1	室外消火栓系统	30	3	324	由城市管网供水
2	室内消火栓系统	40	3	432	由消防水池供水
3	自动喷水灭火系统	68	1	245	由消防水池供水
4	大空间标准型自动扫描射水高空水炮系统	45	1	162	由消防水池供水
合计				1001(其中室内消防用水量 680m^3)	喷淋和水炮系统不同时使用

对于超高层建筑而言，消防安全必须立足自救，做到防患于未然，万无一失，采取的消防给水方式必须是最安全的，从目前的趋势来说，采用常高压系统的项目日趋普遍。

平安国际金融中心因建筑平面设计局限，室内消火栓系统均为临时高压给水系统，分为十个区，在 B3 层、25 层、49 层、79 层各设一组消火栓转输水泵，分别供水至 25 层、49 层、79 层、95 层消火栓转输水箱。各转输水箱储存消防水量 60m^3。具体分区及各分区供水方式见表 1-4。

室内消火栓系统分区情况　　表 1-4

分区名称	分区范围	供水方式
1 区	B5～B1 层	由 B3 层消防水池经消火栓给水泵减压供水(火灾初期由 25 层消火栓转输水池减压供水)

续表

分区名称	分区范围	供水方式
2区	1～9层	由B3层消防水池经消火栓给水泵供水（火灾初期由25层消火栓转输水池减压供水）
3区	10～24层	由B3层消防水池经消火栓给水泵供水（火灾初期由25层消火栓转输水池及消火栓稳压装置联合供水）
4区	25～34层	由25层消火栓转输水箱经消火栓给水泵减压供水（火灾初期由49层消火栓转输水池减压供水）
5区	35～49层	由25层消火栓转输水箱经消火栓给水泵供水（火灾初期由49层消火栓转输水池及消火栓稳压装置联合供水）
6区	50～63层	由49层消火栓转输水箱经消火栓给水泵减压供水（火灾初期由79层消火栓转输水池减压供水）
7区	64～78层	由49层消火栓转输水箱经49层消火栓给水泵供水（火灾初期由79层消火栓转输水池及消火栓稳压装置联合供水）
8区	79～94层	由79层消火栓转输水箱经消火栓给水泵供水（火灾初期由95层消火栓转输水池及消火栓稳压装置联合供水）
9区	95～109层	由95层消火栓转输水箱经消火栓给水泵减压供水（火灾初期由屋顶18m³消防水箱减压供水）
10区	110～顶层	由95层消火栓转输水箱经消火栓给水泵供水（火灾初期由屋顶18m³消防水箱及消火栓稳压装置联合供水）

裙房商业及地下室自动喷水系统采用临时高压供水系统，因考虑分期建设，办公塔楼10～42层、50～103层自动喷水系统采用常高压供水系统，分别由49层（108m）和110层（162m）的喷淋水池供水，其他楼层采用临时高压供水系统。在B3层、10层、49层、79层各设一组喷淋转输水泵，分别供水至10层喷淋转输水池、49层喷淋水箱、79层喷淋转输水箱、110层喷淋水池。各转输水箱储存消防水量60m³。

喷淋系统分区及各分区供水方式见表1-5。

喷淋系统分区情况 **表1-5**

分区名称	分区范围	供水方式	备注
1区	B5～9层	由B3层消防水池经喷淋给水泵供水（火灾初期由10层转输水池及喷淋稳压装置联合供水）	临时高压供水
2区	10～18层	由49层喷淋水池减压供水	常高压供水
3区	19～32层	由49层喷淋水池减压供水	常高压供水
4区	33～42层	由49层喷淋水池供水	常高压供水
5区	43～58层	由110层喷淋水池减压供水	常高压供水
6区	59～72层	由110层喷淋水池减压供水	常高压供水
7区	73～88层	由110层喷淋水池减压供水	常高压供水
8区	89～103层	由110层喷淋水池供水	常高压供水
9区	104～顶层	由110层喷淋水池经喷淋给水泵供水（火灾初期由屋顶消防水箱及喷淋稳压装置联合供水）	临时高压供水

（2）卓越皇岗世纪中心消火栓及自动喷水系统均采用临时高压系统

室内消火栓系统分为四个区：1 区 B3～13 层，2 区 14～24 层，3 区 25～38 层，4 区 39～顶层；1 区、2 区消火栓系统分别设置消防增压泵，增压泵设于地下三层水泵房内；3 区、4 区消火栓系统由地下三层消防水泵房转输水泵提升至 25 层的消防水箱，再由 25 层的消防水泵加压供水，自动喷水系统分区同室内消火栓系统。

（3）华润中心二期消火栓及自动喷水系统均采用临时高压系统。

室内消火栓系统酒店部分分为八个区：1～6 区由地下三层酒店消防水泵加压供水，地下三层消防水池的储存水经该层酒店消防水泵房转输水泵提升至 25 层的消防水箱，7～8 区由 25 层的消防水泵加压供水。

自动喷水系统分为六个区，1～3 区由地下三层酒店消防水泵加压供水，4～6 区由 25 层的消防水泵加压供水，4～6 区的消防用水由地下三层消防转输水泵提升至 25 层的消防水箱。

1.1.2 高层建筑给水系统设计步骤详解

（1）确定建筑给水引入点（一般为两点引入）及控制方式［一般为两阀（闸阀、止回阀各一个）］；

（2）根据市政给水资料确定采用市政给水余压供水区间（一般为从建筑地下部分至地上 3～4 层）；

（3）根据建筑功能分区和用水点资料确定建筑上部生活给水系统分区（一般分区原则为按建筑高度 35～60m 分区，建筑要求供水等级越高则分区建筑高度越小；另外要考虑相同建筑功能的空间尽量在相同供水分区内）；

（4）确定屋面（含各分区）生活或消防水箱设置位置（水箱容积及形状规格等根据计算结果确定）；

（5）根据给水分区对各用水点进行优化的给水排水平面布置（各分区的给水立管可以设置在一个管道井内，以方便检修维护；除特殊要求外一般不考虑分层给水计量；除特殊要求外一般应考虑分层给水控制；给水管线布置应保证水力条件良好；确定给水管线材质；水力计算查相应水力计算表）；

（6）标注给水立管编号并绘制管道井大样图，注意分层给水支干管应与相应分区给水立干管连接；

（7）根据给水管线平面布置图绘制给水轴测图，编制给水水力计算表（注意是否有集中热水供应；一般只需要对有代表性的给水管线进行详细的水力计算，其他管线可以参考该计算结果确定流量、管径、水头损失等参数）；

（8）根据水力计算结果确定整个建筑给水系统的管径（避免片面根据计算结果频繁变换管径）；根据水头损失计算资料确定建筑给水设备所需要的设计扬程（最上面的分区应考虑屋面消防水箱采用生活水泵供水）；根据流量计算资料确定建筑给水设备所需要的设计流量；

（9）如建筑有设置中水系统要求，其系统设计参考以上步骤；

（10）图纸完善及设计和计算资料整理。

1.1.3 给水排水审图要点之给水系统

每个地块一般设一个集中给水加压泵站，加压泵房、生活水箱应设于地下室，设置位置尽可能不占用车位，并做好隔声减振。生活水箱采用搪瓷钢板水箱（应与土建专业配合，将水箱布置于层高较高处，必要时考虑跃层以提高水箱有效水深、减少水箱间面积），水箱的有效容积一般控制在最高日用水量的15%～20%。

加压设备采用变频供水设备。生活水箱间、水泵房内装修及水箱距墙面、板底的距离应符合卫生防疫部门的要求。水箱应设置超高水位事故报警，将信号引至物业值班室。水泵房内应有集水坑等排水设施、设备。水泵房不应与卧室、起居室、办公室相毗邻。各栋楼给水入楼管方位应考虑室外管网布置的合理性。4层以下由市政给水管直接供水。5层以上各层由地块给水加压泵站供水。5层以上各层是否需要竖向分区供水应视楼层数量而定。一般每个供水分区最低用水点静水压力应控制在0.3～0.35MPa。

各层管井应根据井内立管根数及水表数量确定管井尺寸。应根据管道最小间距严格控制管井面积，水暖管宜合用管井。给水干管、立管、支管、户内管管径应经计算核定，一般每户住宅给水进户管管径控制在*DN*20以内，公共卫生间用脚踏式冲洗阀，小便器、洗手盆用非接触式冲洗阀及水龙头。

不同使用功能的部位应单独供水、单独设置水表计量。每户（包括每商铺）1表，户表必须出户，否则应采用远传水表或卡表。每个立管供水户数不超过20户，并设二级水表。二级水表应集中设置在楼内共用水表间内，当二级水表不能集中设置在楼内共用水表间内时，二级水表也可设于室外水表井内，每个水表井内水表数量不得多于2块。由市政给水管直接供水的，其水表必须设在室外水表井内。

生活水箱、消防水池不得共用给水引入管。生活水箱引入管应在室外加水表。每个地块从市政给水管网引两根给水管，这两根给水管需从不同方向的道路上引入，管径一般为*DN*200。

室内给水管管材：埋入垫层内的冷水管用PPR管S4系列，热水管用PPR管S3.2系列；其他给水管采用钢塑复合管，不得用镀锌钢管。*DN*≥75用给水铸铁管，*DN*≤50用钢塑复合管。

卫生防疫站要求：生活水箱及附件应采用玻璃钢、搪瓷钢板、不锈钢板等对水质无不良影响且经久耐用的材料。水箱间、水泵间卫生条件良好，其墙壁、地面应贴白色瓷砖，顶棚刷无毒防水涂料；地面应有排水设施，不得积水。箱顶距板底距离不小于0.8m，水箱周边应有不小于0.6m的净距。水箱溢流管、通气管口应有不锈钢丝/铜丝网，进水管应符合防污染要求。水箱应有信号管。溢流管、泄水管不应与排水管直接连接。

中水系统：中水池采用混凝土水池，各套住宅及每个用水单元分别设中水表，住宅中水表出户（不需设二级水表）。埋入垫层内的中水管用PPR管S4系列，其他中水管用镀锌钢管。每户进户管管径一般为*DN*15。其他同给水系统。

1.1.4 居住小区给水系统的选择的一些认识

居住小区给水系统的选择是目前小区给水工程设计普遍关心和争论的问题之一，气压供水装置和变频调速供水装置等技术的发展与应用，拓宽了小区给水系统的选择范围。

1. 给水系统的划分原则

一般在设计中，根据小区用户对水质、水压、水量的要求，结合外部给水情况进行给水系统的划分。常用的基本给水系统为生活给水系统和消防给水系统，按压力形式又分为生活和消防共用的低压给水系统及高、多层建筑居住小区分压给水系统，其给水系统的划分原则为：

（1）小区建筑应尽量利用市政给水管网的水压直接供水，当市政给水管网的水压不能满足小区的用水要求时，则多层建筑物、高层建筑物楼层较低部分应尽量利用市政给水管网水压，上部则设置加压和流量调节装置供水。

（2）消防给水一般应尽量与多层建筑物的生活给水合并为一个系统，小区有多、高层建筑物时，室外消防给水应与小区外部直接供水的给水管网合并为一个系统。

（3）进行系统分区时，应根据设备材料性能、使用要求、维护管理及建筑物层数和城镇供水管网水压合理确定，住宅卫生器具给水配件静水压力宜为300～350kPa。

（4）消火栓消防给水系统最低消火栓处，最大静水压力不应大于800kPa。高层建筑消火栓消防给水系统的竖向分区，按最低消火栓处最大静水压力不大于600kPa进行控制，超过600kPa时，消火栓支管上装减压孔板。

2. 常用的给水系统及优缺点

（1）市政给水管网直接供水系统。因一些多层建筑一般由室外消火栓通过消防车回压供水灭火，因此当给水管网水量、水压经常满足要求时，生活和消防共用的低压给水系统由市政给水管网直接供水，不设水泵房及高位水箱。其优点是：系统简单，供水可靠，维护方便，节省投资，节约资源，可充分利用市政给水管网的压力。

（2）分散加压给水系统。当给水管网水量、水压不能满足小区内的建筑物要求时，小区内的各建筑物分别设置加压水泵房，每个水泵房只负责一栋楼或几栋楼的给水，此系统使用较为普遍。通常下面几层由市政给水管网直接供水，上面几层由水泵加压后供水。其优点是：可充分利用市政给水管网的压力，节约能源。其缺点是：水泵房分散布置，维护管理不方便，投资不方便，有水泵振动噪声干扰。

（3）集中加压给水系统。当给水管网水量、水压不能满足小区给水要求时，整个小区由一个集中设置的加压泵房供水，当小区内各建筑物的高度相近时，应根据最不利点所需压力确定供水压力。当小区内各建筑物的高度相差较大时，可考虑分压供水。其优点是：加压泵站集中设置，维护管理方便，节省投资。其缺点是：不能充分利用市政给水管网的压力，增加了能源消耗。如采用分压供水时，增加管网造价。

（4）集中加压与分散加压相结合的给水系统。对建筑物高度相差较大的小区，集中加压泵房的供水压力只满足高度相近的建筑物对水压的要求，而另一部分较高的建筑物，则设置另外进行加压的给水系统。这种给水系统兼具集中加压给水系统与分散加压给水系统的优点。

3. 给水系统的局部增压设施和减压阀分区给水

（1）气压给水设备

利用气压给水罐调节流量和控制水泵运行，适用于允许水压有一定波动，但不宜设置高位水箱（水塔）的多层和高层建筑。其供水可靠且卫生，但水泵平均效率低，能源消耗大，受气压罐调节容积的限制。目前，气压给水设备已形成补气式、隔膜式两大系列。在变压式气压给水设备的基础上，定压式气压给水设备已研制成功，并已在水压有恒定要求的场所得到应用。

(2) 变频调速恒压给水设备

根据用水量变化情况，在运行过程中通过改变水泵的转速来调节输出流量以适应水量的变化，保证管网压力恒定，水泵可始终在高效段范围内运行，在提高水泵机组的机械效率和降低能源消耗方面有较大优势。变频调速恒压给水设备，在变频器国产化，增加变频器控制的水泵台数以减少功率，降低投资，提高变频器、控制器的可靠性等方面的发展为其使用创造了更好的条件。

(3) 贮水调节装置

这是使用较普遍的传统给水系统，水泵从地下贮水池抽水，高位水箱用来调节供水量，以适应用水量的变化。以高位水箱作为贮水装置由于存在严重二次污染，受到严峻挑战。新型材料水箱，如镀锌钢板水箱、新型涂料钢板水箱、食品级玻璃钢水箱和不锈钢水箱与普通钢板水箱相比，由于不易锈蚀、对水质无污染、便于清洗得到广泛应用。由于材质的改变，水箱成型方式和形状也随之改变，组合式水箱和装配式水箱对提高水箱质量、工厂化生产、缩短现场施工时间、减少死水均有好处。此外，球形水箱和槽形水箱外形的变化，解决了浮球阀的问题并改变成了新工况，即由重力供水变为压力—重力供水。

(4) 减压阀分区给水

比例式减压阀因具有结构简单、减压比例稳定、工作平稳、使用可靠等优点，为减压水箱或分区水箱转化为减压阀分区给水创造了条件，克服了减压水箱占用建筑面积大、工程造价高、施工周期长、进水时跌水噪声大、水箱浮球阀关闭不严、溢流损失严重、水质被二次污染等缺点。另外，减压阀分区给水还具有水泵数量少、给水系统简单等优点。

4. 给水系统的选择

小区给水系统经济技术的比较主要是针对多、高层建筑混合居住小区的分压给水系统，其中高层建筑部分应根据高层建筑的数量、分布、高度、性质、管理和安全等情况综合确定采用哪种给水系统。

(1) 能耗和工程造价比较

电能耗按下式计算：

$$N=120\gamma QH\eta \tag{1-1}$$

式中 γ——水的密度，$\gamma=1000\text{kg/m}^3$；

Q——流量，m^3/s；

H——扬程，m；

η——水泵效率。

分散加压给水系统比集中加压给水系统电能耗小，但分散加压给水系统因为增设泵房和水池或增加了给水管网，在工程造价和投资上比集中加压给水系统大。

(2) 给水系统的选择

1) 由市政给水管网直接供水的生活和消防共用的低压给水系统是投资最省、能耗最低的给水系统，在有条件时，应尽量采用该给水系统。但由于住宅建筑的快速发展及经济建设的持续增长，尤其是我国把住宅建筑作为经济增长点，使得居住小区或住宅小区向规模化和大型社区转变，作为城市空间的建筑，亦须辅以局部加压。

2）分散加压给水系统是一种投资较大、管理较为复杂的给水系统，在给水系统的选择上应结合居住小区的具体形式，把这种系统用于特殊用途的建筑，如人防、体育建筑、景观建筑等。

（3）集中加压给水系统虽然减少了泵房和水池、建筑投资省、有一定的经济效益，但仍应从小区的规模、地形、性质等方面考虑，对于规模较大或建筑高度相差较大的小区建一座中心泵站有时达不到节能目的，这时应结合分散加压给水系统或相对集中的加压泵站以达到经济效益和节能效果，将小区中功能相近、高度相近、位置靠近的建筑划分为一个整体来设置加压泵站。

（4）局部增压设施。在进行小区给水系统设计时，还应根据小区建筑具体情况、服务内容、管理制度等，选择好局部增压设施和分区给水方式。局部增压设施和分区给水方式因其自身的特点，在不同的场合能发挥其特殊的效益，所以在选择给水系统时应兼顾各种形式的给水方式。当然，对于小区给水系统的设计我们仍注重新工艺、新材料、新设备的运用，了解给水排水技术的发展，寻求一个经济合理、运行可靠、安全的给水系统。

1.1.5 超高层建筑设计中的给水系统分区及加压方案

一、工程实例分析

银星大厦位于西安市，于2002年完成设计，2005年建成投入使用，总建筑面积约为52000m^2，建筑高度约为126m，地下三层，地上31层，地下部分的主要功能为汽车库及水、暖、电各专业的设备用房，地上部分的功能主要为：一层为大厅、二层为餐厅、三层以上为办公及业务用房，其中16层为避难层，1～6层为裙房。地下三层层高为4.5m，一层层高为4.5m，二层层高为4.8m，三层层高为4.5m，四层以上层高为3.8m。给水排水专业设计内容包括：给水排水系统、热水系统、消火栓系统、自喷系统。

项目水源接自城市自来水管网，市政供水水压约为0.20MPa，从城市自来水管网引一根*DN*300的给水管进入基地成环状管网供本建筑生活和消防用水。

银星大厦的给水系统形式为：给水系统采用生活水池-水泵-水箱的联合供水方式，在地下室设生活水池一座和低区、中区生活加压泵各两台，在裙房顶设低区生活水箱一座，在避难层设中区水箱（转输水箱）一座和供高区水箱的转输水泵两台，在屋顶设高区生活水箱一座。

给水系统的竖向分区如下：30～31层由高区水箱经屋顶增压泵加压后供水；23～29层由屋顶高区水箱直接供水；14～22层由屋顶高区水箱经减压阀减压后供水；6～13层由避难层的中区水箱供水；3～5层由低区水箱经增加泵加压后供水；地下二层～2层由自来水管网直接供水。

1. 本项目给水系统设计的优点

本项目给水系统采用水池-水泵-水箱的联合供水方式，供水安全可靠性高，中低区水泵及转输水泵均采用工频泵，水泵启、停与水箱水位联动，因办公用水量较小，水泵启动次数少，加压设备的前期投入费用及平时运行费用相对于变频泵较低，经济性好。

给水系统竖向分为六个区，各分区的压力均小于0.45MPa，减压阀设置较少，各分区给水立管承压较小，管材的造价低，使用寿命长。

2. 本项目给水系统设计的缺点

(1) 各分区给水均由水箱供给，未有效利用市政管网水压。

本项目设计时间较早，设计所依据的规范均为旧版本，但近年来国家对建筑设计中的节水节能提出了更高的要求，在《建筑给水排水设计规范》GB 50015—2003（2009年版）、《城镇给水排水技术规范》GB 50788—2012及《民用建筑绿色设计规范》JGJ/T 229—2010中都明确规定“供水系统应充分利用市政供水压力”，所以有效利用市政压力是现在建筑给水排水设计和审图中非常注意的一个重要问题。目前一些高新技术及设备在给水中得到了广泛运用，如无负压供水设备等的应用都很好地利用了市政水压。

(2) 采用高位生活水箱供水虽然供水安全可靠但是存在卫生隐患；且为了保证最不利点的卫生洁具的供水压力，在水箱间需设增压设施。

旧版《建筑给水排水设计规范》中规定只要采取消防用水不被他用的措施，消防水箱和生活水箱可以合用。但在《建筑给水排水设计规范》GB 50015—2003（2009年版）中规定建筑物给水系统如采用水池-水泵-水箱的联合供水方式，则屋顶需要设消防水箱和生活水箱两个水箱，增加了结构的荷载，占用了建筑物的空间，同时生活水箱必须保证水质的清洁、消毒和循环，但因为建筑物用水量的不确定性及一些不可控的人为因素，生活水箱仍存在卫生隐患。

同时由于此系统中仅靠水箱与最高层卫生器具的位置高差不能满足卫生器具的给水压力，所以在裙房、避难层、屋顶的水箱间均增设了增压设备，增加了设备运行的费用。

(3) 给水系统的竖向分区太多，造成热水系统设备投资过大。

为保证各用水点的冷热水压力平衡，项目的热水系统分区与给水系统分区保持一致，热水系统采用了6套换热设备和循环水泵，投资过大，平时的运行管理费用也增加很多。

二、超高层建筑给水系统设计

1. 工程概况

乾元大厦是以办公性质为主的超高层建筑。项目地下二层为设备用房及银行库房，层高6.6m；地下一层为车库及银行库房，层高6.0m；底层～30层均为大空间办公用房，其中1～3层层高5.1m，4～30层层高4.2m；31层为观光大厅，层高7.2m。本建筑总高度149.4m，建筑面积7.1万m^2，其中12层及22层为避难层，1～3层为裙房。乾元大厦东侧为阳光财富大厦，该大厦是以办公性质为主的高层建筑。地下二层为设备用房，层高6.6m；地下一层为车库及员工餐厅和厨房，层高6.0m；底层～22层均为办公用房，其中1～3层层高5.1m，4～22层层高4.2m。建筑总高度99.8m，建筑面积8.1万m^2。本着节约投资成本及设备用房占地面积的设计思路，乾元大厦、阳光财富大厦的给水系统设计为两座楼共用加压设备。

2. 水源

水源接自市政自来水管网，水压0.45MPa，从室外分别引两根*DN*200的给水管形成环状管网。

3. 生活给水用水量

生活给水用水量详见表 1-6。

生活给水用水量　　表 1-6

序号	用水单位	用水单位数	用水量标准	使用时间（h）	K_h	最大日用水量（m^3/d）	最大时用水量（m^3/h）	平均时用水量（m^3/h）
1	办公(乾元大厦)	6685 人	40L/(人·d)	10	1.2	267.40	32.09	26.74
2	办公(阳光财富大厦)	7028 人	40L/(人·d)	10	1.2	281.12	33.73	28.11
3	员工餐厅	942 人	20L/(人·次)	12	1.2	56.52	5.65	4.71
4	汽车库	22581m^2	3L/(m^2·次)	8	1.0	67.74	8.47	8.47
5	未预见水量	按总用水量的 10%计				67.28	7.99	6.80
6	冷却循环水补充水	1%	38m^3/h	12	1.0	456.00	38.00	38.00
7	总计					1196.06		

4. 给水加压系统方案的比较

本工程给水加压系统有以下几种方案可供选择：

（1）各级供水均采用水池-水泵-水箱的联合供水方式；

（2）各级供水均采用水池（水箱）-变频供水设备-各用水点的供水方式；

（3）初级供水采用市政管网-无负压供水设备-各用水点的供水方式，二级供水采用转输水箱-变频供水设备-各用水点的供水方式。

各种供水方案分析比较：

（1）第一种供水方案的优、缺点在前面已经阐述过了，在这里不再赘述。在乾元大厦及阳光财富大厦的给水系统设计中因为两座大厦共用地下室加压设备，所以如果采用该方案，当乾元大厦和阳光财富大厦两座楼的高位水箱中任意一个达到最低水位时地下室工频泵都要启动，两个水箱都达到高水位时才能停泵，造成工频泵启动频繁，运行费用增大，所以不是合适的供水方案。

（2）第二种供水方案是将市政管网的水引入地下室生活水箱后由变频供水设备加压后供给各用水点。该方案的优点为：地下室水池（水箱）的容积为供水范围内最高日用水量的 20%，在市政管网暂时停水时仍能保证供水的可靠性；变频供水设备可选用 3～4 台同类型、配备电机功率较小且水泵效率较高的不锈钢水泵和一台小型立式隔膜气压罐，这样可以解决用水量变化大时小流量供水的节能问题。缺点为：不能有效利用市政管网的水压，不符合当前节能政策的要求，地下室水池（水箱）体积过大，增加投资费用和泵房面积；高区给水干管承压较高，管材的造价高，使用寿命短。

（3）第三种供水方案的优点为：初级供水有效利用了市政管网的水压，同时设备采用变频泵组，符合节能要求。缺点为：无负压供水设备的应用需要得到当地自来水公司的许可，且市政管网的管径需要足够大才能不影响其他用户用水，若采用罐式无负压则初级供水无贮存水量，供水安全性差。

分析乾元大厦及阳光财富大厦的市政管网情况，市政管网的压力为 0.45MPa，市政主干管管径为 *DN*300，从干管引两根 *DN*200 的给水管在基地内形成环网，满足无负压供水的市政条件，且由于供水设备同时供应乾元大厦和阳光财富大厦，高峰期和低谷期的流量相差不大，系统不存在低谷期流量过小的问题。为保证供水的安全可靠性，设计时初级供水可选择采用差量补偿箱式无负压供水设备，并合理增大水箱的体积，同时在设备选择时采用多泵并联的形式。

综上所述，乾元大厦和阳光财富大厦选用第三种供水方案。

5. 给水系统竖向分区的划分

因乾元大厦与阳光财富大厦共用加压设备，所以给水系统竖向分区要兼顾两个楼的给水系统，使之保持一致，同时使各分区的压力均小于 0.45MPa。

6. 乾元大厦、阳光财富大厦给水系统分区及加压方案

经方案比较和给水系统的分区计算，乾元大厦、阳光财富大厦给水系统分区及加压方案确定为：采用并联与串联相结合的供水方式，给水系统共分为四个区。

(1) 一区：地下二层～4 层，由市政自来水直接供给。

(2) 二区：5～13 层，由地下二层生活水箱及本区箱式无负压供水设备联合供水。

(3) 三区：14～22 层，由地下二层生活水箱及本区箱式无负压供水设备联合供水。

(4) 四区：23～31 层，采用二级变频泵串联接力供水，由三区的箱式无负压供水设备将水提升至避难层（22 层）的中间转输生活水箱，再由设于本避难层的四区变频供水设备作为二级提升泵联合供水。

各区的箱式无负压水箱的体积均为供水范围内最高日用水量的 12%。

三、结论

在超高层建筑的给水排水设计中，给水系统分区及加压方案的合理选择需要根据工程的具体情况进行具体分析，同时在其他系统的设计中及管材运用上也应尽量符合国家相关的节能标准，使超高层建筑设计逐步满足国家关于绿色建筑的设计标准。

1.1.6 【给水排水图鉴】建筑生活给水排水系统详解图示

建筑生活给水排水是给水排水的重要组成部分，本节介绍了关于生活给水排水的系列相关内容，帮助大家理清生活给水系统及排水系统的各个组成部分，详细讲解每一个组成部分的安装及功能作用。

一、卫生器具

1. 卫生器具的分类

卫生器具是用来满足日常生活中洗涤等卫生要求以及收集、排除生活与生产污、废水的设备。常用的卫生器具按用途可分为三类。

(1) 便溺卫生器具：包括大便器、大便槽、小便器、小便槽等。

(2) 盥洗、沐浴用卫生器具：包括洗脸盆、盥洗槽、浴盆、淋浴器、妇女卫生盆等。

(3) 洗涤用卫生器具：包括洗涤盆、污水盆、化验盆、地漏等。

2. 卫生器具的安装

卫生器具的安装可按《全国通用给水排水标准图集》执行。下面介绍几种常用卫生器具及其安装方法。

（1）大便器

1）蹲式大便器：蹲式大便器常设在公共卫生间，大便器安装在砖砌坑台中，冲洗方式现在多用延时自闭式冲洗阀，延时自闭式冲洗阀大便器安装见图 1-8。

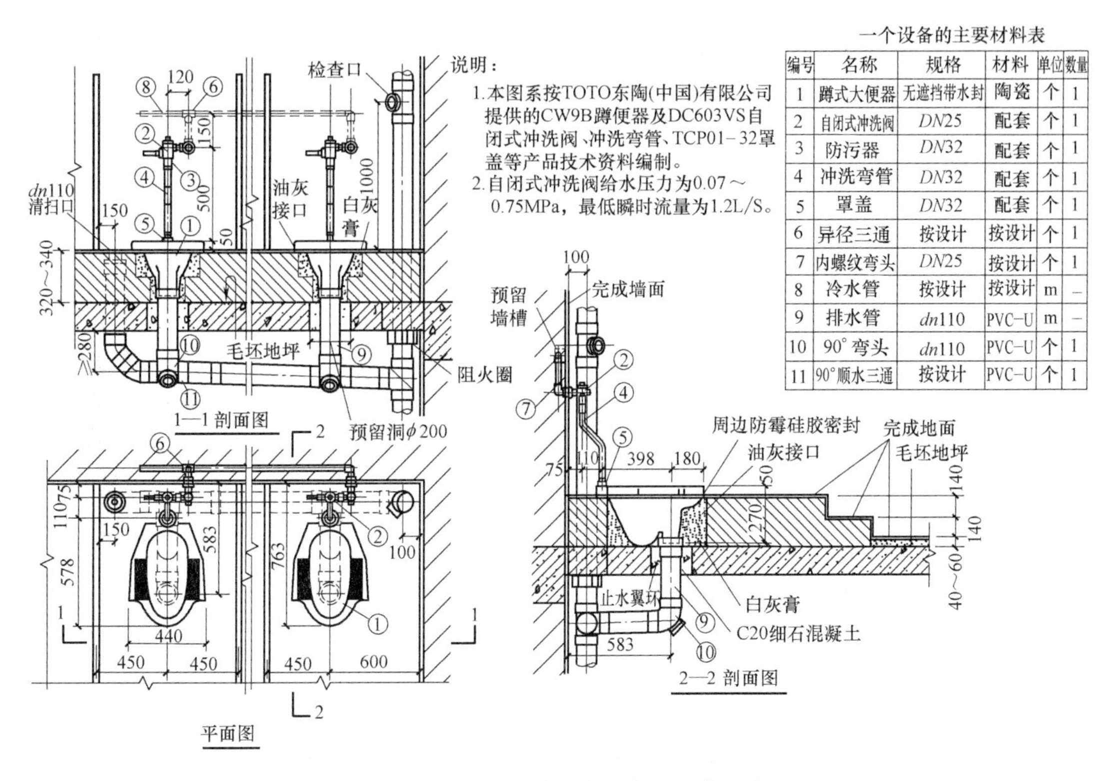

一个设备的主要材料表

编号	名称	规格	材料	单位	数量
1	蹲式大便器	无遮挡带水封	陶瓷	个	1
2	自闭式冲洗阀	DN25	配套	个	1
3	防污器	DN32	配套	个	1
4	冲洗弯管	DN32	配套	个	1
5	罩盖	DN32	配套	个	1
6	异径三通	按设计	按设计	个	1
7	内螺纹弯头	DN25	按设计	个	1
8	冷水管	按设计	按设计	m	–
9	排水管	dn110	PVC-U	m	–
10	90°弯头	dn110	PVC-U	个	1
11	90°顺水三通	按设计	PVC-U	个	1

图 1-8 延时自闭式冲洗阀大便器安装示意图

2）坐式大便器：坐式大便器多设在家庭、宾馆、医院等卫生间内，这类大便器多采用低水箱冲洗。低水箱坐式大便器安装见图 1-9。

（2）小便器

小便器设在公共男厕所中，多采用延时自闭式冲洗阀冲洗。小便器有挂式和立式两种，每只小便器均设存水弯。

挂式小便器悬挂在墙上，其安装见图 1-10。

立式小便器靠墙竖立安装在地板上，常成组设置，其安装见图 1-11。

（3）洗脸盆

洗脸盆常装在卫生间、盥洗室和浴室中，大多采用带釉陶瓷制成，安装方式有架墙式、柱脚式和台式三种。住宅常采用台式洗脸盆，其安装见图 1-12。

（4）浴盆

浴盆设在卫生间和浴室中，供人们洗澡用。外形呈长方形，一般均设有冷、热水龙头或混合龙头，混合龙头浴盆安装见图 1-13。

（5）淋浴器

淋浴器与浴盆相比具有占地面积小、造价低和卫生等优点，因此淋浴器广泛应用于工厂生活间、机关及学校的浴室中。公共浴室的淋浴器宜采用单管脚踏式开关，其安装见图 1-14。

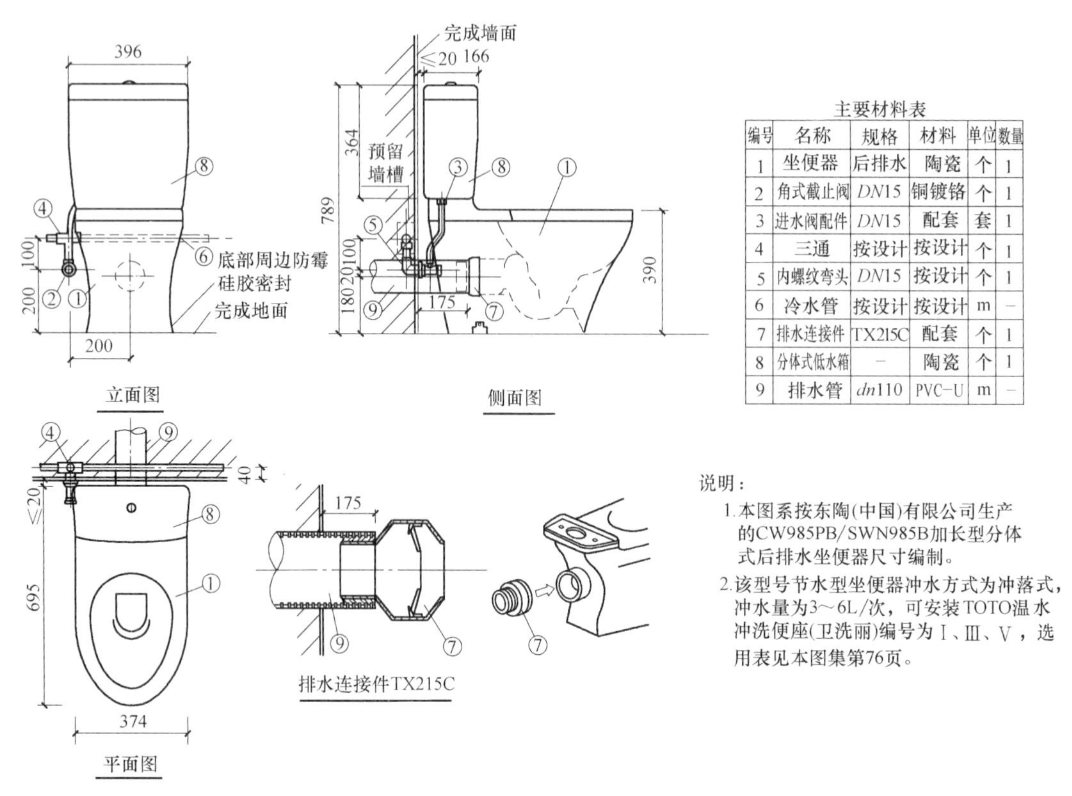

主要材料表

编号	名称	规格	材料	单位	数量
1	坐便器	后排水	陶瓷	个	1
2	角式截止阀	DN15	铜镀铬	个	1
3	进水阀配件	DN15	配套	套	1
4	三通	按设计	按设计	个	1
5	内螺纹弯头	DN15	按设计	个	1
6	冷水管	按设计	按设计	m	–
7	排水连接件	TX215C	配套	个	1
8	分体式低水箱	–	陶瓷	个	1
9	排水管	dn110	PVC-U	m	–

说明：

1. 本图系按东陶(中国)有限公司生产的CW985PB/SWN985B加长型分体式后排水坐便器尺寸编制。
2. 该型号节水型坐便器冲水方式为冲落式，冲水量为3～6L/次，可安装TOTO温水冲洗便座(卫洗丽)编号为Ⅰ、Ⅲ、Ⅴ，选用表见本图集第76页。

图 1-9　低水箱坐式大便器安装示意图

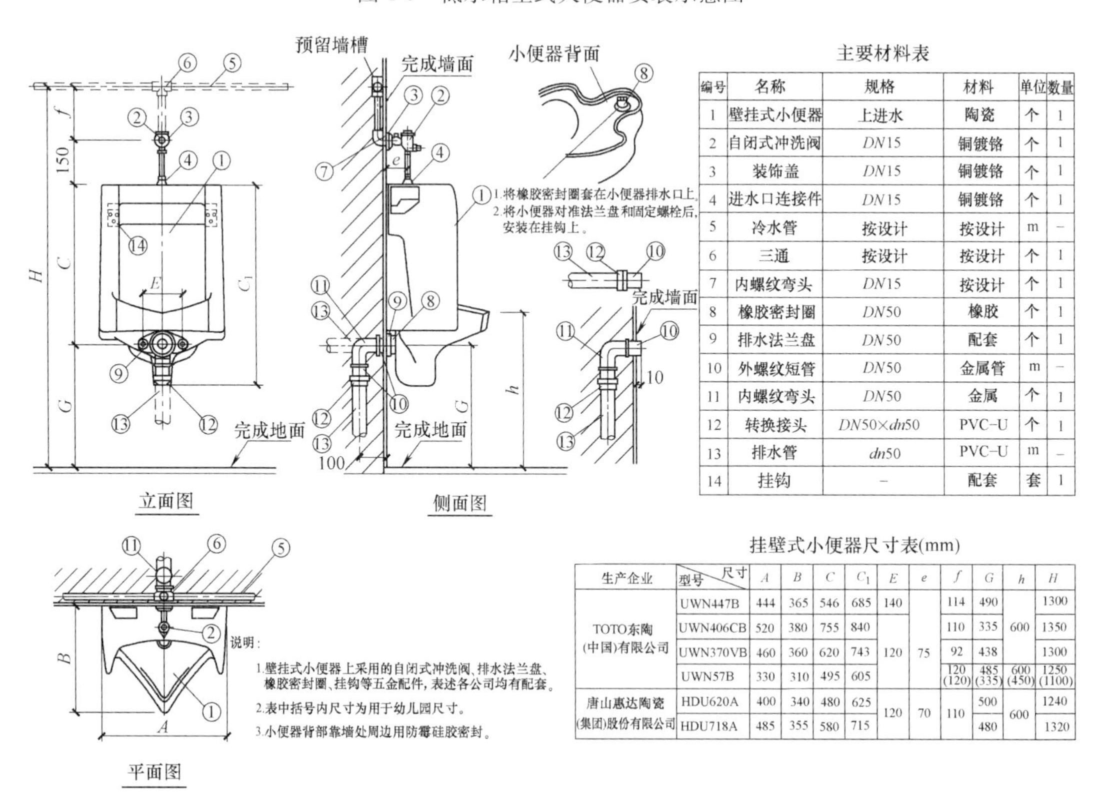

主要材料表

编号	名称	规格	材料	单位	数量
1	壁挂式小便器	上进水	陶瓷	个	1
2	自闭式冲洗阀	DN15	铜镀铬	个	1
3	装饰盖	DN15	铜镀铬	个	1
4	进水口连接件	DN15	铜镀铬	个	1
5	冷水管	按设计	按设计	m	–
6	三通	按设计	按设计	个	1
7	内螺纹弯头	DN15	按设计	个	1
8	橡胶密封圈	DN50	橡胶	个	1
9	排水法兰盘	DN50	配套	个	1
10	外螺纹短管	DN50	金属管	m	–
11	内螺纹弯头	DN50	金属	个	1
12	转换接头	DN50×dn50	PVC-U	个	1
13	排水管	dn50	PVC-U	m	–
14	挂钩	–	配套	套	1

挂壁式小便器尺寸表(mm)

生产企业	型号＼尺寸	A	B	C	C_1	E	e	f	G	h	H
TOTO东陶(中国)有限公司	UWN447B	444	365	546	685	140	75	114	490	600	1300
	UWN406CB	520	380	755	840	120		110	335		1350
	UWN370VB	460	360	620	743			92	438		1300
	UWN57B	330	310	495	605			120 (120)	485 (335)	600 (450)	1250 (1100)
唐山惠达陶瓷(集团)股份有限公司	HDU620A	400	340	480	625	120	70	110	500	600	1240
	HDU718A	485	355	580	715				480		1320

说明：

1. 壁挂式小便器上采用的自闭式冲洗阀、排水法兰盘、橡胶密封圈、挂钩等五金配件，表述各公司均有配套。
2. 表中括号内尺寸为用于幼儿园尺寸。
3. 小便器背部靠墙处周边用防霉硅胶密封。

图 1-10　挂式小便器安装示意图

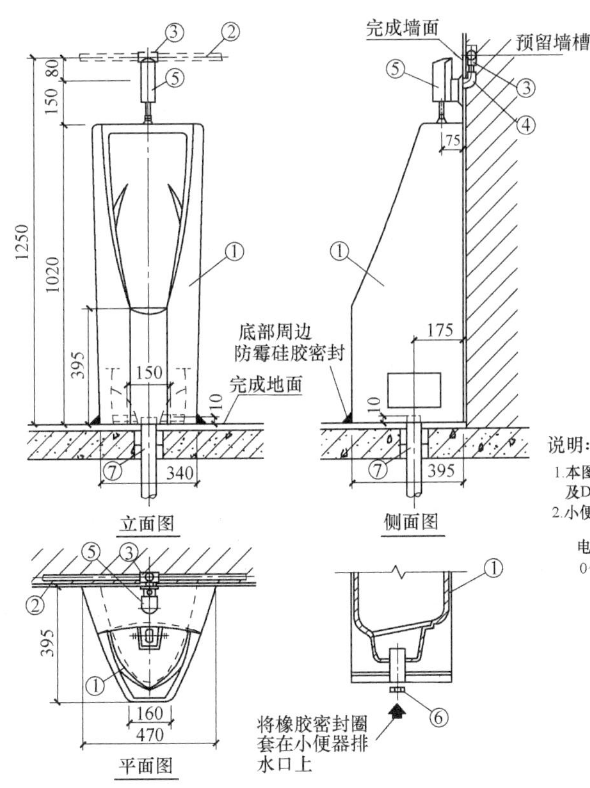

主要材料表

编号	名称	规格	材料	单位	数量
1	落地式小便器	–	陶瓷	个	1
2	冷水管	按设计	按设计	m	–
3	三通	按设计	按设计	个	1
4	内螺纹弯头	*DN*15	按设计	个	1
5	小便感应器	*DN*15露出型	–	套	1
6	橡胶密封圈	–	橡胶	个	1
7	排水管	*dn*50	PVC–U	m	–

说明：

1.本图系按TOTO东陶(中国)有限公司提供的UWN310CB落地式小便器及DUE103B、DUE104PB小便感应器等技术资料编制。

2.小便感应器技术参数：

电源：5号碱性电池2节；要求水压：0.07～0.75MPa；使用环境温度：0～40℃；感知距离：距感知窗前800mm以内。

图 1-11　立式小便器安装示意图

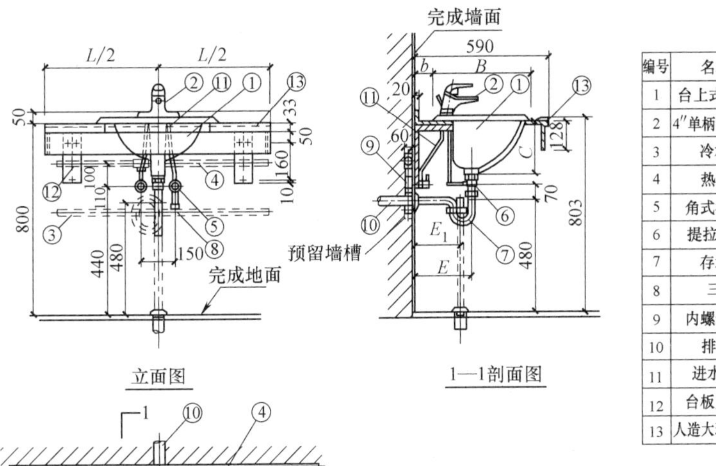

主要材料表

编号	名称	规格	材料	单位	数量
1	台上式洗脸盆	4″水嘴用	陶瓷	个	1
2	4″单柄混合水嘴	*DN*15	铜镀铬	个	1
3	冷水管	按设计	按设计	m	–
4	热水管	按设计	按设计	m	–
5	角式截止阀	*DN*15	铜镀铬	个	2
6	提拉排水栓	*DN*32	铜镀铬	套	1
7	存水弯	*DN*32	铜镀铬	个	1
8	三通	按设计	按设计	个	2
9	内螺纹弯头	*DN*15	按设计	个	2
10	排水管	*dn*40	PVC–U	m	–
11	进水软管	*DN*15	不锈钢	根	2
12	台板支撑架	–	配套	个	2
13	人造大理石台面	*L*×590	人造大理石	块	1

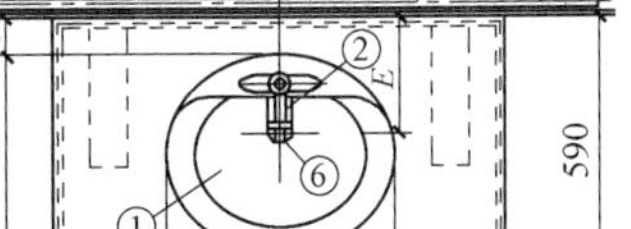

说明：

1.单柄水嘴、提拉排水栓、存水弯、进水软管等各公司均有配套，也可选择市购。

2.存水弯采用P型或S型由设计决定。

3.人造大理石台面系TOTO东陶(中国)有限公司产品，仅适用于表内TOTO公司六个型号的台上式洗脸盆安装；安装台面所需的支撑架、胶合板、膨胀管、螺丝等均系配套、安装方法和台上式洗脸盆尺寸另见本图集第42页。

图 1-12　台式洗脸盆安装示意图

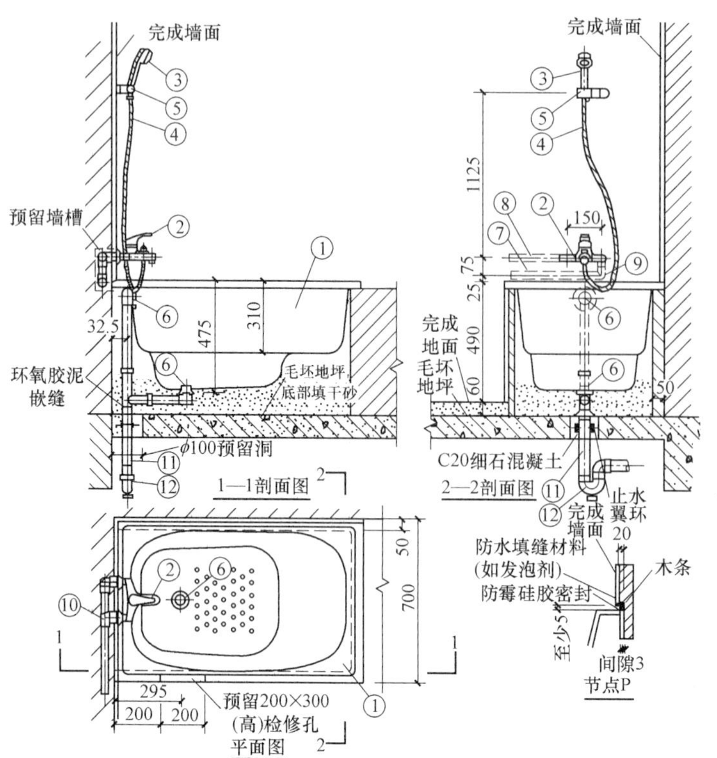

主要材料表

编号	名称	规格	材料	单位	数量
1	坐泡式浴盆	1100×700	钢板搪瓷	个	1
2	单柄浴盆水嘴	DN15	铜镀铬	个	1
3	手提式花洒	DN15	铜镀铬	个	1
4	金属软管	DN15	铜镀铬	m	1.5
5	可调式花洒座	–	铜镀铬	个	1
6	脚踏式浴盆排水栓	DN40	浴盆配套	套	1
7	冷水管	DN15	按设计	m	–
8	热水管	DN15	按设计	m	–
9	90°弯头	DN15	按设计	个	1
10	内螺纹弯头	DN15	按设计	个	2
11	排水管	dn50	PVC-U	m	–
12	存水弯	dn50	PVC-U	个	1

说明:

1.本图系按市售1100×700坐泡式浴盆、单柄浴盆水嘴、手提式花洒、金属软管、可调式花洒座及脚踏式浴盆排水器等技术资料编制。

2.浴盆外侧在安装前由建筑装修配合预留200×300检修孔,经通水试验无渗漏后再封门。

图 1-13 混合龙头浴盆安装示意图

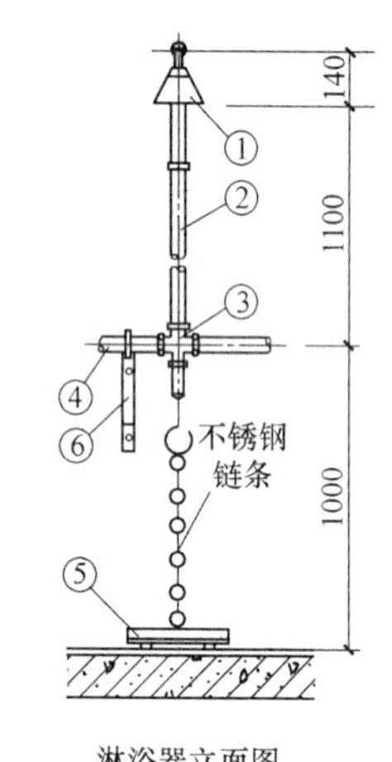

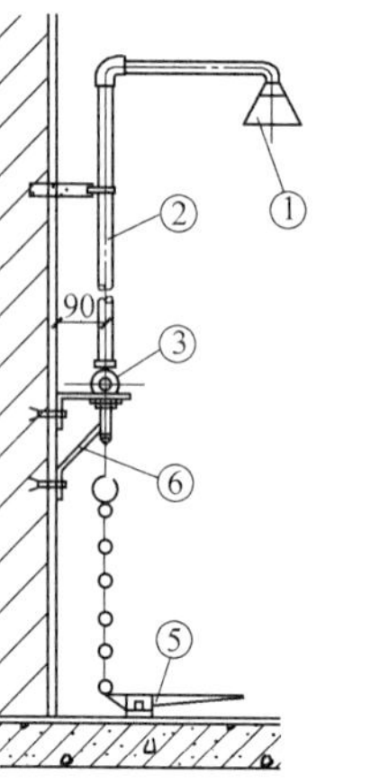

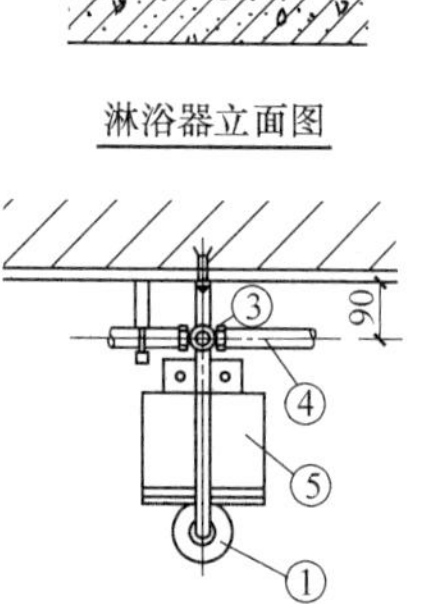

主要材料表

编号	名称	规格	材料	单位	数量
1	固定式莲蓬头	DN15	铜镀铬	个	1
2	淋浴出水管	DN15	金属管	m	1.50
3	脚踏淋浴阀	DN15	铸铁、不锈钢	套	1
4	温水管	按设计	按设计	m	–
5	踏板	–	不锈钢	套	1
6	干管支架	–	Q235-A	个	1

说明:

1.本图系参照北京市售脚踏淋浴器产品技术资料编制。

2.室内地面排水沟的做法及地漏位置,由设计决定。

3.温水管前端接恒温混水阀,该阀的安装见本图集第134页。

图 1-14 单管脚踏淋浴器安装示意图

（6）污水池

污水池一般设在公共建筑的卫生间、盥洗室内供洗涤拖布及倒污水用，其安装见图1-15。

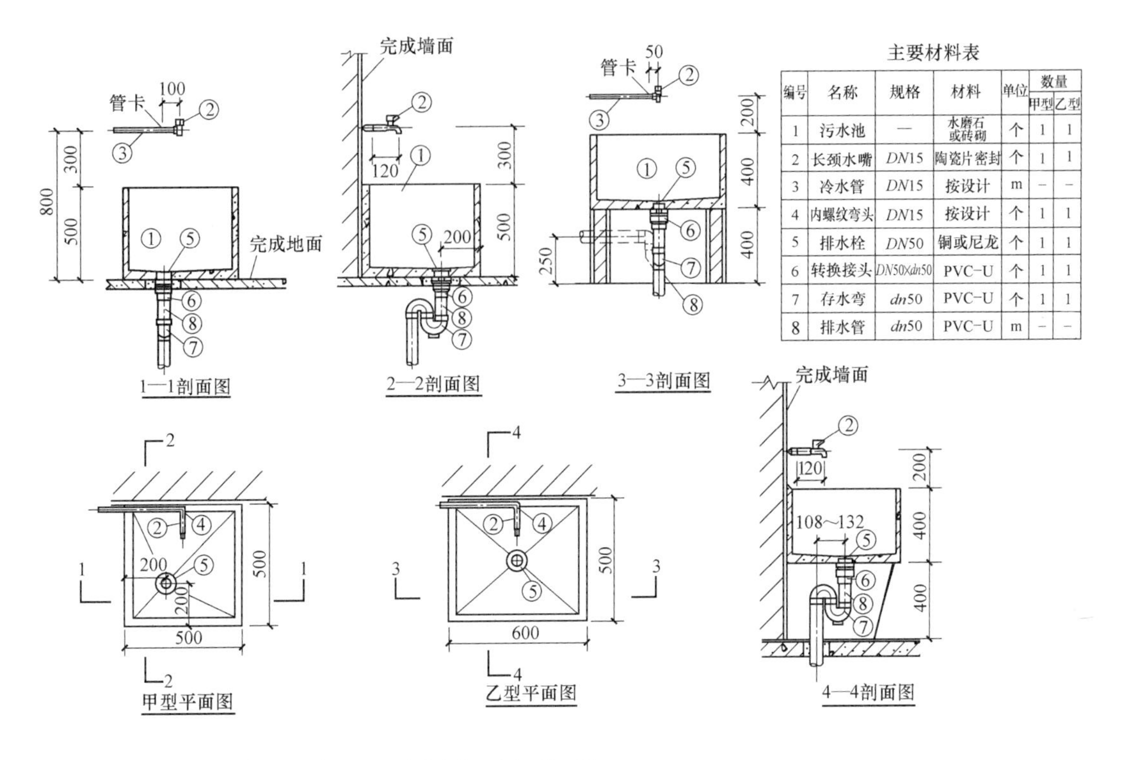

主要材料表

编号	名称	规格	材料	单位	数量	
					甲型	乙型
1	污水池	—	水磨石或砖砌	个	1	1
2	长颈水嘴	DN15	陶瓷片密封	个	1	1
3	冷水管	DN15	按设计	m	–	–
4	内螺纹弯头	DN15	按设计	个	1	1
5	排水栓	DN50	铜或尼龙	个	1	1
6	转换接头	DN50×dn50	PVC-U	个	1	1
7	存水弯	dn50	PVC-U	个	1	1
8	排水管	dn50	PVC-U	m	–	–

图 1-15 污水池安装示意图

二、室内给水系统

自建筑物的给水引入管至室内各用水及配水设施段，称为室内给水部分。

1. 室内给水系统的分类

按用途可分为三类：生活给水系统、生产给水系统、消防给水系统。

2. 室内给水系统的组成

室内给水系统的组成见图1-16。

3. 室内给水系统的给水方式

室内给水系统的给水方式必须根据用户对水质、水量和水压的要求，室外管网所能提供的水质、水量和水压情况，卫生器具及消防设备等用水点在建筑物内的分

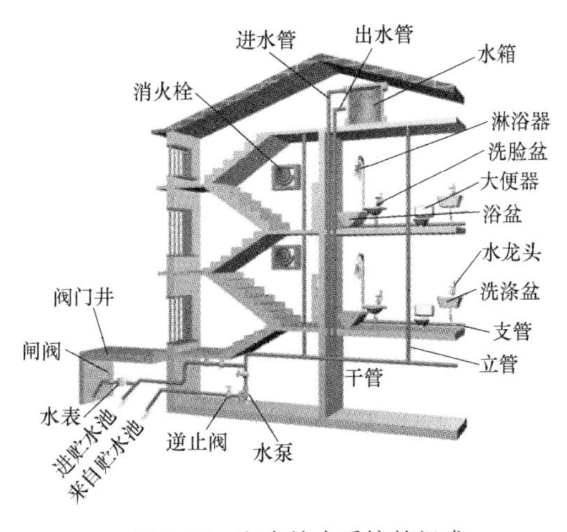

图 1-16 室内给水系统的组成

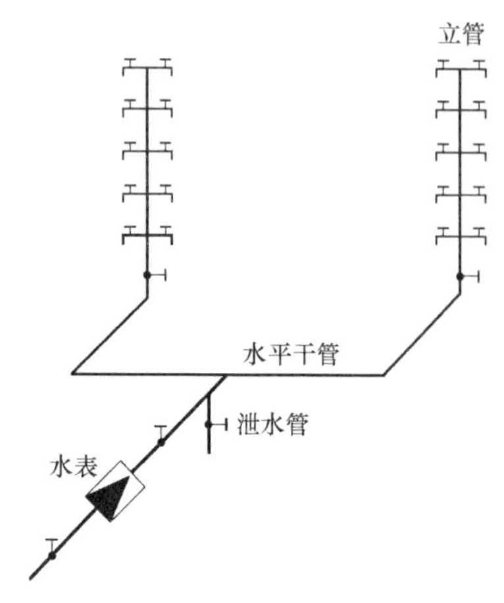

图 1-17 直接给水方式示意图

布以及用户对供水安全的要求等条件来确定。室内给水系统的给水方式主要有如下几种：

(1) 直接给水方式：如图 1-17 所示。系统简单，投资省，可充分利用外网水压。但是一旦外网停水，室内立即断水。适用于水量、水压在一天内均能满足用水要求的用水场所。

(2) 设水箱的给水方式：如图 1-18 所示。供水可靠，系统简单，投资省，可充分利用外网水压。但是增加了建筑物的荷载，容易产生二次污染。适用于供水水压、水量周期性不足的用水场所。

(3) 设有水池、水箱和水泵的给水方式：如图 1-19所示。水泵能及时向水箱供水，可缩小水箱的容积。供水可靠，但投资较大，安装和维修都比较复杂。当室外给水管网水压低于或经常不能满足建筑内部给水管网所需水压，且室内用水不均匀时采用。

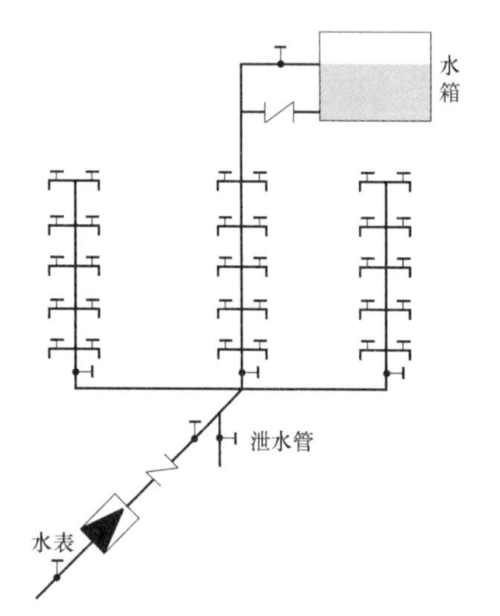

图 1-18 设水箱的给水方式示意图

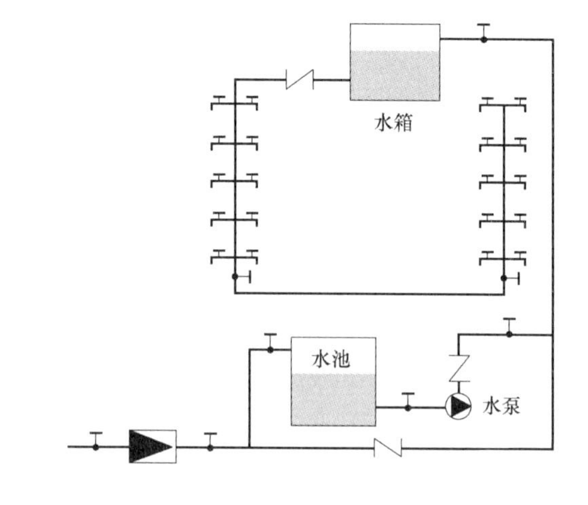

图 1-19 设有水池、水箱和水泵的给水方式示意图

(4) 气压给水方式：如图 1-20 所示。供水可靠，无高位水箱，但水泵效率低、耗能多。当外网水压不能满足所需水压，用水不均匀，且不宜设水箱时采用。

(5) 分区给水方式：如图 1-21 所示。可以充分利用外网压力，供水安全，但投资较大、维护复杂。当供水压力只能满足建筑下层供水要求时采用。

4. 室内给水管材、管件及附件

(1) 常用给水管材和管件

常用给水管材有钢管、铜管、铸铁管、塑料管及复合管材。但必须注意：生活用水的给水管必须是无毒的。常用给水管材及钢管管件如图 1-22、图 1-23 所示。

1) 钢管：钢管有焊接钢管（常用）、无缝钢管两种。焊接钢管的规格以公称直径（也称公称口径、公称通径）表示，即用字母 *DN* 其后附加公称直径数值（内径）表示。例如 *DN*40，表示公称直径为 40mm 。无缝钢管的规格则以外径乘以壁厚来表示。

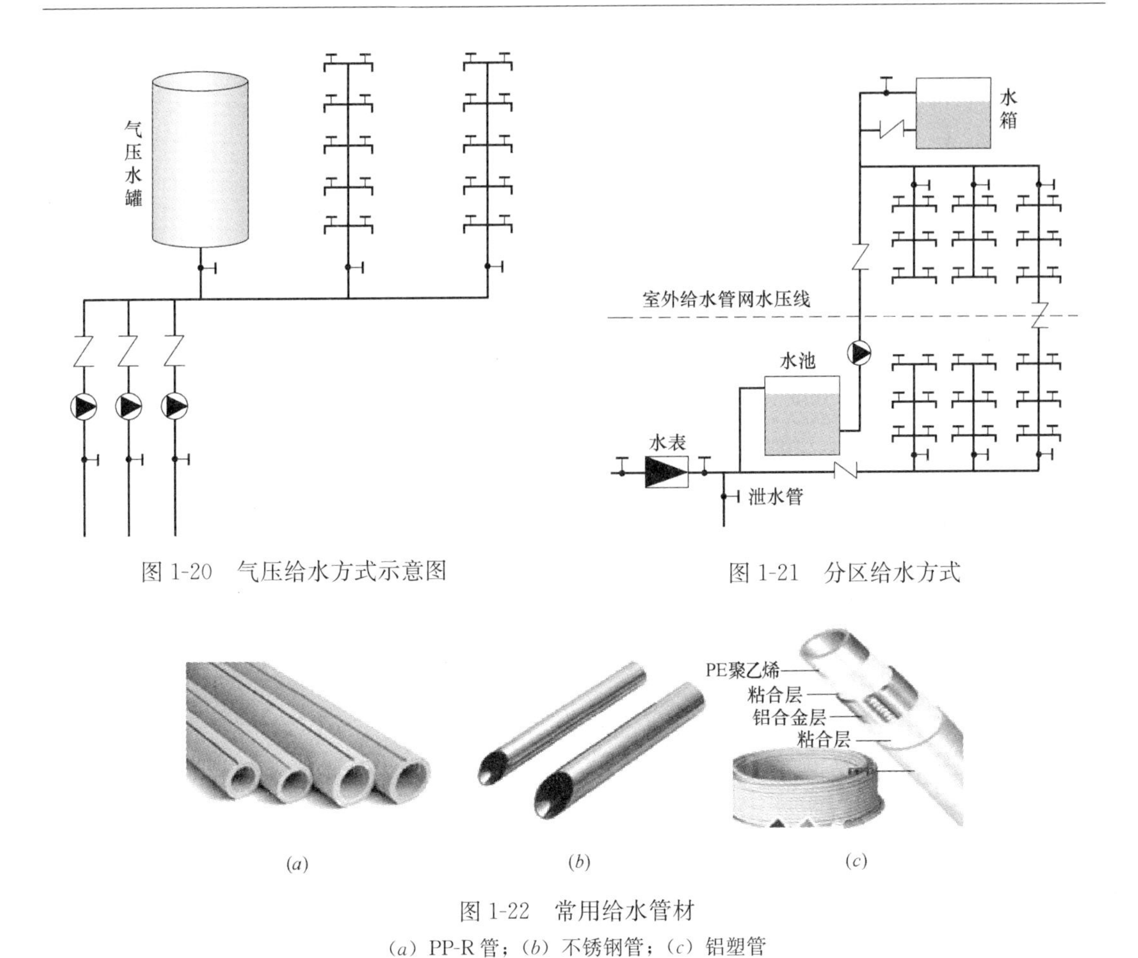

图 1-20 气压给水方式示意图

图 1-21 分区给水方式

图 1-22 常用给水管材
(a) PP-R 管；(b) 不锈钢管；(c) 铝塑管

2) 铜管：主要优点在于其具有很强的抗锈蚀能力，强度高，可塑性强，坚固耐用；能承受较高的外力负荷，热胀冷缩系数小，耐高温，防火性能也较好；使用寿命长，可完全被回收利用，不污染环境。其主要缺点是价格较高。

3) 铸铁管：与钢管相比具有耐腐蚀性强、造价低、耐久性好等优点，适合于埋地敷设。缺点是质脆、质量大、单管长度小等。

4) 塑料管：优点是化学性能稳定、耐腐蚀、重量轻、管内壁光滑、加工安装方便等。常用的管材有三型聚丙烯（PP-R）管材、聚丁烯（PB）管材、交联聚乙烯（PEX）管材。

5) 复合管材：复合管材有钢塑复合（SP）管材、铝塑复合（PAP）管材两种。复合管材除具有塑料管的优点外，还具有耐压强度好、耐热、可曲挠和美观等优点。

管材的选择：1) 新建、改建、扩建城市供水管道（ϕ400 以下）和住宅小区室外给水管道应选用无毒硬聚氯乙烯、聚乙烯塑料管；大口径城市供水管道可选用钢塑复合管。2) 新建、改建住宅室内给水管道、热水管道和供暖管道优先选用铝塑复合管、交联聚乙烯管等新型管材，淘汰镀锌钢管。

(2) 给水管道附件

给水管道附件是安装在管道及设备上的启闭和调节装置的总称。一般分为配水附件和控制附件两类。如图 1-24、图 1-25 所示。

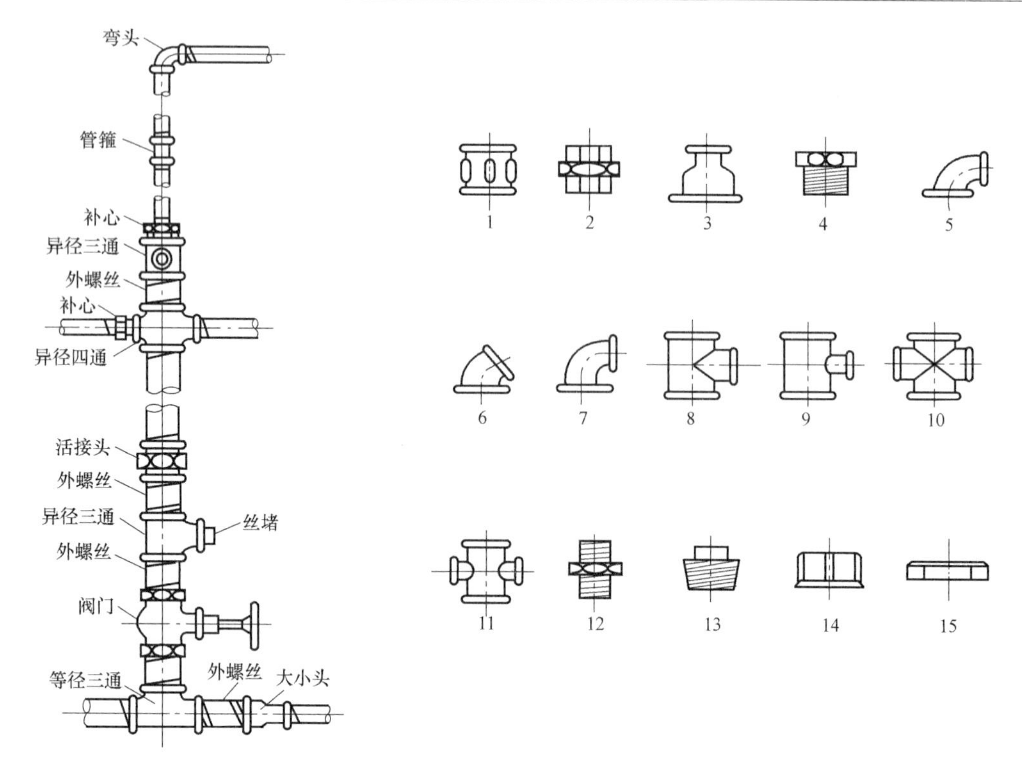

图 1-23 常用钢管管件示意图

1—管箍；2—活接头；3—大小头；4—补芯；5—90°弯头；6—45°弯头；7—异径弯头；8—等径三通；9—异径三通；10—等径四通；11—异径四通；12—短接头；13—丝堵；14—插堵；15—盲板

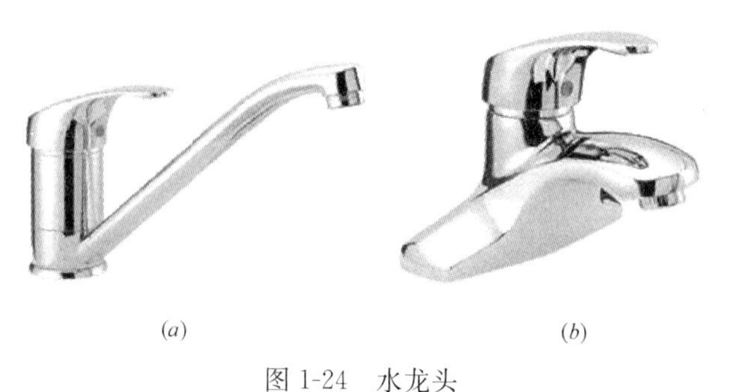

(*a*) (*b*)

图 1-24 水龙头

(*a*) 单把立式菜盆龙头；(*b*) 面盆单把水龙头

5. 水表、水箱、水泵及气压给水设备

(1) 水表

水表是一种计量用户累计用水量的仪表。

目前室内给水系统中广泛采用流速式水表。管径一定时，通过水表的水流速度与流量成正比的原理来测量。流速式水表按翼轮构造不同分为旋翼式和螺翼式（见图 1-26），$DN>50$ 时，应采用螺翼式水表。

(2) 水箱

建筑给水系统中，需要增压、稳压、减压或者需要储存一定的水量时，均可设置水箱。水箱可用钢板、玻璃钢等材料制成（见图 1-27）。一般设于屋顶水箱间内（北方）或

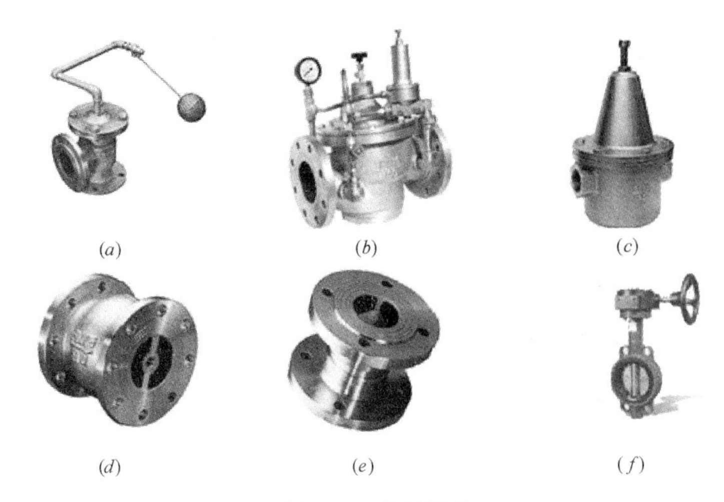

图 1-25 控制附件

(a) 液压水位控制阀；(b) 泄压阀；(c) 可调式减压阀；(d) 比例减压阀；(e) 消声止回阀；(f) 蝶阀

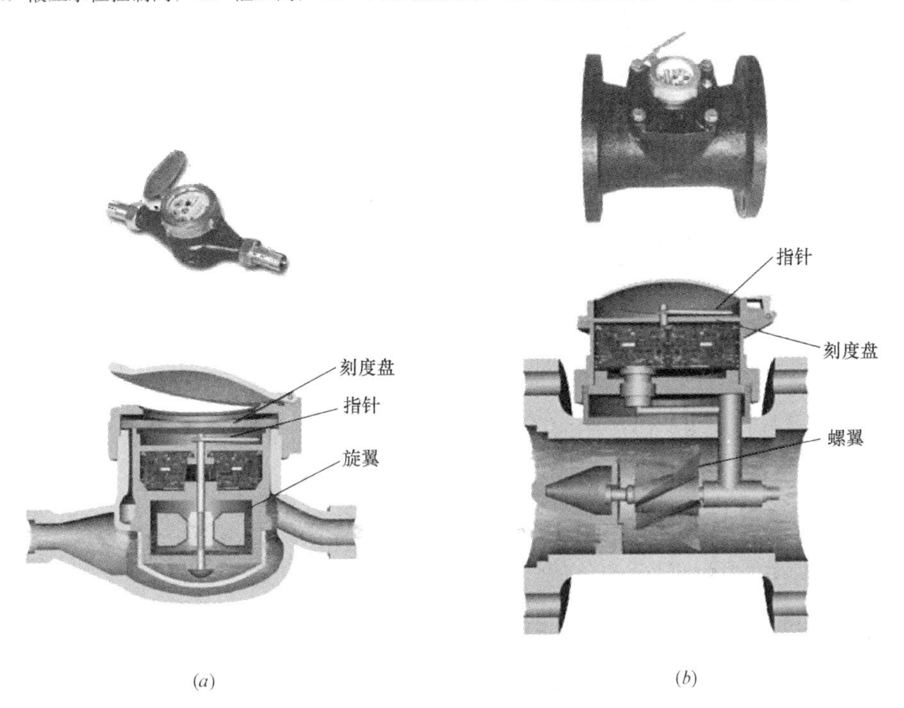

图 1-26 水表示意图

(a) 旋翼式水表；(b) 螺翼式水表

直接放于屋面上（南方）。水箱设有进水管、出水管、溢流管、泄水管和水位信号装置，如图 1-28 所示。

进水管：一般由水箱侧壁接入，当水箱靠外网压力进水时，进水管出口外应装液压水位控制阀或浮球阀（2 个）。当水箱由水泵供水，并利用水位升降自动控制水泵运行时，不得装水位控制阀。

出水管：可从水箱侧壁或底部接出，出水管内底或管口应高于水箱内底至少 50mm；出水管上应装设闸阀。

图 1-27 不锈钢组合水箱

溢流管：可从水箱底部或侧壁接出，溢流管的进水口宜采用水平喇叭口集水，并应高出水箱最高水位 50mm，溢流管上部不允许装设阀门，出口应装设网罩。

泄水管：应自水箱底部接出，管上应装设闸阀，其出口可与溢流管相接，但不得与排水系统直接相连。

水位信号装置：该装置是反映水位控制阀失灵报警的装置，可在溢流管口（或内底）齐平处设信号管，一般自水箱侧壁接出，其出口接至有人值班房间内的洗涤盆上。

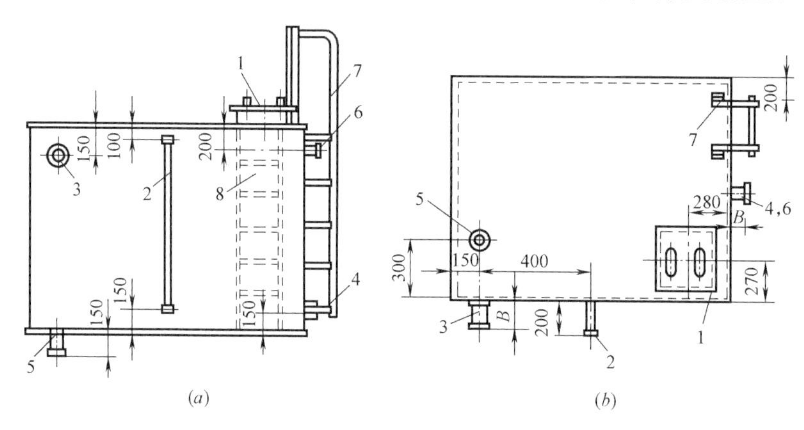

图 1-28 水箱示意图

(a) 立面图；(b) 平面图

1—人孔；2—水位计；3—溢流管；4—出水管；5—放空管；6—进水管；7—爬梯；8—蝶阀

通气管：供生活饮用的水箱，当贮水量较大时，宜在箱盖上设通气管，使箱内空气流通，管口应朝下并设网罩。

人孔：为便于清洗、检修，箱盖上应设人孔。

(3) 水泵

工作原理：利用叶轮高速旋转而使水产生的离心力来工作。水泵由泵壳、叶轮、吸水管及压水管组成。

离心式水泵的性能参数：

流量——在单位时间内通过水泵的水的体积，单位为 L/s 或 m^3/h。

扬程——单位质量水通过水泵后的能量增量，单位为 mH_2O。

轴功率——电动机传递给水泵的功率，单位为 kW。

效率——水泵的有效功率与轴功率的比值。

转速——泵轴每分钟旋转的次数，单位为 r/min。

水泵分类（主要指叶片式泵）：

1）按主轴方向分为卧式、立式、斜式水泵，如图 1-29 所示；

2）按吸入方式分为单吸和双吸水泵；

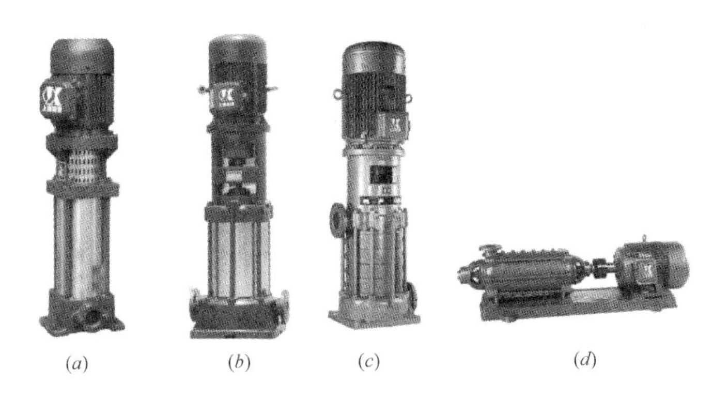

图 1-29 水泵示意图

(a) 立式管道多级泵（一）；(b) 立式管道多级泵（二）；(c) 立式多级泵；(d) 卧式多级泵

3）按叶轮种类分为离心、混流、轴流水泵；

4）按级数分为单级和多级水泵。

水泵橡胶垫隔震措施如图 1-30 所示。

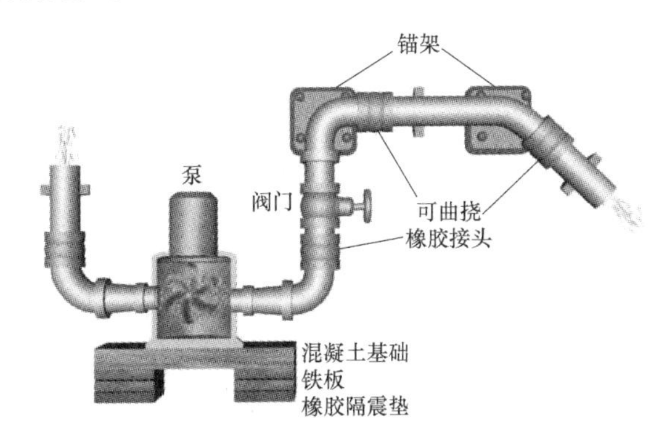

图 1-30 水泵橡胶垫隔震措施

(4) 气压给水设备

气压给水设备一般由气压水罐（见图 1-31）、水泵机组、管路系统、电控系统、自动控制箱（柜）等组成，补气式气压给水设备还有气体调节控制系统。

图 1-31 气压水罐实物图

6. 室内给水管道的布置与敷设

(1) 给水管道的布置

1）引入管的布置

从配水平衡和供水可靠两方面考虑，宜从建筑物用水量最大处和不允许断水处引入。当建筑物内卫生器具布置比较均匀时，应从建筑物中部引入，以缩短管网向最不利点输水的长度，减少管网的水头损失。引入管的埋深应考虑当地的气候、水文地质条件和地面荷载情况，应在当地冰冻线以下 0.15m。

在北方地区，引入管通常从采暖地沟中引入室内，当引入管穿越承重墙或基础时，为避免墙基下沉压坏管道，应预留孔洞，孔洞尺寸见表 1-7。

引入管穿越基础预留孔洞尺寸（mm） 表 1-7

管径	50 以下	50～100	125～150
预留孔洞尺寸(高×宽)	200×200	300×300	400×400

给水引入管应与其他管道保持一定的距离，与污水排出管的平行间距应大于 1.0m，与电线管的平行间距应大于 0.75m。

引入管进建筑物做法如图 1-32 所示。

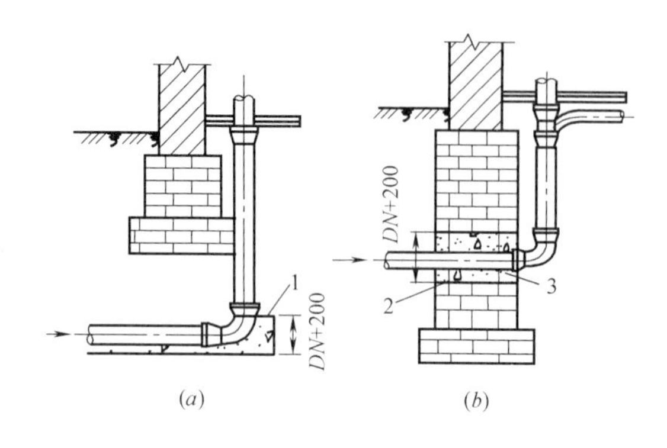

图 1-32 引入管进建筑物做法

（a）从浅基础下穿过；（b）穿基础

1—C5.5 混凝土支座；2—黏土；3—M5 水泥砂浆

2）室内给水管道的布置

室内给水管道的布置与建筑物性质、建筑物外形及结构状况、卫生器具和生产设备布置情况以及所采用的给水方式等有关，并应充分利用室外给水管网的压力。

室内给水管道的布置应力求长度最短，尽可能呈直线走向，与墙、梁、柱平行敷设，兼顾美观，并应便于施工检修。按水平干管的敷设位置可分为上行下给、下行上给和中分式三种形式。埋地管道应尽量避免穿越设备基础、烟道、风道、橱窗、壁柜、大便槽、小便槽等，必须穿越时应在全长范围内加套管或采取其他相应措施。给水管道不宜穿越伸缩缝、沉降缝，如必须穿越时，应采取相应的技术措施。

（2）室内给水管道的敷设

1）明装：即管道在室内沿墙、梁、柱、顶棚下、地板旁暴露敷设。明装管道造价低，安装、维护均较方便。

2）暗装：即管道敷设在地下室天花板下或吊顶中，或在管井、管槽、管沟中隐蔽敷设。暗装管道卫生条件好，房间美观。但造价高，安装、维护均不方便。

一般的民用建筑及厂房采用明装，对装饰及卫生要求较高的建筑可采用暗装。

给水管道与其他管道同沟敷设时，应在热水管和蒸汽管下方、排水管上方。给水立管穿楼板时，应预留孔洞，孔洞尺寸见表 1-8。

给水立管穿楼板预留孔洞尺寸（mm） 表 1-8

管径	32 以下	32～50	75～100	125～150
管外皮距墙面距离	25～35	30～50	50	60
预留孔洞尺寸(宽×高)	80×80	100×100	200×200	300×300

三、室内排水系统

1. 室内排水系统的组成

卫生器具：用来满足日常生活中洗涤等卫生要求以及收集、排除生活与生产污、废水的设备。包括：便溺卫生器具；盥洗、沐浴用卫生器具；洗涤用卫生器具；地漏。

排水管道：包括器具排水管，排水横支管、立管、埋地干管和排出管。

通气管道：建筑内部排水管中为气水两相流，为防止因气压波动造成的水封破坏，使有毒有害气体进入室内，需设置通气管道。

清通设备：用于疏通建筑内部排水管道，保障排水通畅。常用的清通设备有清扫口、检查口（见图 1-33）和检查井等。

污水局部处理构筑物：当建筑内部污水未经处理不允许直接排入市政排水管网或水体时，须设污水局部处理构筑物。包括隔油井、化粪池、沉砂池和降温池等。

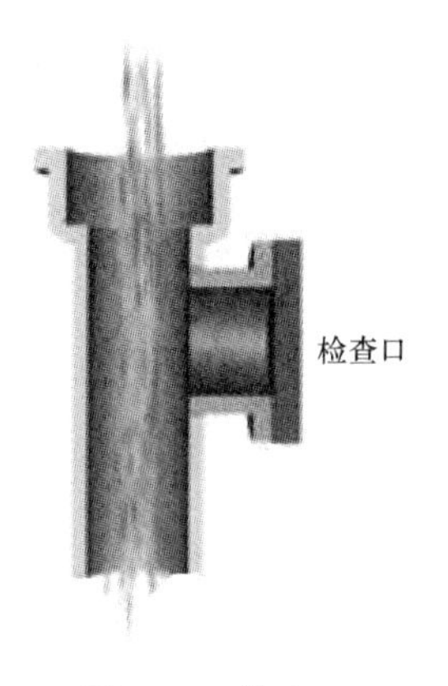

图 1-33　检查口

室内排水系统如图 1-34 所示。

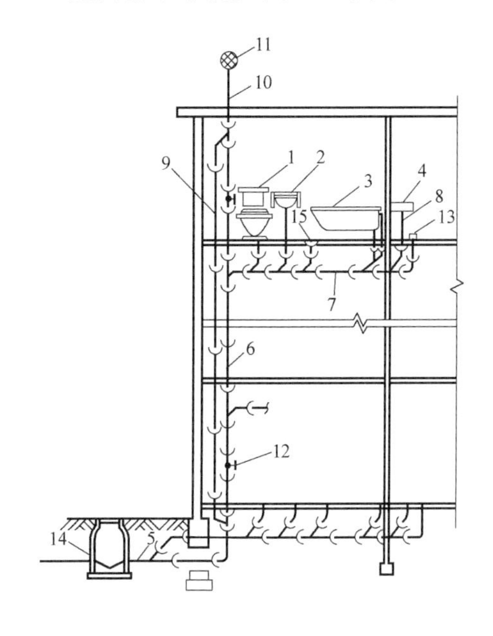

图 1-34　室内排水系统

1—坐便器；2—洗脸盆；3—浴盆；4—洗涤盆；5—排出管；6—排水立管；7—排水横管；8—S 弯；9—通气立管；10—通气管；11—透气帽；12—检查口；13—清扫口；14—排水检查井；15—地漏

2. 室内排水管材及附件

（1）排水管材

塑料管：目前在建筑内使用的排水塑料管是硬聚氯乙烯塑料管（简称 PVC-U 管）。PVC-U 管具有良好的化学稳定性和耐腐蚀性，还具有质量轻、内外表面光滑、不易结垢、容易切割等优点。采用承插粘接。

铸铁管：现在常用的排水铸铁管是离心铸铁管，管壁薄而均匀，质量轻，采用不锈钢带、橡胶密封圈、卡紧螺栓连接。具有安装更换方便、美观的特点。但是造价较高。

焊接钢管：主要用于洗脸盆、小便器、浴盆等卫生器具与横支管间的连接短管，管径一般为 32mm、40mm、50mm。无缝钢管：用于检修困难、机器设备振动较大的地方的管段及管道压力较高的非腐蚀性排水管。通常采用焊接连接或法兰连接。

（2）附件

存水弯：存水弯的作用是在其内形成一定高度的水封，通常为 50～100mm，阻止排水系统中的有毒有害气体或虫类进入室内，保证室内的环境卫生。存水弯有 S 型和 P 型两种形式，如图 1-35 所示。

检查口和清扫口：属于清通设备，用于保障室内排水管道排水畅通。检查口设置在立管上，若立管上有乙字弯管时应在乙字弯管上部设置检查口。清扫口一般设置在横管起点上。

地漏：一般设置在经常有水溅落的地面、有水需要排除的地面和经常需要清洗的地面

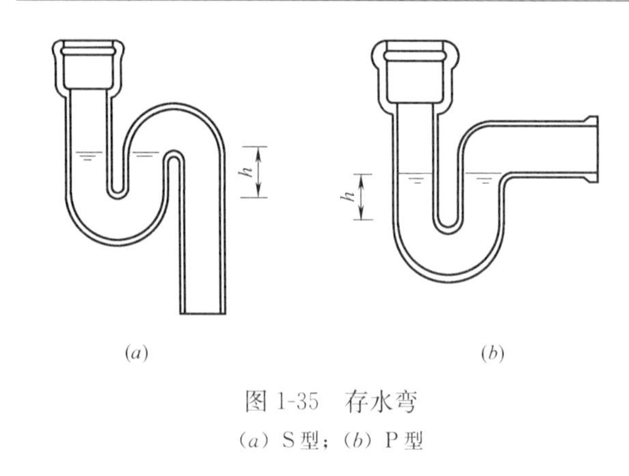

图 1-35 存水弯
(a) S 型；(b) P 型

（如淋浴间、盥洗室、厕所、卫生间等）。应设置于地面最低处。带有水封或存水弯。普通地漏应经常注水，以免水封因水分蒸发而破坏。

3. 室内排水管道的布置与敷设

(1) 排水横支管的布置与敷设

1) 排水横支管不宜太长，尽量少转弯，一根支管连接的卫生器具不宜太多。

2) 排水横支管不得穿过沉降缝、烟道、风道。

3) 排水横支管不得穿过有特殊卫生要求的生产厂房、食品及贵重商品仓库、通风小室和变电室。

4) 排水横支管不得布置在遇水易引起燃烧、爆炸或损坏的原料、产品和设备上面，也不得布置在食堂、饮食业的主副食操作烹调的上方。

5) 排水横支管与楼板和墙应有一定的距离，便于安装和维修。

6) 当排水横支管悬吊在楼板下，排水铸铁管接有 2 个及以上大便器，或 3 个及以上卫生器具时，横支管顶端应升至上层地面并设清扫口。

(2) 排水立管的布置与敷设

1) 排水立管应布置在靠近排水量大，水中杂质多，最脏的排水点处。

2) 排水立管不得穿过卧室、病房，也不宜靠近与卧室相邻的内墙。

3) 排水立管宜靠近外墙，以减少埋地管长度，便于清通和维修。

4) 排水立管应设检查口，其间距不大于 10m，但底层和最高层必须设。

5) 排水立管穿越现浇楼板时应预留孔洞，立管中心与墙面的距离及楼板预留孔洞的尺寸见表 1-9。

立管中心与墙面距离及楼板预留孔洞尺寸（mm） **表 1-9**

管径	50	75	100	150
管轴心线与墙面距离	100	110	130	150
预留孔洞尺寸	100×100	200×200		300×300

(3) 排出管的布置与敷设

1) 排出管应以最短的距离排出室外，尽量避免在室内转弯。

2) 埋地管穿越承重墙或基础处，应预留洞口，且管顶上部净空不得小于建筑物的沉降量，一般不宜小于 0.15m。

3) 排出管与室外排水管连接处应设检查井，检查井中心到建筑物外墙的距离不宜小于 3m，且不宜大于 10m。

4) 排出管管顶距室外地面不应小于 0.7m，生活污水排出管的管底可在冰冻线以上 0.15m。

(4) 通气管的布置与敷设

1) 通气管高出屋面不得小于 0.3m，且必须大于最大积雪厚度。通气管顶端应装设风帽或网罩。

2）通气管的管径一般与排水立管相同或比排水立管小一号。

通气管布置如图 1-36 所示。

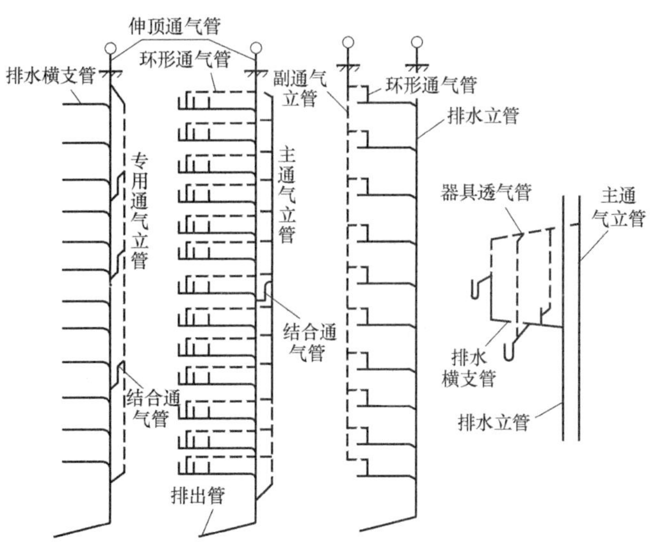

图 1-36　通气管布置示意图

4. 排水管道坡度的确定

排水系统属于重力流系统，因此排水横管在敷设时应有一定的坡度。建筑物内生活排水铸铁管的通用坡度、最小坡度和最大设计充满度按表 1-10 确定。

排水铸铁管的通用坡度、最小坡度和最大设计充满度　　表 1-10

管径(mm)	通用坡度	最小坡度	最大设计充满度	管径(mm)	通用坡度	最小坡度	最大设计充满度
50	0.035	0.025	0.5	125	0.015	0.010	0.5
75	0.025	0.015		150	0.010	0.007	0.6
100	0.020	0.012		200	0.008	0.005	

建筑排水塑料管中排水横支管的标准坡度应为 0.026。

1.2　建筑排水系统

1.2.1　【每周误区】住宅排水系统设计中常见的问题

图 1-37 为住宅室外排水系统示意图。在住宅排水系统设计中常见的问题主要有十个方面。

1. 排水系统选择不当

在实际设计中，大多数设计人员为了画图方便，或是条件所限，不管在什么情况下室

图 1-37　住宅室外排水系统示意图

内排水系统都采用污、废水合流制，这是不科学的。

住宅建筑室内排水系统是采用污、废水分流制还是合流制，应根据所在城市室外排水制度、市政主管部门的要求、是否有利于综合利用及处理要求来确定。下列情况下建筑物内宜采用生活污水与生活废水分流的排水系统：

（1）建筑物使用性质对卫生标准要求较高时。由于生活污水特别是大便器排水属瞬时洪峰流态，容易在排水管道中造成较大的压力波动，有可能在水封强度较为薄弱的洗脸盆、地漏等环节造成水封破坏，而相对来说洗涤废水排水属连续流，排水平稳。为防止蹿臭味，故建筑标准要求较高时，宜采用生活污水与生活废水分流的排水系统。

（2）生活废水量较大，且环卫部门要求生活污水需经化粪池处理后才能排入城镇排水管道时。由于生活污水中的有机物比生活废水中的有机物多得多，生活废水与生活污水分流的目的是提高粪便污水的处理效果，减小化粪池的容积，化粪池不仅起沉淀污物的作用，而且在厌氧菌的作用下起腐化发酵分解有机物的作用。如将大量生活废水排入化粪池，则不利于有机物厌氧分解条件的形成；但当生活废水量少时也不必将建筑物的排水系统设计成生活污水和生活废水分流系统。有的城镇虽有污水处理厂（站），但随着城镇建设的发展其已不堪重负，故环卫部门要求生活污水经化粪池处理后再排入市政管网，以减轻城镇污水处理厂（站）的压力。

（3）生活废水需回收利用时。各类建筑生活废水的排水量比例及水质可按现行《建筑中水设计规范》GB 50336—2002 选用。

2. 卫生器具排水管段上重复设置水封

有人认为设置双水封能加强水封隔绝排水管道中有害气体的功能，结果适得其反。双水封会形成气塞，造成气阻现象，使排水不畅且产生排水噪声。如在排出管上加装水封，楼上卫生器具排水时，则会造成下层卫生器具冒泡、泛溢、水封破坏等现象。

3. 雨水管穿越住宅客厅、餐厅

这个问题的存在是因为对规范理解不正确。根据《建筑给水排水设计规范》GB 50015—2003（2009 年版）第 4.3.3 条第 6 款规定，排水管道不得穿越住宅客厅、餐厅，并不宜靠近与卧室相邻的内墙。本条所说的排水管包括雨水管。客厅、餐厅也有卫生、安静要求，排水管穿厅导致群众投诉的案例时有发生，这是与建筑设计未协调好的缘故。

4. 小区室外排水管道采用混凝土管

根据原建设部 2007 年第 659 号公告《建设事业“十一五”推广应用和限制禁止使用技术（第一批）》中推广应用技术第 124 项推广埋地塑料排水管；限制使用第 18 项小于等于 *DN*500 的排水管道限制使用混凝土管的规定，小区室外排水管道应优先采用埋地塑料排水管。

5. 排水管道接入室内雨水管道

本条系指在住宅工作阳台设置洗衣机的排水接入雨水地漏排入雨水管道的现象。洗衣机排水地漏（包括洗衣机给水栓）设置位置的依据是建筑设计平面图，其排水应排入生活排水管道系统，而不应排入雨水管道系统，否则含磷的洗涤剂废水会污染水体。为避免在工作阳台上设置过多的地漏和排水立管，允许工作阳台洗衣机排水地漏接纳工作阳台雨水。工作阳台未标明设置洗衣机时，阳台地漏应按排除雨水设计，地漏排水排入雨水立管，并按《建筑给水排水设计规范》GB 50015—2003（2009年版）第4.9.12条的规定立管底部实行间接排水。

6. 采用钟罩式地漏

钟罩式地漏具有水力条件差、易淤积堵塞等弊端，为清通淤积的泥沙垃圾，需将钟罩（扣碗）移位，造成水封丧尽，下水道有害气体窜入室内，污染环境、损害健康，此类现象较普遍，应予禁用。

7. 地漏与存水弯的配合问题

规范上没有规定排水地漏一定要设存水弯，但这确实影响用户的使用效果。因此，凡是室内接有污水的排水系统的地漏，均应再配套安装P型存水弯，水封深度要保证在60～80mm之间，否则应增加一节短管来加大水深，这样可以有效地防止蹿味现象。

8. 横管和立管的连接问题

在一些建筑排水系统中，出户横管与立管的连接均采用一个90°弯头，这种做法堵塞率较高，合理的安装方法是采用两个45°弯头连接或者采用90°斜三通连接。排水管道的横管与横管、横管与立管的连接，宜采用45°三通、45°四通、90°斜三通，也可采用直角顺水三通或直角顺水四通等配件。

9. 厨房和卫生间的排水立管未分别设置

《住宅建筑规范》GB 50368—2005第8.2.7条及条文说明对此作了规定。为防止卫生间排水管道内的污浊有害气体窜至厨房内，对居住者的健康造成影响，当厨房与卫生间相邻布置时，不应共用一根排水立管，而应在厨房内和卫生间内分别设排水立管。

10. 阳台雨水立管与屋面雨水立管连接，未单独设置

这样做的结果一是一旦雨水立管某段发生堵塞，屋面的雨水就会通过阳台地漏溢出；二是一般雨水立管接入雨水检查井，雨水检查井里的臭气就会通过阳台地漏进入室内，污染室内环境。因而要求阳台雨水排水系统应单独设置，且阳台雨水立管底部应间接排水。但若是在生活阳台上考虑了洗衣机放置位置，此时阳台排水已是废水，立管排水应接入排水系统，不能直接排至室外或雨水系统。

住宅排水系统设计的不周全、不合理，将对生活造成极大的影响。因此，不论是在设计还是在施工过程中，都应严格执行现行相关规范，不断总结设计和施工安装过程中的经验教训，完善和提高整体的安装工艺水平，力求为社会提供功能齐全、安全可靠、美观实用的建筑精品。

1.2.2 【给水排水精品案例】第五期：日本景观排水沟的精细化设计解析

商业环境中的景观元素按照商业空间氛围营造的重要性分为三级。第一级为装饰型，即以装饰性为主的景观元素，其往往是城市建筑物的第二名片，如城市空间艺术品、雕塑等；第二级为混合型，即功能性和装饰性并重的景观元素，如铺装、座椅、树池、树箱花钵等；第三级为功能型，即以功能性为主，其装饰性需与环境融合，不宜过分突出，如排水沟、围栏、栏杆扶手、装饰井盖、树池箅子、隔离墩等。

第三级纯功能型的景观元素一般不太被人注意，但它们却是景观设计不可或缺的重要单项，其细节设计的好坏是项目品质表现的重要元素之一，此单项在以往的设计中往往不被重视，在对日本商业环境的考察中，这些第三级景观元素给笔者留下了很深的印象，以下就以排水沟为例，对其功能设计、成本控制、人性化细节以及在万达广场中的实施情况进行解析和探讨。

图 1-38 以排水沟作为场地边界

1. 纯功能型的景观元素也是良好的环境装饰

（1）空间界定，强化场所感

当地面铺装材料颜色相同时，利用排水沟界定空间，并结合花池座椅、建筑等元素划分空间，进一步强化区域场所感。如图 1-38、图 1-39 所示。

（2）铺装分界，区分不同的功能区域

利用排水沟位置的特殊性，作为不同铺装材质或拼花的分界变化线，同时还起到了不同功能分区的划分和警示作用。如图 1-40 所示。

图 1-39 与建筑呼应划分空间

图 1-40 市政人行道和商业场地空间的划分线

（3）铺装装饰，并有一定的导向作用

利用排水沟或排水口的直线和点阵特点，以点线结合的形式，起到一定的导向和强调作用。如图 1-41、图 1-42 所示。

图 1-41　导引建筑入口

图 1-42　强调环境中心区域

2. 排水沟的样式设计与成本控制是密不可分的

商业区域对品质的不同要求决定了排水沟的样式，从而做到了对成本的良好控制。以下按照位置和功能进行分类分析。

（1）地面排水主沟（见图 1-43～图 1-46）

图 1-43　地面排水主沟（一）

图 1-44　地面排水主沟（二）

位置：地面主人流区，多为通行空间，人流较多。

分类：地面排水主沟。

样式：暗沟，一般采用装饰性侧排式沟盖板，且样式统一。

图 1-45 地面排水主沟（三）

图 1-46 地面排水主沟（四）

材料：不锈钢，用材质地坚固耐久，施工质量高，排水沟按照市政标准模块统一加工（经考察，大部分排水沟规格均为统一样式），避免了因施工单位不同，而影响施工质量。

（2）地面排水辅沟或集水口（见图 1-47 和图 1-48）

位置：地面非主人流区，多为休闲空间，人流较少，人行速度较慢。

图 1-47 铺装边界排水沟

图 1-48 建筑入口处设精致的集水口

分类：地面排水辅沟或集水口。

样式：一般采用全排式沟盖板，样式规格根据场地功能单独设计。

材料：不锈钢和铸铁，一般需开模加工制作。

(3) 屋面排水主沟（见图 1-49）

位置：上人屋面，人流较多。

分类：屋面排水主沟。

样式：暗沟，一般采用全排式沟盖板。

材料：不锈钢和铸铁。

(4) 屋面排水辅沟（见图 1-50 和图 1-51）

位置：上人屋面，人流较少。

分类：屋面排水辅沟。

样式：明沟无盖板，局部采用全排式沟盖板。

材料：沟体为混凝土。

图 1-49 屋面排水主沟

图 1-50 屋顶排水明沟

图 1-51 屋顶排水明沟局部增设全排式盖板

成本控制与排水沟样式统计见表 1-11。

成本控制与排水沟样式统计表 **表 1-11**

分类		样式 A	样式 B
1	沟体	明沟	暗沟
2	沟盖板	全排式盖板	侧排式装饰性盖板
与成本关系		低	高

从表 1-11 可以看出，日本景观设计在控制造价时按照功能区域、人流大小确定排水沟的样式。

3. 人性化的细节设计无处不在

排水沟的细节设计充分考虑人性化，大大增加了人行的舒适度，且材料施工工艺细致，效果品质非常好，以下举出一些范例以供参考。

（1）上人屋面通道边界的排水沟一般采用明沟，增设局部盖板以增加人行舒适度和避免安全隐患为主，通常有以下几种方式：

1）增设盖板的材料色彩均与周围环境主调相同。如与人行通道或休息区交叉时，则采用全排式沟盖板覆盖沟体（见图 1-52 和图 1-53），使人行顺畅。如集水检修井口超出明沟范围（见图 1-54），也需增设盖板，避免造成安全隐患，且细部设计考虑安装的稳固性和材料的耐久性。

图 1-52　人行通道上的明沟增设排水盖板

图 1-53　休息区的明沟增设排水盖板

图 1-54　集水检修井口上增设排水盖板

2）增设盖板的材料色彩既与周围环境主调相同，又有警示作用。

屋面道路转角处的明沟增设沟盖板，并用特殊色彩进行装饰，保证人行安全，起到提示作用（见图 1-55）。

（2）台阶排水沟设置在边侧，台阶踏面不易有积水，且沟宽适宜，行人不易绊脚（见图 1-56）。

（3）排水沟规格与地砖模数相同，施工设计相辅相成，施工能做到精确的模砖对缝（见图 1-57）。

（4）排水沟位置选择以不影响场地的整体效果为宜，如沿旗廊柱子内侧布置排水沟（见图 1-58）。

图 1-55 屋面道路转角处明沟增设沟盖板（带装饰）

图 1-56 台阶边沟

图 1-57 排水沟规格与地砖模数相同

图 1-58 排水沟位置应使整体环境美观

（5）排水沟检查井应设置在边角隐蔽位置，以免破坏排水沟的整体美感（见图 1-59）。

（6）排水沟各种接口处理应特殊设计及定制。如地面主沟与辅沟接口处理采用异形加工制品，施工细致（见图 1-59）。再如利用地面辅沟使建筑落水管与地面主沟相连（见图 1-60）。

（7）其他排水设施的细节设计

1）建筑散水：采用下凹式设计，利于幕墙雨水快速汇集，底部铺砌透水材料，满足绿建标准，底部管沟与排水沟相连，可加速雨水排放（见图 1-61）。

图 1-59　检修口及接口处理

图 1-60　建筑落水口与排水沟接口处理

图 1-61　建筑散水

2）集水口：雨水箅子做工精致，采用螺丝固定，便于后期维护，不易损坏和丢失（见图 1-62）

3）花池溢水口：对于立体式种植池，当雨水无法快速渗漏时，会从种植池顶部溢出，污染池壁，设溢水口可解决此问题，此细节设计既美观又精致（见图 1-63）。

图 1-62　集水口雨水箅子样式

图 1-63　花池溢水口样式

1.2.3 【每周误区】排水系统水封的五个认识误区

人们对排水系统水封的五个认识误区中，有的仅仅在特定的点上成立，有的则是逻辑上不相关。在分析了关于排水系统水封的五个认识误区的基础上，依据新的水封理论，对如何摆脱这五个认识误区提出了新的见解。

1. 五个认识误区

误区一：水封深度越小，水封排水能力越大，而水封阻止管内气体逸出的能力越低。反之亦然。

误区二：排水立管排水时管内负压一定不能穿透水封，否则水封必然会因管内负压的抽吸而丧失。

误区三：水封只有耐住了管内$-40mmH_2O$的负压，才能耐住管内$40mmH_2O$的正压。

误区四：负压抽吸、正压喷溅、自虹吸、惯性晃动、蒸发和毛细作用6项因素会对水封产生不利的影响。

误区五：水封深度不得小于50mm。

2. 对4五个认识误区的说明

（1）对于误区一，实际上水封深度越小，水封排水能力越大，但水封的正压阻气性能不一定降低。

通过对水封的研究和试验测试，我们得到了表1-12和表1-13的数据。

水封试验测试结果（一）（mm） 表1-12

测定项目	水封比									
	0.5	0.8	1	2	3	4	5	6	7	8
损失高度	26.7	22.0	20.0	13.3	10.0	8.0	6.7	5.7	5.0	4.4
正压落差	13.3	18.0	20.0	26.7	30.0	32.0	33.3	34.3	35.0	35.6
剩余深度	13.3	18.0	20.0	26.7	30.0	32.0	33.3	34.3	35.0	35.6
正压增高	6.7	14.4	20.0	53.4	90.0	128	166.5	205.8	245.0	284.8
正压全高	20.0	32.4	40.0	80.1	120.0	160.0	199.8	240.1	280.0	320.4
水封深度	40.0	40.0	40.0	40.0	40.0	40.0	40.0	40.0	40.0	40.0

注：设定水封深度为40mm。

水封试验测试结果（二）（mm） 表1-13

测定项目	水封比									
	0.5	0.8	1	2	3	4	5	6	7	8
损失高度	26.7	27.2	20.0	6.7	3.3	2.0	1.3	1.0	0.7	0.6
正压落差	26.7	22.0	20.0	13.3	10.0	8.0	6.7	5.7	5.0	4.4
剩余深度	26.7	22.0	20.0	13.3	10.0	8.0	6.7	5.7	5.0	4.4
正压增高	13.3	17.6	20.0	26.7	30.0	32.0	33.3	34.3	35.0	35.6
正压全高	40.0	40.0	40.0	40.0	40.0	40.0	40.0	40.0	40.0	40.0
水封深度	53.4	50.0	40.0	20.0	13.3	10.0	8.0	6.7	5.7	5

注：设定剩余水封耐管内正压$40mmH_2O$。

通过对水封的研究，我们发现，改变水封内、外室水面的比值（水封比）后，水封的性能会出现人们不曾关注过的变化。加大水封比后，所需的水封深度会相应变小，水封排水能力会增大。水封比越大，所需的水封深度就越小，水封排水能力就越大。

然而，水封比过小，比如水封比为 0.5 时，尽管水封深度已达 40mm，但经过管内 $-40mmH_2O$的负压抽吸后，水封剩余深度仅为 13.3mm，水封剩余深度抗管内正压的能力也仅为 $20mmH_2O$（见表 1-12）。

如果我们要求水封剩余深度抗管内正压的能力为 $40mmH_2O$，当水封比为 0.5 时，则水封深度必须达到 53.4mm 以上，经 $-40mmH_2O$ 的管内负压抽吸后，水封剩余深度为 26.7mm，（见表 1-13）。

（2）对于误区二，我们习惯以钟罩式地漏的水封为例来说明水封是不能被负压穿透的，因为钟罩式地漏的水封一旦被负压穿透，水封水就会被抽吸殆尽，水封丧失。其实，钟罩式地漏的水封只是水封的一种。

依据新的水封理论设计的水封（包括钟罩式地漏的水封），加大了水封比，水封就有了以下特性：

1）允许负压抽吸穿透向管内进气；

2）利用虹吸的抽吸作用增加水封排水量且允许虹吸穿透向管内进气；

3）系统压力消失后水封剩余深度仍能恢复抗管内正压所需的能力。

（3）对于误区三，当我们依据新的水封理论对排水系统中所有的水封进行优化设计（加大水封比）后，水封能够耐住管内正压 $40mmH_2O$ 与水封是否能够耐住管内负压 $-40mmH_2O$之间就没有了必然的联系。也就是说水封能耐住管内 $40mmH_2O$ 的正压，并不需要水封一定要耐住管内 $-40mmH_2O$ 的负压。

（4）对于误区四，在我们依据新的水封理论对水封进行优化设计时，传统的 6 项破坏因素中的自虹吸和负压抽吸已不再是力求避免的不利因素，而是有利因素，要充分利用。这有助于提高水封的排水能力，同时，有助于平衡管内负压，提高排水立管的排水能力。

（5）对于误区五，在对水封进行深入研究后发现，“水封深度不得小于 50mm”也是有待于商榷的。

众所周知，水封的真实意义（或功能）是当管内压力大于外界压力时，阻止管内的气体逸出，避免污染室内空气。所以我们最为关注的应该是管内正压时水封的表现。对于管内负压时水封的表现，我们则要求水封在管内负压作用后，不能丧失阻止管内气体逸出的功能。

3. 依据新的水封理论摆脱五个认识误区

水封比理论有助于我们重新认识水封，全面了解水封的属性，从固有的认识误区中解脱出来。

（1）对误区一的效果：

依据水封比理论，加大水封的水封比后，水封所需的初始深度相应变小。在保证水封耐管内正压力的同时，也提高了水封自身的排水能力。

（2）对误区二的效果：

既然新式水封要利用负压抽吸和自虹吸，系统内的压力消失后，其剩余深度必须能自动恢复耐管内正压的能力，那么，我们测试新式水封排水系统排水立管的排水能力时就不必再关注水封是否被负压穿透。

(3) 对误区三的效果：

依据新的水封理论，在保证水封剩余深度能耐住管内正压不小于 40mmH_2O 的前提下，随着水封比的逐渐加大，与之对应的水封深度会越来越小。这就意味着水封在负压抽吸穿透时或自虹吸末期负压抽吸穿透时的负压值也越来越小。换言之，当管道内的负压值还很小时，室内气体就开始穿透水封进入管内，平衡管内的负压了。

(4) 对误区四的效果：

对于水封的 6 项破坏因素，新的水封理论不再是力求避免，而是立足于利用，无利用价值再预防和保护。

对于自虹吸，加大水封比后，水封可以借助虹吸的负压抽吸作用来提高自身的排水能力，并允许自虹吸末期的负压抽吸穿透。

对于负压抽吸，加大水封比后，水封所需的初始深度相应变小。水封会在很小的管内负压作用下被穿透并向管内输送大量的空气（类似吸气阀），及时平衡和缓解管内的负压。这个特性会为提高排水立管的最大排水能力提供上升空间。

对于惯性晃动，加大水封比后，水封因管内压力波动影响而产生的晃动，会因为水封内、外室水面大小的差异或不对称而受到极大的制约。

对于正压喷溅，加大水封比后，水封因管内正压力的骤然影响而可能产生的喷溅，会因水封水容量的加大，降低其运动加速度而受到制约。

(5) 对误区五的效果：

水封比理论改变了我们对水封的关注点。传统理论关注水封能否耐住管内－40mmH_2O的负压，并以此来证明水封能否耐住管内－40mmH_2O 的正压。水封比理论直接关注水封能否耐住管内 40mmH_2O 的正压，不关注水封能否耐得住管内－40mmH_2O 的负压。因为水封能否耐住管内 40mmH_2O 的正压与水封的水封比以及相应的水封深度直接相关。

依据新的水封理论设计的水封，其具备的功能，可以完成《排水系统水封保护设计规程》CECS 172—2004 中第 4 节“水封保护措施”中全部问题。第 4.0.2 条为防止因负压抽吸而导致水封破坏，宜采取下列一项或多项措施：

(1) 设置完善的通气系统；

(2) 采用水封深度较高、存水量较多的存水弯；

(3) 加大排水立管和排水横管管径；

(4) 设置吸气阀；

(5) 采取特殊单立管排水系统。

4. 结论

传统的水封理论将我们引入了误区，客观上直接影响了高层建筑排水系统整体性能的提高。新的水封理论为排水立管通水能力的提高提供了上升的空间。新的水封理论会对建立在传统水封理论基础之上的建筑排水理论、排水立管流量测试以及水封性能评估、检测产生积极影响。新的水封理论会通过提高排水立管的通水能力，少用或不用通气管系，直接影响高层建筑排水系统的工程造价。

1.2.4 【每周误区】建筑工程同层排水系统的优缺点集锦

同层排水的优势很多，缺点可以忽略不计或发生故障的几率很小。前提是物业已是同层排水布局，自己改动成本和难度较大。

1. 同层排水的优点

（1）布局灵活，可以自由布置卫生间格局，不受限制；

（2）不浪费材料，按需布管，无需承担改造的高昂成本和隐患；

（3）减少弯头、存水弯等管件，排水更顺畅，降低堵塞几率；

（4）不贯穿楼板，降低渗漏到楼下的几率；

（5）大幅度降低噪声，同层排水的横管埋在填充层内，起到隔声作用；

（6）物业归属明确，除了公共排污立管，横管位于本层；

（7）减少层高占用，无需吊顶；

（8）减少卫生死角（使用挂墙系统），方便清洁，更卫生。

2. 同层排水的缺点

（1）需要用户自行承担布管、回填费用（非挂墙系统）；

（2）需要自行承担故障带来的损失。

（3）一旦漏水不好维修，这个涉及管线作业时的施工和验收。如果验收合格，出现漏水的几率极低，如果是管道自身质量问题，厂家需要承担损失。防水的事大家过虑了，以往的降层排水漏水，往往是通过通往楼下的竖管漏的，只要做防水时注意夹角是没有问题的，同层排水不涉及这个问题。只要回填做防水，即使防水失效，但瓷砖质量过关（吸水率≤0.5%，全瓷瓷砖标准）、地漏排水顺畅，水是没那么容易穿过200～300mm到楼下的。

3. 地区同层排水不同案例

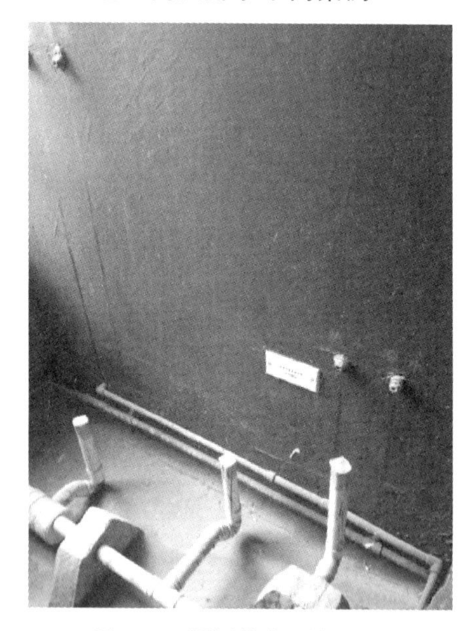

图1-64 同层排水系统（一）

南方地区大多是同层排水，北方少数城市或少数开发商布局了同层排水。

4. 科普下同层排水的知识

同层排水，即所有排污口/排污横管位于该楼层内，仅主排污竖管贯穿楼上楼下串联。区别于传统降层排水，排污管打穿楼板引到楼下，后由排污横管导向竖管。

同层排水目前分两类，最初的是开发商预留排水位，可自行再做更改，如图1-64所示（注：图片来自深圳客户卫生间原始管线）。

另外一种为只预留横管接口，用户自行布管后连接主排污管，如图1-65、图1-66所示。（注：图片来自北京客户卫生间原始管线）。

降层排水，卫生间上方满是横管及各种存水弯，如图1-67、图1-68所示（注：图片来自济南

图 1-65 同层排水系统（二）

图 1-66 降板排水楼面

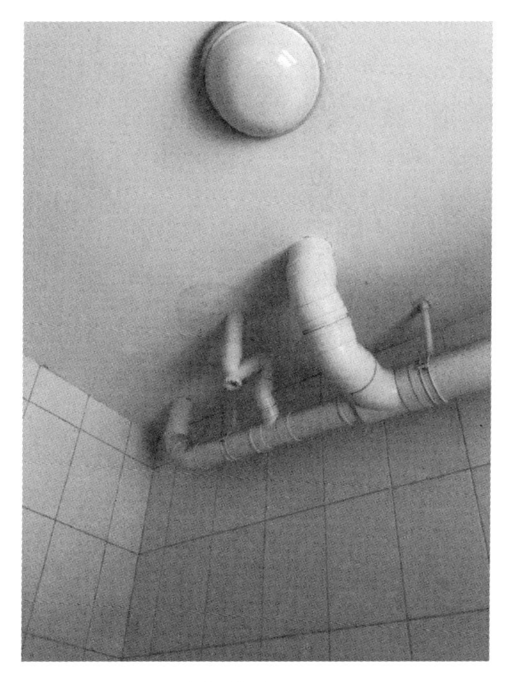

图 1-67 降板排水下层屋面（一）

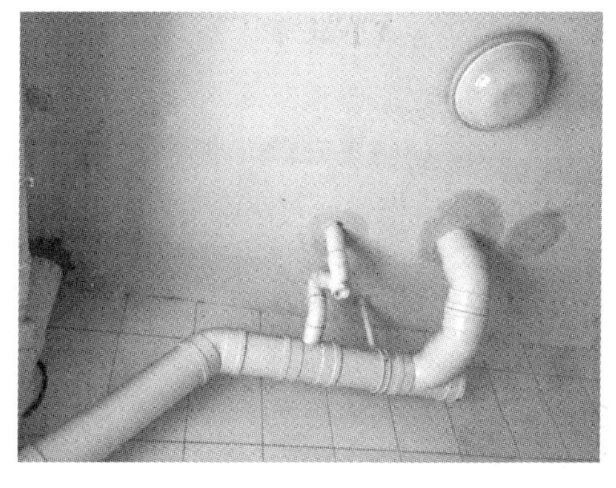

图 1-68 降板排水下层屋面（二）

客户卫生间原始管线）。奇葩的是开发商将两个卫生间的排水立管合并为一个，但立管不堪重负那么多接头，出现了一个树枝状。占用空间，把卫生间弄得哭笑不得。天花上的水渍均为楼上渗水……

北方地区基本还是采用降层排水。顶得吊，立管得包，防水格外小心，空间占用严重，格局全靠给水排水设计师来定，钱真没少花。

传统排水方式是让洗手盆、便器、地漏等的排水管穿越楼板，在下层房间内汇集到排水立管。同层排水是把排水管埋设在本层卫生间楼面垫层里，在本层汇入立管。

同层排水的优点是：下层房间天花板下面平整，没有排水管带来的视觉不适、噪声、异味，上层卫生间检修时不需要到下层房间里面来。比较适合上下层是不同业主的情况。

同层排水的缺点是：因为排水管埋设在楼面垫层中，一旦有漏水等问题，需要破坏楼面装饰层才能检查。

1.2.5 单立管排水系统的特点、设计优势及在民用建筑中的应用

一、单立管排水系统的类型及特点

随着技术的发展，单立管排水系统成了建筑区内污水排出系统的重要组成之一，其主要特点在于：管道内的流量较大；安装方便，占用空间较少，并且相对节省了材料。单立管中的苏维托单立管和AD型特殊单立管适用性较强，因此适用范围较广。

1. 苏维托单立管排水系统

在苏维托单立管排水系统的使用中，采用气水混合产生的配件，在管道的上部使用苏维托特制的配件，在下部使用泄压管道装置。泄压管的使用是为了将正压区中的压力释放到负压区中，使两个区的压力保持平衡，保证排水管道的整体稳定。

在进行排水的过程中利用到了混合器原理和放气器原理。其主要特点是：利用挡板使水流进入立管中，同时保证立管中存在气流，为整个系统提供压力所需要的流动空气，使气压的变化值保持在最小值。经过的水流在立管内向下流通，在经过偏置管时水流的速度会减小，同时水流的方向也随之改变，水体分离。由于空气的涌入便形成了气水混合物，其下降速度较慢、密度和吸力较小，有效地减少了在下降过程中由于重力产生的负压。放气器的原理是：管道内的水流在重力的作用下下落，在下落的过程中与隔离空气室中的偏置管相撞击，在此过程中，水流中的空气得到了释放，释放气体后的水流体积减小，从而能够顺利进入水平管道空间内，使管道中的反压力得到有效的减少。

2. AD型特殊单立管排水系统

AD型特殊单立管排水系统是排水系统中较先进的一种，其主要特点在于在接头中采用铸铁件，并在配件内进行导流桨片的设置，水流在经过管道时呈连续螺旋状。螺旋水流在经过导流桨片时压力被加大，有效地解决了管道中产生的水舌现象。立管中的水进入横管时在接头处的停留减缓了水速，产生的重力流的压力得到了有效的减少，阻止了水跃现象的产生，使得排水过程更加顺畅。

3. 旋流降噪特殊单立管排水系统

在旋流降噪特殊单立管排水系统的使用中，排水量在6L/s以下时，就需要采用CH-1型旋流降噪特殊单立管排水系统。在使用的过程中需要安装旋流三通，在主管底部和横管之间添加导流接头、大曲率底部异径弯头等专用配件。排水量在6L/s以上时，就需要采用CH-2型旋流降噪特殊单立管排水系统，同时安装旋流三通，在主管中要使用加强型的螺旋排水管和大曲率底部异径弯头等专用配件。

在同一楼层内进行排水时要综合使用旋流降噪接头、具有降噪功能的弯头，同时还要使用防漏设施、多通道地漏等专用配件。

二、单立管排水系统和多立管排水系统的比较

1. 在不同类型建筑中的技术比较

在双立管排水系统和三立管排水系统中都有自身的专用排水系统，将排水立管和通气立管设置为相同的管径时，其通气效果大致一样。在苏维托单立管排水系统和AD型特殊

单立管排水管系统的使用过程中都没有专用的排水系统，采用相同管径的排水立管时，其通气效果相同，但在加入专用通气立管的排水系统中，通气效果明显要比采用专用通气立管的单立管排水效果好。在进行排水管的使用时，将排水管的管径设置为 *DN*100 时，三立管排水系统连接的使用器具所能承受的排水负荷楼层数多于双立管排水系统连接的使用器具，在进行单立管排水系统的选择时，侧重于选择 AD 型特殊单立管排水系统，原因在于其承受的负荷楼层数要多于苏维托单立管排水系统；将排水立管的管径设置为 *DN*125 和 *DN*150 时其结果与管径为 *DN*100 时相同。

综上所述：与排水系统的排水能力，由强到弱依次为：三立管排水系统，双立管排水系统，AD 型特殊单立管排水系统，苏维托单立管排水系统。

2. 在不同类型建筑中的经济比较

（1）常规办公楼

在办公楼的公共卫生间中设置有便器和洗手盆等用水设备，由于受到高度的限制，因此不能够使用苏维托单立管排水系统和 AD 型特殊单立管排水系统。在进行排水管道的设置时分别进行三立管排水系统和双立管排水系统的使用，在研究中发现，在 15 层以下的办公楼层中，三立管排水系统的使用费用要高于双立管排水系统，而在 15 层或 15 层以上的办公楼层中，三立管排水系统的使用费用则低于双立管排水系统。随着楼层不断增高，使用双立管排水系统的费用增加程度要高于使用三立管排水系统的增加程度。

（2）住宅建筑

在住宅建筑的使用中，若以 10 层为基础进行设计，当楼层高度小于 15 层时，单立管排水系统和多立管排水系统的使用价格没有太大差异。但随着楼层逐渐增高，单立管排水系统和多立管排水系统的使用价格就会产生相应的变化，在 15 层以上的楼层中使用单立管排水系统和双立管排水系统的价格增长幅度要比使用三立管排水系统的价格增长幅度大。在同一楼层的排水管道中，三立管排水系统的使用费用明显低于其他排水系统。

（3）商业建筑

对商业建筑中采用单立管排水系统、双立管排水系统和多立管排水系统进行综合比较，发现随着楼层的增加使用效果呈现出了明显的不同。以 5 层建筑为计算的标准，当立管的管径为 *DN*125 时，单立管排水系统只能使用在建筑中的 10 层或 10 层以下的楼层中；当建筑层数为 15 层或 15 层以下时，单立管排水系统和多立管排水系统的使用价格差别不大；随着楼层的增加，排水系统的使用价格也会增加，当楼层高于 20 层时，就只能使用三立管排水系统和双立管排水系统，而在进行价格的比较时，发现三立管排水系统的价格明显低于双立管排水系统，因此，使用三立管排水系统明显优于使用双立管排水系统。

三、特殊单立管排水系统的管道布置要求

（1）排水立管宜靠近排水量最大的排水点，排水立管宜敷设在管道井内。

（2）排水立管不得穿越卧室、病房等对卫生、安静有较高要求的房间，并不宜靠近与卧室相邻的内墙。

（3）排水横支管应减少转弯，排水横支管的长度不宜大于 8m。

（4）排水管道不得穿沉降缝、伸缩缝、变形缝、烟道和风道，排水管道不得敷设在变配电间、电梯机房和通风小室内，排水管道不宜穿越橱窗、壁柜。

（5）排水管道不得穿越生活饮用水池（箱）的上方。

（6）当立管采用 PVC-U 加强型螺旋管时，管道应避免布置在热源附近，当不能避开，且表面温度可能超过 60℃时，应采取隔热措施。

（7）塑料管应避免布置在易受机械撞击处，当不能避开时，应采取防护措施。

（8）底层排水管宜单独排水。在保证技术安全的前提下，底层排水管也可接入排水立管合并排出或接入排水横干管排出；当接入排水立管时，最低排水横支管中心距排水横干管中心的距离应大于等于 0.6m。

（9）当防火要求较高时，排水立管应采用加强型钢塑复合螺旋管。高层建筑的塑料管穿越楼层、防火墙、管道井井壁时，应根据建筑物性质、管径、设置条件和穿越部位的防火等级等要求设置阻火胶带或阻火圈。

（10）AD 型特殊单立管排水系统的排水立管顶端应设伸顶通气管，其管径不得小于立管管径。

（11）AD 型特殊单立管排水系统可不设专用通气立管、主通气立管和副通气立管。当按规范规定需设置环形通气管或器具通气管时，环形通气管和器具通气管可在 AD 型接头处与排水立管连接。

四、特殊单立管排水系统在超高层民用建筑中的应用

1. 高层建筑排水系统面临的主要问题

由于排水管线长、用水器具多、用水高峰时期管内瞬时流量大，易造成排水管内正负压交替、通气不畅；在吸出作用、自虹吸作用、毛细管现象等的作用下造成排水器具水封损失，排水管内含有的硫化氢、吲哚等恶臭成分有可能进入室内，引起用户感官不适，对健康造成损害。高层建筑排水系统较强的冲击负荷要求排水管道材料承压强度高，抗腐蚀，能有效降低水流噪声，且便于施工，维护方便。

2. AD 型特殊单立管排水系统简介

根据排水原理的差异，高层建筑特殊单立管排水系统可分为苏维托单立管排水系统与旋流式单立管排水系统。AD 型特殊单立管排水系统属于旋流式单立管排水系统，由日本某公司自主研发，是现今特殊单立管排水系统中较为先进的排水系统。它的管材由 PVC-U 加强型螺旋管或螺旋硬聚氯乙烯内衬钢管（螺旋 DVLP 管）构成；横支管与立管接头采用 AD 细长接头，接头内部有导流叶片，用于加强立管螺旋水流；立管下部采用异径、大曲率半径、蛋形断面 AD 型底部接头。管道与 AD 型接头采用法兰柔性连接或橡胶密封圈柔性承插连接。排水通过 AD 型接头，在导流桨片的带动下在立管内形成回旋水流，立管螺旋结构水流在立管内贴壁旋转下排直至立管底部，使立管中央气流与顶部外界空气相连，气压保持稳定状态；当排水到达立管底部时，蛋形断面能提供足够的空气层使水流顺利通过，从而有效防止水跃现象产生。

与普通排水系统相比，AD 型特殊单立管排水系统具有以下优势：（1）只占一个管位，节省安装空间和管道材料成本。（2）排水贴壁螺旋流，单管排水又通气，且有效降低水流噪声。（3）系统简单，安装维护方便。

3. 工程实例

2011 年设计完成的无锡某高层民用建筑排水系统采用了 AD 型特殊单立管排水系统。

(1) 工程概况

本工程占地面积10493m^2，总建筑面积17.79万m^2，地下三层，地上65层，总建筑高度247.85m。1～6层裙房为商场、酒店等综合楼；7～65层为主楼，由A、B两幢塔式高层组成，其中7层、21层、36层及51层为避难间与设备用房。A幢塔楼为酒店式公寓，B幢塔楼36层以下为办公，以上为酒店式公寓。由《民用建筑电气设计规范》JGJ 16—2008可知本工程建筑属于超高层建筑。

(2) 排水系统选择

本工程排水系统采用污、废水分流制，所有污水均排至室外化粪池，废水排至室外排水管。主楼排水按楼层分两段，7～35层排水立管由6层顶汇流至管井污、废水主立管；37～65层排水立管由36层顶汇流至管井污、废水主立管。

经计算，主楼排水分立管流量最大达到5.17L/s，超过《建筑给水排水设计规范》GB 50015—2003（2009年版）1中*DN*100（*de*110）立管伸顶透气排水量最大值4L/s。由于主楼卫生间面积有限，经多方面比较，主楼排水立管采用AD型特殊单立管排水系统；核心筒管井内主排水立管采用双立管排水系统。

(3) 排水系统设计

1) 横支管设计

《AD型特殊单立管排水系统技术规程》CECS 232：2007明确表明，该系统的横支管与横干管应采用光壁管，不得采用螺旋管或加强型螺旋管。本工程塔楼横支管与横干管均采用硬聚氯乙烯（PVC-U）光壁排水管。

A幢塔楼公寓污、废水分立管共22根，放置在14个管井内。

B幢塔楼37～65层公寓排水系统布置同A幢塔楼，7～35层办公污、废水分立管共14根，放置在7个管井内。

2) 立管与横干管设计

A、B幢塔楼36～65层段污、废水分立管通气方式为伸顶通气；7～35层段污、废水分立管分别于35层吊顶内汇合接至核心筒内排水管井污、废水主通气管。在保证技术安全的前提下，规范允许立管最底层排水横管接入立管合并排出，但要求最低排水横支管中心距排水横干管中心的距离应大于等于0.6m。考虑到此种接法会严重影响室内吊顶高度，本工程A、B幢塔楼7层、37层排水横支管直接接至横干管，与各分立管一起汇流至排水主干管。主干管接入横支管时，应考虑设置辅助通气管，并在AD型接头处与排水立管连接。

A、B幢塔楼21层、51层为设备层，排水立管经过此楼层需偏置。偏置宜采用45°弯头，并需设置辅助通气管，辅助通气管应从偏置横管下层的AD型细长接头接至偏置管上层的AD型细长接头，并应采取防止排水立管水流流入辅助通气管的措施。

3) 设计注意事项

本项目为超高层民用建筑，排水立管较长，当立管接至7层、37层并汇流至横干管时，横干管承受着以上27层的排水流量，故而将横干管管径扩大至*De*160。对于防火等级较高的建筑，排水立管应采用加强型钢塑复合螺旋管。高层建筑排水立管穿越楼层部位应设置阻火胶带或阻火圈。

1.2.6 上海中心大厦给水排水系统几点技术难点剖析

上海中心大厦是由同济大学建筑设计研究院（集团）有限公司设计的，其中给水排水系统做得相当不错，其中还是有很多高难度技术的，搜集了一些资料，和大家分享下，吸取优秀工程中的精华是我们每一位设计者都必须学会的事情！

1. 难点一：雨水系统的减压与消能

600m 排水高度，87 斗系统立管内的流态不明；

减压方式：立管水平折弯、减压水箱；

利用 LV66 雨水收集池兼作减压水箱；

通过溢流口高度控制 87 斗的斗前水深；

屋面溢流口设置与幕墙设计结合：导流 4 个方向均设置，减少风的影响；

2. 难点二：排水立管高度对排水能力的影响

立管排水层数大于 15 层，排水能力按 90%；

设置器具通气管改善立管排水能力；

现设计最大排水层数：约 40 层。

3. 难点三：生活、消防合用系统水泵联动控制

（1）平时工况：

没有消防泵、生活泵之分；

所有水泵按消防泵要求配置及供电；

由水箱水位控制水泵的启闭；

平时水泵的开启数量为 1～2 台；

低于消防水位时，自动锁闭转输泵并报警；

每个水箱有 2 套液位计，数据实时显示。

（2）消防工况：

通过压力开关、消防箱内的按钮进行火灾报警；

系统识别消防工况；

由水箱水位控制水泵的启闭；

消防工况时，允许转输泵关闭。

（3）技术难点：

压力开关、消防箱内的按钮是否设置及功能；

消防工况的识别标准难以确定；

允许消防泵关闭；

防止消防系统对生活系统产生二次污染；

水泵选型难度大：最多时 4 用 1 备，要求 4 台工作时，性能不能下降过多。

4. 难点四：B 幕墙的消防措施

（1）B 幕墙内侧办公区火灾

有窗玻璃喷头保护：火源边缘距玻璃 1m 和 2m 时，受保护的玻璃表面温度分别在 85℃和 80℃以内。

B幕墙采用防火玻璃：火源边缘距玻璃0.5m时，无喷淋保护的防火玻璃表面温度为190～330℃，未超过防火玻璃失效温度500℃。

（2）幕墙外侧中庭火灾

A、B幕墙之间距离≤4m区域：

距中庭底部5m：500℃左右；

距中庭底部10m：230℃；

距中庭顶部55m烟气聚集区：240℃；

其他区域：60～130℃。

A、B幕墙之间距离>4m区域：

距中庭底部5m：400℃；

距中庭底部10m：180℃；

距中庭顶部55m烟气聚集区：180℃；

其他区域：80℃以下。

B幕墙外侧中庭效果见图1-69；内幕墙设计总述及消防设置平面图分别见图1-70和图1-71。

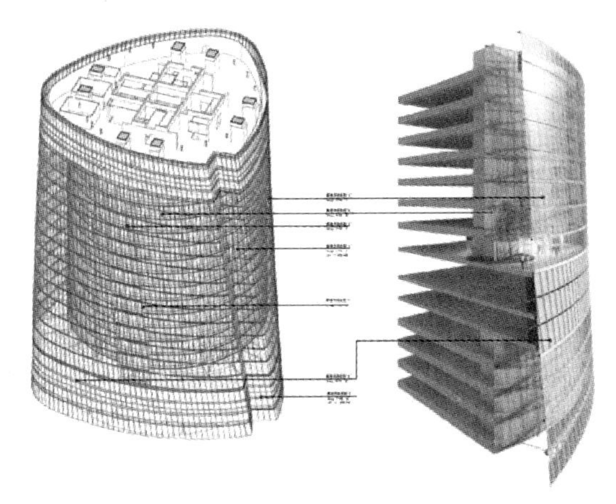

图1-69 B幕墙外侧中庭效果图

（3）窗玻璃喷头设置方案A的优缺点（方案A见图1-72）

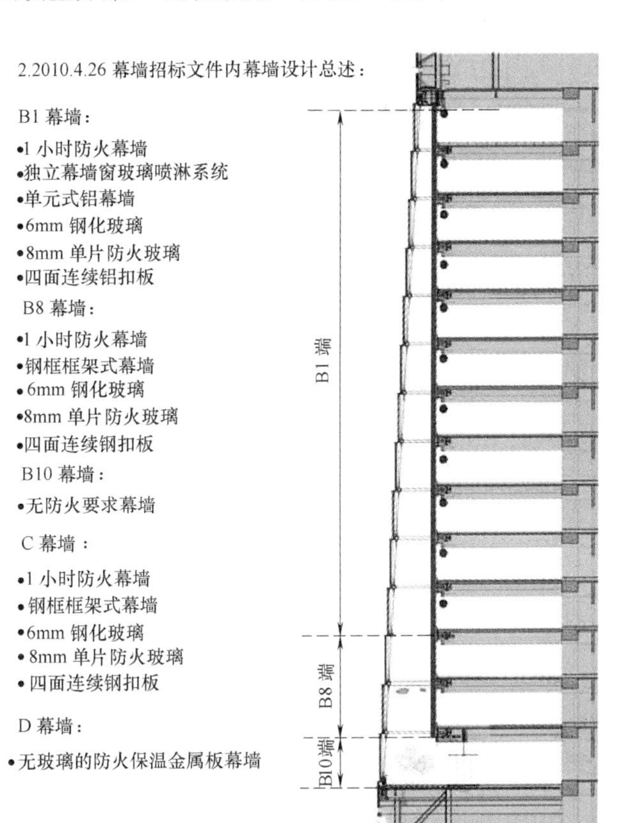

图1-70 内幕墙设计总述

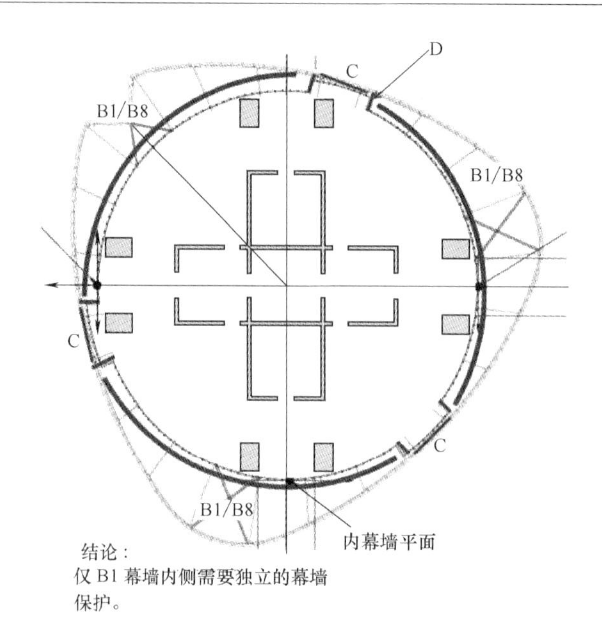

图 1-71 内幕墙的消防设置平面图

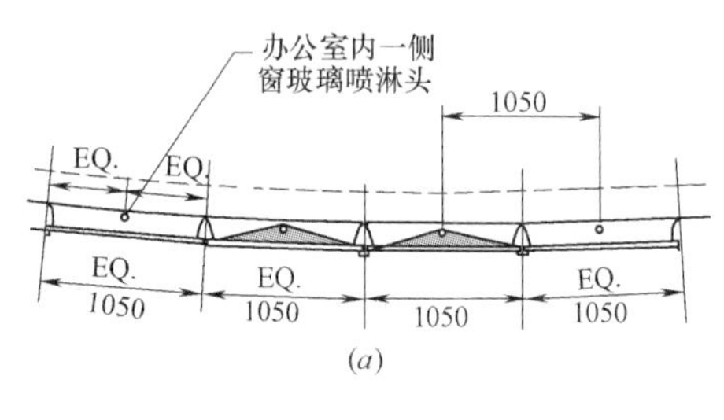

(a)

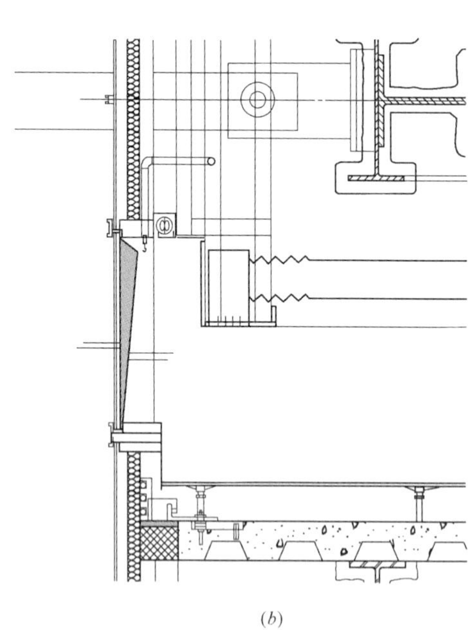

(b)

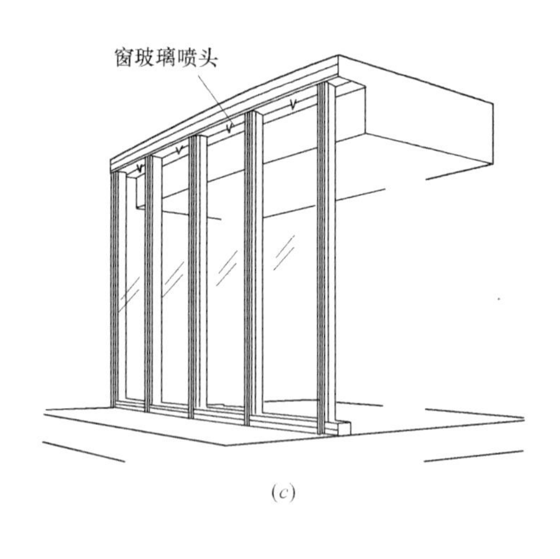

(c)

图 1-72 窗玻璃喷头设置方案 A

(a) 平面图；(b) 剖面图；(c) 示意图

布水合理，安全系数高；

不占用有效使用面积，独立于内部空间设计；

按测试通过的方案完成初始安装后，系统不需随室内设计和使用而变动，安全性高；

方案 A 比方案 B 多用近一倍的喷头，前期投资大；

用水量较方案 B 大。

（4）窗玻璃喷头设置方案 B 优缺点（方案 B 见图 1-73）

前期投资由于喷头数量减半而减少；

用水量较方案 A 少；

占用内部有效空间；

室内分隔变化时，需移动或增加喷头。

5. 难点五：BIM 技术与管线综合

建筑信息模型（BIM）：是一个集成的流程，它支持在实际建造前以数字化方式探索项目中的关键物理特征和功能特征。

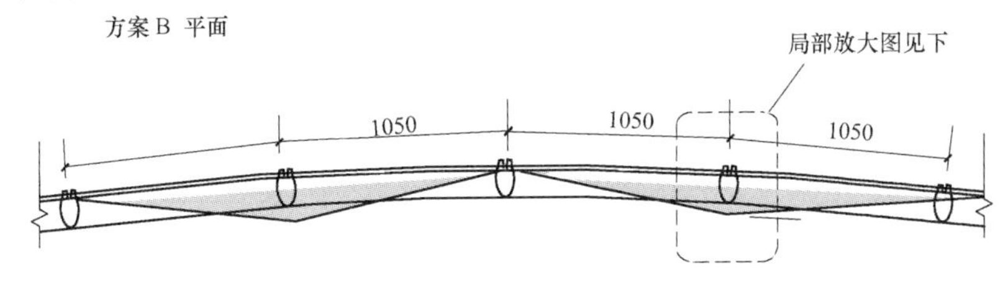

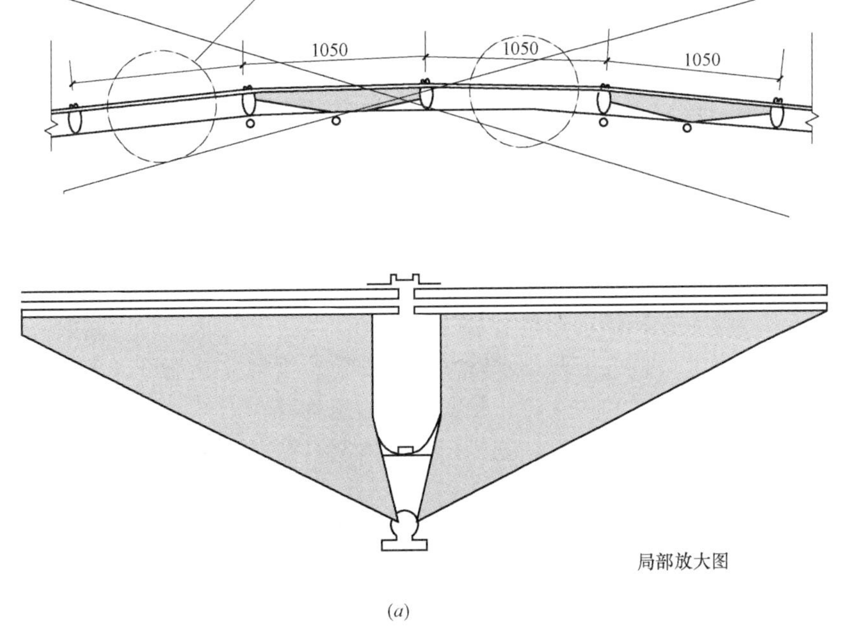

(*a*)

图 1-73 窗玻璃喷头设置（一）

（*a*）平面图

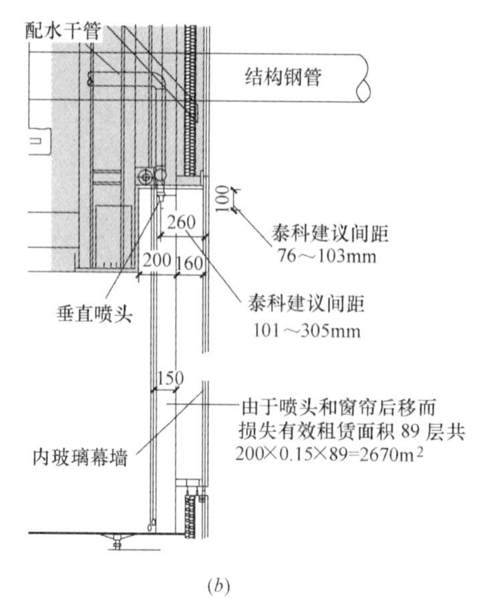

(*b*)

图 1-73 窗玻璃喷头设置（二）

(*b*) 剖面图

BIM 主要支撑软件：Revit Architecture、Revit Structure、Revit MEP。

地下室、设备结构转换层：管线多、钢结构构造复杂，难以用传统二维管线综合手段解决；

室外总体建筑东、北两侧地下室至市政道路中心线西侧、南侧地下室退建筑红线 4m；

成立管线综合小组、BIM 小组；

对传统设计、施工流程的挑战；

三维信息难以用二维施工图表达；

BIM 工作必须贯穿设计、施工全过程；

可模拟施工全过程；

施工过程必须按预定流程进行。

1.2.7 高层建筑排水系统设计步骤详解

（1）根据市政排水资料确定建筑排水的总体走向（建筑污水汇集后一般通过局部污水处理构筑物——化粪池后排入市政排水管网，根据建筑规模化粪池可以多处设置；注意室外排水检查井设置间距要求和污水流经化粪池等构筑物存在局部水头损失）；

（2）根据市政排水情况和建筑功能确定排水体制（即排水系统是否采用分流制，如建筑设置有中水系统则必须分流）；

（3）根据建筑给水系统布置优化排水系统平面布置（排水系统一般不分区，一般需要设计专用或共用辅助通气立管；排水立管应尽量上下取直贯通；排水立管中部、下部及出户横管处应设置专用消能管件；建筑中下部排水水封应安全可靠，一般选择 S 型水封；排水管件一般选择自带检查口型）；

（4）对建筑地下部分进行排水管线平面布置（除正常排水点外设备间等一般应设置集

水井排除可能出现的积水，采用潜污泵提升排除）；

（5）确定排水管线材质（一般选择金属管或加厚塑料管，排水出户横管最好选择金属管并采取加强防腐措施）；

（6）绘制排水系统轴测图，进行排水管系统水力计算（主要确定排水管管径、敷设坡度、专用通气管管径；排水管出户标高应根据建筑的基础结构资料和市政排水资料确定）；

（7）建筑室外排水系统优化平面布置及水力计算（主要确定排水管管径、敷设坡度、埋设深度）；

（8）图纸完善及设计和计算资料整理。

1.2.8 住宅排水系统堵塞的原因和防治措施

建筑安装施工单位必须为用户提供符合使用功能的舒适、卫生、安全、方便的卫生器具。室内给水排水工程交付使用后，因管道堵塞造成污水到处滥流、污染生活环境的实例有很多。而且管道堵塞造成管腔内充满水，使管内承受一定的水压，导致管道（特别是普通排水铸铁管）漏水，给用户带来很大的不便。

室内排水管道堵塞是建筑安装工程施工中常见的一种质量通病，是管道安装与土建施工配合难以解决的老问题。

一、住宅排水管道堵塞的原因

1. 设计方面

（1）设计图纸与施工现场不符

在旧城改造中，有很多地下隐蔽工程缺少技术资料，而设计人员对此又缺乏详细的了解，故设计图纸上往往出现与实际现场管道交叉的矛盾，虽图纸注明视情况予以调整，但施工单位施工时未能及时调整，当发现问题时木已成舟，造成隐患；另外，管道基础未处理好，在荷载与地下水位变化下土壤下沉，使管道相应下沉，局部出现堵塞。

（2）管径的无原则放大

根据《室外排水设计规范》GB 50014—2006（2014年版）第4.2.10条规定：污水管最小管径为300mm。但是，有的设计人员迁就建设单位的不合理要求，认为管径越大越保险，无原则地放大管径，使流速过低造成沉淀堵塞。

（3）取消跌水井的不合理设置

在保证管道埋设深度的前提下，将管道的标高差尽量消耗在增大水力坡度上，而不设置跌水井。这样可提高流速，污物不易沉淀，从而防止管道堵塞。

（4）管道连接和水流转角不符合规范规定

《室外排水设计规范》GB 50014—2006（2014年版）第4.3.1条和第4.3.2条规定，不同管径宜采用水面平接或管顶平接，管道转弯、交接处其水流转角应≥90°，否则极易滞留污物而堵塞。

2. 施工方面

（1）施工单位为减少土方量，擅自提高管道标高，达不到最小覆土厚度要求，以致外部荷载的作用损坏污水管道，造成管道堵塞。

（2）施工过程中室内排水管道多由安装单位施工，而室外部分则由土建单位施工。一旦标高出现误差，二者又难以协调，导致室内排出管的管底低于室外检查井的井底，使用后很快产生堵塞。

（3）管沟回填时不是分层夯实，甚至根本不夯实。有时碎砖等杂物也被回填进去，造成管道的不均匀沉降而堵塞。

（4）检查井不按标准图砌筑，甚至根本不做井底流槽，井盖不符合设计要求。在外部荷载作用下，盖破井塌，污物进入检查井或工程交工前不认真清理检查井而发生堵塞。

二、为防止管道堵塞，在施工中应采取的措施

为了避免交叉施工中造成管道堵塞现象，在管道安装前，应认真疏通管腔、清除杂物、合理按规范规定正确使用排水配件；安装管道时，应保证坡度、符合设计要求与规范规定及排水管口采用水泥砂浆封口等措施。除此之外，还必须采取如下技术措施以防止管道堵塞：

（1）由于建筑结构需要，当立管上设有乙字管时，根据规范要求，应在乙字管的上部设检查以便于检修。

（2）当设计无要求时，应按施工及验收规范规定，在连接2个及以上大便器或3个及以上卫生器具的污水横管上设置清扫口，在转角小于135°的污水横管上应设置检查口或清扫口。

（3）为了防止存水弯水封被破坏而造成卫生器具内发生冒泡、满溢现象，应采取如下措施：

1）正压现象：污水立管的水流流速大，而污水横支管的水流流速小，在立管底部管道产生的压力大于大气压（正压值），这个正压区能使靠近立管底部的卫生器具内的水封遭受破坏。为此，污水管安装时，连接于立管的最低横支管与立管底部应保持一定的距离：当建筑层数为4层以下（含4层）时，其距离为≥450mm；当建筑层数为5层、6层时，其距离为≥750mm。

2）负压现象：卫生器具同时排水时引起管内压力波动，在存水弯的出口处产生局部真空，当污水立管排水流量较大时，在立管上部短时形成负压的抽吸作用，而造成水封破坏。为此，污水立管宜采用粗糙管。

3）自虹吸现象：自虹吸对存水弯水封的破坏是卫生器具排水时产生虹吸作用的结果。实践证明，增大污水横支管的坡度，有利于水封的保护。为此，污水横支管安装时，对于排水铸铁管宜采用《建筑给水排水及采暖工程施工质量验收规范》GB 50242—2002中规定的“通用坡度”，不宜采用“最小坡度”；对于排水塑料管宜采用“标准坡度”，不宜采用“最小坡度”。

4）毛细管作用：在存水弯的排出口一侧因向下挂有毛发类的杂物，由毛细管作用吸出存水弯中的水，使存水弯水封受到破坏。为此，存水弯安装完毕后，应采取临时封堵措施，防止存水弯内部被杂物堵塞。

（4）排水管道安装时，埋地排出管与立管暂不连接，在立管检查口管插端用托板或其他方法支牢，并及时补好立管穿二层的楼板洞，待确认立管固定可靠后，拆除临时支撑物，此管口应尽量避免土建施工时作为临时污水排出口。在土建装修基本结束后，给水明

设支管安装前，对底层及二层以上管道作灌水试验检查，证实各管段畅通后，用直通套（管）筒将检查口管与底层排出管连接。

（5）排水管道施工中，待分段进行排水管道充分胶囊灌水度检验合格后，在放水过程中如发现排水流速缓慢时，说明该水平支管段内有堵塞，应及时查明水平支管被堵塞部位，并将垃圾、杂物等清理干净。

（6）为了避免黄砂、石子、垃圾等从楼面地漏及屋面管口落入排水管内，所有地漏及伸出屋面的透气管、雨水管口应及时用水泥砂浆封闭，并经常检查封闭的管口是否被土建工人拆开，一旦发现有管口被拆开应及时采取有效措施，防止管道堵塞。

（7）卫生器具就位时，先拆除排水管口的临时封闭件，检查管内有无杂物，并把管口清理干净。如有条件可用自来水连续不断地冲洗每个排水管口，直至水流通畅为止。认真检查卫生器具各排水孔确实无堵塞后，再进行卫生器具的就位。

坐式大便器就位固定后，应将便器内排水口周围杂物擦拭干净，并用1～2桶水灌入大便器内，防止油灰粘贴甚至堵塞污水管口。便器安装后，将排水孔封闭，并采取有效措施，以免污染，造成便器堵塞。

（8）土建在砌筑小便槽时，污水管口应用木塞堵住，防止土建抹水泥砂浆或装修瓷砖面层时，砂浆及垃圾掉入污水管内，排水立管通水能力试验后，再装罩式排水栓并加以防护措施。

（9）在土建进行水磨石地面施工时，应积极配合土建确定临时排水措施，避免排水管道作其排水通道。

（10）排水栓、地漏等处存水弯塞头在交叉施工中暂不封堵，待通水试验前冲洗后再行安装。

施工过程中采取以上防堵措施，可有效地避免排水管道发生堵塞现象。但是，为了确保工程质量，优质为用户服务，在工程竣工验收前，还必须按规范对室内排水管道做通水能力试验。

总之，室内排水管道在施工过程中采取行之有效的防堵技术措施及进行通水和通球试验，对检查和治理管道堵塞，搞好管道安装与土建密切配合施工，提高工程质量起着极其重要的保证作用。

1.2.9 【精彩分享】建筑给水排水系统中的噪声产生分析以及预防对策

一、排水系统中噪声产生的原因

增大压力设备产生的噪声：这种噪声主要来自于水泵，水泵运转时产生的振动是构成噪声的主要原因，这种噪声的大小与水泵的结构、运作情况有直接的关系。如：水泵运转速度、水泵扬程以及水泵最大水流运送量。这种噪声主要通过输水管道传进室内。

二、管道噪声产生的原因

管道噪声的产生主要分流水噪声、冲击噪声和气蚀噪声。水流噪声是指水在管道中正常流动时，水流冲击管道引起的管道振动或摩擦产生的噪声。这种噪声的大小是随着水流速度的快慢变化的。冲击噪声是指在有一定压力的管道中水流速度变化引起压力交替存在产生的噪声，这种噪声不仅危害居民的正常居住，严重者能破坏输送管道，因此危害极大。

三、气蚀噪声产生的原因

气蚀噪声是指在水流流动的过程中，溶解在水中的空气不断地汇集到一起，形成一种气团，这样的气团不仅会影响水流的流动速度，同时也会产生极大的噪声。

四、排水管道噪声产生的原因

排水管道中的水流含有三种形态的物质，即固体杂质、液态水、空气。这三种物质构成了排水系统产生噪声的必要条件。

(1) 在使用卫生器具的时候，水流在快排尽的时候会卷起空气一起进行排放，这种排放会引起气塞，导致噪声产生。

(2) 卫生器具与管道之间的连接配件产生的噪声。

(3) 水流撞击管道和管道中空气引起的气团波动产生的噪声。

(4) 排水管连接点之间的水流会形成一种水舌，在水舌的阻碍下，水流下落的过程中会形成一种漩涡和气塞水流，这种噪声的大小取决于管道的材质及特性，管道内壁越粗糙噪声就越大，实践证明，金属管道的噪声小于塑料管道的噪声。

五、排水系统噪声的控制预防对策

(1) 合理地布置室内房间和管道：存在排水设备的房间尽量布置在不与卧室、工作室相邻的位置，卫生间、厨房与卧室、工作室之间应采取隔离措施；水泵应该尽量布置在地下室或者室外，并采取较好、较稳妥的隔声措施，同时电动机和水泵应配备良好的消声系统，并在出水管上安置减震器材；给水管道和设备应尽量避免布置在卧室和对声控环境要求较高的房间的墙体上，必要时，房间内可安装带有隔声设施的隔声门。

(2) 给水管道产生的噪声控制管理：给水管道中流水噪声是主要的噪声来源，这与水流的速度有直接的关系，水流速度越大噪声就越大，而水流速度较小时又会增加管道安装成本，所以，选择管道十分重要。给水管道产生的噪声大小也与管道材质有关，为降低水流与管道壁摩擦产生的噪声，可选择密度较大的管道材质，同时各种阀门和水龙头都不适合采用快速启闭的水暖配件。

如：当管道直径小于25mm时，可将进出水管道中的水流速度控制在0.8～1.0m/s；也可以采取在高压管道中设置减压阀门，或利用环形通气管来控制水流速度。给水管中的立式管道尽量布置在管道井中，这样既好看，又阻止了一部分噪声的传播。

(3) 在管道与支架之间设置一层良好的弹性隔层，这样能有效地控制管道振动产生的噪声。如：在进出水管道外包裹一层吸声材料，这样能有效地切断噪声的传播途径，起到隔声的效果。

(4) 水龙头等出水设备，在满足施工要求的前提下，尽量降低其高度，并主观性调整输水设备的安装位置。尽量选用材料光洁度较好的陶瓷类受水设备（见图1-74），这些表面呈弧形的设备能极大地避免水流的冲击。同时，在水压较高的地方，安置减压器材，降低水流的冲击速度。

(5) 尽量选用铸铁管道，这样会使水流在下落的过程中减速，从而降低噪声。可以使用小支管和大支管进行Y型三通连接，避免90°转角出现，这样可以降低水流与管道壁摩擦产生的噪声。同时，应该确保整个排水系统的水封高度，用来抵抗排水管道中的波动压力。

图1-74 陶瓷洗脸盆

(6) 卫生间排水系统可采取新开发出来的同层排水系统。即卫生间排水系统不穿过楼板且与排水总管道相连接到一起，这样能保证在需要清理疏通时在同层内就能解决。根据数据调查研究，同层排水设施能有效地减少噪声产生。

如：合理布置室内排水立管的位置，使用降噪管材，通过加大排水管口径，缩短排水横管长度，用半径较大的弯头连接，同时设置环形通气管，可以减小噪声。

建筑给水排水系统产生的噪声可以尽量控制到大家满意的程度，却不能做到完全根治。随着人们对居住环境的要求不断提高，在设计理念方面应该尽量做到以人为本，结合新时代的工艺技术和施工者本身的工作经验将建筑给水排水系统产生的噪声降到最低。同时，针对实际情况对噪声产生的原因进行综合性的研究分析，并针对噪声产生的原因采取相应的措施，进行有条理性的治理和预防。

1.2.10 【精彩分享】建筑给水排水系统节能设计要求

《公共建筑节能设计标准》GB 50189—2015增加了给水排水节能设计要求。节水与节能是密切相关的，为节约能耗、减少水泵输送的能耗，应合理设计给水、热水、排水系统，正确计算用水量及合理选用水泵等设备，通过节约用水达到节能的目的。集中热水供应系统是给水排水设计的主要能耗系统，在设计时应注意热源的选择、水加热或换热站室位置布置、管道布置和保温等设计，力求减少热损失，从而达到降低能耗的目的。

我国建筑用能约占全国能源消费总量的27.5%，并将随着人民生活水平的提高逐步增加到30%以上。在公共建筑的全年能耗中，供暖系统的能耗约占40%～50%，照明能耗占30%～40%，其他用能设备的能耗约占10%～20%。公共建筑在围护结构、供暖空调系统、照明、给水排水以及电气等方面，有较大的节能潜力。

《公共建筑节能设计标准》GB 50189—2015中增加了给水排水、电气和可再生能源应用的相关内容，提出了节能设计要求。笔者参加了该标准编制工作，在此向读者介绍一下该标准中给水排水系统节能设计的主要内容，在给水排水系统设计满足安全、卫生、适用的前提下，同时应注意满足节水、节能的设计要求。

建筑给水排水专业的节能要点是给水泵的能耗和集中热水系统的能耗。

1. 节水与节能

节水与节能密切相关、有着内在联系。为节约能耗、减少水泵输送的能耗，应合理设计给水、热水、排水系统，正确计算用水量及合理选用水泵等设备，通过节约用水达到节能的目的。

（1）合理选用用水定额

合理设计给水、热水、排水系统，正确计算用水量，首先应根据工程项目的功能、使用人数等，合理选用用水定额。现行国家标准《建筑给水排水设计规范》GB 50015—2003（2009 年版）表 3.1.10 列出了最高日用水定额、小时变化系数等。当使用人数（或单位）较多时应选用较小的用水定额和较大的小时变化系数计算最高日和最大时用水量；当使用人数（或单位）较少时应选用较大的用水定额和较小的小时变化系数计算最高日和最大时用水量。例如，1500 床的三级甲等医院工程项目，属超大型医院，使用人数（或单位）较多，计算最高日和最大时用水量时，应选用最高日用水定额的下限值 100L/(床・d)，小时变化系数选用 2.5。如果仍选用最高日用水定额的上限值 200L/(床・d) 计算最高日用水量就不合理了，按此计算出的最高日用水量翻倍，导致给水水箱容积过大、给水泵的流量增加、给水管道管径加大等，且由于给水泵的流量增加，导致用电功率增加、能耗增加，不符合节能设计要求。所以，设计人员应根据工程项目的功能、使用人数（或单位）等，合理选用用水定额，节约用水，继而减少能耗。

《民用建筑节水设计标准》GB 50555—2010 表 3.1.2 列出了平均日生活用水节水用水定额，全年用水量计算、非传统水源利用率计算等应按《民用建筑节水设计标准》GB 50555—2010 的有关规定执行。需要注意建筑功能或给水设备的实际使用时间、使用天数，不能一概按 365 天计算全年用水量，如办公楼的使用天数应减去休息日，又如冷却塔的使用时间段与空调系统的使用时间一致。

（2）计量要求

《公共建筑节能设计标准》GB 50189—2015 要求："应根据不同建筑类型、不同用水部门和管理要求分设计量水表"，"有计量要求的水加热、换热站室，应安装热水表、热量表、蒸汽流量计或热源计量表"。

《民用建筑节水设计标准》GB 50555—2010 需要对设置用水计量水表的位置作了明确要求。冷却塔循环冷却水、游泳池和游乐设施、空调冷热水系统等补水管上需要设置用水计量水表；公共建筑中的厨房、公共浴室、洗衣房、锅炉房、建筑物引入管等有冷水、热水量计量要求的水管上都需要设置计量水表，控制用水量，达到节水、节能要求。

有集中热水供应系统时，对于热源有计量要求的水加热、换热站室，应安装热水表、热量表、蒸汽流量计或热源计量表。通过对热媒、热源的计量来控制热媒或热源的消耗，落实到节约用能。

当集中热水供应系统的热媒采用热媒水，水加热、换热站室的热媒水仅需要计量用量时，可在热媒管道上安装热水表，计量热媒水的使用量。水加热、换热站室的热媒水需要计量热媒水耗热量时，需要在热媒管道上安装热量表。热量表是一种用于测量在热交换环路中载热液体所吸收或转换热能的仪器，通过测量热媒流量和焓差值来计算出热量损耗。在水加热、换热器的热媒进水管和热媒回水管上安装温度传感器，进行热量消耗计量。热水表仅可以计量热水使用量，但是不能计量热量的消耗量，故热水表不能替代热量表。

当集中热水供应系统的热媒为蒸汽时，需要在蒸汽管道上安装蒸汽流量计进行计量。当集中热水供应系统的热源为燃气或燃油时，需要安装燃气计量表或燃油计量表进行计量。

2. 给水系统设计降低能耗

《公共建筑节能设计标准》GB 50189—2015 要求："给水系统应充分利用城镇给水管网或小区给水管网的水压直接供水。经批准认可时可采用叠压供水系统。"

为了节约能源，并减少生活饮用水水质被污染，除了有特殊供水安全要求的建筑以外，建筑物底部的楼层应充分利用城镇给水管网或小区给水管网的水压直接供水。当城镇给水管网或小区给水管网的水压和（或）水量不足时，应根据卫生安全、经济节能的原则选用贮水调节和（或）加压供水方案。在征得当地供水行政主管部门及供水部门批准认可后，可以采用直接从城镇给水管网吸水的叠压供水系统。

为避免因水压过高引起的用水浪费，给水系统竖向应合理分区，每区供水压力≤0.45MPa，合理采取减压限流的节水措施，分区内低层部分的用水点处供水压力≤0.20MPa。

《公共建筑节能设计标准》GB 50189—2015 要求："二次加压泵站的数量、规模、位置和泵组供水水压应根据城镇给水条件、小区规模、建筑高度、建筑物的分布、使用标准、安全供水和降低能耗等因素合理确定。"给水加压泵站位置与能耗也有很大的关系，如果位置设置不合理，会造成能耗浪费。随着建筑行业的发展，建筑小区越来越大，用地红线内的建筑群增多，为降低给水能耗，应合理布置二次加压泵站的位置，二次加压泵站宜设于服务范围的中心区域。例如，某 6 层楼的酒店工程项目，建筑物长 400m，而给水泵房设于建筑物的端头，给水泵的扬程需要满足最远用水点的给水压力，造成了靠近泵房的用水点给水压力超过了用水点处供水压力，必须减压，浪费了能源。如果将给水泵房设计在建筑物的中间部位，可以降低给水泵的扬程，降低能耗。所以，给水排水设计人员应注意这方面的问题。

《公共建筑节能设计标准》GB 50189—2015 要求："变频调速泵组应根据用水量和用水均匀性等因素合理选择搭配水泵及调节设施，宜按供水需求自动控制水泵启动的台数，保证在高效区运行。"变频泵的使用已经有很多年了，但是用了变频泵不一定就是节能的。所以强调"应根据用水量和用水均匀性等因素合理选择搭配水泵及调节设施"，合理选用变频泵，合理选用变频泵组，使变频泵、变频泵组运行在高效区内。建议给水流量$>10m^3/h$时，变频泵组工作水泵由 2 台以上水泵组成，泵组最多不超过 5 台水泵。可以根据公共建筑的用水量和用水均匀性合理选择大泵、小泵搭配，泵组也可以配置气压罐供小流量用水，避免水泵频繁启动，以降低能耗。

由悉地国际设计顾问（深圳）有限公司主编的《数字集成全变频控制恒压供水设备应用技术规程》CECS 393—2015，将数字集成全变频控制恒压供水设备中的每台水泵均独立配置一个数字集成水泵专用变频控制器，根据系统流量变化自动调节水泵转速，并实现多台工作泵运行情况下的效率均衡，无论系统运行工况如何变化及设备使用场合多么不同，水泵始终在高效区运行，不会出现能耗浪费现象，与普通继电器电路单变频控制恒压供水设备相比，采用数字集成全变频水泵专用控制技术的恒压供水设备具有更理想的节能效果。

3. 给水泵节能限定值

《公共建筑节能设计标准》GB 50189—2015 要求："给水泵应根据给水管网水力计算结果选型，并应保证设计工况下水泵效率处在高效区。给水泵的效率不应低于国家标准

《清水离心泵能效限定值及节能评价值》GB 19762—2007 规定的泵节能评价值。”

给水系统设计应该根据《建筑给水排水设计规范》GB 50015—2003（2009 年版）、《民用建筑节水设计标准》GB 50555—2010 的规定，正确计算给水泵的流量、扬程，选用保证设计工况下水泵效率处在高效区的给水泵。给水泵是耗能设备，常年工作，水泵产品的效率对节约能耗起着关键作用，应选择符合现行国家标准《清水离心泵能效限定值及节能评价值》GB 19762—2007 规定、通过节能认证的水泵产品，以节约能耗。

现行国家标准《清水离心泵能效限定值及节能评价值》GB 19762—2007 规定了“泵能效限定值”、“泵目标能效限定值”和“泵节能评价值”。其中“泵能效限定值”、“泵目标能效限定值”是强制性的，“泵节能评价值”是推荐性的，“泵节能评价值”是指在标准规定测试条件下，满足节能认证要求应达到的泵规定点的最低效率。“泵节能评价值”比“泵能效限定值”和“泵目标能效限定值”要求更高，故要求所选用的给水泵效率不应低于国家标准“泵节能评价值”。

《清水离心泵能效限定值及节能评价值》GB 19762—2007 给出了泵节能评价值的计算方法，水泵比转速按公式（1-2）计算：

$$n_s = \frac{3.65n\sqrt{Q}}{H^{\frac{3}{4}}} \tag{1-2}$$

式中 Q——流量，双吸泵计算流量时取 $Q/2$，m^3/s；

H——扬程，多级泵计算取单级扬程，m；

n——转速，r/min；

n_s——比转数。

计算得出比转数后，查《清水离心泵能效限定值及节能评价值》GB 19762—2007 中的图表，即可计算得出“泵规定点效率值”、“能效限定值”和“节能评价值”。

笔者参照《建筑给水排水设计手册》中 IS 型单级单吸水泵、TSWA 型多级单吸水泵和 DL 型多级单吸水泵的流量、扬程、转速数据，通过计算比转数和查图表，得出给水泵节能评价值，见表 1-14～表 1-16（表中列出了节能评价值大于 50%的水泵规格），供读者参考。

IS 型单级单吸给水泵节能评价值 **表 1-14**

流量(m^3/h)	扬程(m)	转速(r/min)	节能评价值(%)
12.5	20	2900	62
	32	2900	56
15	21.8	2900	63
	35	2900	57
	53	2900	51
25	20	2900	71
	32	2900	67
	50	2900	61
	80	2900	55

续表

流量(m^3/h)	扬程(m)	转速(r/min)	节能评价值(%)
30	22.5	2900	72
	36	2900	68
	53	2900	63
	84	2900	57
	128	2900	52
50	20	2900	77
	32	2900	75
	50	2900	71
	80	2900	65
	125	2900	59
60	24	2900	78
	36	2900	76
	54	2900	73
	87	2900	67
	133	2900	60
100	20	2900	80
	32	2900	80
	50	2900	78
	80	2900	74
	125	2900	68
120	57.5	2900	79
	87	2900	75
	132.5	2900	70
200	50	2900	82
	80	2900	81
	125	2900	76
240	44.5	2900	83
	72	2900	82
	120	2900	79

TSWA 型多级单吸离心给水泵节能评价值　　　表 1-15

流量(m^3/h)	扬程(m)	转速(r/min)	节能评价值(%)
12.5	20	2900	62
	32	2900	56
15	21.8	2900	63
	35	2900	57
	53	2900	51

续表

流量(m^3/h)	扬程(m)	转速(r/min)	节能评价值(%)
25	20	2900	71
	32	2900	67
	50	2900	61
	80	2900	55
30	22.5	2900	72
	36	2900	68
	53	2900	63
	84	2900	57
	128	2900	52
50	20	2900	77
	32	2900	75
	50	2900	71
	80	2900	65
	125	2900	59
60	24	2900	78
	36	2900	76
	54	2900	73
	87	2900	67
	133	2900	60
100	20	2900	80
	32	2900	80
	50	2900	78
	80	2900	74
	125	2900	68
120	57.5	2900	79
	87	2900	75
	132.5	2900	70
200	50	2900	82
	80	2900	81
	125	2900	76
240	44.5	2900	83
	72	2900	82
	120	2900	79

从表 1-14～表 1-16 中数据可以看出，在同样的流量、扬程情况下，2900r/min 的水泵比 1450r/min 的水泵效率要高 2%～4%，建议除对噪声有要求的场合，宜选用转速 2900r/min 的水泵，提高用能效率。

DL 型多级单吸离心，给水泵节能评价值　　表 1-16

流量(m^3/h)	单级扬程(m)	转速(r/min)	节能评价值(%)
15	9	1450	56
18	9	1450	58
22	9	1450	60
30	11.5	1450	62
36	11.5	1450	64
42	11.5	1450	65
62	15.6	1450	67
69	15.6	1450	68
72	21.6	1450	66
80	15.6	1450	70
90	21.6	1450	69
108	21.6	1450	70
119	30	1480	68
115	30	1480	72
191	30	1480	74

4. 生活热水系统节能设计要点

（1）热源选择

《公共建筑节能设计标准》GB 50189—2015 要求："集中热水供应系统的热源，宜利用余热、废热、可再生能源或空气源热泵作为热水供应热源。当最高日生活热水量>5m^3时，除电力需求侧管理鼓励用电，且利用谷电加热的情况外，不应采用直接电加热热源作为集中热水供应系统的热源。"这条规定是集中热水供应系统热源选择的原则。

余热包括工业余热、集中空调系统制冷机组排放的冷凝热、蒸汽凝结水热等。

当采用太阳能热水系统时，为保证热水温度恒定和保证水质，可优先考虑采用集热与辅热设备分开设置的系统。

由于集中热水供应系统采用直接电加热会耗费大量电能，若当地供电部门鼓励采用低谷时段电力，并给予较大的优惠政策时，允许采用利用谷电加热的蓄热式电热水炉，但是必须保证在峰时段与平时段不使用，即需要设有足够热容量的蓄热装置，如贮存设计温度的一天热水用水量。根据当地电力供应状况，小型集中热水系统可以采用夜间低谷电直接电加热作为集中热水供应系统的热源。

设计集中热水供应系统以最高日生活热水量 5m^3 作为限定，是以酒店生活热水用量进行测算，据建筑专业所述，酒店一般最少 15 套客房。以每套客房 2 床计算，根据《建筑给水排水设计规范》GB 50015—2003（2009 年版）表 5.1.1，取客房最高日用水定额上限值 160L/(床·d)（60℃），则最高日热水量为 4.8m^3。故当最高日生活热水量>5m^3时，集中热水供应系统尽可能避免采用直接电加热作为主热源或集中太阳能热水系统的辅助热源，除非当地电力供应富余、电力需求侧管理从发电系统整体效率角度，有明确的供电政策支持时，才允许适当采用直接电热。

《公共建筑节能设计标准》GB 50189—2015 要求："以燃气或燃油作为热源时，宜采用燃气或燃油热水机组直接制备热水。当采用锅炉制备生活热水或开水时，锅炉额定工况下热效率不应低于表 4.2.5 中的限定值。"集中热水供应系统除有其他用蒸汽要求外，不建议采用燃气或燃油锅炉制备高温、高压蒸汽再进行热交换后供应生活热水的热源方式，这是因为蒸汽的热焓比热水要高得多，将水由低温状态加热至高温、高压蒸汽再通过热交换转化为生活热水是能量的高质低用，造成能源浪费，应避免采用。医院的中心供应室、酒店的洗衣房等有需要用蒸汽的要求，需要设蒸汽锅炉，此时制备生活热水可以采用汽-水热交换器。其他没有用蒸汽要求的公共建筑可以利用工业余热、废热、太阳能、燃气热水炉等方式制备生活热水。当采用锅炉制备生活热水或开水时，锅炉额定工况下热效率不应低于表 1-17（表 4.2.5）中的效率限定值。

名义工况下锅炉热效率 GB 50189—2015 表 4.2.5　　表 1-17

项目		锅炉规定蒸发量 $D(t/h)$ 额定热功率 $Q(MW)$					
		$D<1$/ $Q<0.7$	$1\leqslant D\leqslant 2$/ $0.7\leqslant Q\leqslant 1.4$	$2<D<6$/ $1.4<Q<4.2$	$6\leqslant D\leqslant 8$/ $4.2\leqslant Q\leqslant 5.6$	$8\leqslant D\leqslant 20$/ $5.6<Q\leqslant 14.0$	$D>20$/ $Q>14.0$
燃油燃气锅炉	重油	86		88			
	轻油	88		90			
	燃气	88		90			

在广东省、云南省、江苏省等南方地区，较多采用空气源热泵热水机组制备生活热水，使用效果较好。空气源热泵热水机组比较适用于夏季和过渡季节总时间长的地区；寒冷地区使用时需要考虑机组的经济性与可靠性，在室外温度较低的工况下运行，致使机组制热性能系数（COP）等级太低，失去热泵机组节能优势时就不宜采用。为有效地规范国内热泵热水机（器）市场，以及加快设备制造厂家的技术进步，我国制定了国家标准《热泵热水机（器）能效限定值及能效等级》GB 29541—2013，该标准将热泵热水机能源效率分为五个等级，1 级表示能源效率最高，2 级表示达到节能认证的最小值，3、4 级代表了我国多联机的平均能效水平，5 级为标准实施后市场准入值。

《公共建筑节能设计标准》GB 50189—2015 要求："当采用空气源热泵热水机组制备生活热水时，制热量大于 10 kW 的热泵热水机在名义制热工况和规定条件下，性能系数（COP）不宜低于表 5.3.3 的规定，并应有保证水质的有效措施。"热泵热水机（器）能效要求见表 1-18（表 5.3.3）。

热泵热水机（器）能效（COP）要求（GB 50189—2015 表 5.3.3）　　表 1-18

制热量(kW)	热水机形式		普通型	低温型
$H\geqslant 10$	一次加热式		4.40	3.70
	循环加热	不提供水泵	4.40	3.70
		提供水泵	4.30	3.60

表 1-18 中能效等级数据是依据能效等级 2 级编制的，在设计和选用空气源热泵热水机组时，应选用达到节能认证的产品。

选用空气源热泵热水机组制备生活热水时还应注意热水出水温度，在节能设计的同时还需要满足现行国家标准对生活热水水质的卫生要求。一般空气源热泵热水机组热水出水温度<60℃，为避免热水管网中滋生军团菌，需要采取措施抑制细菌繁殖。如每隔1～2周采用65℃的热水供水1d，抑制细菌繁殖生长，但必须有用水时防止烫伤的措施，设置混水阀等，或采取其他安全有效的消毒杀菌措施。

其他的消毒技术，如中国建筑设计研究院重点开发的银离子消毒技术和AOT紫外光催化二氧化钛灭菌装置，可根据工程实际情况进行选用。

（2）热水管网布置

《公共建筑节能设计标准》GB 50189—2015要求："小区内设有集中热水供应系统的热水循环管网服务半径不宜大于300m且不应大于500m，水加热、热交换站室位置宜靠近热水用水量较大的建筑或部位，并宜设置在小区的中心位置。"对自加热设备站室至最远建筑或用水点的服务半径作了规定，限制热水循环管网服务半径，一是减少管路上热量损失和输送动力损失，增大运行能耗和成本，不利系统的运行管理。中国建筑设计研究院在广州亚运城集中热水供应系统管网设计中，研究了热水管道敷设长度与热量损失的关系。通过对亚运会期间媒体村低区热水供水管网各测试点的温度监测发现，热水在管道输送过程中的热损失还是不可忽视的。管线越长，热损失越大，缩短管道长度可以有效降低管网热损失，故需要对热水管网的服务半径作出规定。二是避免管线过长，管网末端温度降低，管网内容易滋生军团菌。并要求水加热、热交换站室位置靠近热水用水量较大的建筑或部位，以及设置在小区的中心位置，可以减少热水管线的敷设长度，以降低热损耗，达到节能目的。

《公共建筑节能设计标准》GB 50189—2015要求："仅设有洗手盆的建筑或距离集中热水站室较远的个别用户，不宜设计集中生活热水供应系统。设有集中热水供应系统的建筑物中，热水用量较大或定时供应热水的用户宜设置单独的热水循环系统。"为降低能耗，对不宜设置集中热水供应系统的情况作出了限定。《建筑给水排水设计规范》GB 50015—2003（2009年版）规定，办公楼集中盥洗室仅设有洗手盆时，每人每日热水用水定额为5～10 L，热水用量较少，如设置集中热水供应系统，管道长，热损失大，为保证热水出水温度还需要设热水循环泵，能耗较大，故限定仅设有洗手盆的建筑不宜设计集中生活热水供应系统。当办公建筑内仅有集中盥洗室的洗手盆供应热水时，可采用小型贮热容积式电加热热水器。

对于管网输送距离较远、用水量较小的个别用户不宜设置集中热水供应系统，可以设置局部加热设备，这样可以减少管路上的热量损失和输送动力损失。热水用量较大的用户有浴室、洗衣房、厨房等，宜设计单独的热水回路，有利于管理与计量。

（3）冷、热水压力平衡

《公共建筑节能设计标准》GB 50189—2015要求："集中热水供应系统的供水分区宜与用水点处的冷水分区同区，并有保证用水点处冷、热水供水压力平衡和保证循环管网有效循环的措施。"使用生活热水需要通过冷、热水混合后调整到所需要的使用温度。故热水供应系统需要与冷水系统的分区一致，保证系统内冷水和热水的压力平衡，达到节水、节能和用水舒适的目的。集中热水供应系统要求采用机械循环，保证干管、立管的热水循环，支管可以不循环，采用多设立管的形式减少支管的长度，在保证用水点使用温度的同时也需要注意节能。

（4）管网及设备保温

集中热水供应系统减少热损耗的一个重要点是对热水供水、循环水管网及水加热设备或者换热设备进行保温。《公共建筑节能设计标准》GB 50189—2015 要求："集中热水供应系统的管网及设备应保温，保温层厚度应按现行国家标准《设备及管道绝热设计导则》GB/T 8175—2008 中经济厚度计算方法确定，也可按本标准附录 D 的规定选用。"

5. 结语

节水与节能密切相关，有着内在联系。节水、节能是一种理念，贯穿于给水排水设计的全过程。为节约能耗、减少水泵输送的能耗，应合理设计给水、热水、排水系统，选用达到节能标准的产品。集中热水供应系统是给水排水设计的主要能耗系统，在设计时更应注意热源的选择、水加热或换热站室位置布置、管道布置和保温等，力求减少热损失，从而达到降低能耗的目的。

虽然，在公共建筑中给水排水系统能耗仅占其他用能设备能耗（10%～20%）的一部分，且未纳入典型公共建筑模型能耗分析的"基准建筑模型"中，但是我们也应该为实现国家节约能源和保护环境的战略，贯彻有关政策和法规作出贡献。

1.2.11 多层建筑与高层建筑给水排水系统方式

在消防给水排水设计中，高层建筑一般指 10 层及以上的居住建筑（包括首层设置商业服务网点的住宅）或建筑高度超过 24m 的公共建筑。多层建筑是相对高层建筑而言的，但是实际上一般的建筑给水设计中多层建筑由于种种原因的限制，譬如电梯设置，大多数为 6 层以下，故讨论的多层指 6 层以下或低于 20m 的建筑。随着市政给水管网的完善和新型设备材料的不断出现，给水系统的布置方式也快速发展，并衍生出多种不同类型，可供设计师选用。但是，由于多层与高层的不同特性，尤其是消防方面，给水系统的正确选用也是十分重要的，否则轻则水压水量不稳，重则事故频频，不能正常运行。以下就分别介绍一下多层建筑（见图 1-75）和高层建筑（见图 1-76）常见的给水系统方式。

图 1-75　多层建筑

图 1-76　高层建筑

1. 多层建筑给水系统

目前，国内大多数城市的市政管网压力可以维持在2kg以上，个别小城镇的出水压力甚至可以达到4kg。因此，对于一般的多层建筑市政管网的压力已经足够了，但是市政管网的供水水量、水压波动较大，尤其是小城镇。为了克服这些缺点，多层建筑给水系统的设计主要有以下几种类型。

（1）直接供水型

就是直接利用市政管网的压力供水，一般适用于市政管网压力稍高的地区或水厂附近压力较高的范围内。缺点就是水量、水压不能保证。但是，对于规模较小的管网这种供水方案的经济性很好，不需要任何其他设备或措施。

（2）水箱供水型

将市政管网的水引至屋顶水箱，然后靠水箱与用水器具的高差重力供水［见图1-93（*a*）］克服了水压、水量的不稳定性。但是，由于水箱可能存在二次污染，而且水箱体积较大，因此不提倡采用这种方式。

（3）水箱、管网联合供水型

平时水量、水压足够时，直接由市政管网供水，超压时，多余的水进入屋顶水箱，当压力或水量不足时，水箱靠重力自动向用户供水。物理结构上就是正常的直接供水的主干管伸顶接入水箱，并在水箱上设一出水管。该方案减小了水箱的体积，并且水不需要都进入水箱停留，卫生可靠性增加。但问题是如果长时间地稳压供水（现在的市政管网可以办到的），水箱中的水停留时间反而大大增加，更容易受污染。而且，所有使用水箱的系统中水箱都必须放在建筑的最高处，在某些场合会影响建筑的美观，甚至影响建筑的结构设计。

（4）气压罐供水型

由于水箱的不安全因素，所以用密封可靠的气压罐代替，而且气压罐不需要高位摆放，不影响建筑美观与结构承重，近几年很受欢迎。但是气压罐系统需要水泵和自动控制系统的配合，使得成本有所增加。不过，近几年其市场价格已经让很多用户能够接受。气压罐系统的原理就是利用水泵将水加压送进建筑内部管网，当压力过大时，水进入气压罐，达到一定压力时，水泵停车或减速；当压力小于规定值时，气压罐向外输水并同时启动水泵或加速（变频水泵）。

（5）二次加压型

对于小规模的用户，如单幢建筑，气压罐系统可以应付。但是，目前住宅向小区化的方向发展，主要表现为多层建筑的集群布置，集中稳压。因气压罐的容积能力不能满足要求，所以出现了水泵集中加压为主、气压罐稳压（消除系统水锤）为辅的方式［见图1-77（*b*）］。只是经济成本上升，并需要专人维护。

另外，由于建筑层数不多，管网系统属于低压管道，均分层直接接入用户即可，较为简单。

管道材料以低压钢管和低压PPR塑料管为主。

2. 高层建筑给水系统

如前所述，10层的民用建筑高度至少为30m，即使以24m的公用建筑计算，市政管网的压力肯定需要二次加压才能满足要求，不存在直接供水的可能。但是，根据建筑的高度、管道的承压能力、用水器具的压力要求，又可以分为以下几种方式。

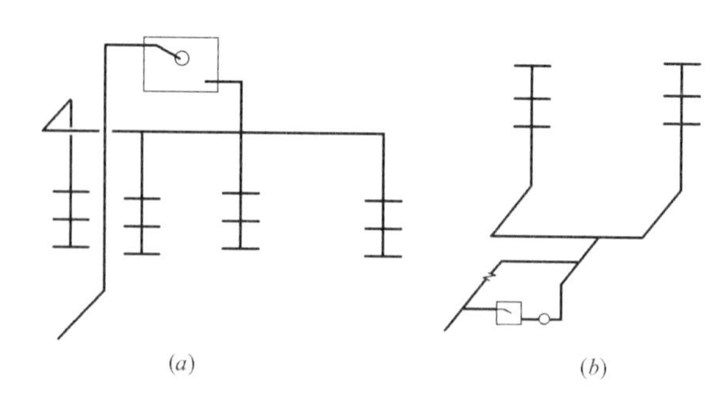

图 1-77 供水方式
(a) 水箱供水；(b) 二次加压供水

(1) 分区减压系统

这种系统是目前最受欢迎的，因为减压阀的价格已经降到 3000 元/件左右，相比而言，管材和安装工程量以及系统的维护难度等均大幅度下降，其经济效益大大提高。系统主要由生活水池、水泵、主管道、直接入户管组成、减压阀、阀后入户管等组成。目前的高层或小高层建筑采用这种方式的很多。系统原理：一般由建筑地下室的泵房进行一次性集中加压，高压水沿主干管送至建筑上部用户，并满足要求；但是对于建筑下部的用户水压过高，则需要进行集中减压（减压阀组），再送至用户。缺点就是减压区的水头损失大，水泵功耗较大。

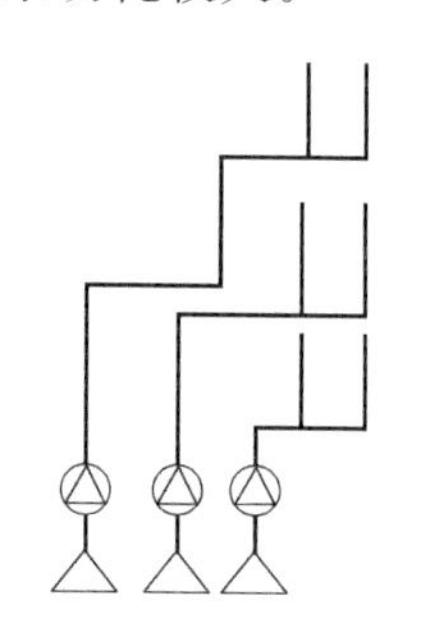

图 1-78 水泵并联供水

(2) 水泵并联加压系统

该系统同样对建筑的供水系统进行分区，但是不同的是，每个分区各设置一台水泵供水（一台备用）（见图 1-78）。其缺点很多，如设备费用剧增，占地面积大，主干管多，系统复杂。但是优点也十分突出：供水可靠性高，水泵功耗利用率高，不会发生能量浪费。

(3) 水泵串联加压系统

目前随着高层建筑技术的快速发展，超过 100m 的建筑已经不足为奇，甚至高到三四百米。这样就出现了几个问题：一是水泵压力不够，或即使压力满足，流量相差很大；二是即使流量和压力都满足，但管道不能承受如此高的压力，而发生爆管。所以必须采用这种接力棒式的方式。系统结构：各分区分别设置水泵或调速泵及吸水箱或吸水池，然后按由下到上的顺序启动。优点：供水可靠，能耗少。缺点：设备分散，水泵等设备多，需要专用设备层等。

3. 分析

通过比较以上几种供水方式，我们可以看到多层建筑与高层建筑的供水是不同的两种系统，虽然目的是一样的。在多层建筑给水中，市政管网的压力已经满足要求，追求的是稳定性，而高层建筑不同，高层建筑给水是为了能够将水送到用户用水处，其次才是稳定性。所以设备材料的选择也有很大差别。多层建筑一般采用低扬程的小型泵，管材为低压力管材。高层建筑则相反。

分开来讲，多层建筑给水系统的几种方式中直接供水仍然广泛用于规模较小的乡村城镇管网系统，经济上也节省；二次加压系统则在新建的小区住宅中广泛应用。高层建筑给水系统的几种方式中分区减压系统应用得较多，而对于 150m 以上的超高层建筑，水泵串联加压系统则相对适宜。

1.2.12 小小的总结下住宅单体给水排水系统

住宅单体：建筑高度99.8m，32层的纯住宅（平时做公共建筑，厂房之类的比较多，住宅接触少）。

这是某小区第三期，要做的系统是：给水排水系统、消防系统、单体地下室给水排水消防系统，由于是纯住宅不用设置自动喷水灭火系统。

要做的内容：平面图、系统图。

1. 平面图

(1) 先说说给水排水

卫生间：一根污水管，一根废水管，一根通气管（污水管放在靠外的位置，通气管在中间），污水管和废水管都预留一段管，三根管要设置在卫生间靠墙的位置。

厨房：因为连着外面的作用阳台，所以在阳台设置一根废水管，预留一段管道至厨房，阳台接一个双用地漏，在阳台上可放置洗衣机。

阳台（连着客厅的）：设置一根雨水管接一个地漏，如果洗衣机放在这个阳台的话，要设置双用地漏，否则就设置一般的地漏。

入户花园：靠边设置一根雨水管，在旁边接一个地漏。

水管井：放置给水管，水表组，一根废水管（接一个地漏），应甲方要求在水管井中每隔六层安置一个水龙头供物业使用。用户的给水都是从管井拉一根*DN*20的管加一个水表后再埋地到用户（预留一段管，以后装修再自己接到需要用水的地方）。

天面：由于是住宅所以不能像公共建筑那样直接一个87式雨水斗一根管下去了（公共建筑一般就是100m^{2}设置一根*DN*100的雨水管），此住宅要看设置雨水斗处的雨水管下去是否是住宅里面，一般采用侧排（布置雨水斗的时候要考虑分水线），记得预留溢流口。雨水斗能放在空调机位内就放在机位内，放在外墙的话要尽量放置在隐蔽的地方。

(2) 消火栓和灭火器

在公共走廊部分设置消火栓和灭火器。

2. 系统图

(1) 给水：1～3层由市政管网直接供水，4～10层为一个区，11～17层为一个区，18～24层为一个区，25～32层为一个区。

(2) 冷凝水：预留一段*DN*32的管贴空调板面安装。

(3) 雨水：排至雨水检查井（记得做楼梯面的排水）。

(4) 一般废水排至污水检查井，厨房废水经隔油池处理后再排入污水检查井，污水排至化粪池经处理后再排至污水检查井。

(5) 值得注意的是《建筑给水排水设计规范》GB 50015—2003（2009年版）第63页4.3.12"靠近排水立管底部的排水支管连接，应符合的要求"。

3. 地下室

(1) 画喷淋的时候，我将单体的梁图套上去的时候发现就只有单体的梁图，我就纳闷怎么地下室其他地方没梁图，后来问师父才知道是无梁楼板（也是我第一次遇到）。

（2）给水管接二期预留管，排水管直接连接排出，在地下室设置集水井。

（3）预留地面排水管（*DN*200）。

1.3 建筑雨水系统

1.3.1 上海世博会主题馆屋面雨水排水系统设计

一、工程概况

世博会主题馆为上海世博会园区内五大永久场馆之一，在世博会期间主要承担演绎、展示本次世博会主题——“城市，让生活更美好”的重任，日均参观人数估计在12.5万人次。

主题馆建筑面积12万余m^2，高度24m，南北跨度212m，东西跨度288m，其中西展厅为单层无柱大空间，东展厅为2层大空间，东西展厅间为休息连廊区。主题馆屋面采用大跨度钢结构形式，水平投影面积6.4万m^2，5min雨水流量4400L/s。屋面由形状相同或对称的单元组合而成，见图1-79

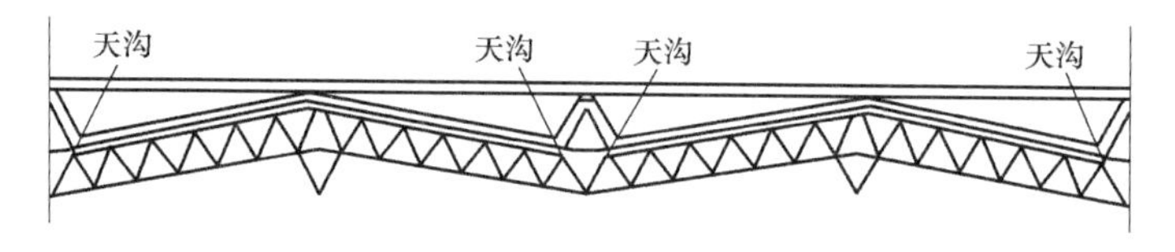

图1-79　主题馆屋面剖面示意图

二、雨水系统

1. 系统选择

由于传统的重力流雨水排水系统需要较大的敷设坡度，排水能力有限，且因主题馆屋面汇水面积大，结构形式比较复杂，设计一开始就决定采用压力流（虹吸式）雨水排水系统。

主题馆休息区及东展厅均有地下室，且休息厅下方地下室均为会议室或电气设备用房等不宜或不能敷设雨水管的场所，为避免雨水出户管道过长而占用较多的地下室空间，所有压力流（虹吸式）雨水立管只能选择在整个建筑的东西两端设置。雨水系统在设计时，每个独立的屋面单元均设有单独的288m长雨水天沟，在天沟的两端设置雨水立管。

2. 系统试验

由图1-80可以看到，主题馆屋面每个单元均有18%的坡度，初步设计有人提出暴雨时，雨水沿屋面板在此坡度下由近3m的高度汇入雨水天沟是否会将空气带入压力流（虹吸式）雨水斗，进而破坏整个压力流（虹吸式）排水系统。为了确保系统的安全，设计方在“同济大学环境保护产品检测中心”的主持下与吉博力公司做了模拟试验，试验的主要材料见表1-19，试验装置见图1-80，雨水管水力计算简图见图1-81。

试验主要材料 表 1-19

编号	名称	规格
1	水池	有效容积 $3m^3$
2	水泵	流量 $40m^3/h$，扬程 15m
3	雨水斗	额定流量 12L/s
4	天沟	3000mm(长)×600mm(宽)×300mm(深)
5	模拟屋面板	3000mm×2500mm
6	管道	均为 HDPE 管道，其中图 1-97 中双线部分为透明管道

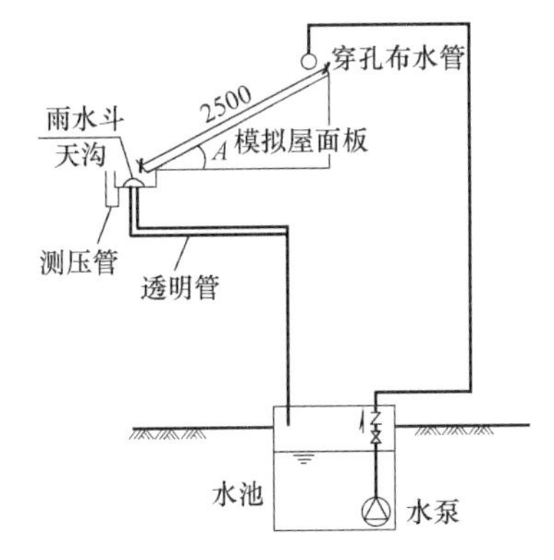

图 1-80 屋面模拟试验装置示意图

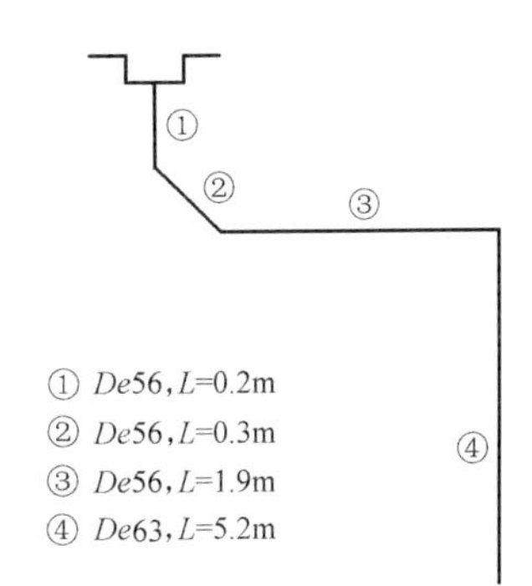

图 1-81 雨水管水力计算简图

试验中采用的雨水斗额定流量为 12L/s，但系统的设计流量为 8.1L/s。为了避免水流冲击引起的波动，天沟的斗前水位采用测压管测量，系统的流量由设在水管上的电子流量计测定。

试验首先考察了在流量不变（8L/s）的情况下，调整屋面板的倾斜角度，使屋面坡度分别为 6%、12%、18%及 24%时，斗前水深是否存在较大的差异。试验数据见表 1-20。

不同屋面坡度时设计流量下的斗前水深 表 1-20

坡度(%)	斗前水深(mm)			
	第 1 次	第 2 次	第 3 次	平均值
6	43.5	43.5	44.0	43.7
12	45.5	45.0	44.5	45.0
18	44.0	44.3	44.5	44.3
24	45.5	45.0	45.0	45.2

由表 1-20 可以看出，在流量恒定的情况下，坡度的变化对斗前水深影响不大。但屋面坡度对系统还是有一定的影响，如雨水斗的额定流量为 12L/s，其设计斗前水深为 35mm，而在淹没水深大于 35mm 的情况下其流量仍低于 12L/s，这是由于部分屋面雨水的水流正对准雨水斗的边缘，将空气带入了雨水斗内，造成系统的排水能力下降。试验时可以看到透明管道内有较多的气体在扰动。

为了考察整个系统的最大排水能力，本工程又进行了如下试验：在坡度为 18%时，提高水泵的流量，观察在各种流量状况下，系统平衡后的斗前水深。数据见表 1-21。

由表 1-21 可以看出，当斗前水深接近 60mm 时，系统的排水流量为设计流量的 124%，此时横管中仍掺杂有气体，而当斗前水深接近 190mm 时，系统横管内无气体存在，而系统的排水能力已达到设计流量的 132%。

不同流量时的斗前水深　　表 1-21

测量项目	第 1 次	第 2 次	第 3 次	均值
流量(L/s)	9.93	9.93	9.93	
斗前水深(mm)	60.5	60.0	58.5	59.3
测量项目	第 1 次	第 2 次	第 3 次	均值
流量(L/s)	10.52	10.52	10.52	
斗前水深(mm)	190.0	191.5	193.5	191.7

由以上试验可以得出如下结论，即使在主题馆大坡度的屋面情况下，只要设计参数取值恰当，计算准确就可以保证，压力流（虹吸式）雨水排水系统安全可靠。

3. 系统设计

系统设计首先面临的问题是重现期的选择。根据《建筑给水排水设计规范》GB 50015—2003（2009 年版）第 4.9.5 条规定，一般性建筑屋面的设计重现期为 2～5a，重要公共建筑屋面的设计重现期为 10a。主题馆作为世博会的主要展馆之一，其重要性不言而喻，其设计重现期取值是否需要高于规范要求呢？根据德国工程师协会标准《屋面虹吸排水系统》VDI 3806 的规定，压力流（虹吸式）屋面雨水排水系统必须设置溢流口或溢流系统，且该溢流系统须独立于其他压力流（虹吸式）排水系统。图 1-82 为压力流（虹吸式）屋面雨水排水系统的工作原理。

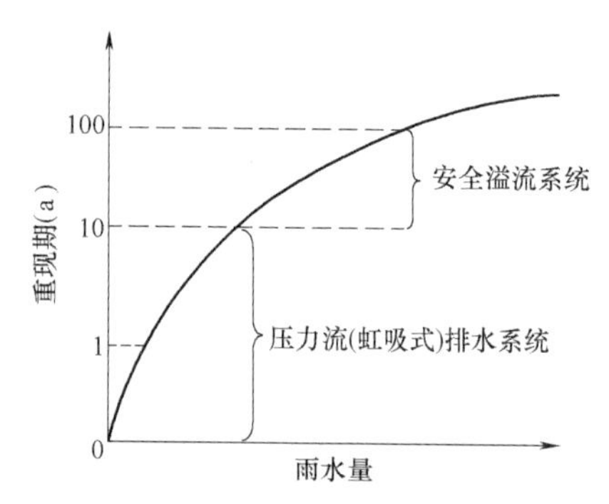

图 1-82　压力流（虹吸式）屋面雨水排水系统工作原理

由图 1-82 可以看出，选择更高的设计重现期并不代表系统就有了更高的安全性：

（1）选择更高的设计重现期会使系统的管径增大，增加了不必要的额外投资。

（2）过大的管径和更高的设计重现期会使压力流（虹吸式）屋面雨水排水系统绝大部分时间都为传统的重力排水而不能形成压力流（虹吸式）排水；而由于压力流（虹吸式）屋面雨水排水系统水平悬吊管多数没有坡度，这就使得此时的排水效率可能比传统重力排水系统还低，大大增加了对建筑结构的潜在危害。

（3）认为选择了更高的设计重现期而没有必要设置溢流系统的想法是错误的，因为一旦管路因意外情况堵塞，雨水无法从屋面及时排除，会对建筑结构和生命财产造成巨大的损失。

正是基于以上考虑，最终主题馆设计重现期确定为 10a，并设置溢流系统，加上溢流系统可满足重现期为 100a 的排水能力。管道设计方面，采用多斗排水系统。经计算，按每个压力流（虹吸式）雨水斗的流量为 25L/s 计，每个屋面单元需设置 16 个雨水斗，雨水斗平均分布于雨水天沟内。悬吊管沿钢结构桁架水平安装。大部分排出管的流速控制在 4m/s 以内，管材均选用高密度聚乙烯（HDPE）管材，热熔连接。另外，由于压力流（虹吸式）雨水排水系统出户管道雨水流速大，为了减轻雨水对出户检查井的冲刷，所有压力流（虹吸式）雨水排水系统的出户检查井材质均采用混凝土，且下游排水管均放大2档，降低流速。此外为了有效排放雨水系统中夹杂的气体，检查井盖板上增加了一定面积的泄压孔。

4. 系统组成

（1）雨水斗

压力流（虹吸式）雨水斗是雨水排水系统中一个重要的组成部件，其独特的设计使其具有气水分离功能，在雨水汇集时能够防止旋涡的产生，从而更有效地阻止空气进入压力流（虹吸式）雨水排水系统，保证系统正常、安全运行。

（2）管材管件和紧固系统

1）管材质量轻。由于压力流（虹吸式）屋面雨水排水系统管道的质量需由建筑结构承担，所以在保证系统稳定、安全、高效工作的前提下减小管道系统的质量，对降低整个工程造价起着非常重要的作用，尤其是钢结构屋面的压力流（虹吸式）屋面雨水排水系统，合理选择管材将极大地减少屋面结构的用钢量。

2）管道的连接必须牢固、密闭性能好。降雨过程中，管道系统由于连接密闭性能不好而导致系统内大量渗入空气，造成压力流（虹吸式）雨水排水系统始终以传统的重力流排水工作而不能形成稳定、高效的压力流（虹吸式）排水，排水效率极低，从而导致屋面迅速积水，严重时会造成重大安全事故。

3）管道系统和紧固系统应具有良好的吸收振动特性。压力流（虹吸式）屋面雨水排水实际上是多种流态（波浪流、脉冲流、活塞流、泡沫流和满管流）混合交替的过程，其与传统重力流排水转换过程中会产生较大的振动，这就要求系统配备有相应的措施，如使用低弹性模量的管材和强有力的紧固系统抵消这些振动而不是将这些振动传递给建筑结构，从而确保建筑结构的安全。

4）为保证水力计算的精确度，管道和管件以及与雨水斗连接的短管均采用相同的材质。相同的材质使得系统计算取定的管材特性参数一致，并且能够保证管材连接的统一性，大大降低了系统管道连接处渗气的可能性。

5）在进行系统安装时，为保持良好的水力状况应使用大曲率半径的弯头和顺水Y型三通，严禁使用T型三通。悬吊管与立管、立管与排出管的连接应采用2个45°弯头或大曲率半径的弯头。

三、结语

经历了30多年的发展，压力流（虹吸式）雨水排水系统技术已相当成熟，在国内已有很多成功的应用经验。世博会主题馆压力流（虹吸式）雨水排水系统的设计经验可为类似大坡度、大汇水屋面工程提供可借鉴的经验。

1.3.2 【给水排水精品案例】关于钢结构厂房雨水排水系统的设计探讨

一、概述

钢结构厂房与钢筋混凝土厂房的屋面和天沟结构不同，前者多采用钢结构屋面，下设檩条和钢梁；后者多采用预制钢筋混凝土大型屋面板及折线型屋架或大型钢结构屋架。钢结构厂房的屋面和天沟在连接处虽然设有屋面封檐板，但仍有搭接缝，屋面和天沟一般无防水卷材覆盖，而钢筋混凝土厂房的屋面防水卷材覆盖了整个天沟，因此当钢结构厂房的天沟中水位高度超过搭接缝时，雨水会从搭接缝处泛水进入室内。钢结构厂房天沟深度由于受屋面檩条高度的限制一般在 200mm 左右，有效深度仅 150mm 左右，因此天沟很浅。另外，钢结构厂房屋面坡度很大，沿屋面急流而下的雨水到达天沟处产生冲击涌流，造成天沟内水位波动很大，故天沟实际有效深度更浅。因此钢结构厂房屋面、天沟的防水能力很弱，一旦雨水系统排水不畅或雨量超过重现期时极易冒水。

图 1-83 钢结构厂房屋面

钢结构厂房的屋面形式、屋面构造与民用建筑有许多不同，大面积钢结构厂房的屋面坡度大，若为多跨厂房则中间跨往往设有内天沟。屋面的形状有双坡屋面、多坡锯齿形屋面、多坡高低跨屋面等。如图 1-83 所示。

工业厂房地面和屋面泛水、冒水曾给我国的工厂造成过巨大的经济损失，地面和屋面泛水、冒水除与水系统计算不当有关外，很大一部分是由于雨水系统选择不当造成的，而钢结构厂房的雨水排水系统设计相对于民用建筑有很多不同点。

钢结构厂房的屋面雨水排水系统可分为两种：外排水系统和内排水系统。外排水系统是利用屋顶天沟直接通过室外立管将雨水排到室外雨水管道或排水明渠中（见图 1-84）；内排水系统是利用室内雨水管道将雨水排到室外雨水管道中（见图 1-85）。

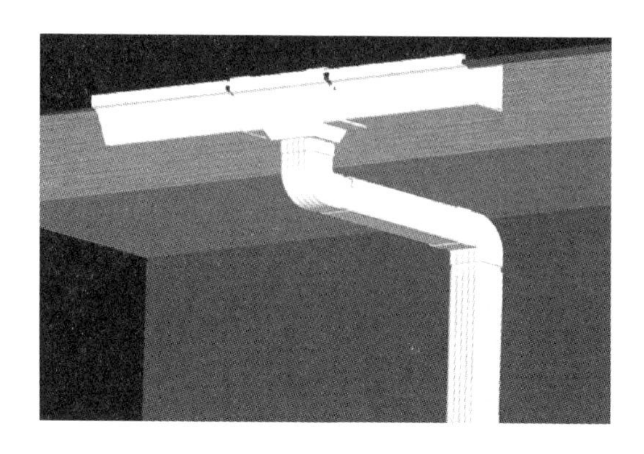

图 1-84 外排水系统

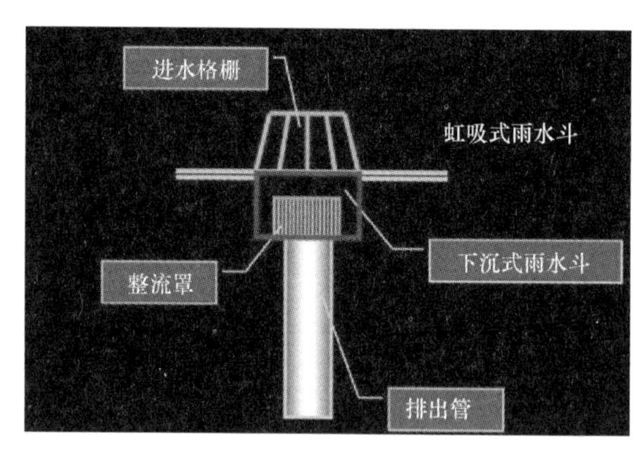

图 1-85 内排水系统

钢结构厂房的双坡屋面及其他形式屋面的边跨天沟即靠外墙的天沟可采用封闭系统直接外排式排除雨水，排水效果很好，只要计算合理，一般不会产生冒水现象。而对于多坡锯齿形屋面和多坡高低跨屋面的内天沟雨水排水系统可有多种选择，如长天沟外排水方式、重力流悬吊管方式、敞开系统内埋地管方式、封闭系统内埋地管方式、压力流（虹吸式）屋面雨水排水方式等。各种雨水排水系统的选择应根据建筑物及屋面、天沟的结构形式、气候条件及生产工艺要求等经技术经济比较后确定。若雨水排水系统选择不当，则极易产生冒水、泛水现象，造成重大损失。

二、雨水排水系统分类

1. 长天沟外排水雨水系统

长天沟外排水雨水系统室内无雨水管，因此无室内漏水现象，工程造价低，设计施工方便，以往钢筋混凝土多坡锯齿形屋面和多坡高低跨屋面的内天沟多采用该排水方式。《建筑给水排水设计规范》GB 50015—2003（2009 年版）规定天沟坡度不宜小于 0.003，但《屋面工程质量验收规范》GB 50207—2012 及《机械工厂建筑设计规范》JBJ 7—1996 规定天沟、檐沟的纵向坡度不应小于 1%，沟底水落差不得超过 200mm。故长天沟外排水不能用于长度超过 40m 的厂房，而现在的厂房长度一般都超过 40m。对于长度不超过 40m 的厂房，由于规定天沟坡度不应小于 0.01，故天沟分水线处找坡厚度将达到 200mm，但钢结构厂房天沟深度受到檩条高度的限制，天沟深度一般在 200mm 以内，找坡厚度不可能达到 200mm，因此钢结构厂房不应采用长天沟外排水雨水系统。

另外，长天沟外排水雨水系统只在天沟端头设雨水斗，雨水斗数量很少，在寒冷地区易被冰雪堵住。现代化厂房由于美观上的要求，一般天沟不伸出女儿墙外，并且轻钢屋面与女儿墙之间有缝，开溢流口建筑上较难处理，故即使厂房长度不超过 40m，也不宜采用长天沟外排水雨水系统。

2. 重力流悬吊管雨水系统

重力流悬吊管雨水系统属于内排水系统，是将中间跨雨水用悬吊管连通到靠外墙处，向下排至室外雨水管道的排水系统。

大跨度多跨厂房的中间跨雨水若采用重力流悬吊管架空方式排除雨水，必须详细了解厂房的结构形式、屋面及屋架的结构形式、生产工艺要求等，在仔细分析的基础上，确定是否可采用悬吊管方式及如何布置悬吊管。

悬吊管在厂房内易受到振动，管材应保证封闭、严密、不漏水，一般采用钢管、PVC-U 给水塑料管、ABS 给水塑料管或孔网钢塑管等。悬吊管不应布置在遇水会引起危害的生产设备、产品和原料等上方，以防管道产生凝结水或漏水而造成损失。悬吊管系统也不适合在洁净厂房内使用。

对于钢结构厂房，则不宜采用重力流悬吊管架空方式排除中间跨雨水。钢结构厂房屋面下为与屋面同坡度的钢梁，无屋架，若悬吊管沿厂房横向布置，由于悬吊管与屋面距离很大（屋脊处最大）且悬吊管管径较大，因此影响厂房美观。若悬吊管沿厂房纵向（天沟方向）布置，存在较多问题，由于钢结构厂房柱子小，柱距一般在 6m 以上，而悬吊管管径往往较大，一方面影响厂房美观，另一方面悬吊管除了在各个柱子处做支架外，两个柱子之间还要做吊架，若没有吊车梁，屋面上很难受力，一般在柱间做桁架或管道支撑钢梁，管道固定于桁架或管道支撑钢梁上，这样的做法既复杂又影响美观。所以钢结构大跨度多跨厂房的中间跨雨水不宜采用重力流悬吊管架空方式排除。

3. 敞开系统内埋地管雨水系统

敞开系统内埋地管雨水系统，即在厂房内设埋地雨水管和检查井。在钢结构厂房的中间跨内天沟雨水排水中采用该方式是比较普遍的。该系统没有重力流悬吊管雨水系统所具有的问题，但室内雨水检查井存在冒水的可能。为避免雨水从室内检查井中冒出，雨水量建议按 $5a \leqslant P \leqslant 10a$、5min 暴雨强度计算，埋地雨水管按重力流计算。

敞开系统内埋地管雨水系统，雨水立管中高速掺气水流在检查井内进行气水分离，能量转换产生正压喷溅。沈阳某厂房在下暴雨时曾出现过井内气流将多个检查井盖掀开的情况，后不得不将沙袋压在井盖上。为消除管内气流以稳定水流，敞开系统排出管应在室外设放气井。埋地管起端检查井较浅，易受气流的影响而冒水，因此建议在起端检查井中设一伸顶通气管沿柱子伸出屋面。起端检查井不得接入生产废水排水管。

敞开系统内埋地管雨水系统的设计，还应考虑尽可能改善雨水从立管进入埋地管的水流状态，否则由于管道衔接不当会加剧水流在检查井中的紊乱，使井内水流不畅、水位升高或气水翻腾，造成冒水的可能。改善水流状态的有效措施有以下几种：（1）接入室内检查井的雨水排出管其出口与下游埋地排水管宜采用管顶平接，以减小水流落差，从立面改善水流条件。（2）接入时水流转角不得小于135。以从平面上改善水流条件。（3）检查井内做高流槽导流，流槽高出管顶200mm，并且检查井深度不小于700mm，以改善水流状态，避免冒水。

采用上述排气和改善水流状态的措施后，可大大减少敞开系统内埋地管雨水系统的冒水问题。但敞开系统内埋地管雨水系统毕竟存在地面冒水的可能，故洁净厂房及防水要求高的厂房不宜采用该系统。

4. 封闭系统内埋地管雨水系统

要从根本上解决雨水内排水系统的室内冒水问题，对于钢结构厂房的中间跨内天沟，可采用封闭系统内埋地管雨水系统排除雨水，即室内设密闭埋地管和钢筋混凝土室内雨水检查井（参见《小型排水构筑物》01S 519）。封闭系统埋地管应保证封闭、严密、不漏水，该雨水系统的管材应采用承压管材，如PVC-U给水塑料管、钢管、ABS给水塑料管、给水铸铁管等。埋地横管检查口制作方法为：横管上开三通加法兰盖堵，并设橡胶垫密封。为消除管内气流以增大排水能力，排出管应在室外设放气井，并在室内设伸顶通气管沿柱子伸出屋面通气。设计时还需注意密闭埋地管和检查井的位置应避开设备基础。封闭系统埋地管交叉或长度超过30m及立管接入处应设检查井，埋地雨水管按满流设计。

封闭系统内埋地管雨水系统无开口部位，不会引起水患，管道为压力排水，排水能力较大，但由于该系统造价较高，施工较繁琐且维护不便，再加上习惯因素的影响，在南北方都较少使用。但该系统经多次暴雨检验，效果很好。

5. 压力流（虹吸式）屋面雨水排水系统

以上介绍的为传统的重力流雨水排水系统，是设计中一直沿用的屋面雨水排水方式，系统采用重力流雨水斗。此传统的重力流雨水排水系统往往排水管多、管径大、检查井多、排水能力小，对于大面积钢结构厂房屋面雨水排水系统则尤为突出。

压力流（虹吸式）屋面雨水排水系统在国外已有几十年的使用历史，该系统应用于大型屋面、造型复杂的屋面比重力流雨水排水系统具有更多的优越性，能够更好地满足建筑要求，更快地排除屋面雨水。但压力流（虹吸式）雨水排水系统由于造价高，设计计算复杂（需要专门计算软件），再加上习惯因素的影响，使系统的使用受到一定限制。但是随着经济的发展、使用要求的不断提高，目前该系统的使用趋势不断上升。

三、钢结构厂房雨水排水系统设计应注意的一些问题

除概述中所提到的问题外，钢结构厂房雨水排水系统设计还应注意以下问题。

钢结构厂房的雨水排水系统设计时应慎重考虑，准确计算。首先建议取较大的重现期，一般可取10a。天沟按规定应有1%的坡度，由于受到天沟深度的限制，天沟内找坡厚度不宜太大，故天沟内雨水斗的间距建议在12m以内。据此原则布置好雨水斗后，划分汇水面积，确定天沟排水量，计算天沟断面积，天沟的深度同檩条高度，天沟的宽度由计算确定。在确定天沟的宽度时，除了满足排水量外，还要考虑结构专业在天沟下设置托架的影响，该托架紧贴天沟底，沿天沟纵向设置，可能影响雨水斗及其下的雨水管道的安装。可与结构专业协商，将天沟底的托架靠天沟侧边设置，确保托架边与天沟边的距离满足雨水斗及其下的雨水管道安装要求，或将天沟宽度放大，以消除托架的影响。一般钢结构厂房的天沟宽度不宜小于600mm。

钢结构厂房的屋面由彩钢板搭接而成，搭接处采用螺钉紧固于檩条上或采用360°直立暗扣式连接，彩钢板上一般无防水卷材，屋面防水能力较弱。每块彩钢板由波峰和波谷组成，搭接处位于波峰，雨水在波谷内流动。因此当屋面雨水量太大时，雨水可能会漫过波峰，甚至淹没波峰，这时搭接处可能完全淹没于水中，从而使雨水从搭接处进入室内。对于具有高低跨屋面的钢结构厂房，若高跨屋面面积很大，则不能将高跨屋面的雨水排入低跨屋面，以防止低跨屋面雨水量太大，从而使雨水淹没彩钢板搭接缝而漏水。因此面积较大的高跨屋面应单独设置雨水排水系统并直接排出室外，而不能直接排入低跨屋面。

根据《建筑给水排水设计规范》GB 50015—2003（2009年版）：建筑屋面雨水工程应设置溢流设施，一般建筑的重力流屋面雨水排水工程与溢流设施的总排水能力不应小于10a重现期的雨水量，重要公共建筑、高层建筑的屋面雨水排水工程与溢流设施的总排水能力不应小于50a重现期的雨水量。屋面雨水管道的设计重现期为2～10a，因此超过雨水管道设计重现期的雨水量需要从溢流设施溢出。溢流设施的设置对于钢结构厂房尤其重要，若无溢流设施或溢流设施太小，超过雨水管道设计重现期的雨水量会在天沟内积聚，使天沟内水位迅速上升而淹没屋面板与天沟的搭接缝，雨水会从搭接缝处泛水进入室内。

钢结构天沟可在天沟外侧每隔一定距离设置圆形溢流口或方形溢流口，建筑均有标准图。计算溢流口尺寸时，应先计算需要从溢流设施溢出的雨水量，然后根据曼宁公式计算出溢流口尺寸并提交建筑专业。钢结构厂房在设置雨水管道时，尽量避免雨水管穿外墙，以防止墙面雨水从穿管处进入室内，当必须穿外墙时，应有密封措施。

重力流雨水斗具有整流作用，可以避免形成过大的旋涡，稳定斗前水位，减少掺气并能拦截树叶等杂物。重力流雨水排水系统必须装设重力流雨水斗，但实际工程中很多施工单位直接在钢结构天沟上开孔，并在天沟下焊接钢短管与雨水立管相连，未装雨水斗，这种做法降低了雨水系统的排水能力，树叶等杂物随雨水进入雨水管后极易堵塞雨水管。为避免这种情况，设计图纸应将雨水斗表达清楚，并在项目交底时向施工单位提出设置雨水斗的要求。

四、结语

随着经济的发展，业主对钢结构厂房屋面雨水排水系统设计的安全性要求越来越高，而大面积钢结构厂房的雨水排水系统设计看似简单，实际需要考虑的因素很多，包括结构形式、气候条件、经济水平、生产工艺要求等，这就要求设计人员认真对待，仔细分析，确定合理方案。另外，一个雨水排水系统的设计是否成功，往往还需要实践的验证，需要我们多了解、多调查，并进行必要的设计回访。

1.3.3 图析：雨水管以及屋面排气管、落水口、披水做法

1. 雨水管安装

雨水管卡应设置牢固、距离均匀一致、距墙面 20mm。明排水口距地面不大于 200mm。在排水口弯头拐弯处设一道管卡，卡子间距不大于 2m，最下面一道设置双卡子（见图 1-86）。雨水管卡与墙面连接处应打胶封闭。高跨屋面向低跨屋面排水时，在低跨屋面排水口处设置收水簸箕（见图 1-87）。

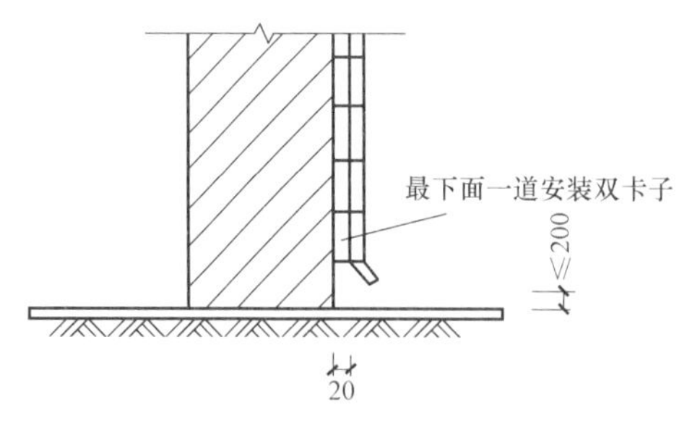

图 1-86 雨水管卡设置示意图

2. 屋面排气孔做法

（1）对需要铺设排气管道的屋面，排气管道设置在保温层中，在穿过保温层的管道上打排气孔，排气孔呈梅花形分布。

（2）排气管道外壁包裹一层玻璃布，防止保温层中的颗粒将管道上的排气孔堵死。

（3）根据屋面情况布置排气管道，排气管道要纵横贯通，在保温层内形成有效的排气网。

图 1-87 收水簸箕

（4）在排气管道上设置排气出口，排气出口与大气相通，在屋面面积每 $36m^2$ 的范围内设置 1 个出气口，在排气管出口处要做防水处理，防水层高度不低于 300mm。排气孔根部进行装饰（见图 1-88）。

（5）排气出口效果图：

3. 屋面面层做法

（1）面层砖镶贴时应双向留缝，缝宽 10mm，采用 1∶1 水泥砂浆勾缝。当屋顶面积较大时，要求不大于 6m×6m 设置变形缝，留置 20mm 宽缝，用柔性防水材料填缝。

（2）面层排砖应考虑整体效果美观，应尽量采用整砖排布，若出现非整砖，其宽度不宜小于整砖宽度的 2/3 或变色做装饰带（见图 1-89）。

图 1-88 排气孔根部装饰效果图

图 1-89 屋面面层铺砖效果图

4. 屋面落水口做法

屋面落水口示意图见图 1-90，屋面落水口效果图见图 1-91。

5. 屋面披水做法

（1）女儿墙与屋面交接处做成圆弧形，卷材顺女儿墙铺贴至女儿墙顶端檐下，卷材收头的端部裁齐，收头用金属压条钉压牢固，用密封膏封闭压条上口及固定点处。

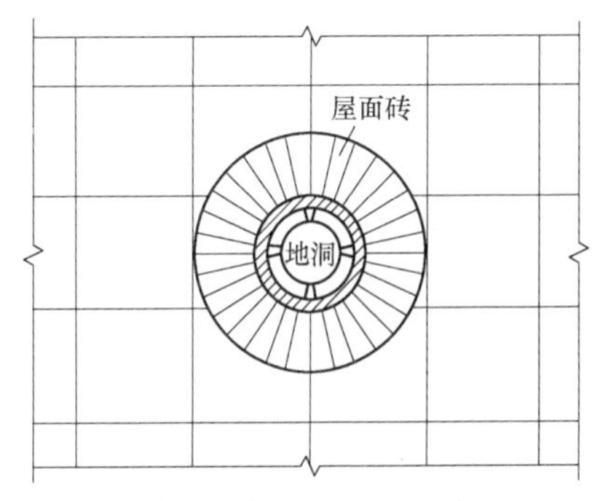

图 1-90 屋面落水口示意图

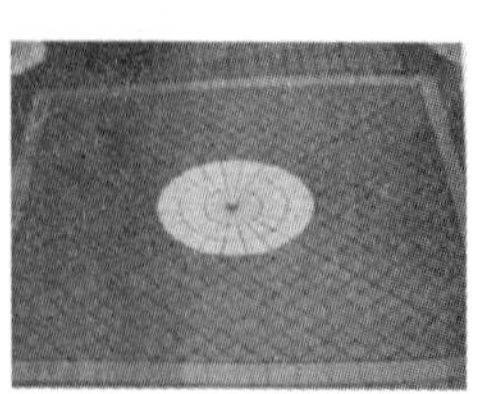

图 1-91 屋面落水口效果图

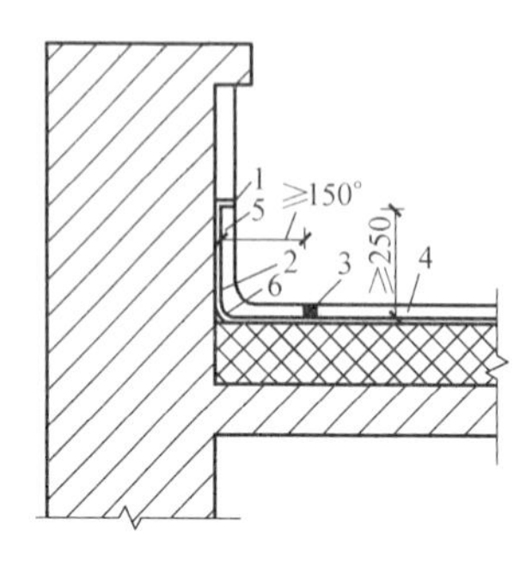

图 1-92 上人屋面女儿墙披水做法

1—水平分格条；2—防水层；3—防水填料；

4—圆层；5—水泥砂浆；6—附加层

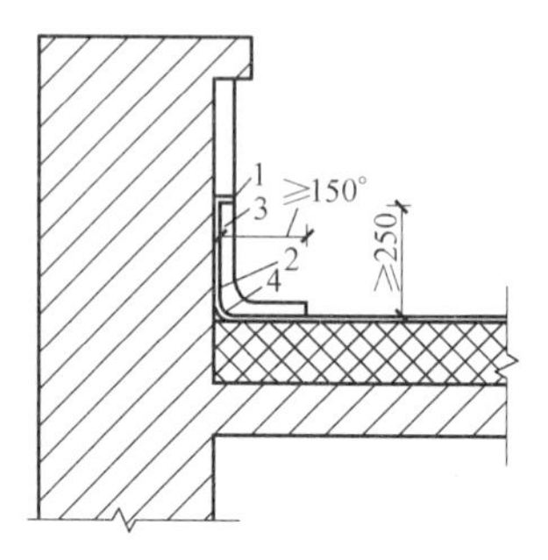

图 1-93 非上人屋面女儿墙披水做法

1—水平分格条；2—防水层；

3—水泥砂浆；4—附加层

(2) 女儿墙防水卷材铺贴完毕后，在其表面抹灰（采用纤维混合水泥砂浆抹灰），设置分格缝，分格缝间距不大于 6m 一道，缝宽 20mm，分格缝用密封膏封闭。

(3) 在镶贴屋面圆弧转角处地砖时，铺贴到圆弧的结束处，在地砖与圆弧的交界处设

图 1-94 面层效果图

置凹槽，槽内填塞密封胶。

上人屋面和非上人屋面女儿墙披水做法分别如图 1-92、图 1-93 所示。

6. 面层效果图

面层效果图见图 1-94。

1.3.4　雨水回收和利用系统设计探讨——南沙某案例

随着我国城市化进程的加快，制约城市可持续发展的干旱缺水、洪涝灾害和水环境恶化三大问题日益突显，使得城市原先的水文循环路径发生改变，给城市水生态带来一系列影响，改变了原有城市水体自然循环路径，给城市带来一系列的问题。如导致大部分城市的市区气温比郊区高出 1～3℃，形成“热岛效应”，造成局部天气异常，并且这一现象有逐年增高的趋势。城市的发展不可避免地造成了不透水地面面积的增加，地表雨水径流系数和径流量的增大，地下水入渗量的减少，使得地下水得不到充分涵养。汛期一遇暴雨就积水成灾，影响城市生活，堵塞交通，甚至淹没设施，经济损失巨大。同时，雨洪的肆虐，污水的泛滥，加大了城市治污难度，致使环境恶化。因此，我们急需在城市建立蓄、滞、排相结合的排涝及雨水利用体系。

以南沙某建筑为例（见图 1-95）介绍了屋面雨水回收利用系统设计重点。

1. 设计范围

（1）初期雨水的弃流装置、雨水模块；

（2）回用系统的取水井、水泵坑、水泵及附件、控制箱；

（3）初期弃流井与雨水模块之间的雨水管道连接，包括：初期雨水弃流管出弃流井 1.5m、弃流井与雨水模块之间的构筑物和管道、雨水模块的溢流管道出模块 1.5m、回用管道出泵坑 1.5m。

图 1-95　南沙某建筑屋面

2. 雨水回收利用系统简介

（1）本项目室外设置两套雨水管道，一套为雨水收集回用管道，一套为雨水收集排放管道。屋面雨水经雨水管道收集后，排向室外雨水收集回用管道，经室外初期雨水弃流井完成初期雨水弃流后，进入雨水收集模块池储存并回用。雨水收集回用系统弃流的初期雨水、超过雨水收集系统能力的溢流雨水均由室外雨水收集排放管道收集，雨水收集排放管道收集的雨水，最终排入市政雨水管道。本项目收集屋面的雨水，汇水面积约 4300m^2。

（2）雨水收集利用工艺原则上力求简单，一方面雨水水质比较洁净，另一方面是降雨随意性大，回收水源不稳定，处理设施经常闲置。

（3）进入收集利用系统的雨水水质以实测资料为准，屋面雨水经初期弃流后的水质，无实测资料时可采用如下经验值：CODcr：70～100mg/L；SS：20～40mg/L；色度：10～40 度。

3. 初期雨水弃流

集水面的径流雨水经常表现出初期冲刷效应，初期径流雨水中污染物浓度较高、水质浑浊，随着降雨的持续，一旦冲刷效应完成，径流雨水的水质将明显提高。对于收集利用系统，在雨水收集时弃流初期污染严重的径流雨水，便可以大大减轻后续处理构筑物的负担，节约投资，减少运行费用。对于收集排放系统，弃流初期雨水可消除面源污染，减少对环境的危害。

（1）初期径流弃流量应按照下垫面实测收集雨水的CODcr、SS、色度等指标值确定。当无实测资料时，屋面弃流可采用2～3mm径流厚度，地面弃流可采用3～5mm径流厚度。

（2）雨水收集利用系统的初期弃流装置要求：智能流量计具有累计流量计量、信号转换和远传功能，并能在设定的复位时间打开电动阀，使雨水初期弃流装置复位。弃流构筑物由干室和湿室组成，弃流装置安装在干室。

（3）道路、广场采用渗排一体的雨水口完成雨水初期弃流，渗排一体的雨水口材质为低密度聚乙烯材质，雨水口内配成品截污框。雨水口颜色与绿地相符承压荷载≥15kN。

4. 雨水储存

（1）储存回用规模：雨水储存设施的有效储水容积不宜小于集水面重现期1～2a的日雨水设计径流总量，扣除设计初期弃流流量。参照周边城市（深圳）规定，雨水收集利用量采用50mm的设计日降雨量；集水面设计日雨水收集利用量为200m^3。

（2）储存方式

本项目采用装配式pp雨水模块作雨水收集池，雨水模块材质为聚丙烯塑料，模块外部包裹防渗不透水土工布保水。雨水模块相对钢筋混凝土水池，更便于安装，施工周期大大缩短，pp雨水模块还可回收使用。

（3）单组模块规格参数

尺寸：400×1000×450（高）；孔隙率：95%；承载量：标准模块27.5t/m^2，加强型模块37.5t/m^2；建议最小覆盖量：标准模块0.4m，加强型模块0.4m；建议最大覆盖量：标准模块1.2m，加强型模块1.8m；总体最大深度：标准模块2.4m，加强型模块3.0m；模块的最大高度：标准模块1.8m(四层)；加强型模块2.25m(五层)；运作温度：－30～120℃。

（4）模块放置场所的注意事项

雨水模块应避免放置在车行道、停车位、经常有群众聚集活动的广场的下方，否则应采用加强型雨水模块，但不得停放大型客车和货柜车；放置雨水模块处的土壤的密实度不得小于95%，并根据不同的土壤类型进行不同的处理，但必须保证地基结构的牢固可靠性及平整。

（5）雨水模块的维护

进入雨水模块收集系统前，雨水管道进口处设置有管道格栅，在初期弃流井的沉淀井内去除大的固体和树叶等杂质，由于雨水在雨水模块的储水池中长时间停留，水中的悬浮物质势必会在模块的底部沉积，不及时处理的话，不但影响储水空间，还会成为微生物的温床。

1.3.5 屋面雨水排水技术的探讨分析

一、屋面雨水排水技术的特殊性

屋面雨水排水在建筑给水排水范畴是个较为特殊的技术问题，其特殊性表现在以下几个方面：

（1）出过问题，而且出过大问题

1953—1957年第一个五年计划期间兴建的大面积工业厂房，按重力流计算其屋面雨水排水系统，这些厂房在20世纪50年代末、60年代初相继出现车间内雨水检查井冒水，造成地面被淹，停工停产的严重事故。60年代中期屋面雨水排水在采用压力流计算时，由于立管管径减小，出现瓶颈现象，造成天沟雨水排水不畅，导致从天窗满溢进入车间的事故发生。重力流、压力流两个方面的案例，使1957年3月1日试行的《室内给水排水和热水供应设计规范》TJ 15—1974在第三章“排水”Ⅳ“雨水”的有关条文中规避了雨水计算的相关内容，造成设计人员无章可循的尴尬局面。

（2）搞过长时间的试验

20世纪60年代初，原建工部北京工业设计院、第一机械工业部第一设计院和清华大学等单位即开始进行为期三年的雨水试验。65型雨水斗的开发，压力流雨水计算方法的提出是这一阶段雨水试验的主要成果。70年代由《室内给水排水和热水供应设计规范》国家标准管理组申报立项，由建设部全额拨款的新一轮雨水试验项目正式启动。试验由清华大学、机械工业部第一设计院和第八设计院等单位参加。试验历时八年，取得大量数据，最后成果通过鉴定，并纳入《建筑给水排水设计规范》GBJ 15—1988。90年代，中国工程建设标准化协会为大面积屋面雨水排水系统单独编制协会标准正式立项，主编单位在上海东风泵阀厂的协助下，对新颖雨水斗和雨水排水水力工况作了进一步验证。除此之外，不少生产企业和大专院校也做了不少雨水排水方式方面的试验工作。总之雨水试验时间跨度之长，投入人力和耗用财力之多，积累资料之多，与建筑给水排水其他试验项目相比，既空前又绝后。

（3）对屋面雨水排水技术认知的否定之否定

对屋面雨水排水技术的认知，决定了屋面雨水排水工程的设计方法。我国对屋面雨水排水技术的认知，经历了一个从重力流起步，转变为压力流，再进展为更为实质性的重力流，直至现阶段的压力流的过程。这是一个完全符合否定之否定规律的循回，这一循回经历了半个世纪的时间，与建筑给水排水范畴别的技术问题相比，这也是少有的。

（4）“永远”的热点问题

20世纪60年代初雨水成为热点问题，当时是探究雨水检查井冒水的原因。1962—1964年《室内给水排水和热水供应设计规范》首次编制时，争论最为激烈的技术问题则是雨水排水计算公式按重力流计算，还是按压力流计算，最后以重力流计算公式列入规范条文而告终。

20世纪60年代中后期65型雨水斗的研制开发，重新挑起压力流和重力流之争，但由于当年的压力流计算笼统、简单、粗糙，未注意不同位置雨水斗的不同水力条件，同时片面追求节省管材和忽略了溢流口的设置，导致了个别工程的失误，使刚刚崛起的压力流倾向随即偃旗息鼓。

20世纪80年代清华雨水试验成果鉴定，使雨水排水技术再次成为热点，但鉴定出现反复，公式受到质疑，可以认为最终在《建筑给水排水设计规范》GBJ 15—1988中反映的并不是试验的最佳成果，而是最稳妥、最留有余地、也是在现阶段急需调整的内容。

20世纪90年代新颖压力流系统的引进，使压力流计算被再次提上议事日程。大面积会展中心、候机楼、科技馆、大剧院和汽车城等民用和工业建筑的兴建使压力流有了用武之地。但分歧依然存在，这个分歧既有压力流和重力流适用范围之争，也有不同类型的压力流之争，也有什么是典型的压力流系统之争。

当然“永远”不会永远，随着技术的发展，最终会在新的认知高度上达成新的共识。

二、对屋面雨水排水技术认知的四个阶段

1. 认知的第一阶段

当时采用苏联规范的重力流理论来设计我国屋面雨水排水工程，典型的例子是计算方法采用438公式，小檐降雨量采用苏联规范的50mm、60mm和75mm三项参数。造成的后果是大面积工业厂房相继出现车间内检查井冒水现象，冒水的检查井井盖即使用铸铁锭压住也旋即被掀翻冲走，洛阳拖拉机厂、洛阳轴承厂等工厂当年一逢大雨就频频告急，专业人士有鉴于此，确定：

（1）应按我国的降雨量计算雨水量；

（2）着手进行雨水试验，探索屋面雨水排水的正确方法。

2. 认知的第二阶段

当年有关单位有关人员在雨水试验的基础上提出屋面雨水排水系统压力流计算公式。公式以斗前水面标高和雨水管系出口端标高差的位能为动力，以孔口出流公式为基础演绎出压力流计算公式。当时的压力流系统雨水斗采用以少掺气或不掺气为指导思想而设计的65型雨水斗；强调提高雨水斗前水深，以减少掺气量；有意识缩小雨水立管管径，以平衡立管和埋地排出管的通水能力；按密闭系统布置管道；强调单斗系统。压力流计算方法符合雨水排水水力工况，但由于当年未重视事故溢流口的设置，也由于立管管径缩小后导致瓶颈现象，造成天沟雨水排水受阻，导致从天窗满溢进入车间的事故发生。

3. 认知的第三阶段

通过清华大学等历时八年的雨水试验，得出雨水流态为重力-压力流的结论，即小流量时为重力流，大流量时为压力流；雨水立管的下部为正压区，上部为负压区；压力零点随流量的变化而变动，流量增大时压力零点向上移动；悬吊管的末端近立管处为负压，始端为正压；负压造成抽吸和进气，因此立管顶端不设置雨水斗，但其他部位采用不同形式的雨水斗时，掺气现象仍难以避免；管系内水流为气水双相流或称掺气流，而其中的气系处于压缩状态；由于雨水斗在悬吊管上位置的不同，近立管的雨水斗泄流量大，远立管的雨水斗泄流量小，因此不提倡不对称布置的多斗系统。

雨水试验组根据重现率很高的大量数据，推导出多元因子的雨水排水计算公式。由于公式计算繁复，需要试算，在当时的计算工具条件下，未被采用。在该试验基础上制定的规范条文采用以下技术措施：

（1）对管系留有足够余地，以防检查井冒水和天窗溢水事故重现；

（2）对于超重现期的雨量采用事故溢流口来解决；

（3）强调外排水系统，强调密闭系统，强调单斗系统或对称布置的双斗系统，以尽可能地发挥系统的优势；

（4）禁止立管顶端设雨水斗，限制多斗系统，禁用高低跨雨水系统……，以尽可能地

消除隐患。

这些技术措施一直延续至2003年9月1日《建筑给水排水设计规范》GB 50015—2003实施为止。这个认知阶段就其实质是重力流，但不同于第一阶段的重力流，属于有足够安全度、不致出现事故的重力流。

4. 认知的第四阶段

压力流再次占据主导地位，与认知第二阶段的压力流的主要不同点在于不把负压抽吸看成负面因素，而是将它作为积极因素予以充分利用，与认知第二阶段的压力流的区别还在于：

（1）可用于多斗系统；

（2）系统计算不单纯计算总水头和总水头损失的平衡，而需分段计算流量和压力的平衡，这就是所谓的精确计算；

（3）配置相应的雨水斗；

（4）重视溢流口的设置。

这个阶段的压力流，由于工作重点的不同、工作基础的不同等原因，又可分成多种模式，其中最具有代表性的有两种模式，在未经充分酝酿讨论前，我们暂且命名为虹吸压力流和压力虹吸流。

两种模式的其他方面都是相同的，如悬吊管不设坡度、可适用于多斗系统、以溢流口作为超重现期雨量的应急技术措施、由于负压抽吸和被压缩的空气泡体积和压力变化导致水流动时管道有振动、对管材承压要求高等。

三、系统分类

檐沟外排水长期以来在设计院是属于建筑专业范畴的，檐沟上沿本身可以作为溢流堰来对待，也不存在超重现期超量排水隐患。只有天沟外排水、重力流内排水和压力流内排水属于给水排水专业分内之事。

屋面雨水排水系统的分类有以下几种：

（1）按设计流态分：重力流、压力流。

（2）按排水方式分：外排水、内排水。

（3）按系统组成分：密闭系统、敞开系统。

（4）按雨水斗数量分：单斗系统、双斗系统、多斗系统。

四、虹吸压力流雨水排水系统技术要点

1. 合理布置、精确计算

将系统看成一个整体，以高差即位能作为动力是压力流计算区别于重力流计算的主要不同点。而合理布置、精确计算则是虹吸压力流区别于其他压力流的主要不同点。合理布置、精确计算包括以下内容：

（1）在屋面的每一个最低点至少设置一个雨水斗。

（2）将雨水斗的排水用悬吊管接至雨水立管，并以密闭系统方式排至室外。

（3）合理布置雨水立管，有条件时尽量将雨水立管设于悬吊管中间部位。当必须设于尽端时，靠近雨水立管的雨水斗连接管管道长度宜适当引长，以平衡阻力。

（4）大面积屋面（指 5000m^2 以上）至少设两套独立的虹吸式雨水排水系统。

（5）控制悬吊管长度为落差的 10～20 倍。

（6）将管道（包括悬吊管和雨水立管）分为若干计算单元段。雨水斗所在位置、水流汇合点（三通位置）、水流改向处（弯头位置）和管道变径、变速处（异径管位置）均作为计算单元段的起止点（计算节点）。在计算单元段内水流的流量和流速值不变。

（7）按所选用的管材和所确定的管件，精确计算管道沿程水头损失和管件的当量长度值，重点应放在管件的局部水头损失值上。以悬吊管转向雨水立管的弯头为例，不同曲率半径、不同节段组成的弯头在相同公称直径条件下，其形成虹吸压力流的最小流量值有很大差异。

（8）确定管径，平衡每个节点的压力和流量值，并使误差在允许范围以内。这个阶段有反复试算的过程，应采用软件程序计算。

2. 设置溢流口

设计重现期是根据建筑物的重要性，汇水地区性质、地形特点、气象特点和因积水而造成后果的严重性而确定的一项重要设计参数，它的确定也决定于国家的整体经济水平。

由于雨水的不可控制性，超重现期的雨水客观存在，因此内排水系统必须设置应急超量排水口，即溢流口。

对于虹吸式雨水排水系统溢流口设置具体要求为：

（1）按百年一遇降雨量，保证 5min 超量排水。

（2）雨水斗前和天沟内雨水超量时能顺利通过溢流口排出。

（3）溢流口排水不致造成危害。

（4）溢流口下缘高出雨水斗上缘不小于 50mm。

（5）无法设置外露的溢流口时，应另设置超重现期雨水量的排水系统。

（6）按水深计算溢流排水时的屋顶承载能力。

3. 配置相应的雨水斗

不同系统应配置不同形式的雨水斗，虹吸压力流雨水排水系统应配置虹吸式雨水斗，如经过测试符合 D1N19559 标准的雨水斗。雨水斗应有最大流量值，还应有阻力系数值等主要设计参数。

4. 主要控制数据

除了前面涉及的控制数据外，虹吸压力流雨水排水系统还有下列数据有待控制：

（1）雨水斗的连接部位，管道与管件的连接部位必须严密，有良好的密封性，包括气密性和水密性。

（2）雨水斗间距不得大于 20m。

（3）悬吊管长度大于 10m 时，应增设计算单元段。

（4）雨水斗排水量不得大于该雨水斗经实测后确定的额定排水量。

5. 存在的问题

屋面雨水排水系统目前存在的主要问题是：

（1）城市暴雨强度公式编制方法不一，有用数理统计法的、有用解析法的、还有用湿度饱和差法、图解法和 CRA 法等方法的，有的方法并不完全符合设计规范要求，有待统一。

(2) 资料年代久远和资料年数过短。大部分暴雨强度公式是根据1983年前实测资料推导而得出的，还有不少沿用1973年版《给水排水设计手册》公式，乃至1964年版《给水排水设计手册》，那就更为滞后、更为陈旧了。有的公式资料年代过短，只依据8年、6年乃至5年的资料统计而成，缺乏1975年暴雨和近年来的厄尔尼诺现象的反常雨量资料。公式严重滞后的现象有待有关方面重视，这种情况急待改变。在工程设计有条件时应收集当地降雨量资料重订公式，使雨水排水工程有一个坚实的基础和前提。

1.3.6 江苏省老年公寓雨水与水景综合设计

一、工程概况

江苏省老年公寓是江苏省第一家省级养老社会公益性项目，列为江苏十大重点社会事业项目之一，地理位置在南京河西地区，滨江大道以东，紧邻长江，占地6.2×10^{4}m^2、拥有870张床位，融老年人生活护理、康复、娱乐休闲于一体。总绿化面积为3.3万m^2，绿化率53.16%，主干道道路面积6225m^2，项目内建筑共12幢，六层公共建筑2幢，小高层公寓4幢，多层公寓2幢，低层公寓3幢，三层娱乐中心1幢，屋面总面积8211m^2，利用场地内天然的凹地开挖的人工景观水池水景水面约2000m^2。本项目不仅要建成省级养老社会公益性建设项目，更力争创建成为节能环保的绿色生态小环境，为老年人最大程度提供一个与大自然接触的和谐生态条件。其中的雨水利用工程设计包括了屋面雨水的收集，人工景观水池对雨水的调蓄与贮存，绿地雨水的入渗，合理的雨水排放。工程为老年人提供了垂钓、休闲的场所。工程还与消防水池进行合理的组合设计，让原本长期不用的消防水也融入景观水体，水体内由地下水位保证基本的水量，使其成为活水。

二、雨水收集与运行

1. 屋面雨水的收集

屋面雨水采用虹吸式或半有压式雨水排除系统，雨水由管道收集经初期雨水弃流池弃流后贮存于人工水景池内，该地区设计重现期5a的10min降雨量为261.43L/s。根据南京河西地区的地下水特点，地下水位较高，人工水景池内的补水以屋面收集的雨水作为补充，由地下水补给作为保证，丰雨期时还可以调蓄部分雨水，调蓄高度约0.8m，调蓄量约1600m^3，按设计重现期为5a可调蓄约连续2h降雨强度的雨水量。屋面雨水经雨水立管及室外雨水管收集分东西两路排至雨水弃流装置，弃流量按3mm的径流厚度控制，东西两侧的弃流量分别为10.50m^3 和7.50m^3。超过初期径流量的雨水经景观水池出水口排入水池的仿天然水道中。

2. 道路与绿地雨水的收集

道路与绿地雨水收集后不排入人工水景湖，项目主干道上的雨水通过雨水管道收集直接排入南面与长江相通的现有排水沟内。绿地间支路上的雨水通过渗透井式雨水口渗入绿地，支路路面铺砌透水性强的缺角砖或荷兰砖等。

3. 溢流水的排除

在汛期为避免地面形成内涝，人工水景池内接纳不下的水量由溢流设施经管道收集排到已有排水沟边的雨水提升泵井内和道路雨水一同由潜水泵提升排入排水沟内。在平时排水沟水位处于正常水位时雨水直接排入排水沟后进入长江。

三、水景系统与雨水调蓄

1. 景观水池内的水源

景观水池内的补充水源为项目内收集的屋面雨水。本项目地处南京河西地区，根据地质勘察报告，平均地下水位在自然地面下 1.2m 处，所以景观水池内的水源可以由地下水的截流和贮存保持景观水池内的设计水位。

2. 雨水的调蓄与利用

屋面雨水首先进行初期雨水的弃流，为管理维护方便，弃流实行集中式建造弃流池，弃流池中截流初期雨水的容量设计为弃流量的 2/3，即东侧为 5.0m^3，西侧为 7.0m^3，弃流池的出水原理参照北京泰宁科创研制的雨水弃流装置，初期雨水在弃流池中经过一定时间的沉淀后可以用于部分绿地的浇灌。弃流池构造形式见图 1-96。

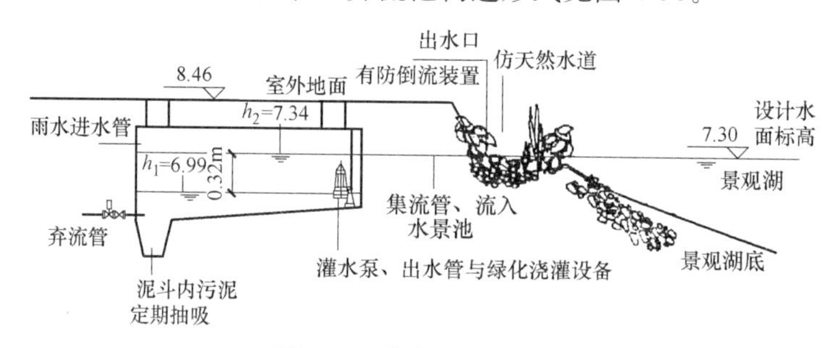

图 1-96　弃流池构造形式

3. 弃流池的控制

天晴时，弃流池内已放空，弃流管上电动阀处于开启状态。当初次下雨时，雨水经弃流管排至小区道路雨水管道，电动阀前的手动阀可调节弃流的雨量。当初期雨水的水位达到 h_1 时（即 1/3 的弃流量），电动阀关闭，弃流池水位不断升高，至 h_2 时，已达到初期雨水的弃流量，雨水排入仿天然水道进水景池内。当降雨停止后，贮存在弃流池内的雨水经过一定时间的沉淀可以用于绿地浇灌，用潜水泵提升供给。经一段时间后定期排空弃流池内的雨水，为下一次降雨做准备，但当两场降雨时间相差很小时可不考虑再次弃流而可以直接排入景观水池中。

经过弃流后的雨水经集流管流入人工水景池中，该人工水景池面积约 2000m^2，最大水深 3～3.5m，人工水景池的设计原则是建造成两个具有自净功能的生态水域，形成一个和谐的、良性循环的人工湖，为老年人提供一个具有垂钓、娱乐、放松心情功能的优美的水环境。景观水的水质维持是一项综合技术，既要有一个合理的水生植物与动物的比例，又要使水中的溶解氧保持一定的含量。据资料报道，当水体流速达到 0.09m/s，溶解氧含量在 4.5mg/L 以上时，水体就处于一个良好的好氧环境，不但会激发水中微生态的作用，而且这样的环境蚊蝇的幼虫无法在水中生长，蚊蝇滋生也就不存在了。所以，基于上述条件，设计中在雨水进入水景时，在水景的近岸端设计一条仿天然水道，水道内铺设砂与碎石，并种植多种水生植物，经该水道后进入水景池中，水景池中的湖底高程、湖底回填材料等要求应与植物的要求相适应。并在其中设置两组曝气装置，经常性地给水景池曝气并使池中水产生一定的流速。仿生水道中种植的水生植物和水景池中放养的水生植物与水生动物（鱼类、贝类等）的合理配置需由专业的生物工程公司提供技术支持，维持水体良好的自净能力，达到最佳状态。

四、消防水池与水体的结合设置

本项目消防系统采用区域集中式临时高压消防系统，室内消火栓系统、自动喷水灭火系统及室外消火栓系统的消防水池及消防增压泵均设在餐饮娱乐中心的地下室以及与地下室连接的水景中。为保证消防水池内的消防水量与水质，设置了消防水池的吸水区与贮水区，吸水区是与地下室为一体的封闭区域，贮水区是用钢筋混凝土浇筑的与水景相结合的开敞区域，具体如图 1-97 所示。

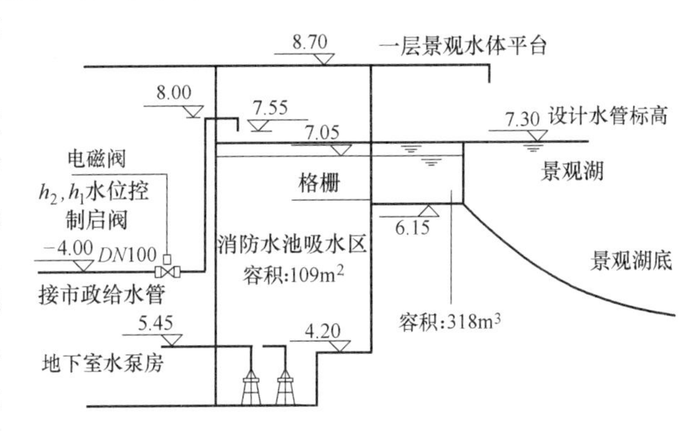

图 1-97 消防水池及消防增压泵的设备

当景观水体水面处于设计水位 h_1 时，消防水池的水量大于消防总水量（396m³），当景观水体处于枯水期水位下降至低于 h_2 时，由设于地下水泵房内的水位控制器控制电磁阀开启往消防水池内补水，h_2 为维持消防水量的最低水位，此时该部分水量与景观水体隔开，防止枯水期消防水外泄，并保证消防总水量不小于设计消防总水量（396m³），补水至水位达到 h_1 时，水位控制器控制电磁阀关闭。消防水池的封闭与开敞部分的混凝土隔墙上设置一定面积的格栅，过滤开敞部分的景观水中的漂浮物和大颗粒杂质。设计中还考虑了使消防部分水与景观池水的循环，当景观水处于丰水期时，定期使用消防水泵的旁路出水管接消防水带把消防水池中的水提升到景观水池中，使其进行水量交换。这样的水池设计，既保证了消防水池的最小贮水量，也尽可能地使消防水量作为景观水体的一部分，让该部分水充分接触阳光与空气，不致成为长期不用的死水。

五、总结

本项目作为江苏十大重点社会事业项目之一，建设单位的建设宗旨是建造一个舒适、现代的新型养老社区，充分提倡以节能环保、新型生态建筑为宗旨的理念。随着生活水平的不断提高，人们向往与大自然亲近的感觉，向往有山有水的绿色生活。因此大量人性化的景观设计配合着建造了许多人工山丘绿地与湖泊，这些人工的青山绿水需要人工的保养与维护，并经常性地补充新鲜水与能耗。南京虽然有长江这条中国第一大河流经市区，但由于上游污染严重，属水质缺水城市。国家规定严禁用自来水作为城市景观水的补水，因此雨水的合理使用成为补充这些景观水的首选，雨水利用系统应该被广泛应用与推广。

1.4 建筑热水系统

1.4.1 超清晰建筑热水供应系统图示

一、建筑热水供应系统的分类

按热水供应范围，可分为：

（1）局部热水供应系统：供单个厨房、浴室等。

（2）集中热水供应系统：供一栋或几栋建筑。

（3）区域热水供应系统：需热水建筑多且集中。

二、建筑热水供应系统的组成

热水供应系统无论范围大小，其组成大同小异，图 1-98 为集中热水供应系统组成示意图。

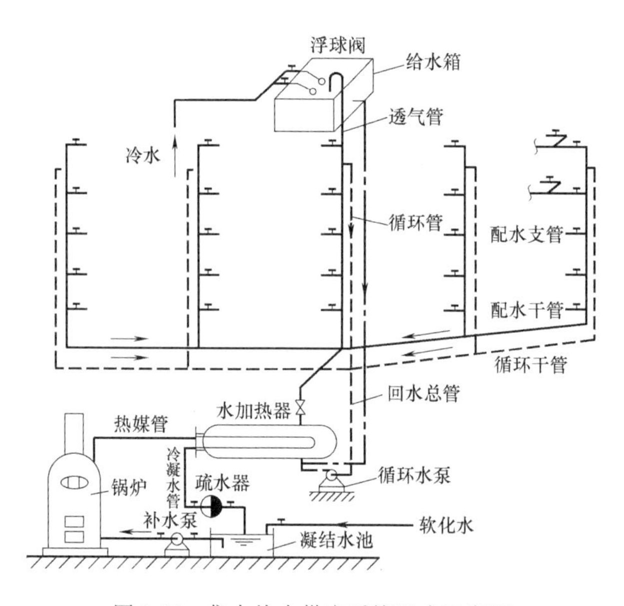

图 1-98 集中热水供应系统组成示意图

三、水的加热方式及设备

1. 加热方式

按热交换方式分为：

直接加热：热媒与凉水混合。

间接加热：通过管道表面实现管内外介质的热量交换。

2. 加热设备

直接加热设备：锅炉直接加热、蒸汽多孔管或蒸汽喷射器加热水箱，如图 1-99 所示。

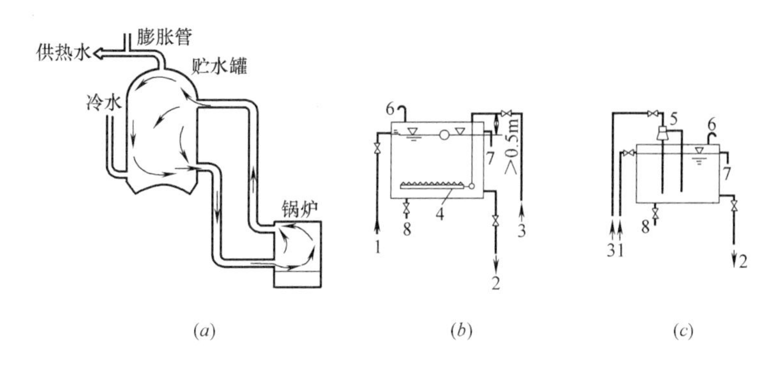

图 1-99　直接加热设备构造示意图

(a) 热水锅炉直接加垫；(b) 蒸汽多孔管直接加热；(c) 蒸汽喷射器混合直接加热

1—进水管；2—出水管；3—蒸汽管；4—多孔管；5—喷射器；6—通气管；7—溢流管；8—泄空管

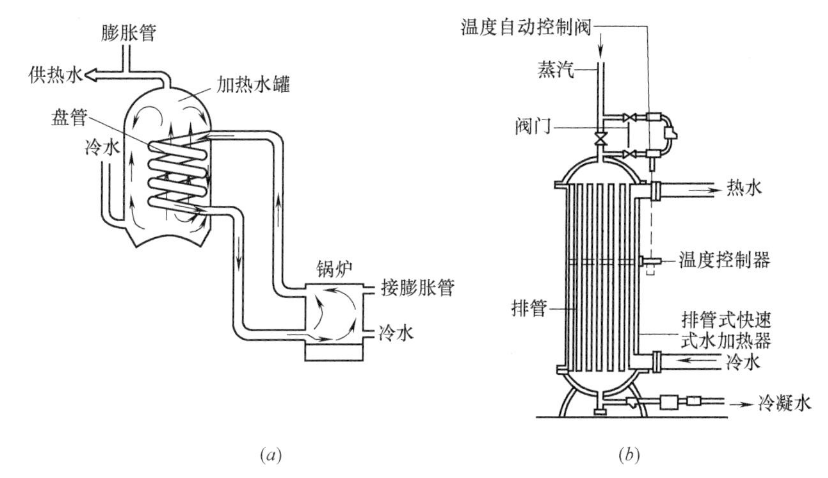

图 1-100　间接加热设备构造示意图

(a) 热水锅炉间接加热；(b) 蒸汽-水加热器间接加热

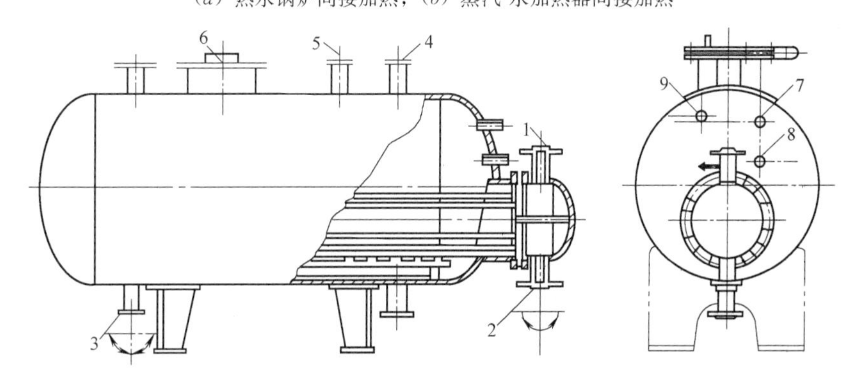

图 1-101　容积式水加热器构造示意图

1—蒸汽（热水）入口；2—冷凝水（回水）出口；3—进水管；4—出水管；

5—安全阀接口；6—人孔；7—接压力计管道；8—温度调节器接管；9—接湿管

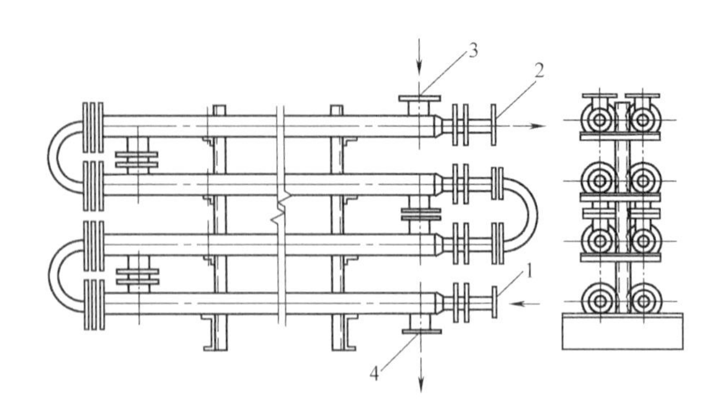

图 1-102 快速式水加热器构造示意图
1—冷水；2—热水；3—蒸汽；4—冷凝水

间接加热设备：容积式水加热器、快速式水加热器、半即热式水加热器、分段式水加热器，如图 1-100～图 1-103 所示。

3. 加热设备优缺点

直接加热设备：热利用率高、噪声大、软化费用高。

间接加热设备：卫生安全、无噪声、热利用率低。

既可加热、又可贮备热水，适宜小系统使用。

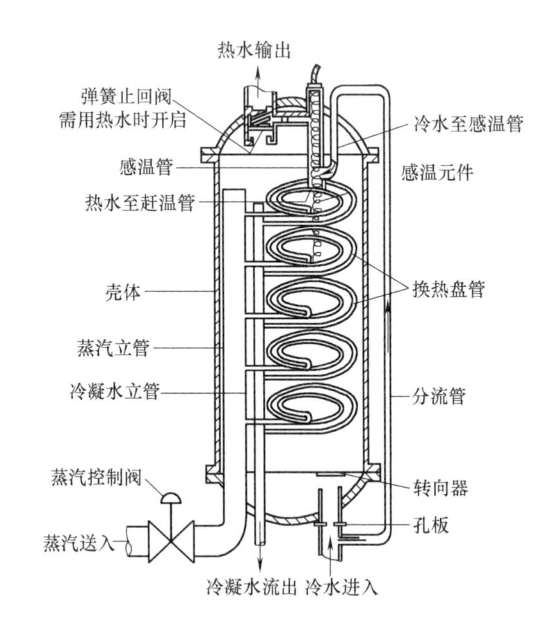

图 1-103 半即热式水加热器构造示意图

四、热水供应系统的形式及工作原理

热水供应系统有很多种类型，不同的类型管网形式有所不同。

（1）按循环管道的设置情况分为全循环、半循环、非循环热水供水方式三种，如图 1-104 所示。

（2）按热水配水管网水平干管的位置不同分上行下给供水方式与下行上给供水方式，如图 1-105 所示。

（3）按水流通过不同环路所走路程分为：同程式，不同环路水流行程相同，阻力易平衡；异程式，不同环路水流行程不同，阻力难平衡。如图 1-106 所示。

（4）按供水管网压力工况分为：开式，管网与大气相通，水压不受外网影响；闭式，无开式水箱，由外网直接供水。如图 1-107 所示。

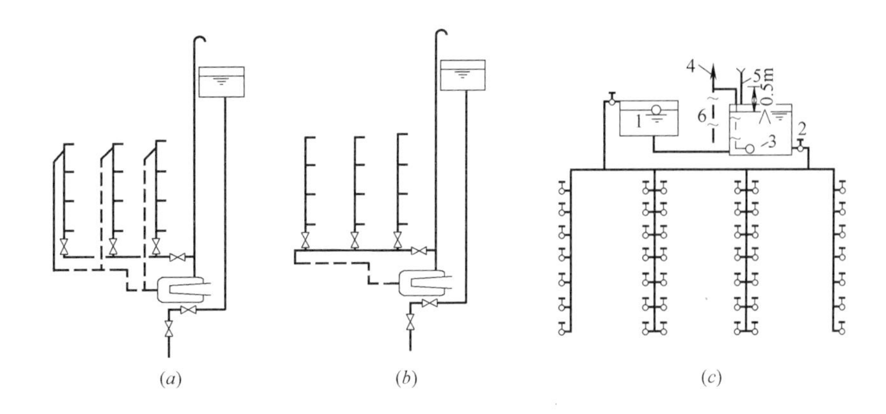

图 1-104 按循环管道设置情况分类

(*a*) 全循环系统；(*b*) 半循环系统；(*c*) 非循环系统

1—冷水箱；2—热水箱；3—混合器；4—排气阀；5—通气管；6—热媒管

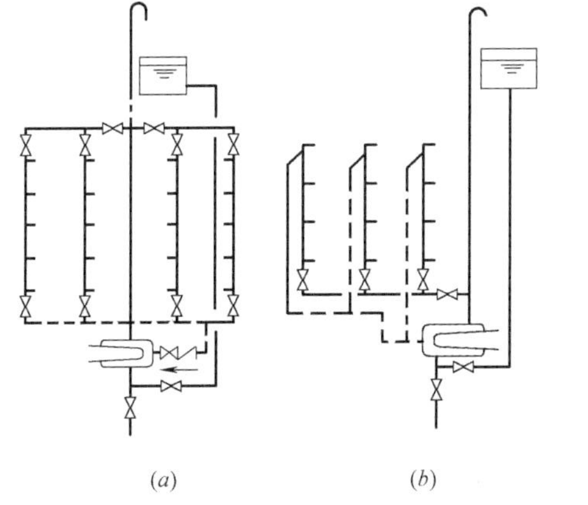

图 1-105 按热水配水管网水平干管位置不同分类

(*a*) 上行下给自然循环系统；(*b*) 下行上给自然循环系统

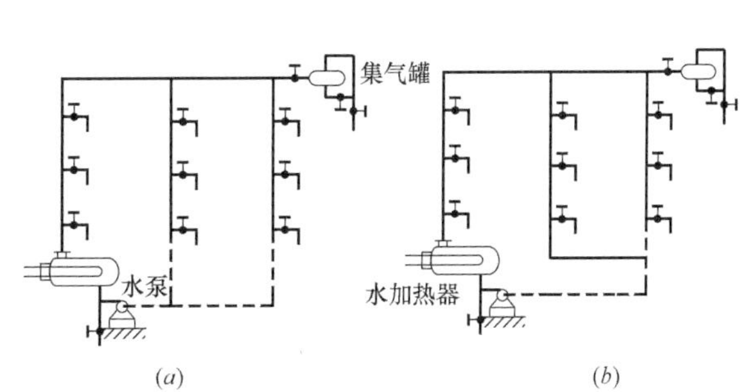

图 1-106 按水流通过不同环路所走路程分类

(*a*) 异程式系统；(*b*) 同程式系统

(5) 按水循环的动力分为：自然循环，靠水的密度差循环，适宜小系统；机械循环，靠水泵提供的动力循环，适宜大系统。如图 1-108 所示。

(6) 对于机械循环系统，按水泵的运行情况可分为：全日循环，适宜宾馆、桑拿、洗浴中心等高级场所使用；定时循环：适宜旅馆、生活小区等用水时间相对集中的场所使用。

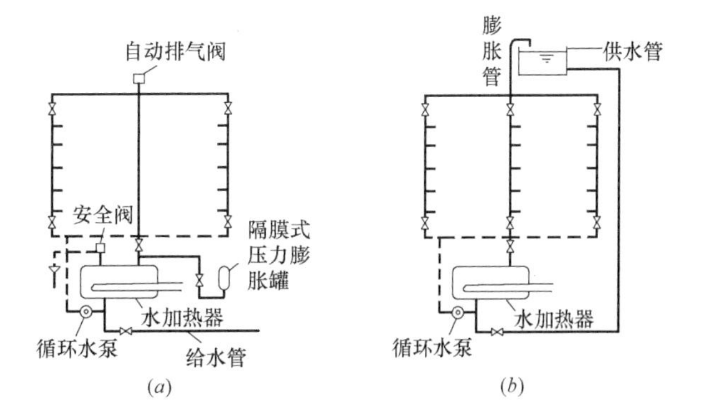

图 1-107 按供水管网压力工况分类

(*a*) 闭式热水供水方式；(*b*) 蒸汽—水加热器间接加热

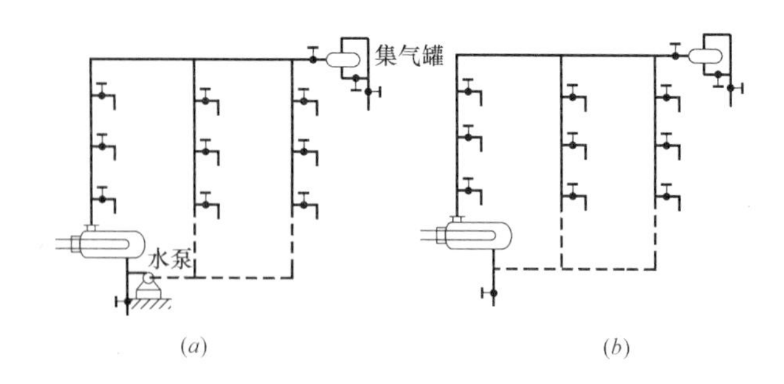

图 1-108 按水循环的动力分类
(a) 机械循环热水供应系统；(b) 自然循环热水供应系统

五、热水管网的布置与敷设

热水管网的布置与敷设基本同冷水，高层建筑的冷热水分区完全相同，但应注意由于水温高带来的以下问题：

（1）水温升高，水的体积增大，为容纳膨胀水量需设膨胀管（水箱）。

（2）管道热胀冷缩量大，应设补偿器以消除热应力产生的破坏作用。

（3）设固定支架，以控制系统位移。

（4）保护墙体，避免拉坏，管道穿越楼板、墙均作套管。

1.4.2 【新手入门】集中空调冷、热水系统的一级泵二级泵设计

集中空调冷（热）水系统指的是将空调冷（热）水集中配制后，送至房间或区域空调末端设备并承担相应的空调冷（热）负荷的冷（热）水系统。集中空调冷（热）水系统的特点是：冷（热）源装置集中设置，并将生产的冷（热）水通过水泵和相应的管道输送至空调区域末端设备中，对空调区域进行制冷（或供热）。为了方便大家理解和设计集中空调冷（热）水系统，下面简单介绍一下集中空调冷（热）水系统方面的知识。

一、集中空调冷（热）水系统的分类

（1）按照空调末端设备的水流程可分为同程系统和异程系统；

（2）按系统水压特征可分为开式系统和闭式系统；

（3）按照冷热管道的设置方式可分为两管制系统和四管制系统；

（4）按照末端用户侧水流量的特征可分为定流量系统和变流量系统。

二、集中空调冷（热）水系统的特点

1. 同程系统和异程系统

空调冷冻水管由供水总管、干管和支管组成。各供回水支管与空调末端装置相连接，构成一个个并联回路。为了保证各末端装置应有的水量，除了需要选择合适的管径外，合理布置各回路的走向也是非常重要的。

（1）同程系统

同程系统是指系统内水流流经各用户回路的管路物理长度相等或相近。水流经同一层每个末端的水平之路供水与回水管路长度之和相等简称水平同程；水流经每层用户的垂直供水与回水管路长度之和相等简称立管同程；水流经每个末端的水平和垂直的供回水管路长度之和均相等也称为全同程系统。

（2）异程系统

异程系统是指水流流经每一用户的管路长度之和不相等。通常由于用户位置分布无规律或用户位置分布虽然有规律但有的用户供回水支管路较短，有的用户供回水支管路较长，造成各并联回路的管路物理长度相差较大。

（3）设计原则

同程系统的特点是：各并联回路物理长度相等。在同程系统中，如果末端设备水阻力基本相同，那么由于水在管道中的流程相同，设计时通常也对管路的比摩阻进行适当的控制，可以认为各末端环路管道的水阻力相差不大，且水管路阻力与末端相比，所占比例相对较小，因此这时同程系统容易实现各并联回路之间的水力平衡。但为了使回路长度相近，有时需要耗费更多的管材。此外还往往需要增加竖向管井以及管井面积。

在异程系统中，平衡各回路水阻力的基础条件比同程差，通常需要更为合理地选择管径和配置相关的阀门。

值得特别注意的是：系统原理图不是实际管道布置详图，原理图中管道长度相等并不代表管道的实际物理长度相等。设计人员的主要目的也不是为了使管道的物理长度相等，而是使各并联回路的水阻力平衡。因此同程系统或异程系统的选择，在工程设计中，应根据具体情况进行考虑。设计中通常有以下原则：

1）末端阻力相同或相差不大的回路宜采用水平同程系统。

2）当末端空调设备的设计水阻力相差较大或末端设备及其支路水阻力超过用户侧水阻力的60%或设备布置较为分散时，可采用异程系统。

3）详细的水力平衡计算。不论采用同程系统还是异程系统，设计人员都应该进行详细的水力计算和各环路的平衡计算。通常的要求是：阻力最大的回路与阻力最小的回路之间的水阻力相对差额不应大于15%。

4）合理设计阀门。由于各种原因即使进行了详细的水力计算和调整，完全通过管径的选择来实现15%的不平衡率的目标是难以实现的。同时考虑到管道计算、施工变更、误差以及运行管理的需要，因此，在一定程度上需要利用阀门进行调节，一般建议各主要环路和末端处设置相应的有较好调节特性的手动或电动阀门。需要指出的是，由于阀门本身是阻力元件，存在一定的能量损失，也是初投资增加、维护工作量增加的组成部分。因而，不能随意地到处增加，而只是在系统设计合理的基础上合理的选择与设置。

2. 开式系统与闭式系统

图1-109是空调水系统的两种最基本形式。

图1-109（a）是开式系统。水泵从水箱中吸入系统回水，经过冷水机组后供应到用户末端装置（或冷却塔），然后再回到水箱中。

在开式系统中，水泵的吸入侧应由水箱水面高度给予足够的静水压头，尤其是热水系统，应确保水泵吸入口不产生汽化现象。其次，应掌握的一般原则是：水泵的扬程需要克服供水管和末端装置的水流阻力以及将水从水箱水位提升到管路最高点的高度差H，如

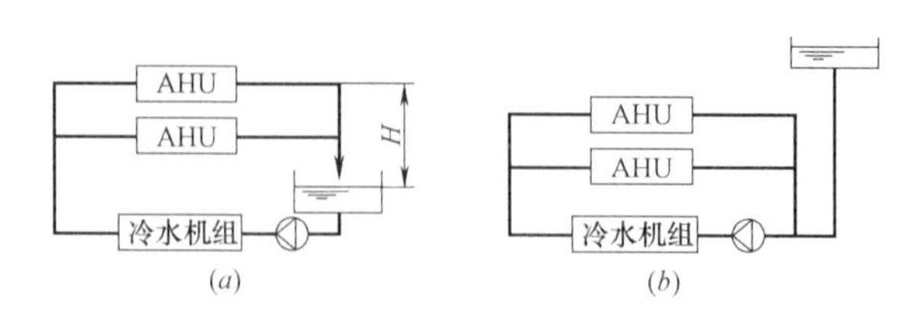

图 1-109 开式与闭式系统

(*a*) 开式系统；(*b*) 闭式系统

果 H 不能克服末端之后的回水管阻力（P_h），还需要增加一定的水泵扬程（$H-P_h$）。

显然，H 较大时，要求水泵的扬程也应该较大，导致常年运行水泵的能耗也比较大。因此，目前开式系统在空调冷热水系统中应用相对较少。比较常见的情况是采用开式冷却塔的空调冷却水系统和水蓄冷的一次系统，它们的共同特点是 H 较小。

由于开式系统中不同高度差上设置的空调末端回路的水压差都是变化的，这种情况下通常只能通过末端阀门的初调节来使末端两端的压差相同，因此这时采用同程系统的意义不大。

图 1-109（*b*）所示的闭式系统是一个封闭的环路，其特点是：系统不运行时，环路中同一高度上的任一断面的水压力都是相等的；系统运行时，水泵的扬程只需克服系统的整个水流阻力，而与系统的高度无关。因此，对于有一定高度的系统来说，闭式系统通常比开式系统的水泵扬程低，电力装机容量减小，具有一定的节能优势。同时，由于水和空气的接触面积小甚至与空气隔绝，使得系统内水质能够长时间得到较好的保证，有利于系统可靠运行。正因为上述优点，闭式系统是目前空调冷（热）水系统中应用最广泛的一种形式。

由于水具有一定的热胀冷缩的特点，为了确保系统安全，闭式系统应考虑水受热膨胀后的系统泄压问题，通常采用闭式膨胀罐或者开式膨胀水箱。应当指出，开式系统和闭式系统的区别，是以系统中的水压特征为评定标准的，因此不能将设置了开式膨胀水箱的系统称为开式系统。

3. 两管制系统与四管制系统

冷、热源利用同一组供、回水路为末端装置的盘管提供空调冷水或热水的系统称为两管制系统（一供一回两条管路）；冷、热源分别通过各自的供、回水管路，为末端装置的冷盘管和热盘管分别提供空调冷水和热水的系统称为四管制系统（冷、热水分别设置供、回水管，共四条管路）。

（1）两管制系统的特点

两管制系统的特点是冷、热源交替使用（季节切换），不能在同一时刻向末端装置供冷水和热水，适用于建筑物功能相对单一、空调精度要求相对较低的场所。由于管路较少，其投资相对较低，所占用的建筑内管空间也就比较少。

（2）四管制系统的特点

冷、热源可同时使用，末端装置内可以配置冷、热两组盘管，已实现同一时刻向末端装置同时供应空调冷水和热水，可以对空气进行冷却-再热处理，满足相对湿度的要求。此外，在分内、外区域的房间或供冷、供热需求不同的房间，通过配置冷、热盘管或单冷盘管等措施，可以实现各取所需的愿望。因此，四管制系统适合对于室内空气参数要求较高的场合，有时甚至是一种必要的手段。但投资较高，占用管道空间相对较大。

以上提到的两管制系统与四管制系统，都是针对末端空调设备来说的，对于夏季供冷、冬季供热的集中空调水系统而言，其冷、热部分一般都是四管制的，除非冷、热源设备具有一机多能的特点，例如热泵式冷（热）水机组、直燃式冷（热）水机组等。具体到冷、热水机组的应用时，通常都是采用两管制方式。

4. 定流量系统与变流量系统

通常将空调水系统的位置结构上分为两部分：冷、热源侧（冷、热源机房内）水系统和用户侧（机房外）水系统。对于定流量系统和变流量系统的区别针对用户侧而言：在系统运行全过程中，如果用户侧的系统总水量处于实时变化过程中，则将水系统定义为变流量系统；反之为定流量系统。

（1）定流量系统

定流量系统是指空调水系统中用户侧的实时系统总水量保持恒定不变。对于房间温度等参数的控制而言，只能依靠改变末端装置的风量或者通过三通阀改变进入末端装置的水量等手段来进行控制，或者不进行室内参数控制。

图1-110是房间空调末端装置配置了电动三通阀的定流量空调系统，它可以根据空调房间的控制参数，通过调节三通阀支流支路和旁流支路的流量，改变进入末端装置的水流量。从理论上看，在此过程中用户侧的系统总流量没有发生改变，因此这是一个定流量系统。如果末端装置不设任何流量控制阀门，则更是一个典型的定流量系统。定流量系统的控制比较简单，水系统运行过程中，除了设置多台水泵依靠水泵运行台数的改变来改变能耗外，不能做到实时的节省能源。定流量系统除了存在能耗上的不节省外，还存在以下一些固定的缺点：

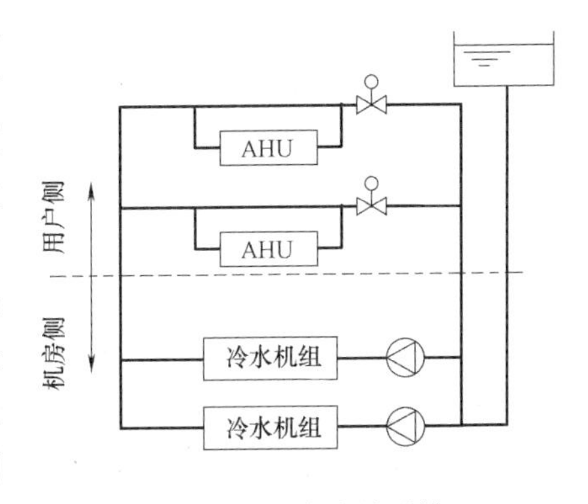

图1-110　定流量系统

1）设两台冷水机组的定流量系统

系统在运行时，极有可能会出现运行节能与满足需求的较大矛盾。因为一栋建筑有多个朝向，或者其各个区域的房间的空调系统在使用时间上一致。因此必然出现空调系统的负荷率不是同步发生变化的情况。

以图1-110为例，假定该建筑由两个规模同等的大型会议厅组成，其集中系统设置了两台冷水机组，两个末端空调设备的供冷量与冷水机组的供冷量相对应。当两个会议厅都满负荷运行时，系统运行是正常的。当两个会议厅都处于50%的空调负荷时，可以停止一台冷水机组及对应的冷水泵等设备，系统也能正常运行。

从水泵的运行参数来看，由于水系统阻力系数没有发生较大变化，当停止一台水泵时，正在运行的水泵必然处于超流量工作状态。这对于水泵的能耗是非常不利的，情况严重时还会出现水泵电机过载、自动保护停泵的情况。

以上分析对于末端设置了三通阀的定流量系统和末端不设置任何控制的定流量系统来说，同样适合。当系统设置多台冷水机组时，上述情况将更为严重。

2）末端无实时控制的定流量系统

显然，由于不设置任何末端实时控制，低负荷时末端通过的水量超过了设计要求，将导致房间过冷（供冷水时）或过热（供热水时）。对于采用风机盘管系统或全空气变风量系统的房间来说，当然可以由使用人员根据自身感觉来对风机风速进行调整，但这与实际的节能要求存在较大的差距；对于采用定风量空调系统的房间来说，风机的风量无法由使用人员来手动调节。

(2) 变流量系统

变流量系统中，用户侧的系统总水量随着末端装置流量的自动调节而实时变化。

1) 一级泵变流量系统

所谓一级泵系统，是针对二级泵系统来说的，其特点是：系统中只设置一级泵来承担全部水系统的循环阻力。图 1-110 和图 1-111都属于一级泵系统。

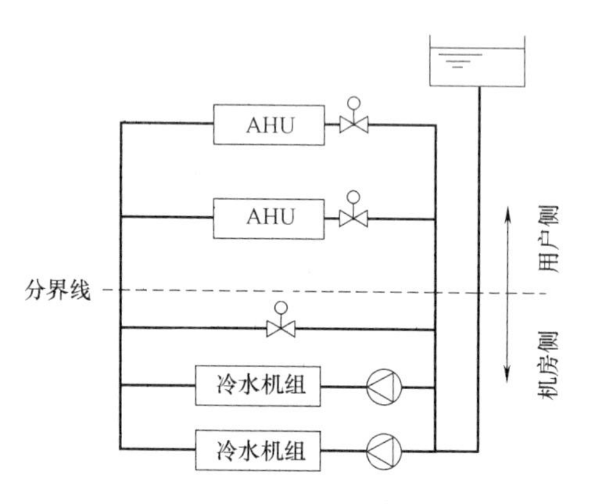

图 1-111　一级泵变流量系统（压差旁通阀控制）

在图 1-111 中，末端装置的流量随着二通电动阀的调节而改变，而且供给这些用户的系统总管流量也在实时变化中。如果考虑冷、热源设备的流量变化情况，则一级泵变流量系统又可分为：一级泵压差旁通控制变流量系统和一级泵变频变流量系统两种形式。一级泵压差旁通控制变流量系统是目前应用最广泛的空调水系统形式。一级泵变频变流量系统在形式上与一级泵压差旁通控制变流量系统基本相似。

一级泵变频变流量系统运行原理：当用户侧冷负荷需求降低时，通过变频器改变冷水泵的转速，减少冷水量的供应，从而使得冷水泵的运行能耗得以降低。尽管由于蒸发器流量的减少，冷水机组的制冷效率会有所降低，使得这一过程冷水机组能耗增加，但近几年很多学者对此研究的成果表明，系统全年运行的总体能耗依然会降低。也就是说，在一定范围内，冷水泵降低的能耗比冷水机组增加的能耗更多。这也是该系统在近些年不断受到重视，不断用于实际工程的重要原因之一。

值得注意的是，就目前的产品而言，冷水机组内部允许的流量变化仍有一定范围，一般冷水机组的最小允许流量为额定流量的 50%～70%左右，因此冷水泵的最低运行转速应被限制。达到最低限制时，如果用户需求进一步降低，则为了保证冷水机组的安全运行，整个系统只能按照前述的一级泵压差旁通控制变流量系统来运行。

2) 二级泵变流量系统

由一级泵和二级泵组成的变流量系统，很显然，系统的循环水阻力由两级串联的水泵来克服。其工作原理是：用户根据室温控制器发出的信号来调节二通阀的流量或末端电动阀的开/闭，如采用常规的风机盘管进行控制，同时要求输配系统流量也做相应变化。于是利用控制二级泵的运行流量，使得输配管路的流量实时处于变化中，并达到供需平衡。当用户侧的总流量低于一级泵的总流量时，冷源侧的流量又利用盈亏管保持恒定。在这样的系统中，配置末端装置二通电动阀是二级泵变流量的前提，二级泵机组能够相应地实时改变供水流量是实现节能的保证。

从上述工作原理看出，二级泵变流量系统的基础立足点仍然是冷水机组保持定水量运行，且该系统在整个运行过程中可能会被一级泵压差旁通控制变流量系统节约一部分二级泵的运行能耗。

早期的二级泵变流量系统控制方式是：二级泵定速运行台数控制的模式。随着变频器价格的下降，目前大多数二级泵变流量系统的二级泵采用了变频调速的方式。这样更利于二级泵组的运行节能。因此，如果系统只能在末端装置配置二通电动阀，但无压差旁通阀，或者二级泵组不能实时改变流量的话，那么，末端电动二通阀就可能无法正常工作。因为随着系统负荷的减少二通阀的开度减少，如果系统不能对供、回水压差进行控制，必然使得二通阀的工作压差增加。当压差值上升到超过二通阀的额定关闭压差值时，会导致阀门关闭不严，达不到合理控制流量和节省二级泵组能耗的目的。

除了二级泵变流量系统以外，对于一些供冷半径较大的建筑物的集中区域供冷空调水系统，也可能采用多级泵变流量系统，其原理与二级泵系统基本相似。

(3) 集中空调冷水系统的设计原则与注意事项

1) 定流量系统的适应性

如前所述，无论是设置了末端三通阀，还是末端未设置任何控制措施的定流量系统，其系统都存在难以满足用户使用要求、水泵超流量运行的可能性，且能耗较大。因此该系统只适合于小型集中空调系统。规范规定：除了配备一台冷水机组的小工程外，其他工程不应采用定流量一级泵系统。

2) 水泵与冷水机组的设置及连接方式

一般来说，冷水机组的水泵在数量上应采用一一对应的设置方式，保证运行机组与水泵能够一一对应。通常有两种连接方式，在设计中应优先考虑冷水泵与冷水机组一一对应的连接方式，其优点是各机组相互影响较小，运行管理方便、合理。当然，该方式的机房内实际管路布置相当复杂，需要合理设计布置机房内的管路。

冷水机组与冷水泵各自并联后通过母管连接的方式，其优点是机房内管道布置整洁有序。采用该方式时，必须于每台冷水机组支路上增加电动蝶阀，方能保证冷水机组与水泵的一一对应运行。当主机采用大小容量的搭配方式时，不宜采用该连接方式，因为部分负荷运行时，机组的流量分配比例与初调试结果会产生较大差距。同时，冷水机组与冷水泵各自并联后通过母管连接的方式在系统连锁启动过程中，应采用水泵闭阀启动方式或者冷水机组能够承受较大范围内的水流量降低的要求，否则可能导致机组的断水保护而停机。

3) 一级泵变流量系统的压差旁通控制

一级泵变流量系统必须设置压差控制的旁通电动阀，以保证冷水机组安全运行时的最低流量要求。系统中旁通阀的最大设计流量应为一台冷水机组的最小允许流量，据此可以确定旁通阀的口径。

4) 二级泵变流量系统的盈亏管及各级泵的扬程设计计算

盈亏管上不能设置任何阀门，理论上说在系统设计状态时，盈亏管中的水应为静止状态。由于二级泵变流量系统是一个两级泵串联的系统，为了保证设计状态时盈亏管中的水为静止状态，其一级泵和二级泵的扬程必须通过精确的计算确定，使得盈亏管两端接管处的压差为零。同时，从系统特点上看，当调节过程中盈亏管内水流动时也希望其水力阻力越小越好，因此该管道的管径应尽可能大。

从实际情况来看，在设计状态下，盈亏管供水管接口处的压力略大于其回水管接口处的压力也是允许的。但无论是设计状态还是运行状态的任何调节过程，都应该绝对避免出现系统用户侧的回水通过盈亏管进入供水管的情况。因为这将导致夏季用户侧的供水温度升高，同时用户末端进一步要求供水量加大，从而形成一种恶性循环局面：供水量越大，回水混入供水越多，末端供水温度就越高，供水量就越大。这不但有可能严重不能满足用户要求，还会导致系统的节能有点完全不能体现，甚至比常规的一级泵变流量系统的能耗增加。

5）二级泵变流量系统的压差旁通控制

与一级泵变流量系统相似，当二级泵采用定速台数控制方式时，应设置压差旁通阀，其功能与一级泵变流量系统相同，旁通阀的最大设计流量为一级泵流量与定速二级泵的设计流量之差。当二级泵采用变速控制时，为了保证二级泵的工作扬程稳定以及某时段的实际运行流量不至于过低，也宜设置压差旁通阀——在水泵达到最低转速限制值时开始工作，这时旁通阀的最大设计流量为一台变速泵的最小允许运行流量。

6）一级泵与多级泵的适应性

当集中空调系统过大时，如果采用一级泵压差旁通控制水系统，有时可能使水泵的装机容量很大，常年运行的能耗增加。

另外，大型集中空调系统多为区域集中供冷的模式。系统中会有多个供回水环路，分别负担该区域内不同建筑。由于各环路的作用半径或者水阻力特性不同，相互之间有可能存在水阻力相差较大的情况。若采用一级泵变流量系统，必然要求冷水泵的设计扬程按照组里最大的环路来选择，显然对阻力较小的水环路是一种浪费。而如果各水环路按照自身阻力情况设置独立的二级泵，对于整个水泵的合计装机容量将有可能减少。从实际水泵的特点来看对于目前常用的冷水泵，当其扬程变化超过 50kPa 时，其配套电机的安装容量通常会改变成一个配套成功率级别。

综上所述，一级泵变流量系统适合中小型工程或负荷性质比较单一和稳定的较大型工程；如果系统较大、各环路负荷特性或水流阻力相差较大时宜采用二级泵变流量系统。

7）一级泵变频变流量系统的设计原则

① 适应冷水机组流量变化范围要求。从目前的产品来看，当以 5℃作为冷水机组的额定供回水设计温度差时，离心式机组宜为额定流量的 30%～130%，螺杆式机组宜为额定流量的 40%～120%。在实际应用中，超过额定流量的情况并不多，也不符合节能运行要求。因此，设计的重点要关注的是冷水机组对于最小允许冷水流量的限制。在水泵变频调速时，必须保证其供水量不低于机组允许最小值，通常采取的措施是：对水泵的转速的最低值进行限制。

② 最大允许水流量变化速率。水流量变化速率对于冷水机组是一个比允许最小冷水流量限制更为重要的参数，因为大多数冷水机组对于冷水流量的变化速率更为敏感。从安全角度来看，目前的冷水机组能承受每分钟 30%～50%的流量变化率。从供水温度的影响角度来看，机组允许的每分钟变化率为 10%。因此，以 10%作为流量变化率的限制值比较合适，既满足了安全运行的需要，也满足了稳定供水温度的控制要求。

③ 水泵变频控制策略。当前述两项措施应用合理时，可以认为流量的变化对机组的供水温度影响不大。但是根据热力系统流量、温差与冷热量的关系，冷热量取决于用户侧的需求，而流量的变化则是对应需求的人工干预措施，因此流量的变化对于机组供回水温

差会产生影响。采用何种参数作为水泵变频调速的控制目标，需要针对水系统的规模及特点来详细论证。既有采用温差的调控方式，也有采用系统供回水压差或者系统的总流量需求作为控制参数进行调控。

综上所述，目前三种常见的集中空调冷水系统，依据控制策略的不同又分为六种系统形式或模式，它们的主要特点见表 1-22。

三种常见集中空调冷水系统的特点 **表 1-22**

系统形式	一级泵定流量		一级泵变流量		二级泵变频调速控制	
比较特点	末端不设电动三通阀	末端不设自动控制	压差旁通法控制	水泵变频调速控制	二级泵台数控制	二级变频调速控制
控制系统复杂性	★	—	★★	★★★★	★★★	★★★
运行系统管理方便性	★	—	★	★★	★★	★★
满足用户需求能力	★	—	★★	★★★	★★★	★★★
系统节能效果	★	—	★★	★★★★★	★★★	★★★★
系统投资估算	★	—	★	★★★	★★★	★★★

注：按照—、★、★★、★★★、★★★★、★★★★★的顺序，由高到低排列。

（4）集中空调热水系统

集中空调热水系统，只是将冷源设备（冷水机组）换成热源设备（锅炉、热交换器或热泵式热水机组等），系统构成与冷水系统相似。但由于设备不同，在热水系统设计中，与冷水系统设计考虑的问题也有不同。

1）热源方式

当采用锅炉直接供应空调热水时，锅炉运行的安全性与冷水机组有相似之处，一般来说都需要保持一个稳定的热水流量。因此，热源侧宜采用定流量设计，末端系统则按照冷水系统的不同方式设计定流量或变流量系统——整个系统与一级泵压差旁通控制变流量冷水系统具有相同特点。

当采用热交换器作为空调热水的供热热源装置时，由于热交换器并不存在低流量运行的安全问题，因此从运行节能的角度来看，与完全采用一级泵变频调速控制系统的变流量冷水机组系统的设计及方法相同。

2）水温及水流量的参数

通常情况下，空调末端装置供热水时，其热水供水温度与送风温度之差会远远大于供冷水时的同样温差。例如：常见的空调热水供水温度为 55～60℃，末端送风温度在 25～30℃左右，两者温差 30℃；空调冷水供水温度为 7℃，末端送风温度在 16℃左右，两者温差 7～9℃。从这种现象来看，显然供热水工况下的末端传热温差远远大于供冷水工况下的末端传热温差。因此设计中的空调热水的供回水温差可以选择比冷水系统大，以减少热循环流量，节约输送能耗。一般情况下热水的供回水温差可选择为 10～15℃。

1.4.3 生活热水系统——蒸汽板换系统介绍

本项目给水排水工程的热水系统，是一个以蒸汽为热源的板换系统，即使用蒸汽通过板换将冷水加热，供淋浴洗手盆等用水。

这个系统也是笔者第一次做，在前期因费用问题将容积式热水器更改为板换式热水器，相当于将原来的出厂成套机组给分解了！无疑增加了技术风险，连摸带爬地二次设计了原理图，还好后期调试结果比较顺利。不过系统还是存在一些技术问题。

现将此系统通过图片介绍给大家，望与大家分享学习！

生活板换系统原理图见图 1-112，当时二次设计通过设计院确认后就进行了设备采购与安装。

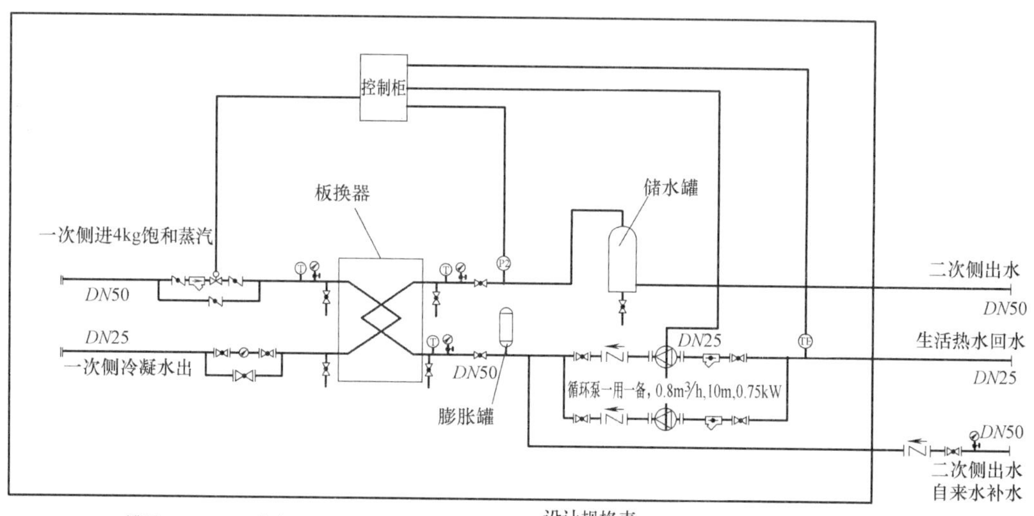

图 1-112 板式换热器机组图

图 1-113 蒸汽计量间

图 1-114 计量阀组与减压阀组

（1）室外的蒸汽第一站——蒸汽计量间，如图 1-113 所示。

（2）计量间内的计量阀组与减压阀组，如图 1-114 所示。

（3）远程计量设备见图 1-115，此部分一般由专门的市政公司施工。

（4）通过室外蒸汽管网，将蒸汽引入室内，二次减压到 0.4MPa，进入到下面的蒸汽缸中，大部分是供空调用的，如图 1-116 所示。

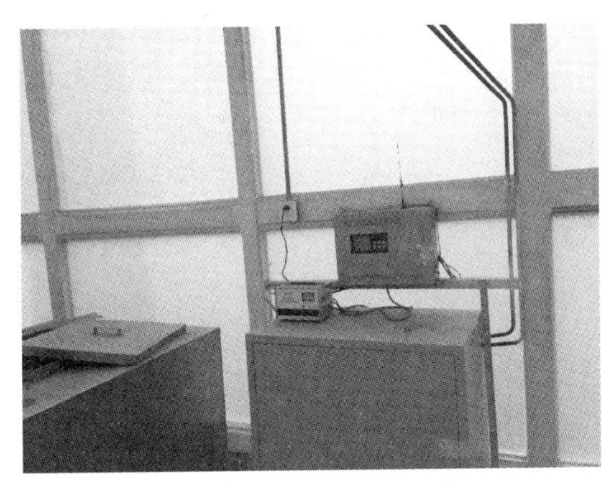

图 1-115 远程计量设备

图 1-116 将蒸汽引入室内

（5）生活板换调节阀，上面是执行器，通过控制箱控制阀门的启停，如图 1-117 所示。

（6）板换系统，右侧为汽-水板换，中间为储水罐，左侧为稳压管和循环水泵，如图 1-118 所示。

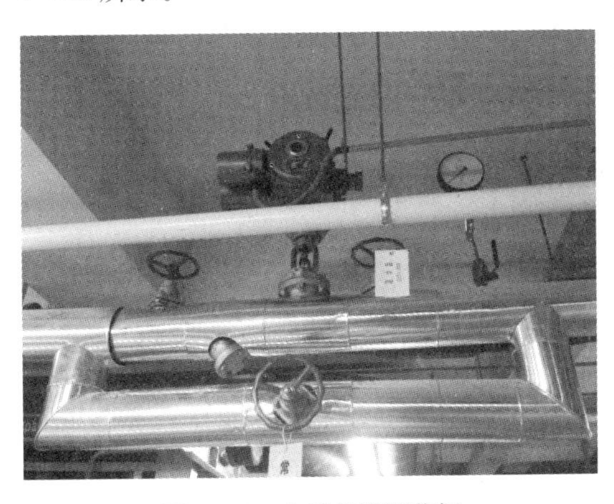

图 1-117 生活板换调节阀

图 1-118 板换系统

（7）蒸汽一侧进汽（铝箔部分），热水出水管（黑色保温部分）上面设置电接温度计，接入控制箱控制阀门启停，如图 1-119 所示。

（8）循环水泵，一用一备，如图 1-120 所示。

（9）控制箱，一个表显示板换出水侧温度（用来控制温控阀启停），另一个表显示循环水管水温（用来控制水泵启停），如图 1-121 所示。

（10）内部电气元件，主要为温度传感器、水泵、温控阀的接线，如图 1-122 所示。

图 1-119 电接温度计

图 1-120 循环水泵

图 1-121 控制箱

图 1-122 内部电气元件

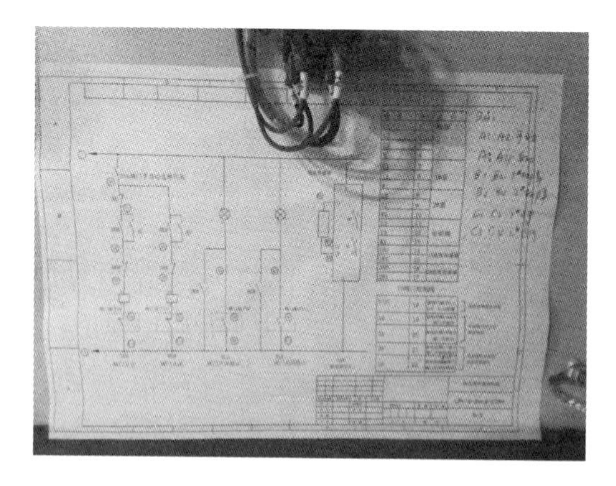

图 1-123 接线图

图 1-124 疏水阀

（11）接线图，如图 1-123 所示。

（12）板换后面的疏水阀，如图 1-124 所示。

1.4.4 高层住宅集中热水供应系统设计的几点体会

随着国内经济建设的持续稳定发展及和谐社会、节约城市的建设，高中档次的高层住宅的建设速度也在加快，设置集中热水供应系统的高层住宅在不断增加，有些住宅的集中热水供应系统在运行过程中出现了诸如热水忽冷忽热、每次用水须先放很多冷水才出热水、计量不准、压力不稳、收费困难、集中热水供应系统停运等现象，有的甚至造成了住户与开发商或物业管理单位的纠纷等，如何使集中热水供应系统达到使用方便舒适、节水节电、运行经济、计量收费合理等，已经成为给水排水设计人员和房地产开发商或建设单位共同关心的问题。本文针对高层住宅集中热水供应系统循环方式的选择、冷热水管道的压力平衡、系统附件设置、热水用水量的计量等设计问题并结合工程实例提出一些建议，以供参考。

一、集中热水供应系统循环方式的选择

在集中热水供应系统的设计中，系统循环方式的选择十分重要，它关系到系统的功能、运行稳定等。根据《建筑给水排水设计规范》GB 50015—2003（2009 年版）第 5.2.10 条对集中热水供应系统热水回水管道的设置要求，集中热水供应系统热水循环管道在建筑物内主要有以下两种设置方式：

第一种方式：干管和立管循环方式，该方式适用于建筑标准和使用要求一般的热水系统，由于支管内的水不循环，需要热水时，需先放一段时间冷水，待支管内冷水即无效冷水放完后，才能出热水，但无效冷水仍按热水计量收费，既造成用户使用不方便，又不利于节水，同时还可能造成业主投诉。该方式的优点是能够节约初期投资成本。

第二种方式：干管、立管和支管循环方式，该方式能够保证随时取到规定温度的热水。该系统内基本没有无效冷水，有利于节约用水、节约能源、减少纠纷，且使用方便舒适。相对于第一种方式，该方式的缺点是初期投资较高。但从住宅使用全寿命即 70 年考虑及该部分投资占整个项目的比重来分析，该部分投资还是值得的。

随着国家对建设绿色健康住宅即节能、节水、节地、节材和环境保护住宅的推广，人民生活水平的不断提高、居民生活用水水源的短缺、水费不断上涨，人们的节水意识也在加强，如何保证热水系统既节约用水又使用方便舒适，已成为大家讨论和关注的热点。因此在越来越多的小区或住宅的建设中，干管、立管和支管循环方式的集中热水供应方式已被广泛采用，同时其也成了房地产开发商销售项目的卖点和亮点之一。

二、热水系统的冷热水水压平衡

《建筑给水排水设计规范》GB 50015—2003（2009 年版）第 5.2.13 条规定：高层建筑热水系统应与给水系统分区一致，各区的水加热器、贮水罐的进水均应由同区的给水系统专管供应；当不能满足时，应采取保证冷、热水压力平衡的措施。当采用减压阀分区时，应保证各分区热水的循环。

目前，生活热水主要用于盥洗、淋浴、厨房洗菜等，而这些用水点的水龙头现在大部分均为冷、热水混合龙头，冷、热水经龙头混合后调整到用户所需温度。为保证水龙头热水出水温度稳定、舒适，并达到节水、节能的目的，必须保证系统内冷、热水的压力平衡，以防止水温忽冷忽热，造成水源和能源浪费，以及造成烫伤事故等。故规范要求“高层建筑热水系统应与给水系统分区一致，各区的水加热器、贮水罐的进水均应由同区的给水系统专管供应”是十分必要的，其目的也是保证冷热水系统的压力平衡。

为了达到系统冷热水压力平衡，高层住宅热水系统一般有两种分区方式，即各分区采用独立的给水和加热循环设备的分区方式及采用减压阀的分区方式。

但由于投资成本的限制，为节省初期投资部分住宅项目采用了减压阀分区的热水系统。高层建筑热水供应系统采用减压阀分区时，减压阀应设在仅供低区的热水供水干管上，否则将无法保证高区供水。同时，为保证减压后的热水回水能与高区热水回水压力平衡，使各区热水能正常循环，一般采用两种方式予以解决：第一种，参见图1-125，在低区回水干管与高区回水干管汇合前即A点前的管道上设加压泵，将减压阀减掉的压力予以弥补，使高低区热水回水在汇合点A点处的压力平衡；第二种，参见图1-126，在高区回水管上设减压阀，使阀后压力与低区回水干管的压力在B点处平衡，将循环水泵扬程加大，以弥补减掉的压力，保证正常循环。减压阀一般均采用可调式减压阀，通过调整减压阀和水泵的压力设定值或系统内阀门的开启度可调整系统的压力平衡。

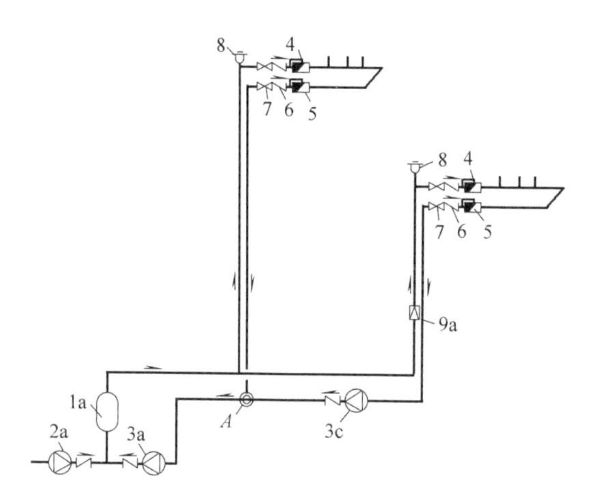

图1-125 低区与高区回水管汇合处设置加压泵示意图

1a—高区水加热器；2a—高区冷水加压泵；3a—高区热水循环泵；3c—低区热水循环加压泵；4—供水水表；5—循环管水表；6—止回阀 7—球阀；8—排气阀；9a—低区减压阀

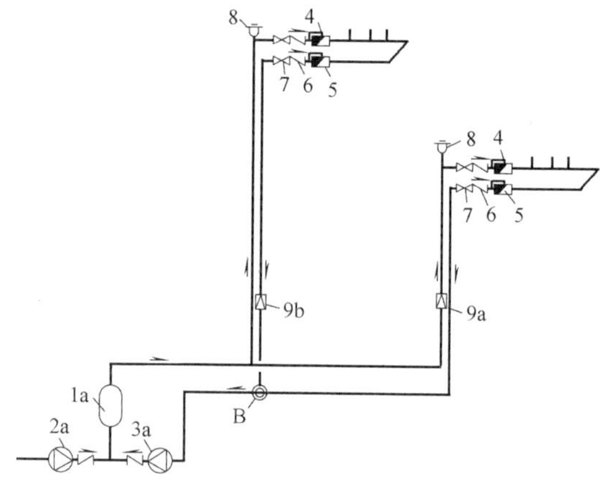

图1-126 高区回水管上设减压阀示意图

1a—高区水加热器；2a—高区冷水加压泵；3a—高区热水循环泵；4—供水水表；5—循环管水表；6—止回阀；7—球阀；8—排气阀；9a—低区减压阀；9b—高区减压阀

减压阀分区的方式可实现整个系统的循环，但系统是利用电能将水压升高，又通过减压阀将压力减小，无疑会造成能源的浪费，如减压阀出现故障，会出现低区系统内压力过高和用户内热水温度过高等问题，还有可能出现烫伤等安全事故。该方式存在一定的能源浪费，运行不经济，也不利于系统的稳定安全运行，增加了运行维护的工作量。

故为保证高层建筑各区热水使用的稳定安全和日后运行节水节电及减小日后的维护难度，建议高层建筑各区的热水与给水应尽量采用独立的给水设备和加热循环设备，该方式具有以下优点：无压力浪费，减少能源消耗，利于节能，符合节能的要求；系统各分区压力较低，冷热水由同一供水设备控制压力，冷热水压力接近，压力平衡容易调整，减少了超压和烫伤等安全事故的发生；各区独立运行，互不干扰，检修及维护可分区进行，减少了影响范围。该方式的缺点是初期投资相对较大。但从住宅使用全寿命即70年、节能、安全、运行维护方便等方面考虑该部分投资还是值得的。

三、热水系统几个重要附件的设置

1. 排气装置

《建筑给水排水设计规范》GB 50015—2003（2009年版）第5.6.4条规定：上行下给式系统配水立管最高点应设排气装置，下行上给式配水系统，可利用最高配水点放气。

在调试和使用过程中发现利用最高配水点放气时，放气时间较长，噪声较大，并且如果最高层用户不经常使用热水，将积气较多，影响热水的循环，造成该户不能在短时间内取得所需要温度的热水，造成使用不便等。而一套排气装置的费用也不高，故建议下行上给式配水系统也应在各分区配水立管最高点设排气装置，保证热水系统正常运行，减少对用户的干扰，使用户使用方便和舒适。

2. 压力表

在实际调试和使用过程中发现对最高点的压力很难测量，不知高低，只能估计，有时会造成末端压力不足或过高，而对具体差额又不清楚，不方便调节供水设备或减压阀。因此，建议在系统各分区冷、热水配水立管最高点均设置压力表。装设压力表有两点好处：一、便于观察系统最高点的压力值，观察其压力是高还是低，以便调整给水设备的压力设定值，压力过高势必造成电能浪费和使部分管网承受过大压力；如管网系统末端压力低，可及时通过压力表的读数发现，准确地调高给水设备压力设定值，使压力满足规范和各用水设备最低工作压力的要求。二、便于观察冷、热水系统最高点的压力值，根据压力表读数，比较两者的压力差，调节系统工作压力，保证压力平衡，以便于满足《建筑给水排水设计规范》GB 50015—2003（2009年版）第5.2.15条规定的“冷、热水供应系统在配水点处应有接近的水压”的要求。《建筑给水排水设计规范》GB 50015—2003（2009年版）中规定了部分设置压力表的位置，但未规定热水配水立管最高点设置压力表。笔者建议在高层住宅各分区的冷、热水配水立管最高点均应设置压力表。

3. 止回阀

现阶段大部分淋浴、脸盆、洗菜盆的给水龙头均为冷热水混合龙头，由于冷热水供水压力不平衡或热水系统暂停供水等原因有可能造成冷热水倒流和水表倒转，特别是热水表倒转的现象较多，物业将无法根据水表读数收取住户实际使用热水的费用，造成物业与住户纠纷，甚至由于水费问题造成热水系统的停用，以致造成更大的资源浪费及社会的不和谐。因此建议在入户的冷热水水表后装设止回阀或安装自带止回阀的水表，支管循环的热水回水支管也应装水表和止回阀或自带止回阀的水表，防止冷热水互串和水表倒转，保证生活热水用量和自来水用量计量的准确，以达到节约用水，减少供水单位与业主的纠纷和矛盾。

《建筑给水排水设计规范》GB 50015—2003（2009 年版）第 5.6.8 条规定了热水管网应设置止回阀的管段，但有些不具体。根据热水系统运行及收费中遇到的问题，笔者特建议在住宅每户的冷水、热水供水和回水支管上均应装设止回阀和水表或带有止回阀的水表。

四、热水用水量计量

由于住宅生活热水的水价较高，约为自来水价格的 5～8 倍，如目前北京市的居民生活热水价格一般在 20 元/m^3 左右，自来水价格为 2.8 元/m^3，排污费为 0.9 元/m^3，所以用户和管理单位都比较关注热水用水量的准确计量。热水用水量的准确计量是保证管理单位顺利且全额收到水费的重要条件，可以减少水费纠纷，保证物业有能力正常运行热水系统，保证住户使用的方便。否则，将会带来热水系统运行管理维护不到位，甚至热水系统停运等，造成大量的投资成为闲置，造成浪费和社会矛盾。曾经有报道某住宅小区，就因为计量不准、水费纠纷等原因，最终导致整个热水供应系统停止使用，造成了很大的资源浪费、纠纷和矛盾，也影响了社区的和谐。因此应在计量装置的设置和保证计量准确上认真设计。

干管和立管循环方式的热水供应系统，支管内的水不循环，故在热水供水支管上装设热水水表和止回阀或装设自带止回阀的热水表，直接观察热水水表读数即可确定热水用水量。

干管、立管和支管循环的热水系统，相对复杂，应在每户的供水支管和回水支管上分别装设热水水表和止回阀或装设自带止回阀的热水表。热水总用量为供水水表读数减去回水水表读数，公式如下：

$$q_n = Q_{供n} - Q_{回n} \tag{1-3}$$

式中 q_n——每户从开始到第 n 次读表时热水总用量；

$Q_{供n}$——热水供水支管上的水表第 n 次读表时读数；

$Q_{回n}$——热水回水支管上的水表第 n 次读表时读数。

每次查表间隔期间（每月）热水用量，为本次和上次热水总用量之差，公式如下：

$$q_{用n} = q_n - q_{n-1} \tag{1-4}$$

式中 $q_{用n}$——第 n 次与第 $n-1$ 次查表间隔期间热水用量；

q_n——每户从开始到第 n 次读表时热水用水总量；

q_{n-1}——每户从开始到第 $n-1$ 次读表时热水用水总量。

注意，止回阀的设置是保证计量准确的相当重要的附件，不可忽视。

五、工程实例

某高档住宅小区的集中生活热水供应系统的生活热水热源来自市政热力，该小区最高楼层为 34 层，热水系统为下行上给，主管、立管、支管全循环方式，生活热水分为四个区，分别为 A 区：26～34 层，B 区：17～25 层，C 区：9～16 层，D 区 1～8 层。热交换站内设两套热水加热和循环设备，分为高区和低区两个区，高区负责 A、B 两区供水，在 B 区供水立管上设可调式减压阀，减压后供 B 区用水；低区负责 C、D 两区供水，在 D 区供水立管上设可调式减压阀，减压后供D区用水。生活冷水供水系统的分区与热水系统分区一致，分为A、B、C、D四个区，由设在生活水泵房内的高区、低区两组生活变频供水设备升压后供给，B、D区供水立管上设减压阀，经减压阀减压后供水。该小区热水系统简图如图1-127所示，原设计图中未设计各分户支管上的止回阀。

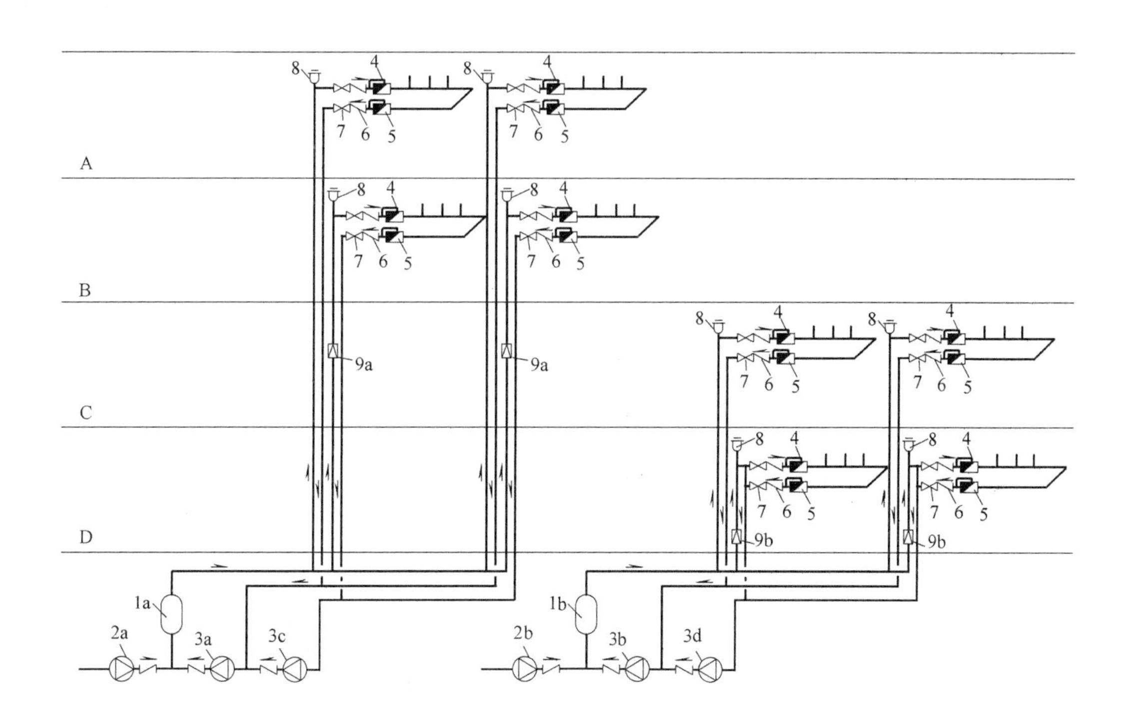

图1-127 小区热水系统简图

1a—A区水加热器；1b—C区水加热器；2a—A区冷水加压泵；2b—C区冷水加压泵；3a—A区热水循环泵；3b—C区热水循环泵；3c—B区热水循环加压泵；3d—D区热水循环加压泵；4—供水水表；5—循环管水表；6—止回阀；7—球阀；8—排气阀；9a—B区减压阀；9b—D区减压阀

该系统在实际调试和运行时却出现了一些问题，现选择几个问题重点分析如下：

（1）A、C、D区的热水温度正常，B区热水龙头不出热水。

分析及检查发现，B区回水干管汇合点处的回水压力低于A区回水压力，该区的热水未能参与循环，管道内的水为冷水，后调整减压阀的压力和循环水泵出口阀门的开启度，使汇合点处压力平衡后B区循环正常，问题得到解决，同时注意到了该设置方式系统较复杂，查找问题原因较困难，调试和维护不方便。

（2）高区水龙头放水时，先出很长时间的气和冷水才出热水，噪声很大。

该系统为下行上给方式，设计未在高点设置排气装置，系统内积气较多，在用户较少时，管道内的气体未能通过最高配水点得到排放，后来在各区立管的最高点增设了排气阀，效果很好。

（3）调试、检查时，无法知道冷热水系统的顶端压力值和管道的流量，影响了配水点出水压力不足或过大等问题的解决速度。

由于管道高点没有设置压力表，不知道管道末端压力的准确值，只能根据经验估计配水点压力，后来在系统最高点加设了压力表，很容易知道管道最高点压力，根据最高点压力值调整给水设备的压力设定值，达到了配水点出水压力舒适的要求。

在调试、运行过程中也遇到了如水表倒转、管道内杂物未清理干净造成循环不畅等问题，经过设计、施工、监理、建设、物业管理等单位多次运行调试、分析和整改，历时三个月，问题基本得到了解决，系统达到了使用要求。结合前述压力平衡的意见和工程实际遇到的问题，建议今后类似高层住宅的系统设计应采用各分区冷热水系统由独立供水和加热设备供应的方式，其系统简图如图 1-128 所示。

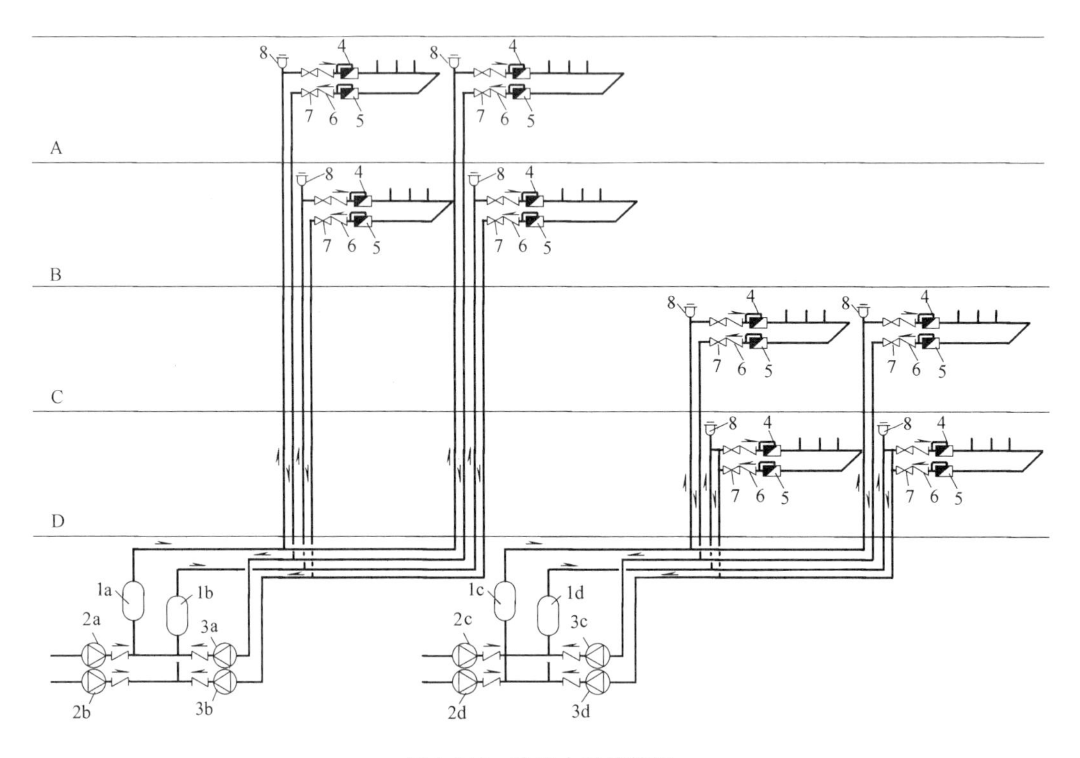

图 1-128　冷热水系统简图

1a—A 区水加热器；1b—B 区水加热器；1c—C 区水加热器；1d—D 区水加热器；2a—A 区冷水加压泵；2b—B 区冷水加压泵；2c—C 区冷水加压泵；2d—D 区冷水加压泵；3a—A 区热水循环泵；3b—B 区热水循环泵；3c—C 区热水循环泵；3d—D 区热水循环泵；4—供水水表；5—循环管水表；6—止回阀；7—球阀；8—排气阀

此系统虽然增加了初期投资，但运行节水节电、调试检修方便，系统运行和出水温度稳定，用户使用方便舒适，将带来长期的经济效益和社会效益。

六、结论及建议

（1）从节水、节能、使用方便舒适的角度出发，建议采用干管、立管和支管循环方式的集中热水供应系统。

（2）为保证冷、热水系统的压力平衡，建议高层住宅集中热水供应系统的各分区宜采用独立的给水和加热循环设备，尽量不采用减压阀减压分区的方式。

（3）建议热水系统，无论是上行下给还是下行上给的供水方式，均应在各区配水立管最高点设排气装置，保证热水系统正常运行，减少对用户的干扰，使用户使用方便和舒适。

（4）建议在高层住宅集中热水供应系统各分区的冷、热水配水立管最高点均应设置压力表，以方便观察系统末端压力和保证系统末端压力值的合理。

（5）建议住宅每户的冷水、热水供水和回水支管上均应装设止回阀和水表或带有止回阀的水表，以保证计量准确和正常收费。

以上建议虽然会增加部分初期投资，但运行期间节水节电、系统运行和出水温度稳定、用户使用方便舒适，物业管理单位检修、维护和收费管理方便，符合建设节约型社会、创建和谐社会的要求，将带来长期的经济效益和社会效益。

1.4.5 高层建筑热水供应系统的故障分析及解决办法

引起某些高层建筑热水供应系统在用水高峰期出现忽冷忽热和区域性断水等故障的根源是未对热水管网水力计算结果进行修正、没用补水压力校核生活水箱设置高度、补水管管径和接口位置选取不当、配水末端管径和回水管径确定不当等。热水供应系统在高层建筑给水排水中出现的问题最多，如在使用热水的高峰期出现高处用水点的水压不稳、水温忽高忽低和区域性断水等。现分析引起这些故障的根源并提出解决方法。

1. 未对热水管网水力计算结果进行修正

在热水管网水力计算中存在这样一种假设：在同一管段中设计热水用量（即配水流量）以0.8～1.5m/s的流速计算，循环流量以0.1～0.5m/s的流速计算，这样的假设是不合理的。经下面的公式推算可以看出两种流量采用分离式或合流式计算法在配水管网水力计算中存在的差异。

在高层建筑的热水机械循环系统中总循环流量（循环流量和附加循环流量的总和）是设计热水用量的25%～30%，取$q_x=0.30q_p$。按分离式计算，合流后配水管网总水头损失为$1.09(h_{py}+h_{pj})$；按合流式计算，合流后配水管网总水头损失则为$1.69(h_{py}+h_{pj})$，其中h_{py}为配水管网的沿程水头损失，h_{pj}为配水管网的局部水头损失。也就是说合流后实际需要的补水压力和循环泵的扬程合流式都比分离式计算结果大很多，这也正是一些工程按照分离式水力计算设计出的热水系统在用水高峰期，高处用水点和区域时常出现压力不稳甚至断流的内在原因。解决的方法是按合流后的流量和经济流速来重新选取配水管径，降低合流流速和水头损失或提高补水口的压力和循环水泵的扬程。

合流后增加的沿程和局部水头损失如何在配水流量和循环流量之间分配尚无试验和资料查证。依据水头损失与流量的平方成正比的关系，笔者建议按流量平方比进行分配以对分离式计算的水头损失进行修正，进而修正补水口所需的压力和循环水泵的扬程。

2. 没用补水压力校核生活水箱设置高度

对于加热器位于上方的上行下给式热水系统，补水从高位水箱经补水管到加热器，然后通过配水管到达最不利用水点，所经路线与通常采用的上行下给式冷水系统接近，高位水箱安装高度应基本满足最不利用水点的水压要求。但对加热器位于上方的下行上给式或加热器位于下方的下行上给式和上行下给式热水系统的补水所经路线，与通常采用的上行下给式冷水系统相差很多，其水头损失很大，高位水箱的高度往往满足不了热水系统最不利点和区域的水压要求（甚至出现区域性断水现象）。因此，此时水箱高度的决定因素应为是否满足热水系统最不利用水点的水压要求。

高位水箱最低水位与最不利用水点的高差 ΔH 应满足：

$$\Delta H \geqslant h_{ly}+h_{lj}+h_j+h_{ry}+h_{rj}+h_l \tag{1-5}$$

式中 h_{ly}、h_{lj}——分别为补冷水管的沿程和局部水头损失；

h_{ry}、h_{rj}——分别为加热器出口至最不利用水点配水管的沿程和局部水头损失（已经合流式计算修正）；

h_j——加热器水头损失；

h_l——用水点流出水头。

3. 补水管管径选取不当

实际工程中为热水系统补水的高位水箱因受建筑设备间的限制其安装位置和高度已确定，也就是补水箱的最低水位与最不利用水点的高差 ΔH 已确定，配水管网的管径根据设计秒流量和循环流量的合流也已初步选定，因此在影响 ΔH 值的因素中只有补水管的沿程和局部水头损失能够随补水管径大小进行调整。具体方法是利用 ΔH 计算公式算出 $h_{ly}+h_{lj}$ 的最大值，若出现 $\Delta H-(h_{ly}+h_{lj})\leqslant 0$ 则必须采取提高水箱的安装高度、扩大配水管径或对补水进行加压等措施；若 $\Delta H-(h_{ly}+h_{lj})>0$，则利用水头损失公式反推出补水管的最小管径（若求得的补水管的最小管径太大则应适当放大配水管径或提高补水箱的安装高度）。

4. 补水管的接口位置选取不当

在实际工程中补水管的接口位置有的接在循环泵的出水管上或加热器的进口处，有的则接在循环水泵的吸水管上。接在循环泵的出水管上或加热器的进口处的前提条件是：补水箱的最低水位与最不利用水点的高差 $\geqslant h_{ly}+h_{lj}+h_j+h_{ry}+h_{rj}+h_l$，这时的循环泵只起循环作用，其流量 $\geqslant q_x+q_f$，扬程 $\geqslant[(q_x+q_f)/q_x]2h_p+h_x$（$h_p$ 是经合流式计算修正过的循环流量通过配水管网时的水头损失）。

在实际工程中由于补水箱的高度受到限制，热水管网规模较大，尤其是加热器设在远处另建的热力站内，各种水头损失都很大，单靠放大管径既不经济，有时又不可能，这就必须对补水进行加压。其加压方式有两种：一种是在补水管上安装加压泵，其流量 $\geqslant Q_h$，扬程 $\geqslant(h_{ly}+h_{lj}+h_j+h_{ry}+h_{rj}+h_l)-\Delta H$；另一种有效的做法是把补水管的接口选在循环泵前，这时循环泵起到循环和加压的双重作用，其流量 $\geqslant q_x+q_f+Q_h$，扬程应在 $[(q_x+q_f)/q_x]2h_p+h_x$ 和 $(h_{ly}+h_{lj}+h_j+h_{ry}+h_{rj}+h_l)-\Delta H$ 之中选择大者。前一种需加压泵和循环泵两台小泵同时运行，后一种需一台合流大泵运行，两者各有利弊。

因热水管网是个变流量、变压力、变温度系统，为稳定系统内供水参数，此时的加压泵和合流泵最好选用变频泵，根据供水时段或管网内压力变化对水泵进行调频。

5. 配水末端管径和回水管径确定不当

高层建筑热水管网布置形式一般均采用立管循环方式，因此配水末端管径和回水起始端管径的确定就很关键。此段的配水管要担负末端用水点的配水量和整个立管的循环流量，因为高层建筑的立管长、热损失大且需循环流量与末端配水量接近，所以仅以用水设计秒流量或器具接口口径来确定配水末端管径是不够的。由于在经济流速范围内是无法承担叠加流量的，因此配水末端管径必须采用叠加流量进行计算选取。回水起始端管径应采用整个立管的循环流量进行计算确定，为了把循环泵的扬程提高到易选泵的范围内并兼顾将来结垢对设备运行的影响，可以适当提高回水流速、缩小回水管径。

6. 结语

笔者曾在两座星级宾馆热水供应系统设计中遇到相同的问题，即依据现有资料设计后，实际运行时却在用热水高峰期频频出现不利区域性缺水现象。经各种努力后并未从根本上解决问题，最后只好从设计方法上查找根源，结果发现上述缺陷，随后对补水压力和循环泵进行了调整，缺水现象得到彻底解决。在随后的工程设计中按上述方法进行了调整，运行效果令人非常满意，因此建议同业人员应对热水供应系统设计进一步细化，使其更符合工程实际。

1.5 建筑给水排水系统设计案例

1.5.1 【精彩分享】建筑给水排水工程各系统的设计步骤

1. 建筑内部给水系统设计计算步骤

（1）初步确定系统方案

1）给水系统——生活、生活-生产、生产-消防。

2）供水方式：H_0 与估算的 H 比较确定。

3）管路图式：下行上给、上行下给。

4）管道布置：枝状、环状。

5）管道敷设：

① 要求高：暗装；

② 要求不高：明装。

（2）管道平面布置（在平面图上布置管道）

1）地点：地下室、底层、标准层、顶层、屋面、水箱间。

2）内容：引入管、干管、立管、支管、卫生设备、水池、水泵、水箱。

3）向建筑、结构、暖通、电气提供地沟、立管、水箱位置。

（3）绘制计算草图

1）可不按比例画，但应按实际布置位置情况画。

2）画出水池、水泵、水箱及室外管网示意图。

3）以流量变化为节点，对计算管路编号。

① 上行下给从最高最远用水点至水箱；

② 下行上给从最高最远用水点至水泵或室外管网。

4）其他管路编号（一张草图上编号不能重）。

5）标出管长。

(4) 根据建筑物类型确定设计秒流量计算公式及参数

1) 概率法;

2) 平方根法;

3) 百分数法;

(5) 列表进行水力计算

1) 计算管路:q_g、DN、V、I、h_y;

2) 其他管路:q_g、DN、V。

(6) 求计算管路的水头损失

1) 沿程水头损失;

2) 局部水头损失;

3) 水表水头损失;

(7) 求系统所需压力 H(计算管路的)

(8) 校核室外管网自用水头 H_0,最后确定供水方式

1) 是否加压;

2) 是否设水箱;

3) 是否设水池。

(9) 增压贮水调节设备设计计算(若 $H_0>H$ 接第10步)

水箱:容积、几何尺寸、选定型产品、确定水箱的安装高度。

水泵:出水量、扬程、水泵组合、选产品类型和数量。

水池:容积、几何尺寸、标高(最高水位、最低水位),并提交给搞结构设计的人员。

(10) 绘制正式平面图

地下室、底层、标准层、顶层、屋面、水箱间。

(11) 绘制正式系统图

标出管径、坡度、管件、附件、标高(地面、横管、水面、设备中心或底部)。

(12) 局部放大图

1) 卫生间:平面图与系统图对应(给、排、热)。

2) 水泵房:平面图、轴测图。

3) 水箱间:展开图或轴测图,接管的具体部位。

(13) 说明:0.00、图中单位、管材、连接方法、管道固定、穿墙、穿楼板、防腐、施工要求、验收要求等。

(14) 材料设备表

序号、名称、规格、型号、单位、数量、质量、生产厂家等。

2. 室内消火栓给水系统设计计算步骤

(1) 根据建筑物的类型、高度、体积,确定以下参数:

1) 同时灭火的水枪支数;

2) 每只水枪的最小出水量;

3) 最小充实水柱长度;

4) 火灾的延续时间。

(2) 确定消火栓口径、水枪口径、水带口径、水带长度和材质。

（3）查表或计算确定实际出水量（q_{xh}）和水枪口所需水压（H_q）。

（4）平面布置立管，校核消火栓的间距。

（5）绘制系统的计算草图，包括：管道、消火栓、水泵结合器、消防水池、消防水泵、消防水箱。

（6）计算最不利点消火栓口所需水压 H_{xh}。

（7）分配立管流量，确定干管流量，列表进行水力计算，确定计算管路的管径、流速、单阻和沿程水头损失。

（8）求计算管路的累计沿程水头损失、局部水头损失和总水头损失。

（9）确定其他管段的管径。

（10）升压贮水调节设备设计计算：

1）消防水池：容积、几何尺寸、个数、最低水位标高。

2）消防水箱：容积、几何尺寸、安装高度。

3）消防泵：扬程、出水量，选择消防泵的类型和台数。

（11）绘制正式的平面图和系统图。

（12）局部放大图：水泵间、水箱间。

（13）说明和材料表。

3. 自喷系统设计计算步骤

（1）特性系数法

1）原理

① 在一个管道系统中，某点的流量 Q 与该点管内的压力 P 和管段的流量系数 B 有关，即 $Q^2=B\times P$。

② 两根支管与配水管连接，则：

$$\frac{Q_a^2}{Q_b^2}=\frac{B_a P_a}{B_b P_b} \tag{1-6}$$

③ 若两根支管的管径、管长、管材、喷头数都相同，可以认为两根支管的流量系数相同，即 $B_a=B_b$，则：

$$\frac{Q_a}{Q_b}=\sqrt{\frac{P_a}{P_b}} \tag{1-7}$$

④ 结论：配水管流向配水支管的流量与配水支管和配水管连接处管内压力的平方根成正比。

2）设计计算步骤

① 根据建筑物类型和危险等级确定以下设计参数：喷水强度、作用面积、喷头间距。

② 布置管道和喷头。

③ 在最不利区（点）画定矩形的作用面积，长边平行于支管，其长度不宜小于作用面积平方根的 1.2 倍。

④ 第1根支管（最不利支管）的水力计算（见图1-129、图1-130）：

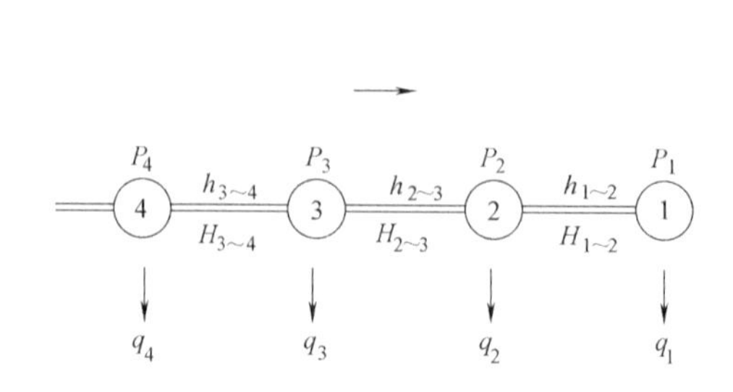

图1-129 管段节点图

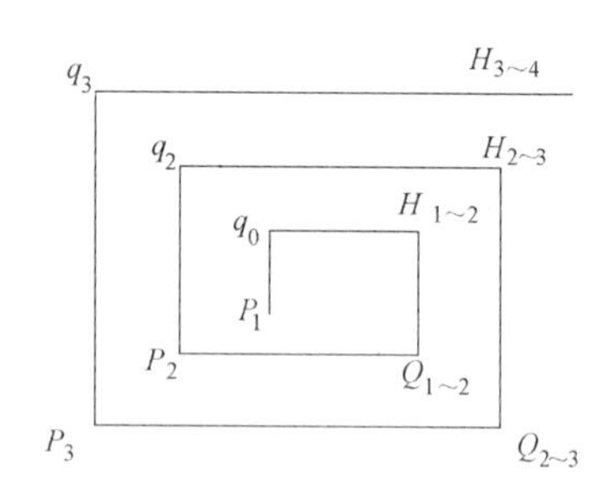

图1-130 作用面积示意图

a. 确定第1个喷头口的工作压力 P_1(MPa)，$P_1=0.05$MPa。

b. 计算第1喷头的出水流量 q_1（L/s）

$$q_1=\frac{K}{60}\sqrt{10P_1} \tag{1-8}$$

c. 第1个管段的流量 $Q_{1\sim2}$（L/s）

$$Q_{1\sim2}=q_1 \tag{1-9}$$

d. 第1个管段的水头损失 $H_{1\sim2}$(MPa)

$$H_{1\sim2}=AL_{1\sim2}Q_{1\sim2}^2 \tag{1-10}$$

式中 A——管道比阻，见表1-23；

$L_{1\sim2}$——管段长度。

e. 计算第2个喷头口的工作压力 P_2(MPa)

$$P_2=P_1+H_{1\sim2} \tag{1-11}$$

f. 计算第2个喷头的出水流量 q_2(L/s)

$$q_2=\frac{K}{60}\sqrt{10p_2} \tag{1-12}$$

g. 第2个管段的流量 $Q_{2\sim3}$（L/s）

$$Q_{2\sim3}=Q_{1\sim2}+q_2 \tag{1-13}$$

h. 第2个管段的水头损失 $H_{2\sim3}$(MPa)

$$H_{2\sim3}=AL_{2\sim3}Q_{2\sim3}^2 \tag{1-14}$$

i. 在作用面积内循序计算上述4项（P、q、Q、H），出了作用面积后，流量 Q 不再增加，只计算管段的水头损失 H 至第1根支管与配水管连接处，求出该连接处管内压力 P_a 和第1根支管的流量 Q_a。

管道比阻 表 1-23

DN	A	DN	A
25	4.367	80	0.01168
32	0.9386	100	0.002674
40	0.4453	125	0.0008623
50	0.1108	150	0.0003395
70	0.02893		

⑤ 计算第 1 段配水管的水头损失 $H_{a\sim b}$和第 2 根支管与配水管连接处管内压力 P_b，$P_b=P_a+H_{a\sim b}$。

⑥ 按特性系数法计算第 2 根支管的流量 Q_b：

$$Q_b=Q_a\sqrt{\frac{P_b}{P_a}} \tag{1-15}$$

⑦ 计算第 2 段配水管的水头损失 $H_{b\sim c}$和第 3 根支管与配水管连接处管内压力 P_c。

⑧ 在作用面积内循序计算上述 3 项（H、P、Q），出了作用面积后，流量 Q 不再增加，只计算管段的水头损失 H 至水泵或室外管网，求出计算管路的沿程水头损失。

⑨ 校核喷水强度

⑩ 确定水泵扬程 H_b

$$H_b=H_1+H_2+H_3 \tag{1-16}$$

式中 H_1——几何高差，MPa；

H_2——计算管路总水头损失，MPa；

H_3——喷头口所需压力，MPa。

其中，计算管路总水头损失包括沿程水头损失和局部水头损失。对于局部水头损失应注意以下几点：

a. 管件的局部水头损失按当量长度法确定。

b. 流速按经济流速，必要时可大于 5m/s，但不得大于 10m/s 。按公式（1-17）校核：

$$V=CQ \tag{1-17}$$

式中 C——流速系数，按表 1-24 选取。

c. 湿式报警阀、水流指示器取 0.02MPa。

d. 雨淋阀取 0.07MPa。

流速系数 表 1-24

DN	C	DN	C
25	1.883	80	0.2014
32	1.054	100	0.1155
40	0.7956	125	0.07533
50	0.4788	150	0.05299
70	0.2836		

（2）作用面积法

1）原理

① 喷头出水量与压力的平方根成正比，最不利点按 0.05MPa，作用面积内其他喷头压力大，出流量多；

② 着火是点，不是面，实际动作喷头少（1～3 个）；

③ 喷头间距按规范规定的喷水强度计算；

④ 可以采取减压措施保证作用面积内各个喷头口处压力平衡。所以，轻、中危险级按平均喷水强度计算是合理可行的。

2）设计计算步骤

① 根据建筑物类型和危险等级确定以下设计参数：

a. 喷水强度：4、6、8L/(m^2 · min)；

b. 作用面积：160m^2；

c. 最不利喷头出水量：标准喷头 1.33L/s；

d. 喷头间距和与墙的距离；

e. 作用面积的长边。

② 布置管道和喷头。

③ 确定最不利点，画定作用面积，确定动作的喷头数 m。

④ 作用面积管段设计流量：

$$Q_{\mathrm{I}\sim(\mathrm{I}+1)}=1.33I \tag{1-18}$$

式中 I——管段负担的作用面积内的喷头数，当 $I \geqslant$ 作用面积内的 m 个时，I 取 m，流量不再增加。

⑤ 按喷头数标准确定管径。

⑥ 列表进行水力计算，求计算管路的水头损失（含沿程水头损失、局部水头损失和报警阀水头损失）。

⑦ 确定水泵扬程：

$$H_b=H_1+H_2+H_3+H_4 \tag{1-19}$$

式中 H_1——几何高差，MPa；

H_2——计算管路总水头损失，MPa；

H_3——喷头口所需压力，MPa；

H_4——补偿系统计算误差，取 0.05MPa。

4. 室内排水管网设计计算步骤

（1）管道平面布置：支管、立管、横干管、排出管、地沟。

（2）确定通气方式。

（3）绘制系统计算草图。

（4）确定横支管的管径与坡度。

（5）计算立管的排水设计秒流量（立管不变径）。

（6）查表确定立管管径。

（7）分段计算横干管、排出管的排水设计秒流量。

（8）查表确定横干管、排出管的管径与坡度。

（9）计算确定通气管的管径。

（10）绘制正式的平面图。

（11）绘制正式的系统图：管径、坡度、控制点标高、水封、地漏、清扫口、检查口、检查井。

（12）说明和材料。

5. 雨水重力流系统设计计算步骤

（1）普通外排水系统（宜按重力无压流系统设计）

1）根据屋面坡度和建筑物立面要求，布置立管（8～12m）。

2）计算每根立管的汇水面积。

3）求每根立管的泄水量。

4）按堰流式斗雨水系统查表确定立管管径。

（2）天沟外排水（宜按重力半有压流系统设计）

1）天沟选用水力半径大的宽浅矩形和梯形。

2）天沟保护高度100mm，起端水深80mm。

3）计算方法。

已定：天沟几何尺寸、坡度、材料、汇水面积，校核重现期 P。

① 计算天沟的过水断面积 ω 和水力半径 R。

② 根据天沟坡度 i 和水力半径 R，求流速 v。：

$$v=\frac{1}{n}\cdot R^{2/3}\cdot i^{1/2} \tag{1-20}$$

③ 求天沟允许通过的流量 $Q_{允}$。

④ 计算汇水面积 F，并确定径流系数 ψ。

⑤ 由 $Q_{允}\geqslant Q_{设}=\frac{\psi F q_5}{10000}$ 求5min的暴雨强度 q_5。

⑥ 求重现期 P：

若 $P>P_{规}$，确定立管管径；若 $P\leqslant P_{规}$，改变天沟几何尺寸，增大天沟的过水断面积。

6. 室内热水供应系统计算步骤

（1）热水供应系统方案选择

1）系统：集中；局部。

2）加热

① 热源、发热设备：热力网、区域锅炉、自备锅炉。

② 热媒：蒸汽、高温热水、中温热水。

③ 加热方式：直接加热（包括一次换热、二次换热）、间接加热。

④ 加热设备：导流型容积式（立式、卧式）、半容积式、半即热式、快速式。

3）供应热水制度：全天供应热水；定时供应热水。

4）循环制度：全循环、半循环、不循环。

5）管路图式

① 干管位置：上行下给、下行上给。

② 管程：异程式、同程式。

6）系统内的压力：开式、闭式。

（2）管道系统和设备的平面布置

（3）绘制系统计算草图

1）配水管（干管、立管、支管）；

2）回水管（干管、立管、支管）；

3）冷水箱、加热器、循环泵、器材附件。

（4）加热系统设计计算

1）耗热量计算；

2）热媒耗量计算；

3）换热面积计算；

4）贮热容积计算；

5）由换热面积和贮热容积选择加热器（征求甲方意见）。

（5）热水配水管网计算

1）计算各个管段的热水设计秒流量；

2）查60℃热水水力计算表确定各个管段的管径、流速、单位长度管道的水头损失；

3）求计算管路的总水头损失（包括沿程水头损失和局部水头损失）；

4）校核高位水箱安装高度或水泵的扬程。

（6）第二循环系统循环流量计算

1）确定计算管路；

2）节点分配水温；

3）列表求计算管路循环流量；

4）确定回水管管径。

（7）选择循环水泵

（8）绘制正式的平面图和系统图

（9）说明和材料表

1.5.2 【给水排水精品案例】第十五期：酒店给水排水设计实战案例

室内给水排水系统的设计，大体可以划分为四个部分，即：室内自来水给水系统、室内热水给水系统、室内消防给水系统以及室内污水排水系统。室内给水排水系统设计的好坏，直接影响到一幢建筑整体的质量。笔者从某十层酒店给水排水系统的设计这个角度，对室内给水排水系统设计的步骤方法及应当注意的环节问题，作出了一些简单的讲解。

1. 绘制酒店各层平面图，初步拟定室内给水排水系统方案

（1）了解酒店各层的平面构造，绘制酒店不同层的平面图和剖面图

在进行酒店给水排水系统的设计时，首先需要对酒店各楼层的平面构造有一个全面的了解。一般酒店的楼层分布大体为地下室，1楼的大堂，2～3或4楼的多功能大厅、餐厅、厨房等场所，以及4楼以上的套房和标准间等。进行酒店给水排水系统设计时，必须绘制酒店不同楼层的平面图。只有将酒店不同楼层的具体情况详细地反映在平面图上，才能继续给水排水系统设计的后续工作。

（2）分析酒店各层的房间格局及功能布置，初步拟定室内给水排水系统的设计方案，在平面图上绘制初步的系统管线图。

给水排水系统的设计需要结合实际、因地制宜，需要根据酒店各楼层实际的结构布置、功能来拟定给水排水管线布置的方位，从而初步拟定系统设计方案。以自来水给水系统为例说明，因为酒店在楼层的布置上往往讲究功能齐全和实用，用来布置标准间的楼层和用来布置餐厅等场所的楼层的功能要求是不相同的。若将酒店的自来水给水系统设计为统一给水系统，无疑会在配合不同楼层的功能需求上浪费大量的管材，使成本增加，还会影响酒店的美观。若设计为分区给水系统，不仅可以针对酒店的实际情况进行管线的优化布置，而且在满足酒店功能要求上也能更加切实有力。根据已有的平面图，对酒店的楼层结构、房间布置进行分析后，才能初步拟定室内给水排水系统的设计方案，初步方案选定好以后便需要在平面图上绘制初步的系统管线图，使初步的设计方案显得直观可视、切合实际。

2. 绘制计算草图，进行各个系统的设计计算及校核

完成给水排水系统初步方案的确定以及平面管线图后，就需要进行系统的计算及校核。

（1）根据初步设计完成的系统方案，绘制系统轴测图，进行水力计算

当系统方案拟定好了之后，还远无法投入实际施工，因为还未确定具体施工所需要的明确的管长、管径、管道压力、管材等要素，所以确定了酒店给水排水系统的初步方案以后，就需要针对各个系统的设计方案进行水力计算以便确定管长、管径等。而在此之前，还需要确定各系统管道所需的管材。为方便水力计算的进行，在开始水力计算之前还需要绘制出所拟定好的系统方案的轴测图。系统的轴测图需要绘制得简洁、具体，不仅要完整地绘制出系统的主干管、干管和支管，支管上的卫生器具的种类、数量也需要明确表示出来。建筑内给水排水系统的水力计算是通过引入卫生器具的额定流量和当量来实现的。通过列表进行各管段上卫生器具设计秒流量的计算，便可以查阅《给水排水设计手册》中的水力计算表，在规范规定的流速范围内，综合经济节约以及合理有效等角度的考量，从而确定出管段的管径、水头损失等。对于酒店内的自来水给水系统、热水给水系统、消防给水系统以及污废水排水系统而言，其计算原理基本相同，即均是通过设计秒流量的计算而后查表确定管径。但是有不少细节部分，这 4 个系统的要求是不一样的，在进行给水排水系统的设计时应充分查阅《给水排水设计手册》以及给水排水设计标准规范来确定。

（2）根据酒店的实际情况及计算结果进行计算校核，确定最优方案

当各系统的水力计算完成，即管径、管长、水压等要素均确定以后，还要根据规范中的要求以及酒店的实际情况对设计方案进行修改和优化。各个系统还必须针对已完成的水力计算进行校核，以确保系统设计无误。

1）进行自来水给水系统校核时应该注意的问题

自来水给水系统水力计算完成之后，需要根据各支管用水器具工作所需最小压力进行管网的水压校核。一般酒店内的用水器具大体为污水池、厨房洗涤盆、洗手（脸）盆、浴盆、大便器、小便器、淋浴盆等。在以上所列器具中，最小用水压力为 15kPa，最大用水压力为 40kPa。自来水给水系统管网内的压力若不能满足最不利管段各用水器具工作所需最小压力，则需要对系统重新进行水力计算或重新设计系统方案。

2）进行热水给水系统校核时应该注意的问题

在对热水给水系统进行校核时，只需对最不利用水管段进行用水点的温度校核。需要注意的是，洗手（脸）用、沐浴用和洗涤用的热水水温是不同的。在进行用水节点出水温度校核时，对于不同用水器具要求的水温，一般满足最大水温即可。还有一点，在集中热水供应系统中，在加热设备和热水管道保温条件下，加热设备出口处与配水点的热水温差一般不大于10℃。

3）进行消防给水系统校核时应该注意的问题

就十层酒店内的消防系统来说，应确保管道的供水压力满足用水总量达到最大，且水枪布置在任何建筑物的最高处时，水枪的充实水柱仍不小于10m。而当酒店高度超过100m时，应确保充实水柱不小于13m。

4）进行污废水排水系统校核时应该注意的问题

污废水排水系统的校核比较简单，这里针对通气管管径大小做一点说明。一般而言，通气立管长度在50m以上者，其管径应与污水立管管径相同。当当地最冷月平均气温低于－13℃时，应在室内吊顶或顶板以下0.3m处将通气管管径放大一级。

3. 确定最后的设计方案，在平面图上进行初步的管线布置

校核完成，确定系统设计无误后，就可以在平面图上进行施工用的初步的管线布置了。酒店内的给水排水系统管线布置必须遵循经济、美观、便于施工维修、保证有最佳的水力条件、保证供水安全等原则，而对于不同的给水和排水系统，还有很多敷设细节要求上的不同，具体内容过于繁多，以参考规范为准，以下仅简略说明两点管道布置时的细节问题。

（1）酒店标准间以下及地下室的管线布置局部问题

地下室以及标准间以下地下室以上楼层的管线布置，管网系统的主干管应该布置在地下室顶层一楼地板以下部位，需要和地下室的顶部相隔大约10cm的距离。地下室以上标准间以下楼层的主干管布置则需要因地制宜进行。卫生间内的给水管道布置应当以经济简洁为主，可以明装，便于维修。卫生间内的排水管道布置应该尽量穿越多数的排水器具，立管最好设置在靠墙角的位置，墙内外两侧的排水尽量采用一根立管，可以穿墙。对于大厅内的管线布置尽量沿墙布置，不得穿越中庭。立管可以多设置，横管尽量少设置。敷设时，立管和墙面需要保持大约50～100mm的距离。

（2）酒店标准间及以上楼层的管线布置局部问题

酒店标准间内及套房内的卫生间在进行管线布置时，若遇到穿墙的情况时，需要布置穿墙套，如果能不穿墙，则尽量不穿墙。立管可以多设置，横管尽量少设置，横管尽量不穿越大厅而是沿墙敷设。由于标准间内的空间相对狭小，所以在选用管径时，在允许范围内尽量选用小管径，与墙面的距离保持在20～50mm左右。

4. 完成所有系统设计的平面图及轴测图和设计说明书，交付设计方案

设计的最后，在确定了最终可行最优方案之后，需要将系统设计的平面图以及轴测图绘制出来。对自来水给水系统、热水给水系统、消防给水系统和污废水排水系统需要进行不同的标注，一般采用拼音缩写的形式标注，如ZL、RL、XL、WL，且需要对每个系统的立管进行编号，务必使平面图与轴测图对应准确，详尽直观，一目了然。设计的过程步骤需要归纳总结，制成设计说明书。设计说明书要有明确详细的计算和必要的文字说明，并需要内附图纸。当这些完成之后，就可以交付设计方案了。

5. 结语

根据我国对于高层建筑的定义，十层酒店可以归为高层建筑。因此其给水排水系统设计也就属于高层建筑给水排水系统设计。对于高层建筑的给水排水系统设计，一般都是采用分区供水，热水与自来水同步设计安装，消防管网独立设置，污废水统一排放的方式。而在实际设计过程中，根据具体情况还可以为酒店加上中水给水排水系统等。

1.5.3 【每周一议】浅谈建筑给水排水中的节水技术

近年来我国城市生活用水量呈逐年递增趋势，而水源水质却呈逐年递减趋势。这无疑给给水处理和污水处理带来沉重的负担。因此我们应充分在节水上做文章。一滴水，微不足道。但是不停地滴起来，数量就很可观了。据测定，“滴水”在1个小时里可集到3.6kg，1个月里可集到2.6t水。这些水量，足可以供给一个人的生活所需。至于连续成线的“小水流”，每小时可集水17kg，每月可集水12t。哗哗响的“大水流”，每小时可集水670kg，每月可集水482t。所以，节水的潜力是很大的。特别是城市生活用水其损耗是相当惊人的，城市生活用水的用水过程绝大部分是在建筑中完成的，因此要节约城市生活用水必须挖掘节水技术在建筑给水排水中的应用。

建筑节水是一个系统工程，除应制定有关节水的法律法规、加强日常管理和宣传教育、利用价格杠杆促进节水工作外，还应采取有效的技术措施，以保证建筑节水工作全面深入地开展。

1. 防止给水系统超压出流造成的“隐形”水量浪费

我们知道由于给水管网范围的扩大、输送水管的延长以及楼房的兴建而产生的高度差异，都会采用提高给水始端压力的方法，保障最不利供水点能够得到充足的给水，这样就会有大量的供水区域是高压给水的。因此给水配件前的静水压大于流出水头，其流量就大于额定流量。超出额定流量的那部分流量未产生正常的使用效益，是浪费的水量。由于这种水量浪费不易被人们察觉和认识，因此可称之为“隐形”水量浪费。

有人曾在一幢楼不同类型建筑的67个配水点做了超压出流实测分析，结果显示有55%的螺旋升降式铸铁水龙头（以下简称“普通水龙头”）和61%的陶瓷阀芯节水龙头的流量大于各自的额定流量，处于超压出流状态。两种水龙头的最大出流量约为额定流量的3倍。由此可见，在我国现有建筑中，给水系统的超压出流现象是普遍存在而且是比较严重的。为改变这一状况，应采取以下措施。

（1）合理限定配水点的水压

由于超压出流造成的“隐形”水量浪费并未引起人们的足够重视，因此在我国现行的《建筑给水排水设计规范》GB 50015—2003（2009年版）和《建筑给水排水设计规范》GBJ 15—2000征求意见稿（以下简称“征求意见稿”）中虽对给水配件和入户支管的最大压力作出了一定的限制性规定，但这只是从防止给水配件承压过高而导致损坏的角度考虑的，并未从防止超压出流的角度考虑，因此压力要求过于宽松，对限制超压出流基本没有作用。所以，应根据建筑给水系统超压出流的实际情况，对给水系统的压力作出合理限定。

（2）采取减压措施

在给水系统中合理配置减压装置是将水压控制在限值要求内、减少超压出流的技术保障。

1）减压阀

减压阀是一种很好的减压装置，可分为比例式和直接动作型，前者是根据面积的比值来确定减压的比例，后者可以根据事先设定的压力减压，当用水端停止用水时，也可以控制住被减压的管内水压不升高，既能实现动减压也能实现静减压。

2）减压孔板和节流塞

减压孔板相对于减压阀来说，系统比较简单，投资较少，管理方便。一些单位的实践表明，减压孔板节水效果相当明显，如上海交通大学在学校浴室热水管道中加装孔径为5mm的孔板后，节水约43%。但减压孔板只能减动压，不能减静压，且下游的压力随上游压力和流量而变，不够稳定。另外，减压孔板容易堵塞。可以在水质较好和供水压力较稳定的情况下采用。节流塞的作用及优缺点与减压孔板基本相同，适于在小管径及其配件中安装使用。

（3）采用节水龙头

有试验表明，陶瓷阀芯节水龙头和普通水龙头在全开状态下，前者的出流量小于后者的出流量。即在同一压力下，节水龙头具有较好的节水效果，节水量在20%～30%之间。且在静压越高，普通水龙头出水量越大的地方，节水龙头的节水量也越大。因此，应在建筑中（尤其在水压超标的配水点）安装使用节水龙头，减少水量浪费。1999年，建设部、国家经贸委、国家技术监督局、国家建材局联合发文《关于在住宅建设中淘汰落后产品的通知》要求在大中城市新建住宅中禁止使用螺旋升降式铸铁水嘴，积极采用符合《陶瓷片密封水嘴》和《水嘴通用技术条件标准》的陶瓷片密封水嘴。某学校主楼由于建设较早厕所内的水嘴仍采用的普通螺旋升降式铸铁水龙头，经常可以看到水龙头松动和水龙头难于拧紧而造成的漏水现象。其实这种水嘴还存在超压造成的“隐形”水量的大量浪费。应引起学校相关部门的关注，从长远利益出发换用新式的节水龙头，减少不必要的损失。

2. 减少热水系统的无效冷水量

随着人们生活水平的提高和建筑功能的完善，建筑热水供应已逐渐成为建筑供水不可缺少的组成部分。据调查，各种热水供应系统大多存在着严重的水量浪费现象，比如有的住宅在开启热水配水装置后，往往要放掉不少冷水后才能正常使用。这部分流失的冷水未产生使用效益，可称为无效冷水，也就是浪费的水量。无效冷水的产生原因是多方面的，应想办法从建筑热水系统的各个环节抓起，减少无效冷水的排放。也可以有意识地将这部分水收集起来用于厕所冲洗等方面。

（1）选用支管或立管循环方式

热水系统的循环方式直接决定了无效冷水是否存在及冷水量的相对大小。我国现行的《建筑给水排水设计规范》GB 50015—2003（2009年版）中提出了三种热水循环方式：干管循环、立管循环、支管循环；同时，允许热水供应系统较小、使用要求不高的定时供应系统，如公共浴室等可不设循环管。有调查表明：支管循环方式最节水，立管循环方式的节水量虽比支管循环方式少但投资回收期较短，具有较明显的经济优势。而干管循环方式无论从节水的角度还是从工程成本回收的角度看均无优势。无循环系统会产生大量的无效冷水量，不符合节水要求，同时也给人们的使用带来不便。综合上述分析并结合我国国情，新建建筑热水供应系统不应再采用干管循环和无循环方式，而应根据建筑物的具体情况选用支管循环或立管循环方式。

（2）对现有无循环定时热水供应系统进行限期改造

目前我国绝大部分公共浴室采用的是无循环定时热水供应系统，每天洗澡前要排出大量无效冷水。由于无循环系统管线较简单，故改造工程投资少、收效快，较易施行。如北方交通大学在学生浴室的热水干管上增设回水管，工程总投资约 4000 元，年节水量约 960m^3，若水价以 3.9 元/m^3 计，每年可节约水费 3774 元，13 个月即可收回投资，既可收到很好的节水效果，又可得到较好的经济效益。

（3）减少调温造成的水量浪费

为减少调温造成的水量浪费，公共浴室应采用单管热水系统，温控装置是控制其水温的关键部件。在生活中我们可以发现现有温控装置是不够灵敏的，洗浴水忽冷忽热。因此应积极开发性能稳定、灵敏的单管水温控制设备。目前我国建筑双管热水系统冷热水的混合方式大多采用混合龙头式和双阀门调节式，每次开启配水装置时，为获得适宜温度的水，都需反复调节。因此应逐步采用带恒温装置的冷热水混合龙头快速得到符合温度要求的热水，减少由于调温时间过长造成的水量浪费。

3. 防止二次污染造成的水量浪费

二次污染事故的发生，使得建筑给水系统不能正常工作，造成用户用水困难。同时，受到污染的水将会被排放；对供水系统的清洗处理，也需耗费大量的自来水，这些都造成了水的严重浪费。因而防止建筑给水系统二次污染，对节约用水有着十分重要的意义。

（1）在高层建筑给水中采用变频调速泵供水

水池—水泵—高位水箱加压供水方式是目前高层建筑中使用最广泛的供水方式。有研究表明，这种供水方式的水质指标合格率有所下降，其主要原因是水在加压输送和贮存过程中造成二次污染引起的。变频调速泵供水直接用泵将贮水池内的水送至用户，取消了水箱，减少了发生二次污染的几率。我国有的地区已明令在特定情况下使用这种供水方式。如上海住宅设计标准中规定，住宅设计规模在 400 户以上时，采用变频调速水泵集中供水。在其他城市，变频调速泵也得到了一定程度的应用。

（2）新建建筑的生活与消防水池分开设置

目前绝大部分高层建筑的生活与消防贮水池合建，水池容积过大，生活用水储量一般不足总储量的 20%，生活用水贮存时间过长，有时长达 2～3d。有研究表明，夏季水温较高时，水箱中的水在贮存 12h 后，余氯即为零，细菌快速繁殖。合建水池在每月的消防试水时还会造成消防试水的排放浪费。将生活饮用水与消防用水水池分开设置可在很大程度上减轻生活用水的细菌性污染。消防试水可排放到消防贮水池中，不必外排。此外，分建水池的总容积基本没有增加，不会过多增加造价，并且还可优化地下室设计、有效利用地下室面积。因此从现在起应鼓励新建建筑的生活与消防水池应分开设置。

（3）严格执行设计规范中有关防止水质污染的规定

采用水池—水泵—高位水箱加压供水方式，虽然存在二次污染问题，但也具有供水水量和水压较稳定可靠等优点。因此，完全淘汰这种供水方式是不可能的，应严格执行设计规范中有关水池（箱）材质选用、配管和构造设计及防止管道系统回流污染等规定，杜绝由于选材或设计、施工不当引起的水质污染。

（4）水池、水箱应定期清洗，强化二次消毒措施

为保证水箱良好的卫生条件，卫生防疫部门应加强对水箱水质和水箱清洗的监管力度，并应适当增加水箱的清洗次数。生活饮用水池（箱）内的贮水，在最高日用水情况下，12 h 内不能得到更新时，宜设置消毒处理装置。实践证明这对防止高层建筑的水质污染起到了很好的作用。

（5）推广使用优质给水管材

在建筑给水中传统的给水管材是镀锌钢管，但由于镀锌钢管易受腐蚀而造成水质污染，一些发达国家和地区已明确规定普通镀锌钢管不再用于生活给水管网。我国建设部等四部委也联合发布文件，要求自 2000 年 6 月 1 日起，在全国城镇新建住宅给水管道中，禁止使用冷镀锌钢管，并根据当地实际情况逐步限时禁止使用热镀锌钢管，推广应用新型管材。目前有铜管、不锈钢管、聚氯乙烯管、聚丁烯管、铝塑复合管、高密度聚乙烯管等新型管材可以用来取代镀锌钢管。塑料管与镀锌钢管相比，在经济上具有一定优势。铜管和不锈钢管虽然造价较高，但使用年限长，还可用于热水系统。所以应根据建筑和给水性质，选择合适的优质给水管材。

4. 大力发展建筑中水设施

“中水道”，顾名思义输送的既不是上水道清洁的自来水，也不是下水道污秽的脏水。把一个地区居民洗脸、洗澡、洗衣服等洗涤水和冲洗用水集中起来，经过去污、除油、过滤、消毒、灭菌处理，输入中水道管网，以供冲厕所、洗汽车、浇草坪、洒马路等非饮用水之用。所以中水道又称为杂用水道。用 1m³ 中水道的水，等于少用 1m³ 清洁水，少排出近 1m³ 污水，一举两得，达到节水近 50%。所以，中水道已在世界许多缺水城市广泛采用。

（1）充分利用盥洗废水等优质杂排水

现有的中水设施大多建于宾馆、高校，水源基本为浴室洗浴废水。对于一些规模不大的单位来说，洗浴废水量比较小，且排放时间过于集中，中水设施得不到稳定充足的水源。而盥洗废水具有水量大、使用时间较均匀、水质和处理效果相对较好等优点，应作为中水水源加以充分利用。

（2）尽快制定并实施新的回用水水质标准

目前，建筑中水回用执行的是现行的《城市污水再生利用城市杂用水水质》GB/T 18920—2002。该标准中总大肠菌群的要求与《生活饮用水卫生标准》GB 5749—2006 相同，比发达国家的回用水标准及我国适用于游泳区的Ⅲ类水质标准还严格。这样就导致两个问题：一是许多现有中水工程根本达不到该标准；二是由于达标具有一定难度，提高了中水工程的投资和处理成本。所以应尽快制定该指标的适宜限值推动中水工程的推广和普及。

5. 养成良好的节水习惯

节水不是限制人用水，而是让人合理地用水，高效率地用水，不要浪费。家庭只要注意改掉不良的习惯，就能节水 70%左右。与浪费水有关的习惯很多，比如：用抽水马桶冲掉烟头和碎细废物；为了接一杯凉水，而白白放掉许多水；先洗土豆、胡萝卜后削皮，或冲洗之后再择蔬菜；用水时的间断（开门接客人、接电话、改变电视机频道时），未关

水龙头；停水期间，忘记关水龙头；洗手、洗脸、刷牙时，让水一直流着；睡觉之前、出门之前，不检查水龙头；设备漏水，不及时修好。

（1）查漏塞流

在家中“滴水成河”并非开玩笑。要经常检查家中自来水管路。防微杜渐，不要忽视水龙头和水管接头的漏水。发现漏水，要及时请人或自己动手修理，堵塞流水。一时修不了的漏水，用总阀门暂时控制水流。维修更换水龙头虽是一项专业工作，但只要肯动手，稍有点常识的人就可以掌握，据1996年统计美国就有一半的家庭是自己动手解决这些问题的。而我国至今许多家庭对此都束手无策，目前国际上提倡DIY，也就是自己动手更换水龙头。

（2）洗衣节水小窍门

1）洗衣机洗少量衣服时，水位定得太高，衣服在高水里漂来漂去，互相之间缺少摩擦，反而洗不干净，还浪费水。

2）如果衣服太少就先不洗，等多了以后集中起来洗，也是省水的办法。

3）如果将漂洗的水留下来做下一批衣服的洗涤水用，一次可以省下30～40L清水。

（3）洗澡节水

用喷头洗淋浴：

1）学会调节冷热水比例。

2）不要将喷头的水自始至终地开着，更不应敞开着。

3）尽可能先从头到脚淋湿一下，就全身涂肥皂搓洗，最后一次冲洗干净。不要单独洗头、洗上身、洗下身和脚。

4）洗澡要专心致志，抓紧时间，时间就是水！不要悠然自得，或边聊边洗。更不要在浴室里和好朋友打水仗。

5）不要利用洗澡的机会“顺便”洗衣服、鞋子。

在澡盆洗澡，要注意：放水不要满，1/3～1/4盆足够用了。

（4）厕所节水

1）如果觉得厕所的水箱过大，可以在水箱里放个砂袋或一只装满水的大可乐瓶，以减少每一次的冲水量。但须注意不要妨碍水箱部件的运动。

2）水箱漏水总是最多，经常检查是否漏水。

3）用收集的家庭废水冲厕所，可以一水多用，节约清水。

4）垃圾不论大小、粗细，都应从垃圾通道清除，而不要从厕所用水来冲。

（5）一水多用

1）洗脸水用后可以洗脚，然后冲厕所。

2）家中应预备一个收集废水的大桶，它完全可以保证冲厕所需要的水量。

3）淘米水、煮过面条的水，用来洗碗筷，去油又节水。

4）养鱼的水浇花，能促进花木生长。

6. 推广使用节水器具

家庭节水除了注意养成良好的用水习惯以外，采用节水器具很重要，也最有效。有的人宁可放任自流，也不肯更换节水器具，其实，这么多水费长期下来是不合算的。因而大力推广使用节水器具是实现建筑节水的重要手段和途径。

（1）节水型水龙头

1）陶瓷阀芯水龙头

目前节水型水龙头大多采用陶瓷阀芯水龙头。这种水龙头与普通水龙头相比，节水量一般可达20%～30%；与其他类型的节水龙头相比，其价格较便宜。因此，应在居民楼等建筑中大力推广使用这种节水龙头。

2）延时自闭式水龙头

延时自闭式水龙头在出水一定时间后自动关闭，避免常流水现象。出水时间可在一定范围内调节，既方便卫生又符合节水要求。非常适合公共场所洗手用。

3）光电控制式水龙头

延时自闭式水龙头虽然节水但出水时间固定后，不易满足不同使用对象的要求。光电控制式水龙头就可以克服上述缺点，例如最新型的红外线自动控制洗手器，第一次安装时就可以自行检查该器下方或前方的固定反射体（比如洗手盆）并根据反射体的距离调整自己的工作距离，避免了过去的自动给水器因前方障碍较近出现的常流水现象，而且这种智能化的洗手器可以做到尽管你的手在下面没有洗手动作也不给水，洗手时间过长也会停水，长期不用还可以定时冲水，以免水封失灵，供电不足了提前报警。

（2）节水冲水便器

1）使用小容积水箱大便器

目前我国正在推广使用6L水箱节水型大便器，并已有一次冲水量为4.5L甚至更少水量的大便器问世。但也应注意要在保证排水系统正常工作的情况下使用小容积水箱大便器，否则会带来管道堵塞、冲洗不净等问题。两档水箱在冲洗小便时，冲水量为4L（或更少）；冲洗大便时，冲水量为9L（或更少）。对于双阀口式两档水箱，大便时打开下面的排水口，小便时打开上面的排水口。以色列的建筑法规中规定所有新建筑必须安装两档冲洗水箱。我国也应大力推广两档水箱，因为一天之内，人的小便次数远远高于大便次数。以三口之家为例，若每人每天大便1次、小便4次，使用现有9L水箱，一天用水135L；使用6L水箱，一天用水90L；而使用两档水箱，一天用水75L，可见采用9L两档水箱比采用6L水箱更节水。使用6L两档水箱节水效果更好。使用两档水箱的另一个优点是不需要更换便器和对排水管道系统进行改造，因而尤其适用于现有建筑便器水箱的更新换代。

2）免冲洗小便器

美国推出的免冲洗小便器是一种不用水、无臭味的厕所用器具，其实仅仅是在小便器一端加个特殊的"存水弯"装置，但是因为经济、卫生、节水有效，所以颇受欢迎。

3）光电控制小便器

光电控制小便器已在一些公共建筑中安装使用。

4）延时自闭式冲洗阀

它是利用先导式工作原理直接与水管相连，在给水压力足够大的情况下，可以保障大便器瞬时冲水的需要，用来代替水箱及配件。它具有安装简洁，使用方便，卫生，价格较低，节水效果明显的特点。

（3）在热水系统中安装多种形式的节水器具

如在公共浴室安装限流孔板；在冷、热水入口之间安装压力平衡装置；安装使用低流量莲蓬头、充气式热水龙头和恒温式冷、热水混合龙头等。

(4) 进一步开发多种形式的节水器具

1) 研制不同出水量的水龙头

一些国家和地区规定在不同场所采用不同出水量的水龙头，如新加坡规定洗菜盆用水6L/min，淋浴用水9L/min；我国台湾省推出的喷雾型洗手专用水龙头，出流量仅为1L/min。而我国各种水龙头的额定流量大部分是0.2L/s，即12L/min，明显偏大。因此应合理制定各种水龙头的额定流量，并逐步在不同场所安装不同出水量的水龙头。

2) 真空节水技术

为了保证卫生器具及下水道的冲洗效果，可将真空技术运用于排水工程，用空气代替大部分水，依靠真空负压产生的高速气水混合物，快速将器具内的污水、污物冲吸干净，达到节约用水、排走污浊空气的效果。一套完整的真空排水系统包括：带真空阀和特制吸水装置的洁具、密封管道、真空收集容器、真空泵、控制设备及管道等。真空泵在排水管道内产生40～50kPa的负压，将污水抽吸到收集容器内，再由污水泵将收集的污水排到市政下水道。在各类建筑中采用真空技术，平均节水超过40%。若在办公楼中使用，节水率可超70%。

3) 开发带洗手龙头的水箱

在日本很多家庭使用带洗手龙头的水箱，洗手用的废水全部流入水箱，回用于冲厕。若水箱需水时，可打开水龙头直接放水。使用这种冲洗水箱不但可以节水，而且可减少水箱本身的费用。目前，这种水箱在我国已有销售。

7. 合理设置和使用水表

(1) 提高水表计量的准确度

在调查中发现，由于选型和水表本身的问题，水表计量的准确性较差。如有的建筑物水表型号过大，用水量较小时，水表指针基本不动。根据有关部门及相关单位对水表的测定结果可知，约有40%的水表不符合±4%的精度要求。水表计量的准确性不仅涉及买卖问题，也关系到对漏损控制的评价和采用的对策。为此应采取有效措施提高水表计量的准确度。

1) 严格按照规范要求选择和安装水表

无论什么建筑，设计时都应按照《建筑给水排水设计规范》GB 50015—2003（2009年版）的要求选择水表，防止水表型号选择过大，出现水量漏计现象。施工单位应严格按照《封闭满管道中水流量的测量饮用冷水水表和热水水表　第2部分：安装要求》GB/T 778.2—2007等规范安装水表。

2) 水表前加装过滤器

影响水表计量准确度的主要因素之一是管网水质，主要表现在水中杂质堵塞了水表滤网的部分进水孔，造成水表计量不准确。在水表前安装过滤器，可以解决这一问题并减轻水表磨损。国外在给水系统的阀门、水表、用水器具前大量使用过滤器并定期清洗。但在我国，过滤器的效用还未引起人们的足够重视，只在少数场合有应用。所以应加快过滤器的研制工作，并尽快在建筑中应用。

3) 限制使用年限

根据国家技术监督局《强制检定的工作计量器具实施检定的有关规定（试行）》，对生活用水表只做首次强制检定，限期使用，到期更换。但是，由于各地对上述规定并未采取有效措施加以落实，致使目前建筑中的水表大多数无限期使用。由于水表自身零件的机械磨损，水表的使用年限越长，其准确度就越低。新加坡的经验是，口径 15mm 的水表每 7 年换表可使 85%的水表维持在±3%的精度内，而大水表根据情况采用 2～4 年的换表周期。因此，各地应按照国家要求，对水表使用年限作出限制性规定，到期强制更换。使用期限为：口径 15～20mm 的水表不得超过 6 年，口径 25～50mm 的水表不得超过 4 年。此外，为保证水表的准确度，物业管理部门和自来水公司应对水表进行经常性检查，及时发现水表使用过程中出现的问题，保持水表良好的工作环境。

（2）发展 IC 卡水表和远传水表

目前分户水表普遍设置在居民家中，入户查表给居民生活带来不便，同时居民进行室内装修时，常常把本来明装的水表遮蔽（暗敷），给查表和水表的维修、管理带来很大困难。近几年，我国住宅设计开始将水表集中或统一设于一楼（或设备层），或把水表设于管井内。这些设计会造成供水管线的增加和成本的提高，同时还增加了施工难度和住户验看水表不方便等问题。在经济发达的国家和地区，IC 卡水表和远传水表发展较快。东京一居民区通过电话线，用电子计算机集中进行抄表，每户查表只需 2s。可见我国的水表应用技术应朝着 IC 卡水表和远传水表系统的方向发展。

节水最关键的不是建筑节水技术，而是人们的节水意识及人们的用水习惯。据调查，目前这种观念尚未真正有效树立。所以倡导人们将淡水资源当作一种珍稀资源，节制使用，呼吁全民节水势在必行，只要采取一项措施或几项措施兼用，其节水效果都将是显著的。“坚持开发与节约并举，把节约放在首位”，在遵循生态规律、经济规律、社会发展规律等的前提下，在水资源、水环境承载能力范围内，在需水管理理论指导下，在完善的法律体系框架内，以政府为主导，综合运用行政、法律、管理、经济、宣传教育及科技的手段和措施，统一管理，科学配置，不仅能取得显著的经济效益，而且能在一定程度上缓解城市用水供需矛盾，解决高峰期缺水问题，还能减少污水排放量，保护环境，取得较好的社会效益和环境效益，建立节水型的社会。

1.5.4 【精彩分享】现代医院建筑设计中的给水排水设计与应用

给水排水设计作为医院建筑设计中比较重要的环节，不仅要满足医院的正常需求，而且还必须做到安全、节能、有效。在医院建筑设计中给水排水工程要考虑到各个设备的差异性、相似性、特殊性、合理性、节能性等方面。

下面一起来分析探讨现代医院建筑设计中给水排水专业技术应用。

一、自动喷淋灭火系统设置及其形式

随着我国经济现代化的不断发展，人们对医院的建筑和整体环境有了较高的要求，治病救人、环境安静、健康保健等已经深入人心。

医院的楼层建设和病房施工等环节已经得到提高，病房逐渐转变为宾馆化，病房内的设备齐全。因此，消防给水排水的设计必须得到提高，自动灭火器的灭火系统在医院被广泛使用，它具有快速、高效、占地面积小、方便及时等优点。

在医院的建筑中不仅要配备自动灭火器，还得配备风管的调节系统和自动喷淋灭火系统。现代医院的病房建设与装修档次不断提高，在一些 VIP 病房、干部病房里装修和设计已经可以和酒店里的宾馆相媲美，而且家具和医疗设备较多，因此，火灾发生的可能性比较大，而且人群疏散困难。

自动喷淋灭火系统在没有发生火灾时，可能会由于人为原因或者其他原因发生没火乱喷的现象，这样会对病房内的医疗设备和病人造成误伤，因此，自动喷淋灭火器设置在病房里面隐患也挺大。

随着科学技术的发展，根据医院自身的特点，为了防止火灾的发生，可以在病房里面安装重复启闭预作用灭火器，既可以达到医院病房要求而且安全有效，同时还克服了自动喷淋灭火器的缺点。

二、医院建筑施工中对给水排水的要求

由于现代化医院的医疗设备系统内容丰富、功能齐全、价格较高。因此，在设计给水排水系统时不仅仅要满足设备的用水量要求，还必须满足设备对水质、水温和水压的要求，从而满足医疗设备和医院生活用水的正常运转。使用完的水必须经过处理设备处理后再进行排放。

1. 医疗用水的设计及施工

医疗设备用水和医疗用水主要可以分为以下几类：一般手术室用水、产房手术用水、医疗设备用水、正常淋浴用水等，这些用水对水质的要求都比较高，必须经过消毒处理后才能进行使用，避免病人的伤口感染和降低细菌对设备的堵塞。消毒水一般都是采用反渗透装置进行处理后再供给医院正常使用。

其工艺流程主要可以分为以下几个步骤：地下水-砂岩过滤器-活性炭吸附装置-精密过滤器-离子交换树脂-反渗透膜过滤装置-紫外线消毒装置-集水箱-供给各部门使用。

2. 医院制剂室水的使用

制剂室的用水一般都是采用蒸馏水，在供水时还必须进行加压处理，各个医院对蒸馏水的水质和水压都有不同的要求，因此必须因地制宜地选择不同的水处理工艺进行水处理。

3. 手术室的用水要求

手术室和婴儿室的用水水质要求一般都比较高，而且还必须保持一定的水温，各个科室里的手术台对水温和水压都有着不同的要求，因此必须实行分批供水从而满足医院的要求。

4. 由于环境问题对水的要求

现在的医院对环境有着较高的要求，例如树木花草的种植、污水的排放、垃圾的清理等。

以往的医院主要通过锅炉对水进行加热和集体供暖，现在考虑到环境的美化，人们已经摒弃了以往的锅炉房，现在医院加热水主要采用自动容器式电开水锅炉，每个区域内都配备一台，方便病人和家属用水，而且有利于医院工作人员进行管理，并且改善了以往烧煤碳给空气带来的污染。

医院中各个区域的医疗废水和生活污水分开处理，根据不同的水处理工艺设备进行分

批处理，处理完成后对水质进行分析，达到国家废水排放标准的进行统一排放，没有达到排放标准的进行二次处理，直到合格后方可进行排放。

由于医院要满足各个部门的用水需要，所以在医院的内部送水管网错杂混乱，有的在墙壁里面进行埋设、有个直接裸露在外面，再加上暖气管道的铺设，使整个医疗科室显得极不整齐，而且影响到楼层的美观性和安全性。

因此，在医院建设的初期我们必须要合理设计管网的走向，减少占地面积、减少投入资本、增加节能高效。

三、现代医院内污水和废水的分类及处理方法

1. 普通污水的处理

医院内部主要的污水有手术污水、医生和病人家属的生活污水、病人血液产生的污水、粪便污水等，这些污水中包含化学物质、有毒物质、金属物质，因此须将这些污水收集起来并进行统一处理后排放（工艺流程见图 1-131）。病人身上的切块、所用的塑料仪器和塑料袋等垃圾，需进行收集后送往垃圾处理厂进行统一焚烧。

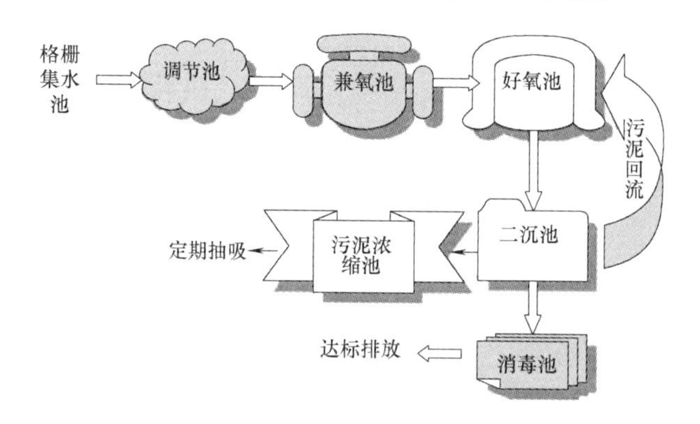

图 1-131 医疗废水处理工艺流程图

2. 特殊废水的处理

医院里面的拍照和透视科室，主要会产生含有银、汞、显影剂、定影剂等有毒物质的废水，我们必须将它们分开处理，含银的废水采用电解法进行处理并且可以回收电解出来的银；定影剂和显影剂所产生的废水可通过化学氧化还原法进行处理，最后统一进行收集排放。

3. 污水的二次利用

随着人们生活水平的不断提升，人们越来越注重环境问题了，污水处理不仅仅是为了清除水中的有毒、有害物质，还必须注意水资源的节约和对处理过的水进行二次利用。医院内的水一般采用生物处理法进行二次处理，从而减少有害物质、改善环境。

2 消防给水排水板块

2.1 消防给水系统

2.1.1 浅议室内消火栓系统中的压力开关与流量开关

介绍了压力开关、流量开关的工作原理及产品分类；阐述了初期火灾高位消防水箱独立供水及高位消防水箱、稳压泵联合供水的室内消火栓系统在压力开关设定压力的计算方法；分析了室内消火栓系统在不同消防设施配置条件下初期火灾最小消防流量及流量开关设定流量的取值要求；对于增设消防软管卷盘的室内消火栓系统，提出采用水枪喷嘴 $\phi9$ 的消防软管卷盘及增加最不利点处栓口的静压等措施，有利于系统流量开关流量的设定。

《消防给水及消火栓系统技术规范》GB 50974—2014（以下简称“水消规”）对于室内消火栓系统的控制，提出“消防水泵出水干管上设置的压力开关、高位消防水箱出水管上设置的流量开关等开关信号应能直接自动启动消防水泵”的要求，用可靠性较高的压力开关、流量开关的开关信号启动消防水泵的控制方式，替代以往采用的可能误操作、投资多的消防按钮的控制方式。对于室内消火栓系统宜优先采用压力开关的自动启动方式，在20世纪90年代曾有过报道。

对于压力开关的选用，“水消规”给出了相关的条文解释，“压力开关一般可采用电接点压力表、压力传感器等”，不过压力开关并不是电接点压力表、压力传感器的统称，电接点压力表与压力传感器有所区别；对于流量开关，“水消规”没有规定其发出自动启动开关信号的最小及最大流量，仅规定“应能在管道流速为 0.1～10m/s 时可靠启动”。

接下来对压力开关、流量开关的工作原理、产品分类作简要介绍，主要就初期火灾室内消火栓系统的系统压力及最小消防流量的计算，来说明在工程设计中如何确定压力开关的设定压力及流量开关的设定流量。

一、压力开关

1. 压力开关的分类及工作原理

压力开关是一种简单地将系统的压力信号转换成电信号的压力控制装置，室内消火栓系统中压力开关的主要功能是将检测量与设定值进行比较，在设定点输出开关信号，进行报警及联锁启动消防泵，主要有机械式和电子式两大类。

机械式压力开关采用纯机械形变导致开关元件动作。当压力增加时，传感压力元器件产生形变，通过栏杆、弹簧等机械结构，最终启动开关元件，使电信号输出。

电子式压力开关采用内置的由压敏元件和转换电路组成的压力传感器，利用被测介质的压力作用在压敏元件上产生一个微小变化的电流或电压输出，通过高精度仪表放大器放大压力信号，由高速微控制单元采集并处理数据，在上、下限压力控制点输出电信号。

“水消规”中关于压力开关的条文解释所提到的压力传感器是一种电子式压力开关，与机械式压力开关相比，电子式压力开关响应快、精度高、稳定可靠。

2. 电接点压力表

电接点压力表指示压力的指针和设定压力上、下限的设定针上分别安装有触头，通过指针上的触头与压力上、下限设定针上的触头的断开或闭合，使控制电路得以通断，以达到自动控制或报警的目的。

电接点压力表通常不能直接用在工作电路上，只能通过继电器类元件间接控制工作电路，而压力开关可以通过单触点或双触点的开关信号来直接启动消防泵；电接点压力表大多数未按消防产品的要求通过相应的消防检测，其安全可靠性不及压力开关。

3. 压力开关的设定压力

室内消火栓系统通常采用常高压系统或设置用于初期火灾的高位消防水箱的临时高压系统。对于临时高压系统，根据高位消防水箱的设置高度，可分为高位消防水箱的最低水位满足最不利点处消火栓栓口静水压力的独立供水系统（以下简称“独立供水系统”）及在不能满足前述条件下的高位消防水箱与稳压泵相结合的联合供水系统（以下简称“联合供水系统”），对应的系统示意图见图 2-1。示意图中，按照“水消规”的要求，压力开关设置在消防泵的供水主干管上，流量开关设置在高位消防水箱的出水总管上。

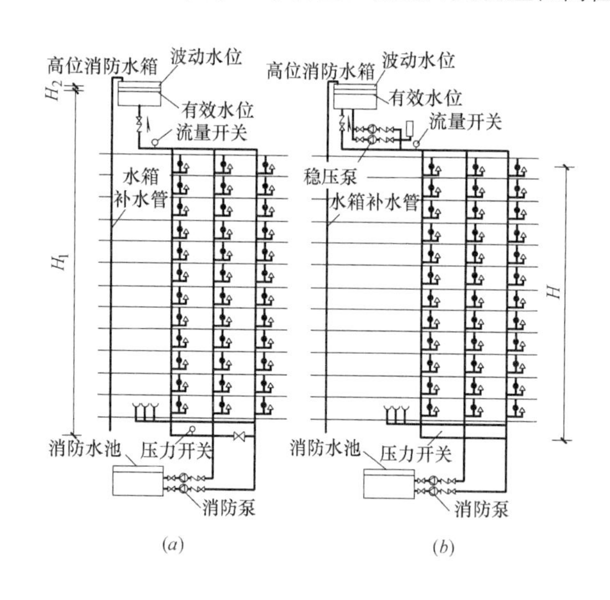

图 2-1 供水系统示意图

(*a*) 独立供水系统；(*b*) 联合供水系统

常高压系统内无消防泵，不需要配置压力开关。

对于图 2-1 (*a*) 独立供水系统，高位消防水箱补水管的管径不小于 *DN*32，在通常使用的 1 m/s 的设计流速条件下，其供水能力为 1L/s，基本满足系统泄漏量的要求，高位消防水箱内满足其规定的最小有效容量的水位基本是不变的。因初期火灾消防用水量的需要，其水位必然下降。系统内消防泵出水干管上压力开关设置点处的压力相应地下降。“水消规”规定，不同的建筑条件下，最不利点处消火栓栓口的动压不应小于 0.25 MPa 或 0.35 MPa，在高位消防水箱供水的情况下，栓口的动压不能满足规范的要求时，需要启动消防泵，因此高位消防水箱满水时系统内压力开关设置点处的压力 H_1 可作为消防泵是否需要自动启动的设定压力。为避免非消防条件下，高位消防水箱满水位的正常波动引起压力开关设置点处压力的变化，造成消防泵的误启动，需在高位消防水箱满足其规定的最小有效容量的基础上增设必要的波动水位 H_2，非消防时压力开关设置处的压力介于 H_1 与（H_1+H_2）之间。

对于图 2-1（*b*）联合供水系统，压力开关的设定压力主要依据“稳压泵的设计压力应保持系统最不利点处水灭火设施在准工作状态时的静水压力大于 0.15MPa”的要求来确定。联合供水系统最不利点处消火栓栓口的静水压力应大于 0.15MPa，如稳压泵不能维持其最小压力，说明系统的出水量已超过稳压泵的设计流量，需要启动消防泵来供水，那么可以将最不利点处消火栓栓口 0.15MPa 的静水压力作为整个系统是稳压泵工作还是消防泵工作的临界压力，消防泵出水干管上压力开关设置点所对应的压力通过两者的几何高差 H 确定为（$H+0.15$）MPa，此压力为设定压力的最小值。在工程设计中，当最不利点处消火栓栓口的设计静水压力增加时，此设定压力应相应增加。

二、流量开关

1. 流量开关的定义、作用及常用种类

流量开关是由流速传感器和开关元件构成的电器，当介质（流动介质）流速（根据其增加或减少）达到预设值时改变输出信号。流速传感器用于检测介质的流速，通过流速、管径可以确定流量；开关元件用于导通开关电路的电流。室内消火栓系统中流量开关的主要功能是将检测量与设定值进行比较，在设定点输出开关信号，进行报警及联锁启动消防泵。对于介质为清水的消火栓系统，主要可选用差压式流量开关、数字靶式流量开关及电磁流量开关。

2. 流量开关的设定流量

（1）初期火灾最小消防流量

流量开关发出开关信号的设定流量首先应满足初期火灾最小消防流量的使用要求。按照室内消火栓系统灭火设备的不同配置要求，消防时首先使用的是消火栓或消防软管卷盘，对应的初期火灾的最小消防流量为最不利点处消火栓栓口所配置的当量喷嘴 $\phi 19$ 水枪的流量，或工程设计中最不利点处消防软管卷盘所配置的当量喷嘴不小于 $\phi 6$（通常为 $\phi 6$ 或 $\phi 9$）水枪的流量。

（2）系统正常泄漏量

室内消火栓系统在日常的使用过程中，系统正常泄漏量与系统使用时间的长短、维护状况的优劣、系统内压力的变化、管网规模的大小、管道的材质与接口形式等因素有关，其值较难计算。为了能够确定与之相关的消防系统稳压泵的流量，“水消规”给出了系统正常泄漏量上、下限的计算方法，“宜按消防给水设计流量的 1%～3%计，且不宜小于 1L/s”，其最大值按设计流量取 40L/s 进行计算为 1.2L/s。

（3）流量开关设定流量

在室内消火栓系统的使用过程中，系统正常泄漏量是与使用时间、管道内压力大小等因素相关的一个变量，任何时刻流量开关的设定流量应满足大于系统正常泄漏量且小于初期火灾最小消防流量的要求，不能采用系统初期火灾最小消防流量与系统正常泄漏量的累加值。

三、结语

（1）室内消火栓系统消防泵出水干管上压力开关的设定压力应根据不同的消火栓系统

来确定。

(2) 室内消火栓系统初期火灾最小消防流量与系统内最不利点处灭火设施的静压力及使用的灭火设施的种类有关；系统流量开关的设定流量应依据系统初期火灾最小消防流量及系统正常泄漏量来确定。

(3) 仅设置消火栓的独立供水及联合供水系统中流量开关的设定流量应介于系统的正常泄漏量与初期火灾最小消防流量之间。

(4) 对于增设消防软管卷盘的独立供水及联合供水系统，可以通过采用水枪喷嘴 $\phi 9$ 的消防软管卷盘、增加最不利点处栓口的静压等措施来增大系统初期火灾最小消防流量，便于系统流量开关流量的设定。

2.1.2 【给水排水图文讲解】消防给水排水工程图文详解

消防工程给水是给水排水工程的重要组成部分，这部分将为大家详细介绍消防给水工程系统，包括详细的图例介绍，希望可以帮助到大家。

一、消火栓系统

1. 系统工作原理

发生火灾时着火部位附近出1支或几支水枪灭火，由水箱供水，同时启动消防泵，泵供水不入箱，箱处有止回阀，消防队来了，消防车可从室外管网取水加压，通过水泵接合器打入室内灭火，也可在室外用车上的水枪灭火。

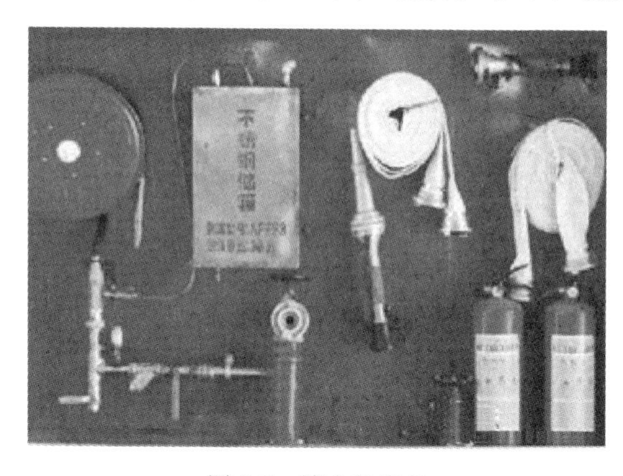

图 2-2 消火栓设备

2. 系统组成

消火栓系统由消火栓设备、水泵接合器、消防管道、消防水池、消防水箱、水源组成。

(1) 消火栓设备：消火栓设备由水枪、水带和消火栓组成，均安装于消火栓箱内，如图 2-2 所示。

(2) 水泵接合器：水泵接合器是连接消防车向室内消防给水系统加压供水的装置，一端由消防给水管网水平干管引出，另一端设于消防车易于接近的地方，如图 2-3 所示。

(3) 消防管道：建筑物内消防管道是否与其他给水系统合用，应根据建筑物的性质和使用要求经技术经济比较后确定。

(4) 消防水池：用于无室外消防水源情况下，贮存火灾持续时间内的室内消防用；可设于室外地下或地面上，也可设在室内地下室，或与室内游泳池、水景水池兼用。

(5) 消防水箱：消防水箱对扑救初期火灾起着重要作用。水箱的设置要求：为确保供水的可靠性，应采用重力自流供水方式；消防水箱不应与生活（或生产）高位水箱合用；

水箱应贮存有 10min 的室内消防用水量。

3. 系统的给水方式

（1）由室外给水管网直接供水的消防给水方式

适用条件：室外给水管网提供的水量和水压在任何时候均能满足室内消火栓给水系统所需的水量和水压要求时采用。

（2）设水箱的消火栓给水方式

供水特点：由室外给水管网向水箱供水，箱内贮存 10min 的室内消防用水量。

火灾初期：由水箱向消火栓给水系统供水。

图 2-3 水泵接合器

火灾延续：可由室外消防车通过水泵接合器向消火栓给水系统加压供水。

适用条件：外网水压变化较大。

用水量小时：水压升高能向高位水箱供水。

用水量大时：不能满足建筑消火栓系统的水量、水压要求。

（3）设水泵、水池的消火栓给水方式

设置特点：水泵从贮水池抽水，与室外给水管网间接连接，可避免水泵与室外给水管网直接连接的弊病。当外网压力足够大时，也可由外网直接供水。

适用条件：设水池、水泵的消火栓给水方式适用于室外给水管网的水压经常不能满足室内供水需求的建筑。

（4）分区供水方式

设置特点：室外给水管网向低区和高位水箱供水，箱内贮存 10min 的室内消防水量。

高区火灾初起时：由水箱向高区消火栓给水系统供水灭火；当水泵启动后：由水泵向高区消火栓给水系统供水灭火。

低区灭火：水量、水压由外网保证。

4. 消火栓系统布置

（1）多层建筑消火栓布置

1）设有消火栓系统的建筑，其各层均应设置消火栓系统。

2）建筑高度≤24m、体积≤5000m^3 的库房，应保证有一支水枪的充实水柱能到达同层内任何部位。其他民用建筑应保证有 2 支水枪的充实水柱能同时到达任何部位。消火栓设备的水枪射流灭火，需要有一定强度的密实水流才能有效地扑灭火灾。水枪充实水柱的长度应大于 7m，且小于 15m。

3）消防电梯前室应设消火栓。

4）消火栓应布置在明显、易于取用的地方，如走廊、楼梯间、大厅、车间出入口、消防电梯前室等。消火栓口距地面高度为 1.1m，栓口宜向下或与墙面垂直安装。（为保证及时灭火，每个消火栓处应设置直接启动消防水泵的按钮或报警信号装置）

5）在建筑物顶应设一个消火栓，以利于消防人员经常检查消防给水系统是否能正常运行，同时还能起到保护本建筑物免受邻近建筑火灾的波及。

6）高层建筑由于高度较高，消防管道上、下部的压差很大，当消火栓处最大压力超过1.0MPa时，必须分区供水。

（2）高层建筑消火栓布置

1）消火栓布置间距应经计算确定，但不应大于30m。

2）应保证同层有2支水枪的充实水柱能同时到达任何部位。

3）消火栓水枪的充实水柱长度不应小于10m，高度超过50m的金融楼、科研楼等高层建筑不应小于13m。

4）消防电梯前室应设消火栓。

5）消火栓处的静水压力不应大于0.8MPa，当超过0.5MPa时，应在消火栓处设减压装置。

5. 消防用水量

（1）多层建筑消防用水量

1）同时使用水枪数量：火灾处出1（2）支，上、下各出1、2支堵截。

2）消防水箱的最小消防贮水量：10min的室内消防用水量。

3）低层和多层建筑以外救为主，应考虑消防车至火灾现场的时间。

（2）高层建筑消防用水量

1）高层民用建筑必须设置室内、室外消火栓。

2）室内消火栓给水应采用高压或临时高压给水系统。

3）消防用水可由室外给水管网、消防水池或天然水源供给。

6. 消防管网设置

（1）多层建筑消防管网设置

1）室内消火栓超过10个且消防用水量超过15L/s时，室内消防给水管道至少应有两条进水管与室外管网连接，并将室内管道连成环状或将进水管与室外管道连成环状。

2）高层工业建筑室内消防竖管应成环状，且管道的直径不应小于100mm。

3）超过四层的厂房和库房、高层工业建筑、设有消防管网的住宅及超过五层的其他民用建筑，其消防给水管道应设水泵接合器。

（2）高层建筑消防管网设置

1）有独立的消防给水系统和区域集中的消防给水系统。

2）按建筑高度划分，有分区和不分区两种消防给水系统。

3）引入管≥2条，布置成环网。

4）消防给水管道应设水泵接合器。

5）消防竖管应保证同层相邻两个消火栓的水枪充实水柱能同时到达室内任何部位。立管管径不应小于100mm。

6）用单出口栓，水箱离最高的栓≥7m，否则加压，远距离启动泵，火警后5min泵必须启动。

7）与自动喷洒系统在报警阀前分开或独立设置。

二、自动喷水灭火系统

自动喷水灭火系统的定义：是一种在发生火灾时，能自动打开喷头喷水灭火并同时发出火警信号的消防灭火设施。

自动喷水灭火系统的特征：通过加压设备将水送入管网至带有热敏元件的喷头处，喷头在火灾的热环境中自动开启洒水灭火。通常喷头下方的覆盖面积大约为 $12m^2$。自动喷水灭火系统扑灭初期火灾的效率在 97%以上。

自动喷水灭火系统的组成：由水源、加压贮水设备、喷头、管网、报警装置等组成。

自动喷水灭火系统的分类：闭式自动喷水灭火系统，包括湿式自动喷水灭火系统、干式自动喷水灭火系统、干湿式自动喷水灭火系统、预作用自动喷水灭火系统、重复启闭预作用灭火系统、自动喷水-泡沫联用灭火系统；开式自动喷水灭火系统，包括雨淋系统、水幕系统、水喷雾灭火系统。

1. 湿式自动喷水灭火系统

（1）系统特点

特点：为喷头常闭的灭火系统，管网中充满有压水，当建筑物发生火灾，火场温度达到喷头开启温度时，喷头出水灭火。

优点：灭火及时、扑救效率高。

缺点：由于管网中充满有压水，当渗漏时会损毁建筑装饰和影响建筑的使用。该系统只适用于环境温度 $4℃<t<70℃$ 的建筑物。

（2）系统组成

1）喷头

① 闭式喷头：喷口用由热敏元件组成的释放机构封闭，当达到一定温度时能自动开启，如玻璃球爆炸、易熔合金脱离。其构造按溅水盘的形式和安装位置有直立型、下垂型、边墙型、普通型、吊顶型和干式下垂型之分。

② 开式喷头：根据用途分为开启式、水幕式、喷雾式。

2）报警阀

作用：开启和关闭管网的水流，传递控制信号至控制系统并启动水力警铃直接报警。有湿式、干式、干湿式和雨淋式 4 种类型。

湿式报警阀用于湿式自动喷水灭火系统。

3）水力警铃

主要用于湿式喷水灭火系统，宜安装在报警阀附近（连接管不宜超过 6m）。

作用原理：当报警阀打开消防水源后，具有一定压力的水流冲击叶轮打铃报警。水力警铃不得由电动报警装置取代。

4）水流指示器

作用步骤：某个喷头开启喷水或管网发生水量泄漏时，管道中的水产生流动；引起水流指示器中桨片随水流而动作；接通延时电路后，继电器触电吸合发出区域水流电信号，送至消防控制室。

5）压力开关

作用原理：在水力警铃报警的同时，依靠警铃管内水压的升高自动接通电触点，完成电动警铃报警，向消防控制室传送电信号或启动消防水泵。

6）延迟器

定义：是一个罐式容器，安装于报警阀与水力警铃（或压力开关）之间。

用途：防止由于水压波动引起报警阀开启而导致的误报警。报警阀开启后，水流需经30s左右充满延迟器后方可冲打水力警铃。

7）火灾探测器

火灾探测器是自动喷水灭火系统的重要组成部分。目前常用的是感烟探测器和感温探测器。

① 感烟探测器：利用火灾发生地点的烟雾浓度进行探测；

② 感温探测器：通过火灾引起的温升进行探测。

火灾探测器布置在房间或走道的天花板下面，其数量应根据探测器的保护面积和探测区面积计算而定。

2. 干式自动喷水灭火系统

特点：为喷头常闭的灭火系统，管网中平时不充水，而是充满有压空气（或氮气）。当建筑物发生火灾且火点温度达到开启闭式喷头时，喷头开启排气、充水灭火。

优点：管网中平时不充水，对建筑物装饰无影响，对环境温度也无要求，适用于采暖期长而建筑内无采暖的场所。

缺点：该系统灭火时需先排气，故喷头出水灭火不如湿式系统及时。

3. 雨淋喷水灭火系统

特点：为喷头常开的灭火系统，当建筑物发生火灾时，由自动控制装置打开集中控制闸门，使整个保护区域所有喷头喷水灭火，形似下雨。

优点：出水量大，灭火及时。

雨淋喷水灭火系统适用场所：火灾的水平蔓延速度快、闭式喷头的开放不能及时使喷水有效覆盖着火区域的场所或部位；内部容纳物品的顶部与顶板或吊顶的净距大，发生火灾时，能驱动火灾自动报警系统，而不易迅速驱动喷头开放的场所或部位；严重Ⅱ级场所。

4. 水幕系统

特点：该系统喷头沿线状布置，发生火灾时主要起阻火、冷却、隔离作用。

适用场所：需防火隔离的开口部位，如舞台与观众之间的隔离水帘、消防防火卷帘的冷却等。

2.1.3 【给水排水经典案例】无市政水源地铁车站给水及消火栓系统临时方案设计

地铁车站消火栓系统的完整性、可靠性是地铁线路开通的必备条件之一，在城市规划及市政配套长时间滞后于地铁建设的特殊情况下，就如何解决这一问题以满足消防要求给出一种临时方案，并就其中的设计关键控制因素进行了探讨。该方案已成功运用于北京地铁6号线二期工程，对解决城市郊区线路建设市政水源滞后问题具有一定的借鉴意义。

随着城市地铁交通网络的快速发展，城市规划及市政配套工程长时间滞后于地铁建设的情况普遍存在，城市郊区线路多为引导型线路，滞后现象尤为突出。导致地铁线路开通时，市政水源无法实施到位，地铁车站消火栓系统不具备使用条件，地铁线路无法开通。由于市政管线的敷设为市政独立项目，地铁项目无法大范围进行代建。如何保证在地铁开通时，车站给水及消火栓系统的完整性、可靠性显得尤为重要。

本节以已经实施的北京地铁6号线二期工程为例，介绍一种解决无市政水源地铁车站开通条件的措施，希望能提供一种思路供设计参考。

一、工程概况

北京地铁6号线二期工程线路全长12.44km，自一期工程终点草房站东端，沿朝阳北路由西向东，经过规划北关大道、规划东关大道、规划赵登禹大街，而后穿过规划地块向东，下穿东六环路后沿运河东大街北侧绿化带向东至线路终点东小营站。在东小营设置车辆段1座，车辆段不在本次设计范围，属于缓建项目。6号线二期全部为地下线，共设地下车站8座，分别为物资学院站、北关站、新华大街站、玉带河大街站、会展中心站、郝家府站、东部新城站、东小营站，其中换乘站2座，分别为北关站（与远期规划R1线换乘）和新华大街站（与远期规划S6线换乘），属于2014年年底开通项目。

二、常规地铁线路车站消火栓给水系统的做法

1. 消火栓给水系统的构成

地下车站及地下区间隧道采用生产、生活与消火栓相对独立的给水系统，站内卫生间、盥洗间、茶水间等生活给水系统与车站冲洗、空调冷却水系统用水均由车站给水管接至车站后直接接出供给。消火栓给水系统由车站给水管接至车站消防泵房（需加压时）形成独立的消防环状管网，并由站台层两端进入区间。区间上、下行分别设*DN*150的消防给水干管，在区间联络通道处进行过轨，将相邻两座车站的消防管网相连形成地下车站及相邻各半个区间的整体消防环状供水系统。

2. 消火栓给水系统的设置和选择

消火栓给水系统包括消防泵房、消防给水管网及消火栓。根据《地铁设计规范》GB 50157—2013的要求，地铁给水水源应优先采用城市自来水，并宜采用生产、生活用水与消防用水分开的给水系统。规范规定，当城市自来水的供水量能满足生产、生活和消防用水的要求而供水压力不能满足消防用水压力时，在市政部门同意的前提下，应设消防泵房和稳压装置，但不设消防水池；当城市自来水的供水量和供水压力都不能满足消防用水量要求时，应设消防泵房、稳压装置和消防水池。

3. 设计标准

全线按同一时间内发生一次火灾考虑。消火栓用水量：地下车站室内为20L/s，区间及折返线为10L/s。消火栓的充实水柱为100kPa，消火栓栓口处的静水压力为0.80 MPa，动水压力为0.50 MPa；否则应采用减压稳压消火栓系统。

4. 消防泵房的设置

常规线路的消防泵房设置方式为：

（1）每座车站均设置消防泵房，双路供水车站消防泵房的服务范围为本座车站及相邻半个区间；

（2）单路供水车站优先采用本消防泵房与邻站消防泵房形成互为备用的形式，以满足《地铁设计规范》GB 50157—2013要求的双路供水条件；

（3）单路供水车站如果与相邻车站为同一水厂水源，无法实现相互备用，则需设置消防水池。为优化设计，可考虑相邻2个车站设置一个消防水池的做法。

三、北京地铁6号线二期工程给水及消火栓系统设计思路

1. 设计思路

由于北京地铁6号线二期工程中8个车站和1个中间风井仅有3个车站有市政水源，且仅有一路水源。边界条件决定了无法按照常规方案设计，为保持设置原则的统一性，在和北京市相关职能部门充分沟通后，6号线二期每个车站均设置了消防水池。有市政水源的车站，靠市政水源维持车站内的生活、生产用水需求。无市政水源的车站，采取生活、生产水池和消防水池合用的方法，并设置变频恒压给水装置，同时生活用水不作为饮用水，在过渡期的5个车站采用桶装水解决运营人员的饮水问题。考虑到运营进驻后车站施工存在很大的困难，车站永久消防泵房内的土建工程实施完毕，机电设备电缆敷设到位。

具体实施如下：

（1）从物资学院站*DN*150市政给水管道上接出一根*DN*80市政给水管道进入下行区间向东敷设，为物资学院站—北关站中间风井提供生产水源。

（2）从新华大街站北端风井处引入一根*DN*150市政给水管道进入上行区间向西敷设，为北关站提供生产、生活及消防水源；从该干管上分出一根*DN*80管道为新华大街站提供生产、生活水源。

（3）从新华大街站南端风井处引入一根*DN*200市政给水管道进入为东段4个车站供水的加压泵站水箱，经过加压后的*DN*150给水管道进入下行区间经过玉带河大街站向东敷设，为会展中心站、郝家府站、东部新城站、东小营站提供生产及消防水源；同时在玉带河大街站北端风井处引入一根*DN*100管道接入本供水干管，以形成备用水源。具体详见表2-1。

（4）消防水池或消防/生产合用水池的液位自动控制通过浮球开关输出的信号实现。当水池水位达到高报警水位时，浮球开关输出的信号将设置在进水管路上的电动蝶阀关闭，以防止水池溢流，低于高报警水位时电动蝶阀开启。电动蝶阀的电源（220 V）及控制由消防泵控制柜提供，动照专业不对该电动蝶阀提供电源。当水池水位降低到消防用水所需水位时，浮球开关输出的信号使生活变频给水泵停止运行，其控制柜给BAS专业提供中间报警水位信号。当水池水位降到低报警水位时，浮球开关输出低水位报警信号。

（5）车站控制室显示消防水池或消防/生产合用水池的高、中、低报警水位信号（其中物资学院站、新华大街站、玉带河大街站只有高、低报警水位，其余5个车站有高、低报警水位及中间报警水位）及进水管路上电动蝶阀的状态信号。高、低报警水位信号及电动蝶阀的状态信号由消防泵控制柜给FAS专业提供无源触点，并由FAS专业远传到车站控制室；中间报警水位信号由生活变频给水装置（冷却塔补水装置）的控制柜给BAS专业提供无源触点，并由BAS专业远传到车站控制室。无市政水源车站临时消防泵房设备布置示意图见图2-4。有一路市政水源的车站无需设置生活、生产给水用变频恒压给水装置。

地铁6号线二期消火栓给水系统 表2-1

车站名称	市政水源情况	消防设施	配套设施
物资学校	1路市政水源	消防水泵+消防水池	消防稳压装置
物资学院站—北关站中国风力	无市政水源	消防水泵+生产、生活、消防合用水源	消防稳压装置+变频恒压给水装置
北关站	无市政水源	消防水泵+生产、生活、消防合用水池	消防稳压装置+变频恒压给水装置
新华大街站	1路市政水源	消防水泵+消防水池	消防稳压装置+变频恒压给水装置
玉带河大街站	1路市政水源	消防水泵+消防水池	消防稳压装置
会展中心站	无市政水源	消防水泵+生产、生活、消防合用水源	消防稳压装置+变频恒压给水装置
郝家府站	无市政水源	消防水泵+生产、生活、消防合用水源	消防稳压装置+变频恒压给水装置
东部新城站	无市政水源	消防水泵+生产、生活、消防合用水源	消防稳压装置+变频恒压给水装置
东小营站	无市政水源	消防水泵+生产、生活、消防合用水源	消防稳压装置+变频恒压给水装置

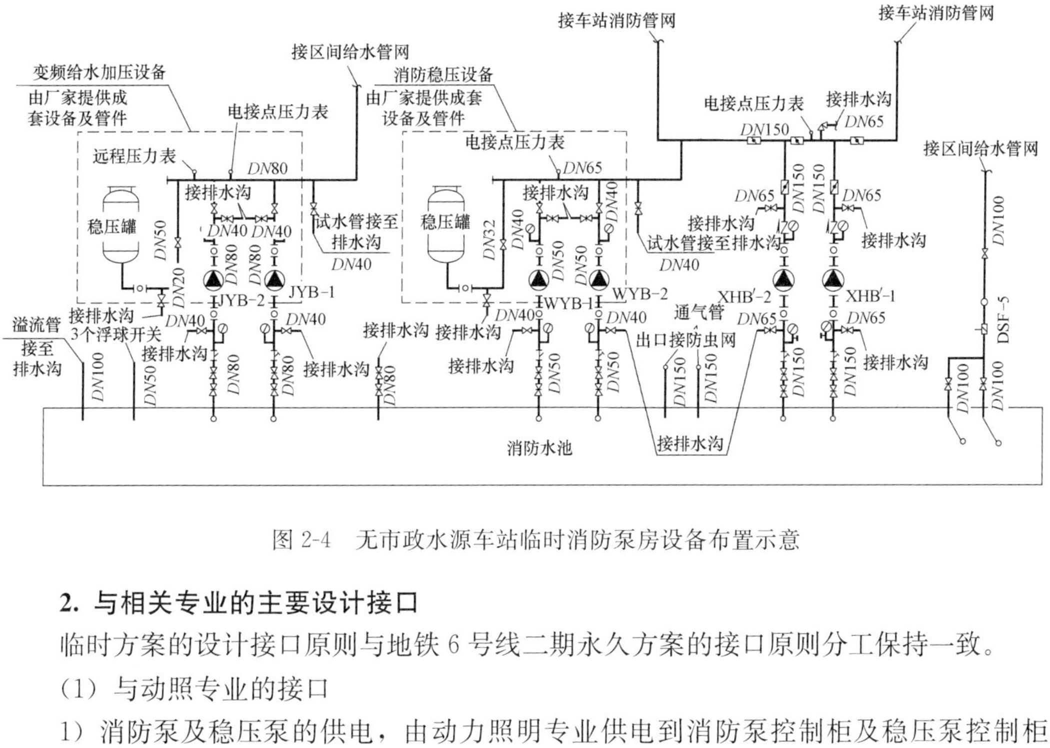

图2-4 无市政水源车站临时消防泵房设备布置示意

2. 与相关专业的主要设计接口

临时方案的设计接口原则与地铁6号线二期永久方案的接口原则分工保持一致。

(1) 与动照专业的接口

1) 消防泵及稳压泵的供电，由动力照明专业供电到消防泵控制柜及稳压泵控制柜，接口位置分别在其控制柜的进线端子处。

2) 消防水池或消防/生产合用水池各水位的浮球开关及进水管的电动蝶阀均由消防泵控制柜供电，由动力照明专业供电到消防泵控制柜，接口位置在消防泵控制柜的进线端子处。

3) 生产变频给水装置的供电，由动力照明专业供电到生产变频给水装置的控制柜，接口位置在其控制柜的进线端子处。

(2) BAS/FAS专业与BAS/FAS专业的接口在各控制柜的出线端子处。

(3) 与土建专业的接口

土建专业负责实现给水排水专业的预留、预埋要求。

（4）与限界专业的接口

限界专业负责确定给水管在区间和车站范围内的管线位置及标高，详见图 2-5。以保证行车安全及不影响车站轨行区广告的安装。

（5）与人防专业的接口

人防专业负责临时方案人防段孔洞的预留及改造封堵。

（6）与通风空调专业的接口

通风空调专业需要增加临时消防泵房内的通风设计。

3. 注意事项

（1）由于消防水池多与站厅层在同一高度，大于规范要求的“消防车取水深度为 6m”，因此无法考虑消防车从本站消防水池取水为本站消火栓系统加压的可能性。

（2）建筑涉及规划用地，应提前报规划部门批准占地。

（3）区间临时生活给水管敷设在车行方向的右侧。这样就避免了跨越疏散通道处的管线影响疏散问题及管线过轨问题。

（4）此方案的实施需征得当地消防部门、运营部门的同意。

（5）在设计概算中应单独设置此部分费用。

（6）为便于计量，需设置水表，分别计量生活、生产用水量及消防用水量。

（7）考虑后期改造的方便和可操作性，应将临时消防泵房与永久消防泵房靠近设置，永久方案的配电及控制电缆应敷设到位。

（8）区间临时生活给水管在车站端头设置了电动蝶阀，在车控室内可实现对阀门的关断，便于水管爆管后维修。

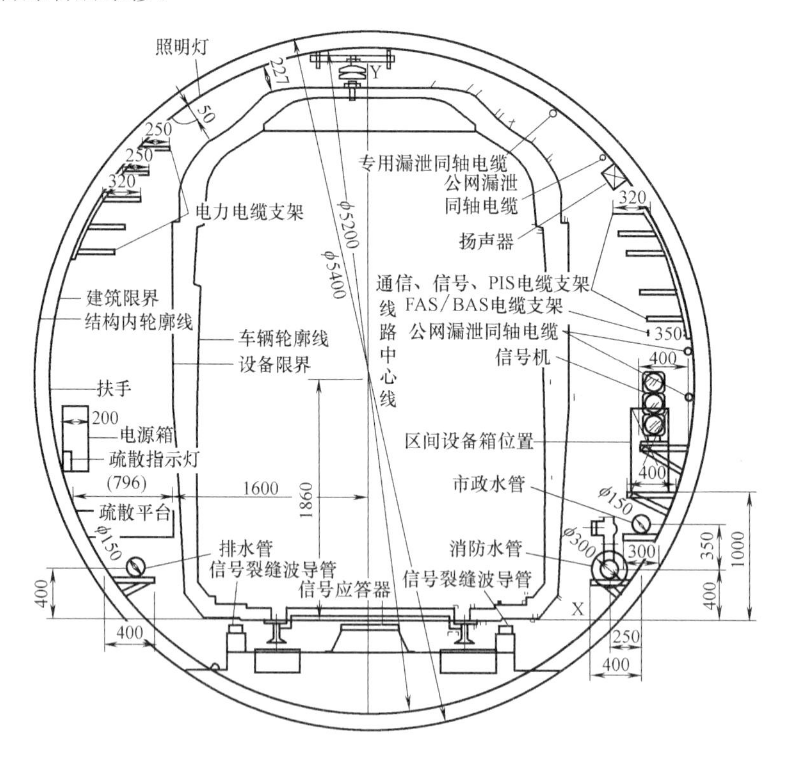

图 2-5　区间生活给水管布置示意

（9）本节只针对地下车站无市政水源的临时方案进行了介绍，本工程实施时，《消防给水及消火栓系统技术规范》GB 50974—2014 尚未执行，未考虑地下车站室外消火栓的用水量，对于后续新建项目的消火栓系统的设计尚需考虑室外消火栓的用水量等问题。

（10）出于对消防水池的防水及安全考虑，本次消防水池设计均设置成了混凝土墙体，在后续项目中可考虑采用模块拼装的方式，在后期市政水源到位的情况下，可轻松将其拆掉，为运营单位多提供一个房间使用。

四、结语

作为设计者，我们更希望建设方能提供良好的边界条件，督促各政府职能部门将市政配套工程先于或同步于地铁项目实施，优先采用常规设计方案，以降低工程造价。

但当市政条件受限时，采取本节中的临时方案设计是不得已而为之，实践表明，该方案满足了线路开通的消防要求，保证了地铁 6 号线二期线路的顺利开通。该线路的开通，完善了北京市交通路网，方便了市民的出行，对于推动北京市通州区的经济发展有重要的意义，同时为其他类似郊区地铁的快速发展提供了技术可行性。虽然从初投资的角度考虑是不经济的，但是此部分投资相对地铁 6 号线二期线路开通带来的社会效益和经济效益是值得的。

2.1.4 室内消火栓保护半径大算法

一、《消防给水及消火栓系统技术规范》GB 50974—2014 条文说明

7.4.12 室内消火栓栓口压力和消防水枪充实水柱，应符合下列规定：

1 消火栓栓口动压力不应大于 0.50MPa；当大于 0.70MPa 时必须设置减压装置；

2 高层建筑、厂房、库房和室内净空高度超过 8m 的民用建筑等场所，消火栓栓口动压不应小于 0.35MPa，且消防水枪充实水柱应按 13m 计算；其他场所，消火栓栓口动压不应小于 0.25MPa，且消防水枪充实水柱应按 10m 计算 。

在计算室内消火栓的保护半径时，规范给了我们三个限制条件：（1）栓口压力；（2）充实水柱；（3）最小流量 5L/s。

10.2.1 室内消火栓的保护半径可按下式计算：

$$R_0 = k_3 l_d + L_s \tag{2-1}$$

充实水柱水平投影长度 L_s 的计算方式有两种：

（1）L_s 决定 S_k：即先确定层高再确定 L_s 再算出 S_k，如图 2-6 所示。

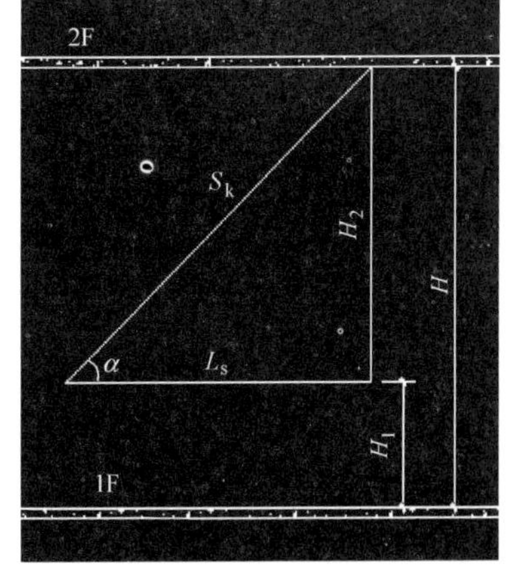

图 2-6 L_s 计算简图

$$L_s = (H - H_1)/\tan\alpha \tag{2-2}$$

$$S_k = (H - H_1)/\sin\alpha \tag{2-3}$$

式中 H——层高；

H_1——喷嘴使用时的高度，通常为1.0～1.2m；

α——充实水柱与水平夹角。

（2）S_k决定L_s：即先确定好S_k再算L_s，绕开夹角。

$$L_s=\sqrt{S_k^2-(H-H_1)^2} \tag{2-4}$$

二、案例

假设有一个高层住宅，每层层高为3.0m，夹角α按照45°来设计，则：

$$L_s=(H-H_1)/\tan\alpha=2\text{m}$$

$$S_k=(H-H_1)/\sin\alpha=2.82\text{m}$$

2.82m<13m，且相差很大，肯定不合适。换一种计算方法，先保证13m的充实水柱。

1. 保证充实水柱不小于13m

若充实水柱为13m，则根据公式（2-4）可以求出：

$$L_s=\sqrt{13^2-2^2}\approx 12.8\text{m}$$

充实水柱与水平夹角为：arccos（12.8/13）≈10°。

对于13m的水柱，经计算ZQ19所能产生的反作用力为116N<200N（单个消防人员所能控制的最大反作用力），于是充实水柱的条件符合。

2. 栓口动压不得小于0.35MPa

由《消防给水及消火栓系统技术规范》GB 50974—2014中7.4.12条文解释可以知道$H_{xh}>0.35$MPa。

3. 最小流量为5L/s

流量与水枪的出口压力，以及水枪的特性系数有关。公式如下：

$$q_{xh}=\sqrt{B\cdot H_g} \tag{2-5}$$

H_g已知为18.56m，ZQ19水枪的B（水枪水流特性系数）为1.577；则可以求出$q_{xh}=5.4$L/s>5.0L/s。

如果上述三个条件均满足，此时充实水柱与水平夹角为10°，有了水平投影长度就可以计算保护半径了。保护半径计算公式如下：

$$R=K_sL_d+L_s \tag{2-6}$$

水龙带长度为25m：$R=0.8\times25+12.8=32.8$m；$R=0.9\times25+12.8=35.3$m。

即对于3m层高的楼层，保护半径R取值为：32.8m≤R≤35.3m。

然而如果采用规范推荐的45°设计，那么R的取值为22.82m≤R≤25.32m。相比较上述计算，这个值明显偏小而且不合理。

但是，为什么规范推荐的是45°作为设计角度呢？

笔者认为这是编制人员为了平衡水平投影距离和反作用力而取的一个理想值。当夹角小于45°时，充实水柱的水平投影增长，但同时反作用力（水平方向）增大。当夹角大于45°时。反作用力（水平方向）随着角度增大而变小，但同时牺牲了充实水柱的水平投影长度。45°适用于净空大于9.2m的建筑，对于这种建筑，不要忘记设立消防水炮。

经过后续的计算，在DN65消火栓栓口直径、25m水龙带、ZQ19水枪、13m充实水柱的保证下：

对于层高为4.0m的建筑，保护半径为：32.7m≤R≤35.2m；

对于层高为5.0m的建筑，保护半径为：32.4m≤R≤34.9m。

但考虑到行走距离的损失，所以最好还是按照30～32m的保护半径来设计。

2.1.5 【每周一议】高层普通住宅自喷与消火栓系统如何合用

对于高度小于100m、其地下室设有车库、1～2层为商场、3～32层为住宅的一类高层建筑，根据《自动喷水灭火系统设计规范》GB 50084—2001（2005年版）（以下简称《喷规》），普通住宅仅在走道设有自喷，因喷头少（一般为2～5个），独立设置自喷系统不经济，能否与室内消火栓系统合用，为同行所关切。

一、消防管道水力计算图式

为便于分析，抽取高层住宅中常见的一种塔楼，塔楼地下室均为车库、1～2层为商场、3～32层为住宅，自喷与消火栓系统分设与合设平面图分别见图2-7和图2-8，塔楼自喷与消火栓系统分设与合设图式分别见图2-9和图2-10。为便于比较，需假定统一的供水条件：

(1) 假定消防水泵及消防水池位于地下室，消防水池最低水位−4.8m；

(2) 水泵出口至最不利消防立管的计算长度为30m，地下室消防环网总长度为60m；

(3) 消防分区水平环网的计算长度为10m，总长度为20m；

(4) 屋面水平环网的计算长度为10m，总长度为20m。

建筑物室内消火栓用水量取40L/s；−1～2层的自喷用水量为30L/s；图2-7和图2-8最不利层（32层）的自喷用水量经计算分别为7.0L/s及5.29L/s，最不利点计算流量分配见表2-2，通过对图2-9、图2-10分别以镀锌钢管、钢塑复合管（涂塑）计算，确定消防水泵扬程及功率，计算结果见表2-3。

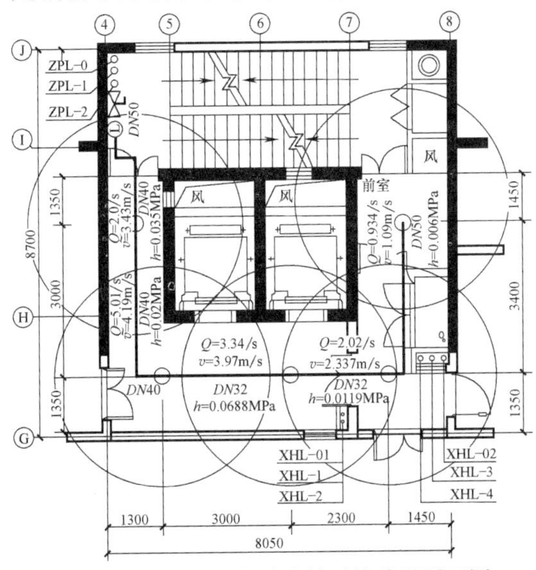

图2-7 塔楼自喷与消火栓系统分设平面图

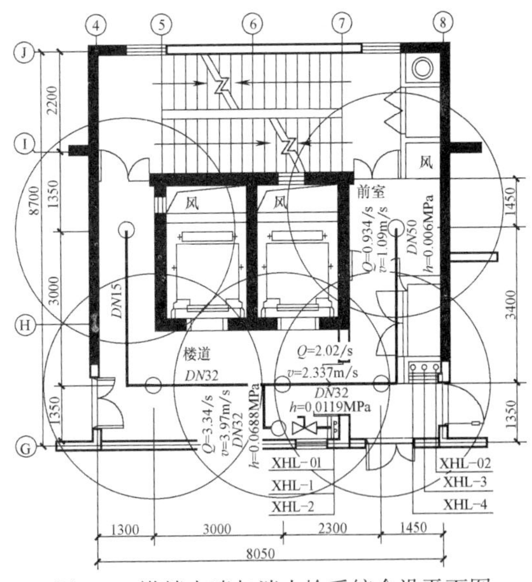

图2-8 塔楼自喷与消火栓系统合设平面图

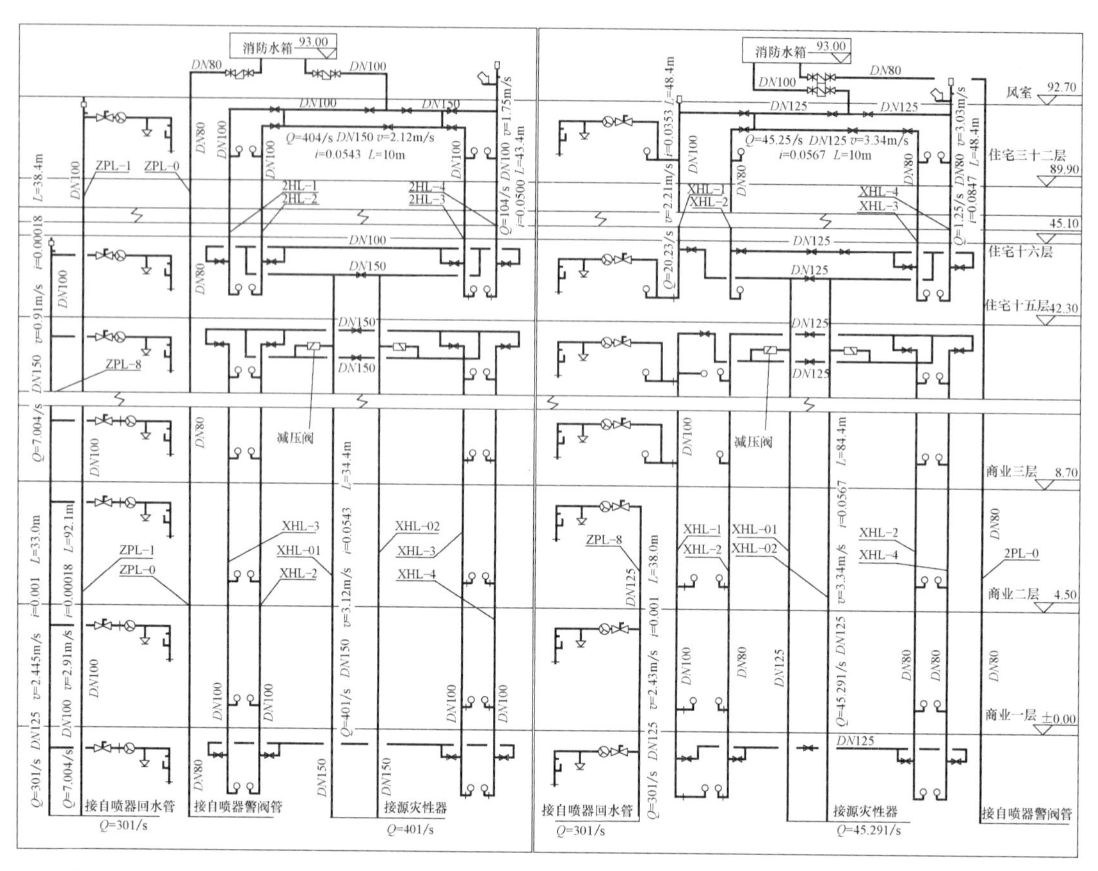

图 2-9 塔楼自喷与消火栓系统分设图式

图 2-10 塔楼自喷与消火栓系统合设图式

最不利点计算流量分配表 **表 2-2**

消防系统类别[高层商住楼(>50m)]	供水层数	室内消防流量(L/s)			消防竖管出水量(L/s)			
		室内消火栓用水量	自喷用水量	总用水量	最不利竖管	次不利竖管	第三不利竖管	自喷竖管
独立的消火栓系统	−1～32 层	40=8×5			15	15	10	
自喷与消火栓合设系统	3～32 层	40=8×5	5.29	45.29	20.29	15	10	
自喷与消火栓分设系统	3～32 层	40=8×5	7.00	47.00	15	15	10	7.0
独立的自喷系统	−1～32 层		30	30				

消防水力计算表 **表 2-3**

消防系统类别[商住楼(>50m)]	室内消防用水量(L/s)	消防泵流量(L/s)	栓口压力 Hq (MPa)	消防水池最低水位与最不利点的高差 Z(m)	镀锌钢管			钢塑复合管		
					管网阻力(m)	泵扬程(MPa)	泵功率(kW)	管网阻力(m)	泵扬程(MPa)	泵功率(kW)
独立的消火栓系统(−1～32层)	40	40	0.154	95.80	8.84	1.18	75.0	0.086	1.179	75.0

续表

消防系统类别[商住楼(×50m)]	室内消防用水量(L/s)	消防泵流量(L/s)	栓口压力Hq(MPa)	消防水池最低水位与最不利点的高差Z(m)	镀锌钢管			钢塑复合管		
					管网阻力(m)	泵扬程(MPa)	泵功率(kW)	管网阻力(m)	泵扬程(MPa)	泵功率(kW)
自喷与消火栓合设系统(3～32层)	45.25	45.29	0.154	95.80				0.0762	1.169	75.0
独立的自喷系统(−1～32层)	30	30	0.049	96.90	35.20	1.30	75.0			

镀锌钢管，钢塑复合管（涂塑）年投资见表2-4和表2-5。

镀锌钢管年投资表 表2-4

消防系统类别	管径(mm)	长度(m)	单价(元/m)	管径(mm)	长度(m)	单价(元/m)	管径(mm)	长度(m)	单价(元/m)	总价(元)	使用寿命(年)	年造价(元/年)
独立的消火栓系统	*DN*100	359.60	49.27	*DN*150	134.30	95.49				62441.29	25	2497.65
独立的自喷系统	*DN*25	112.00	11.90	*DN*40	120.00	19.91	*DN*70	60.90	34.50			
	*DN*32	159.00	15.38	*DN*50	108.00	23.94	*DN*100	136.30	49.27			

注：*DN*100的4个信号阀、1个减压阀及2套报警阀组共14330元。

钢塑复合管（涂塑）年投资表 表2-5

消防系统类别	管径(mm)	长度(m)	单价(元/m)	管径(mm)	长度(m)	单价(元/m)	管径(mm)	长度(m)	单价(元/m)	总价(元)	使用寿命(年)	年造价(元/年)
自喷与消火栓合设系统	*DN*25	220.00	24.16	*DN*50	77.70	46.88	*DN*100	89.90	100.64	65126.67	50	1302.53
	*DN*32	173.70	32.70	*DN*80	269.70	77.65	*DN*125	134.30	151.48			

二、自喷系统火灾危险等级与作用面积

美国住宅的喷水强度为2.8～4.1L/(min·m^2)，作用面积279～139m^2，每只喷头保护面积20.9m^2，最不利点处喷头压力为0.05MPa；德国住宅的喷水强度为2.5L/(min·m^2)，作用面积150m^2，每只喷头保护面积21m^2，最不利点处喷头压力为0.05MPa。

我国住宅的火灾危险等级虽未明确，但参照国外参数及我国《喷规》规定，应为轻危险级，喷水强度取4L/(min·m^2)，作用面积按最大疏散距离所对应的走道面积确定，每只喷头最大保护面积20m^2，图2-8中走道面积对应的动作喷头数为4个，最不利点处喷头压力为0.05MPa。高层普通住宅每层走道的喷头数量一般为2～5个，且每层为一个防火分区，如果每层自喷引入管接自室内消火栓环网，对消火栓系统而言，自喷可视为局部应用系统。

三、自喷与消火栓合设系统探讨

《喷规》第12.0.4条规定，当室内消火栓水流能满足局部应用系统用水量时，局部应

用系统可与室内消火栓合用室内消防用水、稳压设施、消防水泵及供水管道等。另外，《喷规》第 12.0.5 条规定，采用 $K=80$ 喷头且喷头总数不超过 20 只的局部应用系统，可不设报警阀组。

自喷与消火栓系统同为消防水系统，可共用同一消防主泵、同一消防主干管及环网、屋顶消防水箱的同一出水管，消防水箱满足了最不利点消火栓静水压力 0.07MPa，就保证了最不利点处喷头的压力不小于 0.05MPa。火灾时自喷喷头自动喷水，栓口可接水龙带灭火，自喷管网与消火栓均可独立发挥灭火功能，虽同为一个系统但可独立工作。

1. 合设系统可靠性更高

由于自喷系统的灭火成功率与供水管网的可靠性密切相关，高层住宅消火栓水平竖向环网兼备，故从图 2-10 消火栓环状管网引入自喷管比从图 2-9 的枝状管网引入更安全。

走道发生火灾时，喷头热敏元件迅速升温动作，同时火灾烟气流与热气流使烟温感探测器感应，烟温感信号同水流指示器信号一同传送至消控中心，消控室工作人员确认了火灾，未等现场消火栓按钮手动启泵，消防泵早已随着自喷喷水而启动，为消火栓使用赢得时间。

2. 自喷可利用消火栓系统分区及减压

从图 2-10 可知，消火栓系统竖向分为两个区，满足了《喷规》第 6.2.4 条的要求，即每个报警阀组供水的最高与最低位置喷头的高程差不宜大于 50m。另外，−1～7 层与 15～24 层每层的消火栓支管上均设有减压孔板，板后压力均小于 0.25MPa，自喷管网接自相应层的孔板之后，可满足《喷规》第 8.0.5 条的规定，即配水管道的布置，应使配水管入口的压力均衡，轻危险场合中各配水管入口的压力均不宜大于 0.4MPa。

3. 合设系统的改进措施

（1）自喷火灾历时 1h，消火栓火灾历时 3h，由于接自同一管道，在自喷 1h 后，引入管上的信号阀未关闭，会浪费的 2h 自喷水，如将信号阀改为电动信号阀，自喷 1h 后可自行关闭。

（2）由于自喷管道未经过报警阀组，采用的是消防水泵从消防水池吸水加压的供水系统，因而未及时报警，可采取压力开关联动消房泵的控制方式，也可采用电动警铃报警。

（3）《喷规》第 12.0.5 条规定，不设报警阀组的局部应用系统，配水管可与室内消防竖管连接，其配水管入口处应设过滤器和带有锁定装置的控制阀。若采用钢塑复合管作为消防管材，因其内壁光滑，不易生锈，不会有杂物堵塞管道，因而自喷配水管入口处可不设过滤器，带有锁定装置的控制阀可用电动信号阀代替。

四、合设系统的经济性

根据《中华人民共和国建筑法》第二条的规定，建筑法所指的建筑活动，是指各类房屋建筑及其附属设施的建造和与其配套的线路、管道、设备的安装活动，房屋建筑使用寿命应满足 50 年，消防管道作为建筑活动的必需部分，其使用寿命理应达到 50 年。

消防管网作为价值工程，以提高消防功能为目的，要求以管网最低的寿命周期成本实现消防的必要功能，钢塑复合管使用寿命可以达到 50 年，热浸镀锌钢管的使用寿命姑且按照 25 年计，由表 2-4 与表 2-5 比较可知，钢塑复合管的年投资均小于热浸镀锌钢管。另外，采用钢塑复合管后，沿程及局部阻力减少，消防管径缩小，泵扬程及功率基本未变。

自喷与消火栓系统合用，自喷与消火栓系统既是独立的，也是统一的；合用系统不仅是可行的，也是合理的；同时消防管道采用钢塑复合管，减小了管径，延长了寿命，管网投资较省，比较经济。

2.2 自动喷水灭火系统

2.2.1 【yigeqingchen 学给水排水】之自动喷淋系统设计流程

第一步：需要根据甲方提供的建设资料确定安装什么形式的消防系统，需要安装自动喷淋系统的场所可查阅《全国民用建筑工程设计技术措施——给水排水》2009 年版第 7.2.11 条，内容样式如图 2-11 所示。

>1.5，≤3	4.5	EH-1	EH-1	EH-2	EH-2
>1.5，≤3	6.1	EH-2	EH-2	EH-2	-
>1.5，≤2.4	无限制	-	-	-	EH-2
>3，≤3.6	5.2	EH-2	EH-2	EH-2	EH-2
>3，≤3.6	8.2	EH-2	EH-2	-	-

注：OH-1 为中危险Ⅰ级；OH-2 为中危险Ⅱ级；EH-1 为严重危险Ⅰ级；EH-2 为严重危险Ⅱ级。

7.2.11 设置场所

1 民用建筑下列场所应设置闭式自动喷水灭火系统：

1） 特等、甲等或超过 1500 个座位的其他等级的剧院，超过 2000 个座位的会堂或礼堂；超过 3000 个座位的体育馆；超过 5000 人的体育场的室内部分等；

2） 邮政楼中建筑面积大于 $500m^2$ 的空邮袋库；

3） 任一层面积超过 $1500m^2$ 或总建筑面积超过 $3000m^2$ 的展览建筑、商店、旅馆建筑，以及医院中同样建筑规模的病房楼、门诊楼、手术部等多层民用建筑；

图 2-11 自动喷淋系统设置依据

第二步：确定安装自动喷淋系统后需要确定建筑物的危险等级，同样依据《全国民用建筑工程设计技术措施——给水排水》2009 年版第 7.2.10 条，内容样式如图 2-12 所示。

7.2.10 危险等级的划分和设置场所

设置场所的火灾危险等级，应根据其用途、容纳物品的火灾荷载及室内空间条件等因素，在分析火灾特点和热气流驱动喷头开放及喷水到位的难易程度后确定。见表 7.2.10-1，也可按照表 7.2.10-2 来判断。

表 7.2.10-1 设置场所火灾危险等级举例

火灾危险等级		设置场所举例
轻危险级		建筑高度为 24m 及以下的旅馆、办公楼；仅在走道设置闭式系统的建筑等。
中危险级	Ⅰ级	1）高层民用建筑：旅馆、办公楼、综合楼、邮政楼、金融电信楼、指挥调度楼、广播电视楼（塔等） 2）公共建筑（含单、多、高层）：医院、疗养院；图书馆（书库除外）、档案馆、展览馆（厅）；影剧院、音乐厅和礼堂（舞台除外）及其他娱乐场所；火车站和飞机场及码头的建筑；总建筑面积小于 $5000m^2$ 的商场、总建筑面积小于 $1000m^2$ 的地下商场等 3）文化遗产建筑：木结构古建筑、国家文物保护单位等 4）工业建筑：食品、家用电器、玻璃制品等工厂的备料与生产车间等；冷藏库、钢屋架等建筑构件
	Ⅱ级	1）民用建筑：书库、舞台（葡萄架除外）、汽车停车场、总建筑面积 $5000m^2$ 及以上的商场、总建筑面积 $1000m^2$ 及以上的地下商场、净空高度不超过 8m、物品高度不超过 3.5m 的自选商场等 2）工业建筑：棉毛麻丝及化纤的纺织、织物及制品、木材木器及胶合板、谷物加工、烟草及制品、饮用酒（啤酒除外）、皮革及制品、造纸及纸制品、制药等工厂的备料与生产车间

图 2-12 危险等级确定依据

第三步：在确定了危险等级以后，意味着已经确定了设计方案，接着需要根据建筑专业提供的图纸进行自动喷淋系统制图。拿到建筑图后（见图 2-13），需要将图上无关的图层关闭，关闭后结果如图 2-14 所示。

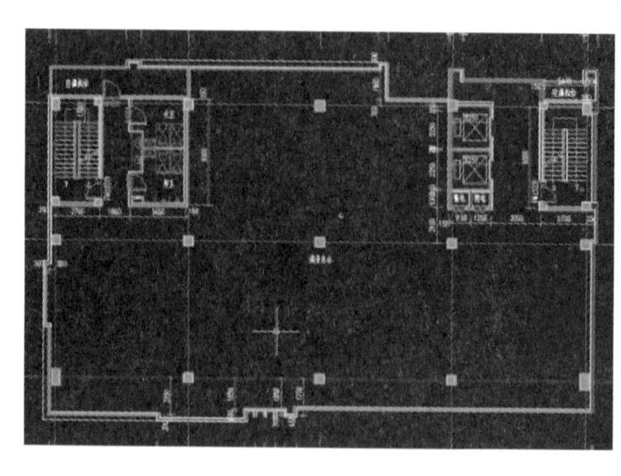

图 2-13 建筑原图

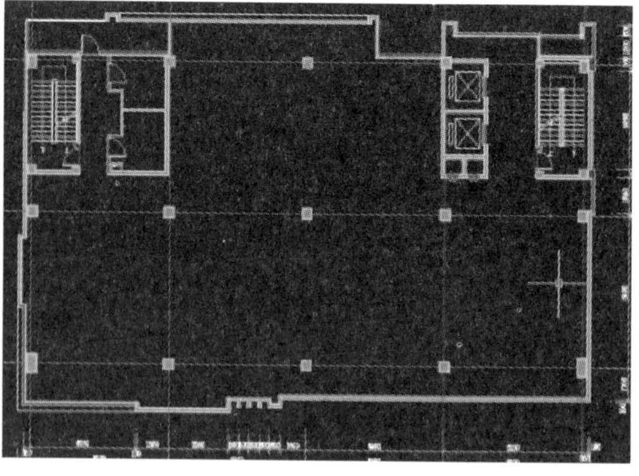

图 2-14 关闭无用图层后的建筑图

第四步：确定立管位置，包括入口设备。入口设备主要包括并且安装顺序为：信号蝶阀、水流指示器。泄水管、立管一般选择在墙角、楼梯或者卫生间，另外还应靠近外墙。

（1）输入快捷键 lgbz（立管布置），弹出图 2-15 所示的对话框，管径一般选择 *DN*150（后面有提到，*DN*150 的管子可以带 1000 个喷头），布置方式根据个人习惯进行选择，然后点击喷淋，在图上已经确定立管位置的地方进行立管制图。需要注意的是立管注明，系统是“HL”，这个可以双击进行修改，根据个人习惯设置。

（2）输入快捷键 fmfj（阀门阀件），弹出图 2-16 所示的对话框，在里面可以选择信号蝶阀以及水流指示器，L 为水流指示器，下方显示名称。

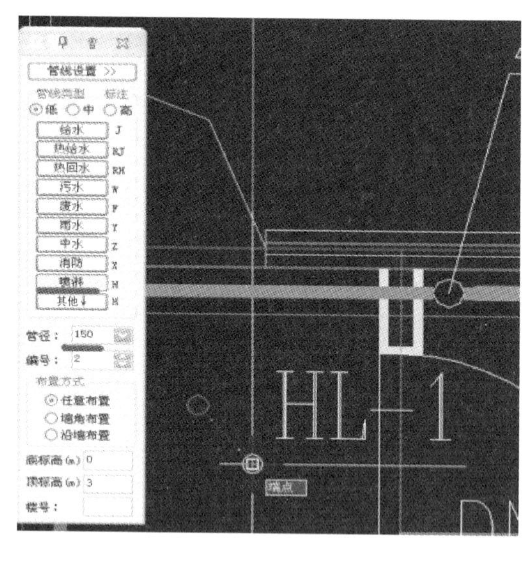

图 2-15 立管布置

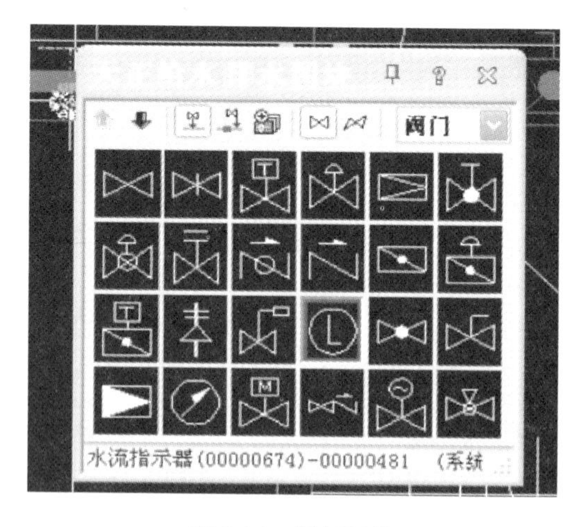

图 2-16 阀门阀件

（3）输入快捷键 hzgx（绘制管线），弹出图 2-17（*a*）所示的对话框，然后点击管线设置，弹出图 2-17（*b*）所示的对话框，各种管道的颜色根据个人习惯进行定义，喷淋管线宽需要选择 0.7，如果已经画完的线不是这个线宽，可以在管线设置内将线宽设置好后，在下方的本图已绘制管线强制修改前面的方框内打勾即可。在设置好管线后，点击确定，然后选择喷淋，将入口装置进行连接。最终样式参考图 2-18。

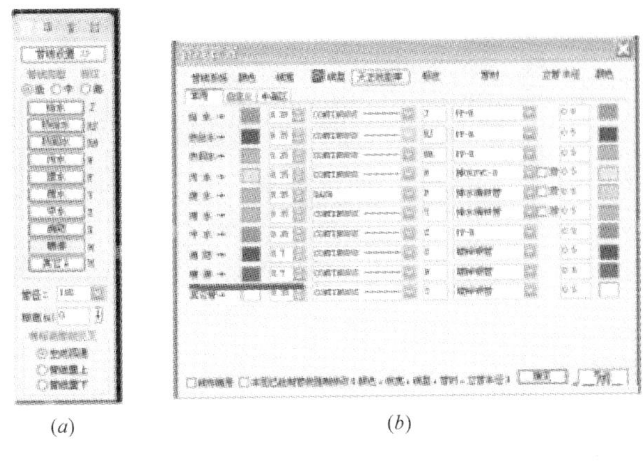

(a) (b)

图 2-17 绘制管线

(a) 绘制管线对话框；(b) 管线设置对话框

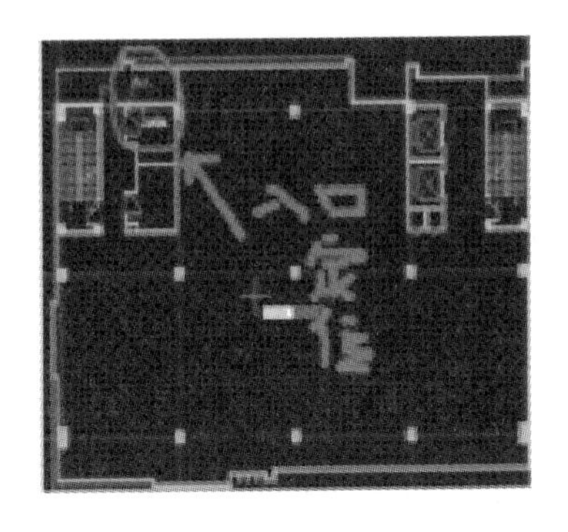

图 2-18 入口定位

第五步：

(1) 布置喷头。在布置前，需要有个整体思考分区，因为建筑物内隔断比较多，如果一下子整体布局不合适，可以把类似空间进行同时布局。所以思考后在布局方便的情况下布置喷头。还是以本图为例，分区思考如图 2-19 所示。然后输入快捷键 jxpt（矩形喷头），弹出图 2-20 所示的对话框，注意选择之前确定的危险等级，最小间距一般都默认为 2400mm，最大间距为 3600mm。接管方式可以选择不接管，方便之后进行设备连管。然后回到图上按照自己的分区思考进行画图，在选择起点的时候要定位在墙角或过墙角的直线上。根据命令进行操作，终点为起点的斜对角点。

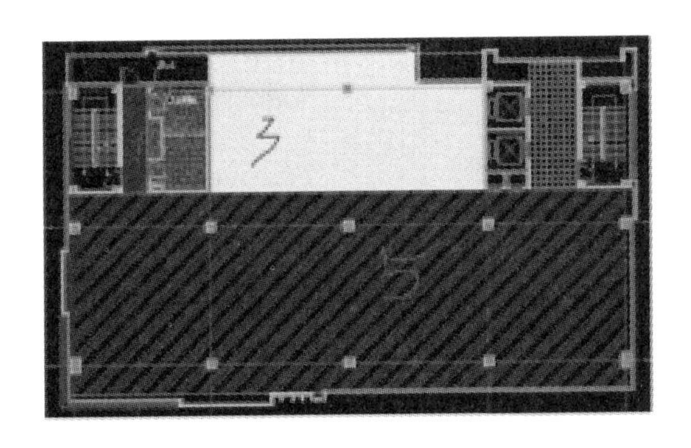

图 2-19 分区思考

图 2-20 矩形喷头

依次将各个分区的喷头布置完，图示样式如图 2-21 所示。

(2) 喷头整理。目的是使喷头位置匀称，这样喷头定位标注也容易。喷头到墙的距离范围为 600～1800mm，喷头间距为 2400～3600mm，按照这个标准进行调整。整理后如图2-22所示。

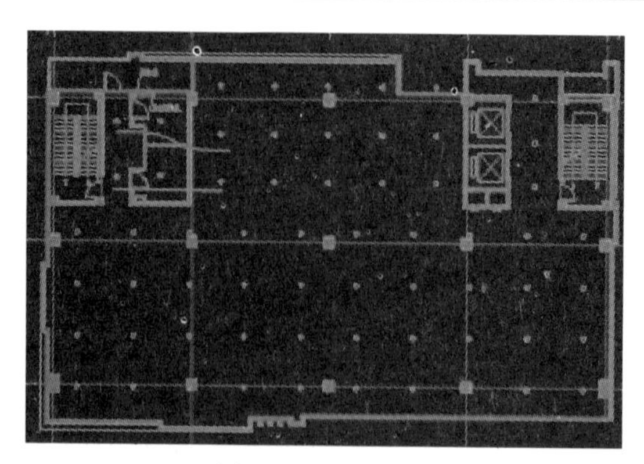

图 2-21　喷头布置

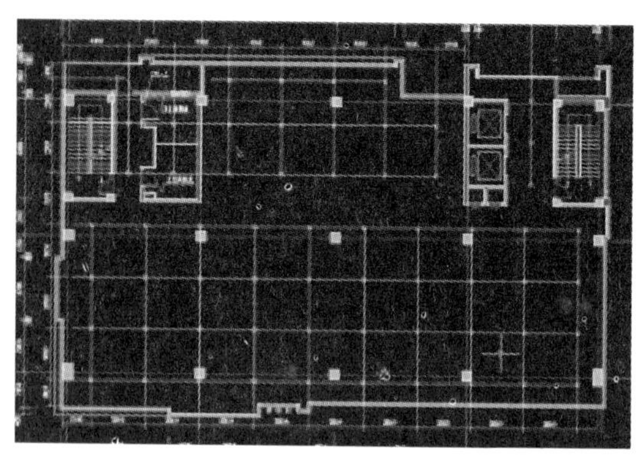

图 2-22　喷头整理

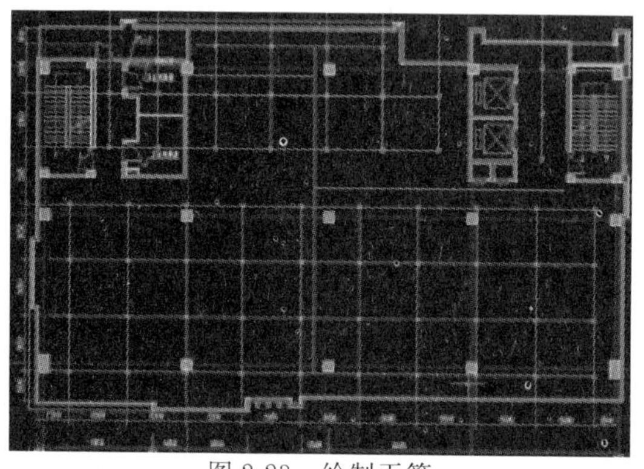

图 2-23　绘制干管

第六步：画出自动喷淋系统的干管，这里要求喷头的布局尽可能地均匀，同时穿墙尽可能少。输入快捷键 hzgx（绘制管线），从入口处开始画，管线要绕着柱子走，不要和柱子打架。如图 2-23 所示。

第七步：喷头与干管连接。输入快捷键 sblg（设备连管），根据命令提示进行操作，需要注意的是，第一选择干管，第二选择与干管连接的喷头（可以框选），框选时只会选到喷头。连接完后如图 2-24 所示。这时候需要对图上的管线进行修整，将不需要的管线删除。

第八步：喷淋系统管径标注。在这里要说明的是为了充分利用天正给水排水的快捷计算作用，可以不进行实际计算，而直接进行管径标注。输入快捷键 plgj（喷淋管径），弹出图 2-25 所示的对话框，不同管径所带的喷头数目可以按照图中参数填写。点击确定后

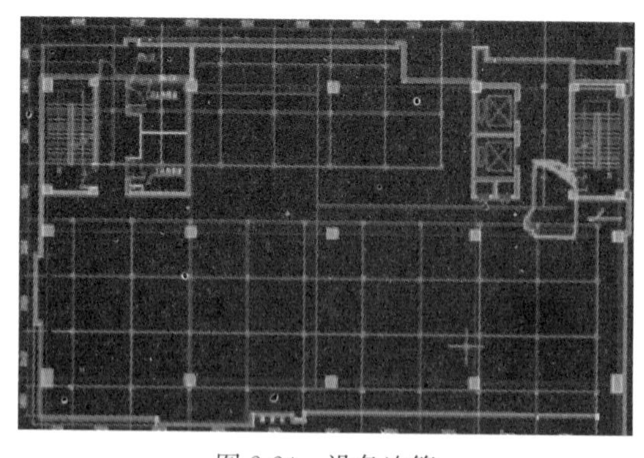

图 2-24　设备连管

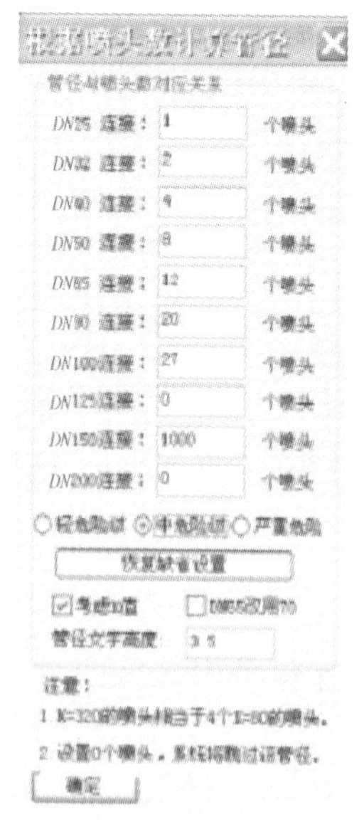

图 2-25　管径参数

按照命令提示进行操作，注意选择干管时要选择入口泄水管后面的第一段干管。喷淋管径标注完成后如图 2-26 所示。

第九步：喷头定位。在平面图上，需要定位的只是喷头，至于管道不用考虑。需要注意的是要保证每一个喷头在图上都能找到具体坐标位置。至于标注的方式可以根据个人习惯进行，力求快速准确。标注完的图纸如图 2-27 所示。

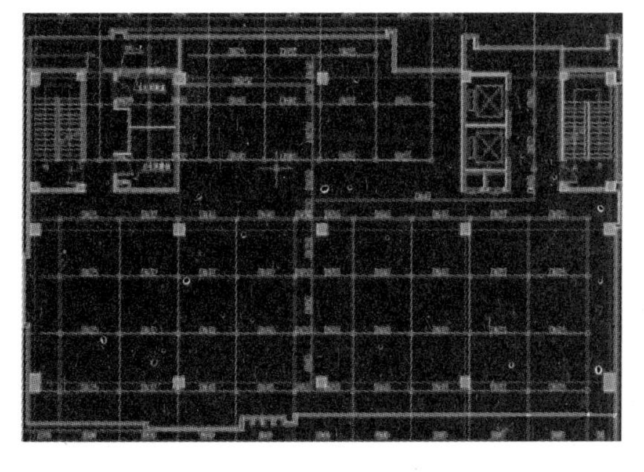

图 2-26 喷淋管径

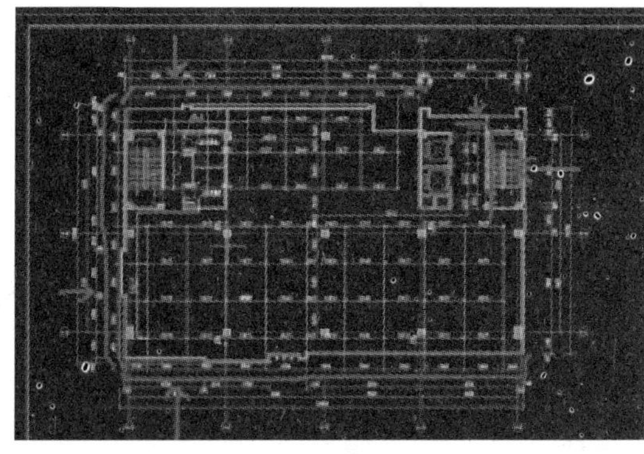

图 2-27 喷头定位

第十步：绘制末端试水装置。试水的目的是要保证管道具有足够的压力。所以要选择最不利环路处布置末端试水装置，另外尽可能靠近厕所排水。至于其构成可以参考技术措施，内容样式如图 2-28 所示。

在本图例中，管路 1 和 2 都是最不利环路，但是环路 1 距离厕所比较近，所以确定在管路 1 处设置末端试水装置。输入快捷键 fmfj（阀门阀件）选择末端试水阀，制图，然后管线连接至厕所进行排放，排水管径一般选择 $DN25$。如图 2-29 所示。

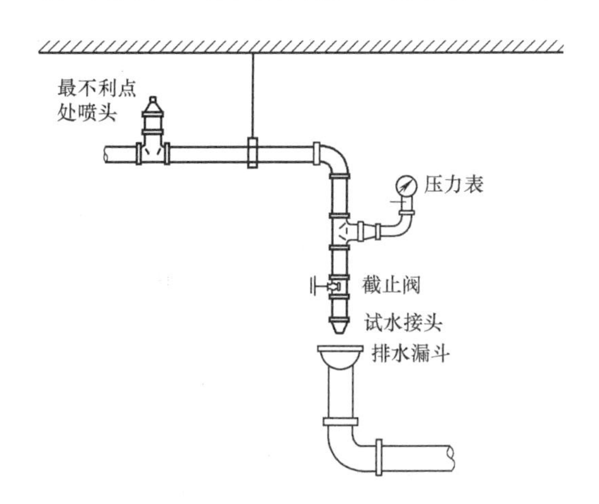

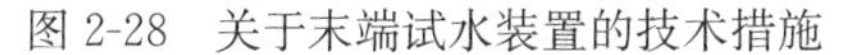

图 2-28 关于末端试水装置的技术措施

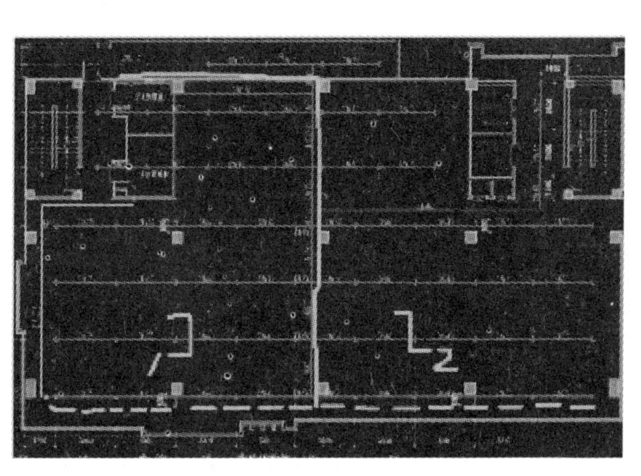

图 2-29 绘制末端试水阀

第十一步：后期完善工作。主要针对喷头与梁、柱、隔断墙等障碍物碰撞或距离过近进行完善。处理措施参考技术措施，内容样式如图 2-30 所示。

在本例中，建筑有吊顶，所以不用考虑喷头与梁碰撞，只需要考虑喷头与柱子碰撞问

梁、通风管道地面与其上方喷头溅水盘的最大垂直距离b(mm)			喷头与梁、通风管道侧面的水平距离a(m)
标准喷头	ESFR喷头	扩展覆盖面喷头	
0	0	0	$a<0.3$
60	40	0	$0.3\leqslant a<0.45$
90	70	30	$0.45\leqslant a<0.6$
140	140	30	$0.6\leqslant a<0.75$
190	200	30	$0.75\leqslant a<0.9$
240	250	80	$0.9\leqslant a<1.05$
300	300	80	$1.05\leqslant a<1.2$

图 2-30 关于喷头与障碍物距离过近的技术措施

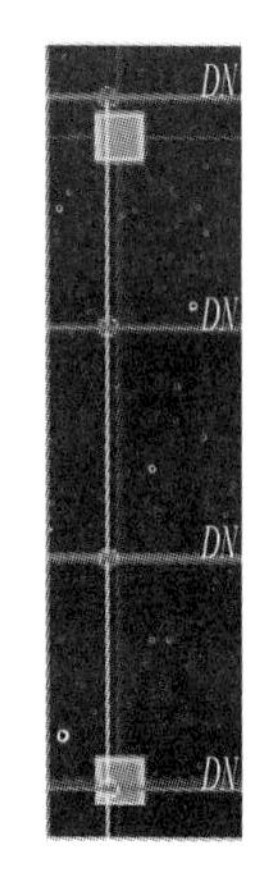

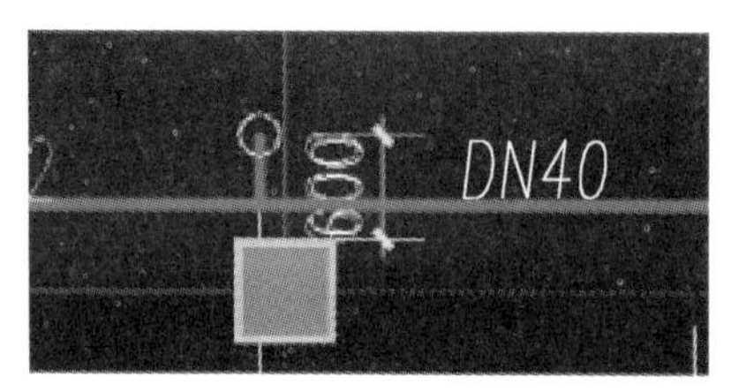

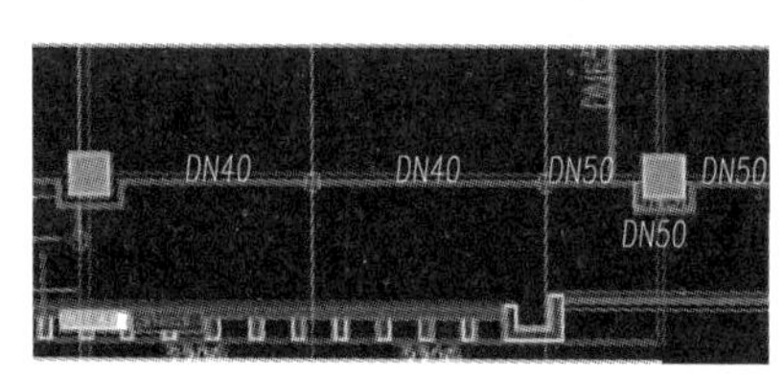

图 2-31 喷头与柱子的处理（左为现象，右上和右下为处理结果）

题。本图例中，喷头与柱子既有碰撞情况，也有距离太近情况，需要进行完善处理。根据技术措施或者设计规范上的要求将管道进行绕梁处理，结果如图 2-31 所示。

第十二步：将所有图纸绘制完毕后需要进行系统图绘制，在系统图上需要注意以下几点：

（1）文字说明。

（2）入口设备绘制。

（3）末端试水装置。

（4）如果是高层，需要整体考虑最不利情况，要保证最远端的一个喷头工作压力为 0.05MPa，只需要在整个系统最不利处增设压力表。

（5）最高处增设自动排气阀。

（6）报警阀设置。

其实系统图完全可以借用别人画好的图，因为施工安装主要依据平面图，系统图是一个示意图。如图 2-32 所示。

第十三步：整理归档。

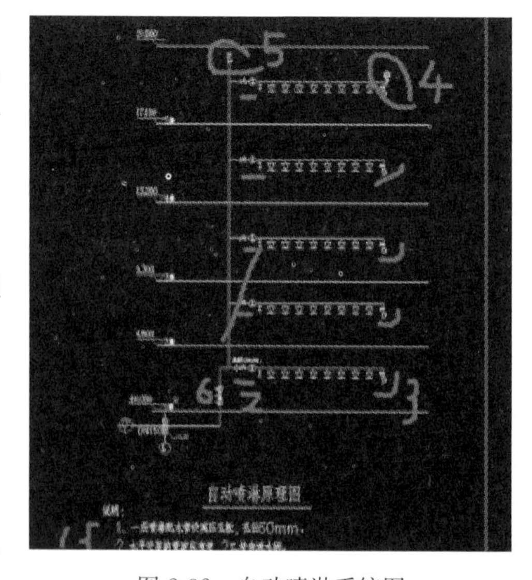

图 2-32 自动喷淋系统图

2.2.2 【给水排水施工课堂】消防工程喷淋组成系统图文解析

一、分类

1. 按报警阀分

（1）湿式系统：4～70℃，管道常贮水，管道最小压力 0.4MPa。

（2）干式系统：准工作状态时配水管道内充满用于启动系统的有压气体的闭式系统。

（3）预作用系统：管道内贮存空气、氮气，通常用于地下车库。

预作用系统构成：湿式阀、雨淋阀。

2. 按喷头分

（1）开式：雨淋阀，通常应用于航天及兵工企业。

（2）闭式。

喷头又可分为：上喷和下喷，上喷用于无吊顶的房间，又叫直立型喷头；下喷用于有吊顶的房间，又叫下垂型喷头。常见的喷头保护面积为 3.6m^2。

玻璃球洒水喷头颜色见表 2-6。

玻璃球洒水喷头颜色　　表 2-6

公称工作温度(℃)	工作液色标志	公称工作温度(℃)	工作液色标志
57	橙色	100	灰色
68	红色	121	天蓝色
79	黄色	141	蓝色
93	绿色		

二、湿式报警阀

（1）组成

1）水力警铃：*DN*20，长度宜<20m；

2）压力开关：启动泵，2 对触电（市面），程序启动。

（2）湿式报警阀上下两侧必须装有信号蝶阀或带有启闭功能的阀。

（3）每个湿式阀宜带 800 个喷头，干式阀宜带 500 个喷头。

（4）距地面高度宜为 1.2m，两侧距墙不小于 0.5m，下面距墙不应小于 1.2m。

（5）报警阀组功能测试时压力开关动作，控制器应显示，消防应启动。

三、末端试水装置

（1）组成：压力表、球阀。

（2）作用：检测压力，安装于系统保护的每个防火分区和楼层中配水管道最不利点喷头处，用于检验系统及专用组件的基本性能。

（3）位置：每个分区一个。

四、喷头

（1）喷水强度：*DN*15 的喷头，喷水强度为 6～8L/(m^2·min)。

（2）喷头距墙不得大于 1.8m，喷头的保护直径为 3.6m。

（3）上喷距顶板距离为 70～150mm，如图 2-33 所示。

（4）喷头距离障碍物：如果喷头遇到风道或桥架等成排障碍物，且障碍物大于 1.2m 时，要在障碍物下增设喷头，如图 2-34 所示。

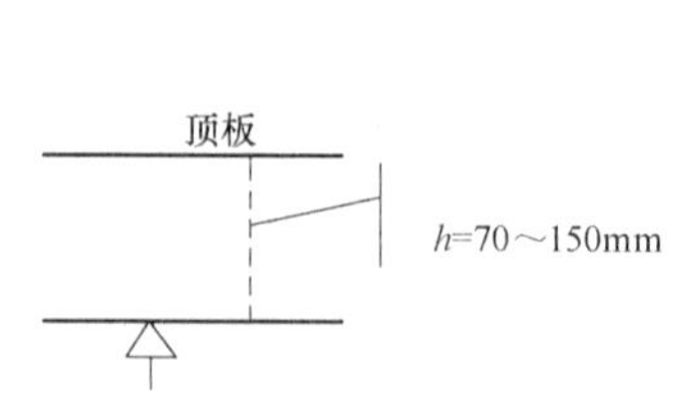

图 2-33 上喷距顶板距离

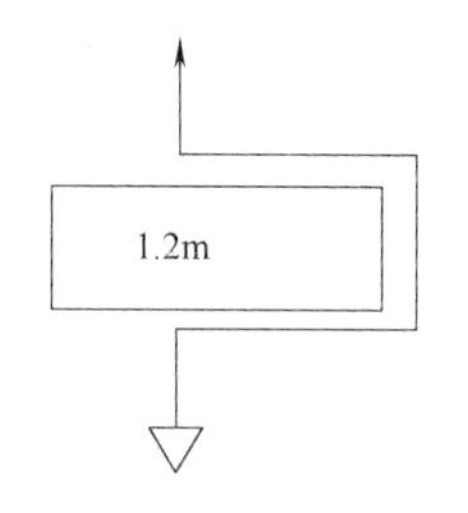

图 2-34 障碍物下增设喷头

（5）同一支配水支管上喷头的间距及相邻配水支管的间距见表 2-7。

同一支配水支管上喷头的间距及相邻配水支管的间距 **表 2-7**

喷水强度[L/(min·m²)]	正方形布置边长(m)	长方形布置的长边边长(m)	一只喷头的最大保护面积(m²)	喷头与端墙的最大距离(m)
4	4.4	4.5	20.0	2.2
6	3.6	4.0	12.5	1.8
8	3.4	3.6	11.5	1.7
≥12	3.0	3.6	9.0	

例：已知某房间长 5m、宽 4m（见图 2-35），求房间内横向喷头个数及布置位置。

解：设喷头个数为 X，则 $X=5\div3.6\approx2$ 个

喷头布置如图 2-36 所示。

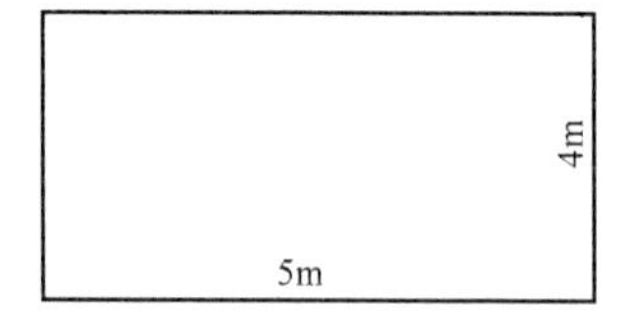

图 2-35 房间平面尺寸图

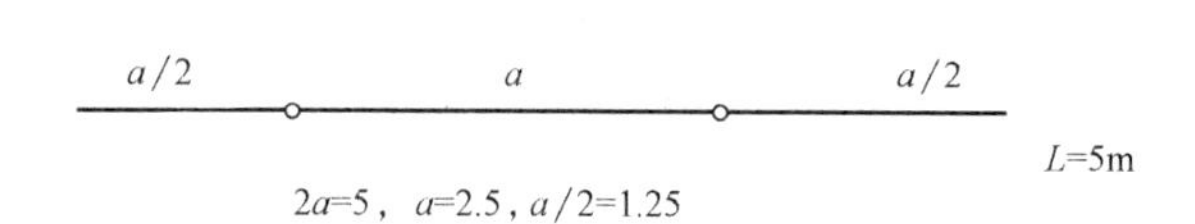

图 2-36 喷头布置示意图

五、管道

1. 镀锌钢管

工作压力<1.2MPa，连接方式：卡箍、丝接。

2. 不同规格管道所能带喷头数量

（1）DN25 的管道带 1 只喷头；

（2）DN32 的管道带 3 只喷头；

（3）DN40 的管道带 4 只喷头；

（4）DN50 的管道带 8 只喷头；

（5）DN65 的管道带 12 只喷头；

（6）DN80 的管道带 32 只喷头；

（7）DN100 的管道带 64 只喷头。

3. 水力计算

系统中喷头的流量按公式（2-7）计算：

$$q=K\sqrt{10P} \tag{2-7}$$

式中 q——喷头的流量，L/min；

P——喷头的工作压力，MPa；

K——喷头流量特性系数。

4. 管道支吊架的安装距离（见表 2-8）

管道支吊架的安装距离　　表 2-8

公称直径(m)	25	32	40	50	70	80	100	125	150	200	250	300
距离(m)	3.5	4	4.5	5	6	8	8.5	7	8	9.5	11	12

六、泵房

（1）消防水池：通常布置在地下。

（2）水池容积：够消火栓系统 2h 的用水量，够自喷系统 1h 的用水量

（3）泵的数量：通常一用一备，或两用一备。

（4）泵的连接：软连接（止回阀、闸阀、过滤器）。

（5）自喷系统的进水必须连接湿式报警阀。

（6）压力开关：联动泵。

七、屋顶水箱

水箱保持自喷系统 10min 的用水量，水池保持自喷系统 1h 的出水量；水池保持消火栓系统 2h 的出水量。

八、消火栓

（1）消火栓必须有环管设置，底层、首层有环管，立管上下应有手动蝶阀。

（2）屋顶设有稳压系统，屋顶稳压连接任一消火栓点，而自喷则必须回到湿式报警阀进水口。

（3）七层以上住宅必须设有消火栓系统。

（4）泵房：一用一备。

（5）水泵接合器：水源不够时，用来连接消防车。

图例：

组成：安全阀、止回阀、闸（蝶）阀。

（6）试验栓：试验水泵接合器，试验栓必须配有压力表。

（7）止回阀：水箱和消火栓环管连接处必须装有止回阀，水流方向顺箭头方向。

（8）消防电梯前室必须设有消火栓，并且带有明显标志。

（9）泵房供水

1）每组泵必须有两个吸水点，出水管道 2 条。如图 2-37 所示。

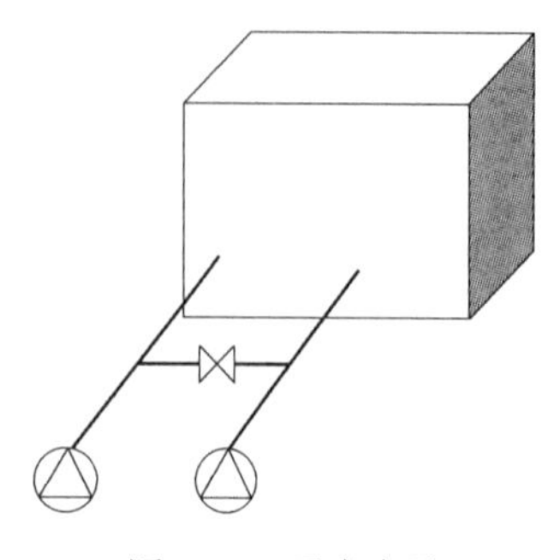

图 2-37 吸水点及出水管示意图

2）水池进水：采用市政供水，遥控浮球阀控制水位。

3）消防母管处采用偏心大小头，大小头上方和管道取上平，否则，容易发生气蚀现象。水泵进水口之前必须采用偏心大小头，非同心。如图 2-38 所示。

4）持压泄压阀（见图 2-39）的作用：防止水回流到水池，泄压。

（10）水箱：消防中阀门处于常开状态，只有在检修时关闭个别阀门。如图 2-40 所示。

（11）自动排气阀：设置在消火栓系统顶管管网的最高处，由 $DN25$ 的自动排气阀和 $DN25$ 的球阀组成。

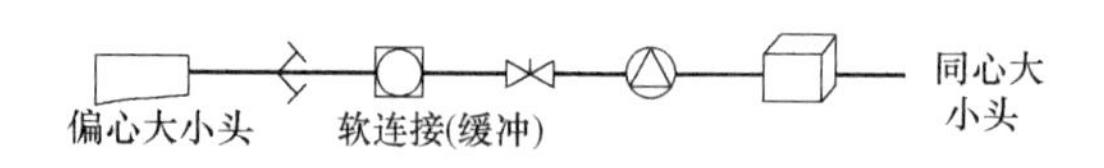

图 2-38 偏心大小头和同心大小头的使用

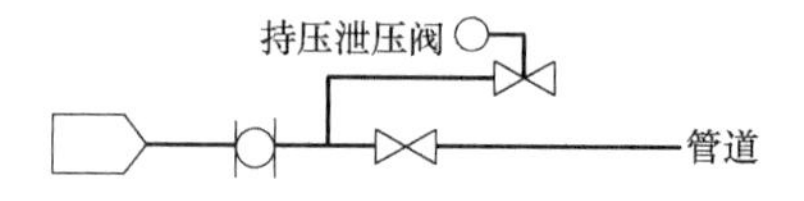

图 2-39 持压泄压阀

（12）栓箱：长×宽×高＝1800mm×700mm×240mm。如图 2-41 所示。

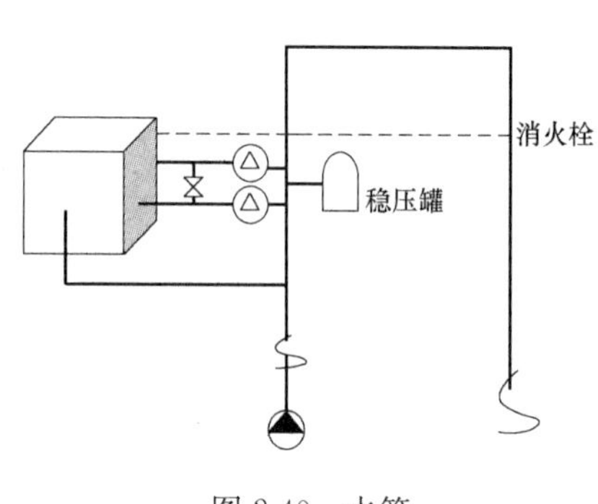

图 2-40 水箱

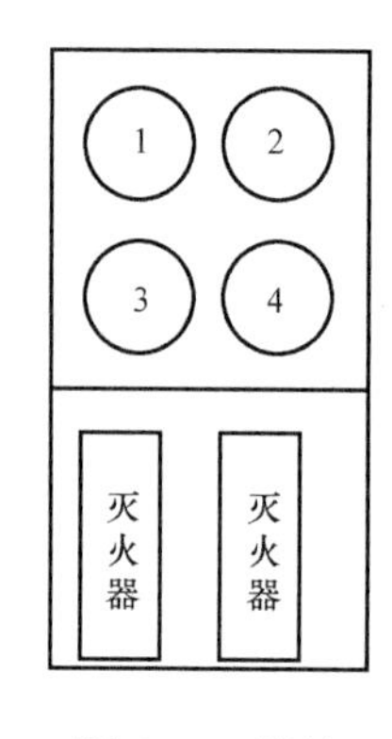

图 2-41 栓箱

1—自救卷盘；2—消火栓按钮；3—栓头；4—水带

备注：1）栓头距地面 1.1m，且必须<1.1m；

2）必须开门见栓；

3）一般情况下，栓体底距地面最少 10cm；特殊情况下，距地面±15cm；

4）栓口距箱底边宜为 1.2～1.4m；栓口距最近箱侧边不宜小于 1.4m；栓接扣爪端面距箱内小于 0.1m；栓口距地面高度宜为 1.1m，允许偏差 0.1m；栓口直径为 50mm 或 65mm。

（13）试验栓：规格：800mm×600mm；区别于普通栓：底下无灭火器。

1）组成：栓头、水带、按钮；

2）一般置于屋顶。

消防工程现场施工图展示如图 2-42～图 2-48 所示。

图 2-42 消防工程现场施工图展示（一）

图 2-43 消防工程现场施工图展示（二）

图 2-44 消防工程现场施工图展示（三）

图 2-45 消防工程现场施工图展示（四）

图 2-46 消防工程现场施工图展示（五）

图 2-47 消防工程现场施工图展示（六）

图 2-48 消防工程现场施工图展示（七）

2.2.3 地下车库的消火栓、自动喷淋系统与给水排水设计

由于地下停车库的地面标高普遍低于室外地面标高，其排水不能自流排入市政排水管网，尤其是暴雨时节，若排水设计不当，影响车库的安全和使用。同时，车库的火灾可燃物较多，一般面积较大，消防等级较高。对此，必须在车库设计时加以注意。

一、车库的防火分类

车库的防火分类见表 2-9。

车库的防火分类　　表 2-9

车库名称	Ⅰ类	Ⅱ类	Ⅲ类	Ⅳ类
汽车库	>300 辆	151～300 辆	51～150 辆	≤50 辆
修车店	>15 车位	6～15 车位	3～5 车位	≤2 车位
停车场	>400 辆	251～400 辆	101～250 辆	≤100 辆

二、车库的消火栓系统设计

车库应设置消防给水系统。消防给水可由市政给水管道、消防水池或天然水源供给（一般天然水源不适用于自动喷淋系统）。

（1）符合下列条件之一的车库可不设消防给水系统：耐火等级为一、二级且停车数不超过 5 辆的汽车库；Ⅳ类修车库；停车数不超过 5 辆的停车场。

（2）当室外消防给水采用高压或临时高压给水系统时，最不利点水枪充实水柱不应小于 10m；当室外消防给水采用低压给水系统时，管道内的压力应保证灭火时最不利点消火栓的水压不小于 0.1MPa（从室外地面算起）。

（3）车库的室外消火栓用水量：Ⅰ、Ⅱ类车库 20L/s；Ⅲ类车库 15L/s；Ⅳ类车库 10L/s。

（4）停车场的室外消火栓宜沿停车场周边设置，且距离最近一排汽车不宜小于 7m，距加油站或油库不宜小于 15m。

（5）室外消火栓的保护半径不应超过 150m，在市政消火栓保护半径 150m 及以内的车库，可不设置室外消火栓。

（6）汽车库、修车库应设室内消火栓给水系统，其消防用水量不应小于下列要求：

Ⅰ、Ⅱ、Ⅲ类汽车库及Ⅰ、Ⅱ类修车库的用水量不应小于 10L/s，且应保证相邻两个消火栓的水枪充实水柱同时到达室内任何部位；Ⅳ类汽车库及Ⅲ、Ⅳ类修车库的用水量不应小于 5L/s，且应保证一个消火栓的水枪充实水柱到达室内任何部位。

(7) 室内消火栓水枪的充实水柱不应小于10m，同层相邻室内消火栓的间距不应大于50m，但高层汽车库和地下汽车库的室内消火栓的间距不应大于30m。汽车库、修车库室内消火栓超过10个时，室内消防管道应布置成环状，并应有两条进水管与室外管道相连接。室内消防管道应采用阀门分段，如某段损坏时，停止使用的消火栓在同一层内不应超过5个。

临时高压消防给水系统的汽车库、修车库的每个消火栓处应设直接启动消防水泵的按钮，并应设有保护按钮的设施，消火栓位置的设置除应满足保证相邻两个消火栓的水枪充实水柱同时到达室内任何部位外，还应满足处于明显易于取用地点的条件。

在实际工程中，消火栓布置有两种方式：一种是将消火栓设置在车库的边墙上，另一种是将消火栓设置在车库内的结构柱上。这两种方式都有其缺点，设置在车库的边墙上，消火栓的取用需通过停泊的汽车，不便于使用；设置在车库内的结构柱上，无论是朝车道方向还是朝停车位方向，都将妨碍汽车的行驶及停泊，容易刮碰。可以将消火栓沿停车位方向设置在柱旁。消火栓箱的固定可采用设钢支架或托架，或由建筑专业加设一段短墙，将消火栓箱暗藏于墙内。

(8) 四层以上多层汽车库和高层汽车库及地下汽车库，其室内消防给水管网应设水泵接合器。水泵接合器的数量应按室内消防用水量计算确定，每个水泵接合器的流量应按10～15L/s计算。其周围15～40m范围内应设室外消火栓或消防水池。

(9) 设置临时高压消防给水系统的汽车库、修车库，应设屋顶消防水箱，水箱容量应能储存10min的室内消防用水量，当计算出的消防用水量超过$18m^3$时仍按$18m^3$确定。

(10) 采用消防水池作为消防水源时，其容量应满足2.00h火灾延续时间内室内外消防用水量总量的要求，但自动喷水灭火系统可按火灾延续时间1.00h计算，泡沫灭火系统可按火灾延续时间0.50h计算。

(11) 带人防功能的地下车库

地下车库有种类型为人民防空地下室，平时作为停车库。对于这种类型的地下车库，消火栓系统的布置通常有两种方式：

1) 地下车库消火栓由上层消火栓立管穿人防顶板至车库后接出，在人防顶板内侧设防爆波阀门，战时将阀门关闭，此阀门可用工作压力大于1.0MPa的闸阀或蝶阀替代；

2) 人防地下车库消火栓系统单独成环，引入管由人防侧墙接入，在人防侧墙内设防爆波阀门。

第一种方式的缺点是增加了消防管道上的阀门，消防系统的安全度降低，对于高层建筑的地下车库，消火栓减压只能通过减压孔板进行。第二种方式的缺点是增加了消防管道管材的用量，但阀门的数量减少，对于高层建筑的地下车库，可统一设减压阀减压，也可通过减压孔板进行。消防系统的安全度较第一种方式高，经济上也节省。

三、车库的自动喷淋系统设计

(1) Ⅰ、Ⅱ、Ⅲ类地上汽车库、停车数超过10辆的地下汽车库、机械式立体汽车库或复式汽车库以及采用垂直升降梯作汽车疏散出口的汽车库、Ⅰ类修车库，均应设置自动喷水灭火系统。汽车库、修车库自动喷水灭火系统的危险等级可按中危险Ⅱ级确定。

(2) 汽车库、修车库自动喷水灭火系统的设计除应按现行国家标准《自动喷水灭火系统设计规范》GB 50084—2001（2005 年版）的规定执行外，其喷头布置还应符合下列要求：

应设置在汽车库停车位的上方（通常每个车位上 1 个，机械式停车库每个平面车位上 2 个）；机械式立体汽车库、复式汽车库的喷头除在屋面板或楼板下按停车位的上方布置外，还应按停车的托板位置分层布置，且应在喷头的上方设置集热板。错层式、斜楼板式的汽车库的车道、坡道上方均应设置喷头。

（3）Ⅰ类地下汽车库、Ⅰ类修车库宜设置泡沫喷淋灭火系统。

1）泡沫喷淋灭火系统的设计、泡沫液的选用应按现行国家标准《低倍数泡沫灭火系统设计规范》的规定执行。

2）地下汽车库可采用高倍数泡沫灭火系统。机械式立体汽车库可采用二氧化碳等气体灭火系统。

3）设置泡沫喷淋、高倍数泡沫、二氧化碳等灭火系统的汽车库、修车库可不设自动喷水灭火系统。

（4）在设计中，为使车库喷头布置合理，将结构梁插入建筑图中并以灰色显示，可提高喷头布置的准确性，解决施工中经常发生的喷头与梁相碰的矛盾。

（5）车道出入口如无防火卷帘时，坡道处必须设置喷淋，应注意管道的防冻，可以采用干式系统。

（6）对于机械式停车库，托板下喷头的用水量可按照货架内开放喷头的数量来计算，每层开放 6 只喷头，出水量约 10L/s，2 层的机械车库设计喷水量即：30＋10＝40L/s。

2.2.4 青春年少系列之——钢结构建筑的喷淋管道如何布置

钢结构建筑的喷淋管道布置分两种情况：

一种是建筑物需要设置喷淋系统，但是钢结构已经做了防火保护，这个占大多数。喷淋系统只是保护建筑物内储存的物品，故喷淋管道的布置完全按照自动喷水规范要求来布置，间距最小不小于 2400mm。

另外一种是建筑物不需要做防火保护，但是钢结构没有做防火保护。那么喷淋系统用于保护钢结构框架，则喷淋系统应该沿着结构构件布置，且应布置在钢结构的上方，喷头间距宜为 2.2m，系统可以独立设置，也可以与自动喷水系统合用。

2.2.5 安装水喷雾灭火系统的注意事项

一、安装水喷雾灭火系统注意事项

水喷雾灭火系统在消防中是非常重要的系统，所以它的安装过程一定要非常的准确，保证在发生火灾时能够及时有效地起到灭火作用。本节就如何正确安装水喷雾灭火系统做一些简单的介绍。

水喷雾灭火系统的安装主要包括以下几个方面：喷头布置、管路铺设、系统控制等方面。在喷头布置上要注意，水喷雾灭火系统是一个局部喷雾保护系统，是一个立体结构，

通常布置在易发生火灾或者需要冷却的设备上。水雾喷头的布置取决于保护表面积的大小、雾化角及保护半径、水雾喷头与带电源键的间距。在管路铺设上要注意管路的有效性。水喷雾灭火系统的控制分为自动控制、手动控制以及应急操作。由于消防设备的特殊性，在这里提醒大家安装水喷雾灭火系统时最好有一个独立的灭火控制柜。在自动控制中要注意的是信号探测的准确性和及时性。只有这样才能确保火灾发生时，现场人员的生命和财产的安全，将损失降低到最小。在应急操作方面要注意操作按钮的安装，操作按钮应安装在一个安全明显的位置，用防护罩保护起来。图 2-49 为油浸式变压器水雾喷头喷水示意图。

图 2-49 油浸式变压器水雾喷头喷水示意图

其实在水喷雾灭火系统的安装中还有很多需要我们注意的细节，除了根据安装规范来安装，还应该考虑到其他方面的因素，比如现场设备的情况、环境等。

二、水喷雾灭火自动控制系统

现代社会高层建筑日益繁多，随之而来的安全问题也就成为人们关注的热题。在众多的安全隐患当中，火灾是重中之重，在众多的灭火技术当中，水喷雾灭火系统是使用较为广泛的一种灭火技术，而且较为成熟，不过仍然存在一些问题，这就需要研究人员加大研究力度，使水喷雾灭火系统更加完善。

一般在高层建筑中，水喷雾灭火系统都用于燃油锅炉、燃气和柴油发电机房及多油开关室等主要的设备间。

1. 水喷雾灭火系统的自动控制方式

自动控制方式分为湿式控制和电气控制。湿式控制，就是在水喷雾灭火系统所在的区域中设置闭式喷头，利用传动管来连接雨淋阀隔膜室，在发生火灾的情况下，闭式喷头打开喷水，雨淋阀隔膜室的压力也会随之降低，雨淋阀被打开，因此起到水喷雾灭火的效果。电气控制，与湿式控制不同的是要在所保护的区域内设置感温和感烟探测器，使之连接到火灾自动报警主机上面，当火灾自动报警主机收到火灾信号时，就会发出水喷雾灭火系统开启的信号。

2. 水喷雾灭火系统自动控制中存在的问题

两种自动控制方式的成本都比较高，湿式控制管路如果出现设置错误的现象，后果很严重，电气控制采用的厢房控制模块出现故障会导致系统不能正常运行，电气控制室电磁阀出现故障等。水喷雾灭火系统是一套非常好的灭火方式，在未来消除火灾隐患以及及时灭火中会起到非常重要的作用。

2.2.6 有关变压器水喷雾灭火系统的探讨

近年来，我国城乡电网日益发展，大中型变电站和发电厂越来越多。变压器作为它们的主要设备，无论容量大小，原理基本相同，都是通过铁芯和绕组之间的电磁转换升压或降压，以达到大功率、超高压和远距离输电的目的。有关规范规定，大于一定容量的变压器应设置水喷雾灭火系统。水喷雾在灭火时能起到表面冷却、窒息、乳化和稀释的作用，它可以可靠地扑灭闪点高于60℃的液体火灾，且具有不造成液体飞溅和电气绝缘度高的特点。《水喷雾灭火系统技术规范》GB 50219—2014 亦对变压器水喷雾灭火系统的设计作了一系列规定，但笔者在工程中却发现有些情况无法按规范要求处理，并采取了一系列解决方法，在此提出，以供参考。

一、变压器的火灾危险性分析及保护部位的确定

大容量变压器一般为油浸式，主要由铁芯、绕组、油箱、油枕、散热器、高压套管和压力释放阀等组成。变压器油是碳氢化合物，闪点在130℃左右，为可燃液体，正常情况下在密闭油箱内部依靠温差自然循环或通过油泵强制循环，以冷却电磁交换过程中铁芯和绕组等散发的热量。变压器形式多样，且不规则，不方便作为一个整体处理，因此将变压器的水喷雾保护分为油箱主体、高压套管、散热器、油枕和集油坑五大部分。按规范规定，除集油坑的设计喷雾强度采用6L/(min·m^2) 外，其余部位均采用20L/(min·m^2)，灭火时间均取0.4h，具体分述如下：

1. 油箱主体

油箱主体内部充满变压器油，铁芯、绕组等设备以及大量有机可燃物，如纸板、棉纱、布、木材等均浸泡在变压器油中。当变压器内部短路发生电弧闪络时，油受热分解气化，箱内压力急剧升高，压力释放阀喷油泄压，此时可能引起爆燃，如泄压不及时，甚至可能发生箱体爆炸。另外，雷击、过电压、变压器出线短路以及外界火源等均可引发火灾。一般大型变压器油箱均有一侧要受到散热器的遮挡，喷头配水管可以穿过散热器间的空隙，以保护主体。

2. 高压套管

高压套管的作用是将变压器油箱中的高、低压绕组引出线从油箱内引出，通过电极分别与高、低压线路相连，是变压器的薄弱环节。引发火灾的原因很多，其中包括制造缺陷、安装不当、损伤、老化以及出线短路和雷击、过电压等。它的爆炸喷油起火在变压器的火灾事故中占有最大比例。规范中规定水雾不应直接喷向高压套管，笔者认为水雾包络至少应至套管底部的1/5处，但不应超过1/3。经查阅大量资料，并在湖南省送变电建设公司的组织下做了带电喷雾实验，证明这种设置方式从安全和灭火的角度均是可靠的。

3. 散热器

大容量变压器的散热器一般有风扇，以增加散热片的通风量。热油通过散热片中的管网，以达到散热的目的。此部分的保护也很重要，但应避免水雾直射风扇电机，水雾喷头可沿风扇电机之间的中心线布置。

4. 油枕

油枕通过连接管与油箱主体中的变压器油相连，以缓冲油的热胀冷缩和确保油质。油枕一般为规则圆柱体，位于变压器的顶部，布管时须考虑到喷头和管道离高压带电体的间距。如油枕靠变压器的一侧设置，处理就比较简单，但现在很多油枕设置在变压器的正顶

部，两旁均有高压套管，而规范要求油枕应受保护，且管道不宜穿越变压器顶部，二者有一定矛盾。经与多个变压器厂家协商，一致认为紧靠变压器的顶部可以设置配水横管，这样可以通过高压套管的空隙解决油枕的保护问题。

5. 集油坑

集油坑的保护往往被人忽视，其实以上设备在主体火灾发生时，任何灭火系统均只能起到灭火和防止火势蔓延的作用，设备修复的可能性较小。当变压器内部压力急剧升高时，变压器的压力释放阀会开启泄压，大量的油气泄入集油坑，集油坑内填满了石头，变压器油通过石头缝隙和集油坑底部管道进入远处集油井。此时集油坑很可能引发火灾，因此集油坑的保护很重要，除应独立设置保护喷头外，建议采用大于 12L/(min・m^2) 的灭火喷雾强度。

油浸变压器的大量变压器油极易导致火灾扩散并蔓延，停电也可能给社会造成巨大损失，后果严重，有必要设置可靠的消防保护系统。

二、工程实例

本工程是一个 220kV 变电站，装配有三台 180MVA 的变压器，露天布置。变压器之间设有防火墙，每台变压器采用独立的雨淋阀组和水雾配管系统。现将该工程水喷雾灭火系统的设计特点简介如下：

1. 喷头、配管及雨淋阀组等的设置

变压器的喷头和配管是变压器水喷雾设计的关键。实验表明，在相同的工作压力下，流量规格小的水雾喷头泄漏电流小。国内对水雾喷头的电气绝缘性能测定最大只测到了 80L/min 的喷头，因此喷头型号的选择不宜超过此流量范围。笔者在工程设计中选用了 63L/min 和 80L/min 两种规格的喷头，并做了带电喷雾实验，取得良好效果。设计时根据喷雾强度和被保护体的面积可算出喷头数量，然后选择合适的雾化角，确保有效射程，均匀布置即可。我们可以不独立设置保护高压套管的喷头，但应确保水雾能包络到套管的底部，并不应超过套管长度的 1/3。喷头与管道的连接不应直接采用 90°弯头，而应采用两个 90°弯头加上短管连接，这样可以在试喷雾时方便地调节水雾方向。

南方空气潮湿，且呈酸性，露天的开式管道容易腐蚀。锈渣使水的电导率增加，也容易堵塞喷头，因此管道的防腐很重要。过滤器后的配水管应采用内外热镀锌管，且用丝扣或法兰连接。为保证配水均匀，我们将变压器的主管设计成 *DN*150 的环管，整个环管由八根 *DN*150 的管道和四个 *DN*150 的弯头用法兰连接而成。法兰盘与管道以及其他小管与环管的连接只能采用焊接，焊点将破坏镀层，并形成电化学腐蚀，因此将管道焊接后作了二次热镀锌处理。配管完成后，变压器被管网包围，由于采用丝扣和法兰连接，并不影响日后变压器和管网的维护。

雨淋阀组由雨淋阀、手动阀、压力开关、水力警铃、压力表以及配套的通用阀门组成，主要作用是接通或关断水喷雾灭火系统的供水，它可以通过远程电控信号开启，也可以接收传动管信号开启或直接通过手动应急操作阀开启。本工程所采用的雨淋阀组能自动启闭，且具备远程应急阀手动。在雨淋阀组和变压器较远处均设有手动应急阀，完全满足消防和安全的要求。为确保火灾时系统能可靠启动，必须定期试水，在雨淋阀的出管上装有试水装置，它也可以兼作泄水阀和排污口用。

考虑到变压器的火灾主要是油类和电气火灾，不宜直接喷水灭火，笔者认为有必要设置消防水泵接合器，以利消防车更有效救援。每台变压器的喷头数量为 75 个，若使设计流量达到 80L/s，需设置六台消防水泵接合器。设计灭火时间取 0.4h，消防水池有效容积应为 250m³。其他有关水泵、管网等的设置不再详述。

2. 报警及控制

变压器是供电枢纽的心脏，及时的火灾报警能争取到最好的灭火时机，但误报造成的误动作也可能造成无法挽回的严重后果。大容量变压器一般采用露天设置或设置于大空间的室内，目前国内外常用的探测器有感温电缆、空气管以及闭式喷头等。本工程采用了两路感温电缆：一路为开关量感温电缆，距离变压器表面约 5～10mm；另一路为模拟量感温电缆，紧贴变压器表面布置。油枕、油箱以及输油管路等均缠绕了感温电缆。考虑到高压套管是火灾多发部位，因此在所有套管的根部也缠绕上一圈模拟量感温电缆。经以上布置，实现了变压器的全方位保护，可及时感应到变压器表面温升和外部火灾。

配水管网的接地很重要，我们对管网的两处进行了重复接地，管道的法兰连接部位均采用铜条短接。

三、问题及对策

本工程完工后，我们做了系统联动和水喷雾试验，对部分喷头的角度进行了调整，整个变压器全部被水雾包络，高压套管根部的 1/3 也在水雾覆盖中，效果良好。但也发现了一些问题。

1. 油枕的保护

油枕位于变压器的顶部，实际上也是位于两侧高压套管的中间，在有风的情况下，保护油枕的水雾改变了方向，直射到了高压电极上。最后只得降低油枕和喷头的保护距离并增加水雾喷头，但油枕还是未能全部被水雾覆盖，因此油枕的保护方式有待探讨，最好在订购变压器时向设备厂家提出要求，将油枕设置在变压器的一侧。

2. 仪器仪表的防雾措施

变压器上的仪器仪表均是防水的，但在试喷雾时发现水雾能穿过透气孔进入它们的内部。为防不良影响，我们在试喷雾时采用了一定的遮挡措施，也可在订购变压器时向设备厂家提出防雾要求。

3. 多台变压器交叉灭火和循环灭火方式的解决

本工程有三台变压器，我们只考虑了一台变压器起火的情况，并按此要求对水池容量、水泵等进行了设计。当一台变压器的雨淋阀启动灭火时，另外两台变压器的灭火系统必须在此台变压器的雨淋阀关闭后才能启动，而实际中也的确存在交叉火灾和人工误动的情况。因此我们针对本系统雨淋阀能自动启闭的特点，在控制中心增加了远程自动和手动关阀的功能，实现了多台变压器的循环灭火，并且模拟实验成功。由于雨淋阀的自动关闭在瞬间完成，造成了较大的水锤，可在雨淋阀组的前面设置水锤吸纳器。

4. 带电喷雾对运行中变压器的影响

一般情况下，水雾系统的自动启动可以设定在变压器跳闸以后，但水雾系统存在自动、手动以及机械应急手动等多种启动形式，因此不能排除变压器在运行状态下喷雾的情况。喷头、管道和带电体的安全距离均满足电业安全规程和相关消防规范的规定，且喷雾时水雾只覆盖到了220kV和110kV套管的根部，因此不会对它们产生不利影响。10kV套管和10kV引出母线铝排的位置较低，喷雾时整个套管和铝排均处在密集的水雾包络中，套管和变压器表面形成了厚厚的水膜。由于消防管道中的水没有流动，腐蚀严重，是否会引起变压器10kV出线的相间闪络呢？带着这个问题，湖南省电力建设开发公司联合湖南省电力中心实验研究所及湖南省电力设计院等单位，做了与变压器现场情况相同的喷雾耐压实验，得出以下结论：

（1）正常水质下（导电率157μs/cm），试验水压≥0.3MPa，试验电压达35kV，试验均可通过。

（2）污秽水质下（导电率444μs/cm），试验水压≥0.3MPa，试验电压不能超过20kV。当超过20kV时，变压器和套管表面形成的水膜放电闪络，实验不能通过。

以上实验结果证明，正常运行状态下发生误喷是不会影响安全运行的，不会由于喷雾造成主变压器跳闸。

5. 水喷雾灭火系统的启动方式

上面的实验结果表明，水喷雾系统不一定要等到变压器跳闸后才启动。变压器表面布置有两路不同类型的感温电缆，当一路感温电缆感应到火灾时，将发出报警信号，此时可人工判别火灾并可手动启动灭火系统。当两路感温电缆均感应到火灾时，将自动启动灭火系统。油浸变压器本身带有油温传感器、瓦斯继电器以及压力释放阀等，它们的报警一般较外部探测器要快，在本系统中，这些反馈信号也可直接启动灭火系统。

四、总结

油浸变压器内部贮有大量的变压器油，以上工程实例中的每台220kV变压器的贮油量就达20t。内部火灾一旦发生，变压器油油温一般已超过闪点，并可能大大超过复燃温度，遇空气即可爆燃，火势极难控制。因此在水喷雾灭火系统的设计和施工中应根据变压器的工艺特点和现场的实际情况，充分考虑各方面因素，做到全方位的火灾探测和水雾覆盖，将火灾消灭在初始阶段。

2.2.7　多区域地下发电机房水喷雾设计探讨

随着现在高层建筑的蓬勃发展及其综合功能越来越强，一个大型高层建筑群往往有几个不同的业主及多种用途，造成发电机组需设置多台。同时因发电机房面积过大，导致水喷雾系统流量过大，在此条件下，如何向多区域大面积发电机房进行水喷雾系统供水及控制成为一个核心问题。本节结合福州长城沃尔玛购物广场的工程实例提出解决措施。

一、工程概况

福州长城沃尔玛购物广场位于福州市六一路和福马路交界处，是租用旺龙大厦裙房1～3层的大型超市。旺龙大厦由三座塔楼和五层裙房组成，主楼C楼地面20层，A、B两座塔楼18层，地下室一层，是以商业、办公写字、住宅为主的建筑群。其中主楼为福州市国税局，沃尔玛购物广场设独立的中央空调系统。原有地下室柴油发电机房设有两台300kW（消防主电源，服务于沃尔玛购物广场）和一台260kW（国税局专用）的发电机组，由于用电负荷的增加，新增一台300kW（其余住宅和桑拿用）的发电机组，机组总负荷为1160kW。

目前由于商场出租且新增发电机组需变更设计。原设计是设卤代烷1211气体灭火系统，由于诸多原因尚未施工。该系统与水喷雾灭火系统相比具有投资大、设备多、气体有污染等缺点，已被淘汰。根据《水喷雾灭火系统技术规范》GB 50219—2014（以下简称《雾规》）第1.0.3条“水喷雾灭火系统可用于扑救固体物质火灾、丙类液体火灾、饮料酒火灾和电气火灾，并可用于可燃气体和甲、乙、丙类液体的生产、储存装置或装卸设施的防护冷却，设计采用设水喷雾灭火系统”。现针对水喷雾灭火系统设计的几个问题进行探讨。

二、水喷雾灭火系统设计有关问题

该柴油发电机组水喷雾灭火系统设计的四个基本参数为：设计喷雾强度20L/min，持续喷雾时间0.5h，水喷雾工作压力不应小于0.35MPa，响应时间不应大于45s。

1. 保护面积的确定

根据《雾规》第3.1.4条规定，柴油机组应按外表面面积确定；日用油间则可以参照第3.1.5条按使用面积确定。因此导致了水喷雾喷头的两种保护方法：立体保护和平面保护。考虑到柴油发电机四周及顶部均有着火的可能性，虽然用立体保护能使有效喷水强度的水雾直接喷射覆盖火源，达到控火、灭火之目的。但是笔者认为建筑物内的自备发电机房水喷雾灭火系统采用实际使用面积来设计较为合理。原因有三：(1) 对于设在室内的小型发电机组，由于其高度一般为2.0m左右，而高速水雾喷头的垂直有效射程可达3.0m，机体一般能处在水雾喷头的有效射程内，采用平面保护可以达到直喷的效果。也不会因以后机组的挪位或型号的改变而更改系统。(2) 配水支管绕机组四周布置，特别是同一机房内有两台机组时，管道和喷头的安装会很困难，而且会极大地妨碍日常操作。(3) 由于实际使用面积比保护对象的外表面面积大，所以所设喷雾喷头较多，这样喷雾强度更大，更安全。

2. 确定喷头个数和系统流量

水雾喷头分中速喷头和高速喷头。中速喷头一般用于防护、冷却，其压力为0.15～0.50MPa，水滴粒径为0.4～0.8mm；高速喷头一般用于灭火、控火，其压力为0.25～0.70MPa，水滴粒径为0.3～0.4mm。柴油发电机房应选用高速水雾喷头。现国内发电机房一般选用ZSTG10/114型高速喷射器。水雾喷头的流量按下式计算：

$$q=k\sqrt{10p} \tag{2-8}$$

其中$k=43.8$，在0.35MPa压力下流量为81.9L/min。

保护对象的水雾喷头设置数量应按下式计算：

$$N=SW/q \tag{2-9}$$

本例中三个机房的实际使用面积分别为$54m^2$、$26m^2$、$21m^2$，储油间实际使用面积为$19m^2$，经计算所需喷头数分别为13个、7个、5个、5个。而据现场条件和喷头的布置要求，其平面布置方式可为矩形或菱形。当按矩形布置时，水雾喷头之间的距离不应大于

1.4 倍水雾喷头的水雾锥底圆半径；当按菱形布置时，水雾喷头之间的距离不应大于 1.7 倍水雾喷头的水雾锥底圆半径。实际布置的喷头数为 13 个、7 个、5 个、6 个。

系统的计算流量按下式计算：

$$Q_j = 1/60 \sum_{i=1}^{N} q_i \qquad (2\text{-}10)$$

系统的设计流量为（1.05～1.10）Q_j，经计算系统的设计流量为 44.43～46.54L/s。很显然系统流量较大，水喷雾泵的选择成为一个难题。

3. 水喷雾泵的选型

如何选择系统的加压送水设备呢？通常有两种方法：

（1）采用独立的消防泵，这种方法增加了消防泵的台数，既增加投资又增加建筑占地面积，所以在实际设计中很少采用。

（2）与建筑内的消防泵共用（均满足流量和压力的前提下），这里有两种共用方式：即与消火栓泵共用和与喷淋泵共用。建筑内同一时间内的火灾次数按一次考虑，由于水喷雾系统和喷淋系统不需同时开启，而消火栓系统有可能开启，因此笔者认为水喷雾泵适合与喷淋泵共用。

4. 水喷雾系统的设计

前面已经提及，为节省投资，水喷雾系统与喷淋供水系统共用，且雨淋阀必须在自动喷水灭火系统的报警阀前（沿水流方向）分开设置。但喷淋泵的压力虽然足够，流量（30L/s<44.43L/s）却不够。根据《建筑设计防火规范》GB 50016—2014 第 5.4.13 条第 4 款：机房内设置储油间时，其总储存量不应大于 1m³，储油间应采用耐火极限不低于 3.00h 的防火隔墙与发电机间分隔；确需在防火隔墙上开门时，应设置甲级防火门。储油间与机房之间的分隔达到了防火分区的分隔要求。在考虑水喷雾的设计流量时，可以分别计算，取大值即可。由于水喷雾是开式系统，要分别控制才能达到系统相对独立，因而本设计考虑将机房和储油间分为两个防火分区，设两台雨淋阀组。

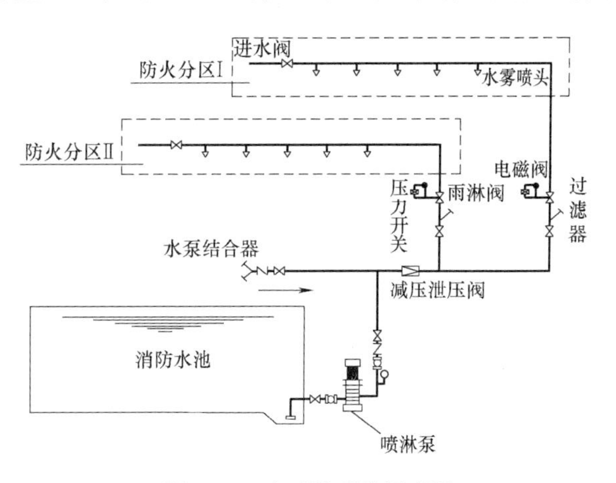

图 2-50　水喷雾系统原理图

根据图 2-50 可以看出，本例将面积为 54m² 和 26m² 的机房划为防火分区Ⅰ，用水量为 27.3L/s；将面积为 21m² 的机房和面积为 19m² 的储油间划为防火分区Ⅱ，用水量为 15.6L/s。每个防火分区设一个水喷雾系统并由一台雨淋阀组控制，减少了每个水喷雾灭火系统的水量。水喷雾灭火系统的计算流量按防火分区Ⅰ中同时喷雾的最大用水量 27.3L/s 确定，喷淋泵可以满足要求。

5. 其他几个问题

系统的防超压。由于系统共用喷淋泵，地下一层的水喷雾灭火系统压力远大于工作压力，使得水雾喷头喷水强度过大，考虑到水喷雾泵工作时消火栓泵可能同时开启，要保证消火栓泵的用水量，就会使水喷雾灭火系统的持续喷雾时间达不到 0.5h。因此必须采取减压措施。

水喷雾消防泵所需扬程 H 应按以下公式计算：

$$H=h_1+h_2+h_3 \tag{2-11}$$

式中 h_1——最不利点水雾喷头的实际工作压力，0.35MPa；

h_2——系统管道沿程水头损失及局部水头损失之和；

h_3——最不利点水雾喷头与系统管道入口或消防水池最低水位之间的高程差。

据上式计算出 H 一般在 0.45MPa 左右，因此宜在雨淋阀前设减压稳压阀，阀后压力控制在 0.45～0.50MPa。

系统响应时间。《雾规》第 3.1.4 条规定：水喷雾灭火系统的响应时间，当用于灭火时不应大于 60s。系统的响应时间由信号传输时间和水流到达时间组成。水喷雾灭火系统应设有自动控制、手动控制和应急操作三种控制方式。自动控制从定温火灾探测器感温动作发出火灾信号，并将信号输入控制盘，由控制盘再将信号分别传给自动阀，自动启动水喷雾泵大约需 10s 左右，因此必须缩短雨淋阀到最不利水雾喷头的距离，减少水流到达时间。故雨淋阀通常设在发电机房附近的雨淋阀室内，既保证响应时间又方便应急操作。

三、结论

经过技术经济分析，在节省投资、减少建筑占地面积的前提下，提出了水喷雾泵共用喷淋泵。当喷淋泵不能满足系统流量要求时，把大面积具有独立防火系统的发电机房和储油间分为两个防火分区，设置两台雨淋阀组分别控制。

2.2.8 大型变压器新型水喷雾灭火系统

一、大型变压器火灾实例

1991 年 12 月，北京某 220kV 变电站的一台 120MVA 薄绝缘三线圈主变压器由于内部故障起火，因站内没有固定的水喷雾灭火装置和充足的消防水源，在起火十几分钟后 30 余辆消防车陆续赶到，扑救了近 7 小时方灭掉了明火，由于没有彻底降温，7 小时后重燃，近 20 辆消防车再次赶来扑救，变压器报废。

1997 年 2 月，北京另一座 220kV 变电站的一台 120MVA 三线圈主变压器因高压套管爆炸起火，几分钟后消防车赶到，用自带的水灭火，在自带的水即将用完时，站内值班人员手动启动水喷雾装置成功，在消防队员和值班人员的共同努力下，有效地控制了火势并将其扑灭。在此期间，水喷雾灭火系统起到了后援和降温的作用，若仅靠消防车自带的水量很难将火扑灭。同时也可看出，灭火是扑救火灾的关键因素。这台变压器除套管破碎及线圈需烘干外，其他部位没有大的损坏。

二、有关规范对主变压器消防的要求

（1）《水喷雾灭火系统技术规范》GB 50219—2014（以下简称《雾规》）规定：水喷

雾灭火系统的响应时间，当用于灭火时不应大于60s；水雾喷头应布置在变压器的周围，不宜布置在变压器的顶部；保护变压器顶部的水雾不应直接喷向高压套管；水喷雾灭火系统应设有自动控制、手动控制和应急操作三种控制方式。水喷雾灭火系统的控制设备应具有下列功能：选择控制方式；重复显示保护对象状态；监控消防水泵启、停状态；监控雨淋阀启、闭状态；监控主、备用电源自动切换。

(2)《火力发电厂与变电站设计防火规范》GB 50229—2006 规定：220kV、330kV、500kV 独立变电所，单台容量为125MVA 及以上的主变压器应设置水喷雾灭火系统，并应具备定期试喷的条件。

三、北京供电局原水喷雾灭火系统状况

1. 北京供电局高压变电站的供水状况

北京供电局在1995年前建成投运的220kV、500kV 变电站有20座，大部分均远离市区或城镇，远离市政自来水管网，其生活和生产水源通常靠站内或附近的专用自备机井提供。北京地区变电站目前采用以下几种供水装置：

(1) 使用水塔供水

由于变电站常驻人员不多，日常用水量很少，在炎热的夏季水塔内的水质极易发生变化，而在寒冷的冬季水塔内的水容易结冰和冻裂管道。

(2) 使用变频水泵供水

由于变频水泵始终处于调速运转状态，因水中杂质对泵磨损很大，与自来水系统中的变频水泵相比，使用周期短，维护费用高。

(3) 使用自动补气式气压水罐供水

这种装置是在20世纪80年代末期兴起的，系统简单可靠，投资不高且易于管理和维护，系统的水压一般在0.3～0.6MPa 之间可调，非常适合变电站使用。

2. 原水喷雾灭火系统的状况

上述20座变电站中有13座变电站为主变压器配置了水喷雾灭火系统。所配置的系统基本上由地下蓄水池（容量在几十至几百立方米）、取水管、消防泵（一主一备）、环状地下消防主管网、手动或电动的水喷雾控制阀门（一台主变压器配用一只）、变压器水喷雾立管和水平支管及雾化喷头、水泵启动控制和保护装置等组成。消防用水预先由自备机井提到地下蓄水池中储存备用。

上述水喷雾灭火系统大都未在管网内预先注水，需由值班人员根据变压器起火情况，按动当地或远方（主控制室）控制盘上的启动按钮，启动消防泵和打开相应的喷雾主阀门，进行喷雾灭火。这种系统由于在主变压器发出事故报警信号时，要靠值班人员准确地判断主变压器是否起火、并正确地操作有关按钮，很容易发生误操作。另外，由于管线长，在发生火灾时空管充水时间大于规程允许的响应时间。此外由于管线内断续供水，管线内壁氧化锈蚀，锈渣被水流冲至喷头处淤塞喷头，影响水雾的形成，特别是当使用手动喷雾控制阀门时，常因阀门锈死而无法操作。这类系统的致命缺陷是系统本身不具备自检功能，必须由专业人员定期检查，但因缺乏专业人员的定期检修维护，故障难以及时发现，在需要时不能正常启动，形同虚设。

为满足《雾规》关于灭火响应时间的要求，防止空管注水时间过长，少数系统设置了

变频稳压泵或其他供水装置，为管路补水和保压。在主变压器运行时，这种系统因为在管网内有水的情况下，不能检查喷雾主阀门是否能正确打开，也存在着火警时喷雾主阀门拒动的可能性。为了对这种系统定期检查，至少需派两名检修人员到变电站现场，将地下管网中的水泄空后，持无线对讲机进行操作和检测，而在装设了集成电路型保护装置的变电站，保护室内是绝对禁止使用无线对讲机的，这便给检查带来了一定的难度。在使用变频稳压泵给地下管网保压注水时，由于变频稳压泵长期处于工作状态，磨损严重，维修较频繁。

3. 雨淋阀灭火系统

南方的一些工程中也有不用喷雾电动阀门而采用雨淋阀的实例。与上述系统相比，此类系统除了将喷雾电动阀门改用雨淋阀（一台主变压器配用一组）外，其他系统部件大致相同。由于雨淋阀的需要，在每台主变压器的上方还增设了通至雨淋阀的传动管及闭式温度探头。传动管内平时充满有压力的气体或水，借此顶住雨淋阀的主放水口。当闭式温度探头上的测温玻璃泡遇高温破碎时，传动管内的有压气体或水从探头处泄出，雨淋阀的主放水口打开，同时通过雨淋阀上的电接点启动消防泵，大量的水便从雾化喷头喷向变压器。此类系统可以不靠人的操作而准确地启动整套系统，实施喷雾灭火，但在北方使用时，存在冬季防冻问题，传动管内只能充气，这样系统的部件将增加许多，且受风或气流的影响，温度探头的灵敏度将会降低。

四、新型智能水喷雾灭火系统

为了解决以往主变压器水喷雾灭火系统存在的缺陷，有效地控制变压器初期火灾的扑救，降低主变压器火灾造成的损失，从1995年下半年起北京供电局开始进行新型水喷雾灭火系统的研制工作。

1. 新系统的功能要求

在总结以往水喷雾灭火装置经验的基础上，对新系统提出了整体的设想，新系统应具备以下功能和特点：

（1）系统应能实现定期自动巡检功能，以便及时发现缺陷，提醒专业人员进行处理，使系统处于良好的备用状态。

（2）地下主管网必须能够预先注满水，以解决动作反应时间过长和管道因断续供水而锈蚀的问题。

（3）系统应能对变压器的温度进行可靠和有效的监测，在火灾发生时能准确的报警。应具有对巡检状态和事故动作状态的记忆能力，供事故后追忆和分析使用。

2. 新系统的研制

根据上述要求并结合实际工程的进度，组织设计、制造和运行单位的技术人员研制新系统。在研制过程中，抓住控制装置、电动阀门、水雾喷头三个关键部件，进行了技术调研和分析。还组织调度、保护、变电值班、生技、安监等部门的技术人员对控制装置的动作条件进行了严格的分析和审查。

经过努力，新系统已在新建的北京台湖、张仪、大兴三座220kV变电站安装完毕，并成功地在张仪和大兴两站对4台180MVA的主变压器进行了试喷检验和自动巡检测试。

新的水喷雾灭火系统由以下几部分组成：地下蓄水池；主备消防泵；地下消防主环

网；地下消火栓及井；喷雾电动阀门及井；喷雾立管、水平支管和雾化喷头；主变压器测温及数据传送装置；为管道日常补水的单流阀门及电动阀门；管道泄水用的电动阀门；控制盘及电机保护盘；当地及泵房内的启动盘等。控制系统采用了工业可编程控制机作为核心部件，监控全套系统的工作状态。系统的任何异常信号和动作信号均在消防控制盘上用光字牌显示，同时将消防系统异常的信号送至主控制室的中央信号屏上并伴有声响。

为了解决地下消防主环网的日常保压补水和系统巡检时的断水问题，系统设置了补水电动阀门，一侧接主环网，另一侧接供应生活用水的气压水罐的出口，并在地下主干管的最高点设置了自动排气阀，以使水能充满管道。在日常情况下，消防主环网内的水压和气压水罐出口的压力基本一致。此时，可以打开地下消火栓井内的水嘴或阀门，喷洒站区内的绿地及道路等。在消防状态下，因管道内压力较高，为了防止消防水进入生活水系统，在补水电动阀门的一侧装设了逆止阀。

根据对几场变压器火灾的分析，发现在变压器起火燃烧的过程中，首先被破坏和最先见到火光的地方是高压套管和变压器箱体结合处。为了可靠地监视变压器是否起火，经过多次研究，决定在变压器的瓷套管根部与套管升高座的结合部设置测温铂热电阻，每台变压器设 8 个点，并将实测温度值通过温度变送器送出。控制系统巡回检测这些温度值，发现温度值有跃变（＞0.13℃/s）时，自动发出预告信号，当温度值跃变到上限（定为 105℃）时，发出报警信号并同时启动消防泵，做好喷雾的准备工作。如果在检测中发现测温电阻有断线故障时，控制系统会自动发出报警信号，并跳过此点继续进行检测。

当变压器起火后，为了安全起见，系统应在起火设备确实断电的情况下进行水喷雾灭火。为了做到这一点，控制系统必须在检测温度的同时对几种开关量的变化状态进行相应的巡回检测。我们采用以下几种开关量作为基准的鉴定手段：最为可靠的是使用主变压器的重瓦斯保护信号和差动保护信号的接点，这两个信号对控制系统触发的逻辑关系是“或”，为了防止保护正确动作而断路器拒动，引起对带电的事故变压器喷雾，根据后备保护的动作时间和越级动作的最长时间，规定在重瓦斯信号或差动保护信号触发控制系统后延迟 10s 再打开喷雾电动阀门的做法。当重瓦斯和差动保护装置没有多余的接点供使用时，也可以使用主变压器三侧断路器的辅助常开接点，此时为了防止因断路器机构故障拒分而造成的误判，需要对三侧断路器进行“三选二”的判断，并在判断确认后延迟 10s 再打开喷雾电动阀门，延迟 10s 是必须的，给拒分的断路器回路留出保护装置越级动作的时间。

为确保水喷雾灭火系统和变压器处于安全可靠的运行状态，消防泵启动和喷雾电动阀门打开必须有严格的逻辑闭锁关系。为了防止在变压器开盖检修时，误碰测温电阻（使测温电阻升温）而引起误喷事故的发生，必须规定变压器在停运时，应事先人工停止装置运行，并对主变套管处进行温度检测。当检测到某一台变压器的某一点超温时，控制系统自动启动消防泵，但并不立即打开这台变压器的喷雾电动阀门，而是继续检测这台变压器三侧断路器的状态，只有当这台变压器有关的断路器相继动作跳开后，控制系统才会确认是这台变压器起火，这时再自动打开这台变压器的喷雾电动阀门进行喷雾灭火。如果检测到某一台变压器的某一点超温，又检测到另一台变压器的三侧断路器有动作，因闭锁条件的限制，控制系统不会打开任何一台变压器的喷雾电动阀门进行喷雾，此时仅有消防泵在转动。

两台消防泵（一主一备），能用控制盘上的手柄进行主、备用的切换选择。当主泵由于种种原因启动不起来或流量、压力不够时，水泵出口处的电接点压力表将向控制系统反馈信息，激发控制系统启动备用泵。因压力不够，备用泵投入运行时，主泵并不退出运行。

这套水喷雾灭火系统具备自动、手动、应急三种操作状态，通常应置于自动操作状态。在变压器附近和消防泵房内有应急操作箱和手柄或按钮。优先级别从低到高的顺序为：自动、手动、应急。应急操作按钮设在变压器附近的控制箱上，操作时应先按动消防水泵的启动按钮，再按动相应变压器的喷雾电动阀门按钮即可实施喷雾。停止系统工作必须在控制盘上操作。手动操作靠旋动设在消防控制盘和泵房控制箱上的相关控制手柄进行，主要用于检修过程中的试验工作，当然也可用于实施喷雾灭火。

系统投入运行后，可能几年甚至几十年不会发挥一次作用，但是一旦出现火情就必须快速可靠地投入到灭火工作中，要做到这一点，关键是使系统始终处于良好的状态，水泵、电动阀门必须运转灵活、开启自如、关闭严密。以前安装的水喷雾灭火装置，常因检修时间过长或漏检，而出现运行障碍。新研制的这套装置具有自动离线检测功能，在装置投运前，预先设定一个自动巡检的周期，投运后便开始倒计时，待预置时间减到零时，装置自动进入巡检状态。也可以通过人工按动巡检按钮进行强制巡检。

在巡检状态下，装置首先自动关闭来自生活供水装置的补水电动阀门，切断补水的水源；然后自动打开主管路的泄水电动阀门，并顺序启停两台消防泵，同时通过水泵出口处的流量计和电接点压力表及泄水阀门处的流量计监视判断消防泵的工作状态；在消防泵正常停止后，延迟7～10min，待管路的余水基本自然泄空后，再顺序开、关主变压器的喷雾电动阀门，此时由于管路内水量很少，几乎无压力，所以不会有水从雾化喷头流出，也能有效地防止冬季冻裂立管或堵塞出水管的现象。最后关闭泄水电动阀门，打开补水电动阀门向主管路补水，恢复到正常运行状态。在巡检过程中，每一步操作都能自动地进行成功与否的判断，发现问题停止巡检，发出信号，提醒值班人员通知维护检修人员检修。检修时可根据控制盘上的光字牌判断故障点，检修完毕，应按动巡检按钮重新开始强制巡检。正常巡检的全过程约需15min。巡检后的补水时间将视生活供水系统的能力决定。为了在补水时能将管内的空气排除，在管路的最高点装设了自动排气阀。

为了保证系统的可靠运行，我们选择了不锈钢为外壳、聚四氟乙烯为内衬套的电动蝶阀作为喷雾和泄水的主阀门。为了方便检修，在这些电动阀门的部位设置了相应的手动蝶阀。

为了现场试验安全起见，试验前停运被喷的变压器。为使试验更接近实际状态，采取了如下的模拟措施：将处于分闸状态的三侧断路器的两端隔离开关拉开，手动使断路器合闸，模拟变压器处于运行状态，控制系统开始对主变压器进行温度检测；在当地消防控制箱处，用电阻箱改变停运变压器上任何一只温度变送器的输出端电流，模拟变压器套管处温度越限的状态，这时控制系统开始检测开关是否变位；在保护室内人工动作变压器的主保护，使三侧断路器分闸，模拟变压器事故跳闸的状态。

经现场试喷验证：在向温度变送器送入变压器套管根部超温值的相应电流后，系统的控制装置即发出灯光和声响报警信号，并同时启动消防水泵；在人工操动断路器10s后，电动喷雾阀门开始开启；再过约12s，阀门全部开启，喷头正常喷雾。经现场自动巡检过程的动作验证：无论是依预定周期开始巡检，还是由人工按动巡检按钮启动巡检程序，巡检过程的各项动作内容均有条不紊地进行，巡检时间约为15min。现场试验的结果表明：整套装置动作及时、灵敏、可靠，自动化程度高，灭火喷雾及日常巡检均自动进行，并记录了最后一次的动作时间和状态，能有效地防止火灾的蔓延，还能为事故后的分析提供必要的记录数据。

上述水喷雾灭火系统的整体系统及管路的设计、雾化喷头的选择与布置设计均由华北电力设计院、北京供电设计院负责；控制装置和温度采集装置由北京泰辰电子工程技术有限责任公司生产制作；控制软件由北京供电局和北京泰辰电子工程技术有限责任公司联合开发，并由北京泰辰电子工程技术有限责任公司负责编制。

五、使用注意事项

（1）因消防系统动作时水压很高，系统上的所有管件与阀门等均应选择符合最高工作压力要求的产品部件，特别是与生活供水系统相连接的部位和绿化用水引出的部位。

（2）在主喷雾电动阀门至喷雾管之间的最低点（管子底部）设置防冻放水用的手动阀门。在绿化用水引出部位也应装设防冻放水嘴。在系统主管路的最高点，必须安装自动排气阀。

（3）在主喷雾电动阀门井处宜设置水泵结合器，供消防车接驳，当然水泵结合器不能离主变压器过近，以免火灾时人员无法靠近作业。

（4）尽量选择变压器与散热器分开布置的方案，且宜选择散热器集中在一侧的产品。这种情况下，可以在主变压器周围的喷雾管与散热器喷雾管之间加设手动阀门，并使水流从电动阀门出来后首先到达散热器处，而后再到达变压器本体周围。采用这种方案的目的在于充分利用水喷雾灭火系统的功能，通过手动操作的方法，达到定期清洗散热器和在主变压器过负荷时水冲散热器降温的目的。

（5）建议选用立式斜流泵而不用卧式离心泵，这样能够确保在消防作业时，地下蓄水池的水位不影响水泵取水，并且可使泵房建在地下蓄水池之上，免除了消防泵房水淹之虑。如不用立式斜流泵而用卧式离心泵，那么须将泵房的地面标高降至地下蓄水池底板之下，才能保证在消防作业时，卧式离心泵始终处于自灌取水的状态，以防止在取水过程中，由于种种原因需要备用泵投入时，因水位下降发生备用泵吸不上水的现象。

2.3 其他固定灭火系统

2.3.1 【每日精彩】浅谈气体灭火系统存在的问题及对策

在建筑工程中使用的气体灭火系统主要有IG541、七氟丙烷、三氟甲烷、二氧化碳、热气溶胶以及现已禁止使用早期安装的哈龙1211、1301卤代烷等灭火系统。这些灭火系统虽然每时每刻保护着防护区内人员生命和财产安全，但由于其自身的安全性和可靠性也存在不少问题，同样也在威胁着人员生命和财产安全。本节从工程设计、产品制造、工程施工、维护保养四个方面，分析了气体灭火系统存在的问题并提出相应对策。

一、气体灭火系统存在的问题

1. 工程设计问题

（1）气体灭火系统没有标准设计软件

《气体灭火系统设计规范》GB 50370—2005 于 2005 年发布实施，为 IG541、七氟丙烷、三氟甲烷、热气溶胶等灭火系统的设计提供了很好的设计依据，但由于喷嘴设计参数、喷嘴流量系数和阀门及管件阻力损失、当量长度，需要气体灭火系统生产厂家提供，同时设计过程计算十分复杂，人工计算根本无法完成，又没有国家统一标准设计软件，工程设计单位只能委托有气体灭火系统设计软件的厂家进行设计。而厂家的设计软件一方面没有经过设计认证或试验验证，另一方面设计只针对该公司的产品，设计图纸对产品的针对性很强，谁设计就得用谁的产品。而工程上实际使用的产品跟图纸中设计的绝大部分不一样，又没有经过认证或试验验证，因此设计存在一定的安全性和可靠性隐患。

（2）设计用量不正确

气体灭火系统防护区灭火剂设计用量是根据防护区的净容积进行计算的，而实际情况中，净容积很难进行计算，计算公式中也没有准确的修正系数。因为不确定因素较大，往往会导到计算结果比较大，造成灭火剂设计用量比实际需求大，最后导致在灭火过程中，灭火实际使用浓度大于无毒性反应浓度，存在一定的安全性和可靠性隐患。

（3）火灾自动报警联动系统的火灾探测器选型及设计位置不当

防护区内火灾自动报警联动系统的火灾探测器的探测反应时间直接影响着气体灭火系统的防护效果。工程现场经常出现火灾探测器选型不当，如在地板下等狭小的空间内采用点式感温和点式感烟探测器，这样选型一是由于这些狭小的空间内湿度较大、粉尘较多，容易引起报警联动系统的误报，从而造成系统误喷；二是由于这些部位空间狭小，烟气流动不畅，造成探测器无法及时发现火情，导致气体灭火系统无法及时启动灭火。另外探测器设计位置不当，则将致使气体灭火系统防护区内某些重要部位成为探测盲区，一旦这些部位发生火灾探测器将无法及时探测到火灾信号，最终导致气体灭火系统无法及时启动灭火。

2. 产品制造问题

（1）零部件组装及检验过程中存在的问题

气体灭火系统生产厂家大部分是小作坊式生产企业组装，甚至所有零部件均采购其他生产厂家的零部件；瓶组组装没有专用的组装设备，靠人工组装；集流管制作没有相应的开孔设备，直接通过气割开孔，致使产品质量根本得不到保证。目前气体灭火系统没有严格的工厂条件检查要求，小作坊式的生产厂家为降低生产成本，往往不配置相应的检测设备，也没有科学的检测方法，零部件采购回来后不进行相应的试验或检验就直接供应给施工单位，产品质量根本得不到保证。

（2）灭火剂方面存在的问题

当前在工程项目验收时，因气体灭火系统的整体启动特征，检查方主要检查的依然是系统的表观及启动、喷射性能，极少对灭火剂性能进行检验。部分气体灭火系统生产厂家为了降低生产成本，没有到有灭火剂充装资质的充装单位按标准工艺进行充装灭火剂，有的还充装假灭火剂。

（3）IG541钢瓶存在的问题

2002年之前生产的IG541气体灭火系统，钢瓶采用的是15MPa二氧化碳钢瓶，该类钢瓶工作压力偏低，存在一定的安全性和可靠性隐患。

3. 工程施工问题

由于气体灭火系统比较专业且在施工过程中有一定的危险，施工中容易出现一些安全性事故，存在以下问题：

（1）组合分配系统中联动控制系统接线错误，使启动装置、选择阀、防护区未形成应有的对应关系。如误将防护区一的联动启动线路接至防护区二的启动装置上，导致防护区一发生火灾时灭火剂反而喷放到防护区二中，从而导致灭火失败。

（2）联动控制系统的联动关系设置不正确。如防护区内的空调系统在发生火情时不能联动停止工作，机械排烟设施在发生火情时反而联动启动。这样一方面会造成烟气不易聚集，使探测器无法及时探测火灾；另一方面在灭火剂喷放灭火时会造成灭火剂的流失，使防护区内灭火剂浓度无法达到灭火浓度，导致灭火失败。

（3）气体灭火防护区的开口无法在灭火剂喷放之前联动关闭，致使灭火剂流失，降低系统灭火效果。

（4）无人值守的房间将灭火系统设置在手动工作状态，一旦此类防护区发生火情，无法及时启动系统灭火。

（5）手动启动装置无防护措施，容易被人误操作，造成系统误喷。

（6）系统中设备管道未按规范要求进行接地，有可能在雷击或静电的作用下引起系统的误动作。

（7）防护区围护结构及门窗不满足耐火极限不宜低于0.5h，承受内压的允许压强不宜低于1200Pa的要求，或者未按照设计规范要求设置泄压口。火灾发生或灭火剂喷放时容易引起防护区围护结构及门窗破损，造成灭火剂流失，灭火失败。

（8）系统安装完毕，投入运行时未将电磁阀或者瓶头阀处的限位安全装置拆除，造成火灾时系统无法正常启动。

（9）系统安装时，安装人员随意改动灭火剂输送管道的位置，管路上增加弯头，使灭火剂输送的阻力增加，导致灭火剂无法在规范要求的喷放时间内喷放完毕，影响系统的灭火效果。

（10）组合分配系统中启动气体单向阀的安装位置直接决定各个气体灭火防护区的灭火剂喷放数量。施工时启动气体单向阀的位置安装有误会导致气体灭火防护区的实际灭火剂的喷放数量与灭火剂设计用量不同，从而可能导致防护区内灭火剂浓度过高或不足。

（11）施工时未按照规范要求设置管道支吊架，为节省成本随意减少支吊架的数量，导致系统在喷放时管道振动。严重时会造成管网脱落。

（12）储存装置在搬运过程中不注意保护，因碰撞原因有可能造成瓶头阀损坏，造成灭火剂的泄漏。严重的则可能导致瓶头阀打开，造成灭火剂释放，引发危险。

4. 维护保养问题

（1）一些使用单位维护人员没有经过气体灭火系统专业知识培训，对系统的操作似懂非懂，致使系统无法保持完好有效的状态。消防值班人员更换频繁，导致部分值班人员不熟悉气体灭火系统，一旦发生火情不知道如何处置，致使灭火延迟甚至失败。

（2）日常检查不到位，钢瓶灭火剂或启动气体泄漏未及时发现，一旦发生火情，系统无法启动或者喷放到防护区内的灭火剂量不足而影响灭火效果。

（3）系统维护保养不到位，导致系统误报警或者整个系统瘫痪。维护保养时，维保人员未按操作规程采取安全防护措施（如未先脱开启动装置上的电磁阀及启动气体管路），就开始进行报警联动测试而引起系统的误喷。

（4）系统维护保养结束时，维保人员未将系统恢复到工作状态（如忘记将电磁阀和启动气体管路装回，未将电磁阀的测试安全销取下），从而造成系统不能正常启动灭火。

（5）使用单位不按国家相关法律、法规定期对钢瓶做检验。

二、对策

（1）气体灭火系统灭火剂在管道中的流动属于气态、液态高压高速两相流或单相流，且喷射时间短，因此气体灭火系统工程设计相对复杂，因此建议制定统一的流量计算方法或软件给设计人员使用，并配套相应软件给审核人员审核用。避免目前气体灭火系统的工程设计乱象，使设计工作标准化、规范化，使其最大限度满足规范的要求，保证灭火系统工作的可靠性和有效性。

（2）气体灭火系统产品应实现3C认证，对生产企业的生产场地、技术人员、生产设备、检验设备、生产工艺等进行现场强制检查；对产品主要零部件如灭火剂瓶组、驱动气体瓶组、选择阀、单向阀、喷嘴、驱动装置、集流管、减压装置、低泄高封阀、信号反馈装置等的结构、材质、性能参数进行确认，并进行型式检验。对满足认证条件的产品发放认证证书，并且只有获得认证才能在工程中应用，在工程验收时进行确认。监管部门不定期地对持证情况进行监督检查。

（3）对充装IG541的15MPa二氧化碳钢瓶进行更换，防止出现安全和可靠性问题。对气体灭火系统钢瓶按国家相关规定进行强制定期检验，消防部门应加强对气体灭火系统的监督检查。

（4）规范气体灭火系统的施工及维护单位。应将气体灭火系统的施工单位及维护单位纳入资质管理体制中。只有通过资质认定和专业考核的单位和个人才可以进行相关的施工及维护操作。

三、气体灭火系统发展展望

随着国家经济建设的迅速发展，特别是高科技的快速发展，对气体灭火系统的要求越来越高，对于可燃气体、可燃液体、电器火灾以及云机房、控制中心、重要文物档案库、通信广播机房、微波机房、精密仪器设备间等不宜用水灭火的火灾，气体灭火系统作为最有效最干净的灭火手段，必将越来越受到重视，应用越来越广泛。随着气体灭火系统设计规范、施工验收规范日益成熟，气体灭火系统产品3C认证展开，气体灭火系统将在各类灭火系统中占有十分重要的地位。

2.3.2　机房气体灭火系统设计的12点要求

1. 火灾探测方式的选择

目前在机房消防设计中一般都采用：吊顶内采用点型定温和点型感烟探测器，因为吊顶内一般都安装有照明设备，这些设备老化后也极易产生不安全因素；吊顶下也采用点型定温和点型感烟探测器；地板内一般布置缆式线性定温探测器，因为点型探测器在此种工况下已经不能发挥它的正常作用。这种设计方法在国内非常普遍，消防审核及验收应该是没有任何问题的。

从探测速度上来讲，上述方法并不是最理想的。机房内的工况也是非常复杂的，例如，地板内布置缆式线性感温探测器，因为此类探测器在地板内呈“s”状布置，探温点毕竟很稀疏，而地板内的大量缆线着火一般都有大量的烟雾发出，然后才会有足够温升去触动缆式线性感温探测器，探测速度始终不尽如人意。有人提出在地板内加装点型感烟探测器，此种提法只有在地板内不进行通风的前提下才正确，而且要考虑感烟探测器的安装位置、数量，要考虑探测器本身的厚度（烟气向上），而且要考虑感烟探测器的误报警。最理想的办法是：探测烟雾采用主动吸气式感烟探测装置，并对通风口做重要监视；探温采用差定温缆式感温探测器，除对通信电缆做“s”状布置外还应对通风口做同样重要的布置。

吊顶内和吊顶下采用点型感温感烟探测器同样存在与地板内相同的问题。最理想的办法是：吊顶内和吊顶下都采用吸气式感烟探测方式，要想让探测速度更快还可直接将吸气管伸入到机柜内进行探测；吊顶内和吊顶下采用缆式线性探测首先美观问题就不好处理，所以此时在吊顶内和吊顶下安装点型定温比较切合实际，而机柜内应该布置差定温缆式感温探测器。此方法虽然复杂而且造价高，但探测速度和确认火灾速度是最快的。

从灭火剂使用情况来看，及早发现火情后灭火器就可以灭掉，反而节省运行费用，也可将设备的损失降到最低；反之，火灾要形成到一定程度才能报警，此时有可能现场人员已经无法控制，灭火剂最终也肯定会喷完，且火灾对机房设备的损失也会大得多。

2. 灭火系统的选择

目前在有人值守机房主要采用七氟丙烷灭火系统。七氟丙烷灭火系统在机房消防设计中可以采用有管网全淹没灭火形式和无管网全淹没灭火形式，两种形式可在具体工程中进行投资比较后，决定采用哪一种方式。

3. 灭火剂储备装正数量计算

对于七氟丙烷灭火系统，规范中有明确规定，防护区内的灭火剂浓度应校核设计最高环境温度下的最大灭火剂浓度，并应符合以下规定：

（1）对于经常有人工作的防护区，防护区内灭火剂最大浓度不应超过正常安全的NOAEL值。

（2）对于经常无人工作的防护区，或平时虽有人工作但能保证在系统报警后最长30s延时结束前撤离的防护区，防护区内灭火剂最大浓度不宜超过安全值。

虽然有明确规定，但许多工程设计中都将此问题忽略不计，原因有两点，设计者不了解此问题；有意避开此问题，以求增加利润。然而此问题从安全角度考虑是非常重要的，本来设置灭火设施是为了保证人们的生命安全和减少财产损失，若不考虑此问题相当于增加了一个潜在的危险因素。

通常有管网系统存在生理毒性指标核算，而无管网灭火系统可以不进行生理毒性指标核算，因为无管网本身就是按照实际用量储存灭火剂的。

4. 防火分区在消防设计过程中应该注意的若干问题

每个气体灭火系统在设计之初都要先进行灭火分区划定，灭火分区划定的结果往往直接影响整个工程的造价，由于每个工程的实际使用工艺流程不尽相同，灭火分区的划定也五花八门，具体划分方法以以下实例说明。

两个屏蔽机房被套装在主机房内。灭火分区划分出现两种不同意见，一种意见是将3个房间划成一个区域采用全淹没单元独立系统进行灭火，也就是说区域中任何一个房间发生火灾时3个房间同时发出警报并同时喷放灭火剂；另外一种意见是将这3个房间当成3个独立的防火分区，采用一套组合分配全淹没灭火系统，任何一个房间发生火灾时3个房间同时报警，但系统只向发生火灾的区域喷放灭火剂。

前者的灭火剂使用量要大于后者，3个房间实际被当作一个独立的灭火区对待，基本无太多异议，但投资相对后者要高。后者需要模拟火灾现场后再定，若机房1着火，全部房间报警，人员全部撤离，灭火剂只输送到机房1；若主机房发生火灾，全部房间报警，人员全部撤离，灭火剂输送到主机房，基本无任何危险情况发生。报警区域和范围依照《火灾自动报警系统设计规范》化为一个报警区域，灭火区域划分为3个独立的保护区，并按照气体保护区要求设置外开门及围护结构。所以第二种方案从使用和投资方面讲更合理。

5. 空调通风系统对机房灭火区划分的影响

若3个房间从吊顶到地板都采用独立的空调系统，那么将机房1和机房2划为一个区域或划为两个单独灭火区都是可行的。但如果采用一台精密空调为3个房间服务且为“上送风，地板下回风”方式，这3个房间就必须划分成一个灭火区域，灭火剂储备量应该是上者的3倍或1.5倍，对工程的投资影响是比较大的。除灭火剂和喷放管道布置要作为一个保护区考虑外，探测范围也应该分块进行探测但还是一个探测区域，报警区域也应该按照一个区域来设置和联动。

6. 防火玻璃在机房消防中的作用和要求

玻璃在机房建设过程中经常用来做隔挡或门和窗，气体灭火系统设计中要求保护区的围护结构强度不小于1200Pa，所以消防设计人员和机房装修设计人员应该对所装的玻璃结构进行强度核准。就算玻璃强度符合要求，全淹没系统中泄压口的设计也必不可少。一些改建工程在玻璃强度符合规定要求时，还应该用防火贴膜将玻璃的耐火能力提高，新建项目最好用防火玻璃。

7. 火警信号集中管理的必要性

机房气体灭火系统一般要与大楼的总火灾报警系统（报警中心）进行通信，气体灭火系统的控制器应该向报警中心提供火警、喷放、故障3种信号，以便报警中心对此区域有一定的了解。对于高层建筑内的气体灭火系统必须与中控有火警、喷放、故障3种信号通信，而报警中心并不控制气体灭火系统。就算机房有人24小时值班也要与报警中心通信，因为高层建筑消防系统是一个整体系统，一旦某个部位发生火灾，大楼内相关的警报和应急措施都得启动，不通信的话则此区域对于报警中心而言将成为一个“盲区”，“盲区”在高层建筑里是不允许出现的。

有些工程中机房的探测器本身就可以利用报警中心的总线探测器，利用控制模块向灭火控制器传输报警状态信号。但机房发生火灾后是否启动了灭火设施报警中心就不得而知，所以还要进行喷放和故障状态通信。

8. 手动启动按钮的唯一性

在气体灭火系统的设计中经常会碰到一个保护区有两个或两个以上的出口，一般在出口都会设置手动启动和停止按钮。这种方式从便捷层面上讲应该是反应速度最快的方式，但在火灾发生时有可能出现判断不统一的时候，造成更大的设备损坏。

9. 警报装置的安装位置和数量

警报装置一般用警铃和声光报警器，一些机房气体灭火工程中将警铃和声光报警器安装在出口外，显然是警告外面的人员“机房内发生火灾”，而机房里面的人却不被警告，实际上放气指示灯的警告作用在重复设置。最理想的办法是：在机房内同时设置警铃和声光报警器，其中警铃是用来告知机房区域有火情，即两种探测器中一种已经动作，而声光报警器响时告知火灾已经被系统确认并且处在延时喷放阶段。在出口外并联一个警铃，里外同时响，并且在门外设置“放气指示灯”。这样一来既警告了机房内的人又警告了机房外的人，使得火情发展进度被准确认知，有利于整个机房的灭火和人员疏散工作。

警报装置除了警铃和声光报警器外还有一个“放气指示灯”，一些厂家的“放气指示灯”是从延时开始就常亮，一些厂家的“放气指示灯”是确认气体喷射时才亮，这两种都没有明确“延时喷放”和“已经喷放”的状态，最合理的应该是“延时喷放”阶段闪亮，“已经喷放”后常亮。

10. 门禁系统在机房安全管理中的应用

门禁产品目前被大量使用在机房安全系统中，一旦发生火灾，机房的门应该处于断开状态，以便人员顺利撤离现场，但有些工程此问题并未得到很好的解决，正常情况下机房一旦发生火灾，灭火控制器应该给门禁系统一个信号，并且此信号一直要保持到火灾报警系统复位为止，门禁解除的时间也应与此信号同步，但有时选用的门禁产品并无此功能，或为防盗目的根本就不让火警信号接入。火灾状态下人的惊惶程度差异非常大，开关就在手边，但就是找不到，该类问题在此强调确有其必要性。

11. 应急照明和疏散指示

应急照明和疏散指示在机房建设公司初步方案内就应该涉及，并应严格按照国家规范设计，机房的装修图纸一般不经消防部门审核，从而有遗漏情况也很正常，但在火灾情况下往往要求照明立即停电，特别是在人工确认火警时开始并无预警情况下环境一片漆黑，此时应急照明和疏散指示就显得特别重要。

12. 灭火控制器安装位置的选择

有管网灭火系统一般都有专用房间放置灭火控制器，有时为了方便操作也可放置在工作人员比较多的值班位置。然而无管网灭火系统中大多数控制器都镶嵌在无管灭火装置的箱体上，随无管网灭火装置一同摆放到保护区内，然而灭火装置的摆放位置一般受到喷射角度、活动面积、空遮挡等诸多因素影响，使得控制器的位置都不够理想，往往都被挡在机柜后面，操作位置极不方便。为此建议在无管网灭火系统中应将控制器单独设置在最方便操作的位置，不要随箱体安装，这样一来无管网灭火系统的安全性会有很大提高。

2.3.3 消防水泵房设计、施工安装的一些注意事项

一、消防水泵房的地位与作用

消防水泵房是消火栓系统、自动喷水灭火系统以及其他灭火系统的“心脏”，在火灾延续时间内，人们必须坚持工作，不能受到火灾威胁。因此，消防水泵房宜独立设置，且应设置在一、二级的建筑内。附设在单层、多层或高层建筑内的消防水泵房，要有较好的防火分隔。

当附设在单层或多层建筑内时，应用耐火极限不低于1h的非燃烧体墙和楼板与其他部位隔开；当附设在高层建筑内时，应用耐火极限不低于3h的隔墙和不低于2h的楼板与其他部位隔开。

为保证人员进出安全和消防水泵房免受火灾威胁，消防水泵房应设直通室外的出口；附设在楼层上的消防水泵房要靠近安全出口。

二、消防吸水管和出水管

两台或两台以上的消防泵组，为了保证消防水泵不间断地供水，应设有两条吸水管，且应符合以下要求：

（1）两条及两条以上吸水管，当其中一条吸水管在检修或损坏时，其余的吸水管应仍能通过100%的用水总量，即生产、生活和消防用水合用的泵房，在生活、生产用水量达到最大时，应仍能保证100%的消防用水量；独立设置的消防泵房，当其中一条吸水管受损坏时，其余吸水管应仍能保证100%的消防用水量。

（2）高压消防水泵、临时高压消防水泵，每台消防水泵均应有独立的吸水管，以保证从消防水池或市政管网直接吸水，能供应火灾现场用水。

（3）宜采用自罐式吸水。这种吸水方式，因消防泵经常充满水，可迅速启动消防水泵，保证火灾现场消防用水，如有困难，应有可靠的充水设备。

（4）为保证环状管网有可靠的水源，则消防水泵应有不少于两条出水管直接与环状管网连接，当采用两条出水管时，每条出水管均应能满足供应全部用水量。即当其中一条出水管在检修时，其余的水管应仍能供应全部水量。泵房出水管与环状管网应在不同管段连接，以保证供水安全。

消防水泵应经常或定期进行运转，润滑机件，并在启动消防水泵后，测定其压力和流量，因此，在消防水泵的出水管上要设检查和试验用的放水阀。

试验用过的水，可回到水池，以利节约投资，方便试验。

三、消防备用水泵

为了保证不间断地供应火灾现场用水，消防水泵应设有备用泵，而且备用泵的流量和扬程不应小于消防泵房（站）内的最大一台工作泵的流量与扬程。从保障消防安全和有利

于节约投资出发，符合下列条件之一的可以不设备用消防水泵：

（1）室外消防用水量大于25L/s的工厂、仓库，因为这类厂房、库房内可燃物少或者单幢厂房、库房容积不大，用水量不大，一般可由本单位消防队或城市公安消防队制定供水计划（即作战方案）解决，可以不设备用消防水泵。

（2）鉴于7～9层单元式住宅可采用枝状管道和一条进水管，故可不设备用消防泵。

四、消防泵房的电源或动力

消防泵要靠电或柴油发电机等动力带动。为保证消防泵及时启动，必须采取措施，保证在水箱内的水用完之前（5～10min），消防泵启动供水，以保证火灾现场用水不致中断。因此，不论在何种情况下，消防泵必须在5min内启动供水。

设有备用消防泵的消防泵站或泵房，因为建筑物规模较大，其使用性质和重要性一般都大，故应设有备用动力。若采用双电源有困难，可采用内燃机或柴油发电机作动力。消防泵等消防设备的电源应与其他用电线路分开，以保证供电安全可靠。

为了使消防泵充分发挥负荷运转作用，保证火灾现场必要的消防用水量和水压，消防泵应与动力机械直接耦合。

消防泵宜设有与本单位消防队直接联系的电话等通信设备，以便在发生火灾时能及时与消防控制室、消防队有关部门取得联系。

2.3.4 消防水池取水口或取水井做法深究

本节针对国家现行消防规范相关条文，分析了消防水池取水口或取水井设置的必要条件，根据消防水池设置方式的不同，结合目前国内一些通常做法，总结并提出了消防水池取水口或取水井设置的做法，供设计人员参考。

先来说说规范是如何规定的？

根据《消防给水及消火栓系统技术规范》GB 50974—2014第4.3.7条储存室外消防用水的消防水池或供消防车取水的消防水池，应符合下列规定：

1. 消防水池应设置取水口（井），且吸水高度不应大于6.0m；
2. 取水口（井）与建筑物（水泵房除外）的距离不宜小于15m；
3. 取水口（井）与甲、乙、丙类液体储罐等构筑物的距离不宜小于40m；
4. 取水口（井）与液化石油气储罐的距离不宜小于60m。当采取防止辐射热保护措施时，可为40m。

第6.1.5条第1款：供消防车吸水的室外消防水池的每个取水口宜按一个室外消火栓计算，且其保护半径不应大于150m。可以看出，规范特别要求了消防水池取水口或取水井的设计，设计时应予以高度重视。虽然规范对消防水池在何种情况下设置取水口与取水井及其设计的位置、吸水高度有了要求，但没有具体说明设置形式是怎样的，这就要求在设计过程中具体情况具体分析，发挥设计人员的创造性，使其符合规范要求。

1. 消防水池设于室外埋地

（1）消防水池池底埋深满足规范要求的吸水高度，且人孔与建筑物外墙的距离满足规范要求时，消防水池的人孔可直接兼作取水口，其特点是简单方便，没有附加的工程量，节约投资。具体做法如图 2-51 所示。

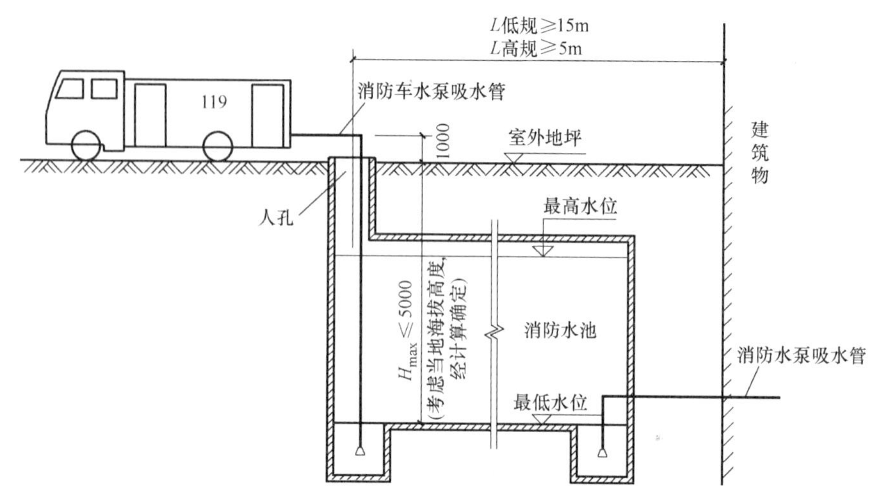

图 2-51　消防水池的人孔兼作取水口的做法

（2）消防水池池底埋深满足规范要求的吸水高度，但人孔与建筑物外墙的距离不满足规范要求时，消防水池的人孔不能直接兼作取水口，应另设置一座取水井或取水口，具体做法如图 2-52 所示。其特点是较简单方便，附加的工程量、投资不多。连通管管径应按所需的消防流量经计算确定，一般不宜小于 $DN400$；取水井的有效容积应按不小于消防车载最大一台水泵 3min 的流量确定。

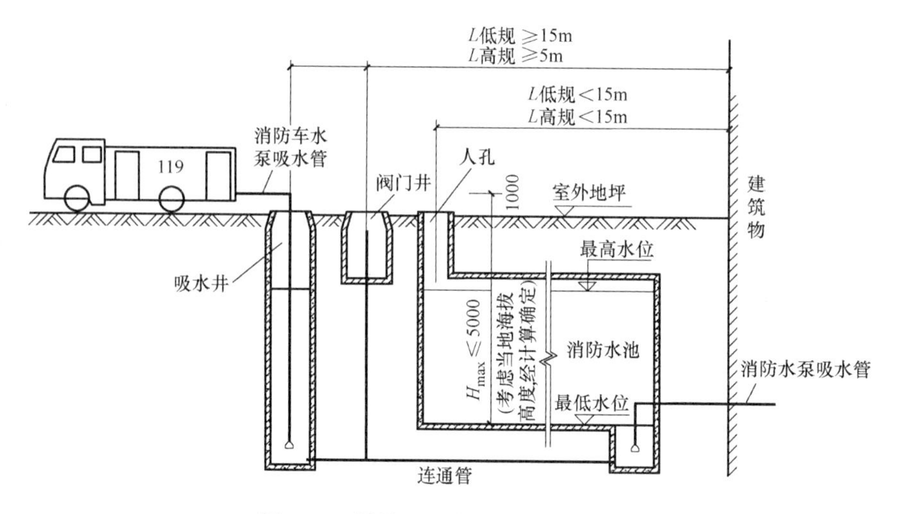

图 2-52　另设置一座取水井或取水口

水池埋于室外地下时，除考虑地面荷载等因素外，如有可能冰冻的，还应考虑其最高水位应低于当地土壤最深冰冻线。人孔、吸水井或阀门井的井盖应采取保温井盖等保温措施。

（3）消防水池池底埋深、人孔距建筑物外墙的距离均不满足规范要求的情况，在实际工程中发生的可能性较小，即使存在也可通过相关专业协调使其符合以上两种情况，做到设计、施工和使用方便，节约投资。

2. 消防水池设于建筑物地下室内

消防水池设于建筑物地下室内时，其取水口或取水井一定要设置在室外便于消防车取水的地方，并注意与建筑物外墙的距离满足规范要求。

（1）吸水高度具体做法见图 2-53，其特点是较简单方便，附加的工程量、投资不多。

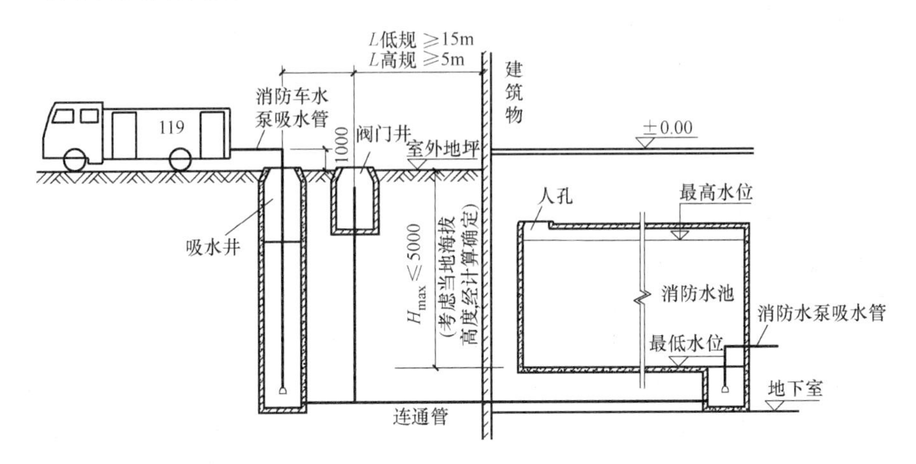

图 2-53 吸水高度具体做法

（2）吸水高度不满足规范要求

通常的做法是在水池内或地下室泵房内设置满足室外消防流量的提升水泵；还应特别注意在吸水井或室外消火栓井内设置提升水泵的控制按钮，并配合电气专业，设计其供电和联动系统。具体做法如图 2-54 所示。

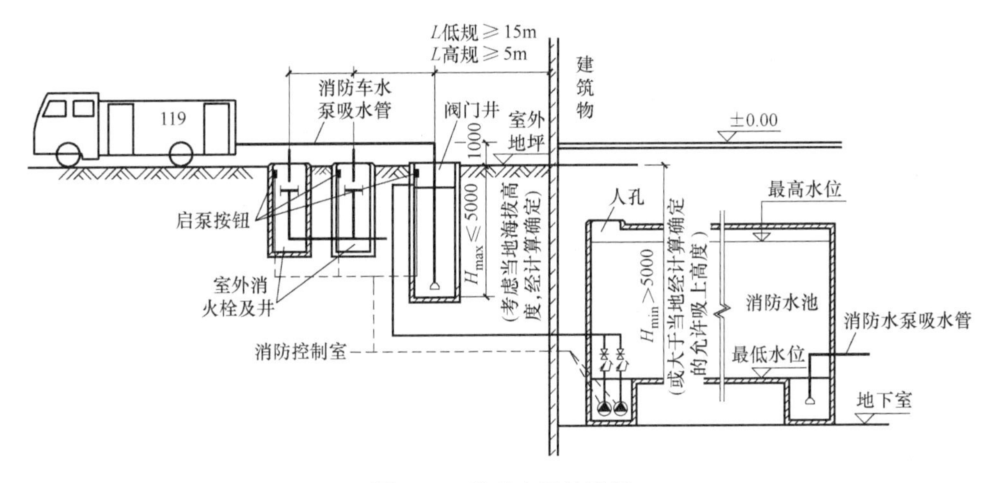

图 2-54 提升水泵的设置

但这种水泵提升方式存在以下疑问：

1）水泵的流量是以室外消防用水量、室内消防用水量还是以室内外消防用水量之和确定？

2）提升水泵只有在室外消防、消防主泵供电或本身故障不能启动时，才需要工作。但消防供电一般都是一级负荷，供电有保障，如果消防供电有问题，提升水泵的供电也不一定能正常，此外，消防主泵有备用泵，即使一台发生故障另一台也能自动投入工作。

因此，在这种情况下设置提升泵是对消防主泵流量的再备用，其必要性值得商榷。

2.3.5 大于 500m³ 的消防水池的几种常见做法

高层民用建筑消防水池对高层建筑消防具有重要意义，因此《消防给水及消火栓系统技术规范》GB 50974—2014 第 4.3.6 条规定：消防水池的总蓄水有效容积大于 500m³ 时，宜设两个能独立使用的消防水池。这是为了保证一个水池在清洗或检修时，另一个水池仍然能供应消防用水。同时，该规范第 5.1.13 条、第 1 款规定：一组消防水泵，吸水管不应少于两条，当其中一条损坏或检修时，其余吸水管应仍能通过全部消防给水设计流量。在实际工程设计中，完全满足上述两条规定往往存在着一些困难。现根据工程设计实践介绍几种设计方法，以供参考。

1. 两个水池之间设置连通管

如图 2-55 所示。消防水池进水管为两条，在两个水池之间设有连通管并装有蝶阀。当其中一个水池检修或清洗时可关闭连通管上的蝶阀，另一个水池正常供水；水池既可联合使用，又可独立使用；消防水泵各自有独立吸水管，符合上述规范的规定。水泵数量可根据实际需要布置。这对于水泵台数为 4～8 台的情况，是比较理想的布置方法。

2. 按消防系统分别设置吸水管

如图 2-56 所示。消防水池进水管为两条，但不设水池之间的连通管；每一水泵组设两条吸水管，分别与消防水池连接。当其中一个水池检修时关闭一条吸水管，水泵组从另一个水池吸水。同时各系统消防泵吸水管互不干扰，安全可靠，完全满足规范规定，但在实际使用中受泵房使用面积限制，比较适合 4～6 台水泵布置。

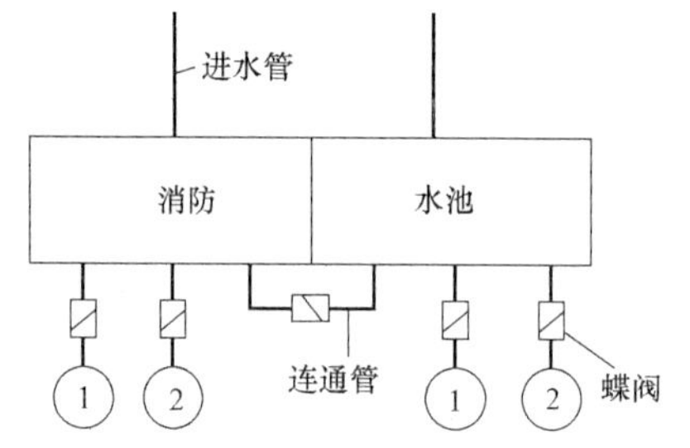

图 2-55 两个水池之间设置连通管
1—消火栓泵，1 备 1 用；2—自喷泵，1 备 1 用（以下各图均相同）

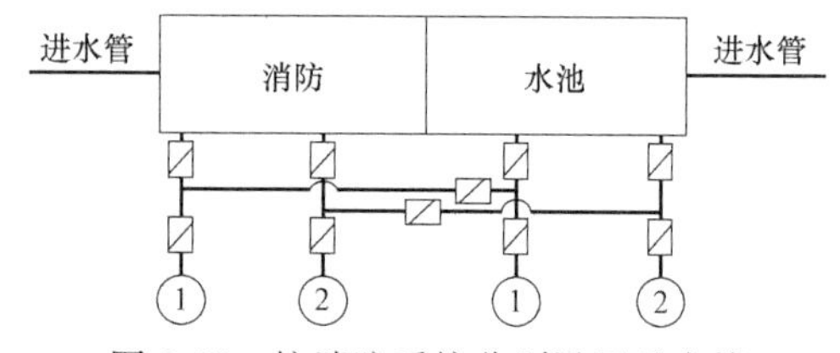

图 2-56 按消防系统分别设置吸水管

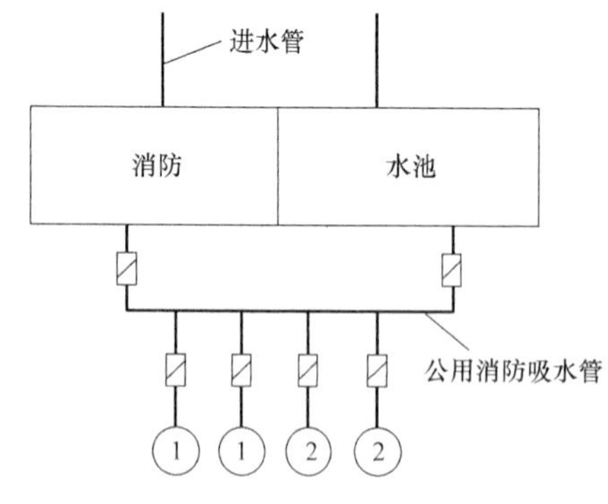

图 2-57 设置公用消防吸水管

3. 设置公用消防吸水管

如图 2-57 所示。消防水池同样为两条进水管，在两个消防水池之间设有一条公用消防吸水管，管端与水池连接处设有蝶阀，以使消防水池能各自独立使用。在公用消防吸水管上设置消火栓加压泵和自喷泵吸水管，管上设有阀门，以便检修。公用吸水管直径须按室内消防水量（消火栓、自喷、水幕、泡沫等灭火系统）等选择。生活加压泵吸水管不得连接在公用消防吸水管上，以保证消防水池贮水量。这种布置适用于4～10台泵。

4. 设置公用吸水井

如图2-58所示。当一个池子检修或清洗时，可关闭水池和公用吸水井之间连通管的蝶阀，而另一个水池可照常供水，每台消防水泵从公用吸水井取水时互不干扰，满足规范要求。生活加压泵吸水管在采取一定措施后也可以从公用吸水井取水。需要注意的是，水池和公用吸水井之间连通管管径要能满足室内消防用水量。设置公用吸水井，增加了土建费用且浪费少许泵房面积，在工程设计时可灵活选用。这种布置适用于4～8台泵。

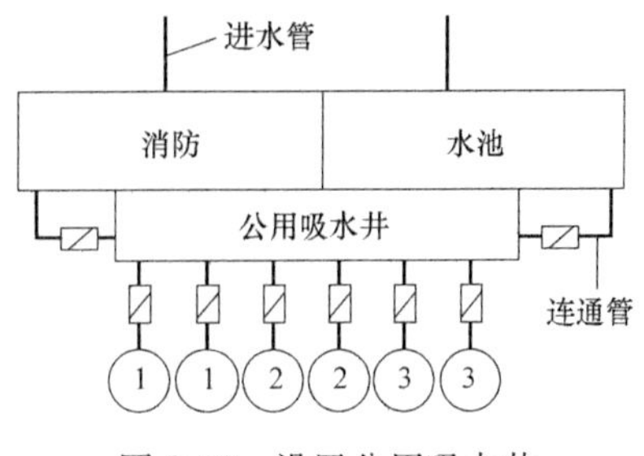

图2-58 设置公用吸水井

以上四种方案是针对两个水池连成一体，当两个水池分开时同时适用。

2.4 消防给水排水系统设计案例

2.4.1 【给水排水精品案例】第十六期：某消防工程设计案例

本工程建设地点位于江苏省，周边规划道路完备。给水拟由广场路、海陵北路各引入一条*DN*150给水管。为提高供水可靠性，引入管沿建筑周边形成环网，向消防水池、各生活用水点及室外消火栓供水。本工程在市政引入管上设总水表。

室外消防用水采用低压制，消防与生活管网合用，沿消防车道合理布置室外消火栓，共设置5套*DN*100室外消火栓。消火栓间距不大于120m，距路边2m，最大保护半径不超过150m。火灾时由城市消防车前来施救。

一、室内消火栓系统

本建筑群为展览办公建筑，消火栓系统设计如下：

1. 设计用水量

室外30L/s，室内20L/s，火灾延续时间2h。

2. 室内消火栓系统

（1）建筑内部设置室内消火栓。

（2）系统为临时高压制，由设置于负一层的消防水泵房内消火栓加压泵加压供给。屋顶设置一只重力流消防水箱，储存火灾初期10min消防用水，有效容积不小于18m^3。

（3）消火栓给水系统配置消火栓水泵两台，选用恒压消防泵XBD5/20-QL两台（Q=20L/s、H=50m、N=22kW），一用一备。

（4）室内消火栓按两股充实水柱同时到达室内任何部位进行布置，充实水柱按不小于10m考虑，流量不小于5L/s。消火栓的布置间距不大于50m。

（5）室内消火栓给水系统配置两套*DN*100消防水泵接合器。

（6）屋面平台设置一只试验消火栓。

（7）管网布置在建筑物内成环。

（8）消火栓箱内配有 *DN*65 消火栓一支、25m 衬胶水龙带一条、ϕ19 喷嘴水枪一支、消防水喉一支（内配 *DN*25 消火栓一支、30m 胶管、ϕ9 喷嘴水枪一支），且设有可直接启动消火栓泵的按钮；在室内消火栓箱下设有磷酸铵盐手提式灭火器箱。

（9）控制方式可由设在消防箱内的启泵按钮直接启泵，火灾扑灭后，手动停泵。

二、自动喷水灭火系统

1. 设计参数

危险等级：中危Ⅰ级；

喷水强度：6L/(min·m^2)；

作用面积：160m^2；

设计流量：30L/s。

2. 系统设置

系统为临时高压制，设一个分区，采用湿式系统。

3. 配置自喷主泵

选用恒压消防泵 XBD6/30-QL 两台（Q=30L/s、H=61m、N=37kW），一用一备。一套稳压装置，稳压装置增压水泵的出水量为 1L/s，气压水罐的调节容量取 150L。

4. 湿式自动喷水灭火系统

（1）设置场所：净空小于 8m 且按规范规定需设置自动喷水灭火系统的场所。

（2）系统共设置 2 套湿式水力报警阀。每个报警阀负荷的喷头数均不大于 800 只。

（3）每个防火分区设一只水流指示器，水流指示器前安装信号阀，以显示阀门的启闭状态。喷头保护面积 12.5m^2，采用 68℃级的温感喷头。

（4）控制方式：喷头达到爆破温度自动开启时，通过电信号向消防控制中心传送该喷头所处的位置信息，火灾初期由稳压装置工作，当压力迅速下降时，报警阀前的水压被破坏，水流通过延时器、压力开关及水力警铃等设施发出火警信号并启动自喷主泵，火灾扑灭后，手动停泵。

（5）自喷系统设置两套 *DN*150 水泵接合器。

三、消防水池、消防水泵房

（1）负一层设置消防水池，有效容积按本区域内最大建筑物室内一次火灾消防用水量计算，有效容积不小于 252m^3。

（2）消防水泵房设置消火栓泵、自动喷淋消防泵、湿式报警阀。

四、灭火器配置

（1）火灾危险等级按中危险级设计。

（2）灭火器配置按扑救 A、B、E 类火灾设计，选用磷酸铵盐干粉灭火器。每只消防箱内配置两瓶 3kg 磷酸铵盐干粉灭火器，在每个配电间、消控室内各放置 2 具 3kg（2A 级）MF/ABC3 型手提磷酸铵盐干粉灭火器。不足部分按需补充。

五、管材与阀门

（1）消火栓管道、自动喷淋管道：采用镀锌钢管及管件（热浸锌工艺），*DN*100 及以上管道采用卡箍连接，其余采用螺纹连接。

（2）泵房内采用闸阀，其余为 1.50MPa 蝶阀。

主要设备及材料见表 2-10。

主要设备及材料一览表　　表 2-10

序号	名　称	规　格	单位	数量	备注
1	消火栓泵 XBD5/20-QL	Q=20L/s,H=50M, N=22kW	台	2	一用一备
2	自动喷淋泵 XBD6/30-QL	Q=30L/s,H=60M, N=37kW	台	2	一用一备
3	自喷稳压装置	二台稳压泵 Q=1L/s H=28M　N=1.5kW 配气压水罐 V=150L	套	1	
4	湿式报警阀	ZSFZ-*DN*150	套	2	
5	室内消防箱	*SN*65,配 25 米 φ65 麻质衬胶水带	套	73	含屋顶试验消火栓
6	水泵接合器	*DN*100	套	2	地上式
7	水泵接合器	*DN*150	套	2	地上式
8	室外消火栓	*DN*100	套	5	地上式
9	闭式喷头(68℃)	*DN*15	只	1515	含 1%备用
10	成品不锈钢水箱	18T	只	1	主要设备及材料
11	手提式磷酸铵盐灭火器	3kg,2A 级	只	152	
12	水流指示器	ZSJZ　*DN*150	个	6	
13	信号蝶阀	*DN*150	个	2	

2.4.2 【给水排水疑难杂症】建筑防火设计常见误区与防范对策

1. 建筑防火设计常见误区

（1）建筑防火只需设备充足即可，与建筑本身布局无关

现在大多数建筑物都采取“见缝插针”的方式，其防火设计主要依靠消防设施，而未将建筑布局纳入防火考虑之中，布局不合理主要表现在：一是建筑防火设施所处位置极易引起火灾；二是建筑间距小，火灾发生时会产生连锁反应。

（2）大量多层建筑防火只采取常规市政管道供水

对于设有室内消防给水的多层建筑，市政消防供水即可满足其出水压力，但市政供水服务区域比较大，容易发生故障，当其停水、发生故障或例行检修时，无法保证全天供水，存在潜在隐患。

（3）使用双出口消火栓可满足建筑物室内灭火

针对消防技术规范中规定的“室内至少应布置两支水枪，控火需能遍及任意角落”，有些设计者取巧地采用了双出口消火栓，殊不知当遇到故障时，其两个口均不出水，无备用设备，从而“弄巧成拙”。

（4）为求廉价在疏散走道、门厅及楼梯间铺设普通地毯

地毯洁净、美观，常见于现代高规格建筑的走廊过道，但大多数商业建筑内地毯阻燃防火特性不达标，一旦起火，这些地毯极易成为“拦路虎”，给人员迅速逃生带来隐患。

（5）发生火灾时，电梯照常运行

电梯为我们平时上下楼带来了便捷，一旦发生火灾，这些贯通楼层上下的快捷通道很可能在中途停止运转，将人困在其中；即使起火时电梯可以继续运转，但“烟囱效应”会使烟火扶摇直上，有封闭空间的电梯此时则成为一个“火笼”，加速人员伤亡。

（6）随意采用防火卷帘取代防火墙

现代化的商业建筑为求美观大方，多在特定楼层采用贯通无碍的“大厅”型风格，按规定，这种大范围的区域需要分隔为若干个小的防火分区，一些商家“活用”规则，“防火墙”全部由“防火卷帘”替代。一旦发生火灾，只有卷帘落下才能真正“变身为防火墙”，而卷帘落下需要时间，且极易发生故障无法落下，这样就在无形中增加了隐患。

（7）“因地制宜”，将承重梁作为挡烟垂带

按照有关规定，走道及房间内设置排烟设施时，应从顶棚往下0.5m的距离划分出防烟分区。一些人“因地制宜”——依靠凸出的承重梁作为天然的挡烟梁。然而，当“井”格内充满烟时会继续扩散至邻区，这种做法难以发挥挡烟功能。

（8）公共建筑装修牺牲通风和采光条件追求效果

现代建筑装修效果多样，有些建筑，特别是一些会馆、酒吧、咖啡馆等为追求立面效果和绚烂照明及缥缈隔断而破坏必要的通风、采光。一旦发生火灾，这些美轮美奂的“神来之笔”终将付出代价。

2. 对应的改进措施

（1）合理布局防火设计

建筑规划设计初始阶段，要根据建筑物的使用性质和所在地的地势、地形、风向等因素综合考虑，避免火势在建筑物之间蔓延，设计时要保证建筑物间距，为大型消防车出入留出空间。

（2）设置消防水池

对于大型多层建筑，要设计对应其用水量的消防给水系统，当用水量超过一定规模时，应设置消防水池，以备市政给水管道停水及发生故障时使用。

（3）至少设置两个室内消火栓，用于建筑物室内灭火

室内灭火是消防防火的最基础单元，一般情况下，按照消防规范要求，室内需设置两个消火栓，灭火范围应该能达到室内任意部位，这样，即使其中一个发生故障，也能在一定程度上保证灭火质量。

（4）门厅、走廊需铺设符合要求的阻燃地毯

大型商业建筑中，门厅、走廊需铺设地毯的，要求使用经国家消防中心检测合格的阻燃地毯，或者充足喷涂消防部门允许使用的阻燃剂。

（5）安全疏散时，要停止使用电梯

发生火灾时，要立即停止使用电梯，逃生人员应沿安全通道紧急撤离。另外，发生火灾时，还应关闭通风井、垃圾通道等容易形成“烟囱效应”的贯通通道，并且应该贴上标识，不允许火灾时启用此类通道。

（6）防火卷帘的使用需根据实际情况灵活变化

防火卷帘作为防火墙的替代品时，须起到防火分隔作用，并注意其附近空间、安装间距等。

（7）重视挡烟设施及防烟措施

防排烟设计是所有建筑防火设计中都要考虑的问题，建筑火灾中的烟气危害也是危害人身安全的第一杀手。“挡烟垂壁”的设计中，只有当主、次梁结构楼板的主梁凸出“顶棚”楼板 0.5m 时，该主梁才能作为划分防烟分区的挡烟梁。大多数情况下，需专门设挡烟装置并与排烟设施结合使用。

（8）建筑装修应注意采光通风

装饰设计必须保持建筑的防火安全功能，有条件的还要创造原本没有的防火便利，决不能无视消防安全，天马行空，任意为之。具体应该保证白天室内的充足采光，留出通风换气窗口，方便火灾发生时，紧急排烟和人员迅速疏散。同时，材料的选取也应注意其防火阻燃特性。

2.4.3　【精彩分享】工业排水管道的防火、防爆有哪些一般规定

工业排水管道防火、防爆的一般规定：

（1）当生产污水会产生引起爆炸或火灾的气体时，其管道系统中应设置水封井。水封井应设在产生上述污水的生产装置、贮罐区、原料贮运场地、成品仓库、容器洗涤车间等的污水排出口处及其干管上每隔适当距离处。水封深度一般采用 0.25m。井上宜设通风管，井底宜设沉泥槽。水封井以及同一管道系统中的其他检查井，均不宜设在车行道及行人众多的地段，并适当远离产生明火的场地。

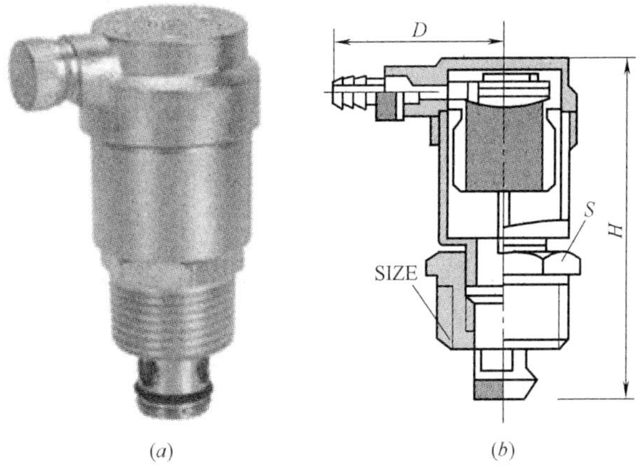

图 2-59　放气阀
（a）实物图；（b）示意图

（2）易燃、可燃液体输送管道的绝缘材料，应防止可燃气体渗入绝热层内。

（3）管道穿越防火堤或分隔堤处，应采用非燃烧材料封闭。

（4）管道最高点应设放气阀（见图 2-59），最低点应设放空阀，生产停车后可能积聚液体的部位也应设放空阀。所有排放管道上的阀门应尽量靠近主管。

（5）易燃、易爆气体应根据气量大小等情况，确定向火炬排放或向高空排放或采取其他措施。

（6）排放易燃、易爆气体的管道上应设置阻火器（见图 2-60）。

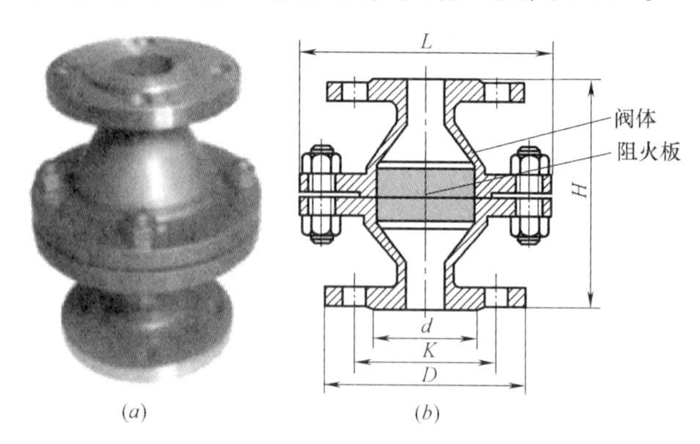

图 2-60 阻火器
（a）实物图；（b）示意图

（7）含有易燃、易爆气体和液体的排水管道，应尽量避免从电车轨道、火车轨道和电气设备附近通过。严禁从高压电线路附近通过。

（8）检修管道时，应把易燃、易爆气体和液体排除干净。

（9）用非导电材料制成的管道，必须在管外或管内缠绕铜丝或铝丝，金属丝末端应固定在金属导管上，与接地系统相连接。

（10）易燃、可燃液体管道的管沟（廊），宜设有防止火势蔓延的保护设施。

2.4.4 大火反思之商场消防设计问题解析

商场是目前人们进行日常生活用品采购的主要地方之一，其具有商品种类多、价格便宜、购物方便等特点，深受人民群众喜爱。商场的消防是确保商场安全运营的基础，夏季、冬季商场用电量急剧增加，节假日购物人群成倍增加，这些因素都大大增加了商场火灾的危险性。因此，加强商场消防设计显得十分重要。

商场主要指聚集众多商品而成的大型市场，也是一类品种齐全、占地面积大的商店，其主要职能与普通商店相同，主要服务群体为大众。随着人们生活水平的不断提高，人们对于购物环境要求越来越高，冬天要有暖气、夏天要有冷气、商场内空气要新鲜，等等。商场为适应大众需求不得不架设多条电路、线路来满足若干需求。架设在顶部的线路或预埋在地面下的管道线路，给火灾的引发埋下众多隐患。

1. 商场消防设计中的问题分析

商场消防设计的重要性无可置疑，在商用建筑修建过程中，对消防设计的审核也是相当严的，但是因为审核基本都是对建筑图纸进行审核，缺少实物对比。部分商用建筑在施工过程中或者交房之后应客户自身要求，对建筑进行私自更改，给火灾引发埋下隐患，下面就对一些常见的设计问题进行分析。

（1）设计不合理

商场可谓“寸土寸金”，因此设计过程中设计师都会尽最大可能优化可使用面积从而增加利益。如商场中必不可少的仓库设计，大部分仓库都设计在商场人流量少、可利用程度低的地方，且仓库面积普遍偏小。商家为减少铺面货物占地面积，都将货物堆放至仓库，导致部分仓库货物将喷淋头阻挡。仓库走廊上也堆满货物，给火灾引发造成诸多便利条件，同时给灭火工作带来极大阻碍。

（2）商场中人群安全疏散距离设计过长

在商场中很多人都会有“晕头转向”的感觉，在购物一段时间后，便分不清哪里是出口，哪里是入口。目前大多数商场的安全疏散通道都参照公用建筑或高层民用建筑疏散楼梯设计要求，将安全疏散通道设置在外墙部位。同时，设计的美化让楼梯显得狭小拥堵，无法及时疏散人群；部分商场的安保人员为防止盗窃类事情出现，往往在上班前就将安全疏散通道上锁，火灾发生时，人群得不到及时疏散。

（3）商场进出口少，特别是地下商场

商场对地理位置要求极其严格，大多设置于繁华地阶段，但是繁华地段地皮有限，因此，地下商场的出现满足了不少投资者。地下商场进出口目前大多参照《建筑设计防火规范》GB 50016—2014 第 5.5.9 条设计，2 个及 2 个以上的防火分区能够利用防火墙上一个通向相邻分区的防火门作为安全出口。意思就是说 2 个及 2 个以上的防火分区仅有 2 个安全出口，但是一个防火分区面积为 2000m^2，如此大的防火分区面积能够同时容纳的消费者数量何其庞大，在出现火灾时，2 个安全出口远远不能满足疏散要求。

（4）防排烟设计不合理

商场中防排烟主要是通过疏散楼梯及前室送风这两个方式进行的。在消防设计规定中只是要求疏散楼梯间每隔 2 层设置通风口，但是并未明确如何设计安排。在设计的过程中往往出现通风口设计不合理现象，在施工装修过程中因为功能需要，部分通风口被封堵，造成无排烟设施或者缺少排烟设施的火灾隐患。

2. 商场消防设计问题应对策略

（1）从建筑本身加强预防

商场建筑中各类管道错综复杂，设计过程中必须对该问题进行有效规划，做到管道井、电缆井、排气道等相对独立应用。其次是建筑本身材料问题，建筑本身材料尽量选择高燃点、耐火性好的建筑材料，能够有效防止火灾蔓延。在商场内部，独立商家之间应采用高耐火强度材料进行分隔，防止火灾快速蔓延。

（2）加强设计规范化

主要是由于对规范本身的理解不到位造成，建议规范组在编写规范时用通俗易懂的语言，使设计者能够理解规范的本意，这样的设计才是最贴合实际需要的设计。

（3）部分设计要求做到强制性执行

商场安全疏散总宽度应严格按照商场营业厅中可供人员停留与活动的面积计算，另外还应该根据商场不同类别与不同人流量来适当增加疏散通道宽度。严格商场内安全疏散距离：最新规定商场内任意点到安全出口的距离为 30m（直线距离），有自动喷水灭火系统的商场可适当增长 5～10m。

（4）增设安全出口数量，特别是地下商场

地下商场在设置安全出口时起码应做到每一个防火分区至少设置 2 个直通室外的安全出口，同时安全出口宽度应根据商场内人流量进行适当加宽。

（5）优化商场排烟设计

首先应该保证持续对前室与疏散楼梯间送风，保持建筑内空气流通。疏散标志应设置在醒目位置，且禁止堆放杂物造成阻挡。机械排烟设备应明确按照有关防排烟规范进行设计，并根据商场内人流量及商场面积适当增加排烟设备，防止火灾出现时烟气对人群造成危害。

2.4.5 【精彩分享】万达酒店消防系统设计运营常见问题及解决办法

近年来，万达集团在国内及国际舞台上高速发展，万达酒店建设公司作为万达集团的子公司，其在建和开业的酒店数量位居全国首位。但在实际运营中，也收到了入住客人提出的一些意见和问题。随着酒店建设方及管理方更注重酒店品质的提高，根据以往开业酒店各方的反馈，将酒店在设计、施工中遇到的问题及酒店管理公司运营中发现的问题进行归纳总结并提出解决办法。

1. 冷热水管道串水，冷热水压力不均

根据一些酒店开业前调试反馈，公共卫生间用水点较长时间不出热水，客房用水点冷热水串水，压力不均，忽冷忽热，影响酒店品质。

经核查，造成此问题的原因有多种。譬如有的是因为管道设计管径偏小，干管距离过长，导致水头损失较大造成压力不均；有的是因为公共卫生间的恒温阀内杂质过多，其内部的止回阀阀芯通道小，积淀杂质后引起止回阀失效串水；有的则是由于施工过程中局部的同程热水回水管道省略，造成冷热水压力不一致。

解决此问题需要设计、施工、运营各方的共同配合。在设计方面，需保证换热器距离冷水泵不可过远，冷热水同源，同时将过长的干管管路分区设置立管，在立管设计时尽量不变径，适当放大管径，减少水头损失，管道路由设计时保证有不小于0.3%的坡度，并在干管最高点及各立管最高点设置自动排气阀，在热水系统上设置静态平衡阀，手动调节各个支路的压力均衡。在设备采购方面，选用优质的前端过滤装置，减少末端阀门内的杂质，适当增大气压水罐的容积减少水压的波动。在施工过程中，应保证冷热水管道标识和颜色完全区分开，避免接反，在安装过程中及安装完毕后采用管堵封堵，避免杂质污染管道造成阀门的堵塞，严格按图纸的管路坡度施工。在运营维护管理过程中，应定期检查水泵、换热器、气压水罐等的压力表是否正常，检查热媒和热水侧的温度计是否正常，定期检查自动排气阀的工作情况等。

2. 厨房内排水管道及地沟排水不畅

部分酒店反映运营一段时间后，厨房排水不畅，需要经常清掏，极大地增加了后勤维护工作量。

经核实图纸及现场核查，发生此问题的原因是由于设计时个别厨房跨度大，排水管敷设距离长，前期预留降板厚度不够。导致施工过程中各个排水点的管件安装完毕后，留给管道坡降的高差太小，为了管道的接驳只能人为减小坡度，同时酒店的厨房废水含油量大，特别是冬季厨余油污极易黏附在管壁上，导致管道实际内径缩小，排水不畅甚至堵塞。在后期运营中，各个厨具下方自带的小型隔脂器纳油能力较弱，酒店管理方相应的维护管理培训不到位，员工未能按时定期清理小型隔脂器内的油污。

为了解决此问题，需在方案设计阶段重点考虑厨房内降板垫层的厚度及规划合理的排水管线路由，对于距离较长的厨房可考虑在两端设置两个下水点从而降低一半左右的坡降。如有必要应加大降板厚度，同时亦可以在满足最小自清流速的前提下，将计算所得的排水管管径加大一号，减少清掏的频率。在管材的选用上应选择内壁光滑的优质埋地塑料管。在施工时现场管理人员需加强管控意识，重点关注厨房排水管道的敷设，要求工人严格按照设计坡度进行施工。同时需加强运营维护，定期对厨具下方的各个小型隔脂器进行清理。

3. 地漏的选择及设置

有个别酒店反映客人洗澡时地面积水过多，地漏排水不畅；客房入住间隔时间较长时，地漏存水弯干涸返臭，极大地影响了酒店的整体品质。

《建筑给水排水设计规范》GB 50015—2003（2009 年版）第 4.5.9 条规定："带水封的地漏水封深度不得小于 50mm"。在设计中，施工图已注明酒店采用带水封的地漏，但某些建设单位出于利益和建设周期的考虑，采用不合格的地漏，这种地漏水封深度一般不大于 3cm，满足不了水封深度的要求。当排水时，地漏的水封由于正压（较低楼层）或负压（较高楼层）被破坏，臭气进入室内。有的建设单位为了偷工减料甚至采用已经禁止使用的钟罩式地漏，导致堵塞严重，排水不畅。

为了解决上述问题，可在设计中明确，客房内地漏需采用直通式地漏，下设不小于 50mm 水封的存水弯，同时由于浴缸外和脸盆外的地漏不经常使用，会发生干涸、破坏水封的情况，可按国外常规做法，将脸盆的排水管接到上述地漏的存水弯入口三通处，如图 2-61 所示，在员工定期打扫客房卫生时，可以起到补充水封的作用。在施工过程中应加强管控，加大对使用不合规管件的处罚力度；在后续运营过程中提醒工作人员定期清扫堵塞的毛发等污物，保证酒店的居住品质，为了将来检修的方便，需要同室内精装专业沟通，保证地漏上方可开启的盖板尺寸大于地漏尺寸。

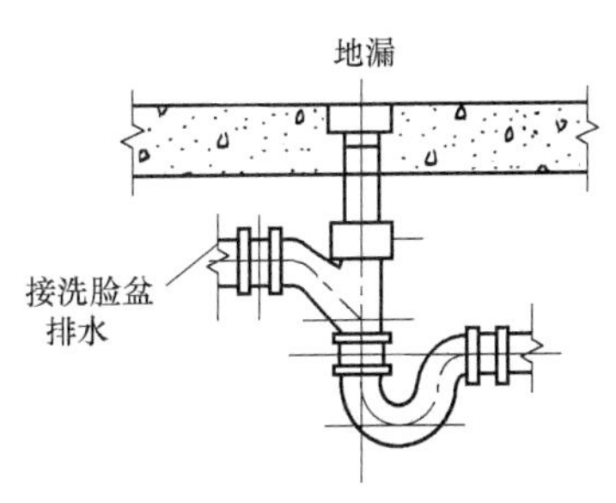

图 2-61 脸盆排水向地漏存水弯补水

4. 坐便器排水口位置

在酒店回访中，个别坐便器排水口的位置与订货到场的坐便器距墙的距离等不匹配，造成无法严密安装封堵，局部返臭。

目前坐便器的型号规格较多，下排水口的位置要求不同，设计施工匹配度不高，加上工期进度的因素，预留的洞口不能与采购的设备完全对应。

以上问题的解决，需在设计前期针对不同的酒店星级及品牌，提前出具卫浴套餐表供设计参考，通过综合多个厂家的产品样本，大部分排水口距墙面的距离为 305mm，则需考虑装修前的墙面距离宜为 340mm。在设备采购时亦需严格按照设计前期确定的器具产品型号进行选择，在现场施工时可根据精装专业提供的订货设备样本进行洞口的准确预留，以避免返臭现象发生。

5. 游泳池入口浸脚消毒池水温低

部分客人反映，游泳之前经过强制淋浴后，再经过浸脚消毒池，水温很低，感官上不舒服，影响酒店的用户体验。

经调查发现，大部分酒店的浸脚消毒池采用定期换水加药的方式。但由于员工的疏忽，再加上游泳客人时间和数量上的不确定性，无法保证浸脚消毒池的水温和消毒能力。

考虑到星级酒店泳池岸边会设置地暖辅助加热，包括浸脚消毒池附近的区域，如SPA区、桑拿区等，均设置了地暖，故可在设计初始，就优先考虑将地暖从以上几个区域，拉出一路分支盘管接到浸脚消毒池下方，并且同土建专业沟通预留好结构垫层条件，如图2-62所示，这样可以维持较舒适的水温。尽量不采用电加热地板采暖的形式，避免施工不规范导致的漏电发生。在南方一些夏热冬暖地区的酒店，其池岸等区域若未设置地暖，也可在浸脚消毒池中设给水口，同强制淋浴一样供应冷热水，将电动阀暗装，选用同室内设计风格匹配的温控器，设置在客人和员工均易控制的墙壁上，在运营维护过程中，通过填写巡检表，要求酒店员工定期测量调节水温，亦可保持浸脚消毒池的温度。

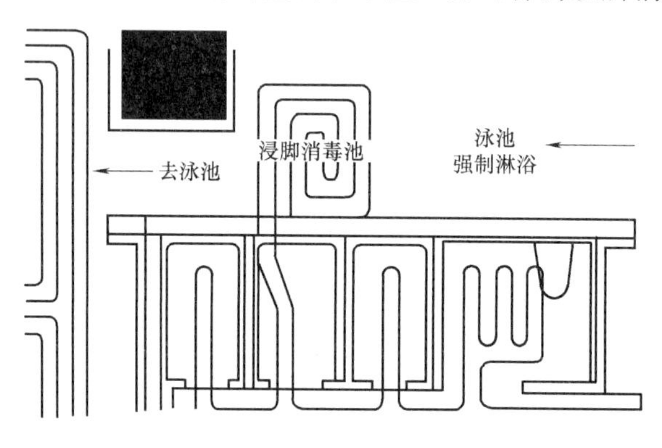

图2-62　游泳池浸脚消毒池地暖维持水温

6. 设备层内消防水力警铃、报警阀的设置

通过酒店管理方平时的消防巡检工作反映，由于大部分城市酒店为高层或超高层建筑，客房区自动喷水灭火系统的报警阀和水力警铃，在设计之初，为了减少核心筒管井的面积，满足规范要求的配水管道不大于1.2MPa的压力，同时满足精装要求，均将报警阀间设置在设备层内。大部分酒店除了避难层高度较高外，和裙房连接的设备层层高均在2.2m以下，考虑到梁和管道占据的层高因素，实际人员检修的净高过低，后期维护运营困难，同时发生火灾时，水力警铃的声音难以传到工作区域，存在消防隐患。

对于此问题，只能在同时满足美观、不占用过多建筑面积、满足规范要求的前提下，合理寻找适合的位置安装报警阀和水力警铃。目前的解决方案是在设计时，将报警阀设置在设备层的入口处，将水力警铃安装在疏散楼梯间的墙壁上方，若其上下层的管井或布草间内有富余的空间，也可在满足规范要求（即连接报警阀的管道总长不大于20m）的前提下，穿楼板后将水力警铃安装在其上下层管井或布草间外的墙壁上方，更加便于报警声音的及时传递。另外，应注意水力警铃后的排水管需就近接入管井内的地漏上方，间接排水。

7. 消防系统管径的设计

在目前的高层建筑消防设计中，消防泵房往往设置在最底层，其承压是整个系统首当其冲的，较易发生事故。某酒店就曾发生过消防泵房内试水时爆管的事故，其原因是该城市酒店为综合体建筑中的一部分，办公楼和酒店为双塔的建筑形式，办公楼和酒店的消防泵房均设置在办公楼下方，消防泵房到酒店的横向距离接近 200m，管道沿程和局部损失较大，同时为满足末端消火栓及喷淋压力和流量要求，导致消防泵扬程在 160m 以上。故在试水时，水泵出现低流量高扬程现象，在管材质量差及管道接口施工不良的情况下，发生爆管溢水的情况时有发生。

解决此问题需考虑多项因素。首先在设计上，可考虑将计算后的干管管径放大一号，如 200m 长的消防干管，从管径 *DN*150 放大到 *DN*200，经计算可降低水头损失约 15m，在不增加过多投资的前提下，降低水泵压力，减少安全隐患。在管材选用上，应挑选优质管材，采购后仔细检查试验。在施工过程中，对于消防泵房这种承压大的房间，其内的管道尽量采用焊接或丝扣连接的方式。在运营维护时安排员工经常查看压力表是否在合理范围内，并检查消防泄压系统是否畅通，是否正常工作。

8. 结语

以上只列举了一些常见问题，为保证酒店整体上的高品质，给入住客人更优良的居住环境，需重视设计及施工中的各种细节，同时可通过经验摸索出新的方式方法，保证酒店的安全性、功能性和舒适性。

2.4.6 大型机库给水排水专业消防设计介绍及总结

飞机库是用于停放和维修飞机的建筑物，包括飞机停放和维修区及其贴邻建造的生产辅助用房。多个飞机库集中建设在一个区域，形成飞机库群。

机库给水排水方面设计重点是消防。

（1）飞机进库维修时油箱和系统内不可避免会带有燃油，有时多达上百吨，在维修过程中会有泄漏现象，出现易燃油流散火灾。

（2）机舱的顶棚、地板、沙发采用具有一定燃烧性的化学纤维或塑料制品，当用溶剂清洗时或用黏结剂、油漆维修时有易燃气体挥发出来，易形成火灾。

（3）飞机维修时，电焊、气割作业以及用电设备漏电引发火灾。

飞机库作为维修飞机的专用场所，是一个高大的空间，屋架采用大跨度的钢结构，用以承担屋面荷载及吊车和悬挂维修机的附加荷载，造价很高。一座两机位的波音 747 飞机库总造价约 4 亿元，一座四机位的波音 747 飞机库总造价约 6 亿元。在发生火灾时，由于钢结构耐火性能低，当温度达到 300℃时，其应力损失 20%，当温度达到 600℃时，其应力下降 50%，屋架会有倒塌的危险。而飞机本身是现代化高科技的产物，价格昂贵，一架波音 747～400 的大型客机，价值 12 亿元。一座大型机库往往同时检修几架飞机，一旦发生火灾，未能及时扑灭，造成的损失难以估计，因此，飞机库应严格按国家标准设计，保证机库和飞机的安全。

某设计院承担设计的飞机库维修大厅面积约为 5466m²。按《飞机库设计防火规范》GB 50284—2008 规定：面积超过 5000m²，属于一类机库，设有泡沫—水雨淋系统、翼下泡沫炮系统、泡沫枪系统、消火栓系统。并在整个机库设有自动喷水系统。

（1）泡沫—水雨淋系统。在机库维修大厅，应分区设置泡沫—水雨淋系统。按规范规定，一个分区的最大保护地面面积不应大于 1400m²，每个分区应由一套雨淋阀组控制。本工程机库大厅长 99.8m、宽 50m，按不小于 1400m² 划分，同时考虑到红外探测器的最大服务宽度，大厅应划分为 8 组雨淋阀。因机头坞处火灾隐患较其他处多，且结构复杂，所以在机头坞另设两组雨淋阀，故本工程共设有 10 组雨淋阀。大厅内泡沫—水雨淋的保护宽度为火灾点两侧 30m 雨淋使用 *DN*15 标准开式喷头，泡沫—水混合液的供给强度为 6.5L/(min·m) 灭火时先喷 10min 泡沫，再喷 35min 水。当确认火灾时，消防控制室即发出信号打开雨淋阀，雨淋阀随之启动，泡沫—水雨淋系统投入工作，45min 后，雨淋阀关闭。

(2) 翼下泡沫炮系统：机库大厅设翼下水力摆动泡沫炮四门。泡沫炮射程为 55m。根据现场情况，泡沫炮应事先调整好其扫描范围，保护好飞机机翼下隐蔽的地方。当设定区域发生火灾时，泡沫炮配合雨淋系统共同灭火，但泡沫炮也可单独工作。火灾时泡沫炮的工作时间为 10min，泡沫炮的设计混合液喷射强度为 4.1L/(min·m)，两门炮同时工作。

(3) 泡沫枪及消火栓系统：大厅设泡沫枪 8 支，每支流量为 4L/s，水带长度 40m。大厅内配合泡沫枪设置消火栓，间距小于 30m 室内消防水量为 25L/s，火灾持续 3h。泡沫枪及消防栓箱内均设电动按钮，可直接启动消防水泵。泡沫枪的泡沫液供给时间为 20min。

(4) 附属楼消防系统：附属楼包括办公、培训、车间等功能房，按规范规定设置消火栓及自动喷水灭火系统（包括防火卷帘自动喷水保护系统）。

(5) 大厅及附属楼均按规定设灭火器，型号为手提式磷酸铵盐，挂于墙上、柱上。

(6) 水池：本工程水池主要功能为消防储水，考虑到水质保护，另储存一定量生产储备水。考虑一定量生产用水，确定水池总储水量为 1800m^3，因本工程所在区已有一个 800m^3 的水池，故另增设一个 1000m^3 的水池。

(7) 泵房：在说明泵房设计前，应介绍一下本工程的供水体制。

本机库有多种消防给水系统存在：消火栓与泡沫枪给水系统；泡沫炮给水系统；泡沫——水雨淋给水系统；自动喷水灭火系统；加上生产与生活给水系统，机库的给水系统有 6 种。应合理组织，才能大大降低工程造价，减少管道的敷设用地，便于运行管理，更有效地实施灭火功能。

而上述几种给水系统独立运行，由各自不同流量、扬程的水泵和管网完成一种功能是可行的，但是，供水管种类太多，敷设安装困难，管理不便，总造价必然升高。故机库若采用一套管道和水泵机组供给不同用途的消防用水，则可以节省大量的管材和土方工程，减少占地，避免管道相互交织，便于施工。在工程改建或扩建时，只需简单地从消防管网中引出管线，增补一些消防设施，非常方便；水泵型号减少，布置集中。故本工程采用了共用管路方式供水，并采用稳定高压消防给水系统；平时由稳压泵、气压罐组成的稳压装置维持管网内的压力，保证给水系统任何最不利点的需要值。火灾时通过稳压装置联动消防主泵供水，满足全部消防设备用水量和水压要求。

在管路系统确定后，泵的选择简捷很多。

本工程消防泵共三套：

1) 消防主泵：由三套柴油泵组成，型号为 LNN200-475，两用一备，Q=966m^3/h，H=1.0MPa，N=355kW。当泡沫—水雨淋和泡沫炮共同工作时，启动两台泵，当泡沫炮工作时启动一台泵。

2) 消防副泵：由三台 XBD-40-100TB 泵组成，两用一备，该型号泵的特点是从零流量至所定消防水量之间，特征曲线恒为一条直线，当泡沫枪和消火栓工作时，启动一台泵，当自动喷水灭火系统加入时，启动两台泵。

3）稳压设备：在泵房内设 ZW（t)-11-XZ-C 四型增压稳压装置一套，平时稳定工作在 0.87～0.92MPa。

（8）管材：

因共用管路系统平时压力恒定在 0.87～0.92MPa 之间，工作时压力达 1MPa，而试验压力至少达到 1.4MPa。应选择耐高压管材。故在室内，管径小于或等于 150mm 时采用镀锌钢管，大于 150mm 时采用焊接钢管，室外管道采用球墨铸铁管。

飞机库火灾危险大，发生火灾后果惨重。机库一般位于市郊，城市消防站难以及时到位灭火，而且普通消防设备在机库消防中难以发挥作用。故机库灭火应立足于自救，这就需要设计时严格遵守规范、合理配制设备、充分考虑各种因素，以保证灭火时及时、到位、高效率。

2.4.7 【给水排水精品案例】第八期：某国际机场大厦消防给水设计的浅析

某国际机场大厦位于庆春广场东侧，庆春东路与新塘路交叉口。工程用地面积约 1 万 m^2，总建筑面积约 7.2 万 m^2，地下 2 层，主楼为 36 层，建筑主要屋面高度为 143.70m，其中 5 层和 21 层为避难层。裙房为四层，建筑高度为 21.6m，1～4 层为票务中心、餐饮和娱乐等综合用房。主楼 5～19 层为办公，22～35 层为商务办公，36 层为西餐厅。

1. 消防用水量

本工程为高度大于 100m 的一类综合楼，按一类超高层建筑进行消防设计。消防用水量见表 2-11。

消防用水量　　表 2-11

消防系统	消防用水量(L/s)	延续时间(h)	用水量 m^3
室外消火栓	30	3	324
室内消火栓	40	3	432
自动喷水	30	1	108

总用水量：864m^3；消防水池容积：540m^3。

2. 室外消防

本工程所在区域有完善的城市基础设施，有可靠的城市消防保证体系，供水可靠，水质良好。水源为城市自来水管网。从西侧市政道路和东侧新塘路市政供水干管各引一条 *DN*200 的自来水管，在本大楼周边沿道路设 *DN*200 的生活、消防合用给水环管，在环管上设置地上式室外消火栓 5 只。

3. 消火栓系统

（1）消火栓给水系统

消火栓系统分高、中、低三个区，低区为－2～4 层，中区为 5～20 层，高区为 21～36 层，每个分区均成环状管网供水（见表 2-12）。在地下二层消防泵房内设置高、中区给水泵各两台，均为一用一备。低区消火栓系统由中区给水泵出水环管经消防专用减压阀减压至 0.45MPa 供给；中区消火栓系统由中区消火栓给水泵直接供给。为保证高区消防给水安全，降低消防管道承压，在21层避难层设66m³的中间转输水箱（兼作中、低区消火栓系统稳压水箱）。高区消火栓系统由地下二层高区消火栓给水泵供水至中间转输水箱，再由中间转输泵串联供水，在屋顶设18m³消防水箱一座，并设有高区增压稳压设备。

消火栓系统分区一览表　　表2-12

分区	服务层数	标高(m)	高差(m)	供水来源	消防水池
高	36F	137.70	55.80	−2F高区消火栓泵 +21F高区转输泵	−2F540M3+21F60M3
	21F	81.90			
中	20F	76.70	54.50	−2F中区消火栓泵	−2F540M3
	5F	22.20			
低	4F	16.80	26.80		
	−2F	−10.00			

（2）消火栓布置

大楼各层均设有室内消火栓（带灭火器箱组合式消防柜），其布置保证同层任何部位均有两股充实水柱同时到达，每股充实水柱不小于13m。每根消防立管流量按不小于15L/s计。各消火栓箱内设有启泵按钮及自救式消防卷盘，每只消火栓箱内配备*DN*65单口消火栓，25m衬胶水龙带，ϕ19水枪，小口径消防水喉及软管。为保证消火栓栓口压力不大于0.50MPa，在5～11层及21～29层采用减压稳压式消火栓。

4. 自动喷水灭火系统

（1）自喷系统喷水强度

本工程自动喷水灭火系统为湿式系统。地下两层停车库按中危险级Ⅱ级设计，喷水强度为8L/(min·m²)，作用面积160m²；地上部分均按中危险级Ⅰ级设计，喷水强度为6L/(min·m²)，作用面积160m²，火灾延续时间为1h。

（2）自喷给水系统

自喷系统分高、低两个区，低区为−2～13层；高区为14～36层（见表2-13）。自喷系统和消火栓系统共用消防水池、中间转输水箱及屋顶消防水箱。在地下二层泵房内分别设高区和低区自喷泵各两台，均为一用一备。在地下二层泵房内设湿式报警阀五套，由低区自喷泵出水环管分组减压供水。在屋顶设高区自喷增压稳压设备一套，满足36层最不利点喷头工作压力不小于0.05MPa。分高、低区在室外共设置4套自喷系统水泵接合器。高区自喷系统中，在21层避难层水泵房内设自喷水泵接合器接力泵两台，两用。

自喷系统分区一览表　　表2-13

分区	报警阀	进口压力(MPa)	服务层数	来源	水池
高	8	1.00	29～36F	−2F高区自喷泵 +21F高区传输泵	−2F540M3+21F60M3
	7	0.70	22～28F		
	6	0.45	15～21F		
低	5	1.15	8～13F	−2F低区自喷泵	−2F540M3
	4	0.70	2～7F		
	3	0.70	1～4F		
	2	0.40	−1F		
	1	0.40	−2F		

5. 有关问题的探讨

(1) 供水方式选择

超高层建筑消防以自救为主，系统运行需安全、可靠、稳定。供水方式的选择是超高层消防水系统的关键，有串联和并联两种。

串联供水方式，在地下室设消防水池和消防高、低区给水泵，并在中间避难层设中间转输水箱和转输泵。串联供水方式通过地下消防水池、消防泵和中间转输水箱、转输泵联合向高区供水，保证了高区消防的安全、可靠。当地下消防泵有故障时，还可由消防车通过水泵接合器向中间转输水箱供水，再由转输泵向高区供水。串联方式占用避难层面积，水泵台数较多，控制复杂。

并联供水方式，在地下室设消防水池和消防高、低区给水泵，直接分区供水，系统控制简单，不占用避难层建筑面积，但高区消防水泵及出水管长期承受高压，管道配件及阀门容易损坏，系统运行不稳定，安全性及可靠性较差。

本工程采用串联供水方式。

(2) 防超压措施

1) 水泵一旦启动，如果发生事故，会造成水锤，以及0流量时，消防管网压力剧增，将产生严重超压现象，有可能引起管网爆裂，整个消火栓系统就会瘫痪，后果不堪设想。在设计中，水泵出口采用水锤消除器及泄压阀双重保险。一旦系统压力超过设定值，泄压阀会动作泄压。泄压水回流到消防水池。

2) 本设计中采用了新型专用消防水泵（恒压切线泵），该水泵 Q-H 曲线几乎为水平线，可以很好地解决小流量时超压问题。

6. 结语

超高层建筑消防系统内容复杂，涉及的方面较多。设计时要根据技术可靠性、实际可操作性、经济合理性综合考虑，只有技术可靠、实际操作方便，才能确保安全。

2.4.8 【给水排水疑难杂症】不了解这些敢说你懂消防给水系统设计吗

一、常见消防给水系统中的设计缺陷

1. 消防水池

(1) 消防水池的有效容量偏小

对建筑物火灾延续时间、室内消火栓用水量选用错误。老工程改造后，增设喷淋系统，水池容量没有增加。

(2) 合用水池无消防专用的技术措施

有些工程的消防用水与生产、生活用水合用水池，以防止水质变坏；但未设计消防专用措施。

(3) 较大容量水池无分格措施

超过1000m^3的消防水池所对应的建筑危险性或重要性比较大，消防水池有了分格措施后，消防水池清洗期间仍有一半消防水源，可以确保建筑物的安全。

2. 消防水泵

（1）消防水泵流量偏小

消防水泵流量偏小不能满足室内消防用水量的要求。

（2）消防水泵扬程偏大

消防水泵扬程偏大对管网工作不利。

（3）一组消防水泵只有一根吸水管

有的工程一组消防水泵只有一根吸水管，当吸水管检修时，整个系统瘫痪。

（4）一组消防水泵只有一根出水管

和消防水泵的吸水管一样，如果一组消防水泵只有一根出水管，就会降低消防系统的可靠性。

（5）水泵出水管上无压力表、无试验放水阀、无泄压阀

消防水泵出水管上装有压力表、试验放水阀，在检查消防泵时，可使消防泵的出水不进入管网，使管网免受超压和水锤的影响。由于发生初期火灾时启动消防泵后管网会超压，且会产生水锤效应，停泵时也会产生水锤效应，因此出水管上应设置泄压阀，泄压阀不但能泄压而且能减小水锤效应。

（6）水泵的吸水管的管径偏小

有些设计选用的吸水管管径偏小，水泵的流量达不到设计值。

3. 增压设施

增压泵的流量偏大。

4. 水泵接合器

（1）水泵接合器与室外消火栓或消防水池取水口的距离大于 40m。

（2）水泵接合器的数量偏少。

（3）水泵接合器未分区设置。

5. 减压装置的设置

（1）栓口动压大于 0.5MPa 的未设减压装置。

（2）减压孔板孔径偏小

有些设计如某办公楼，－2～1 层选用的减压板为 D/d＝65/14，启动消防泵后，实测动水压力为 0.12MPa，充实水柱＜10m 不利于灭火。

6. 消火栓按钮

（1）消火栓按钮功能不齐全

常见错误有 4 种类型：①消火栓按钮不能直接启泵，只能通过联动控制器启动消防水泵；②消火栓按钮启动后无确认信号；③消火栓按钮不能报警显示所在部位；④消火栓按钮通过 220V 强电启泵。

（2）临时高压给水系统部分消火栓箱内未设置直接启泵按钮。

7. 消防水箱

（1）屋顶合用水箱无直通消防管网水管。

（2）合用水箱无消防水专用措施。

（3）消防水箱出水管上未设单向阀。

8. 屋顶未设检查用的试验消火栓

二、自动喷水灭火系统常见设计缺陷

1. 消防水池

2. 消防水泵

3. 稳压系统

（1）稳压泵的选型

许多工程中稳压泵的流量偏大。

（2）稳压泵的位置

有些设计人员在高位水箱处设置稳压泵，就近接入自动喷水灭火系统的立管顶部，此种方式存在的问题是：当喷头受热爆炸后，阀后压力降低，稳压泵启动后，仅能使湿式报警阀后的管网压力升高，故不能开启阀瓣，因此压力开关没有信号启动喷淋泵。

4. 水泵接合器

（1）水泵接合器的设置不合理。

（2）水泵接合器的设计数量偏少。

5. 减压装置的设置

有些设计人员在设计高层建筑物自动喷水灭火系统时未予考虑。

6. 湿式报警阀

（1）湿式报警阀的设置

许多工程在设计报警阀的地点时，考虑不周全。

（2）供水控制阀

有些工程在设计时未设置供水控制阀。

7. 水流指示器

水流指示器前应安装信号阀，其与水流指示器间的距离不宜小于300mm大部分工程中均未设计信号阀。

8. 末端试验装置

末端试验装置包括试验阀、压力表、排水管，试验装置管径不宜小于25mm。许多工程中末端试验装置管径＜25mm。

9. 系统联动试验

末端试验阀打开，压力表读数应不小于0.049MPa，许多工程最不利点放水试验时，压力表读数小于0.049MPa。这是因为设计时未考虑最不利点的动水压力。

10. 喷头

宽度大于1.2m的风管腹面下应设喷头，但多数设计单位在工种的会签中遗漏此项。设计人员在设计喷头布置时，除了考虑满足，《自动喷水灭火系统设计规范》GB 50084—2001（2005年版）外，还应考虑喷头与大功率发热灯具和通风管风口的距离不应过近，以免系统运行后喷头被大功率发热灯具散发的热量引起误动作喷水；当喷头离送风口太近喷水灭火时，喷出的水被从通风管风口出来的风吹离正常洒水范围。所以设计人员在进行喷头布置设计时就应与其他专业设计人员共同会商。

11. 消防水箱

在消防水箱出水管处设置的止回阀与水箱底的垂直距离太小（通常不足1m），使放水试验时水流指示器不能报警。

12. 泄压阀

某些工程在水泵的出水管上未装设泄压阀。

13. 固定托座和固定支架

设计人员在设计自动喷水灭火系统的同时就应计算出荷载，并依据此荷载值设计出配水立管底部的专用承重托座，且同时还应会同建筑结构专业的设计人员验算建筑结构部件能否承受此托座传递过来的荷载。

14. 套管与所穿管道间隙密实填料的选择

设计人员在设计自动喷水灭火系统时就应把套管填充材料选定下来。选择玻璃纤维布代替石棉作套管间隙填充材料较好。

15. 压力开关水力警铃误报警，有些误报问题是由设计原因造成的

（1）直接由市政水作稳压

由于市政水压力波动大，而湿式报警阀本质上是一只止回阀，只允许水单方向流动。当市政水处于低压时，湿式报警阀处于关闭状态，那么在市政水压力升高，$P_1F_1>P_2F_2$时湿式报警阀即打开，引起误报。

（2）采用稳压泵稳压

如果稳压泵补水平缓，始终使阀瓣小角度开启向管网补水，即不会发生“误报”。如果补水速率过大，一开始补水阀瓣就冲至大角度开启，即发生误报。

（3）设置增压泵系统

增压泵增压引起误报的原因与稳压泵相同。

三、泡沫灭火系统常见设计缺陷

（1）泡沫混合液支干管道控制阀距储罐偏近，且不易操作。

（2）混合液管道上未设置泡沫栓。

（3）计算混合液数量时未将泡沫消火栓用量和管道容积考虑在内。

（4）管网最低处未设置泄放装置。

（5）管路最高部位未设置自动排气阀。

四、气体灭火系统常见设计缺陷

（1）灭火强度及灭火剂量无准确计算书。

（2）对围构物件的抗压强度考虑较少。

（3）对防护区的分隔要求考虑较少

对于房间中上下均有吊顶及底板的三层设置的防护区，对吊顶以上及地板下的防护区的分隔应按照大空间（天花板以下部分）的要求进行严格分隔。对于单层喷头布置：吊顶以上部位的分隔规范尚未明确规定，要看灭火剂量的设计量是否考虑到吊顶以上部分的空间。

（4）对探测器的组合布置考虑较少

对于地板下的探测器由于空调送风后气流的影响，故探测器应向上安装。

（5）气体灭火系统的联动问题

系统设计时未考虑相应的联动控制、关闭开口、停止风机等功能。

2.4.9　【消防工程给水案例】多层建筑群消防给水系统实例分析

结合三个工程实例，分别探讨了室内外消火栓系统采用临时高压制或低压制、分开或合用的系统设计，并结合相关规范，认为消火栓系统的设计应结合工程特点，在满足规范及使用要求的前提下，尽量做到“安全、经济、先进”。

一、相关规范要求

《消防给水及消火栓系统技术规范》GB 50974—2014 第 7.2.8 条：当市政给水管网设有市政消火栓时，其平时运行工作压力不应小于 0.14MPa，火灾时水利最不利消火栓的出流量不应小于 15L/s，且供水压力从地面算起不应小于 0.10MPa。注意此条同样适用于室外消火栓。

《消防给水及消火栓系统技术规范》GB 50974—2014 第 3.1.2 条第 3 款：当消防给水与生产、生活给水管道系统合用时，合用系统的给水设计流量应为消防给水设计流量与生活、生产用水最大时流量之和。计算生活用水最大时流量时，淋浴用水量宜按 15%计。

《消防给水及消火栓系统技术规范》GB 50974—2014 第 6.1.9 条：

1　采用临时高压系统的高层民用建筑。总建筑面积大于 1 万 m^2 且层数超过 2 层的公共建筑和其他重要建筑，必须设置高位消防水箱；

2　除上述建筑外的其他建筑应设置高位消防水箱，当设置有困难时，且采用安全可靠的消防给水形式时，可用稳压泵代替消防水箱；

3　当市政供水管网供水能力在满足生产、生活最大小时用水量后，仍能满足初期火灾所需的消防流量和压力时，市政直接供水可替代高位消防水箱。

二、工程分析

（1）室内外消防管网分开设置，分别采用临时高压系统和低压系统

工程概况：某小区，住宅 6.5 层，沿街商业三层体积大于 5000m^3。室内消防用水量 10L/s，所需压力 0.40MPa；室外消防用水量 20L/s。市政两路供水，压力 0.30MPa，水量能满足室外消防用水和生活用水的要求。

系统设计：引两路市政给水管网，在小区内连接成环，供给居民生活用水和消防用水。水泵房内设消防水池和消防水泵，加压后供给室内消火栓系统用水，屋顶设消防水箱稳压。室外消火栓系统与生活给水管网合用，由市政给水管网直接供水，火灾时由消防车或其他移动式消防泵加压。

分析：此种方法是最常见的系统设置方式，供水安全可靠，当市政给水满足两路进水且水量满足室外消防和生活用水量时可采用此方法。

（2）室内外消防管网合用，均采用临时高压系统

工程概况：某物流区，办公兼商铺，均为 3 层，体积大于 5000m^3。室内消防用水量 15L/s，室外消防用水量 20L/s。市政一路供水。

系统设计：引一路市政给水管网，供给小区生活用水和消防水池补水。在设备用房内

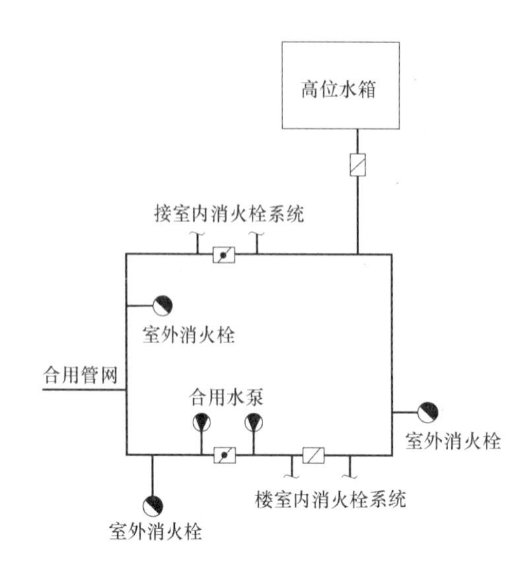

图 2-63 室内外消防管网合用，均采用临时高压系统

设消防水池、室内外消防合用水泵，屋顶设高位水箱。室内消火栓系统所需压力 0.40MPa，室外消火栓系统所需压力 0.50MPa。见图 2-63。

分析：室内外消防系统合用管网，均采用临时高压制。火灾时由水泵加压供水，由高位水箱稳压，水泵的压力根据室外消火栓系统的压力计算，火灾时不另需消防车加压。不单独设室外消火栓泵及管网，使系统维护管理简单，满足开发商“室外管网尽量简单”的要求。

（3）室内外消防管网合用，均采用低压系统

工程概况：某小区，住宅 6.5 层，半地下车库停车数辆 18～28 不等，小区内道路宽 7m。室内消防用水量 5L/s，所需压力 0.30MPa；室外消防用水量 25L/s。市政两路供水，压力 0.30MPa，水量能满足消防用水和生活用水的要求。

系统设计：引两路市政给水管网，在小区内连接成环，供给居民生活用水和消防用水。生活、室内外消防系统合用一套管网，由市政给水管网直接供给。不另设消防水池、消防水泵及高位水箱。见图 2-64。

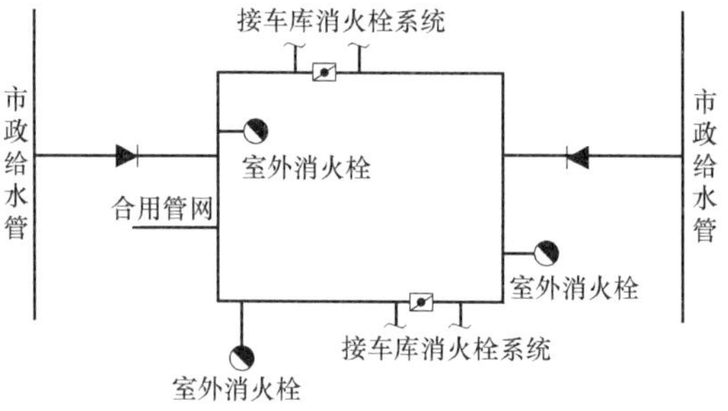

分析：由于市政给水网管的水量和水压均能满足车库消火栓系统用水要求，因此考虑由市政给水管网直接供给室内消火栓用水，并由市政给水管网稳压，不用另设高位水箱，市政引入管上设置倒流防止器，以防止发生回流污染。管网设置简单，减轻了室外综合管线密密麻麻、纵横交叉、不利于管理维护的问题。

图 2-64 室内外消防管网合用，均采用低压系统

三、结论和建议

以上三种方法各有利弊，在实际工程的设计过程中，应该综合考虑各个工程的市政给水情况、消防部门的意见、小区建筑物的类型、开发商的意向等，在满足规范及使用要求的前提下，尽量做到“安全、经济、先进”。

3 市政给水排水板块

3.1 城市给水系统

3.1.1 浅议城市给水管道安装存在的问题与解决

1. 城市给水管道安装流程

城市给水管道安装流程一般包括以下几个步骤：放样、管沟挖掘、管道安装施工、回填砂土、管线试压、管道冲洗。

（1）放样。它是指确定管道要埋设的位置和经过的路线，在工地作实际的测量、规划、定位，在定线前，管沟所经过路线上的所有障碍物都要清除，并准备木桩与石灰，依据批文图的路线定线、放样，以便于管沟的挖掘。

（2）管沟挖掘。管沟挖掘须依照管线设计线路正直平整施工，不得任意偏斜曲折，如须弯曲时，其弯曲角度一般控制在 20°以内。土质较松软之处，应作挡土设施，以防塌方，管底须夯实，如有积水，应予以抽干才可放管。

（3）管道安装施工。在施工中有时会出现接口滴漏，为避免此现象，在安装时需严格按规范进行安装，需保证每根管子都安装到位。

（4）回填砂土。回填砂土之前需将沟底先整平，排除凸出之头，沟底填砂 10cm 以上。回填砂土需要淋水夯实，但夯实时不得伤害管体。

（5）管线试压。进行水压试验的管段长度一般不超过 1000m，在管件支墩做完并达到要求强度后做压力试验；埋地管道，须在管基检查合格，管身上部回填土不小于 500mm 后，方可做压力试验。

（6）管道冲洗。管道投产前必须进行冲洗，用自来水冲洗时应保持连续进行，水质员取样化验合格后，方可投产。

2. 城市给水管道安装存在的问题

伴随经济的发展、现代化进程的加快和城镇建设突飞猛进的发展，城市给水管道的总长度也在不断增长。如果管道造成事故，将给城市的生产生活造成重大影响，也将降低企业的效益。城市给水管道安装存在的问题主要有以下几个方面：

（1）给水管道施工不规范

管道施工时不够规范，未能完全按照国家相关标准要求施工，防腐、接头、支墩等处理不当，回填、夯实不到位，埋深不够，承插接石棉水泥配比不合理，工艺不精，新旧管道混合施工。

（2）给水管道施工质量不好

城市给水管道施工质量不到位，具体表现为接口质量不好，尤其是刚性接口，经常出现接口爆裂导致漏水；管道防腐措施不当，特别是中小口径钢管，由于管内壁没做好防腐，管外壁防腐层太薄，造成管道腐蚀，在经过下水道、排水沟时，没有采取偏移、抬高措施，在不能偏移的情况下，又没有加强防腐措施，这样管道腐蚀穿孔时，就往下水道、排水沟漏水，因此难以被检测；阀门安装、阀门井筑砌不规范，造成阀门维护工作难以开展，发生漏水后难以维修。

（3）给水管道施工中事故

在雨季，地面有大量的地表水，如果有大量的水流入沟槽且达到一定高度时，管道就有上浮的可能。这种上浮的现象在施工中被称作浮管事故，此现象不但会使尚未盖土的管道浮起来，还会使已盖土但土层较薄的管道浮起来。这样，可能造成已安好的管道移位变形、管道接口开裂甚至脱落，管下积泥。

（4）给水管道运行时事故

当管道施工充水作业时，未排净的空气混合在水流中，还有溶解的空气由于压力变化可能释出等导致管内有气囊存在。其危害是减少水流的过水断面，增加输水过程中的水头损失，在气囊处压缩的空气产生较大的瞬时压力，引起管道破裂。

3. 城市给水管道安装的控制措施

（1）合理规划和科学管理

把好设计关，在条件许可的情况下提高管材等级，加强防腐等级，提高管件、设施质量等硬件指标。通过管网规划实施，合理调度供水，使供水的流量、压力在合理且经济的范围内，保证给水管网合理、安全运行。

（2）积极推广新型管材、管件

按因地制宜的原则，推广使用球墨铸铁管、各类给水塑料管以及质量好的钢筋混凝土管，保证供水安全和防止水质二次污染。认真对待供水管道中排气阀的设置。特别是在主干管、地势落差大、靠近机房的输水管道上的排气阀更应认真对待。加强对陈旧老化的供水区域进行维修、改造更新，减少漏水。

（3）做好管道安装基础工作

管道基础一定要平整，管道周围不得有硬块或尖状物；遇软弱地基时要回填砂石并分层夯实；支墩的后背必须紧靠原状土，若有空隙要用相同材料填实，回填土必须夯实到密实度应达到90%以上；车行道必须回填杂砂石，回填时不能从一侧边冲压管道。

（4）规范管道验收工作

严格材料的验收、检查制度，管道在搬运、存放时要按要求执行，钢管及钢制件按标准严格进行防腐。严格按照施工图及施工规范安装，不可随意变更设计。做好管道试水试压工作，严格按验收规程进行，认真做好管道施工竣工图绘制，及时归档备案，方便管网维修、管理。总之，在管道安装过程中每个环节都是紧密相扣的，因此在施工中要加强管理，对管道安装工程做到科学规划、精心设计、严格按照图纸和管材标准进行安装操作，不断提高技术水平，从而确保工程质量，提高经济效益。

3.1.2 【对话给水排水】城市给水排水系统的设计现状及问题分析

城市给水排水工程是城市基础设施的重要组成部分，城市给水排水规划设计对建设城市良好的人居环境、实现城市可持续发展有着举足轻重的作用。但由于给水排水系统的整体规划和设计的缺陷，导致现阶段水资源消耗过大，对城市给水排水系统造成一定的威胁。

“城市水系统”主要包括水源系统、用水系统、给水系统、排水系统、回用系统和雨水系统，但由于现阶段缺乏城市给水排水系统的整体规划和设计，从而导致现有水资源消耗过大，规划中出现的一些问题已经严重威胁城市给水排水系统，乃至城市系统的可持续发展。学术之士一再说明，给水排水系统如何地又进了一步，可是每年各地出现的“海景城市”不得不让我们认清事实，我们做得还远远不够，还有很多问题等着我们去解决。这要求我们在新的历史条件下做好城市给水排水规划设计，认真思考与解决现存的问题，寻求城市水资源的合理利用。

在城市经济建设发展的过程中，城市给水排水系统对于居民生活以及工业生产是不可缺少的，一个良好的城市给水排水系统能够促进城市经济建设与社会环境的可持续发展，相反，则必然会导致一切生活、生产的秩序混乱。目前，随着城市化率的提高，城市给水排水工程滞后，给水不足、排水不畅还困扰着许多城市的发展以及城市功能的发挥。2014年夏秋之交，北京、武汉、成都等地暴雨后排水不畅暴露了我国城市给水排水系统建设和管理中所存在的深层次问题，从而引起了理论界的广泛探讨。因此，对于城市给水排水管网的优化配置、新建，包括对现有设施的改建、扩建及完善的要求已日益迫切。

一、城市给水排水系统现阶段存在的问题

（1）城市给水排水工程规划设计滞后，应对突发事件能力不足：城市给水排水系统面临的突发事件主要有爆管、污染和泄洪三种情况。在这三种突发事件中，发生频率最高的是爆管，爆管之所以会频繁发生，除了前述的材质特性、管道老化和管道上方压力过大等原因外，还因为给水排水系统档案资料不全，道路和建筑物施工方无法准确掌握地下管线情况，随时可能会发生施工爆管和施工机械辗轧爆管安全事故。在市政道路排水工程设计过程中，给水排水工种处于配合地位，影响城市给水排水规划科学化的发展。往往出现道路要求快速建设，造成排水工程规划没有编制，一些排水工程往往不能与道路工程同期施工；有的虽然设计完成了，但排水工程规划由于相关原因需要修改，许多工程项目未能按照规划进行建设，规划的指导意义也没有得到真正体现，造成了工程需要再次改造。

（2）规划的科学依据不足：城市水系统规划的基础性工作主要包括各类指标、标准、基础数据和分析工具，其中水量预测和水平衡分析是核心工作。目前，我国的水量预测工作主要是参照《城市给水工程规划规范》GB 50282—1998 的有关规定，但我国不论是在国家层次还是在区域层次上都缺乏对用水工艺、各种用水器具和用水行为的详实系统监测，缺乏对新型用水技术替代规律和扩散规律的基础研究，缺乏对多种用水信息的综合性和结构性分析。

（3）排水体制规划混乱、排水体制不合理：表现在重城镇建筑物规划轻城市工程管线

规划，重道路工程建设轻工程管线配套；在工程管线设计中往往缺乏战略规划。管理人员责任不清，加之相关法律法规不够健全，造成对排水设施存在的问题以及发生的新问题都不能及时解决。另外，传统的防洪和排水设施设计中，强调采用分流制排水体制将雨水和污水尽快排出城市，但忽视了城市径流面源污染的控制和雨水资源的利用。随着流域整体水质的逐步改善，城市随机性暴雨径流和突发排放事件对水体生态系统的冲击，已日益成为流域污染控制的主要内容。

（4）传统的给水排水专业不能满足市场的需要：由于城市给水排水规划设计技术参数多、不确定因素多，且具有学科交叉的特点，这使得城市给水排水规划的难度大大增加，刚从传统的给水排水专业毕业的学生，因受知识结构的限制，不能进行宏观的分析论证，不适应城市规划多学科、多层次的分析论证要求，远不能满足城市给水排水规划设计的需要。

二、城市给水排水系统设计规划问题的原则

（1）城市水系统规划要与城市规划相协调：城市水系统规划是对一定时期内城市的水源、供水、用水、排水、污水处理等子系统及其各项要素的综合布置。城市用水规划的总量平衡非常重要，必须优化组合各种可行的节水、水回用等方案。要做到这些，首先要了解城市水利用规划，加强城市总体规划中的水专项规划，按照水的可持续发展观念编制城市水利用规划，内容应包括：地面水、地下水、雨水和海水等水资源平衡；供水、排水和污水再生利用等总量平衡；供水节水规划和污水处理与再生利用规划；水的生态循环规划；各类水工程设施的规模和布局等。对当前我国的城市水系统建设中普遍出现的规划不协调、建设不配套、管理不统一等问题，规划中要特别注意管网配套和供水、排水及污水处理能力的协调增长，确定规划期内水系统及其网络设施建设的规模、详细布局和运行管理方案。

随着城市化的发展，给水排水系统已经不是一个孤立的城市建设系统，它已成为了城市建设和规划的一个重要组成部分，并在促进城市的可持续发展和民生福祉等多方面有着重要的意义。因此，城市给水排水系统设计人员要深入了解城市整体发展规划，使设计方案与城市整体规划相协调。随着城市的发展，景观建设已经成为城市基础建设不可分割的一部分，这就要求在进行给水排水设施的设计和安排时，也必须考虑排水设施与道路景观的兼容性。例如，对于人行道上的井盖可考虑采用与人行道景观相协调的装饰井盖。

（2）加强水量规模预测：水量规模预测是给水规划的基础，水量规模预测是否符合发展趋势和实际需要，对水资源的总体布局、合理利用、实施步骤和工程费用会产生重大影响。《城市给水工程规划规范》GB 50282—1998 是测算城市总用水量规模的主要依据，具体包括：总体规划阶段给水水量预测；总体规划阶段污水水量预测；分区规划阶段及专业规划阶段给水、污水量预测；详细规划阶段给水、污水量预测。改革开放以来，工业生产、城市建设、住宅建设、第三产业迅速发展，使供水量也不断增长。作为城市基础设施之一的供水量的增长规律也将与过去不同，水量预测就不能仅按历史的发展计算，还要根据具体的城市规划对不同类型用水量分别进行预测分析。

（3）城市给水排水系统应当向可持续性方向发展：自然界的水是循环的，给水和排水是统一的，人类社会对水的使用应服从这一规律。在用水之后，必须对水进行再生处理，使水质达到自然界自净能力所能承受的程度，否则累积的大量污染物将超过水环境的容量，从而导致水资源危机和水污染现象，最后破坏水的良性循环，不利于城市的可持续发

展。控制城市给水排水系统向可持续性方向发展的途径有：

1）在城市水系统中增加节水子系统。

2）在城市水系统中增加治污子系统。

3）在城市水系统中增加再生水回用子系统。加强节水、治污和再生水回用力度，重视再生水、中水等非传统水资源利用，是促进城市给水排水系统良性循环，实现城市水资源可持续发展的关键。

4）完善各项法规。根据我国当今给水排水体制规划混乱的现状，应通过行政立法，完善相关法规，建立明确的给水排水工程建设及管理职责制度和相关体系，明确管理权限，形成规划、建设、维护、监督各部门明确的权利、职责和监管机制。

三、针对我国城市给水排水系统的优化措施

城市给水排水是一个系统工程，在给水方面，主要体现在水源及其保护，区域水资源平衡及区域供水规划；在排水方面，主要是防洪排涝规划设计以及河网区域污染控制，它要求系统设计必须有开阔的眼界与系统创新的思维。

1. 给水排水管线布局的优化

给水排水管网的设计要符合区域及城市总体规划的要求，充分考虑系统的可扩展性。在设计上还要兼顾水系统维护、检修的方便，尽量做到线路简短和高效，管网尽量设计为环状结构，并实现环、枝结合。配水管网宜布置成环状，供水要求不高时，可布置为树枝状，等到将来城市发展带动用水量增加时，再连接成环状。

2. 对现有管网进行优化改造

随着城市规模的不断扩大，对老旧管网有计划地进行改造是城市给水排水系统经常面临的课题，当管道上方由人行道变为车行道时，必须重新计算管线的埋设深度指标，在可能的情况下还可以考虑对管线进行迁移处理，以避开管线上方道路和高层建筑的压力。当前城市给水排水工程出现的质量问题绝大多数是由给水排水管道材料所导致。这就要求对老旧管网进行改造时，尽可能选用承压力强的金属管及钢塑复合管替代原有的镀锌钢管及灰口铸铁管等，以减少爆管的可能性。

3. 给水排水系统应急处理能力的优化

针对频繁发生的爆管现象，应当加强给水排水系统信息化建设，为工程施工提供最新的管网信息，及时预警和防范由于施工原因导致的爆管事故的发生。针对泄洪能力不足的问题，要积极采用高科技手段，科学测算本地最大降水量，综合考虑市政管网排水能力，调整排水管道标准系数，提高泄洪能力。针对水污染问题，有必要建立严密的监测系统，准确统计城市污水管道负荷，及时发现管道淤积和渗透泄漏情况，预防重大污染事故的发生。对于给水系统，设置备用取水源。对于人口密集区域，可考虑设置闭合管网。这一设计理念是，当发生严重水质污染事件时，可以关闭外网，以切断受污染的水源，而内网可以正常使用备用水源。

4. 给水排水系统排污功能的优化

在进行排水管网的规划时，要把雨水、污水的收集、处理和综合利用结合起来，逐步转变目前的雨污水合流制或不完全分流制系统为完全的分流制系统。雨污水的分流有利于对不同性质的水采用不同方法处理和控制，有利于雨水的收集、贮存、处理和利用，避免

洪涝灾害。传统的规划方法是将污水处理厂尽可能地安放在各河系下游、城市郊区。但是这种系统布局使污水处理厂距离再生水用户较远，需铺设的回用水管网费用相应增加。根据长期的实践经验，建设大型的污水处理厂可以发挥规模效益，降低建设费用和日常运行费用。.

5. 更新给水排水系统设计理念

在系统设计过程中，可以借鉴西方发达国家的系统设计思想，从以排水为主转变为蓄水利用。例如，德国汉堡市建有大规模的城市地下蓄水库，在汛期蓄积雨水，汛期过后，经过净化又可以用作城市生活用水。德国近些年还推行了一种新型的雨水排水系统，即洼地渗渠系统，通过雨水在低洼草地中的短期储存和在渗渠中的长期储存，让尽可能多的雨水下渗，不仅减少了城市内涝，而且及时补充了地下水，使城市生态系统形成良性循环。

荷兰鹿特丹市位于海平面以下，洼地很多，排涝压力很大。为此，鹿特丹兴建了水广场，即防涝及雨水利用系统。水广场建在鹿特丹市区最低的洼地上，由形状、大小各不相同的水池组成，各水池有渠相连。平时水广场是市民娱乐休闲的场所，暴雨来临时就变成了实用的防涝系统。水量大时，大水池中的水就会流到沟渠里；水量变小时，沟渠里的水又回流到大水池里。如果城市水资源紧张，水广场储存的水还能净化为淡水资源。

日本是一个灾害频发的国家，其减灾体系是在与自然灾害抗争的过程中建立起来的，并且在实践中不断加以完善。例如，日本台风多发，因而东京地区的地下排水系统主要是为避免受到台风雨水灾害的侵袭而建立的。在东京居住着 3000 万人口，传统的利用天然水路及其在周围开掘的人工水路的排水系统已经远远不能抵御突然降临的暴雨、洪水和台风的袭击。因此，日本不惜花巨资兴建了地下排水系统。例如，日本在琦玉县春日部市国道 16 号沿线的地下约 50m 处，兴建了世界上最先进的地下水道排水系统——首都圈外围排水系统。地下水道排水系统的巨额投资显然不是我国绝大多数城市可以承受的，但是其设计理念值得借鉴。

6. 加强给水排水系统管理

如前所述，城市给水排水系统管理是整个系统工程的重要组成部分，加强管理是系统正常运行的必要保证。如何管理？日本的经验也值得借鉴。东京下水道局规定，一些不溶于水的洗手间垃圾不允许直接排到下水道，烹饪产生的油污也不允许直接导入下水道中，因为油污会腐蚀排水管道。为此，东京下水道局倡导：用报纸把油污擦干净，再把沾满油污的报纸当作可燃垃圾来处理，并建议市民做菜少用油。

7. 推行地下管线共同沟建设模式

随着城市的发展，供电、通信等管线都要埋入地下，由于我国大多数城市缺少整体规划和长远考虑，一条道路往往被多次开挖。建设城市地下管线共同沟可以较好地避免上述问题的发生。地下管线共同沟是把本来在地上架设或埋入地下的各类公用管线集中安装到地下隧道中，并在地下隧道中预留了宽敞的检修空间。共同沟适用于交通流量大、地下管线多的重要路段，尤其是高速公路和城市主干道。国外大城市都建设了共同沟、地下污水处理厂、地下电厂等地下工程，将影响市容和破坏城市环境的各种城市基础设施全部转移到地下。目前，英、法、日等发达国家都兴建了共同沟，巴黎市还把共同沟建设成了观光旅游景点。莫斯科市有 130km 长的共同沟；日本在 1991 年成立了共同沟管理部门，以其推动共同沟的建设工作。目前，我国的共同沟建设问题也应当被提上议事日程。

四、总结

市政排水系统是一个复杂的工程，是城市道路设计的重要组成部分，市政道路排水工程规划与设计占有重要的地位。在规划与设计城市给水排水系统时要善于发现问题，并妥善处理好城市发展中可能面临的水资源、水环境、水灾害问题。高质量地编制好城市给水排水规划，不仅是排水工程规划与设计自身的需要，而且是城市面向未来、走上可持续发展之路的保障。

3.2 城市雨水系统

3.2.1 【泡汤城市】之解析国外不淹城先进的给水排水系统

每年的七八月份后，暴雨、洪峰、台风，一个接着一个地在京津、渤海湾及东部沿海地区肆虐逞凶，毫不留情地考验着城市的基础设施，出现了城市“观海”、村庄“孤岛”等景象。这些灾害造成的损失触目惊心，使我们不得不正视各个城市的规划建设是否合理、交通沟渠的排水系统是否到位、应急管理信息是否通达。面对暴露的种种问题，我们需要反思、需要补课，需要借鉴发达国家在这方面的“百年大计”。

本节根据法国、英国、德国、日本等国的给水排水系统，介绍了国外有关储排水系统发挥防灾抗涝作用的经验和做法，有助于国内有关部门借鉴学习。

一些发展较成熟的城市建有发达的地下管网，这为迅速排除地面积水提供了有力保障。在一些管网不够发达或地面空间较宽阔的地区，多通过绿化涵养、建设蓄水池等方法，减轻排水系统压力。此外，不少城市建有大型雨水再处理设施，既减少了排水量，又实现了雨水再利用。它们具有以下优点：

一、整个排水系统犹如地下大水库

在很多发展较成熟的城市，都建有完备的下水管道排水系统。宽阔顺畅、四通八达的地下水路，能够承担暴雨后的排水重任。

在法国首都巴黎的地下 50m 排布着总长达 2400km 的下水道。巴黎人前后共花了 126 年的时间才修建成功。下水道四壁整洁，管道通畅，纵横交错，密如蛛网。按沟道大小，可分为小下水道、中下水道和排水渠，每天有 120 亿 m^3 的水经此净化排出。其中，排水渠最为宽敞，中间是宽约 3m 的水道，两旁是宽约 1m 的检查人员通道，顶部排列着饮用水、非饮用水和通信管线。在小下水道中，还建有一些蓄水池，用于增加冲刷效应，避免下水道堵塞。整个排水系统犹如一座地下大水库，即使地面倾盆大雨，也能将路面上的积水很快排掉。如图 3-1 所示。

下水道除排水沟外，还设有两套供水系统、压缩空气管道、气压传送系统和电缆线路。下水道系统将排水系统与污水处理系统合二为一。雨水和废水通过净化站进行处理，处理过的水一部分排入河流，另一部分通过非饮用水管道循环使用。

巴黎有26000个下水道盖，其中18000个是可以进人的。巴黎总共有400名下水道维护工、600名地面作业工，负责整个巴黎下水道网络的维护，包括清扫坑道、修理管道；寻找、抢救掉进或迷失在下水道中的人；用水淹的方式灭鼠；监管净化站，等等。如图3-2所示。

图3-1 巴黎下水道

图3-2 作业人员在下水道中

这样的市政工程，虽然初期投资相当巨大，但是在后期的使用过程中却节省了大量的人力和物力。任何一条管线泄漏、短路或者出现其他故障，工人都可以随时进入地下维修。巴黎有一座下水道博物馆，通过图片、设备和真实的管道，介绍巴黎市水处理的历史（见图3-3、图3-4）这座博物馆每年接待10万名参观者。

图3-3 巴黎下水道博物馆内模拟维修工人作业情景

图3-4 巴黎下水道博物馆展示能有效清除沉积物的装置——木球

注：根据流体力学原理，木球入水后可使水流加速进而冲走沉积物。

德国首都柏林的下水道总长度约9500km，相当于柏林到北京的距离。它包括4270km废水排放管道、3250km雨水排放管道以及1900km混合排水管道。

二、绿地和砂石地面减轻排水压力

一些城市研究发现，扩大绿带和铺设砂石路面可以起到快速渗水的作用，从源头上防止地表水汇聚成洪流；也可以减缓废水涌入下水道的速度，减轻城市排水系统压力，降低管道堵塞和满溢的几率。

英国首都伦敦采用了“可持续排水系统”，主要通过四种途径“消化”雨水：一是利用水箱等设施对雨水进行收集和再利用，二是修建渗水坑、渗水步道以及进行屋顶绿化，三是把雨水引入水池或盆地，四是利用池塘或湿地吸纳某一地区的雨水。

1856年，一位叫做巴瑟杰的人承担设计伦敦新排水系统的任务。他计划将所有的污水直接引到泰晤士河口，全部排入大海。巴瑟杰最初的设计方案是：地下排水系统全长160km，位于地下3m的深处，需挖掘350万t土，但这个计划连续5次被否决。1858年夏天，伦敦市内的臭味达到有史以来最严重的程度，伦敦市政当局在巨大的舆论压力下，不得不同意了巴瑟杰的城市排水系统改造方案。

图3-5 伦敦下水道

1859年，伦敦地下排水系统改造工程正式动工。1865年工程完工（见图3-5），实际长度超过设计方案，全长达到2000km。下水道在伦敦地下纵横交错，当年伦敦的全部污水都被排往大海。

每个地区因地形和人口密度的不同，可以采取不同的方式。在伦敦北部的卡姆登区可以看到，当地民宅的院子里要么植树种草，要么用细砂、石子或砖块铺地，很少看到水泥地面，街道两旁的人行道也多由方砖铺成。

英国环境署推广“可持续排水系统”的目标是，在国内所有适合建设“可持续排水系统”的新开发项目中，都采用这种系统；针对已有排水系统，则要不断翻新，代之以“可持续排水系统”。

在日本首都东京，政府也十分看重绿地和砂石地面的渗水作用。除此之外，东京和日本其他一些城市还逐步将道路路面改换成环保的透水沥青。

图3-6 东京下水道（深60m）

东京的雨水有两种渠道可以疏通：靠近河渠地域的雨水一般会通过各种建筑的排水管及路边的排水口直接流入雨水蓄积排放管道，最终通过大支流排入大海；其余地域的雨水，会随着每栋建筑的排水系统进入公共排雨管，再随下水道系统的净水排放管道流入公共水域。

为了保证下水道的畅通（见图3-6），东京下水道局从污水排放阶段就开始介入。他们规定，一些不溶于水的洗手间垃圾不允许直接排到下水道，而要先通过垃圾分类系统进行处理。此外，烹饪产生的油污也不允许直接导入下水道中，因为油污除了会造成邻近的下水道口恶臭外，还会腐蚀排水管道。东京下水道局对此倡导的解决办法是：用报纸把油污擦干净，再把沾满油污的报纸当作可燃垃圾来处理。更干脆的办法是做菜少用油。下水道局甚至配备了专门介绍健康料理的网页和教室，介绍少油、健康的食谱。

东京设有降雨信息系统用来预测和统计各种降雨数据，并进行各地的排水调度。利用统计结果，可以在一些容易浸水的地区采取特殊的处理措施。比如，东京江东区南沙地区就建立了雨水调整池，其中最大的一个池一次可以储存 2.5 万 m^3 的雨水。

法国首都巴黎和荷兰的鹿特丹，在绿化屋顶方面做了不少工作。一般的做法是，在屋顶平台的防水膜上铺设 2～5cm 厚的涂层，这一涂层可防渗漏并确保排水，然后再铺上 4～12cm 厚的透气松软泥土，栽上绿色植物。不过，由于成本较高，绿化屋顶在这两座城市并不普及。

三、"水广场"和立坑增加蓄水空间

在地面空间较为宽阔的地区，还可以通过修建蓄水池、储水坑、河道、地下停车场等方式，增加存水空间，防止雨水泛滥成灾。

鹿特丹常年雨水众多，仅靠现有的沟渠和河道难以彻底疏导洪水。建筑设计师们便结合城市开发，建造了许多具有储水功能的"水广场"。这些"水广场"有的在低洼处依地势而建，有的则在现有小区广场上凿建而成。

建筑设计师们还将"水广场"扩展成"运河"，在河两侧建造人行道、座椅和雕塑。水落时，这些座椅就作为公共设施；水涨时，高耸的雕塑依然能够浮出水面，也成为城市一景。

鹿特丹还在一些大型建筑物下面修建空间设施。水落时，这些空间设施可以作为地下停车场；水涨时，这些空间设施就变成临时大型蓄水池，并在涨水前预先向市民发出禁止停车的警告。

近年来，东京在中小河流旁修建了不少大型储水立坑，立坑之间通过内径 10m 的管道相连；管道通向城郊的地下水库。水库还装有 4 台由航空发动机改装成的高速排水装置，这些设施都起到了较好的存蓄雨水的作用。

四、加装储水装置实现雨水再利用

一些经常遭受大雨侵袭的城市，不但建立了较为完善的排水体系，还开发了大型雨水收集和再处理设施，将收集到的雨水用于浇灌、清洗和建筑物降温，既减少了排水量，又实现了废水再利用。

在东京，很多建筑安装了雨水再处理设施，其中墨田区的一些做法已经成为雨水利用的样板。墨田区面积不到 $14km^2$，建有 185 处大型雨水处理设施，其中墨田区两国国技馆屋顶约有 $8400m^2$，可收纳 $1000m^3$ 雨水。这些雨水夏天可用于降温，冬季可用来融雪，平时还可以冲洗厕所。

在墨田区的街道上，到处都可以看到居民们凿建、摆设的水池、水罐和水桶。这些容器收集的雨水可用于浇灌花草和菜园，也可用来清洗车辆。墨田区实行促进雨水利用的补贴制度，购买容量在 $1m^3$ 以下的水罐可获得一半费用补贴，修建中型储水槽可获得 30 万日元（约合人民币 2.4 万元）补贴，修建大型储水槽可获得 100 万日元（约合人民币 8 万元）补贴。

大阪也积极发展雨水利用系统。大阪府办公楼前的广场上设有大型储水罐，其储存的雨水可用来浇灌旁边的绿化带。大阪府环境农林水产综合研究所的屋顶上设有500L的储水罐，可以利用雨水为建筑物外墙上的爬藤植物浇水。在大阪国际会议场，也建有大型储水装置，每年雨水利用量达5700m^3，相当于所购自来水的12%。

五、总结

这些不淹城的给水排水系统的共同特点就是排水系统的管道一定要足够的宽敞，这样才能规避一些堵塞的情况。管道宽敞了对施工技术的要求自然就高了，所以一定要技术过硬，才能造出好的工程。最后就是政府支持到位，工程设计到位，施工监管到位！

3.2.2　【泡汤城市】之解析海绵城市的雨水收集利用之谜

一、建设海绵城市，让城市回归自然

近些年来，逢雨必涝逐渐演变为我国大中城市的痼疾。然而，不再“城中看海”却不仅仅是管道扩容这么简单。目前我国99%的城市都是快排模式，雨水落到硬化地面只能从管道里集中快排。强降雨一来就感觉修多大的管道都不够用，而且许多严重缺水的城市就这么让70%的雨水白白流失了。海绵城市就是比喻城市像海绵一样，遇到降雨时能够就地或者就近吸收、蓄存、渗透、净化雨水，补充地下水、调节水循环；在干旱缺水时有条件将蓄存的水释放出来，并加以利用，从而让水在城市中的迁移活动更加“自然”。如图3-7所示。

海绵城市，就是要让水在城市中的迁移活动更加“自然”。海绵城市强调优先利用植草沟、雨水花园、下沉式绿地等“绿色”措施来组织排放径流雨水（见图3-8），以“慢排缓释”和“源头分散式”控制为主要规划设计理念，先利用场地源头设施对径流进行促渗减排，部分径流雨水可予以调蓄净化和回收利用，最后实现安全有序排放。

图3-7　海绵城市

沣西新城位于陕西西安、咸阳两市之间，渭河和沣河两河之畔，属关中平原，是国家级新区西咸新区五个组团之一。西咸新区作为首个以创新城市发展方式为主题的国家级新区，一项重要使命就是围绕创新城市发展方式，走资源集约、产业集聚、人才集中、生态文明的发展道路，促进工业化、信息化、城镇化、农业现代化同步发展，着力建设丝绸之路经济带重要支点，探索现代田园城市建设经验。

新区以集约、绿色、低碳、智慧的现代田园城市为目标，全区仅有1/3的面积用于城市建设，2/3划定为农田、生态用地等禁建区，设定文物“紫线”、生态“绿线”和水体“蓝线”，这一道道的彩虹线画在西咸新区的山水格局之间，如同一道生态屏障，以法律形

图 3-8　生物滞留池示意图

式确保城市的绿色基底，为海绵城市提供生态保障。

其以自然河流、生态廊道、道路框架构建布局合理、生态环保、结构完善的城乡空间结构，形成“廊道贯穿、组团布局”的田园城市总体空间形态，构建起层次清晰、架构分明、自然灵动的新型城市生态本底，为海绵城市建设提供“大有可为”的施展空间。利用区内山川河流、大遗址保护区和基本农田构建绿色生态城市，让五个组团城市和若干风情小镇点缀其间，田园城市形态显现。

在遵循已有的山水格局、历史文脉的前提下，对传统粗放式城市建设模式下形成的水体破坏进行生态修复，西咸新区先后启动了区域内渭河、沣河、泾河综合治理工程，使其恢复行洪、蓄水等生态功能。与此同时，河流沿线建设生态景观廊道、湿地公园，延长城市绿线，提高对生态资源的利用效率，让城市与自然互动。

二、四级雨水收集利用体系的“魔术秀”

沣西新城尚业路道路两侧的绿化带要比路面低 10cm 左右，绿化带每隔 20m 设置一组植生滞留槽，并自上而下分为蓄水层、种植土层、粗砂填料层、砾石层，路旁是一大片景观绿地，红花绿草之间呈现出一幅生动的田园城市景象。

当大雨来袭时，道路两侧的下凹式绿化带负责接收雨水，雨水经过“收、蓄、渗、排”的过程，通过植物的吸收净化和填料的过滤吸附，渗入土壤补给地下水。而剩下的雨水则会排入专设的蓄水槽，方便干旱时对植物或景观的补水，从而实现雨水的“慢排缓释”。传统绿化带经设计改造后，成了美观实用的雨水收集系统（见图 3-9），发挥多重效益，在实现天然水资源循环利用的同时，也解决了城市内涝问题。

海绵城市的核心是生态文明建设。沣西新城建立之初，便统筹考虑发展与环境的关系，还是西北地区率先开展低影响开发建设的城市之一，在城市规划设计时就提出“地域性雨水管理系统”概念，早在 2012 年初，就与西安理工大学、西安市政设计研究院联合开展了雨水净化与利用技术研究与应用示范项目，得到沣西土壤、雨水的相关数据，为雨水收集利用的实践提供了科学依据。

图 3-9　雨水收集系统

先进的城市建设理念，让沣西新城成为海绵城市建设的先行者。他们把尊重自然、顺应自然的理念融入城市规划设计中，精心营造了多层次的城市开放空间，从沣河、渭河沿河景观带、自然绿廊和中央公园、城市绿环和组团公园，到若干社区公园和街头绿地，形成四个层次的开放空间，良好的生态本底使海绵城市建设得天独厚。

通过全区域、多层次、全过程对雨水进行收、净、渗、蓄的综合利用，沣西形成了网状的开发布局，实现了“海绵型城市”的建设效果。沣西新城通过实现建筑与小区对雨水应收尽收、市政道路确保绿地集水功能、景观绿地依托地形自然收集、中央雨洪系统形成调蓄枢纽，形成四级雨水综合利用系统，借助自然力量排水，让城市如同生态“海绵”般舒畅地“呼吸吐纳”，每当降雨时四级系统便玩起雨水收集利用的“魔术秀”，让水资源生动流淌。

三、把雨水从包袱变成解渴财富

海绵城市的建设，强调优先利用绿色、生态化的“弹性”或“柔性”设施，并注重与传统的“刚性”设施进行有效衔接。通过“刚柔相济”，建立和完善城市的“海绵体”，强化对城市径流雨水的排放控制与管理，从而实现缓解城市内涝、削减径流污染负荷、提高雨水资源化水平、降低暴雨内涝控制成本、改善城市景观等多重目标，最终为城市构建起可持续、健康的水循环系统（见图 3-10）。

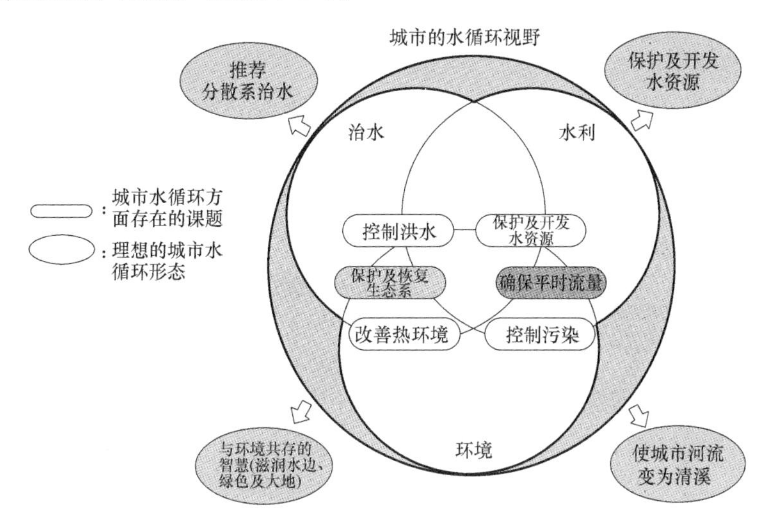

图 3-10　城市水循环的课题及理想的水循环形态

海绵城市的建设，关键在于不断提高“海绵体”的规模和质量。首先，要对城市原有的“海绵体”进行有效保护。通过科学合理划定城市的“蓝线”、“绿线”等开发边界，最大限度地保护原有的河流、湖泊、湿地、坑塘、沟渠等“海绵体”不受开发活动的影响，维持城市开发前的自然水文特征。其次，要逐步恢复和修复已受到破坏的“海绵体”。要综合运用物理、生物和生态手段，使受到破坏的绿地、水体、湿地等“海绵体”的水文循环特征和生态功能逐步得以恢复和修复，并维持一定比例的生态空间。最后，在城市开发建设过程中要创建一定规模的“海绵体”。在城市建设中优先采用具有渗透、调蓄、净化等“海绵”功能的雨水源头控制和综合利用设施，提高“绿色”基础设施建设比例。同时，根据城市排水防涝的实际需求，适当开挖河湖沟渠、扩充水域，以促进雨水的调蓄、渗透和净化（见图 3-11）。

建设海绵城市，首先要扭转观念。传统城市建设模式，处处是硬化路面。每逢大雨，主要依靠管渠、泵站等“灰色”设施来排水，以“快速排除”和“末端集中”控制为主要规划设计理念，往往造成逢雨必涝，旱涝急转。根据《海绵城市建设技术指南——低影响开发雨水系统构建（试行）》，今后城市建设将强调优先利用植草沟、雨水花园、下沉式绿地、绿色屋顶等“绿色”措施来组织排水，以“慢排缓释”和“源头分散”控制为主要规划设计理念。

图 3-11 雨水调蓄

图 3-12 雨水收集

建设海绵城市就要有“海绵体”。城市“海绵体”既包括河、湖、池塘等水系，也包括绿地、花园、可渗透路面这样的城市配套设施。雨水通过这些“海绵体”下渗、滞蓄、净化、回用，最后剩余部分径流通过管网、泵站外排，从而可有效提高城市排水系统的标准，缓减城市内涝的压力。建设海绵城市应具有完备的流域管理法律体系和有效的管理机构；注重流域管理规划和城市建筑开发中的水土保持；按就地处理的原则收集和处理雨水和污水（见图 3-12）；重视河流的生态保护和尝试亲水型防洪策略。

四、建设海绵城市的重要措施

北京“7·21”特大暴雨山洪泥石流灾害，让城市蓄水排水问题成为社会关注的热点。数据显示，在原始森林的天然流域状态下，98%的雨水都可以下渗和蒸发，只有 2%的雨水从地表流走。但是随着城市化进程的加快，城市路面硬化率提高，失去了自我消化能力，雨水无法下渗，径流量超过 50%，北京甚至达到 90%，雨水流走后，地面蒸发马上产生热岛效应（见图 3-13）。

图 3-13 雨水直接排放

海绵城市建设，要以城市建筑与小区、城市道路、绿地与广场、水系等建设为载体，城市规划、设计、施工及工程管理等各部门、各专业要统筹配合，突破传统的“以排为主”的城市雨水管理理念，通过渗、滞、蓄、净、用、排等多种生态化技术，构建低影响开发雨水系统。

对于建筑与小区，可以让屋顶绿起来（见图 3-14），在滞留雨水的同时起到节能减排、缓解热岛效应的功效；人行道、广场可以采用透水铺装；有条件的小区绿地应“沉下去”，让雨水进入下沉式绿地进行调蓄、下渗与净化（见图 3-15、图 3-16），而不是直接通过下水道排放；可将小区的景观水体作为调蓄、净化与利用雨水的综合设施。

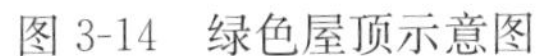

图 3-14　绿色屋顶示意图

图 3-15　下沉式绿地调蓄（一）

城市道路是径流雨水及其污染物产生的主要场所之一，对城市道路径流雨水的控制尤为重要。人行道可采用透水铺装，道路绿化带可下沉，若绿化带空间不足，还可将路面雨水引入周边公共绿地进行消纳。城市绿地与广场应建成具有雨水调蓄功能的多功能“雨洪公园”，城市水系应具备足够的雨水调蓄与排放能力，滨水绿带应具备净化城市所汇入雨水的能力，水系岸线应设计为生态驳岸，提高水系的自净能力。

图 3-16　下沉式绿地调蓄（二）

维持和恢复城市绿地与水体的吸水、渗水、净水能力，是建设海绵城市的重要手段。因此，在保证城市道路、绿地原有功能的同时，还要合理规划用地布局与竖向设计，使低影响开发雨水设施与城市雨水管渠系统、超标雨水径流排放系统有效衔接，充分发挥城市“绿色”基础设施与“灰色”基础设施协同作战的能力。

3.2.3　【泡汤城市】之解析荷兰鹿特丹城市水广场给水排水系统设计

鹿特丹是荷兰第二大城市，它不仅仅是个港口，也是现代设计与时尚建筑的舞台。荷兰的建筑与建筑师在世界建筑中扮演着重要的角色，而鹿特丹的现代化桥梁、立体方块屋、博物馆公园旁的高楼大厦，有如一座现代建筑的露天博物馆，因而享有“现代建筑学教科书”的美誉；流行的设计商店、大胆前卫的设计师、独特的表演艺术手法……令它有着欧洲其他港口城市所不具备的时尚和创新魅力。

荷兰人围海造田世界闻名，如今又在应对洪涝灾害中想出妙招，他们的治水本领的确令人钦佩。特殊的自然地理条件使鹿特丹经常面临海水倒灌、洪水泛滥的威胁。

一、鹿特丹的排水系统建设历程

1. 起步期（18 世纪—19 世纪中叶）

18 世纪初，鹿特丹还没有排水系统，所有污水都是直排运河。同时，鹿特丹城市人口急剧增加，由于运河也作为饮用水源，因此霍乱频发，导致成千上万人死亡。1841 年，鹿特丹城市建筑师罗斯（W. N. Rose）向市政当局提出建议取消堤围泽地，但未被采纳。直到1848～1853年霍乱再次流行，鹿特丹市政府才终于在1854年采纳了罗斯提出的建设规划，建造一个集泵站、水闸、暗沟和环绕老城区共计30km的整体排水系统，从而保证运河水体可以定期更新。今天来看，这个计划是第一部真正从水、空间规划和改善人类居住环境出发的杰作，在当时具有充分的可行性和有效性。

2. 发展期（19世纪中叶—20世纪70年代）

罗斯的计划实现了将污水从流入低洼地的水中分离的目标，这部分污水再由泵站排入马斯河。直至1970年以前，鹿特丹的排水都是从暗沟排入运河，再从运河排入马斯河。这样做的好处是解决了老城区的排水问题，但大量未经处理的污水排放至河流，造成地表水污染加剧，已严重危害到饮用水、农业用水、渔业用水和娱乐用水等水资源的利用。

3. 成熟期（20世纪70年代至今）

1970年，荷兰颁布了水污染法案，提出兴建污水处理厂。1989年荷兰发布国内水政策报告，提出了减少50%水体污染负荷的目标。1996年鹿特丹用水计划、2002年地下水使用政策等的实施，使鹿特丹的水环境质量有了较大改善。2005年，鹿特丹市政部门启用了泵站中央自动控制系统，对整个城市的排水系统和泵站进行统一调度，使得解决排水系统溢流问题的方法与途径发生了彻底转变。

二、鹿特丹城市排水系统的独特性

1. 设计理念

通过采用景观与工程相结合的统筹途径，将城市内有效蓄水空间与公共空间结合起来，进而发展出包括下沉广场、灵活的街道断面、水气球，以及拦截坡面的坝等多个公共空间原型（Prototype）。可以根据具体环境的尺度、空间的使用、储存雨水的能力要求应用于不同的地点。能够将雨水收集到一个可供人们聚会、玩耍、运动的“水广场”中，并把雨水转换成城市景观，真是一举多得的水广场，如图3-17所示。

图3-17　雨水收集与市民休闲相结合的“水广场”

全球气候变暖给鹿特丹带来了更为频繁的降雨，鹿特丹平均每年有300天都在下雨，同时，降水量也越来越大。到了2015年，鹿特丹有多达6亿L的降水量需要向外排出，这相当于200个可以举办奥林匹克游泳比赛的泳池的储水量，覆盖的面积刚好是鹿特丹的市区面积。在人口密度高的市中心区域，已经无法用挖渠引水的传统方法，于是，大胆思考、敢于创新的鹿特丹人提出了“水广场”的创想。

2. 给水排水系统解析

广场主要有两部分：运动场和其中的山形游乐设施。运动场相对于地平面下沉了1m，周围是人们可以用来观看比赛的台阶；山形游乐设施由多个处于不同水平面的可坐、可玩、可憩的空间组成，广场的周边由草地与乔木围合而成（见图3-18～图3-20）。大多数时候（几乎一年里90%的时间），水广场是一个干爽的休闲空间。即便在常规的雨季里，广场仍保持干燥，雨水渗入土壤或被泵入排水系统。只有当遭遇强降雨时，广场才会一改其通常的面貌和功能，成为暂时储存雨水的设施。收集的雨水从特定的入水口流入广场的中央，并且水流动过程可见可听，完全可视化。

设计还确保了广场被淹没是个循序渐进的过程，短时间的暴雨只会淹没广场的一部分。此时，雨水将汇成溪流与小池，孩子们可以在其间戏水游乐；之后，雨水将在广场里停留若干小时，直到城市的水系统恢复正常。若暴雨延长，水广场将逐渐浸泛，直到运动场被淹没、广场名副其实成为一个蓄水池。在这种情况下，那些大胆而不怕湿身的人会去享受水广场的乐趣。广场设计容量可以容纳最多 1000m^3 的该社区范围内的暴雨。根据雨洪的大小，雨水一般并不会在广场里储存太久，最长是 32h，这种情形理论上两年才会发生一次，所以即便是在夏天应该也不会产生卫生问题。

图 3-18 鹿特丹水广场（一）

这样一来，雨水不会延到城市街道，现存的排水系统也不会因此负担沉重。雨停后，这些积蓄起来的雨水也不会被白白丢弃，而是会统一经过地下管道输送到污水处理中心，这些雨水经过净化后再被输送到家家户户，成为鹿特丹市民的生活用水。这样一个简单的举措，既大大缓解了城市下水道系统的压力，又实现了雨水的循环再利用。

图 3-19 鹿特丹水广场（二）

在一年的大多数时候，水广场都处于干燥的状态，只是在有大雨的季节水广场才会被注满水。这时，小溪、细流和池塘都会出现。孩子们可以在水里或水周围玩耍，在冬天，他们甚至可以在这里溜冰。流入水池中的雨水都已经过过滤处理。

3. 水广场的相关设施

为了让孩子们安全地在水中游戏，卫生是很重要的一个议题。水广场并不是一个污水处理设施，因此雨水在汇入广场之前，先通过一个分离的净水系统从公共空间和屋顶被收集到一起，收集到的雨水首先汇入一个“水匣子”装置里，在此得到过滤。如此过滤后的雨水将被逐步流入并储存在广场里，直到可以被排至附近的水体。这样一来，可以避免目前污水溢流至沟渠和运河，造成二次污染的现象。这一设施的另一个优点是干净

图 3-20 鹿特丹水广场（三）

的小水潭可以供孩子们在夏天玩耍，也可以在冬天结冰时注水形成溜冰场。这些设施若在常规建造中将十分昂贵，但由于水广场为了执行雨水缓冲功能就已经安装了必需的工程设施，所以以上的游戏功能将轻松实现，无需追加更多额外的投入。

另一个议题是当水广场注满水时的安全问题。为此，设计师采用了一套结合公共空间美学的警示系统，这套系统通过色码灯对水深作出指示。不同颜色的灯标识雨水广场不同的标高（颜色从黄色转为橙色，最后再到红色），水位越高将出现越多的红灯。此外，简单的边界护栏可以起到防止年纪较小的儿童进入注满水的广场。

通过景观途径将公共空间与储存雨水相结合，平时这些空间所行使的功能和其他公共空间没有什么两样，但在暴雨时，这些空间却可以被用来暂时储存雨水。因此，许许多多这样的水广场在成为城市独特风景线的同时，又起到了缓冲雨水、改善城市水质的作用。同时，花在地下排水基础设施上的钱可以用来建造更好的城市公共空间，可谓一举多得。

3.2.4 【给水排水探讨时间】多雨城市不涝之谜，揭秘古代城市排水艺术

其实，古人早已深刻意识到，“水失其性，百川逆溢，坏乡邑，溺人民，而为灾也”，所以我国历朝都很重视排水沟渠的疏浚和整修，可谓代不乏人，史不绝书。成书于战国晚期的《管子》对都城选址原则有着科学建议，“凡立国都，非于大山之下，必于广川之上；高毋近旱，而水用足；下毋近水，而沟防省；因天材，就地利，故城郭不必中规矩，道路不必中准绳”。《管子》还论述了建设城市沟渠排水设施的原则：“地高则沟之，下则堤之”，“内为落渠之泻，因大川而注焉”。就是说，古代城市在选址时已充分考虑了城市供水、灌溉、排水、防洪、防御、航运和防火等各方面需求。

与现代城市管理者动辄向水面要土地，填河修路、填湖建房不同，古代城市管理者更多侧重于充分利用天然河流、湖泊和洼地，同时规划并开挖许多人工沟渠、湖池，共同组成发达的水系。唐玄宗曾下诏修理两都街市、沟渠、道桥，而其旧沟渠，令当界乘闲整顿疏决。德宗时修石炭、贺兰两堰，并造土堰，开淘渠。五代十国时期，周太祖曾诏开封府淘疏旧壕，以免雨水毁坏百姓庐舍。民间也非常重视城中河道的日常疏通和维护。如唐懿宗咸通年间，“金陵秦淮河中，有小民棹扁舟业以淘河者”。可见，当时已经出现专门以养护河道为业的人，他们负责在河道上挖掘污泥、清除残秽，向管理部门领取报酬。

正是在这种制度和法规的指导下，古代城市在建设之初就十分重视排水设施建设，并修建了一系列排水系统。

长安城在建城前经周密调查和精心设计，其后不断修建扩充，成为当时首屈一指的国际化大都市。对于这样一座总面积达 83km² 、人口逾百万的特大城市而言，排水系统对于整个城市的正常运转具有重要的意义。此时的中国古代城市已发展到了封闭式的里坊制阶段。隋唐长安城南北 11 条大街、东西 14 条大街，将全城划分为 110 个坊。排水系统就遍布于由“街”、“坊”组成的棋盘格状的都市中（见图 3-21）。建筑周围常见砖铺散

图 3-21 古代长安城排水系统

水、渗水井和排水管道。与汉长安城一样，隋唐长安城大部分街道的两侧都修有水沟，有土筑和砖砌两种，均为明沟。明沟外侧设人行道。大路路面中间高、两边低，便于及时排除雨水。城门下则建有排水涵洞。永安渠、清明渠和龙首渠在流经城内的里坊和池苑后，注入渭河和浐河，除供应城市用水外，也起到了分洪的作用。

作为全国性的政治中心，隋唐长安城给水排水系统的设计布局优先考虑了城内贵族人群的需求，宫室禁地中的排水设施也最为讲究。如大明宫太液池岸发现的排水渠道内设置有横向砖壁，雨水在经过时可将较大的杂物拦截下来。西内苑发现的排水暗渠为砖石结构，为防止渠道淤塞，分段安装了多道铁质闸门，第一道闸门先由铁条构成直棂窗，拦阻较大的垃圾杂物，第二道闸门布满细小的菱形镂孔，可以滤出较小的杂物。闸门拆卸自如，方便疏通。这可以说是初级的水处理装置了。

北宋都城汴京（今河南开封）在城市排水史上占有重要的一页。汴京城水系十分发达，整个城市排水系统的规划设计和建造体现了很高的科技水平（见图3-22），城市排水设施的管理措施也很完备。北宋汴京城包括3重城壕、4条穿城河道、各街巷的沟渠以及城内外湖池；外城城壕称护龙河，宽80m、深4.8m，估算过水断面面积约372m^2，长约30km，里城及宫城的城壕分别长12km和5.4km，3重城壕总蓄水容量达1765.6万m^3；4条穿城河道为汴、蔡、五丈和金水4河，根据文献记载估算，4条河道总长约30km，蓄水总容量约为86.63万m^3。宋汴京城面积约50km^2，由此可知河道密度约为1.55km/km^2，总蓄水容量约1852.23万m^3。此外，城市大街小巷有明渠暗沟等排水设施，还有凝祥、金明、琼林、玉津4个池沼，据记载池面十分广阔。市内的排水系统，是在干道两侧用石条砌筑宽约1m的明渠，废水通过城墙下构筑的涵洞流向城壕。据记载，城内有排水沟二百余条，开封府安排专人巡逻，严禁居民倒垃圾入沟，以防堵塞。

图3-22 北宋都城汴京排水系统

元大都的选址避开了唐代街坊形式的金中都，平地起建，全面谋划，成为开放式街巷制城市规划的典范。就排水系统而言，其规划设计与排水设施的铺设与城市的整体规划与建设同步。其城市建设充分利用自然环境，因地制宜，最终成为中国古代城市建设史上的一座里程碑。

元大都城内的河湖水系分为两个系统，一是由高梁河、海子（积水潭）、通惠河构成的漕运系统；一是由金水河、太液池构成的宫苑用水系统。大都城的建设中，不仅充分利用自然河流开渠引水，而且修建了完善的排水系统，明渠与暗沟相结合。依北高南低的地势，大都城的南北主干道两侧，都有排水干渠，沟渠两旁还有东西向的暗沟，引胡同内的雨水排入干渠。在今西四附近的地下，曾发现石条砌筑的明渠，渠宽1m，深1.65m。在通过平则门内大街（今阜成门内大街）时，顶部覆以石条。

在大都城东、西城墙的北段和北城墙西段发现3处向城外泄水的涵洞（见图3-23）。涵洞的底部和两壁以石板铺砌，接缝处勾抹白灰，并平打了很多铁锭。涵洞顶部用砖起券呈拱形，中部安装了一排铁栅栏。整个涵洞的做法，与《营造法式》所记“卷輂水窗”的工艺完全一致。

图 3-23 元大都向城外泄水的涵洞

赣州是一座依水而建的城市，自唐代建城以来，洪涝连年不断。北宋熙宁年间（公元1068—1077年），一个叫刘彝的官员在此任知州，规划并修建了赣州城区的街道。同时根据街道布局和地形特点，采取分区排水的原则，建成了两个排水干道系统。因为两条沟的走向形似篆体的“福”、“寿”二字，故名福寿沟。

福、寿两沟总长12.6km，福沟排城东南之水，寿沟排城西北之水。福、寿两沟采用明沟和暗渠相结合，并与城区的池塘相串通的方式。这样既可避免沟水外溢，又可利用废水养鱼和种植水生植物。福、寿两沟的水均通过城墙下面的水窗，分别排入章江和贡江。

然而，每逢雨季，江水上涨超过出水口，也会出现江水倒灌入城的情况。于是，刘彝又根据水力学原理，在出水口处“造水窗十二，视水消长而后闭之，水患顿息”。水窗即排水口的阀门，每当江水水位低于水窗时，即借下水道水力将水窗冲开排水。反之，当江水水位高于水窗时，则借江水力将水窗自外紧闭，以防倒灌。同时，为了保证水窗内沟道畅通和具备足够的冲力，刘彝采取了改变断面，加大坡度等方法。他让排水口附近的管道呈现多层断面，将坡度增加到普通管道的4倍，这样确保水窗内能形成强大的水流，足以带走泥沙，排入江中。

福、寿两沟工程费时将近十年才完工，直到今日，还有900多米下水道仍然在使用。至今，赣州市民还在享受着这位宋代官员的余荫。有专家表示：赣州旧城，即使再增加三四倍雨水、污水流量，也不会发生内涝，“古人的前瞻性真令人赞叹”。

现代种种高标准规划、高科技手段和高科技施工机械，何以频频败在各方面远不如现代的古代排水系统手下？关键还在于现代人的“面子”观念：越来越光鲜的城市建筑、越来越宽敞的城市新区等“面子工程”不断开建的背后，人们看不见城市“里子工程”的规划设计、建设监管等。“临渊羡鱼，不如退而结网”，在赞叹古代排水系统完善的同时，希望政府部门能筑堤千里，防患未然。

3.2.5 城市排水（雨水）防洪规划编制重点问题探讨——用模型说话

随着城市雨水系统规划设计范围的扩大，已经逐渐超过了基于推理公式法的雨水系统规划设计方法的适用范围，导致计算结果出现偏差，影响雨水系统的安全性。

同时，目前全国性开展的城市排水防涝规划中，要求转变思路以及加强数学模型等新技术的应用，但由于规划的编制和模型等新技术的应用在我国还处于起步阶段，很多具体技术问题还有待探讨。

一、基于模型的内涝原因分析

1. 主要的现状问题

一般情况下，造成城市内涝的主要原因包括自然原因和人为原因，其中人为原因主要包括3个方面：

（1）城市发展方式；

（2）城市排水设施自身问题或者彼此间衔接关系不合理；

（3）城市日常管理缺位。

具体来说：

（1）自然原因主要是气候问题，如极端暴雨事件增加和暴雨强度增强；

（2）城市发展方式的问题反映在城市下垫面硬化比例增加、城市竖向不合理、城市河湖减少等方面；

（3）城市排水设施自身问题或者彼此间衔接关系不合理反映在城市排水防涝设施能力不足、管道系统收集能力与排除能力不匹配、城市排水防涝设施之间能力不匹配、排水管道与下游河道不匹配导致管道受下游受纳水体顶托排水不畅、城市外部客水没有受到有效拦截而进入城市建设区等方面；

（4）城市日常管理缺位反映在日常管理不到位和应急管理措施不到位等方面。

2. 利用模型辅助分析内涝原因

对于自然原因、城市发展方式和城市日常管理等问题，可以通过GIS等手段进行统计分析，模型辅助主要应用于分析城市排水设施自身问题或者彼此间衔接关系不合理。

（1）城市排水防涝设施能力不足分析

利用数学模型可以分析管道能力对于积水的影响，在利用现状模型和规划模型2种模型进行模拟后，可以得到管道改造后积水变化情况。通过结果分析可以发现，该内涝积水点的主要积水原因是管道能力不足，在管道能力提高后，积水量由86057m^3减少到6862m^3，减少了超过90%，积水问题得到很大缓解。

（2）管道系统收集能力与排除能力不匹配分析

由于城市雨水系统建设时，道路雨水收集系统仅考虑道路本身的雨水收集，而没有考虑周边小区的雨水收集。因此周边小区的雨水应通过自身的雨水系统进行收集，然后通过小区雨水干线排入市政雨水干线。但是在实际建设过程中，很多小区没有建设雨水排除系统，小区内的雨水通过坡面流直接排出小区进入市政道路。由于市政道路的雨水收集系统无法及时收集这部分雨水，将会导致积水。利用数学模型可以快速对这一情况进行分析，并明确由于雨水收集系统所导致的积水量。通过结果分析可以发现，该内涝积水点的主要积水原因是管道系统收集能力与排除能力不匹配，在管道系统收集能力与排除能力匹配后，积水量由9953m^3减少到1005m^3，减少了接近90%，积水得到很大缓解。

（3）城市排水设施之间能力不匹配分析

城市排水设施包括管道、泵站等多种设施，设施之间由于能力不匹配也会导致排水不畅的情况，特别是泵站强排系统。某市在现状排水管道和泵站能力下，如果不改造管线，仅仅提高泵站能力使之与管道能力匹配，内涝风险区面积将下降80%，积水问题得到很大缓解。

（4）排水管道与下游河道不匹配问题分析

利用数学模型可以分析下游河道水位对于积水的影响，在利用不同河道水位的模型进行模拟后，可以得到河道水位降低后积水变化情况。通过结果分析可以发现，该内涝积水点的主要积水原因是下游河道顶托，在河道水位下降不再顶托后，积水量由18624m^3减少到 3275m³。

二、现状雨水管渠系统提标改造

1. 改造原则

进行现状雨水管渠系统改造应以现状模型评估结果为基础，尽量不对现状管道进行改建和废除，采用的工程措施使用顺序为：

首先采用分流、串联等方式在工程量较小的模式下进行改造；然后采用调蓄进行改造；最后采用增加雨水管道或者翻建方式进行改造。

同时，应在改造方案制定过程中充分应用模型进行评估分析。

2. 改造方案制定步骤

第一步，分析现状管道整体情况，找到需要改造的管线区域。

第二步，分析待改造管线周边管线的情况，将需要改造的管线与不需要改造的管线联通，分流一部分水量，充分利用各管道的能力。

第三步，分析周边用地情况，寻找在绿地或者开敞空间建设雨水调蓄池。

第四步，新增或者改建雨水管道，当顺向的几条道路管线均不满足要求时，可选择其中 1 条较好实施的道路新增 1 条较大管线，将几条道路串联，分段截流入新增管线，以减少施工难度。南北向 3 条道路管线均不满足要求，规划选择其中 1 条道路新组建 1 条大型管道，并分别在东西向道路上进行联通，使得 3 条南北向道路改造后均能满足要求。

三、下凹式立交桥等重点积水区域分析

1. 辅助标准确定

城市下凹式立交桥是重要的内涝积水点，为了进行立交桥的整治，首先需要确定立交桥改造的规划标准。由于立交桥改造涉及高水系统、低水系统、高水系统是否封闭（客水拦截）等多方面因素，为了合理确定标准，可利用规划模型辅助区分不同组合情景的积水情况。

2. 辅助划定客水范围

在立交桥改造时，进行客水拦截是必要的规划对策，这首先需要合理分析客水区，在规划中利用二维漫流计算结果，分析地表流动，并结合现场踏勘，综合确定客水范围。

3. 辅助制定客水拦截方案

明确客水区后需要制定客水拦截方案，但是考虑到道路的交通功能，客水拦截不能完全在道路内解决，需要在周边选择区域进行拦截，通过模型分析可发现客水流向，明确客水拦截措施的具体位置。

4. 实施效果分析

通过模型分析，可以评估规划方案的实施效果，以及分期实施效果。

3.2.6 【分享】景观水体雨水收集利用系统

雨水收集回用系统一般包括：收集、弃流、雨水储存、水质处理和雨水回用。当雨水较为洁净时，也可不设置初期雨水弃流。

景观水体（不包括喷泉等水质要求较高的水景）雨水收集利用系统的构成简单且造价较低，其典型构成见图 3-24。

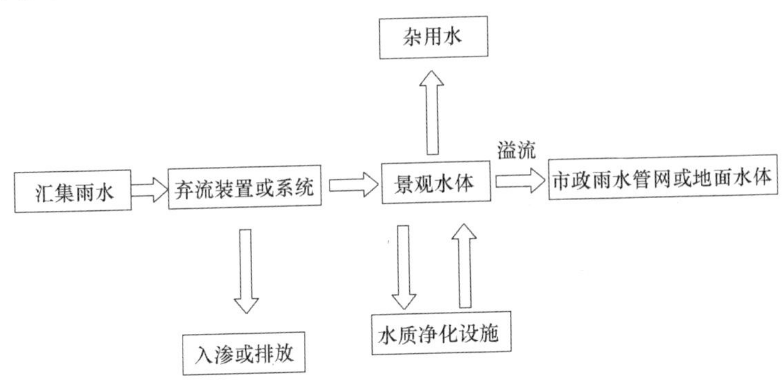

图 3-24 景观水体雨水收集利用系统

（1）汇集的雨水经弃流装置或弃流系统，用管道输送到景观水体中储存，超过设计利用标准的水量经溢流管道排到市政雨水管网中。汇集的雨水为屋面雨水，也可以是屋面、路面混合雨水。

（2）当水体周边有漫坡绿地时，硬化面的雨水可流经绿地进入水体，这时绿地可起到对初期雨水的净化作用，替代弃流装置或弃流系统。若绿地需要在雨季施肥，绿地径流宜采取工程措施进行初期雨水弃流。

（3）水质净化系统维持水体的水质达到使用标准，水体储存的雨水可用于景观水体补水及浇灌绿地等杂用。水质净化系统属景观水体的常规配置设备，可兼作雨水的净化设施。

（4）水体既是雨水用户（或用户之一），又是雨水的储存措施。雨水的蓄存通过如下方式实现：水体设置旱季（低）水位和雨季（高）水位，两水位之间的容积蓄存雨水；或者设置设计水位和溢流水位，利用水位之间的容积蓄存雨水。景观设计应考虑不同水面标高时的景观效果。

（5）对于无市政雨水管道的居住区或村镇，溢流雨水可引入地面水体或排水沟。当建筑区另有中水等水源时，系统中还应含有补水设施。

3.2.7 【泡汤城市】之解析青岛现代排水系统之谜

一、导读

在青岛的老城区，光滑的马牙石铺成的道路旁，被踩得斑驳的“古力盖”，乌黑发亮。我们仍然能看到德国人留下的“古力”。古力是德语“Gully”的音译，意思是指带有可供人出入井盖的地下雨污水坑道。这些古力盖中心大都有一个“K”，“K”代表“KIAUTSCHOU”，意指胶澳。

二、现状

夏季暴雨，对地处季风区的中国城市是家常便饭。在地势低洼的青岛老城区，这样的积水路段每年都会出现。“德国人修建的地下暗渠，宽阔到可以跑解放牌汽车。过去老城区下完雨，地面就干干净净的。反倒是新修的新城里的小区和街道，常听说‘古力盖冒溢’的新闻。”

对于在暴雨前接连失守的都市，青岛德式排水，对今天有哪些经验可资借鉴？一批近年来整理的德侵占时期档案，揭示了其中的奥秘。

原因一：德国人考虑到百年之后

《胶澳发展备忘录》系由当年胶澳总督府组织编写。自 1898 年 10 月起，每年一记，直到 1914 年，不间断记录了 17 年，完整地记下了当时德国殖民者建设地下管网的意图、理念及施工进度。在德国人看来，这不单是市政建设，而是上升到了国家关系的层面。德国人之所以在青岛煞费苦心是有原因的。于佐臣说，作为一个后起的帝国主义国家，德国力图把青岛建成一个样板殖民城市，显示自己的强大，以此与英法竞争。因此不惜代价采用了最新的科学技术，运用国家干预及军队管理，在市政规划、行政管理、路网建设、卫生保健等方面，都采取了若干新政策。

原因二：作为公共卫生问题看待的下水道

据《胶澳发展备忘录》记载，最初德国人在青岛铺设地下水网，是作为公共卫生问题考量的。德国人意识到了与供水系统同步建设排水系统的重要性。因此《胶澳发展备忘录》明确提出，“通过中央输水管道提供保证安全的优质饮水，扩建下水道网，以及清运中国人的垃圾等，都是面临的紧迫任务”。这是青岛第一次大规模铺设下水管道的开端。青岛地势南低北高，丘陵地貌，这条线顺山势集中在南部老城区沿海一线。主要是在地下埋设暗渠。从 1899 年开始铺设，一次就铺了 3500m。档案显示，暗渠都是埋在地下 2m，直径最大 0.5m，细的如同手腕粗；管道则采用烧制的陶瓷管，每截 2m 左右，带螺丝口。管道接口麻纱外面用沥青封口，一般多为 1.5～2m 长的短管，方便检修。明渠和暗渠，每隔 50m 就修道挖隧道，用雨水箅子分流，挡住随雨水冲刷而来的泥沙。这套系统基本覆盖了青岛老城区，在青岛西部老城区，100 多年前修建的暗渠至今还能用。

原因三：雨污分流，今天很多城市做不到

《胶澳发展备忘录》1899—1900 年度报告提到：目前完工的下水道仅供疏导雨水之用，而粪尿等还要靠粪桶清除。雨污分流的工程从论证到完工持续了 5 年之久，德国人显示了特有的耐心。1901 年的备忘录记录：粪便和污水依然直接排放到海中，而污水下水道已进行了招标，计划施工。

而 1902 年的备忘录显示，这项工作终于有了眉目：把排放污水和建造下水道的工作，交给了一家德国公司。建筑工程大约需要 2 年时间完成。与此同时，“雨水下水道与街道扩建同步”。1905 年，雨污分流的下水道投入使用。备忘录显示，光本年度就“铺设了 670m 的水泥下水道，2296m 的蛋形型材管水泥管道，1144m 的陶管管道，将 116 座楼和院落接入了下水”。

三、结论

德国经验中国能复制吗？

七八年前的青岛新城区，也是经常“开肠剖肚”。而现在，吸取德国经验的青岛市规定，在城市管理上搞协作制度，一旦有某条管线需要施工，市政工程养护管理部门会发出公告，要求所有地下管线经营企业前来登记施工计划，详细说明施工时间、施工方法等，开挖后，至少5年内将不准在该路段再次施工。

某种程度上，德国经验今天是无法复制的，“德国人的主要特点是慢工出细活。但是如今的地下管材标准化程度更高，材料都是工厂化生产。施工的只管挖渠，直接买好管道填埋，施工周期短。而德国人是完全就地取材，用人力铺设石头暗渠的做法，今天显然不太可能”。“评判市政建设孰优孰劣，离不了社会背景的具体分析”。现在不能照搬德国经验。现在的城市，一条街道上至少已经分布了7条专业管线，要负责污水、雨水、自来水、电信、有线电视、燃气、供暖、电力、网络等。如今的人口密度已经非当年可比了。

3.3 城市污水系统

3.3.1 【每周一议】发达的下水道系统是一种什么状态

一个城市的良心工程——东京下水道

除了地震以外，对日本影响最大的恐怕就是台风和夹裹而来的大雨。20世纪50年代末，日本工业经济进入高速发展通道，却因为下水道系统的落后饱受城市内涝之苦，一到暴雨季节，道路上水漫金山，地铁站变成水帘洞；再加上大量生活污水、含重金属的工业废水未经处理就排入河道，人在食用了受污染的鱼类后引发了水俣病、骨痛病等，公共水体污染成为社会关注重点。

为了解决恶化的环境污染问题，1964年4月，日本成立了“下水道协会”，主旨是对下水道系统作全面评估，统一下水道建设以及排污标准，将老化的管道更新换代。1970年，日本召开“公害国会”，会上政府大幅度修改了《下水道法》，明确规定了下水道的建设目的，并决定每年投入大量国家预算用于污水收集和处理的建设及运营。

日本首都东京的地下排水标准是“5～10年一遇”（一年一遇是每小时可排36mm雨量，北京市排水系统设计的是1～3年一遇），最大的下水道直径在12米左右。

东京的雨水有两种渠道可以疏通：靠近河渠地域的雨水一般会通过各种建筑的排水管及路边的排水口直接流入雨水蓄积排放管道，最终通过大支流排入大海；其余地域的雨水，会随着每栋建筑的排水系统进入公共排雨管，再随下水道系统的净水排放管道流入公共水域。东京下水道的每一个检查井都有一个8位数编号，这样可使维修人员迅速定位。

为了保证排水道的畅通，东京下水道局规定，一些不溶于水的洗手间垃圾不允许直接排到下水道，而要先通过垃圾分类系统进行处理。此外，烹饪产生的油污也不允许直接导入下水道中，因为油污除了会造成邻近的下水道口恶臭外，还会腐蚀排水管道。下水道局甚至配备了专门介绍健康料理的网页和教室，向市民介绍少油、健康的食谱。

图3-25～图3-45为东京下水道内景及施工过程的一些图片。

图 3-25 东京下水道（一）

图 3-26 东京下水道（二）

图 3-27 东京下水道（三）

图 3-28 东京下水道（四）

图 3-29 东京下水道（五）

图 3-30 东京下水道（六）

图 3-31 东京下水道（七）

图 3-32 东京下水道（八）

图 3-33 东京下水道（九）

图 3-34 东京下水道（十）

图 3-35 东京下水道（十一）

图 3-36 东京下水道（十二）

图 3-37 东京下水道（十三）

图 3-38 东京下水道（十四）

图 3-39 东京下水道（十五）

图 3-40 东京下水道（十六）

图 3-41 东京下水道（十七）

图 3-42 东京下水道（十八）

图 3-43 东京下水道（十九）

图 3-44 东京下水道（二十）

图 3-45 东京下水道（二十一）

3.3.2 【给水排水探讨时间】在有下水道和现代排污系统之前，古代城市是如何解决排污的

下水道是一种城市公共设施，早在古罗马时期该设备就已出现了。近代下水道的雏形源于法国巴黎，至今巴黎仍拥有世界上最大的城市下水道系统。一般说来，下水道系统是用于收集和排放城市产生的生活污水以及工业生产所产生的工业废水。

我国古代在城市建设中也讲究城市的供水与排水系统的规划。我国古代有关下水道的名称有好几种，如沟、窦、续、石渠、埔墁等。所用的材料和方法也有多种，有用陶管铺设的，有用石块修造的，也有用砖块砌成的。据《考工记》记载："窦，其崇三尺"，表明当时的下水道已有 3 尺高度。据《左传》"成公六年"（公元前 585 年）记载："土厚水深，居之不疾，有汾浍以流其恶"（这里的恶指污秽），可见当时人民已发现积存污水会致人疾病，要排除污水以保障人体健康。后来的记载更为明朗，如宋代《养生类纂》引《鲁班宅经》说："厅前天井停水不出主病患"；同书又引《琐碎录》说："沟渠通浚，屋宇洁净无秽气，不生瘟疫病"。根据这些记载，说明古人对污水处理，基本上是从卫生学角度来考虑的。

隋唐时代，我国封建文化高度繁荣，当时的城市建设和卫生设施，较前代更加进步。唐代的长安，为当时规模最大的都城，整个城市的设计布局合理整齐，皇宫、百官的衙署、住宅、市场都分区设立。当时，把外廓城规整地划分为108个坊（居民区），王室所占的宫城和国家机构所在的皇城，位于北部正中，整个长安城不但街道宽敞，两旁还栽种整齐的树木，街道两侧普遍建有排水沟。从发掘到的朱雀街的排水沟来看，沟宽3.3m，深达2.3m。考古工作者又在东西两市的巷道下面发现有砖砌的排水暗沟，这些暗沟最后都通向大街两侧的明沟。唐代长安的城市规划及卫生设施，在世界古文明史上无疑是领先的。

明、清都城北京的设计，即是参照唐代长安的城市规划。据清昭涟《啸亭杂录》记载，明宫廷内下水道工程更为壮大，或用生铜铸成，或用巨石砌成，管径粗达数尺。这在当时世界范围内，均属少有的卫生工程。新中国成立后在北京调查古代的下水道，发现五六百年前明代建造的下水道大都是用砖石砌成的。据工程技术人员估计，这些下水道即使再使用几十年，也是没有问题的。

与中国一下大雨便"道路成河"，为了铺设管线便把公路挖了填、填了再挖不同，巴黎的下水道里兼容排水系统、供水系统、电缆电线系统、煤气电话网络线等，近几年，里面还配备了电影院、商店等设施。巴黎街道上干净整洁，也见不到国内大街上诸如满街电线杆、杂乱无章的各种线路、穿街而过的煤气管道等设施，为什么呢？全走地下了！

不可思议的是这样宏大的下水道居然始建于14世纪。当时正值英法百年战争期间，在战争的间隙法国人居然还在考虑自己该修建什么样的下水道。不过这也是和欧洲当时的城市化分不开的，随着城市人口的增加和城市规模的扩大，适当地建设一些市政工程也在情理之中。

当时正值中国明朝的洪武年间，明朝发明了八股文禁锢人们的思想，难以想象中国的知识分子还在和四书五经这样的儒家学说朝夕相伴，并以能否熟练掌握此种知识为标准，为踏入仕途而呕心沥血的时候，西方人却在为自己的城市建设做超前的设计规划，也为后来的建设者指明了方向，毫无疑问，这种科学的精神足以让我们肃然起敬！

始建于1370年全长2347km的巴黎下水道的精巧与实用程度可与我国的都江堰相媲美，数百年来默默无闻地为巴黎市民提供良好的公共服务。

巴黎第一个弧形封闭下水道出现于1370年，19世纪中期，奥斯曼和贝尔格朗在设计巴黎街道的同时，设计了大规模的下水道。1878年，全城的下水道长约600km。现在的巴黎下水道，长达2347km。

巴黎的下水道均在地面以下50m，水道纵横交错，密如蛛网，规模远超巴黎地铁，是宏大的地下工程，比我们的防空洞还要大，和埃菲尔铁塔、卢浮宫、凯旋门一样是巴黎著名的旅游项目，现在每年有十几万游人观光学习。

毫无疑问，巴黎的下水道堪称世界上最伟大的下水道，巴黎经常下雨，但从未发现下雨积水导致的交通堵塞。

令人叫绝的是，天才的设计者当初就考虑到它将来的用途。人类后来发明的各种新东西，自来水管道、电缆电线、煤气管道、电话和网络线等如今都塞进了这个巨大的下水道。真是少了多少事，省了多少钱。

巴黎下水道还有几样设备值得了解。首先是它的清砂船。大的十几米长，几个人合力操纵。船体整个钢铁结构像条拖船一样扁平，用于清除阴沟里的沉积物。巴黎下水道每天排 120 万 m^3 污水，每年清除 1.5 万 m^3 沉积物。还有小的清砂车 1m 多长，单人操纵。所以清洁工在下水道可步行、开车或开船往返。其次是大木球。这是工程师贝尔格朗的发明，距今一百多年了，仍在使用。它的主要作用是减少沉积物的产生，这种巨大木球，直径 1m 多，外表像木酒桶，由木条拼成。木球放入阴沟，便随波逐流，根据流体力学原理，木球的放入使水流宽度变窄，压力增大，流速加快，便冲走了沉积物。大木球万一卡住怎么办？工人们在木球后系了一根长长的绳子，必要时将它拉回。不过这种大木球只在干道使用，漂 17km 的距离花整整 7d 时间。

下水道一百年前就这样了。在这宏大的地下工程中，建设者的天才和巴黎作为大都市的气魄展露无遗。一百年前他们就安排好了现代街道规模和现代排水系统，为后人留下了充分的余地。

下水道里没有老鼠，四壁整洁，地下没有脏物，干净程度可媲美巴黎地面上的街道。虽淌着污水，但没有臭气熏天的感觉。而且，下水道里还设了纪念品商店，以实物和照片组成了展览长廊，甚至有个小电影院，可以看场描写下水道的纪录片。

可以这样说，巴黎人将排水系统当作城市建设的重要构成、公共安全和城市功能的重要保障。所以，他们的“水道系统设计有远见、管道建设起点高、布局 合理”，并“不断根据城市发展，随时改进下水道体系”。这不仅是一种公共意识的细致入微，更是政府危机规避意识的具体体现。政府将群众生活的困难和可以预见的公共危险等，切实通过货真价实的公共投入和社会机制，进行制度化消解。所以，巴黎这样的国际性大都市才能免受洪水祸害。

与此相比，是我们的城市公共设施建设，轰轰烈烈的城市创优和改造很注重外在的华美，宽马路、高楼房，但对城市功能缺乏深入、全面、客观的挖掘，对居住定位和出行定位缺乏长远规划和设计。很多城市的下水道也就 0.5m 高左右，下水管口也不够通畅，一出现暴雨，就可能措手不及。我们的危机规避意识与巴黎相比差距还很大。

图 3-46　罗马——“元老级”下水道

世界上最宏伟的古代下水道当属伊达拉里亚下水道了（见图 3-46）。伊达拉里亚人于公元前 8～6 世纪在意大利中北部盛极一时，罗马的兴盛使得他们最终被吸纳到罗马帝国之中。公元前 6 世纪左右，伊达拉里亚人挖掘了排入台伯河的下水道，其主干道宽度超过 16 英尺，尔后又被罗马人扩建。下水道的 7 个分支流经城市街道，最终汇入主道马克西姆下水道。暴风雨来临时，下水道被流水的巨大冲力清洗干净。罗马学者普林尼将其誉为罗马“最引人瞩目的成就”。直至建成 2500 年后，该下水道仍在使用。

3.3.3　城市排水管道非开挖修复技术的优势与工艺

一、城市排水管道非开挖修复技术的研究目的和意义

城市排水管道是现代化城市不可缺少的重要基础设施，是对城市经济发展具有全局性、先导性影响的基础产业，是城市水污染防治和城市排涝、防洪的骨干，是衡量现代化城市水平的重要标志。目前，我国大多数城市中排水管道的修复都是采用开挖后重新埋管的方法，随着城市化进程的加快，城市地下管线变得错综复杂，城市道路的负荷越来越重，使得地下管线在修复的过程中存在大量的技术问题。随着城市建设的不断完善，非开挖铺管、修管和换管技术以其不影响交通，铺管速度快、效率高，无环境破坏，不影响人们的正常工作、生活等一系列的优点越来越受到地下管道行业管理部门的青睐。

非开挖管道修复技术首先兴起于石油、天然气行业，主要用于油、气管道的更新修复，之后逐步应用于给水排水管道的翻新改造中，并且随着 HDPE 管等新型管材的应用而被迅速推广。随着科技的进步，国外的非开挖管道修复技术保持了迅猛的发展势头，但国内的非开挖管道修复技术还处于起步阶段，与国外专业化技术水平相比差距还很大，但此项技术市场应用前景非常广阔，需要进行深入细致的探讨和研究。

二、非开挖管道修复技术的优势

（1）针对老、旧管道设施的改造，能同时满足结构更新和扩容的需求；

（2）最大限度地避免了拆迁麻烦和对环境的破坏，减少了工程的额外投资；

（3）局部开挖工作坑，减少了掘路量及对公共交通环境的影响；

（4）采用液压设备，噪声小，符合环保要求，减少了扰民因素，社会效益明显提高；

（5）施工速度快、工期短，有效降低了工程成本；

（6）工程安全可靠，提高了服务性能，有益于设施的后期养护。

鉴于非开挖管道修复技术的优势，近年来投资在排水管道、供水站和天然气管道革新的经费有了很大的增长，虽然欧洲的许多国家经济有下降的趋势，但是管道修复行业越来越兴盛。

三、管道的非开挖修复技术工艺

目前，世界上较先进的管道非开挖修复技术有 3 大类（包括 10 多种工艺技术），一类是采用树脂固化的方法在管道内部形成新的排水管道，如 CIPP、现场固化等工艺；一类是采用小管穿大管的方式，在原有管道内部套入小的排水管道，以解决燃眉之急，如短管内衬、U 形管拖入等工艺；最后一类是采用螺旋制管的方式在原有管道的内部形成 1 条新管道，如螺旋缠绕法等。

1. 非开挖修复技术种类

（1）软管内衬法修复技术

软管内衬法，也称原始固化法（CIPP），是在现有的旧管道内壁上衬一层浸渍液态热固性树脂的软衬层，通过加热（利用热水、热汽或紫外线等）或常温使其固化，形成与旧

管道紧密配合的薄层管，管道断面几乎没有损失，但其流动性能大大改善了。软管内衬法的施工方式有2种：翻转浸渍树脂软管内衬法和CIPP拉入法树脂内衬法。

1）翻转浸渍树脂软管内衬法

该技术使用浸透热固性树脂的带有防渗膜的纤维增强软管或编织软管作衬里材料，将浸有树脂的软管一端翻转并用夹具固定在待修复管道的入口处，然后利用水压或气压使软衬管浸有树脂的内层翻转到外面，并与旧管的内壁粘结。当软衬管到达终点时，即刻向管内注入热水或蒸汽使树脂固化，形成一层紧贴旧管内壁的具有防腐、防渗功能的坚硬衬里。固化前树脂管的柔性和内部压力可使其充填裂隙、跨过间隙、绕过弯曲段。树脂固化后，软衬管形成形状与原管一致、内径比原管稍小的新管。工艺示意图见图3-47。

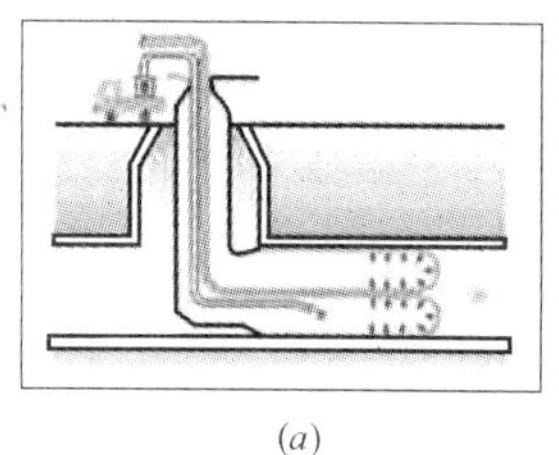
(a)

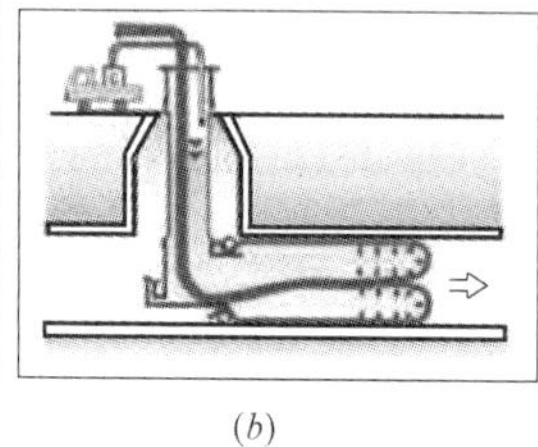
(b)

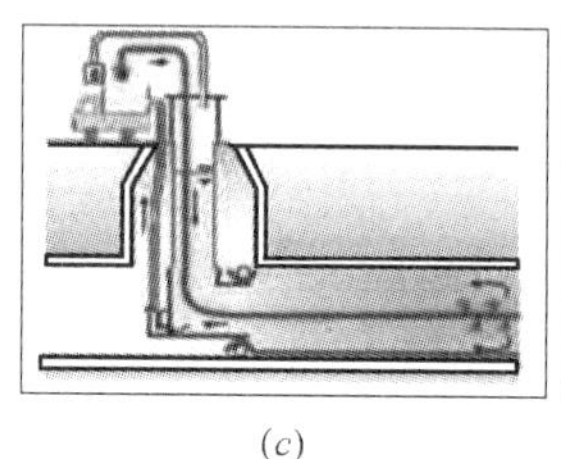
(c)

(d)

图3-47 翻转浸渍树脂软管内衬法工艺示意图
(a) 第1步；(b) 第2步；(c) 第3步；(d) 第4步

2）CIPP拉入法树脂内衬法

CIPP拉入法树脂内衬法是采用有防渗薄膜的无纺毡软管，经树脂充分浸渍后，从检查井处拉入待修复管道中，用水压或气压将软管胀圆，固化后形成1条坚固光滑的新管，达到修复的目的。从国外旧管修复情况来看，由于这项技术适应性强、质量可靠，利用检查井作业，可以做到一锹土不动，是真正意义上的非开挖，已在排污管道修复中得到广泛的应用。工艺示意图见图3-48。

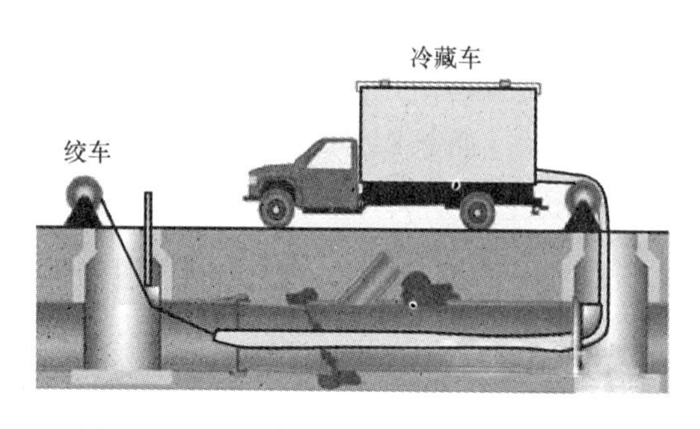

图3-48 CIPP拉入法树脂内衬工艺示意图

通过软管内衬法修复技术修复的管道过流断面的损失基本可以忽略，但其流动性能却大大改善。该类修复技术可修复铸铁管、钢管及混凝土管等多种材质的地下管道，既可用于供水、污水及燃气管道的修复，也可用于化工等工业管道的修复，尤其适用于城市中交通拥挤、地面设施集中或占压严重、采用常规开挖地面的方法无法修复和更新的管道。该修复技术具有全天候施工、无接头且流动性好、适应于非圆形断面和弯曲的管段等优点，适用于管径范围为50～2000mm的各类管线的修复；其局限性是对管道清洗的要求高、成本大、树脂固化时间长（一般在5h以上）以及每段施工编织管均需单独定制。

（2）U形内衬HDPE管修复技术

U形内衬HDPE管修复技术通常也称为紧密结合内衬法，其原理是采用外径比旧管道内径略小的HDPE管，通过变形设备将HDPE管压成U形并暂时捆绑以使其直径减小，通过牵引机将 HDPE 管穿入旧管道，然后利用水压或气（汽）压及通软体球将其打开并恢复到原来的直径，使 HDPE 管胀贴到旧管道的内壁上，与旧管道紧密配合，形成 HDPE 管的防腐性能与原管道的机械性能合二为一的一种“管中管”复合结构。管道修复后在使用过程中，由于管内存在介质压力，内衬管最终会紧贴于原管内壁。

此类修复技术一般适用于结构性破坏不严重的直圆形管道，可适用管径范围为 75～2000mm，管线长度 1000m 左右的各类管道。该技术因具备卫生性能良好、过流断面损失小、变形适用范围大以及可长距离修复等优点，已广泛应用于给水排水等相关管网修复中。

(3) 短管内衬法修复技术

短管内衬法就是将短管在现场一边焊接一边拖入旧管道内，最后将新旧管道之间的间隙注浆填满，这种修复技术通常适用于水流量较低的情况。工艺示意图见图 3-49。

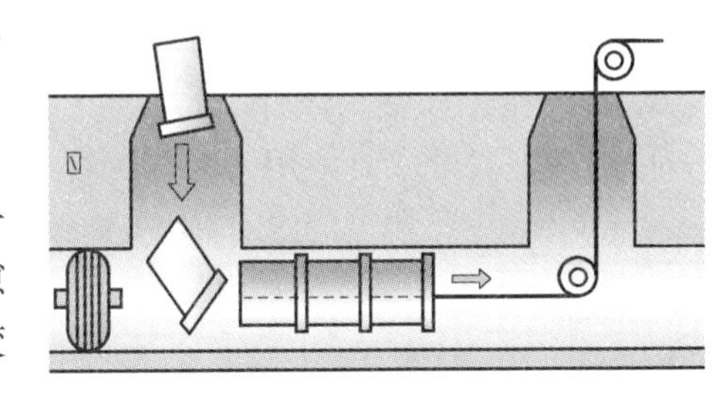

图 3-49 短管内衬法修复技术工艺示意图

此工艺在我国应用比较早，费用相对较低，但由于管道修复后断面损失较大，目前逐渐被新工艺所替代。

(4) 碎（裂）管法修复技术

碎（裂）管法是采用碎（裂）管设备从内部破碎或割裂旧管道，将旧管道碎片挤入周围土体形成管孔，并同步拉入新管道（同口径或更大口径）的管道更新方法。工艺示意图见图 3-50。

此修复技术可用于陶瓷、不加筋混凝土、石棉水泥、塑料或铸铁管的旧管道更新，适用管径范围为 75～2000mm。

(5) 螺旋缠绕法修复技术

螺旋缠绕法修复技术主要是通过螺旋缠绕的方法在旧管道内部将带状型材通过压制卡口不断前进形成新的管道，管道可在通水的情况（30%以下）作业。工艺示意图见图 3-51。

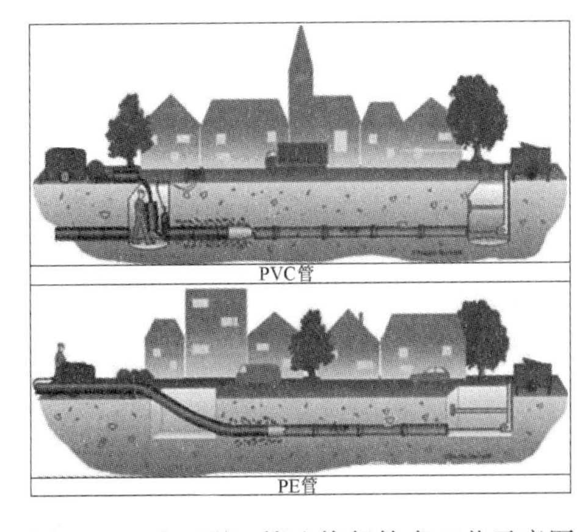

图 3-50 碎（裂）管法修复技术工艺示意图

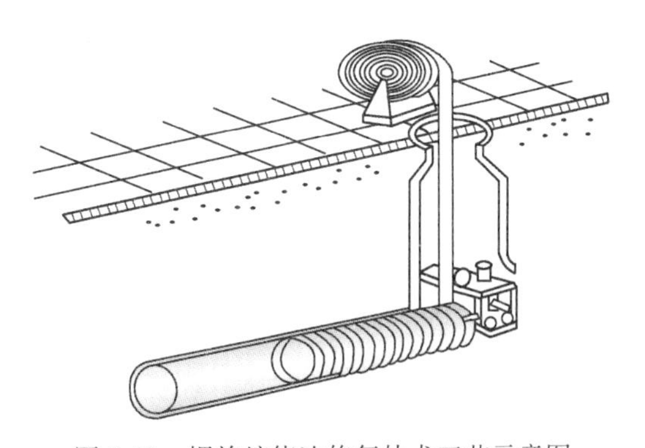

图 3-51 螺旋缠绕法修复技术工艺示意图

螺旋缠绕法目前应用比较广泛，采用该技术修复后的管道内壁光滑，过水能力比修复前的混凝土管要好，而且材料占地面积较小，适合长距离的管道修复。

(6) 不锈钢内衬修复技术

不锈钢内衬修复技术是在旧管道内部穿插内衬——薄壁不锈钢管，或将不锈钢板采用卷板形式在管道内部进行焊接，整体成型，从而达到防渗漏、防腐蚀的目的，亦可提高原管道的耐压水平。由于不锈钢内衬可以阻止管道内壁腐蚀，减小管道内壁粗糙度，增加水的过流量，使修复后的管道更安全、轻便、经济，使用寿命更长，从而达到修复的目的。从国内外旧管修复情况来看，由于这项技术适应性强、质量可靠、可以带水作业，已在排污管道修复中得到广泛的使用。

2. 适用范围和使用条件

目前，国内外主要使用的非开挖管道修复技术的适用范围和使用条件见表3-1。

主要非开挖管道修复技术的适用范围和使用条件　　表3-1

非开挖管道修复技术	适用范围和使用条件					
	原有管道内径(mm)	内衬管材质	是否需要工作坑	是否需要注浆	修复弯曲管道能力	可修复原有管道截面形状
原位固化法(CIPP)	翻转法:100～2700; 拉入法:100～2400	玻璃纤维、针状毛毡、热固性树脂或不锈和树脂等	不需要	不需要	90°弯管	圆形、蛋形矩形或三角形
短管内衬法(穿插法)	100～1000	PE、PVC、玻璃钢等	需要	根据设计要求	直管	圆形
U型HDPE管内衬法	75～2000	HDPE管	不需要	根据设计要求	直管	圆形
碎(裂)管法	50～1200	MDPE/HDPE等	需要	不需要	直管	圆形
螺旋缠绕法	150～3000	PVC型材	不需要	根据设计要求	15°弯管	圆形、矩形
不锈钢内衬法	75～2200	不锈钢	需要	根据设计要求	≥800,任意角; ＜800,直管	圆形

3. 修复技术选择

以上介绍的几种管道修复技术是目前国外应用较为普遍的非开挖修复技术，国内目前正处于发展阶段，尤其像北京、上海等重点城市目前正逐渐采用这些管道修复技术进行中心城区排水管道的修复更新。

修复技术选择一般遵循以下原则：

(1) 依据管道重要性、病害类别、损坏程度、影响范围以及翻修改造的目标选择合适的修复技术；

(2) 综合勘查地表和地下障碍、道路及交通环境影响；

(3) 考虑设施所在区域重要程度及社会影响；

(4) 满足市容与环保要求。

总之，结合工程项目实际情况，选择切实可行、经济适用的非开挖管道修复技术。

四、非开挖修复技术的前景

非开挖修复技术的整体优势在于修复的负面影响小，占用场地比较少，对地面、交通、环境以及周围地下管线等的影响很微弱。因此推广非开挖修复技术在排水管道修复领域的应用势在必行。

非开挖修复技术推广的难度在于修复费用居高不下，使得很多中小城市望而止步，其实综合考虑交通、周围管线开挖的危险、市民的生活质量等因素，非开挖修复技术的费用是可以接受的，而且费用高的主要原因在于材料完全依赖进口，若我国非开挖修复技术研究进入全新的阶段，材料能在国内批量生产，那么修复费用也会相应降低。所以非开挖修复技术在我国的发展是可以预测的，在不久的将来，此技术必定会被排水和市政行业所接受，并且广泛地应用于城市管道的修复中。

五、当前我国非开挖技术行业存在的问题

（1）无统一的政府机构支持。到目前为止，非开挖技术尚无明确的政府组织可以挂靠，没有为此项技术的规范制定、发展规划、技术推广而设立专门的政府机构，使得在跨部门、跨行业推广非开挖技术时需要反复沟通，且难度较大。

（2）无统一的非开挖施工技术规范。由于没有统一的政府组织，国内至今尚无适用于市政燃气、热力、给水排水管道等相关的、完整的非开挖施工技术规范，没有形成与非开挖技术的作用和地位相适应、能够有力推动非开挖技术发展的政策法规环境。在非开挖工程设计、施工、质量检验与验收、工程管理与定额编制上没有依据，给政府监管、企业操作带来较大难度。

（3）低水平竞争。目前，由于不正常的竞争、无准入制度管束等原因导致一些单价已无实际意义，这就进一步加大了风险，造成了不良循环，这也是造成整个非开挖产业浮躁之风甚盛、产业不能持续健康发展的主要原因。综观全局来看，从定额和市场分析入手，编制非开挖预算定额、提出市场指导价已是当前急需解决的问题。

（4）施工质量与安全隐患。由于缺少可遵循的非开挖施工规范，施工质量无法保证，安全事故频发，非开挖施工造成的自来水管、燃气管和光缆破损的重大事故经常发生。此外，在管道修复施工中，也出现过数起较大的事故。

（5）缺乏相应的专业人才。随着我国非开挖行业的迅猛发展，新技术的不断引进使技术人员和管理人员严重短缺。人才素质不高不仅会造成上面所述的各种问题，同时也会阻碍今后非开挖技术的进一步引进和发展。非开挖行业是一个技术含量较高的行业，涉及的知识和技术领域较为广泛，而由于目前非开挖市场较为混乱，效益不稳，国家各大专院校培养的非开挖人员中直接从事非开挖施工的仅寥寥几人。

（6）非开挖技术推广与监管缺乏有效的科技支撑平台。非开挖施工需要对地下设施情况有清晰的了解，以达到外科手术式的效果。目前获得地下障碍物信息的主要方式是开工前进行地下管线探测，但该方法很难得到地下设施权属单位的支持与配合。许多管线位置、年代、归属等资料不详，信息共享几乎没有，这不仅给非开挖施工造成困难，也给所有地下工程施工造成极大障碍，这突显了地下设施缺乏科学规划和有效监管的问题。据不完全统计，全国每年因施工发生的管线事故所造成的直接经济损失约50亿元，间接经济损失超过400亿元。

（7）非开挖科研投入严重不足。非开挖科研工作作为以社会公益性为主导的事业，其投入应以政府投入为主，但由于没有明确可靠的主管行政部门及资金渠道，导致非开挖技术的研发缺乏连续性与系统性。

六、结语

管道非开挖修复技术作为非开挖技术的一个重要分支，在解决现有管道存在的问题方面发挥着重要作用。目前管道非开挖修复技术在国内仍然处于起步阶段，离成熟阶段还有很大的距离，仍然有许多问题有待解决，尤其是有关技术及管理机构应该尽早制定一些实用的标准和规范。管道非开挖修复技术不论在经济成本、社会成本还是环境成本方面都有着非常大的优势，具有广泛的应用空间，我们期待着在不远的将来能够看到管道非开挖修复技术有一个更好的发展，达到科学化、规范化、标准化。

3.3.4 分析市政污水管设计中存在的一些问题

珠江三角洲平原地区普遍存在地势平坦、地面高程相对较低、地下水位高、多流砂等特点。例如佛山市、南海桂城、顺德大良、中山市区等地区，自然地面标高（珠江基面）大都为 0.8～2.0m，建设地面标高为 1.5～3.0m，地下常水位标高为 0.50m，开挖至－0.50m时都有流砂出现，这种地质条件对污水的自流排放极为不利。现就设计过程中存在的问题和相应的解决措施作如下探讨。

1. 污水管道的最大允许埋深问题

管道埋深允许的最大值称为最大允许埋深。较小的埋深必然要增加污水中途提升泵站的数量，增加泵站的投资和用地面积，同时还将增加泵站运行的正常管理费用。污水管道埋深过大时，施工较为困难。根据佛山的经验，管底标高在－2.0m 以下时，要在两侧打钢板扣板桩方能阻止流砂层的出现，钢板底部低于管底 1m 左右。单是钢板扣板这一项就使每米管道造价增加 2000 元。同时，过大的埋深也难以保障污水管道不渗水。如某市一污水管道，其终点管底标高为－2.50m。管道安装完成后，经闭水测试完全符合规范要求。但管道正常运行不到半年，就发现该管积满地下水，完全失去其排水功能，最后只能作废处理。对于这一现象，专家们作了以下解释：由于管道长期在 3m 以上的水柱压力下工作，只要某一接口或检查井内发生渗漏，就如防洪堤坝中出现的水涌渗水一样，如不及时补救，将最终摧毁整个堤围。该如何确定污水管道的最大允许埋深呢？正常情况下，最大允许埋深应根据技术经验指标及施工方法来确定，一般在干燥土壤中，最大埋深不超过 7～8m，在多水、流砂、石灰岩地层中，不超过 5m。对于珠江三角洲平原地区来说，污水管道的最大允许埋深既要通过技术经济比较，又要根据当地流砂情况和地下水位情况综合确定，而不能简单以埋深多少来定论。如佛山市，通过技术经济比较可知，污水管道达到最大允许埋深时的管内底高程为－3.00m。但考虑到污水管道渗漏后的严重性和修复工作的极其艰难，经专家们反复论证，佛山市污水管道达最大允许埋深时的管底标高不应低于－2.00m，一般控制在－1.50m 左右。

2. 市政污水管道最小设计坡度问题

《室外排水设计规范》GB 50014—2006（2014 年版）第 4.2.7 条规定：污水管道在设计充满度下的最小流速应为 0.6m/s。第 4.2.10 条规定：污水管道的最小管径为 300mm，最小设计坡度塑料管为 0.002，其他管为 0.003。当管道坡度不能满足上述要求时，可酌情减小，但应有防淤、清淤措施。对于沿海平原地区来说，执行这一规范的最大难点就在于最小设计坡度上。沿海平原地区普遍存在地势平坦、地面高程相对较低、地下水位高、多流砂等特点，污水管道埋深不能过大。所以，合理地减小污水管道的设计坡度，减小城市污水管网的埋深，对整个城市排水系统建设意义重大。在满足《室外排水设计规范》GB 50014—2006（2014 年版）第 4.2.7 条及第 4.2.10 条规定的条件下，通过计算或查《给水排水设计手册》第一册可得出不同管径的污水管道的最小设计坡度和最小设计流速。为有效减小整个城市污水管网的埋深，对管道系统的埋深起控制作用的起点段污水管道，建议用不淤流速 0.4m/s 来控制污水管的设计坡度。主要原因如下：(1) 理论上，按不淤流速 0.4m/s 来控制设计坡度是可行的。根据各地排水管理部门反映，小管道比大管道易堵塞。引起污水中悬浮物沉淀的因素中，起决定性作用的是充满度，即水深。只要达到浮起水深至少 5cm，污水就能保持稳定流动，不致淤积。根据某市政设计院进行的最小流速试验观测，在流速为 0.22m/s 时，已不致造成中等程度悬浮物沉淀，流速达到 0.5m/s 时，10cm 的片砾即可冲动，最小流速不必过大。所以，从理论上说，起点段污水管按不淤流速 0.4m/s 来控制设计坡度是基本可行的。(2) 街坊污水管接入市政污水管前，可在设计中加设污水沉砂井，沉砂井出口处增设滤网。这些措施的设置大大减少了市政污水管道淤积的可能性。(3) 起点段污水管道的埋深小，万一出现淤积，也便于疏通。最简单的疏通方法就是用洒水车中的高压水枪冲刷，方法简便易行且效果好。

3. 深埋污水管的防渗漏问题

管内底高程低于－1.0m 的污水管称为深埋污水管。由于地下水压力和流砂等作用，这些管道如发生渗漏，往往对污水管造成毁灭性的破坏。为保证这些管道不渗漏，设计过程中建议加设如下措施：(1) 对于地基松软或不均匀沉降地段，为增加管道强度，保证使用效果，对管道基础或地基应采用加固措施。设计超过 3m 深的大管道时，应进行地质钻探，根据地质资料确定管渠基础和地基的处理方法。(2) 排水管材建议采用 5m 长的预应力钢筋混凝土管，用承插接头带橡胶圈连接。同时，接口处加封沥青油膏封口。(3) 沉砂井及检查井的井底建议用预制钢筋混凝土板块，板厚约 15cm。(4) 流砂严重时，应在管道两侧打钢板扣板桩，以杜绝流砂出现。钢板扣板桩底低于污水管底 1m 左右。(5) 沉砂井及检查井砖墙外墙应用 1∶2 的防水水泥砂浆抹面至地下水位以上 50cm。

4. 结语

综上所述，污水管道的最大允许埋深应根据城市地质情况和施工情况综合考虑确定，不能完全按技术经济比较得出的最小经济埋深确定。市政污水管道的最小设计坡度的合理选用对城市污水管网的造价和管网的正常维护影响重大。小区污水进入市政污水管时采取沉砂、过滤措施，适当增大上游污水管管径，减小坡度，对减小城市污水管道系统的埋深意义尤为重大。加强深埋污水管的设计施工管理工作，就从源头上避免了因污水管严重渗漏对整个污水管网系统的毁灭性破坏。

3.3.5 【分享】探究小型建筑排水和污水处理

城市建设进程在不断加快，越来越多的建筑在城市中林立，促进了现代城市的新发展。城市系统中，新陈代谢始终是备受关注的话题。城市污水作为城市代谢的产物，必须得到妥善的处理，否则会给城市运行造成极大的负面影响。为此，本节以建筑排水处理为例，对城市建筑污水的处理措施进行分析，得出结论供同行参考借鉴。

污水处理是帮助城市加快新陈代谢的重要措施，是维持城市生态系统正常运行的关键。对于城市来说，城市污水的种类很多，包括工业污水、生活污水、建筑排水等，这些污水对城市市容、城市形象以及人民生活有重要影响，所以必须采取措施对其进行有针对性的处理。

一、污水处理的常见工艺

目前国内常用的污水处理工艺有三种，第一种是物理处理法。实施时利用筛选、浮选及沉淀等方式去除污水中的悬浮物质，达到一定程度的净水作用。不过这种处理方法只能去除水中的悬浮物质，对于溶解于水中的物质以及胶体物质则没有办法去除。第二种是化学处理法。这种方法主要是利用化学药剂来降低水中污染物的浓度，或者利用电化学方法来减少污染物的数量，如常见的萃取、消毒、中和等化学处理手段。该方法同样也具有缺陷，即不能对污染物太多、水质太复杂的污水进行处理，即使处理也达不到设计标准。第三种是生物化学法。其含义是在人工控制下，利用细菌的呼吸作用来降解污水中的有机物，达到污水处理的目的。与化学处理法相比，生物化学法的功能更加完善，且获得的处理效率相对更高，并且还能节省费用，降低污水处理成本。

二、建筑排水污水的处理

建筑排水是城市污水构成中的一种。建筑排水属于有机污染，排水水质内有机物数量众多。相应的建筑排水处理包含了中水处理，实际处理时以生化处理法为主。一般来说，建筑排水处理的水量都比较小，大多控制在100～1500m^3/d之间。建筑排水处理时，如果受到处理工艺不当、设计人员能力欠缺、费用筹划不合理等多种因素的影响，排水处理效果必然会下降，进而影响到建筑污水的达标排放。所以说，在建筑排水处理过程中，一定要做好污水处理工艺选择、设计人员专业知识培训以及费用合理筹划等工作，切实保证建筑排水污水的处理质量，增进城市新陈代谢与血液循环。

三、建筑排水污水处理措施分析

鉴于目前国内所使用的建筑排水污水处理措施多为生化法，所以在探讨建筑排水处理问题时，着重对建筑排水生化处理法进行分析。具体内容如下：

1. 微生物的生化作用

所谓生化处理法是指利用生物＋化学方式，辅以人工操作，利用微生物呼吸作用来降解水中的有机物，实现对建筑排水的处理。由于微生物的生长需要适宜的环境，所以在使用该方法处理建筑排水时，必须借助人工操作，为微生物的生长创造适宜的条件，使微生物能在适宜的环境下实施新陈代谢过程，保持良好的生长态势。需要注意的是，这里所说的微生物一般指细菌，细菌能利用自身的呼吸作用对污水中的有机物进行降解与处理，达到有效处理污水的目的。

细菌的生长需要满足以下几方面的需求：

（1）营养的需求。营养条件是细菌得以生存的必要条件，包括氮、氢、碳、磷等多个营养成分，它们必须同时具备，否则细菌存活的几率会很小，甚至根本不能存活。

(2) 细菌呼吸的需求。细菌在生长过程中会产生呼吸作用，呼吸时能通过氧化有机物质来获取生存所需的能量。细胞呼吸作用过程会涉及氢氧化反应，当氢氧化反应发生时，还有一个必不可少的条件就是必须有受氢体来接受脱出的氢，这才是一个完整的反应过程。

(3) 适宜细菌生产繁殖的温度。适合绝大多数细菌生产繁殖的适宜温度是20～40℃，在限值内温度提高10℃，细菌的生产速度就会提高一倍。

(4) 满足酸碱度的要求。绝大部分的细菌都适合在6～8的pH值范围内生存，而在4～10的pH值范围内也有细菌的存在。细菌主要依靠胞外聚合物纤维相互交织形成菌胶团，然后再进一步形成絮体，这就是活性污泥。

2. 生化处理工艺流程和工艺设备的选择

在实施生化作用的过程中，工艺流程和工艺设备的选择，首先应该确定建筑排水污水的水质条件。目前有些厂家的样本在提供参数时，只提供BOD和COD两个参数值，按照设计处理量Q（单位：m^3/d）就能够把住宅小区、石油化工厂、学校等各行业的生活污水和工业废水处理到一级或中水排放，但是这种污水处理只是一个表面的“高效率”，各种污水所形成的BOD和COD的相关内容不完善。

3. 调节沉淀池和调节酸化池

在建筑排水污水处理工艺流程中，调节沉淀池和调节酸化池是比较常见的具有综合功能的场地，这也是设计者为建筑排水污水处理专门设计的，调节池的主要功能是进行水量的调节和水质的平衡。所以，调节池的液面水位具有较大的波动，水深、沉降时间也都是不断变化的。为了使水质更加平衡，需要把不同时刻的进水互相混掺，所以池内的流态基本上都是完全混合型的。酸化主要是通过调整水流停留时间以及水的流速使厌氧甲烷菌难以生产，其反应被控制在水解酸化阶段，进行水解产酸菌迅速分解有机物的过程。

4. 氧化池的设计

在设计中，氧化池的控制性参数应该是有机物负荷和去除效率，有机物负荷反映氧化工艺的数量值，就是每千克活性污泥每天去除掉BOD_5的数量值（单位：kg），而去除效率反映氧化池对有机物去除的程度和出水的质量。要正确地确定氧化池的选型，就要控制氧化池降解有机物的数量和质量。针对小型污水处理受场地、空间等因素的限制，多选用负荷较高的生物膜法工艺，该工艺的生物膜是由大量丝状菌交织形成的，呈立体状在池中均匀分布，其氧化能力大大高于活性污泥法。在设计过程中，要尽量促使生物膜表现代谢物质浓度变化快，浓度梯度大，就加快了传质的速度，而氧的吸收率和水深是成正相关的，氧化池水深在3.5m以上为最佳。

四、结语

总而言之，建筑排水污水处理是城市建设管理中必须完成的工作之一，是维护城市环境、改良城市生态系统的重要手段。生化处理法能有效降解污水中的有机物，实现对污水的有效处理。因此值得在以后的工作中大量的推广和应用。

3.3.6 【分享】德国市政污水处理厂提效改造措施的借鉴

目前我国已建成4000多座大型市政污水处理厂，对这些污水处理厂如何提效改造进行讨论是十分必要的。借鉴德国先进的污水处理经验，关注各种产能节能技术和资源回收技术，并进行整合，力争早日实现污水处理厂能源自给的目标。

尽管市政污水处理厂的电耗只占整个联邦德国的 1%，但对于当地政府来说，却约占整个能耗的 20%，所以市政污水处理厂是各城市和小镇内最大耗能用户，远高于中小学和医院。同时，由于全球能耗费用不断上涨，为了降低 CO_2 排放量，当地政府对市政污水处理厂提出了提高能耗效率的要求。

就市政污水处理厂的能耗效率提高而言，即使在德国目前还没有明确定义标准的技术手段和衡量标准。但有一点是可以肯定的，所采用的节能措施必须是在当地经济实用和可操作实施的。

作为污水处理厂，应在确保出水水质的前提下，尽可能降低整体能耗和运转费用。既可以引入一些新型节能处理工艺，也可以系统研究和评估各个处理工段的节能措施，开发相应的评估软件和提供相应的技术工具，使得整个污水处理厂获得最佳节能效果。

从目前的发展情况来看，以下单一技术的发展趋势十分明显：

（1）市政污泥的处置逐步趋向于干化焚烧；

（2）回收利用污水污泥中的营养物质（N、P，有时还会回收利用重金属物质）；

（3）为了提高出水水质和截留微生物，不断强化使用 MBR 技术；

（4）为了提高沼气产量和降低污泥产量，整合使用污泥；

（5）热水解技术；

（6）降低运转费用或能耗；

（7）利用现存的消化塔处理能力，对生物垃圾进行协同发酵处理。

但这些技术尚未在一个市政污水处理厂内整合利用，并显示明显的经济效益。笔者试图将上述发展融合成一个整体处理方案，为已建市政污水处理厂的提效改造提供具体的实施措施和途径。

1. 提高能耗效率的途径

图 3-52 为某市政污水处理厂内主要费用的分摊比例。其中 31% 是市政污泥处理处置费用。图 3-53 举例说明在一个示范污水处理厂内（100000 人口当量）电费的分布情况。我们基本可以假定，在一般的德国市政污水处理厂内，这种费用和电耗分布比例差异不会很大。

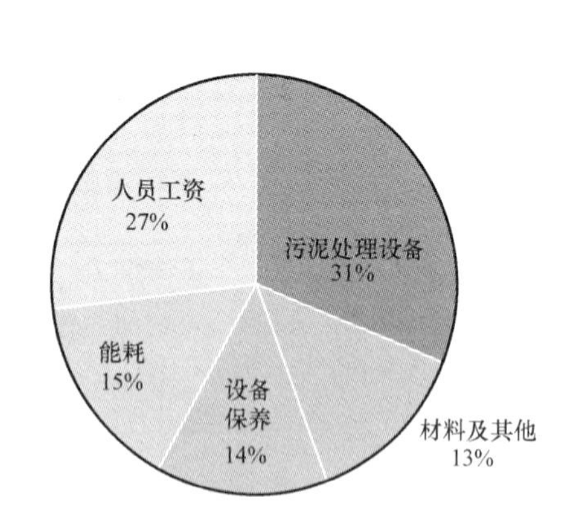

图 3-52　某市政污水处理厂主要费用分摊比例

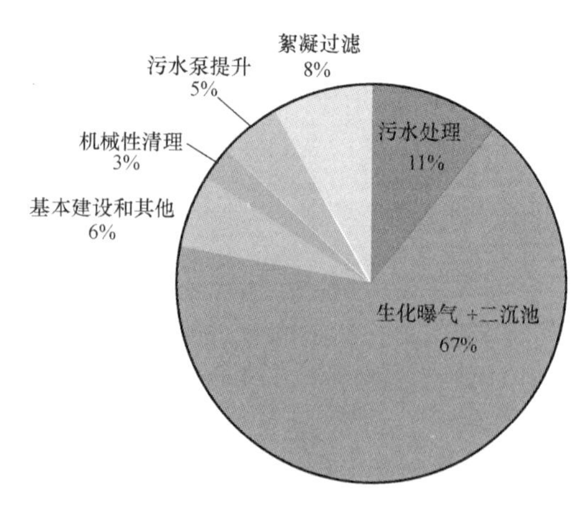

图 3-53　德国模型市政污水处理厂内的费用分布和能耗分布情况

从图 3-53 可以看出，为了降低市政污水处理厂的能耗和运转费用，可对以下三个方面进行优化处理：①降低污泥产量；②提高沼气产量；③降低能耗。

为了达到降低运转费用和能耗这一总体目标，有必要先回顾一下污水处理过程中微生物的工作原理：污水生物处理主要由生物曝气装置（好氧污水处理）和污泥厌氧消化塔（厌氧污泥处理）两大部分组成。好氧处理需要大量电耗进行充氧曝气，而污泥厌氧消化过程则相反，它是一个产能过程，在厌氧发酵过程中会产生大量生物沼气。因此，从能耗角度来看，厌氧生物处理总是优于好氧生物处理。但这里必须指出，在进行有机化合物的生物分解时，厌氧生物处理没有好氧生物处理来得彻底完全。综上可知，从经济生态角度分析，市政污水处理厂只能通过以下措施才能提高能耗效率：①提高热电联产能力；②节省电耗。

2. 提高能源效率的各种措施

在采用厌氧稳定化工艺的市政污水处理厂内，生物处理阶段消耗大约 50%～60%的电能，而在采用好氧稳定化工艺的市政污水处理厂内，生物处理阶段所消耗的电能最高达到总电耗的 80%。因此，必须特别注意生化曝气池的运转情况。处于第二位的电耗设施就是污水处理厂内的各种水泵和搅拌装置。通过以下措施可以对这些设备进行优化处理：

（1）通过降低曝气流量、降低回流污泥流量、搅拌器间歇运转等，在短时间内完成优化处理。

（2）部分或整体调整机械设备和电控技术。采用较高效率的电机，更新沼气发电机，优化电控技术，更新曝气头和管道来降低压头损失，提高泵井内液位，从而降低因为液位差而导致的水头损失等。

（3）改进工艺处理技术：更改曝气池的工作方式，强化和/或定向利用省能的处理工艺（例如滴滤床工艺）等。

（4）提高沼气产量。缩短泥龄，当污水中碳浓度较高时提高初沉池的停留时间，提高污泥的浓缩性能，优化消化塔的操作方式等。

（5）采用新的处理工艺技术。采用 ORC 装置对污泥脱水液单独进行处理（全程自养脱氮）等。

为了提高热电联产能力，必须设法提高厌氧消化塔的产沼效率和能力，同时采用沼气发电机（BHKW）进行热电联产。通过额外增加产电，理论上可以覆盖市政污水处理厂内所需要的大部分电耗，从而降低运转费用。

提高沼气产量的前提条件是污水处理厂内拥有足够的污泥消化塔容积。在德国，多数市政污水处理厂都能满足这一条件，这是因为大多数消化装置的实际运转负荷低于设计运转负荷。

提高沼气产量的另一个措施是缩短污泥消化停留时间。因为自 2015 年开始，德国逐步限制市政污泥农用，至 2025 年底基本要求所有市政污泥进行干化焚烧和磷回收处理。在这一背景下，就提出这一个问题：如果消化后污泥不再农用，是否还有必要对市政污泥进行厌氧稳定化处理（一般来说消化时间是 25 ～30 d）。

一般来说，可以通过采取以下措施来提高消化塔的沼气产量：

（1）将协同发酵基质输入污泥消化塔。只要后续污泥进行焚烧处置，则发酵装置就可以接收各种类型的餐厨垃圾和其他可生物发酵物质。

（2）将非集中型高浓度污水直接输入污泥消化塔（例如，来自食品工业的高浓度污水和非食用油脂）。

（3）有时还将一些工业废浓缩液直接输入污泥消化塔内。例如，有一个德国制药厂原来将其蒸馏塔的冷凝液作为废水输入附近的市政污水处理厂。因为主要成分是异丙醇（Isopropanol），虽然COD浓度高达约200000mg/L但生物降解十分容易。所以现在将此浓缩液直接输入污泥消化塔之内，极大地提高了沼气产量。在直接向消化塔输入浓缩液之后，不仅获得了能源，同时也降低了曝气能耗。这一实例显示，非集中型预处理措施和市政污水处理厂最终处理之间的协调十分重要，通过有效的厌氧消化处理，市政污水处理厂和制药厂双方都获益。

（4）采用市政污泥粉碎工艺（细胞粉碎工艺，例如热水解或超声波粉碎工艺）。在很多科研项目中已经证实，市政污泥粉碎工艺可以提高沼气产量。为了提高沼气产量，在大型市政污水处理厂中，已经采用各种形式的热水解工艺对市政污泥进行粉碎处理。各种研究结果显示，市政污泥经过热水解处理之后沼气产量最大可提高25%。

3. 降低污泥处理费用的各种措施

污泥处理处置费用一方面和污泥产量有关，另一方面和运输费用有关。因为即使脱水处理之后，脱水污泥中仍然含有70%以上的水分。为了降低污泥产量，还必须继续采取以下措施：

（1）对脱水过滤液进行厌氧处理

通过对离心液/脱水过滤液进行厌氧处理，可以降低污水好氧曝气处理过程中产生的剩余污泥量。

（2）采用污泥热水解工艺

研究显示，通过采用污泥热水解工艺，被处置的污泥产量可以降低大约9.4%。

（3）采用膜分离技术进行生物质回收

通过膜技术分离活性污泥，可将曝气池内的DS浓度维持在10～12g/L范围内，而采用传统的二沉池技术时污泥浓度只有2.5～3.5g/L。当进水浓度不变时，污泥处理负荷很低，因此剩余污泥产量会相应降低。

（4）对市政污泥进行太阳能干化处理

目前市场上已有许多污泥干化系统，一般都需要采用很高的能源，它们可在占地很小的情况下可在短时间内将市政污泥干化至很高的固含量。与此相反，太阳能污泥干化系统所需要的能耗极低，基本上采用免费的太阳能进行污泥干化处理。这些污泥被铺设在干化场内。污泥干化场的外壳是封闭型透明暖房，用于防雨保温。在通风曝气受到控制的情况下，污泥在干化场内被连续不断地抛翻处理。不管外部气候如何，在此总可以利用环境空气的干化潜能对市政污泥进行干化处理。为了进一步提高污泥干化能力，还可以额外在冬季输入沼气发电机（BHKW）所产生的废热。为了防止产生臭气和提高干化效率，必须定期对污泥进行全自动翻滚处理。一旦污泥达到所需要的干化程度，这些污泥就可以排出进行相应的后处置。

太阳能污泥干化技术已经在欧洲得到广泛应用，但一般用于小型市政污水处理厂内，规模在1000～300000人口当量之间。例如，在德国Füssen市政污水处理厂（70000人口当量）内，已经采用含废热利用（BHKW）的太阳能污泥干化装置。脱水污泥的固含量大约为28%DS，被铺设在污泥干化场（总面积$2000m^2$，分成4块，每块尺寸10m×50m）进行干化处理，干化后污泥固含量可达到75%～95%DS。

对于大型市政污水处理厂来说，则可以采用带式污泥干化装置和沼气发电机（BH-KW）所产生的废热来进行污泥干化处理。

4. 污泥厌氧消化处理所产生的问题

在考虑进行强化厌氧消化的同时，还必须考虑到市政污水处理厂整体运转时会带来的优点和缺点：通过投加协同发酵基质和浓缩液可以提高沼气产量，但同时会大幅度提高发酵液内的氨氮浓度，致使发酵液必须返回生物处理阶段进行处理。一般情况下，采用污泥热水解工艺之后消化液内的氨氮浓度也会提高。根据不同的框架条件，消化液内返送回生物处理阶段的总体氨氮负荷会提高10%～25%。因此，有必要在此返送支流上进行脱氨处理。在实际工程中已经采用的技术是：氨吹脱（蒸汽或空气）、MAP-沉淀、催化氧化。

图3-54 德国Straubing市政污水处理厂的氨吹脱/酸洗装置

如果脱水液采用蒸汽进行吹脱处理，在后续的冷凝液内可以获得氨水，氨水可以作为肥料或者在焚烧装置内用于降低NO_x浓度。当采用空气进行氨氮吹脱时，则产生的氨气被吸附在酸液内（H_2SO_4或者HNO_3）。图3-54为德国Straubing市政污水处理厂的氨吹脱/酸洗装置。

氨氮吹脱所产生的硫酸铵溶液可用于各种领域（皮革工业、木材加工业、农业）。在进行MAP沉淀反应时，氨氮和磷与镁离子进行沉淀反应。上述各种工艺的应用情况在很大程度上与产品的销售渠道和市场有很大关系。

与其他产生氨氮化合物的处理工艺不同，催化氧化只是消灭氨氮，不会产生剩余物质。在进行催化氧化反应时，过滤液内的氨氮首先通过吹脱被转化成氨气。然后这些含有氨氮的吹脱气体被预加热，大约400℃时在催化剂的作用下按以下方程进行反应，被氧化成氮气和水：

$$2NH_3+1.5O_2\xrightarrow{\text{催化剂}400℃}N_2+3H_2O+\text{能量}$$

通过输入空气提供氧化时所需要的氧气。在冷却之后，水蒸气和氮气作为废气被排出装置，此时完全可以达到德国TA Luft的废气排放标准。被排出的废气流量相当于输入的新鲜空气流量。而留在系统内的支流进入吹脱塔作为吹脱气体循环运转。图3-55显示了这一处理装置的工艺流程。

在氨氮浓度很高的情况下，氧化反应会释放能量，因此装置会自热运转，只是在装置启动时需要外热将装置提高至所需要的操作温度。在氨氮浓度较低的情况下，则所释放的能量不足以维持操作温度，此时必须进行辅助加热。这个过程也就意味着将提高运转费用。

在进行支流氨氮回收的同时，还应该讨论磷回收问题。因为在德国污泥农用受到愈来愈严格的限制，市政污泥内磷肥循环利用也将变得困难。为了平衡农田磷含量，只能在农

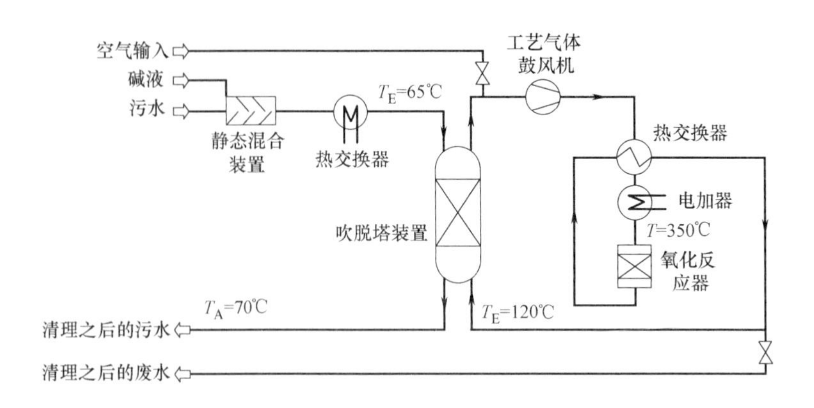

图 3-55 催化氧化装置的工艺流程

田内采用磷化肥物质。与氮肥不同，1913 年德国科学家 Haber 和 Bosch 发现氨氮合成技术之后，可以毫无限制地大量生产氮肥。但磷肥来自磷矿石，目前全球的磷矿石储存量十分有限，价格不断上涨。因此，目前许多欧洲国家要求采用技术措施，从市政污水或市政污泥中抽提磷肥物质。

在德国，目前已有不少大型和中试磷回收装置投入运转并获得初步结果。所采用的处理工艺主要与污水处理厂内的除磷方式即磷在市政污泥内的结合形式有关。

就市政污水处理厂内的污水和污泥处理过程来看，有很多地点可以整合安装磷回收装置，理论上可在以下 6 种物质流内进行磷回收（见图 3-56）：市政污水处理厂出水、回流污泥、污泥脱水液、消化污泥、脱水污泥、污泥灰烬。

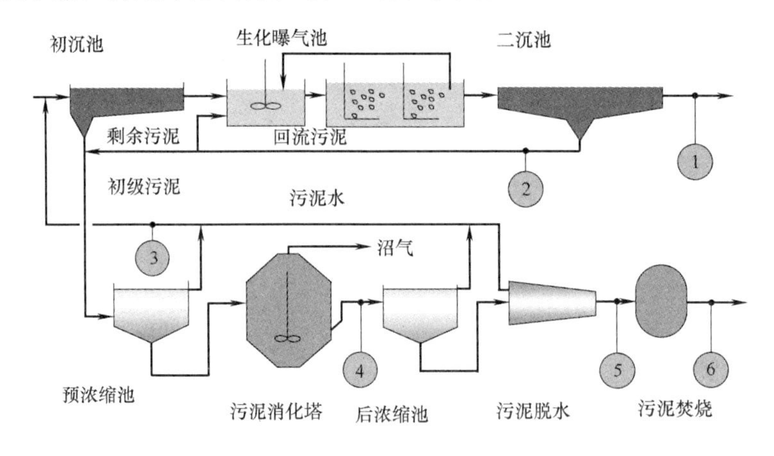

图 3-56 磷回收装置的安装地点

但如果考虑到磷回收工艺的经济效益和技术可实施性能，目前都是在鸟粪石（MAP）沉淀工艺、消化污泥或污泥脱水液中进行磷回收。其中在欧美国家应用最为广泛的磷回收工艺是由德国柏林开发的 AirPrex 处理工艺，可在消化后污泥液中直接抽提鸟粪石（MAP）。

通过采用 AirPrex 处理工艺，可对消化污泥进行定向磷沉淀处理并可为整套污泥处理系统带来以下益处：明显提高污泥机械脱水性能；降低絮凝剂消耗量及明显提高脱水污泥的固含量；在污泥处理工段内不再产生鸟粪石沉淀结晶现象；进入生化系统的磷返回负荷降低大约 80%～90%；回收利用 MAP 肥料。

3.4 城市给水排水系统设计案例

3.4.1 【精彩分享】国外建设“海绵城市”的成功案例

城市不同，其特点和优势也不尽相同。因此打造“海绵城市”不能生搬硬套他人的经验做法，而应在科学的规划下，因地制宜地采取符合自身特点的措施，才能真正发挥出海绵作用，从而改善城市的生态环境，提高民众的生活质量。

一、英国：源头入手，一举两用

为解决日益严重的水资源短缺问题和提升伦敦等大城市的市政排水能力，英国政府积极鼓励在居民家中、社区和商业建筑设立雨水收集利用系统，以从根源上解决这两大问题。

当前英国家庭用雨水收集系统多用于满足家庭灌溉、洗衣等非饮用水需要。家庭用雨水收集系统多在家中设置 1000～7500L 的储水罐，雨水直接从屋顶收集，并通过导水管简单过滤或者更为复杂的自净系统过滤后导入地下储水罐储存。

同时，英国也在大力推动大型市政建筑和商业建筑的雨水利用。当前大伦敦区最为典型的就是伦敦奥林匹克公园。园内主体建筑和林地在建设过程中建立了完善的雨水收集系统。通过雨水回收和废水再利用等方式，这一占地 225hm^2 的公园灌溉用水完全来自于雨水和经过处理的中水。此外，公园还将回收的雨水和中水供给周边居民，使周边街区用水量较其他类似街区下降了 40%。

二、法国：形态不一，提升循环

法国作为现代城市雏形起源国之一，其境内不少城市的排水、防涝以及雨水循环处理的设计思路各具特色，形态不一。

巴黎作为法国首都，其水循环系统堪称世界范围内大都市中的典范。1852 年，著名设计师奥斯曼主持改造了被法国人誉为“最无争议”并基本沿用至今的水循环系统。奥斯曼的设计灵感源自于人体内部的水循环。他认为，城市的排水管道如同人体的血管，应潜埋在都市地表以下的各处，以便及时吸收地表渗水。城市的排污系统则如同人体排毒，应当沿管道排出城镇，而不是直接倾泻于巴黎的塞纳河内。

法国里昂的水循环处理则是因地制宜，充分借助了自然的力量。相比于巴黎，里昂的城市水循环并不过分突出地下排水管的作用，城市中的数个社区各有低洼地面，其雨水收集充分借助了地面走势的特点，让雨水通过精密设计的水渠流入这些低洼地域。里昂市中心的中央公园便建立在一片低洼地中。当地建筑设计师在建造该公园时，特意留出了一个容量为 870m³ 的储水池。

三、德国：高效集水，平衡生态

得益于发达的地下管网系统、先进的雨水综合利用技术和规划合理的城市绿地建设，德国“海绵城市”建设颇有成效。

近年来，德国开始广泛推广“洼地—渗渠系统”，使各个就地设置的洼地、渗渠等设施与带有孔洞的排水管道相连，形成了分散的雨水处理系统。低洼的草地能短期储存下渗的雨水，渗渠则能长期储存雨水，从而减轻城市排水管道的负担。

德国的雨水利用技术经过多年的发展已日臻成熟，目前主要的城市雨水利用方式有 3 种：一是屋面雨水集蓄系统；二是雨水截污与渗透系统；三是生态小区雨水利用系统。另外，他们还在探索其他方法：在城市中心建设面积巨大的城市公园；鼓励市民参与建设“绿色屋顶”，专家评估认为，屋顶绿化工作如果能达到一定密度，未来至少可以留住 60%的降雨。

四、新加坡：疏导有方，标准严格

新加坡作为一个雨量充沛的热带岛国，其最高年降雨量在近 30 年间呈持续上升趋势，却鲜有城市内涝的情况发生。

首先，预先规划城市排水系统。新加坡通常在进行地面建筑的建设之前，会事先规划和设计好该建筑的地下和地面排水系统，因此每一栋建筑，包括人行道、马路周边都分布有一定数量的排水渠。其次，加强雨水疏导，建立大型蓄水池。经由城市雨水收集系统收集到的雨水最终将汇入新加坡城市周边的 17 个大型蓄水池，而这些大型蓄水池也是新加坡解决雨水疏导和城市内涝问题的关键所在。最后，建立严格的地面建筑排水标准。新加坡公用事业局数次修订和提高地面建筑排水标准，要求所有新建筑物必须提高防水门槛的高度。

五、美国：强化设计，加快改建

美国大多数城市秉承传统的水利设施设计理念：在郊外储存雨水，利用水渠送到市区，污水通过地下沟渠排走。这种理念按照西方的说法始于古罗马时代，现在仍然大行其道。即使在非常缺水的加利福尼亚州，也是因循这一并不适合当地生态的城市水利与用水模式。

目前，美国的一些城市规划专家正在研究在干旱地区重新进行规划，打造海绵城市。在加利福尼亚州，80%的地方是极度干旱地区。当地的一些城市规划者在设想如何将倾盆大雨留下，变成饮用水和灌溉用水，把城市打造成像海绵一样，可以有效吸收雨水。

正如负责设计规划法国莱佩尔勒市“海绵城市”的 BASE 建筑事务所工作人员所说，弱化城市与水界限的设计规划思路未来或将成为业界潮流，让冰冷的混凝土河堤与水电站被设计精妙的植被与大片绿化带代替，既有利于城市内水的自然循环，也有助于环保，说到底，是实现人类与自然的和谐共处。

3.4.2 【分享】水敏性城市设计 · 让城市不再有涝灾

随着城市与自然的对立和割裂导致的一系列城市难题的出现，城市的生态建设越来越被人们所重视。

景观都市主义将城市理解为一个生态体系，提倡通过生态整体的规划和景观基础设施的建设，将良好的生态循环系统引入景观化的城市，使人们获得健康、美好、可持续发展的城市生活环境。

"水敏性城市设计"（Water Sensitive Urban Design，WSUD）就可看作是景观都市主义影响下的景观设计思想和方式之一。而目前被极力提倡的"雨水花园"、"海绵城市"，也可看作是"水敏性城市设计"思想影响下所产生的城市设计理念。

1. 水敏性城市设计的定义

国际水协会给它的定义为：是城市设计与城市水循环的管理、保护和保存的结合，从而确保了城市水循环管理能够尊重自然水循环和生态过程。

在国际上，其他与 WSUD 类似的概念包括英国的"可持续性城市排水系统"（Sustainable Urban Drainage System，SUDS）、美国的"低影响开发"（Low Impact Development，LID）以及新加坡的"活跃、美丽、洁净水项目"（Active Beautiful and Clean Waters Programe，ABC）、中国的"海绵城市"设计思想等。WSUD 理念则更全面地包含了众多可持续水管理与城市设计中的交互式因素，因此更有效地融合了未被传统水系统设计包含的种种考量，并更容易抓住当前水管理改善诉求产生的各种契机。放眼全球，水敏性城市的愿景、WSUD 实践的种种成果已逐步成为定义城市尺度规划策略的主旋律。

2. 水敏性城市设计的基本原则

（1）提高地面可渗透性；

（2）保持水体流动性；

（3）保持水体溶解氧含量；

（4）降低水体溶解态溶解物；

（5）降低水体不溶物负荷；

（6）建立稳定的生态系统。

3. 水敏性城市的设计思路

（1）雨水收集；

（2）雨水净化处理；

（3）雨水储存再利用。

4. 水敏性城市设计的具体措施

（1）不透水河道改为透水性自然河道；

（2）设置雨水集水箱；

（3）建造涵水景观；

（4）建筑物顶部种植植物。

5. 水敏性城市设计的价值

（1）水文平衡：通过储存、渗透和蒸发的自然过程，达到自然水文的平衡；

（2）修复水系：恢复和增加城市的水系。

6. 水敏性城市设计打造“生态型”景观

对“城市景观”的生态理解：

（1）城市景观需具功能性作用

城市景观，是在区域及全球生态系统中，由“自然”与“人力”在不同的相对关系中相互作用的产物。空间，是公共领域中，公共设施的基本特征。然而，在提供空间的舒适性之外，城市景观更需具有功能性作用。

现代城市景观的新价值：“生态功能”。生态功能，抓住了诸如可持续水资源管理、微气候的影响、促进碳沉降及城市食物生产的潜在用途等问题的关键，也正因为如此，在传统之外，我们对现代开放空间和景观特征的新“价值”的认知和判断需建立在对城市景观“生态功能”的理解之上。

对城市景观的设计再也不能简单依赖于对公共空间传统“价值”和单纯景观特征的理解来决定。新的设计需基于对生态系统的“生态机能”的深层理解。也只有了解需要保护的价值同时理解生态系统的功能性，并整合两方面思考后，才能确定设计目标的优先次序，进而真正实现生态型景观。结合合理的未来应用、社交与娱乐、特征性及等级梯度，项目所在地的历史文化、生态基底、地域背景成为发展街道景观、公共开放空间及私人开放空间的整合策略的驱动力。

（2）雨水特性与水敏性生态景观

雨水在城市的各个角落以面源的方式生成地表径流，因此十分适宜以分散的方式在城市中建造生态景观，实现多重积极效应。如净化城市雨水，保护并增强自然受纳水体环境的生态完整性，把雨水作为城市替代水源。水敏性生态景观的其他生态系统服务功能包括减少城市内涝、形成城市内的生态多样性走廊、固碳并洁净空气。

不仅如此，一个更佳的都市绿色植被景观和更为清洁的都市河道还将潜移默化地增强公众的心理健康并带来积极的经济效益。

3.4.3 青春年少系列之——解读海绵城市

在城镇化的大背景下，我国每年有一千多万人进城，新建成的建筑相当于世界建筑总量的一半。在这种情况下，如果不引进海绵城市的建设模式，我国的城市地表径流量就会大幅度增加，从而引发洪涝积水、河流水系生态恶化、水污染加剧等问题。海绵城市就像一块海绵那样，能把雨水留住，让水循环利用起来，把初期雨水径流的污染削减掉。

1. 海绵城市的四项基本内涵

（1）海绵城市的本质——解决城镇化与资源环境的协调和谐

海绵城市的本质是改变传统的城市建设理念，实现与资源环境的协调发展。在“成功的”工业文明达到顶峰时，人们习惯于战胜自然、超越自然、改造自然的城市建设模式，结果造成严重的城市病和生态危机；而海绵城市遵循的是顺应自然、与自然和谐共处的低影响开发模式。传统城市利用土地进行高强度开发，海绵城市实现人与自然、土地利用、水环境、水循环的和谐共处；传统城市开发方式改变了原有的水生态，海绵城市则保护原有的水生态；传统城市的建设模式是粗放式的，海绵城市对周边水生态环境则是低影响的；传统城市建成后地表径流量大幅度增加，海绵城市建成后地表径流量保持不变。因此，海绵城市建设又被称为低影响开发（Low Impact Design，LID）。

（2）海绵城市的目标——让城市“弹性适应”环境变化与自然灾害

一是保护原有水生态系统。通过科学合理划定城市的蓝线、绿线等开发边界和保护区域，最大限度地保护原有河流、湖泊、湿地、坑塘、沟渠、树林、公园草地等生态体系，维持城市开发前的自然水文特征。

二是恢复被破坏水生态。对传统粗放城市建设模式下已经受到破坏的城市绿地、水体、湿地等，综合运用物理、生物和生态等技术手段，使其水文循环特征和生态功能逐步得以恢复和修复，并维持一定比例的城市生态空间，促进城市生态多样性提升。我国很多地方结合点源污水治理的同时推行“河长制”，治理水污染，改善水生态，起到了很好的效果。

三是推行低影响开发。在城市开发建设过程中，合理控制开发强度，减少对城市原有水生态环境的破坏。留足生态用地，适当开挖河湖沟渠，增加水域面积。此外，从建筑设计开始，全面采用屋顶绿化、可渗透路面、人工湿地等促进雨水积存净化。据美国波特兰大学“无限绿色屋顶小组”对占地 2.93km^2 的波特兰商业区进行分析，将 0.87km^2 的屋顶空间——即 1/3 商业区修建成绿色屋顶，就可截留 60%的降雨，每年将保持约 25.4 万 m^3 的雨水，可以减少溢流量的 11%～15%。

四是通过种种低影响措施及其组合有效减少地表径流量，减轻暴雨对城市运行的影响。

（3）转变排水防涝思路

传统的市政模式认为，雨水排得越多、越快、越通畅越好，这种“快排式”的传统模式没有考虑水的循环利用。海绵城市遵循“渗、滞、蓄、净、用、排”的六字方针，把雨水的渗透、滞留、集蓄、净化、循环使用和排水密切结合，统筹考虑内涝防治、径流污染控制、雨水资源化利用和水生态修复等多个目标。具体技术方面，有很多成熟的工艺手段，可通过城市基础设施规划、设计及其空间布局来实现。总之，只要能够把上述六字方针落到实处，城市地表水的年径流量就会大幅度下降。经验表明：在正常的气候条件下，典型海绵城市可以截留 80%以上的雨水。

（4）开发前后的水文特征基本不变

通过海绵城市的建设，可以实现开发前后径流总量和峰值流量保持不变，在渗透、调节、储存等诸方面的作用下，径流峰值的出现时间也可以基本保持不变。水文特征的稳定可以通过源头削减、过程控制和末端处理来实现。习近平总书记在 2013 年的中央城镇化工作会议上明确指出：解决城市缺水问题，必须顺应自然，要优先考虑把有限的雨水留下来，优先考虑更多利用自然力量排水，建设自然积存、自然渗透、自然净化的海绵城市。由此可见，海绵城市建设已经上升到国家战略层面了。

总之，通过建立尊重自然、顺应自然的低影响开发模式，是系统地解决城市水安全、水资源、水环境问题的有效措施。通过“自然积存”，来实现削峰调蓄，控制径流量；通过“自然渗透”，来恢复水生态，修复水的自然循环；通过“自然净化”，来减少污染，实现水质的改善，为水的循环利用奠定坚实的基础。

2. 建设海绵城市的三种途径

（1）区域水生态系统的保护和修复

第一，识别生态斑块。一般来说，城市周边的生态斑块按地貌特征可分为三类：第一类是森林草甸，第二类是河流湖泊和湿地或者水源的涵养区，第三类是农田和原野。各斑块内的结构特征并非一定具有单一类型，大多呈混合交融的状态。按功能来划分可将其分为重要生物栖息地、珍稀动植物保护区、自然遗产及景观资源分布区、地质灾害风险识别区和水资源保护区等。凡是对地表径流量产生重大影响的自然斑块和自然水系，均可纳入水资源生态斑块，对水文影响最大的斑块需要严加识别和保护。

第二，构建生态廊道。生态廊道起到对各生态斑块进行联系或区别的作用。通过对各斑块与廊道进行综合评价与优化，使分散的、破碎的斑块有机地联系在一起，成为更具规模和多样性的生物栖息地和水资源涵养区，为生物迁移、水资源调节提供必要的通道与网络。这涉及水文条件的保持和水的循环利用，尤其是调峰技术和污染控制技术。

第三，划定全规划区的蓝线与绿线。以深圳光明新区为例，作为国家级的生态城示范区，光明新区规划区范围之内严格实施蓝线和绿线控制，保护重要的坑塘、湿地、园林等水生态敏感地区，维持其水的涵养性能。同时，在城乡规划建设过程中，实现宽广的农村原野与紧凑的城市和谐并存，人与自然和谐共处，这是实现可持续发展重要的、甚至是唯一的手段。

第四，水生态环境的修复。这种修复立足于净化原有的水体，通过截污、底泥疏浚构建人工湿地、生态砌岸和培育水生物种等技术手段，将劣Ⅴ类水提升到具有一定自净能力的Ⅳ类水水平，或将Ⅳ类水提升到Ⅲ类水水平。

第五，建设人工湿地。湿地是城市之肾，保护自然湿地，因地制宜建设人工湿地，对于维护城市生态环境具有重要意义。以杭州的西溪湿地为例，原来当地农民养了3万多头猪，并把猪粪作为肥料直接排到湿地里去，以增加湿地水藻培养的营养度来增加鱼的产量，造成了水体严重污染。后来重新规划设计为湿地景区，养猪场变成了充满自然野趣的休闲胜地，更重要的是，出水口水体的COD浓度只有进水浓度的一半，起到了非常好的调节削污作用。整个湿地像一个大地之肾，把水里的营养素留下来，滋养当地的水生植物和鱼类，虽然鱼的产量可能会下降，但品质得到了提升，生态鱼比市场上的普通鱼价格提高了一倍。

（2）城市规划区海绵城市设计与改造

海绵城市建设必须要借助良好的城市规划作为分层设计来明确要求。

第一层次是城市总体规划。要强调自然水文条件的保护、自然斑块的利用、紧凑式的开发等方略。还必须因地制宜地确定城市年径流总量控制率等控制目标，明确城市低影响开发的实施策略、原则和重点实施区域，并将有关要求和内容纳入城市水系统、排水防涝、绿地系统、道路交通等相关专项或专业规划。

第二层次是专项规划。包括城市水系统、绿地系统、道路交通等基础设施专项规划。其中，城市水系统规划涉及供水、节水、污水（再生利用）、排水（防涝）、蓝线等要素；绿色建筑方面，由于节水占了较大比重，绿色建筑也被称之为海绵建筑，并把绿色建筑的实施纳入到海绵城市发展战略之中。城市绿地系统规划应在满足绿地生态、景观、游憩等基本功能的前提下，合理预留空间，并为丰富生物种类创造条件，对绿地自身及周边硬化区域的雨水径流进行渗透、调蓄、净化，并与城市雨水管渠系统、超标雨水径流排放系统相衔接。道路交通专项规划，要协调道路红线内外用地空间布局与竖向，利用不同等级道路的绿化带、车行道、人行道和停车场建设雨水滞留渗透设施，实现道路低影响开发控制目标。

第三层次是控制性详细规划。分解和细化城市总体规划及相关专项规划提出的低影响开发控制目标及要求，提出各地块的低影响开发控制指标，纳入地块规划设计要点，作为土地开发建设的规划设计条件，统筹协调、系统设计和建设各类低影响开发设施。通过详细规划可以实现指标控制、布局控制、实施要求、时间控制这几个环节的紧密协同，同时还可以把顶层设计和具体项目的建设运行管理结合在一起。

低影响开发的雨水系统构建涉及整个城市系统，通过当地政府把规划、排水、道路、园林、交通、项目业主和其他一些单位协调起来，明确目标，落实政策和具体措施。

具体来讲，要结合城市水系统、道路、广场、居住区和商业区、园林绿地等空间载体，建设低影响开发的雨水控制与利用系统。

一是在扩建和新建城市水系统的过程中，采取一些技术措施，如加深蓄水池深度、降低水温来增加蓄水量并合理控制蒸发量，充分发挥自然水体的调节作用。在我国新疆一些地区年降雨量仅为 50mm，蒸发量却高达 4500mm，当地民众自古以来就使用坎儿井来输送水，由于水温低、又能避免阳光照射，从而达到降低水蒸发损失的目的。

二是改造城市的广场、道路，通过建设模块式的雨水调蓄系统、地下水调蓄池或者下沉式雨水调蓄广场等设施，最大程度地把雨水保留下来。在一些实践中，实现了道路、广场的透水地面比例≥70％，下凹式绿地比例≥25％，综合径流系数≤0.5。

三是在居住区、商业区 LID 设计中，改变传统的集中绿地建设模式，将小规模的下凹式绿地渗透到每个街区中，在不减少建筑面积的前提下增加绿地比例，可实现透水性地面≥75％，绿地率≥30％（其中下凹式绿地≥70％），径流系数≤0.45。

四是对园林绿地采用 LID 设计，绿地的生态效益更加明显。在海绵城市建设实践中，通过建设滞留塘、下凹式绿地等低影响开发设施，并将雨水调蓄设施与景观设计紧密结合，可以实现人均绿地面积≥20m^2、绿地率≥40％、绿化覆盖率≥50％、透水性地面≥75％（其中下凹式绿地≥70％）的目标，径流系数可以控制在 0.15 左右。同时，收集的雨水可以循环利用，公园可以作为应急水源地。根据日本的经验，每一个城市公园都建有雨水调蓄池，可以供应周边居民 3d 的用水量。中国城市科学研究会水技术中心也推出了一些先进技术，例如，通过在池底铺设表面经过处理的砂层，使雨水处理池的含氧量比普通池提高 3 倍，从而能长久保持水的新鲜度。

（3）建筑雨水利用与中水回用

在海绵城市建设中，建筑设计与改造的主要途径是推广绿色屋顶、透水停车场、雨水收集利用设施，以及建筑中水的回用（建筑中水回用率一般不低于 30％）。首先，将建筑中的灰水和黑水分离，将雨水、洗衣洗浴水和生活杂用水等污染程度较轻的“灰水”经简单处理后回用于冲厕，可实现节水 30％，而成本只需要 0.8～1 元/m^3。其次，通过绿色屋顶、透水地面和雨水储罐收集到的雨水，经过净化既可以作为生活杂用水，也可以作为消防用水和应急用水，体现低影响开发的内涵。综上所述，对于整体海绵建筑设计而言，为同步实现屋顶雨水收集利用和灰水循环的综合利用，可将整个建筑水系统设计成双管线，抽水马桶供水采用雨水和灰水双水源。

既然可以做到建筑中水回用，那么在城市中市政污水再生水更有利用价值。通过敷设再生水专用管道，就能够实现再生水的有效利用，从而能大幅度降低对水资源的需求。据北京市政部门测算，如果80%的建筑推广这种中水回用体系，市政污水的1/3能作为再生水利用，该市每年可节水约12亿m^3，相当于南水北调工程供给首都的总水量。

3. 深化海绵城市（LID）五项展望

（1）引入弹性城市和垂直园林建筑的精细化设计

建筑是城市最基础的细胞，如果建筑对雨水能呈现海绵特性，那么城市离“海绵”也就不远了。这里需要引进弹性城市和园林建筑的设计理念。

一是引入弹性城市的设计理念。弹性城市（Resilient City）是目前国际上非常流行的概念。所谓弹性城市，是指城市能够准备、响应特定的多重威胁并从中恢复，并将其对公共安全健康和经济的影响降至最低的能力。联合国建议打造弹性城市应对自然灾害，城市必须在制定低碳可持续发展路线的同时，采取措施提高其弹性应对的能力。弹性城市涉及方方面面，从城市应对气候变化引起的水资源短缺的弹性来看，一旦把水循环利用起来，每利用一次就等于水资源增加了一倍，利用两次就增加了两倍……如果通过反渗透等技术，实现水资源的N次利用，就可以做到城市建设与水资源和谐发展，这就是一种“水资源弹性”。新加坡目前就已经达到了此类“弹性城市”的标准。该国从马来西亚调水基本上作为一种水保障，并把调来的水加工成纯净水返销到马来西亚去；在本国内，通过中水回用、海水淡化、雨水利用，基本能满足民众生活和产业用水问题，这就是N次用水的一种体现。总之，弹性城市在水方面的要求，就是尽管外界的水环境发生了变化，都可以保持城市供水系统的良好运转，这也是现代科学技术对解决城市水资源短缺的一种创新。

二是结合园林设计的理念。如果把中水和雨水在建筑中充分综合利用，就可以把整个园林搬到建筑上去，即垂直园林建筑。这种建筑整体上呈现出海绵状态，能将雨水充分收集利用，实现中水回用，排到自然界中的水体污染物几乎等于零，所有的营养素都能在建筑内循环利用，并且绿色植物还能够固定二氧化碳。如果城市广泛推广垂直园林建筑，不仅可显著减少地表径流量，而且会营造出一个非常美妙且可以四季变化的城市景观。

（2）海绵城市（社区）结合水景观再造

海绵建筑推而广之就是海绵社区。快速城镇化到来之前，我国许多地方曾经有过良好的城市水景观被称之为“山水城市”，当代城市规划师应该传承历史文化，回归社区魅力，增加社区的凝聚力。通过自下而上的再设计，将社区水的循环利用和景观化、人性化相融合，并结合特定的历史文化，开展海绵社区建设。

与此同时，海绵社区建设可以激发起居民爱护水环境、呵护水环境、敬重水环境的心态，实现人类与自然水生态和谐相处的目标。以杭州为例，杭州曾经有一条浣纱河，传说是当年西施浣纱的河流。这条河穿过许多社区，如果把文化融入浣纱河水景观复建，完全可以再现当年人水和谐美景，留住这段美妙的记忆，而且能够控制水污染，最大程度地减少对水环境的影响。

（3）引入碳排放测算

我国是世界上最大的碳排放国，国务院已决定建立中国特色的碳交易市场，在我国内部首先实现公平的碳排放权交易。海绵城市建设能够在很大程度上减少碳排放，因为传统的外地调水特别是长距离供水需消耗大量的能源资源，属高碳排放的工程。美国南加州和旧金山湾地区的城市化区域通过实施低影响开发技术，碳减排效果十分显著，按照碳减排的程度分成低中高三个级别，可以看到，高影响条件下，每年的碳减排量巨大。如果把海绵城市建设模式引发碳减排拿到碳交易市场上进行交易，变成现金，则可以有效减少项目的投资，形成稳定持久的投资回报。

（4）分区测评、以奖代补、奖优罚劣

我国地域辽阔，气候特征、土壤地质等天然条件和经济条件差异较大，城市径流总量控制目标也不同。住房和城乡建设部出台的《海绵城市建设技术指南——低影响开发雨水系统构建（试行）》对我国近200个城市1983—2012年的日降雨量进行统计分析，将我国大陆地区大致分为五个区，并给出了各区年径流总量控制率α的最低和最高限值，即Ⅰ区（$85\%\leqslant\alpha\leqslant90\%$）、Ⅱ区（$80\%\leqslant\alpha\leqslant85\%$）、Ⅲ区（$75\%\leqslant\alpha\leqslant85\%$）、Ⅳ区（$70\%\leqslant\alpha\leqslant85\%$）、Ⅴ区（$60\%\leqslant\alpha\leqslant85\%$）。

根据我国的年径流总量控制率分区，建立测评体系，研究充分利用中央财政资金以奖代补、奖优罚劣的方式，加快引导和推动各地海绵城市建设。

（5）海绵城市建设智慧化

海绵城市建设可以与国家正在开展的智慧城市建设试点工作相结合，实现海绵城市的智慧化，重点放在社会效益和生态效益显著的领域，以及灾害应对领域。智慧化的海绵城市建设，能够结合物联网、云计算、大数据等信息技术手段，使原来非常困难的监控参量变得容易实现。未来，我们将实现智慧排水和雨水收集，对管网堵塞采用在线监测并实时反应；通过智慧水循环利用，可以达到减少碳排放、节约水资源的目的；通过遥感技术对城市地表水污染总体情况进行实时监测；通过暴雨预警与水系统智慧反应，及时了解分路段积水情况，实现对地表径流量的实时监测，并快速作出反应；通过集中和分散相结合的智慧水污染控制与治理，实现雨水及再生水的循环利用等。

此外，建筑智慧化方面，可以通过公共建筑水耗在线监测，显示公共建筑水耗、能耗的排名情况。根据试点城市调查结果，建筑单位面积水耗最高和最低相差10倍之多，有的建筑由于设计和运维问题，水管出现了严重的漏损，这些缺陷都可以通过公共建筑水耗在线监测系统诊断出来。将水耗情况在媒体上进行公开排名，有助于建筑管理和产权单位清楚的认识水耗情况，主管部门可以要求对水耗最高的建筑进行强制性改造，明确控制性指标和针对性措施，从而推动整个城市的水循环利用并使用水效率得到提升。在这方面，新西兰和澳大利亚做得非常好，低影响雨水设计系统通过数字模型和信息化技术的精细化管理，能够把GIS、云计算这些技术落实到位，并将其作为一种手段，使海绵城市智慧起来。

智慧的海绵城市是逐步推进的。比如，通过网格化、精细化设计将城市管理涉及的事、部件归类，系统标准化等使现场管理反应快、准、好。在此基础上，再推行城市公共信息平台建设，通过智慧城管平台，主动发现问题，并有预见性地应对。最后，通过物联网智能传感系统，实现实时监测。通过以上这些优化设计，可以使我国城市迅速地、智慧地、弹性地来应对水问题。智慧的海绵城市离不开这样一个循环：信息的监测收集→信息的传输→准确地指挥→迅速地执行→对结果进行反馈修正。这样一种信息的循环利用模式，可以使海绵城市能够非常高效和智慧地运行。

4. 结论

（1）城镇是水体污染最重要的源头，通过海绵城市（LID）建设使城市成为应对水污染的主战场，是解决水资源短缺的希望之地。

（2）海绵城市（LID）概念的内涵仍在发展之中，创建具有中国特色的海绵城市理论、规范、标准任重道远。住房和城乡建设部已经颁布了《海绵城市建设技术指南——低影响开发雨水系统构建（试行）》，但这还远远不够，需要大家在实践中不断探索并适时修订。

（3）海绵城市（低影响开发）规划与智慧水务是协调海绵城市各单元有效运行的两大系统工程。如果说海绵城市规划是“推”，则智慧水务是“拉”，“一推一拉”能够将整个海绵系统有效地协调起来，既不产生浪费，也不至于出现信息孤岛。因此，“一推一拉”两大系统是非常重要的系统设计。

（4）要把海绵城市系统从大到小划成四个子系统，即区域、城市、社区、建筑，这四个层次的系统低影响开发的侧重点不同，需要上下结合推进系统创新。

（5）根据年径流总量控制率分区，建立科学合理的城市“海绵度”测评体系并给予奖励引导尤为重要。加快引导和推动整个海绵城市蓬勃发展，走出一条具有中国特色的海绵城市建设健康发展之路。

3.4.4 【每周一议】你知道海绵城市在城市排水防涝建设中有什么样的作用吗

1. 海绵城市的指导思想

“海绵城市”是以自然积存、渗透净化为特征，字里行间反映出与传统的工程思维下“水适人”治路截然不同。城市应该是一种“人适水”的景观，即“水适应性景观”。这是一种体现“人与自然”的新型城市价值观。

“海绵”即是以景观为载体的水生态基础设施。

城市的每一寸土地都具备一定的雨洪调蓄、水源涵养、雨污净化等功能，这也是“海绵城市”构建的基础。但是，各种关键性生态过程在土地上的分布是不均衡的，因此，可以通过“景观安全格局”理论辨识在城市雨涝调蓄、水源保护和涵养、地下水回补、雨污净化、栖息地修复、土壤净化等重要的水生态过程中关键性的区域、位置和空间，它们共同构成水生态基础设施。“海绵”不是一个虚的概念，它对应的是实实在在的景观格局；构建“海绵城市”即是建立相应的水生态基础设施，这也是最为高效和集约的途径。

“海绵城市”旨在综合解决城市生态问题。

水生态系统区别于其他生态系统的主要特点之一在于水这一特殊的环境因子。由于水是流动和循环的，因此水生态系统的影响因素并不在于水体本身，它与流域内其他土地利用等景观要素相联系，自然过程和人类活动对水生态系统的影响是广泛的。所以，从水问题出发，构建以跨尺度水生态基础设施为核心的“海绵城市”，最终能综合解决城市生态问题，包括区域性的城市防洪体系构建、生物多样性保护和栖息地恢复、文化遗产网络和游憩网络构建等，也包括局域性的雨洪管理、水质净化、地下水补充、生物栖息地营造、公园绿地营造，以及城市微气候调节等。

《海绵城市建设技术指南——低影响开发雨水系统构建（试行）》中提出海绵城市的建设途径主要包括三大方面，即：一是对城市原有生态系统的保护；二是生态恢复和修复；三是低影响开发。

图 3-57 是“海绵城市”建设技术路线。

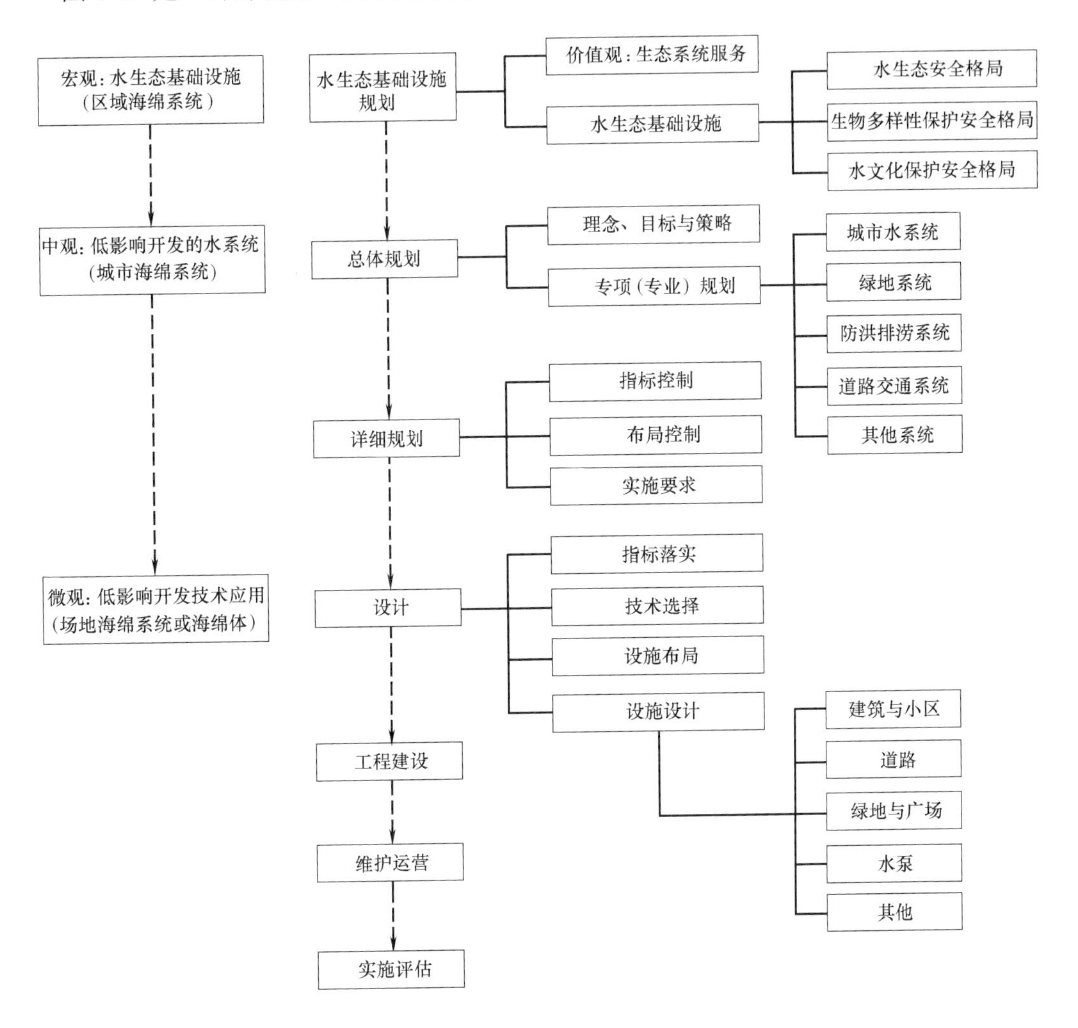

图 3-57 “海绵城市”建设技术路线

“海绵城市”的概念很抽象。但是至少知道了这个“海绵城市”是关于城市水方面的建设，是为了生态平衡提出的一个新的理念。也就是让城市更加贴近自然生态系统，不像传统的城市，自然为人类服务，在这个系统里面，提倡的是自然和城市能够相互服务，甚至是城市为自然服务。

既然明白了“是什么”，下一个问题就是“怎么做”。

2. “海绵城市”的实施方法（以一个项目为主）

对于自然来说，这个系统很庞大，一个城市很难面面俱到。而如另外两个回答所说，这个“海绵城市”最重要的就是水的储存和利用，尤其特指雨水。其实这部分看起来就简单了。

一般就是三个方面：排水、防洪、节水。

排水方面，必须实施完全的雨污分流。

防洪方面，除了初期的表面径流需要收集处理外，后期的降水应就近排入自然水体，特别是淹水点尤其需要注意。但是自然水体的承受能力依然是有限的，这个时候需要提高城市地表的渗透率来让城市自己储存一部分降水。于是就对城市建设时候的绿地面积、路面材料等提出了较高的要求。

节水方面，在旱季不至于出现河道干涸、居民停水等情况。

在此基础上，为了进一步体现低影响开发雨水系统的目标，要结合坝区的实际状况确定年径流总量控制率等指标，将其纳入城市总体规划。同时，根据不同性质的用地确定透水铺装率等指标，防止城市建设中土地大面积硬化；根据地形和汇水分区，合理确定雨水排水分区和排水出路，尽量利用自然径流通道，并采用雨水花园、湿塘等低影响开发设施控制雨水径流；确定城市低影响开发重点建设区域，对其提出年径流总量控制率目标。

此外，建设“海绵城市”对城市绿地以及城市道路建设都有相应的要求。

对绿地的要求如下：城市绿地是建设海绵城市的重要载体，因此，在满足绿地生态、景观、游憩及其他基本功能的前提下，应该合理地选取和预留空间，建设低影响开发设施，为场地及周边的雨水径流提供蓄滞空间，并起到净化、下渗等功效。具体措施包括明确各类绿地的低影响开发控制目标，合理选取低影响开发雨水设施的类型与规模，注重同周边的绿地、水体间的衔接，并针对性地选取适宜的乡土植物和耐淹植物，在有条件的绿地公园可以布局面积较大的低影响开发设施，如湿塘、雨水湿地等，对较大降雨进行调蓄排放。

对道路的要求如下：结合非机动车、公交车与小轿车的路权划分，对原有的绿化隔离带及新建隔离带进行下凹式改造，并与原有雨水管网衔接，成为收集、传输雨水的生态通道。同时，由于城市道路是污染物产生的主要场所之一，因此在有条件的路段，应设置植被过滤带，并按照一定的间隔设置渗井、雨水湿地或调节池。在必要的情况下，甚至应该通过协调城市道路与红线外用地的布局与竖向安排，确保城市道路的低影响开发控制指标得以实现。

以下是某项目里面几项具体要求：

（1）渗：通过建设绿色屋顶、可渗透路面、砂石地面和自然地面及透水性停车场和广场等工程，减少城市地表径流的产生，达到回补地下水的目标。

（2）滞：通过建设下凹式绿地、广场、植草沟、绿地滞留设施等，在降雨期间暂时储存一定量的雨水，削减向下游排放的雨水峰值流量，延长排放时间，达到雨水调节的作用。

（3）蓄：通过保护、恢复和改造坝区内河湖水域、湿地并加以利用，因地制宜地建设雨水收集调蓄设施等，对径流雨水进行滞留、集蓄，削减径流总量，从而达到集蓄利用、补充地下水与净化雨水的目标。

（4）净：在满足防洪和排水防涝要求的前提下，对城市内主要河道进行滨河人工湿地改造，通过对不透水的硬质铺砌河道的改造，构建沿岸生态缓坡，从而达到雨水净化的目标；同时在坝区内构建污水处理设施和管网及初期雨水处理设施，开展生态水循环及处理系统工程，完成雨污分流，提高雨水利用的目标。

（5）用：在坝区内按照“集散结合、就近处理、就地循环”的原则，建设污水再生利用设施与综合雨水利用设施等。同时更新改造老城内部使用年限超过50年、材质落后、漏损严重的老旧管网等。

（6）排：对坝区尤其是老城区内的主要河道进行清淤建设，恢复天然河湖水系连通；同时对新建地区严格实施雨污分流管网建设，并加快老旧城区雨污分流管网改造，完成雨污分流与雨水收集利用目标；同时对坝区内易涝的低洼积水点依托海绵技术标准进行建设，从而达到高效的雨水收集利用目标。

（7）防洪：依托坝区内河流众多，湖泊、水库及泉群星罗棋布的特色地貌，因地制宜，建设会呼吸的河流生态防洪廊道，构建湿地等自然生态的蓄滞洪水设施，让自然做工，完善城市防洪体系。

（8）水源地建设与保护：针对坝区近年来干旱少雨、雪线上升与地下水位下降等现状，在坝区北部加强水源地保护与应急备用水源地建设。

（9）水源涵养工程：通过构建坝区水源涵养林与湿地、加强水源地水土流失综合治理等途径，达到有效调节径流，防止水、旱灾害，合理开发、利用水资源的目标。

“海绵城市”不仅仅是让城市像海绵一样，把水源储存起来，在需要的时候再放出来使用，这个概念的确是符合城市发展趋势的，也是符合“环境友好社会”理念的。但是不得不说，这种工程要做，还有很长的路要走。不仅仅是地方政府财力要够，而且还要国家坚定不移地推行这个理念，按着这个理念建设城市才行。

推行理念其实比较简单，但是财力的确是很大的问题。上述项目的近期远期总投资差不多20亿元，还仅仅是防涝这一个单项的。而且是一个人口较少且城市面积不大的城市。而且建设时间很长，差不多15年时间才能完成。所以这个理念虽然好，但是实施起来困难重重。

防洪主要由排水管渠、防洪河道、防洪沟道等部分构成。

管渠：对于实行了雨污分流的城市，由于当初建设时资料不全、领导没远有见、没钱等原因，所以那个时候的雨水管基本上是以1～2a重现期为设计标准来设计建造的。而地方政府为了省钱，基本都是按照1a重现期建造的。稍微有点预见性的地方政府会要求按2～3a重现期设计，但是最后还是按2a重现期设计施工。后来新的规范出来了要求必须按照2～3a重现期的雨水量来计算设计，于是很多地方挖、挖、挖。但是海绵城市始终是为了防涝而着手建设的。如果涝了，那么肯定就是降水量超出设计的排水量了。在绿化、道路、屋顶分流能力一定的时候，还是得建管道。

有了这个思路，规划之前，必须把管道普查清楚。主要就是了解管径、连接方式、高程等。但是一个城市这么多管子，还是埋在地下的，这个工作谈何容易。管道普查清楚了，下一步就是根据历史资料以及软件模型把城市的易涝点全部找出来。找出来以后还不可以改呢。

找出来了要先分析原因。有的是因为管径太小不够排水，有的是因为高差不对，有的是因为连接方式不行漏了。当然主要的原因还是排水管道太细不够排水。

设计部分：首先根据已有资料算出相同降水历时及相同暴雨强度下不同设计重现期的每个管段的流量、管径，一般取2a、3a、5a、10a、30a甚至50a重现期进行计算。计算完了进行对比分析，因为总投资是一定的，不可能全部按照30a的重现期流量和管径进行投资。正常来说，根据现有情况（上面说了现在正常城市应该至少是2a的设计重现期），与计算结果比对，找出需要改造的地方。

但是这些需要改造的地方也不仅仅是用最大重现期的设计管径。这时候为了减少投资，必须考虑地面的过流能力及地表漫流。可以近似把地表看作是很浅的明渠，这样也可以排水。然后再计算，得出一个管径流量值。这个可以看作是最终需要的结果了。

大体思路就是用大重现期的流量管径和已有的或者小重现期的流量管径进行比对，再考虑地面的过流能力，最终确定出各个地方的排水管径。然后，就得考虑这部分水排到哪里。雨水除了初期（10min以内）的地表径流是需要收集然后排到污水处理厂处理的，其他是可以直接排放的。

4　给水排水施工板块

4.1　选材对比

4.1.1　超高层建筑给水排水设计中的节能、节材研究

郑州某超高层综合楼位于郑州市郑东新区 CBD 外环，建筑高度 118.8m，地上 30 层，地下 4 层。地上部分建筑面积 60863m²，地下部分建筑面积 12317m²。地下 1～4 层为设备机房和地下汽车库，可停放汽车 242 辆，其中地下 2～4 层战时为五级二等人员掩蔽所；地上 5 层裙房，作餐饮、娱乐和商业用；主楼部分主要作开敞式办公用。结构形式为框架—核心筒结构。

1. 避难层集中设置报警阀，省去减压阀的做法

就建筑高度在 120m 左右超高层建筑的喷淋系统的报警阀设置来说，通常采用分散设置湿式报警阀的做法：在避难层内设置若干套湿式报警阀，供建筑高区自动喷水灭火系统使用；在地下室内设置若干套湿式报警阀，供避难层以下的低区自动喷水灭火系统使用。同时，根据《自动喷水灭火系统设计规范》GB 50084—2001（2005 年版）的相关要求，湿式报警阀入口压力不应大于 1.2MPa，在低区湿式报警阀环状供水管道入口设置减压阀组，控制阀前压力不大于 1.2MPa。

在闭式自动喷水灭火系统设计中，根据计算，喷淋水泵扬程需要达到 1.8MPa。在整个闭式自动喷水灭火系统的各个组成部分中，结合相关喷淋产品所提供的技术参数，湿式报警阀的最大工作压力为 1.2MPa；普通玻璃球下垂型喷头的额定工作压力为 1.2MPa，出厂试验压力为 3.0MPa；一般水流指示器的额定工作压力为 1.2MPa，出厂密封测试压力为 2.4MPa；对夹式安全信号蝶阀的额定工作压力可达到 1.6MPa。

此外，《自动喷水灭火系统施工及验收规范》GB 50261—2005 第 6.2.1 条规定：“当系统设计工作压力等于或小于 1.0MPa 时，水压强度试验压力应为设计工作压力的 1.5 倍，并不小于 1.4MPa；当系统设计工作压力大于 1.0MPa 时，水压强度试验压力应为该工作压力加 0.4MPa”。那么，当系统工作压力较大时，采用无缝钢管以及额定工作压力较大的阀门等材料即可满足系统的设计及施工验收需要。

结合上述压力数据，在整个闭式自动喷水灭火系统设计中，作为整个系统中的重要一环，相比之下，湿式报警阀的最大工作压力只有 1.2MPa，小于整个系统的其他组件。有鉴于此，《自动喷水灭火系统设计规范》GB 50084—2001（2005 年版）才要求湿式报警阀入口压力不应大于 1.2MPa。

在项目设计中，笔者曾作过如下考虑：如果按照常规设计，采取在地下室和避难层分散设置湿式报警阀的做法，在低区报警阀组前的环状管网上分别设置减压阀组。根据设计要求，减压阀组通常采用两组并联，每个报警阀组采用报警阀前后设置控制阀门，并在报警阀前加设过滤器的做法。由于报警阀前后的控制阀门一般采用普通手动阀门，一旦减压阀出现故障时，控制阀门不具备自动关闭功能。因此，两组报警阀组通常不具备故障情况下的自动切换功能，只能手动进行切换。此外，由于报警阀分散设置，在一定程度上增加了值班人员的工作强度。

为了克服低区上述不足，进一步确保湿式报警阀的安全，经反复考虑，最终决定把湿式报警阀集中设置在避难层。由于避难层的建筑高度大约在60m，由喷淋水泵扬程减去报警阀和喷淋水泵间的高差（喷淋水泵设在地下三层），从而可以确保湿式报警阀入口压力小于1.2MPa。相比之下，由于报警阀在避难层集中设置，无需在阀前设置减压阀组即可有效保证报警阀不会发生超压，从而可以充分确保报警阀的安全，进一步提高了整个自动喷水灭火系统的安全程度。同时，由于报警阀集中设置，必然利于系统日后的运行管理。

2. 屋面雨水落水管兼作喷淋末端试水排水管道的做法

对于框架—核心筒结构的高层建筑，由于高层建筑本身竖向管道较多，必然需要占用标准层有限的建筑面积。那么，就给水排水专业来说，能否对现有管道系统进行合理优化，在保证建筑使用功能的前提下，尽可能减少竖向管道数量，既利于节省管材，同时也利于节省建筑空间呢?

对于高层建筑屋面雨水排水设计，《建筑给水排水设计规范》GB 50015—2003 第4.9.26条规定："高层建筑雨水排水管材宜选用承压塑料管或金属管"。同时，笔者也查阅了国内部分超高层建筑的设计实例，屋面雨水排水管道多采用热浸镀锌钢管，也有部分采用钢塑复合管。同时，在超高层建筑的喷淋设计中，结合喷淋末端试水装置的设置位置，需设置专门的喷淋末端试水排水管道。那么，在设计喷淋平面的时候，能否结合屋面雨水排水管道的设置位置（对超高层框架—核心筒结构的建筑，雨水管道通常靠外墙设计），在靠近雨水管道处合理设置喷淋末端试水装置呢? 这样设计的话，就可以把屋面雨水管道兼作喷淋末端试水排水管道。从理论上看，这样做应该是可行的。

在该超高层项目设计中，笔者采用了如下做法：屋面雨水管道采用衬塑钢管，靠建筑外墙设置。在靠近喷淋末端的雨水落水管每层的适当位置（在室内吊顶以上），引出一根*DN*50的排水支管（与雨水管道同材质），并结合喷淋末端试水排水系统的需要，设置排水漏斗。同时，在该支管上设置控制阀门（设计采用球阀，根据排水需要，不宜设置截止阀）。当该层需要打开喷淋系统末端试水装置进行试水时，手动开启该层雨水管道支管上的控制阀门（该阀门也可自动启闭），排放喷淋试验用水；当试验结束时，关闭该阀门，以防止下雨时，屋面雨水从该层排水漏斗处进入室内。采用上述做法，既节省了一套排水管道，节减了相关安装费用；同时也尽可能减少了对标准层建筑面积的占用。

3. 冷却塔的设计及节能运行问题

通常对于有中央空调冷却循环水系统的建筑，结合高层（多层）建筑主楼、裙房和室外场地的关系，合理选择冷却塔的摆放位置，对于节省造价、降低日后运行成本有着重要意义。在冷却塔的设置位置方面，当建筑专业和室外环境允许时，在室外场地上（绿地内）直接设置冷却塔也是一个不错的选择。显然，冷却塔的位置距离空调制冷机组越近，越节省冷却循环水管道，也必然有利于降低冷却循环水系统的造价和建安成本。同时，冷却循环水管道长度越小，系统管路的水头损失必然越小，有利于降低冷却循环水泵的扬程，也就降低了系统日后的运行成本。此外，由于日常地面风速比起高空要小得多。当冷却塔设置位置越低的时候，冷却循环水的飘失水量也就越小，利于整个系统的节水。而且，由于冷却塔设置位置较低，那么冷却循环水系统的补水系统可以充分利用市政水压完成，避免了冷却塔补水系统的二次加压，势必从一定程度上降低了系统日后的运行费用。同时，如果能够在室外地面上直接设置冷却塔的话，势必减少了冷却塔设置在屋面上所带来的屋面荷载，节省了结构造价。

在该项目设计中，结合该建筑底层的使用功能，同时结合该建筑室外场地的情况，把冷却塔设置在该建筑南侧的室外绿地内。考虑美观需要，要求冷却塔厂家对塔体（方形横流式冷却塔）进行适当美化（借鉴电气专业室外箱式变电站的做法：室外箱式变电站经适当美化处理后，其外观效果可作为室外建筑小品）。由于冷却塔设置在室外绿地上，为了防止室外落叶进入冷却循环水系统，设计要求在冷却塔的塔顶出风口上设置钢丝网。该系统经过空调季节运转，运行情况良好。同时，根据建成后的实际效果来看，由于室外冷却塔处理得当，相当于一个室外小品，对于丰富建筑环境起到了不错的效果。

4. 结语

随着国家资源供需矛盾的日益突出，在设计中采取一切必要的措施，充分贯彻“节水、节材、节地、节能、环保”的设计要求，成为摆在每个给水排水设计师面前的一个不容回避的责任。这就需要我们在设计中充分理解设计中的每一个细节，在保证设计功能需要的前提下，从每一个细微之处最大限度地节约每一寸管道、节省每一个阀门、降低每一度电力消耗，充分减少系统建造及运行成本。

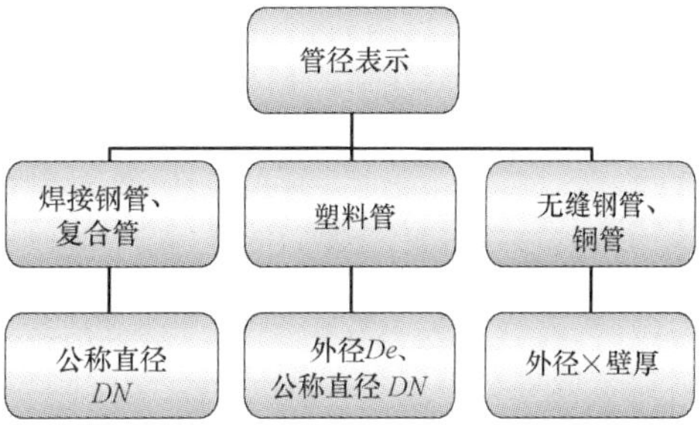

4.1.2 【精彩分享】给水管材分类与特点

给水管材类型：金属管、塑料管、复合管。各种管材的管径表示方法见图4-1，管材说明及图示见表4-1。

管径表示
焊接钢管、复合管 — 公称直径 DN
塑料管 — 外径 De、公称直径 DN
无缝钢管、铜管 — 外径×壁厚

图4-1　管径表示方法

管材说明及图示　　表4-1

管材种类		管材说明	图示
金属管	焊接钢管	焊接钢管由卷成管形的钢板以对缝或螺旋缝焊接而成。分为镀锌管和非镀锌管。 按壁厚不同分为：薄壁管、普通管和加厚管	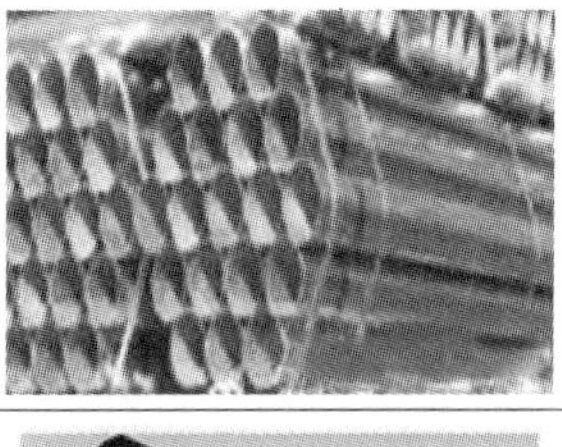
	无缝钢管	由优质碳素钢或合金钢制成，有热、冷轧（拔）之分。管径大于等于75mm时，用热轧管；管径小于75mm时，用冷拔（轧）管。 无缝钢管同一外径有多种壁厚，承受的压力范围较大	

续表

管材种类		管材说明	图示
金属管	铸铁管	铸铁管由生铁制成。 按材质分为：灰口铸铁管、球墨铸铁管及高硅铸铁管。 铸铁管多用于给水管道埋地敷设的工程	
复合管	钢塑复合管	钢塑复合管由普通镀锌钢管和管件以及ABS、PVC、PE等工程塑料管复合而成，兼具普通镀锌钢管和工程塑料管的优点	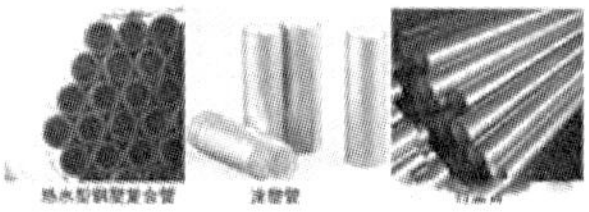
	塑覆铜管	齿型环塑覆铜管内置凹型槽，可截留空气而形成绝热层，并增大了塑料的径向伸缩能力。 平型环塑覆铜管具有耐磨、紧密的特点，能有效防潮及抗腐蚀，适用于埋地、埋墙和腐蚀环境中	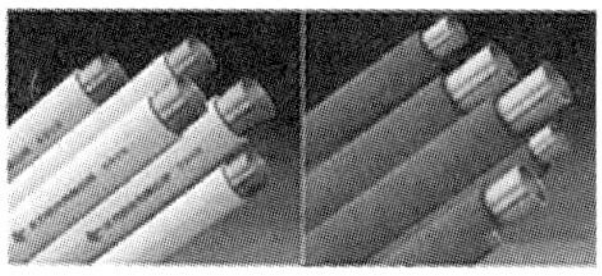
	铝塑复合管(PAP)	膨胀系数小，强度大、韧性好、耐冲击；耐腐蚀、不结垢；耐95℃高温、耐高压；导热系数小；质量轻；外形美观、内外壁光滑，可以埋地；安装方便；采用热熔连接，使用寿命可达50年以上	
塑料管	PP-R管	耐腐蚀、不结垢；耐高温(95℃)、高压；质量轻、安装方便、导热系数小；外形美观、内外壁光滑；使用寿命可达50年以上	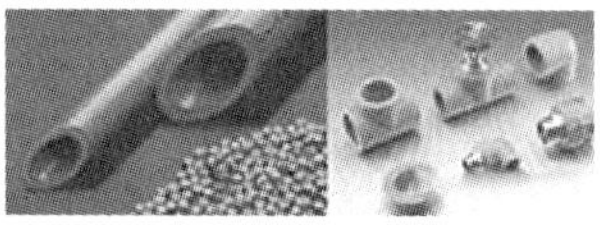
	PE管	耐腐蚀、不结垢；质量轻；外形美观、内外壁光滑；螺纹连接；使用寿命可达50年以上	
	CPVC管	CPVC管道最高耐温可达95℃；耐老化和抗紫外线性能及耐化学腐蚀性能好；具有较高的冲击性强度和韧性。 适用于化工、高温、腐蚀介质输送热水、温水等场合	
	PB管	在95℃下可以长期使用，最高使用温度可达110℃；耐环境应力开裂性好；材质轻；柔韧性、抗冲击性好。 可以用于冷热水系统	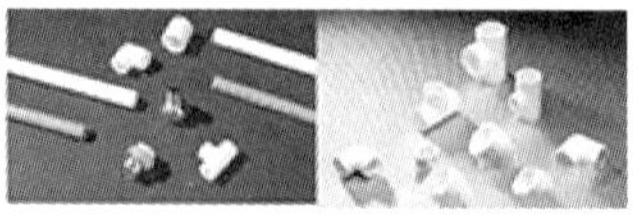

各种材质管道性能对比见表 4-2。

各种材质管道性能对比　　表 4-2

管材种类	PVC-U 管	PP-R 管	PE 管	PE-X 管	铝塑复合管	PB 管
工作温度(℃)	$-5\leqslant t\leqslant 45$	$-20\leqslant t\leqslant 95$	$-50\leqslant t\leqslant 65$	$-50\leqslant t\leqslant 110$	$-40\leqslant t\leqslant 95$	$-30\leqslant t\leqslant 110$
最大使用年限(a)	50	50	50	50	50	70
主要连接方式	粘接	热熔、电熔(挤压)	热熔、电熔	挤压	挤压	挤压(热熔、电熔)
接头可靠性	一般	较好	较好	好	好	好
产生二次污染	可能有	无	无	无	无	无
最大管径(mm)	400	125	400	110	110	50
综合费用	约占镀锌管的 60%左右	高出镀锌管 50%左右	高出镀锌管 20%左右	高出镀锌管 1 倍左右	高出镀锌管 1 倍以上	高出镀锌管 2 倍以上

塑料管安装特点见表 4-3。

塑料管安装特点　　表 4-3

品种项目	PP-R 管	PE 管	PE-X 管	PE-AL-PE 管	PVC-U 管
卫生性能	绿色产品	绿色产品	卫生	卫生	较卫生
耐热保温	优	耐热一般,保温良	良	良	良
连接方式	热熔	热熔	机械	机械	溶剂胶接
主要用途	冷热水、饮用水、供暖	冷水、饮用水	冷热水、供暖	冷热水、供暖	冷热水
价格化	1.0	0.6	1.0	1.4	1.0
主要特点	耐热、保温,接头方便、可靠	保温,接头方便、可靠	管道成圈,适用地板加热,无接头	管道成圈,适用地板加热,无接头	刚性好,宜明装

4.1.3 【精彩分享】给水排水管材选用及接法

一、消防给水管材及接法

(1) 自动喷水灭火系统和水喷雾灭火系统报警阀以前的管道、消火栓系统给水管，架空时应采用内外壁热浸镀锌钢管，埋地时应采用球墨铸铁管；自动喷水灭火系统和水喷雾灭火系统报警阀以后的管道可采用热浸镀锌钢管、铜管、不锈钢管及钢涂塑、不锈钢衬塑等管道。

(2) 采用钢管且压力小于或等于 2MPa 时，最小壁厚有要求，详《全国民用建筑工程设计技术措施》(2009 年版) 第 274 页。

(3) 热浸镀锌焊接钢管分为普通钢管、加厚钢管和无缝钢管，当系统压力小于或等于 1.0MPa 时，可采用热浸镀锌焊接钢管；当系统压力在 1.0～1.6MPa 之间时，应采用热浸镀锌焊接加厚钢管；当系统压力大于 1.6MPa 时，应采用热浸镀锌无缝钢管。

(4) 当喷头为 60°锥管螺纹时 (NT)，宜采用热浸镀锌无缝钢管。

（5）管道接口：卡箍连接、螺纹连接、法兰连接和焊接。镀锌钢管应采用槽式连接件（卡箍）、螺纹或法兰连接。报警阀前采用内壁不防腐钢管时，可采用焊接连接。系统中管径小于或等于 *DN*80 的管道，采用螺纹连接；管径大于 *DN*80 的管道，可采用卡箍连接、法兰连接或焊接。因卡箍连接要求的施工空间小，便于维修，是目前最佳的连接方式。

二、建筑物内排水管道管材及接法

（1）建筑物内排水管道应采用建筑排水塑料管及管件或柔性接口机制排水铸铁管及相应管件。

（2）环境温度可能出现 0℃以下的场所应采用金属排水管；连续或经常排水温度大于 40℃或瞬时排水温度大于 80℃的排水管道，如公共浴室、旅馆等有热水供应系统的卫生间的生活废水排水管道系统、高温排水设备的排水管道系统以及公共建筑厨房及灶台等有热水排出的排水横支管及横干管等，应采用金属排水管或耐热塑料排水管。

（3）压力排水管道可采用耐压塑料管、金属管或涂塑复合钢管。

（4）对建筑标准要求较高的建筑、要求环境安静的场所，当普通塑料排水管道的水流噪声不能满足噪声控制要求时，应采取相应的空气隔声或结构隔声措施，如选用特制的消声管材及管件、采用隔声效果好的墙体（实体墙、夹层轻质墙、有泡沫塑料填充的隔声墙等）、管道支架设橡胶衬垫、穿越楼板处管道外壁包缠消声绝缘材料、设置器具通气管等。

（5）排放带酸、碱性废水的实验楼、教学楼或医院等选用塑料排水管材时，应注意废水的酸碱性和化学成分对塑料管材质及接口材料的侵蚀。

（6）建筑高度超过 100m 的高层建筑内，排水管应采用柔性接口机制排水铸铁管及其管件。

（7）通气管可采用塑料管和柔性接口机制排水铸铁管。

（8）连接方法：

1）PVC-U、CPVC、SNA＋PVC 管材与管件的连接，宜采用配套的胶粘剂承插粘接，立管也可采用弹性密封圈连接。

2）HDPE 管道可根据不同使用性质和管径分别选用热熔连接或橡胶密封圈连接。当管道需预制安装或操作空间允许时，宜采用对焊连接；当管道需现场焊接、改装、加补安装、修补或安装空间狭窄时，宜采用电熔连接；当用于非刚性焊接或可拆场所时，应采用橡胶密封圈连接；当用于埋地敷设或同层排水暗敷时，应采用对焊连接或电熔管箍连接；当与其他排水塑料管连接时，应采用橡胶密封圈承插连接。

3）柔性机制排水铸铁管：管道暗装或相对隐蔽的场所宜采用法兰承插式接口，明装和有观感要求的场所宜采用卡箍式接口；埋地敷设的排水铸铁管的接口宜优先选用法兰承插式柔性接口。当用于同层排水敷设在回填层内时，应采用法兰承插式接口。柔性接口排水铸铁管的接口不得设置在楼板、屋面板、墙体等结构层内。管道接口与墙、梁、板的净距不宜小于 150mm。

三、建筑小区排水管道管材、接口及基础选用

（1）排水管道管材应根据排水性质、成分、温度、地下水侵蚀性、外部荷载、土壤情况和施工条件等因素因地制宜就地取材，条件许可的情况下应优先采用埋地塑料排水管，

并应按下列规定选用：重力流排水管宜选用埋地塑料管、混凝土管或钢筋混凝土管；排到小区污水处理装置的排水管宜采用塑料管；穿越管沟、河道等特殊地段或承压的管段可采用钢管或铸铁管，若采用塑料管应外加金属套管（套管直径较塑料管外径大200mm）；当排水温度大于40℃时应采用金属管或耐高温的塑料管；输送腐蚀性污水的管道可采用塑料管；位于道路及车行道下的塑料排水管的环向弯曲刚度不宜小于$8kN/m^2$，位于小区非车行道及其他地段下的塑料排水管的环向弯曲刚度不宜小于$4kN/m^2$。

（2）接口：塑料排水管道承插橡胶圈、粘接、热熔、卡箍等连接方式，应根据管道材料性质和管径大小选用。混凝土管、钢筋混凝土管有橡胶圈、钢丝网水泥砂浆抹带、现浇混凝土套环和膨胀水泥砂浆四种接口形式，应根据管口形式等因素确定；铸铁管可采用橡胶圈柔性接口和水泥砂浆接口；钢管应采用焊接接口；污水及合流排水管道宜选用柔性接口；当管道穿过粉砂、细砂层并在最高地下水位以下，或在地震设防烈度为8度的设防区时，应采用柔性接口。

（3）基础：采用塑料排水管道时，一般均采用砂石基础。采用混凝土管、钢筋混凝土承插口管，且地基承载力特征值f_{ak}不小于100kPa时，宜优先采用橡胶圈接口、砂石（或土弧）基础，f_{ak}小于100kPa时，应计算确定；采用混凝土管、钢筋混凝土管，且为刚性接口时，应采用混凝土带状基础，但需每20～25m设一个柔性接口，且该处混凝土基础设变形缝。

四、给水管道管材

（1）埋地管道的管材，应具有耐腐蚀性和能承受相应的地面荷载的能力。当管径＞$DN75$时可采用球墨铸铁管、给水塑料管和复合管；当管径≤$DN75$时，可采用塑料管、复合管或经可靠防腐处理的钢管。小区室外埋地敷设的塑料管应采用硬聚氯乙烯（PVC-U）给水管和聚乙烯（PE）给水管。室外明敷管道一般不宜采用铝塑复合管、给水塑料管。

室内给水管应选用耐腐蚀和安装连接方便可靠的管材。明敷或嵌墙敷设一般可采用给水塑料管、复合管、建筑给水薄壁不锈钢管、建筑给水铜管、经可靠防腐处理的钢管。敷设在地面找平层内宜采用建筑给水硬聚氯乙烯管、建筑给水聚丙烯管、建筑给水聚乙烯管、建筑给水氯化聚氯乙烯管、铝塑复合管、建筑给水超薄壁不锈钢塑料复合管，管道直径不得大于$DN20$～25。高层建筑给水立管不宜采用塑料管。给水泵房内管道及输水干管宜采用法兰连接的建筑给水钢塑复合管和给水钢塑复合压力管。

水池（箱、塔）内浸水部分管道宜采用耐腐蚀金属管或内外涂塑焊接钢管及管件（包括法兰、水泵吸水管、溢水管、吸水喇叭、溢水漏斗等）。进出管及泄水管宜采用管内外壁及管口端涂塑钢管或球墨铸铁管（一般用于水塔）或塑料管（一般用于水池、水箱）。当采用塑料进水管时，其安装杠杆式进水浮球阀端部的管段应采用耐腐蚀金属管及管件，浮球阀等进水设备的重量不得作用在管道上。一般进出水管为塑料管时宜将从水池（箱）至第一个阀门的管段改为耐腐蚀的金属管。

（2）采用塑料管时，其供水系统的压力一般不应大于0.60MPa（PVC-U、PP-R、PP-B管可不大于1.0MPa），水温不应超过该管材的有关规定。

五、雨水管道管材与附件

（1）屋面雨水系统应采用承压管道、管配件（包括伸缩器）和接口，额定压力不小于建筑高度静水压。内排水系统、虹吸系统的管道及接口还应能承受 0.09MPa 的真空负压。

（2）水泵提升系统的排出管采用承压管道、管件和接口，额定压力不小于水泵扬程的 1.5 倍。

（3）高层建筑屋面雨水系统、水泵加压排出管，其管道及接口应为承压的金属管、钢塑复合管、塑料管等。非金属管材的抗环变形外压力应大于 0.15MPa。高层建筑室内雨水管道不得使用重力流污废水系统排水管道。

（4）多层建筑屋面雨水系统、雨水集水池的集水管道，可采用承压较低的管道、管件和接口，管道可用排水塑料管、金属管等。

（5）雨水斗受日照强烈，材质宜为金属。

4.1.4 排水管材和给水管材的选择注意事项

排水管材和给水管材目前已经有很多种类，那么究竟选用何种材料，要经过综合分析、比较确定。

一、室外排水管材

（1）混凝土管。这是已经被使用了几十年的管材。实践证明，在城镇，这种管材缺点较多：1）管材的密封性能不好，接口易渗水，造成污水外漏，造成污染。2）管材的抗剪切性能差，特别在城市人多车多，排水管道设在道路两侧，用不了几年管子就破裂了，特别是在埋深小于 1.0m 的城市主干道的两侧，这种现象很普遍。

（2）硬聚氯乙烯（PVC-U）双壁波纹管。这是 20 世纪 90 年代才开始使用的管材，管材的防腐性能、接口的密封性能都不错，施工简便，造价较低，但这种管材的力学性能不太好、抗压性能一般，用作排水管材时只能用在支管路、少车辆的地方。

（3）埋地排污用硬聚氯乙烯（PVC-U）管。这是专门用作埋地排污用的管材，综合性能仅次于聚乙烯双壁波纹管。

（4）聚乙烯 HDPE 双壁波纹管。这是近几年投入使用的新型管材。具有密封性能好、抗压性能较好、耐腐蚀性能好等多种优点，也是目前重点推广使用的管材。

二、室外给水管材

（1）钢筋混凝土管。这类管材耐腐蚀、水力条件好、造价低，但施工、安装不便。

（2）灰铸铁管。这类管材的耐腐蚀性能较好，但比较脆，承压能力不高。

（3）钢管。有螺旋缝钢管和无缝钢管两种，这类管材承压能力较强，管材的力学性能较好，好连接、好施工，但耐腐蚀性能差。

（4）球墨铸铁给水管。管材的强度、刚度都很好，管材的耐腐蚀性能好，管子的施工、安装难度也不大，只是价格较高。

（5）硬聚氯乙烯（PVC-U）给水管。管材轻便，好施工，节约能源，耐腐蚀性能好，管材的力学性能与钢管、球墨铸铁管相比差，管子的抗剪切、抗推拉性能差。

（6）给水聚乙烯（PE）管。一种新型环保建材，管材的抗推拉、抗剪切性能及耐腐蚀性能都很好，但此管不耐高压。PE100 给水管的最大工作压力为 1.6MPa。这是目前国家大力提倡和推广使用的管材。这种管材的致命缺点是：阻燃性差（保管存放要严加防火）、易老化（此管严禁明敷设）。

三、建筑内排水管材

建筑内排水管道经过几十年的实践证明：硬聚氯乙烯（PVC-U）排水管和柔性接口排水铸铁管是比较受欢迎的排水管材。

四、建筑内给水管材

（1）生活饮用水管。生活饮用水管材有：硬聚氯乙烯（PVC-U）给水管、给水聚乙烯（PE）管、无规共聚聚丙烯（PP-R）管、交联聚乙烯（PE-X）管、给水薄壁铜管、给水薄壁不锈钢管、钢塑（衬塑、涂塑）复合管等，这些管材各有优缺点，但综合性能比较好的是 PE 给水管（但此管必须安装，因为该管明敷时很容易老化）、PP-R 给水管和薄壁铜管。

（2）生活热水管可采用耐热聚乙烯管、耐热 PP-R 管、薄壁铜管和薄壁不锈钢管。

（3）生产、消防给水管道，如压力不高（≤1.0MPa），可采用镀锌钢管；如压力较高（>1.0MPa），可采用无缝钢管。

4.1.5 和大家分享一下自己总结的关于各种管材的连接方式

一、PP-R、PE 等塑料给水管

PP-R、PE 等塑料给水管一般采用热熔连接，见图 4-2。

二、内衬塑钢管（见图 4-3）

（1）≤*DN*100 的内衬塑钢管采用丝扣连接；

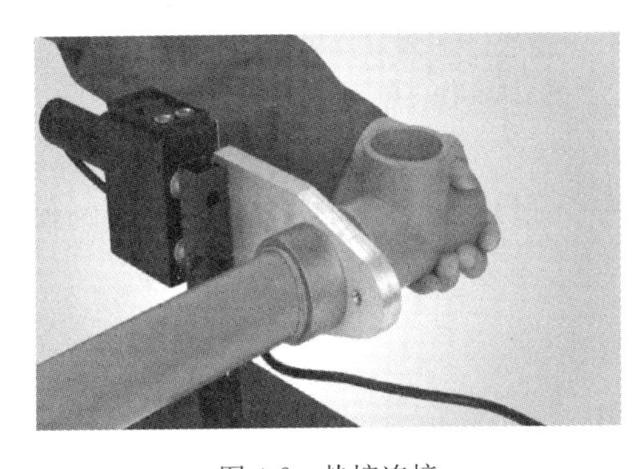

图 4-2 热熔连接

图 4-3 内衬塑钢管

(2) >$DN100$ 的内衬塑钢管采用沟槽式连接。

三、涂塑管

1. 外镀锌内涂塑管（见图 4-4）

(1) ≤$DN100$ 的外镀锌内涂塑管采用丝扣连接；

(2) >$DN100$ 的外镀锌内涂塑管采用沟槽式连接。

图 4-4 外镀锌内涂塑管

图 4-5 内外涂塑管

2. 内外涂塑管（见图 4-5）

$DN15$～100 的内外涂塑管采用丝扣连接；

$DN65$～400 的内外涂塑管采用沟槽式连接；

法兰连接适用于任意管径的内外涂塑管。

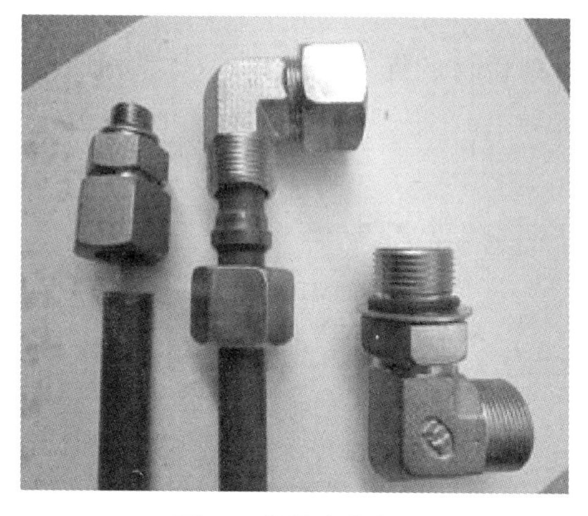

图 4-6 铜管卡套式连接

四、铜管

(1) 卡套式连接：通过拧紧螺母，使配件内套入铜管的鼓型铜圈压缩紧固，封堵管道连接处缝隙的连接方式。如图 4-6 所示。

(2) 冷压式连接：将有橡胶密封圈的承口管件，用专用工具压紧管口处，起密封和紧固作用连接管道的方式。

(3) 法兰式连接：铜管通过钎焊黄铜法兰或加工成翻边形式加铜制活套法兰，形成法兰式接头，由螺栓、螺母实施法兰式连接。

(4) 钎焊连接：将熔点比铜管低的钎料和铜管一起加热，在铜管不熔化的情况下，钎料熔化后润湿并填充进连接处的缝隙中，形成钎焊缝，钎料和铜管之间相互溶解和扩散，从而得到牢固的结合的连接方式。

五、薄壁不锈钢管

1. 挤压式连接方式

薄壁不锈钢管挤压式连接方式有 4 种，如图 4-7 所示。

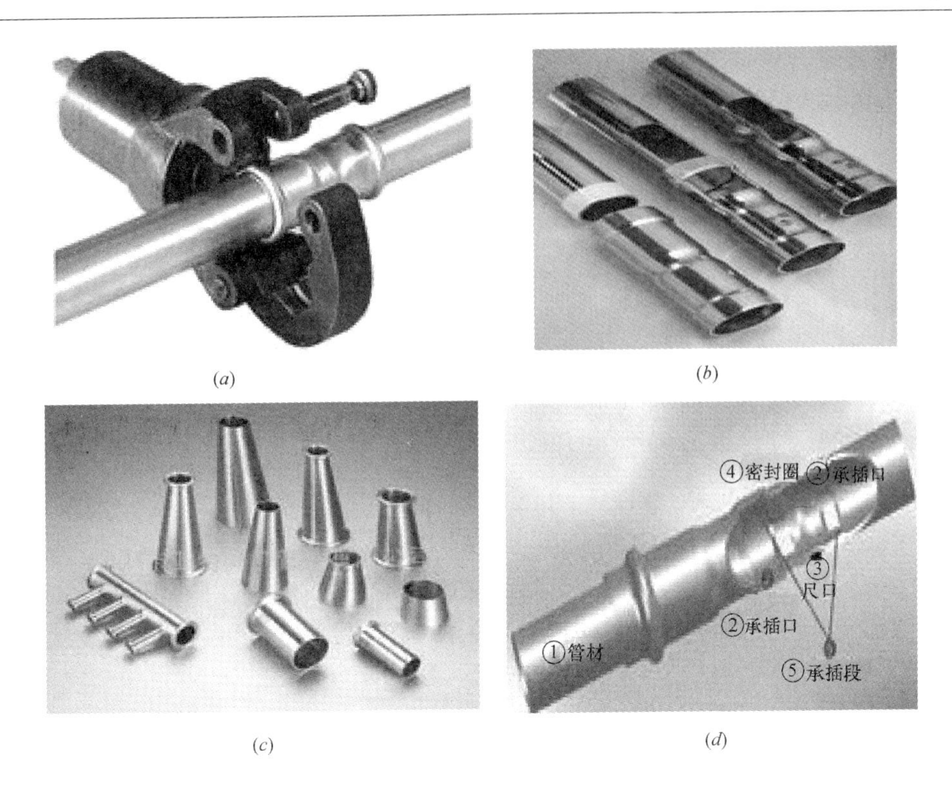

(a)

(b)

(c)

(d)

图 4-7 薄壁不锈钢管挤压式连接方式

(a) 卡压式连接；(b) 环压式连接；(c) 双卡压式（双挤压式）连接；(d) 内插尖压式连接

2. 扩环式连接方式

薄壁不锈钢管扩环式连接方式有 3 种，如图 4-8 所示。

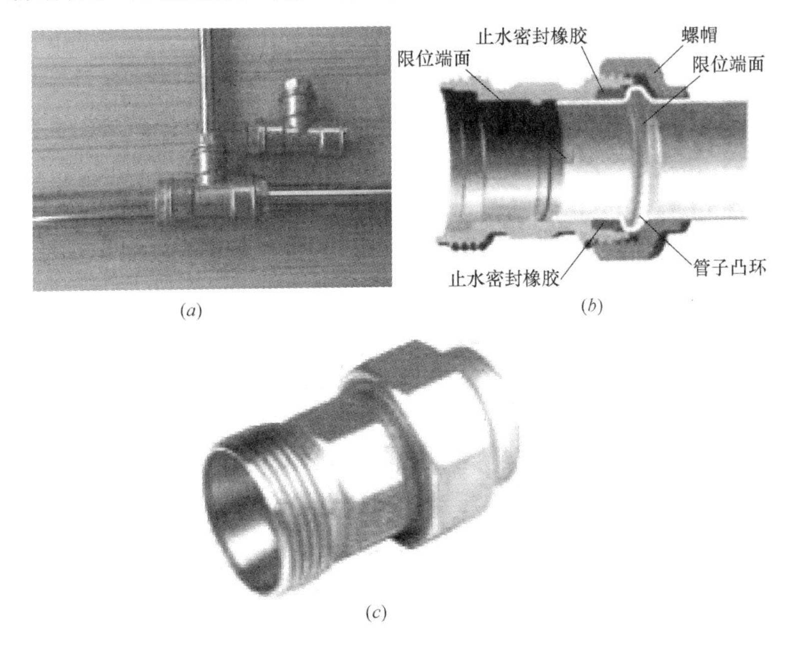

(a)

(b)

(c)

图 4-8 薄壁不锈钢管扩环式连接方式

(a) 凸环式连接；(b) 卡凹式连接；(c) 锁扩式连接

3. 传统连接方式

薄壁不锈钢管传统连接方式有 2 种，如图 4-9 所示。

(a)

(b)

图 4-9 薄壁不锈钢管传统连接方式

(a) 沟槽式（卡箍式）连接；(b) 法兰式连接

4. 焊接连接方式

薄壁不锈钢管焊接连接方式有 2 种，分别为承插式氩弧焊连接和对接式氩弧焊连接，如图 4-10 所示。

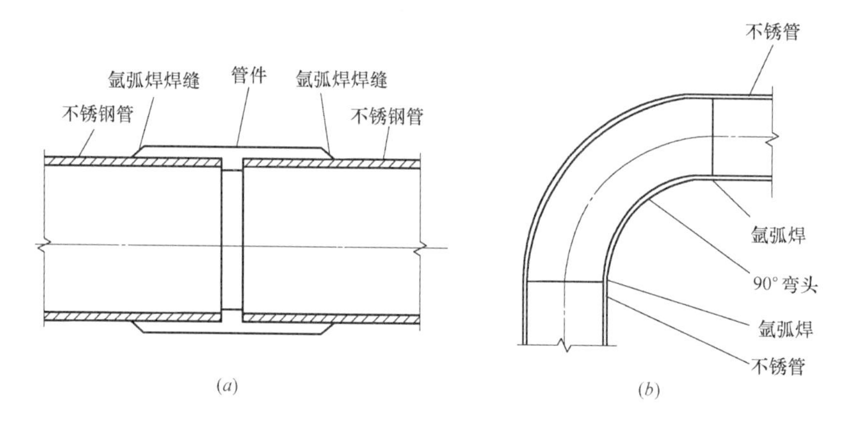

图 4-10 薄壁不锈钢管焊接连接方式

(a) 承插式氩弧焊连接；(b) 对接式氩弧焊连接

公称直径为 *DN*100 及以下的薄壁不锈钢管宜采用挤压式连接方式；公称直径为 *DN*100 以上的薄壁不锈钢管宜采用扩环式连接方式或沟槽式、卡箍式、法兰式连接方式；焊接连接方式可用于各种管径薄壁不锈钢管的连接。

六、排水系统管材

1. PVC 系列塑料排水管

PVC 系列塑料排水管宜采用承插式粘接连接，如图 4-11 所示。

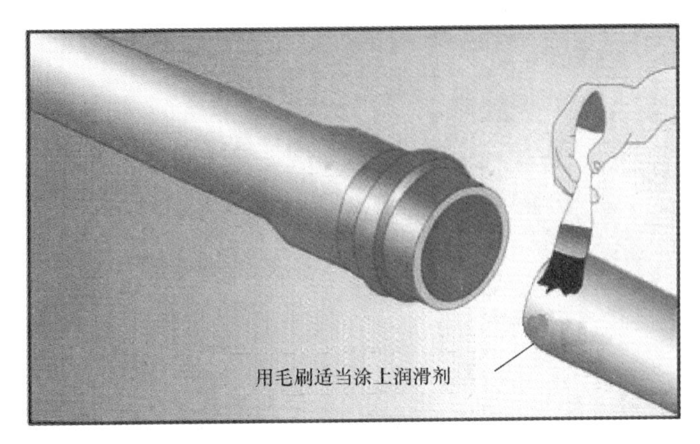

图 4-11　PVC 系列塑料排水管承插式粘接连接

2. HDPE 排水管

HDPE 排水管连接方式有如下五种：

(1) 电熔连接，如图 4-12 所示。

图 4-12　HDPE 排水管电熔连接

(2) 胶圈连接（承插连接），如图 4-13 所示。

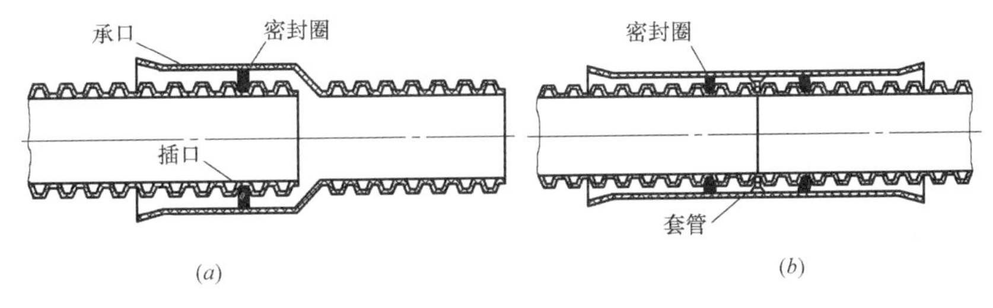

图 4-13　HDPE 排水管胶圈连接

(a) 密封圈承插连接；(b) 密封圈管件连接

图 4-14 HDPE 排水管法兰连接

（3）法兰连接，如图 4-14 所示。

（4）电熔管箍连接。

（5）对焊连接。

3. 柔性接口机制排水铸铁管

柔性接口机制排水铸铁管连接方式有如下两种：

（1）法兰承插连接，如图 4-15 所示。

（2）卡箍式连接，如图 4-16 所示。

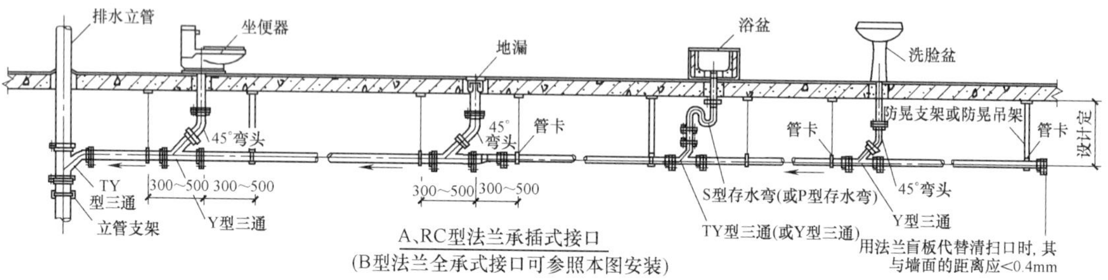

图 4-15 柔性接口机制排水铸铁管法兰承插连接

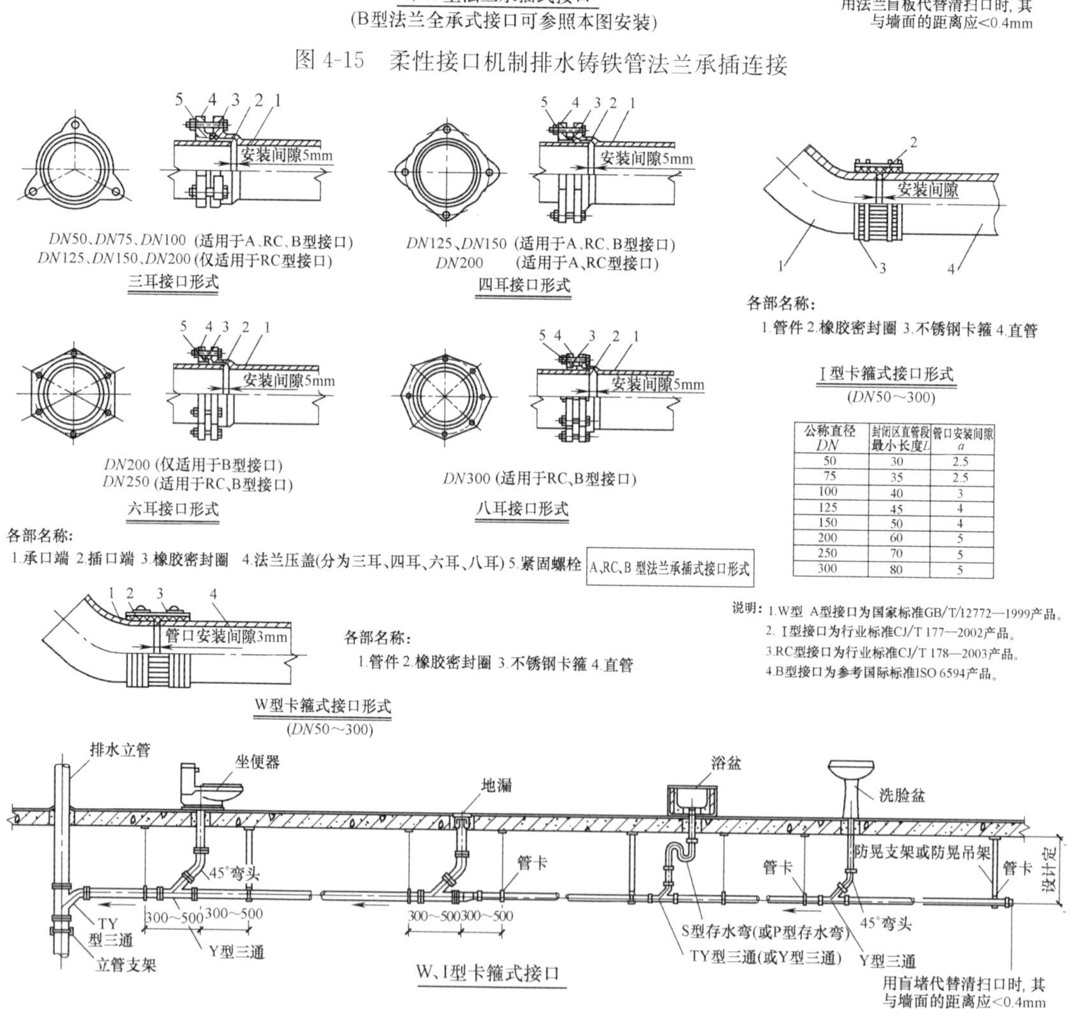

公称直径 DN	封闭区直管段最小长度 L	管口安装间隙 a
50	30	2.5
75	35	2.5
100	40	3
125	45	4
150	50	4
200	60	5
250	70	5
300	80	5

图 4-16 柔性接口机制排水铸铁管卡箍式连接

4. 球墨铸铁管

球墨铸铁管一般选用刚性接口和柔性接口。

(1)(k 型接口)刚性接口：油麻石棉水泥接口、橡胶圈膨胀水泥接口。

(2)(T 型接口)柔性接口：胶圈石棉水泥接口。

(3)(法兰接口)半刚性半柔性接口：麻-铅接口。

5. 内外部热镀锌钢管

内外部热镀锌钢管连接方式有以下四种：

(1)丝扣连接(≤*DN*50)，如图 4-17 所示。

(2)沟槽式(卡箍)连接(>*DN*50)，如图 4-18 所示。

(3)法兰连接。

(4)卡压连接。

图 4-17 内外部热镀锌钢管丝扣连接

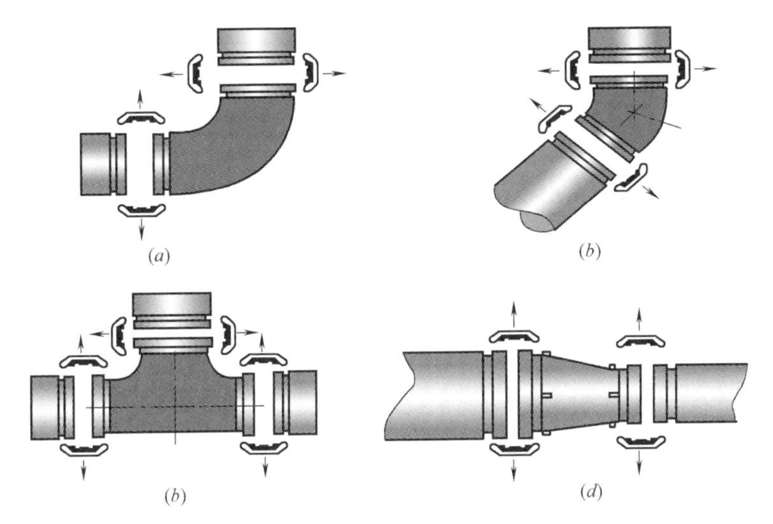

图 4-18 内外部热镀锌钢管沟槽式(卡箍)连接

(*a*) 90°弯头连接；(*b*) 45°弯头连接；(*c*) 三通连接；(*d*) 同心异径连接

6. 钢丝骨架复合管

钢丝骨架复合管通常采用电热熔连接和法兰连接两种连接方式。

4.1.6 给水排水工程常见的管道管材及特点

对于给水系统的设计，管材的选用是一个重要的环节。目前国际上给水和热水系统的常用管材包括不锈钢管、铜管、铝塑复合管(PAP)、硬聚氯乙烯管(PVC-U)、交联聚乙烯管(PE-X)、聚乙烯管等。目前国内已可以生产各种材质的管道和管件，如 PVC-U 管、PE 管和 PE-X 管、PP 管和改性 PP 管等，另外还能生产玻璃钢管、玻璃钢夹砂管和热塑性玻璃钢管。在给水系统的设计中，必须确保管道水管无二次污染、使用性能良好、使用寿命长和方便施工。管道材料一旦质量不好，将导致使用过程中漏水、渗水，其危害较大又很难处理。下面主要介绍几种常见的管道管材及其特点。

1. 钢管

钢管包括普通钢管、镀锌钢管及无缝钢管等。普通钢管用于非生活饮用水管道或一般工业给水管道。钢管表面镀锌（采用热浸镀锌工艺生产）是为防锈、防腐蚀，以免影响水质，适用于生活饮用水管道或某些水质要求较高的工业用水管道。无缝钢管用于高压管网，其工作压力在 1.6MPa 以上。

钢管的连接方法有螺纹连接、焊接连接和法兰连接。螺纹连接即利用带螺纹的管道配件连接。配件大都采用可锻铸铁制成，分镀锌与不镀锌两种，其抗腐蚀性及机械强度均较大。目前钢制配件较少。镀锌钢管必须用螺纹连接，其配件也应为镀锌配件。这种方法多用于明装管道。

焊接连接是用焊机、焊条烧焊将两段管道连接在一起。优点是接头紧密，不漏水，不需配件，施工迅速。但无法拆卸。焊接连接只适用于不镀锌钢管。这种方法多用于暗装管道。

法兰连接在较大管径（50mm 以上）的管道上，常将法兰盘焊接（或用螺纹连接）在管端，再以螺栓将两个法兰连接在一起，进而两段管道也就连接在一起了。法兰连接一般用在连接阀门、止回阀、水表、水泵等处，以及需要经常拆卸、检修的管段上。

2. 给水塑料管

最常用的给水塑料管是给水硬聚氯乙烯（PVC-U）管、给水聚丙烯（PP）管。此外，还有聚乙烯（PE）管，适用于输送水温不超过 40℃的水，其有关要求遵循《给水用聚乙烯（PE）管材》GB/T 13663—2000 的规定；交联聚乙烯（PE-X）管、聚丁烯（PB）管，适用于输送水温为－20～90℃的水。它们均具有较强的化学稳定性、耐腐蚀性，不受酸、碱、盐、油类等介质的侵蚀，管壁光滑，水力性能好，质量较轻，加工安装方便。但共同的缺点是耐温性差、强度较低。因此，在使用上也受到一定的限制。

给水硬聚氯乙烯（PVC-U）管，输送水的温度不超过 45℃。PVC-U 管一般采用承插连接，其中承插粘接适用于管外径 20～160mm；橡胶圈连接适用于管外径大于或等于 63mm；与金属管配件、阀门等的连接采用螺纹连接或法兰连接。

给水聚丙烯（PP）管，适用于系统工作压力不大于 0.6MPa，工作温度不大于 70℃的情况。PP 管采用热熔承插连接。与金属管配件连接时，使用带金属嵌件的聚丙烯管件作为过渡，该管件与聚丙烯管采用热熔承插连接，与金属管配件采用螺纹连接。

3. PVC 管

实际上就是一种塑料管，接口处一般用胶粘接。由于其抗冻和耐热能力都不好，所以很难用作热水管。管材易断裂，遇热也容易变形，大多数情况下，PVC 管适用于电气穿线管道和排水管道。

4. PP-R 管

PP-R 管卫生、无毒，可以直接用于纯净水、饮用水管道系统。耐腐蚀、不易结垢，消除了镀锌钢管锈蚀结垢造成的二次污染。耐热，可长期输送温度为 70℃以下的热水，可承受瞬时 95℃的高温。管材内壁光滑，不易结垢，流体阻力远小于金属管道。管道每段长度有限，且不能弯曲施工，如果管道铺设距离长或者转弯多，在施工中就要用到大量接头，管材便宜但配件价格相对较高。PP-R管本身无毒合乎卫生要求，但PP-R管没有自洁功能和杀菌功能，在家庭用水这种特定环境下，水源的污染、自来水厂的落后工艺及其管网的陈旧不合理，使家用PP-R管成为水质二次污染物的聚集地和细菌滋长地，严重威胁人体健康。一份近年来的中国部分城市市民健康报告揭示：各种疾病和癌症的大量增加与家用自来水水质有关，与错误选择水管材料有关。PP-R管不宜做家庭自来水管是管道行业未公开的秘密，原因在于PP-R管原料价廉、安装方便，而且利润可观。

5. 铜管

铜管及其配件品种规格齐全，直径范围大，可从6～273mm任意选用。铜管易弯曲、易加工、易改变形状，能满足工程安装中管道布线和互相连接的一切需求。尤其在现场施工中，铜管的临时截断、折弯和打磨等都轻松自如。各种管道和配件既可以组装好后运抵现场，也可以在现场临时安装，效果圆满。

铜是一种质地坚硬的金属，耐腐蚀。能在多种不同的环境中使用而不损坏。从国外的使用历史来看，许多铜管的使用时间已经超过了建筑物本身的使用寿命。因此铜管是绝对安全可靠的水管。

铜可以说是具有“绿色面孔的红色金属”。铜能抑制细菌生长，保持饮用水清洁卫生。铜制餐具历史悠久、无毒无味。

铜管及其配件在高温、高压下仍能保持其形状和强度，不会有长期老化现象。

铜管有一层密实坚硬的保护层，无论是油脂、碳水化合物、细菌和病毒、有害液体、空气或紫外线均不能穿过它，也不能侵蚀它污染水质。寄生物也不能栖息于铜表面。但铜管价格高是它的最大缺点，铜管是目前最高档的水管。

6. 复合管

随着我国工业的不断发展和技术的改进，在给水排水工程中采用了大量的新材料和新工艺，复合材料的管道在建筑给水工程中得到了广泛的应用。

（1）铝塑复合管

铝塑复合管中间层采用焊接铝管，外层和内层采用中密度或高密度聚乙烯塑料或交联高密度聚乙烯塑料，经热熔胶黏合复合而成。该管道既具有金属管道的耐压性能，又具有塑料管道的抗腐蚀性能，是一种用于建筑给水的较理想管材。铝塑复合管一般采用螺纹卡套压接，其配件一般是铜制品，连接时先将配件螺帽套在管道端头，再把配件内芯套入端头内，然后用扳手扳紧配件与螺帽即可。耐高温性能良好，施工方便，大大提高了劳动效率。管道由于长期的热胀冷缩会造成管壁错位以致造成渗漏。铝塑复合管受压时易爆裂。在装修理念比较新的地区，铝塑复合管已经渐渐没有了市场，属于被淘汰产品。

（2）钢塑复合管

钢塑复合管是在钢管内壁衬（涂）一定厚度塑料复合而成的管子。一般分为衬塑钢管和涂塑钢管两种。钢塑复合管一般用螺纹连接，其配件一般也是钢塑制品。

7. 薄壁不锈钢管

随着国民经济的发展和人民生活水平的提高，薄壁不锈钢管和不锈钢管件已经成为国内给水管道系统发展的新趋势。满足健康要求的薄壁不锈钢管不会对水质造成二次污染，可以达到国家直接饮用水质标准的需要。

薄壁不锈钢管是一种可以完全回收利用的水管，不会给子孙后代留下不可以处理的垃圾。

薄壁不锈钢管材料的强度高于所有的水管材料，极大地降低了水管受外力影响漏水的可能性，大量地节约了水资源。

薄壁不锈钢管的耐腐蚀性能优越，在长期使用过程中不会结垢，内壁光洁如故，输送能耗低，是输送成本最低的水管材料。

薄壁不锈钢管的保温性能是铜管的24倍，大量地节约了热水输送过程中的热能损耗。

薄壁不锈钢管不会污染高档卫生洁具，避免了洁具上产生不可擦洗的“红印”和“蓝印”。

由于目前在薄壁不锈钢给水管材、管件领域中，相关同类产品的主要区别是连接方式的不同，所以下面介绍一种最常见、最方便的连接方式。

不锈钢给水管材、管件的连接方式——卡压式连接。以带有密封圈的承口管件连接管道，用专用工具压紧管口而起密封和紧固作用的一种连接方式。卡压式管件的基本组成是端部U型槽内装有O型密封圈的特殊形状的管接件。组装时，将不锈钢水管插入管件中，用专用封压工具封压，封压部分的管件、管子被挤压成六角形，从而形成足够的连接强度，同时由于密封圈的压缩变形产生密封作用。管件成本低，适合民用市场的推广，明装工程安装简单，施工速度快。

8. 给水铸铁管

给水铸铁管具有耐腐蚀性强、安装方便、使用期长（一般情况下，地下铸铁管的使用年限为60年以上）、价格低廉等优点，多用于≥*DN*75的给水管道中，尤其适用于埋地铺设。其缺点为质脆、质量大、长度小、强度较钢管差。我国生产的给水铸铁直管有低压、普压、高压三种。

近年来在大型高层建筑中，将球墨铸铁管设计为总立管，应用于室内给水系统。球墨铸铁管较普通铸铁管壁薄、强度高，其冲击性能为灰口铸铁管的10倍以上。球墨铸铁管采用橡胶圈机械式接口或承插接口，也可以采用螺纹法兰连接的方式。

4.1.7 各种管道管材大集合

一、钢管

钢管按其制造方法分为无缝钢管和焊接钢管两种。无缝钢管用优质碳素钢或合金钢制成，有热轧、冷轧（拔）之分。焊接钢管是由卷成管形的钢板以对缝或螺旋缝焊接而成，在制造方法上，又分为低压流体输送用焊接钢管、螺旋缝焊接钢管、直接卷制电焊钢管、电焊管等。无缝钢管可用于各种液体、气体管道等。焊接管道可用于输水管道、煤气管道、暖气管道等。

1. 焊接钢管

（1）低压流体输送用焊接钢管与镀锌焊接钢管

低压流体输送用焊接钢管由碳素软钢制成，是管道工程中最常用的一种小直径的管材，适用于输送水、煤气、蒸气等介质，按其表面质量的不同，分为镀锌管（俗称白铁管）和非镀锌管（俗称黑铁管）。内外壁镀上一层锌保护层的管道较非镀锌的管道约重

3%～6%。按其管材壁厚不同，分为薄壁管、普通管和加厚管三种。薄壁管不宜用于输送介质，可作为套管用。

（2）直缝卷制电焊钢管

直缝卷制电焊钢管，可分为电焊钢管和现场用钢板分块卷制焊成的直缝卷焊钢管。能制成几种管壁厚度。

（3）螺旋缝焊接钢管

螺旋缝焊接钢管分为自动埋弧焊接钢管和高频焊接钢管两种。

1）螺旋缝自动埋弧焊接钢管按输送介质的压力高低分为甲类管和乙类管两类。甲类管一般用普通碳素钢Q235、Q235F及普通低合金结构钢16Mn焊制。乙类管采用Q235、Q235F、Q195等钢材焊制，用作低压力的流体输送管材。

2）螺旋缝高频焊接钢管，尚没有统一的产品标准，一般采用普通碳素钢Q235、Q235F等钢材制造。

2. 无缝钢管

无缝钢管按制造方法分为热轧管和冷拔（轧）管。冷拔（轧）管的最大公称直径为200mm，热轧管的最大公称直径为600mm。在管道工程中，管径超过57mm时常选用热轧管，管径小于57mm时常用冷拔（轧）管。

一般无缝钢管简称无缝钢管，用普通碳素钢、优质碳素钢、普通低合金钢和合金结构钢制造，用于制作输送液体管道或制作结构、零件。无缝钢管按外径和壁厚供货，在同一外径下有多种壁厚，承受的压力范围较大。通常热轧管长度为3～12.5m，冷拔（轧）管长度为1.5～9m。

二、铸铁管

铸铁管是由生铁制成的。按其制造方法不同，可分为砂型离心铸铁直管、连续铸铁直管及砂型铁管。按其所用的材质不同，可分为灰口铸铁管、球墨铸铁管及高硅铸铁管。铸铁管多用于给水、排水和煤气等管道工程。

1. 给水铸铁管

（1）砂型离心铸铁直管。砂型离心铸铁直管的材质为灰口铸铁，适用于水及煤气等压力流体的输送。

（2）连续铸铁直管。连续铸铁直管即连续铸造的灰口铸铁管，适用于水及煤气等压力流体的输送。

2. 排水铸铁管

柔性抗震接口排水铸铁直管采用橡胶圈密封、螺栓紧固，在内水压下具有良好的挠曲性、伸缩性。能适应较大的轴向位移和横向曲挠变形，适用于高层建筑室内排水管，对地震区尤为合适。

三、有色金属管

1. 铝及铝合金管

铝及铝合金，指含铝为98%的工业纯铝和以铝为主体另含有铜、镁、锰、锌、铬等合金元素的铝合金。铝及铝合金管是由工业纯铝或铝合金经拉制或挤压制造成形。铝有较好的耐酸腐蚀性能。

2. 铜及铜合金管

铜管主要由纯铜、磷脱氧铜制造，称为铜管或紫铜管。黄铜管是由普通黄铜、铅黄铜等黄铜制造而成的。

3. 铅及铅合金管

四、塑料管

塑料管一般是以塑料树脂为原料，加入稳定剂、润滑剂等，以塑的方法在制管机内经挤压加工而成。由于它具有质轻、耐腐蚀、外形美观、无不良气味、加工容易、施工方便等特点，在建筑工程中获得了越来越广泛的应用。主要用作房屋建筑的自来水供水系统配管、排水管、排气管和排污卫生管、地下排水管、雨水管以及电线安装配套用的穿线管等。

塑料管有热塑性塑料管和热固性塑料管两大类。热塑性塑料管采用的主要树脂有聚氯乙烯树脂（PVC）、聚乙烯树脂（PE）、聚丙烯树脂（PP）、聚苯乙烯树脂（PS）、丙烯腈-丁二烯-苯乙烯树脂（ABS）、聚丁烯树脂（PB）等；热固性塑料管采用的主要树脂有不饱和聚酯树脂、环氧树脂、呋喃树脂、酚醛树脂等。表 4-4 列举了这些塑料管的特点和主要用途。

常用的几种塑料管的特点和主要用途　　表 4-4

名称	特　点	连接方式	主要用途
PVC 管	具有较好的抗拉、抗压强度，但其柔性不如其他塑料管，耐腐蚀性优良，价格在各类塑料管中最便宜，但低温下较脆	粘接、承插胶圈连接、法兰螺纹连接	用于住宅生活、工矿业、农业的供排水、灌溉、供气、排气用管及电线导管、雨水管、工业防腐管等
CPVC 管	耐热性能突出，热变形温度为 100℃，耐化学性能优良	粘接、法兰螺纹连接	热水管
PE 管	质量轻、韧性好，耐低温性能较好，无毒，价格较便宜，抗冲击强度高，但抗压、抗拉强度较低	热熔焊接、法兰螺纹连接	饮水管、雨水管、气体管道、工业耐腐蚀管道
PP 管	耐腐蚀性好，具有较高的强度、较高的表面硬度，表面光洁，具有一定的耐高温性能	热熔焊接、法兰螺纹连接	化学污水、海水、油和灌溉的管道，用于室内混凝土地坪作采暖系统加热管
ABS 管	耐腐蚀性优良，质量较轻，耐热性高于 PE 管和 PVC 管，但价格较昂贵	粘接、法兰螺纹连接	卫生洁具用下水管、输气管、污水管、地下电缆管、高防腐工业管道等
PB 管	强度介于 PE 管和 PP 管之间，柔性介于 LDPE 管和 HDPE 管之间，其突出特点是抗蠕变性能（冷变形）好，反复绕缠而不断，耐高温，化学性能也很好	热熔焊接、法兰螺纹连接	给水管、冷热水管、燃气管、地下埋设管道
GRP 管	优良的耐腐蚀性，质轻，强度高，可设计性能好	承插胶圈连接、法兰连接	广泛用于石油化工管道和大口径给水排水管道

1. 建筑排水用硬聚氯乙烯管材及管件

建筑排水用硬聚氯乙烯（PVC-U）管材、管件是以 PVL 树脂为主要原料，加入专用助剂，在制管机内经挤出和注射成型。

（1）特点

1）物理性能优良。PVC-U 管材、管件耐腐蚀性好，抗冲击强度高，流体阻力小，不结垢，内壁光滑，不易堵塞，并能达到建筑材料难燃性能的要求，耐老化，使用寿命长。室内及埋地使用寿命可达 50 年以上，户外使用达 50 年。

2）质量轻，便于运输、储存和安装，有利于加快工程进度和降低施工费用。

3）节省建筑费用。使用 PVC-U 管材、管件比使用同样规格的铸铁管道系统造价低，且便于维修。

（2）用途

适用于建筑物内排水系统，在考虑管材的耐化学性的耐热性的条件下也可用于工业排水系统，在 60℃以下可连续使用，在 80℃以下可间歇性使用。

2. 给水用硬聚氯乙烯塑料管材及管件

给水用硬聚氯乙烯塑料管材及管件是以食品卫生级的聚氯乙烯树脂为主要原料，加入无毒专用助剂，经混合、塑化、挤出或注射而成。产品符合国家饮用水卫生标准，采用承插粘接、弹性密封圈、金属变接头等连接方式。

（1）特点

1）物理性能优良。PVC-U 给水管材、管件抗冲击强度高，表面光滑，流体阻力小，输水能力为同类型钢管的 120%，而且不易结垢，长期使用输水能力不减。

2）耐腐蚀、不生锈，不因土和水中的侵蚀性物质作用而腐蚀损坏，一般寿命在 50 年以上。

3）导热系数小，冬天使用不易冻裂。

4）质量轻，便于运输、储存和安装，劳动效率高，有利于加快工程进度和降低施工费用。

（2）用途

主要用于民用住宅室内供水系统，取代传统的白铁管和管件，并可用于排水、排污、输送腐蚀性流体等系统。还可用于输送温度在 45℃以下的建筑物（架空或埋地）的给水管。

3. 复合发泡硬聚氯乙烯管

复合发泡硬聚氯乙烯管是由三层 PVC 共挤而成，通过这种改性 PVC 内外皮层和蜂巢状结构芯层，使复合发泡硬 PVC 管不仅具有传统 PVC 实壁管优于铸铁、铜管的特性，更有传统 PVC 实壁管、铸铁管和钢管无法比拟的特性。复合发泡硬聚氯乙烯管是中国近年新开发的一种新型塑料管材。

（1）特点

产品具有质量轻、成本低、流体阻力小、耐酸碱、使用寿命长、机械强度高、隔声性能好、电气绝缘性强、施工简单、耐热耐寒等特点。

（2）用途

适用于工业和住宅建筑中的低压给水管、排水管、排污管、室内空调与通风管、排气管、电线电缆护套管、冷热流体输送管和化学与医药等工业用管。

4. 硬聚氯乙烯电气专用管及接头

以聚氯乙烯树脂为原料，配以专用助剂，经塑化、挤出而制成。

（1）特点

具有难燃性能好、耐腐蚀、耐气候、质轻、美观、成本低、产品配套、施工方便等特点。

（2）用途

适用于各种建筑物室内外（明敷、暗敷）电气安装用套管，起到美化室内环境、防火、安全、绝缘和电线装饰作用。

5. 软聚氯乙烯塑料管

以聚氯乙烯树脂为原料，配以增塑剂、稳定剂等辅助剂，经配合、挤出而制成。

（1）特点

具有质轻、耐腐蚀、电绝缘性能好、施工方便等优点。

（2）用途

适用于电气套管及流体输送管，常温下电气套管可用于保护电线、电缆，液体输送管可用于输送某些液体及气体。

6. 聚乙烯塑料管

以聚乙烯树脂为原料，配以一定量的助剂，经挤出成型加工而成。

（1）特点

具有质轻、耐腐蚀、无毒、易弯曲、施工方便等特点。

（2）品种

分高压（低密度）聚乙烯与低压（高密度）聚乙烯两种。前者性质较软，机械强度及熔点较低；后者密度较高，刚性较大，机械强度及熔点较高。

（3）用途

适用于工业和民用住宅，用作饮水管、雨水管、气体管道、工业耐腐蚀管道，输送液体、气体、食用介质等，也可作医疗用软管。

7. 聚乙烯波纹管

以高密度聚乙烯树脂为原料，配以一定量的助剂，经塑化、挤出而成。

（1）特点

具有质轻、耐腐蚀、耐老化、产品强度高、弯曲性能好和施工安装方便等特点。

（2）用途

适用于电缆套管、地下电缆管、农业灌溉管、通风管、输水管等。

8. 聚丙烯塑料管

以聚丙烯树脂为原料，加入适当的稳定剂，经挤出成型加工而成。

（1）特点

具有质轻、耐腐蚀、耐热性较高、施工方便等特点。

（2）用途

适用于化工、石油、电子、医药、饮食等行业及各种民用建筑输送流体介质（包括腐蚀性流体介质）。亦可作自来水管、农用排灌和喷灌管道及电气绝缘管之用。

9. 丙烯腈-丁二烯-苯乙烯（ABS）管

ABS管是由丙烯腈、丁二烯、苯乙烯三种单体组成的热塑性塑料管，具有优良的综合性能。

五、复合管

主要有玻璃钢塑料复合管、钢塑复合管、搪瓷管、衬胶管、衬铅铸铁管、涂塑钢管等。

【知识拓展】

1. 什么是交联聚乙烯管

（1）交联聚乙烯的生成

聚乙烯是最大宗的塑料树脂之一，由于其结构上的特征，聚乙烯往往不能承受较高的温度，机械强度不足，限制了其在许多领域的应用。为了提高聚乙烯的性能，研究了许多改性方法，对聚乙烯进行交联，通过聚乙烯分子间的共价键形成一个网状的三维结构，迅速改善了聚乙烯树脂的性能，如：热变形性、耐磨性、耐化学药品性、耐应力开裂性等一系列物理、化学性能。

采用硅烷交联聚乙烯的作用原理是通过引发剂如过氧化物的作用将硅烷的乙烯基跟聚乙烯接枝，生成含有三甲基硅酯基的聚合物，水解后形成硅醇基，再通过硅醇基的缩聚反应产生交联作用而生成交联聚乙烯。目前，硅烷交联有两种工艺：一是Dow Corning公司发明的两步法（Sioplas法）；二是Nextrom公司和BICC公司创立的一步法（Monosil法）。

（2）性能特点

交联聚乙烯管在发达国家已获得广泛运用，与其他塑料管相比，其具有以下优点：

1）不含增塑剂，不会霉变和滋生细菌；

2）不含有害成分，可用于饮用水传输；

3）耐热性好，常规工作温度可达95℃，能够经受110℃环境下8000h的测试；

4）耐压性能好，有常温下工作压力1.25MPa和2MPa两个等级；

5）耐腐蚀性能好，能经受大多数化学药品的腐蚀；

6）隔热效果好，节约能源；

7）能够任意弯曲，不会脆裂；

8）在同等条件下，水流量比金属管大；

9）抗蠕变强度高，可配金属管，可省去连接管件，降低安装成本，加快安装周期，便于维修。

交联聚乙烯管的重要特性在于其强度和耐温性能，特别是其蠕变强度，其强度随使用时间的变化不显著，寿命可达50年之久。

（3）应用

交联聚乙烯以其优越的性能可广泛应用于以下领域：

1）建筑工程或市政工程中的冷热水管道、饮用水管道；

2）地面采暖系统用管或常规取暖系统用管；

3）石油、化工行业流体输送管道；

4）食品工业中流体的输送；

5）制冷系统管道；

6）纯水系统管道；

7）地埋式煤气管道。

目前在欧美市场上，交联聚乙烯管是运用最为广泛的一种塑料管。根据对欧洲市场建筑用冷热水管材和采暖系统用管材方面的统计，1996年交联聚乙烯管材占全部管材（包括金属及非金属管材）的24%，占塑料管材的60%。

塑料管材在我国正蓬勃发展。我国当前采用的管材主要有：镀锌管用于给水管及煤气管，PVC管用于排水管及套管，铜管和不锈钢管用于高级建筑的供水供热管。作为国家的一项产业政策，大力推广化学建材，在塑料管道方面，逐步以新型优质的塑料管材代替原有的金属或其他管材是必然的趋势。

交联聚乙烯管已被列入了国家推广的新型建筑材料行列，并作为国家小康住宅推荐产品，已经在商务大楼、公寓、商品住宅、工厂厂房、太阳能、城镇给水等领域得到广泛应用，并且一定还会迎来更为广阔的市场。

2. 什么是聚氯乙烯芯层发泡（PSP）管

PSP管主要用于室内外排水管、排污管。PSP管不仅具有传统PVC管的优点，还具有高抗冲、隔声、阻燃、绝热、热稳定性好等其他PVC管无法比拟的特性，是目前世界上发达国家广泛使用并取代铸铁管、PVC管的理想材料。主要规格有ϕ50～160，采用粘接连接。强度大，耐冲击，可直接套丝，卫生性能好，适宜于做纯水输送。但黏结固化时间较长，易燃。主要有承插连接，还有专用配件的法兰连接、螺纹连接。

3. 什么是PP-R管

PP-R管适用于生活（冷）热水，耐温度性能好，可回收再利用，绿色环保，卫生性能好，适宜于做纯水输送。但在同等压力和介质温度的条件下，管壁厚，易燃。主要有电热熔、热熔对接，还有专用配件的法兰连接、丝扣连接。

4. 什么是PP-C管

PP-C管耐温度性能好，卫生性能好，适宜于做纯水输送，但价格较贵。

5. 什么是PE-X管

PE-X管耐温度性能好，抗蠕变性能好，具有良好的记忆性，易于校正。但只能用金属件连接，不能回收重复利用。主要有专用金属连接件的卡套式、卡箍式连接及丝扣连接。

6. 什么是CPVC管

CPVC管耐温度性能最好，抗老化性能好，具有良好的阻燃性。但价高，且仅适用于热水系统。主要有承插粘接、塑料焊接、专用配件的法兰连接、螺纹连接。

7. 什么是PB管

PB管耐温度性能好，具有良好的抗拉、抗压强度，耐冲击，低蠕变，高柔韧性，在同等压力和介质温度的条件下，管壁最薄，属于绿色产品。国内还没有PB树脂原料，依赖进口，价高，易燃。主要有电热熔、热熔对接，也可采用胶圈密封对接。

8. 什么是PPPE管

PPPE管比较适合于住宅和公共建筑等室内给水；温度范围较宽，耐高压，在同等压力条件下，管壁小，价格低，与阀门、龙头和水表等连接处理金属嵌件的管件。但品种规格、产量有限。主要有热熔连接、丝扣连接。纳米聚丙烯管（NPP-R）特别适用于饮用水管输水工程；耐腐蚀，安装方便，内壁光滑，不易积垢阻塞，质轻，直接暗敷设，100%的杀菌功能，质密耐冲击，绿色产品。但成本高，产量有限。主要有热熔式插接，需要专用的配件丝。

9. 什么是球墨铸铁管

1947年英国人H. Morrogh发现，在过共晶灰口铸铁中附加铈，使其含量在0.02%以上时，石墨呈球状。1948年美国人A. P. Ganganebin等研究指出，在铸铁中添加镁，随后用硅铁孕育，当残余镁量大于0.04%时，得到球状石墨。从此以后，球墨铸铁开始了大规模工业生产。用球墨铸铁铸造的管道，称球墨铸铁管。球墨铸铁管一般直径大，管壁厚，质地脆，强度低，价格便宜，是经济的供水管材，正常使用寿命可达20～25年。

10. 什么是混凝土管

混凝土管是用混凝土或钢筋混凝土制作的管子。用于输送水、油、气等流体。混凝土管分为素混凝土管、普通钢筋混凝土管、自应力钢筋混凝土管和预应力混凝土管四类。按混凝土管内径的不同，可分为小直径管（内径400mm以下）、中直径管（内径400～1400mm）和大直径管（内径1400mm以上）。按管子承受水压能力的不同，可分为低压管和压力管，压力管的工作压力一般有0.4MPa、0.6MPa、0.8MPa、1.0MPa、1.2MPa等。混凝土管与钢管比较，按管子接头形式的不同，又可分为平口式管和承插式管。

混凝土管的成型方法有离心法、振动法、滚压法、真空作业法以及滚压、离心和振动联合作用的方法。为了提高混凝土管的使用性能，中国和其他许多国家较多地发展预应力混凝土压力管。这种管子配有纵向和环向的预应力钢筋，因此具有较高的抗裂和抗渗能力。20世纪80年代，中国和其他一些国家发展了自应力钢筋混凝土管，其主要特点是利用自应力水泥（见特种水泥）在硬化过程中的膨胀作用产生预应力，简化了制造工艺。混凝土管与钢管比较，可以大量节约钢材，延长使用寿命，且建厂投资少，铺设安装方便，已在工厂、矿山、油田、港口、城市建设和农田水利工程中得到广泛的应用。混凝土管、钢筋混凝土管作为大中型室外给水输送管道，价格便宜，处理好后耐腐蚀性较好。缺点为质量大，施工困难，配件易损坏。连接方式：混凝土管采用胶圈、抹带接口，钢筋混凝土管采用胶圈接口。

11. 什么是PE管

目前在中国的市政管材市场上，塑料管道正在稳步发展，PE管、PP-R管、PVC-U管都占有一席之地，其中PE管强劲的发展势头最为令人瞩目。PE管的应用领域广泛。其中给水管和燃气管是其最大的两个应用市场。

PE树脂是由单体乙烯聚合而成的，在聚合时因压力、温度等聚合反应条件不同，可得出不同密度的树脂，如高密度聚乙烯、中密度聚乙烯和低密度聚乙烯。在加工不同类型的PE管材时，根据其应用条件的不同，选用的树脂牌号不同，同时对挤出机和模具的要求也有所不同。

国际上把聚乙烯管的材料分为PE32、PE40、PE63、PE80、PE100五个等级，而用于燃气管和给水管的材料主要是PE80和PE100。我国对聚乙烯管材专用料没有分级，这使得国内聚乙烯燃气管和给水管生产厂家选择原材料比较困难，也给聚乙烯管材的使用带来了不小的隐患。

因此国家标准局在《给水用聚乙烯（PE）管材》GB/T 13663—2000 中作了大量的修订，规定了给水管的不同级别（PE80 和 PE100）对应不同的压力强度，并且去掉了旧标准中的拉伸强度性能，而增加了断裂伸长率（大于 350%），即强调管材的基本韧性。

12. 什么是 PE 给水管

（1）PE 管材介绍

给水用 PE 管材是传统的钢铁管材、聚氯乙烯饮用水管材的换代产品。

由于给水管必须要承受一定的压力，所以通常选用分子量大、机械性能较好的 PE 树脂，如 HDPE 树脂。LDPE 树脂的拉伸强度低，耐压差，刚性差，成型加工时尺寸稳定性差，并且连接困难，不适宜作为给水压力管的材料。但由于其卫生指标较高，LDPE 特别是 LLDPE 树脂已成为生产饮用水管的常用材料。LDPE、LLDPE 树脂的熔融黏度小，流动性好，易加工，因而对其熔体指数（MI）的选择范围也较宽，通常 *MI* 在 0.3～3g/10min 之间。

（2）HDPE 管道性能特点

一种好的管道，不仅应具有良好的经济性，而且应具备接口稳定可靠、材料抗冲击、抗开裂、耐老化、耐腐蚀等一系列优点，同传统管材相比，HDPE 管道系统具有以下一系列优点：

1）连接可靠：聚乙烯管道系统之间采用电热熔方式连接，接头强度高于管道本体强度。

2）低温抗冲击性好：聚乙烯的低温脆化温度极低，可在－60～60℃范围内安全使用。冬季施工时，因材料抗冲击性好，不会发生管子脆裂。

3）抗应力开裂性好：HDPE 管道具有低的缺口敏感性、高的剪切强度和优异的抗刮痕能力，耐环境应力开裂性能也非常突出。

4）耐化学腐蚀性好：HDPE 管道可耐多种化学介质的腐蚀，土壤中存在的化学物质不会对管道造成任何降解作用。聚乙烯是电的绝缘体，因此不会发生腐烂、生锈或电化学腐蚀现象；此外它也不会促进藻类、细菌或真菌生长。

5）耐老化，使用寿命长：含有 2%～2.5%均匀分布的炭黑的聚乙烯管道能够在室外露天存放或使用 50 年，不会因遭受紫外线辐射而损害。

6）耐磨性好：HDPE 管道与钢管的耐磨性对比试验表明，HDPE 管道的耐磨性为钢管的 4 倍。在泥浆输送领域，同钢管相比，HDPE 管道具有更好的耐磨性，这意味着 HDPE 管道具有更长的使用寿命和更好的经济性。

7）可挠性好：HDPE 管道的柔性使得它容易弯曲，工程上可通过改变管道走向的方式绕过障碍物，在许多场合，管道的柔性能够减少管件用量并降低安装费用。

8）水流阻力小：HDPE 管道具有光滑的内表面，其曼宁系数为 0.009。光滑的表面和非黏附特性使得 HDPE 管道具有较传统管材更高的输送能力，同时也降低了管路的压力损失和输水能耗。

9）搬运方便：HDPE 管道比混凝土管道、镀锌管和钢管更轻，更容易搬运和安装，需要的人力和设备更少，这意味着工程的安装费用会大大降低。

10）多种全新的施工方式：HDPE 管道具有多种施工技术，除了可以采用传统的开挖方式进行施工外，还可以采用多种全新的非开挖技术如顶管、定向钻孔、衬管、裂管等方式进行施工，这对于一些不允许开挖的场所，是唯一的选择，因此 HDPE 管道应用领域更为广泛。

13. 什么是 PVC-U 管

（1）PVC-U 管概述

PVC-U 管以 PVC 树脂为载体，在减弱树脂分子链间的引力时具有感温准确、定时熔融、迅速吸收添加剂的有效成分等优良特性，同时，采用世界名优钙锌复合型热稳定剂，在树脂受到高温与熔融的过程中可捕捉、抑制、吸收中和氯化氢的脱出，与聚氯乙烯结构进行双键加成反应，置换出分子中活泼和不稳定的氯原子。从而科学有效地控制树脂在熔融状态下的催化降解和氧化分解。

PVC-U 管是 PVC 树脂在一定温度下添加铅、锡、镭、汞等金属化合物作为稳定剂熔融而成，管道初次使用时有重金属析出。荷兰海牙水厂对 A、B、C、D 几个厂家生产的 PVC-U 管进行了一小时的铅渗析实验，实验条件为：管长 4m，流速为 0.67m/h。从实验结果可以看出，铅渗析量随着时间的延长会减小，但水温和 pH 值对铅渗析量有很大影响，pH 值为中性时，渗析量最小；pH 值减小或增大都将加大管材的铅渗析量；水温越高，管网中水停留时间越长，铅的渗析量越大。建筑用 PVC-U 管，管材外径由 ϕ20～315，工作压力为 1.0～2.5MPa。连接方式：小口径为承插式粘接，大口径为承插胶圈连接。供水温度不高于 40℃。由于 PVC-U 开发早，采用原料全部国产，因此造价低，国内市场较大。

（2）PVC-U 管的特点

1）物化性能优良。用 PVC-U 生产的管材及管件，耐腐蚀，抗冲击强度高，流体阻力小（较同口径铸铁管流量提高 30%），耐老化，使用寿命长（据国家建设部测试资料说明，使用年限为 40～50a，是建筑排水、化工排污的理想材料。

2）质轻实用，安装方便。质量只有同口径铸铁管的 1/7，可大大加快工程进度和降低施工费用。

3）内壁光滑，排水流畅，管道不易阻塞。检查口设计独特，检查操作方便，不需任何工具。

4）节约建筑费用。使用 PVC-U 管比使用同样规格的铸铁管的综合造价低，维修费用更低。

（3）应用领域

1）自来水配管工程（包括室内供水和室外市政供水）。由于 PVC-U 管具有耐酸碱、耐腐蚀、不生锈、不结垢、保护水质、避免水质受到二次污染等优点，在大力提倡生产环保产品的今天，作为一种保护人类健康的理想“绿色建材”，已被全国乃至全球广泛推广应用。

2）节水灌溉配管工程。PVC-U 喷滴灌溉系统的使用与普通灌溉系统相比，可节水 50%～70%，同时可节约肥料和农药用量，农作物产量可提高 30%～80%。在我国水资源缺乏、农业生产灌溉方式落后的今天，这对促进我国节水农业生产发展有着极大的社会效益。

3）建筑用配管工程。

4）PVC-U 管具有优异的绝缘性能，还广泛用作邮电通信电缆导管。

5）PVC-U 管耐酸碱、耐腐蚀，许多化工厂用作输液配管。PVC-U 管还用于凿井工程、医药配管工程、矿物盐水输送配管工程、电气配管工程等。

14. 什么是玻璃钢夹砂管

（1）玻璃钢夹砂管的优点

1）耐腐蚀性好，对水质无影响：玻璃钢夹砂管能抵抗酸、碱、盐、海水、未经处理的污水、腐蚀性土壤或地下水及众多化学流体的侵蚀。比传统管材的使用寿命长，其设计使用寿命一般在 50 年以上。对玻璃钢夹砂管而言，更多的是在市政、城市输配管网方面的应用，由于其具有无毒、无锈、无味、对水质无二次污染、无需防腐、使用寿命大大延长、安装简便等优点，因此受到了给水排水行业的欢迎。

2）防污抗蛀：不饱和聚酯树脂的表面洁净光滑，不会被海洋或污水中的甲贝、菌类等微生物玷污蛀附，以致增大糙率，减少过水断面，增加维护费用。玻璃钢夹砂管无这些污染，长期使用洁净如初。同时由于其内壁光滑，且具有优异的抗蚀性能，不会产生水垢和微生物的滋生，有效保证水质，保持水阻的稳定。而传统管材还存在日后水阻增大和表面结垢的现象。

3）耐热性、抗冻性好：在－30℃状态下，仍具有良好的韧性和极高的强度，可在－50～80℃范围内长期使用，采用特殊配方的树脂还可以在 110℃以上的温度下工作。

4）自重轻、强度高，运输安装方便：采用纤维缠绕生产的玻璃钢夹砂管，其相对密度为 1.65～2.0，只有钢的 1/4，但玻璃钢夹砂管的环向拉伸强度为 180～300MPa，轴向拉伸强度为 60～150MPa，近似合金钢。因此，其比强度（强度/相对密度）是合金钢的 2～3 倍，这样它就可以按用户的不同要求，设计成满足各类承受内、外压力要求的管道。对于相同管径的单重，玻璃钢夹砂管只有碳素钢管（钢板卷管）的 1/2.5、铸铁管的 1/3.5、预应力钢筋水泥管的 1/8 左右，因此运输安装十分方便。玻璃钢夹砂管每节长度 12m，比混凝土管减少三分之二的接头。它采用承插连接方式，安装快捷简便，同时降低了吊装费用，提高了安装速度。

5）摩擦阻力小，输送能力高：玻璃钢夹砂管内壁非常光滑，糙率和摩阻力很小。糙率系数为 0.0084，而混凝土管的糙率系数为 0.014，铸铁管为 0.013，因此，玻璃钢夹砂管能显著减少流体的沿程压力损失，提高输送能力。因此，可带来显著的经济效益：①在输送能力相同时，工程可选用内径较小的玻璃钢夹砂管，从而降低一次性的工程投入；②采用同等内径的管道，玻璃钢夹砂管可比其他材质管道减少压头损失，节省泵送费用；③可缩短泵送时间，减少长期运行费用。

6）电、热绝缘性好：玻璃钢是非导体，管道的电绝缘性特优，绝缘电阻为 1012～1015Ω·cm，最适宜用于输电、电信线路密集区和多雷区；玻璃钢的传热系数很小，只有 0.23，是钢的 5‰，管道的保温性能优异。

7）耐磨性好：把含有大量泥浆、砂石的水，装入管子中进行旋转磨损影响对比试验。经 300 万次旋转后，检测管内壁的磨损深度如下：用焦油和瓷釉涂层的钢管为 0.53mm，用环氧树脂和焦油涂层的钢管为 0.52mm，经表面硬化处理的钢管为 0.48mm，玻璃钢夹砂管为 0.21mm。由此可以说明其相当耐磨。

8）维护费用低：由于玻璃钢夹砂管具有耐腐、耐磨、抗冻和抗污等性能，因此不需要进行防锈、防污、绝缘、保温等措施和检修。对地埋管无需作阴极保护，可节约工程维护费用 70%以上。

9）适应性强：玻璃钢夹砂管可根据用户的各种特定要求，诸如不同的流量、不同的压力、不同的埋深和载荷情况，设计制造成不同压力等级和刚度等级的管道。

10）寿命长，安全可靠。实验室的模拟试验表明：玻璃钢夹砂管的寿命可长达 50 年以上。

11）工程综合效益好：综合效益是指由建设投资、安装维修费用、使用寿命、节能节钢等多种因素形成的长期性效益，玻璃钢夹砂管的综合效益是可取的，特别是管径越大，其成本越低。当进一步考虑埋入地下的管道可使用好几十年，又无需年年检修，更可以发挥它优越的综合效益。

（2）玻璃钢夹砂管的常见质量问题

1）几何外观问题：几何外观问题主要表现在管外观粗糙不平；管内壁有皱纹，尤其是在承口附近内壁有皱纹；管的内外表面出现白斑；管壁纤维线形出现空缺；管壁出现周期性不均匀色度现象。

2）产品刚度不够：产品的刚度达不到设计刚度要求；安装后管道的初始变形大于设计要求，有些甚至接近或超过 5%。

3）抗挠曲水平不够：在接近 A 水平挠曲变形实验时，样品管筒身段产生明显裂纹，并伴有细微的噼啪声响，表明其 A 水平未能达到；在接近 B 水平挠曲变形实验时，样品管筒身段产生明显分层、玻璃纤维挤压、断裂或拉伸破坏，并伴有巨大的声响，表明其 B 水平未达到。由于刚度较低或施工不当等原因，加之抗挠曲水平不够，造成管道径向弯曲破坏。

4）连接问题：插口凸边缘根部损伤产生渗漏；橡胶圈槽偏心致使橡胶圈松紧不一产生渗漏；橡胶圈在安装时翻边、切断；橡胶圈压缩比过小产生渗漏；插口与承口连接不到位等。

5）拉伸强度不够：在进行环向或轴向拉伸强度实验时，其指标低于设计要求，个别工程出现爆管现象。

6）渗漏与冒汗现象：全线试压时发生接头漏水和管壁冒汗现象。

7）尺寸问题：尺寸问题主要表现在壁厚不够；管径的锥度过大；长度不符合设计要求；承插口配合尺寸不一等。此外还有巴氏硬度不够，固化度不够，切削加工精度不够，个别地方出现纤维倒刺等质量问题。

在上述问题中前 5 个问题比较突出，其出现的频率与上述排列顺序大致相关。

15. 什么是无缝钢管

无缝钢管是一种具有中空截面、周边没有接缝的钢管，大量用作输送流体的管道，如输送石油、天然气、煤气、水及某些固体物料的管道等。无缝钢管与圆钢等实心钢材相比，在抗弯抗扭强度相同时，质量较轻，是一种经济截面钢材，广泛用于制造结构件和机械零件，如石油钻杆、汽车传动轴、自行车架以及建筑施工中用的钢脚手架等。用无缝钢管制造环形零件，可提高材料利用率，简化制造工序，节约材料和加工工时，如滚动轴承套圈、千斤顶套等，目前已广泛用无缝钢管来制造。无缝钢管还是各种常规武器不可缺少的材料，如枪管、炮筒等都要用无缝钢管来制造。无缝钢管按横截面形状的不同可分为圆管和异型管。由于在周长相等的条件下，圆面积最大，因此用圆形管可以输送更多的流体。此外，圆截面在承受内部或外部径向压力时，受力较均匀，因此，绝大多数钢管是圆管。但是，圆管也有一定的局限性，如在受平面弯曲的条件下，圆管就不如方管、矩形管抗弯强度大，一些农机具骨架、钢木家具等就常用方管、矩形管。

根据不同用途还有其他截面形状的异型钢管。

（1）结构用无缝钢管。它是用于一般结构和机械结构的无缝钢管。

（2）流体输送用无缝钢管。它是用于输送水、油、气等流体的一般无缝钢管。

（3）低中压锅炉用无缝钢管。它是用于制造各种结构低中压锅炉过热蒸汽管、沸水管及机车锅炉用过热蒸汽管、大烟管、小烟管和拱砖管用的优质碳素结构钢热轧和冷拔（轧）无缝钢管。

（4）高压锅炉用无缝钢管。它是用于制造高压及其以上压力的水管锅炉受热面用的优质碳素钢、合金钢和不锈耐热钢无缝钢管。

（5）化肥设备用高压无缝钢管。它是适用于工作温度为－40～400℃、工作压力为10～30Pa的化工设备和管道的优质碳素结构钢和合金钢无缝钢管。

（6）石油裂化用无缝钢管。它是适用于石油精炼厂的炉管、热交换器和管道的无缝钢管。

（7）地质钻探用钢管。它是供地质部门进行岩芯钻探使用的钢管，按用途可分为钻杆、钻铤、岩芯管、套管和沉淀管等。

（8）金刚石岩芯钻探用无缝钢管。它是用于金刚石岩芯钻探的钻杆、岩心杆、套管的无缝钢管。

（9）石油钻探管。它是用于石油钻探两端内加厚或外加厚的无缝钢管。钢管分车丝和不车丝两种，车丝管用接头连接，不车丝管用对焊的方法与工具接头连接。

（10）船舶用碳钢无缝钢管。它是制造船舶Ⅰ级耐压管系、Ⅱ级耐压管系、锅炉及过热器用的碳素钢无缝钢管。碳素钢无缝钢管管壁工作温度不超过450℃，合金钢无缝钢管管壁工作温度超过450℃。

（11）汽车半轴套管用无缝钢管。它是制造汽车半轴套管及驱动桥桥壳轴管用的优质碳素结构钢和合金结构钢热轧无缝钢管。

（12）柴油机用高压油管。它是制造柴油机喷射系统高压管用的冷拔无缝钢管。

（13）液压和气动缸筒用精密内径无缝钢管。它是制造液压和气动缸筒用的具有精密内径尺寸的冷拔或冷轧精密无缝钢管。

（14）冷拔或冷轧精密无缝钢管。它是用于机械结构、液压设备的尺寸精度高和表面光洁度好的冷拔或冷轧精密无缝钢管。选用精密无缝钢管制造机械结构或液压设备等，可以大大节约机械加工工时，提高材料利用率，同时有利于提高产品质量。

（15）结构用不锈钢无缝钢管。它是广泛用于化工、石油、轻纺、医疗、食品、机械等工业的耐腐蚀管道和结构件及零件的不锈钢制成的热轧（挤、扩）和冷拔（轧）无缝钢管。

（16）流体输送用不锈钢无缝钢管。它是用于输送流体的不锈钢制成的热轧（挤、扩）

和冷拔（轧）无缝钢管。

（17）异型无缝钢管。它是除了圆管以外的其他截面形状的无缝钢管的总称。按钢管截面形状尺寸的不同又可分为等壁厚异型无缝钢管（代号为D）、不等壁厚异型无缝钢管（代号为BD）、变直径异型无缝钢管（代号为BJ）。异型无缝钢管广泛用于各种结构件、工具和机械零部件。与圆管相比，异型管一般都有较大的惯性矩和截面模数，有较大的抗弯抗扭能力，可以大大减轻结构重量，节约钢材。

4.1.8 关于大直径给水管道的管材选择问题

1. 管材选用原则

（1）具有优良的力学及物理性能和耐久性，确保供水安全和具有较长的使用寿命；

（2）具有良好的耐腐蚀性能，避免水质受到污染；

（3）具有良好的水力性能，以减少水头损失，从而减少工程投资；

（4）管道配件质量好，加工方便，规格齐全，施工和维修方便；

（5）便于运输和施工，以减少施工难度，缩短施工周期；

（6）根据管道沿线地形地质条件和管材来源，因地制宜地采用不同的管材；

（7）管材性价比较优，在保证质量的前提下，以减少工程投资。

2. 不同材质管道的特点

目前，钢管（SP）、球墨铸铁管（DIP）、预应力钢筋混凝土管（PCP）、预应力钢筒混凝土管（PCCP）以及HOBAS管等，都是城市大直径给水工程中常用的管材，这些管材都具有各自的优势和缺陷。

钢管（SP）：通常选用Q235碳素结构钢钢板制作，强度高，管材及管件易加工，特别是地形复杂地段，一般采用钢管。但钢管的刚度小，易变形，衬里及外防腐要求严，必要时需作阴极保护，施工过程中组合焊接工作量大。

球墨铸铁管（DIP）：是以镁或稀土镁结合金球化剂在浇注前加入铁水中，使石墨球化，应力集中降低，使管材具有强度大、延伸率高、耐冲击、耐腐蚀、密封性好等优点；内壁采用水泥砂浆衬里，改善了管道输水环境、提高了输水能力、降低了能耗；管口采用柔性接口，且管材本身具有较大的延伸率（>10%），使管道的柔性较好。

预应力钢筋混凝土管（PCP）：价格低廉（与金属管材相比），防腐性能好，不会减小输水能力，能够承受比较高的压力（从0.4～1.2MPa不等），具有较好的抗渗性、耐久性，能就地取材，节省钢材。但钢筋混凝土管质量大且质地较脆，装卸和搬运困难；对管道基础承载力要求较高，抗不均匀沉降能力较差；管配件缺乏，日后维修难度大。

预应力钢筒混凝土管（PCCP）：是在带钢筒（薄钢筒的厚度约为1.5mm）的混凝土管芯上，缠绕一层或两层环向预应力钢丝，并做水泥砂浆保护层而制成。该类管道承受内水压力高，埋设深度范围较大，管道接口采用承插式半柔性接口。该类管材可适应腐蚀性土壤环境，在一般性土壤中敷设，由于混凝土、砂浆使钢筒四周受高碱性环境保护，钢材处于钝化状态，可以减缓腐蚀。但预应力钢筒混凝土管质量大且质地较脆，装卸和搬运困难；对管道基础承载力要求较高，抗不均匀沉降能力较差；管配件缺乏，日后维修难度大。

HOBAS管：是一种新型的复合材料管，主要以玻璃纤维作为增强材料、树脂作为基体制成，被广泛应用于化工企业腐蚀介质输送、排污、油气输送、农业灌溉、海水输送、电厂循环水，以及城市给水排水工程等许多领域。但该类管道刚度低，抗外压能力差，对管道基础、管顶覆土和管顶荷载要求特别严格，管道建设完成后对地面地形变化的适应性较差。

3. 管材综合性能比较

管材综合性能比较见表4-5。

管材综合性能比较表 　　表4-5

项目	钢　管	球墨铸铁管	预应力钢筋混凝土管	预应力钢筒混凝土管	HOBAS管
硬度(HB)	140	<230	180	180	40
管道质量(kg/m)	150	550	920	940	112
连接密封性	焊缝或法兰接口，整体性好，防渗漏性好。	橡胶圈承插口连接，防渗漏性良好。	橡胶圈承插口连接，防渗漏性良好。	橡胶圈承插口连接，防渗漏性良好。	卡扣连接，防渗漏性良好。
环境适应性	对基础不均匀沉降，适用性好。	对基础不均匀沉降，适用性良。	对基础不均匀沉降，适应差。	对基础不均匀沉降，适应差。	对基础不均匀沉降，适应差。
抗腐蚀性	抗腐蚀性差，需做内外防腐。	抗腐蚀性良，需做内外防腐。	防腐蚀性能好，无需防腐处理。	防腐蚀性能好，无需防腐处理。	防腐蚀性能好，无需防腐处理。
施工特点	1. 安装方便； 2. 可采用原状土弧基础； 3. 配件齐备，可现场制作。	1. 安装方便； 2. 可采用砂、石土弧基础； 3. 配件齐备。	1. 安装方便； 2. 采用混凝土基础； 3. 配件种类少。	1. 安装方便； 2. 采用混凝土基础； 3. 配件种类少。	1. 安装方便； 2. 可采用砂、石土弧基础； 3. 配件齐备。
局限性	不适用于腐蚀性强地区。	不适用于腐蚀性强地区。	不适用于不均匀沉降地区。	不适用于不均匀沉降地区。	不适用于不均匀沉降地区。
使用年限(年)(仅供参考)	20～50	50～100	20～50	50～100	50

4.1.9 给水工程中供水管材的性能对比与选择

1. 管材种类

(1) 钢管 (SP)。钢管应用历史较长，范围较广。埋地钢管易受腐蚀，必须对其内、外壁作防腐涂层。一般当钢管的埋地敷设长度大于500m时，还需作阴极保护。正确选择钢管的内、外壁涂层并采取阴极保护措施，可使其使用寿命大大延长，使用年限能达到30年或更长。钢管一般在工厂制作，因受运输及装卸条件的限制，每节钢管的长度一般为5～10m，因此在现场敷设时钢管的接头较多。

(2) 球墨铸铁管 (DIP)。球墨铸铁中石墨是以球状形式存在的，既保持了铸铁的传统特点又增加了良好的可延伸和抗冲击的特性，因此又称为延性铸铁管，其强度比钢管大，延伸率也高出10%。球墨铸铁管属于金属管材，制造时采用离心浇铸方法成型，制管技术成熟，生产工艺稳定，产品规格齐全，抗震性能好，强度高，与钢管相似，具有柔韧性，耐蚀性优于钢管，适应地形复杂地段。球墨铸铁管壁薄、抗渗性能好，逐步成为城市供水管道系统的新宠。

（3）玻璃钢夹砂管（M）。玻璃钢夹砂管是以树脂、玻璃纤维、石英砂为原料，用特殊工艺制作而成。在原有玻璃钢管所有优点的基础上，既提高了刚度，又降低了成本。现在越来越多地运用于长距离输水管道工程中。优点：耐腐蚀性好，质量轻，摩阻小，与其他管材相比，其自身不生锈、不结垢、不滋生微生物和藻类物质、对水质不造成二次污染，所以深受供水行业的欢迎。

（4）预应力钢筋混凝土管（PCP）。预应力钢筋混凝土管属于非金属管道材料，包括一阶段预应力钢筋混凝土管（振动挤压工艺）和三阶段预应力钢筋混凝土管（管芯缠丝工艺）。其主要结构为混凝土管壁内建立有双向预应力的预制钢筋混凝土管，预应力钢筋混凝土管是国内目前在给水工程中应用较多的一种管材。其优点是采用承插式胶圈柔性接口，对各种地基的适应能力较强，施工安装方便；管材自身防腐能力强，不需进行内外防腐处理，工程造价较低，并可节约钢材。

（5）预应力钢筒混凝土管（PCCP）。预应力钢筒混凝土管在欧美发达国家应用非常广泛。预应力钢筒混凝土管是一种由钢筒与混凝土制作的复合管，管芯为混凝土，在其外壁或中部埋入厚15mm的钢筒，在管芯上缠绕环向预应力，采用机械张拉缠绕高强钢丝，并在其外部喷水泥砂浆保护层而制成的管道，因此它比一般钢管和混凝土管更具优势。预应力钢筒混凝土管抗渗性能高；接头密封可靠、安装方便快捷；可承受高内压，能承受埋深10～20m外压荷载；耐腐蚀性比钢管和普通混凝土管好，使用寿命长。

（6）硬聚氯乙烯管（PVC-U）。硬聚氯乙烯管由硬聚氯乙烯塑料通过一定工艺制成。硬聚氯乙烯管材不导热、不导电、阻燃。突出应用于高腐蚀性水质的输送管道，质量和经济效果甚佳。管道主要连接方法有承插式连接、粘结剂粘结。硬聚氯乙烯管内壁光滑，不易结垢，水头损失小，耐腐蚀性好，柔韧性好，质量轻，加工连接方便，采用橡胶圈承插柔性接口，对管道基础要求低。

2. 管材性能对比分析与选择

（1）管材综合性能比较

管材的综合性能可从以下几个方面比较：管材能承受工程要求的内压和荷载；工程造价低；管材管件运输费用低；施工安装简单易操作；使用年限长。各种管材综合性能对比见表4-6。

各种管材综合性能对比 **表4-6**

性能	抗压	腐蚀	水锤	糙率/10^{-3}	造价	施工	基础	寿命/a
SP	最好	一般	最强	11～12	贵	困难	低	30
DIP	较好	一般	较强	13～14	贵	一般	较低	50
RPM	好	优越	较强	9～10	较贵	一般	高	50
PCP	较好	较强	较强	13～14	便宜	一般	较高	40
PCCP	较好	强	较强	11～13	较贵	一般	较低	50
PVC-U	较好	优越	较强	9～10	便宜	容易	较低	50

从表 4-6 可知，每一种管材都有各自的优点和缺点。

就水力条件而言，管材可以归为两类。第一类管材为钢管、球墨铸铁管、预应力钢筋混凝土管及预应力钢筒混凝土管，管壁粗糙系数≈0.0125；第二类管材为玻璃钢夹砂管和硬聚氯乙烯管，管壁粗糙系数≈0.0095。

（2）管材的选择原则

物理性能好，可保证安全供水；管材卫生环保；易于运输、安装和维护；使用寿命长；水力条件优越，水头损失小；在保证使用功能的前提下，尽量降低投资。

（3）管材的合理选择

1）管径在 200mm 以下时，使用塑料管；管径在 300～1000mm 时，使用球墨铸铁管；管径在 1000mm 以上时，使用预应力钢筒混凝土管和玻璃钢夹砂管。

2）经济条件允许时，应首先考虑选择使用球墨铸铁管，其安全度较高。使用球墨铸铁管主要受管径的限制，直径在 1000～2000mm 之间的厂家很少，且价格昂贵，因此建议管道直径控制在 1000mm 以下。

3）若资金条件受到限制，可考虑选择使用预应力钢筒混凝土管，其安全度高，性价比最好，选用此种管材时，尽量选择双胶圈接口形式。

4）选择使用钢管时，应特别注意分析水质和土质对钢管的腐蚀，必要时采取阴极保护等防腐措施。

5）玻璃钢管或玻璃钢夹砂管通常适合于中小直径的支线管道工程。

3. 总结

根据以上分析，在管材的选择上，对运行工况、环境条件、施工条件、经济条件等多种因素进行综合比较和分析，才能最终合理地确定选用何种管材。

4.1.10 阀门主要零件材料及阀门的选择

在石油化工企业引进装置中，阀门主要采用美国 ASME、API 和日本 JIS 等标准进行设计和制造。阀门材料主要是指阀体、阀盖、启闭件的材料。根据零件的结构尺寸、形状决定采用锻造或铸造工艺。阀门的主要零件包括阀体、阀盖、启闭件、支架、阀杆、阀杆螺母、阀座、启闭件的密封面、螺栓、螺母、垫片、填料、手轮。

（1）用于输送介质温度为－20～425℃的碳素钢制阀门的主要零件材料。

（2）用于输送介质温度小于或等于 540℃的合金钢制阀门的主要零件材料；用于输送介质温度小于或等于 550℃的合金钢制阀门的主要零件材料。

《石油化工钢制通用阀门选用、检验及验收》SH/T 3064—2003 规定合金钢两个级别的阀门主要零件材料。540℃的合金钢制阀门的主要零件材料主要用于动力系统的高压蒸汽；550℃的合金钢制阀门的主要零件材料主要用于炼油厂的催化裂化装置。

（3）用于输送介质温度小于或等于 200℃的不锈钢制阀门的主要零件材料。

（4）阀座、启闭件密封面材料，阀门的密封性能是考核阀门的主要指标，密封面的选材是否合理，直接影响阀门的使用寿命。

阀门类型的选择见表 4-7 和表 4-8。

阀门类型选择（一） 表 4-7

阀门类型		流束调节形式			介质				
类别	型号	截断	节流	换向分流	无颗粒	带悬浮颗粒		黏滞性	清洁
						带磨蚀性	无磨蚀性		
闭合式	截止阀								
	直通式	可用	可用		可用				
	角式	可用	可用		可用				
	柱塞式	可用	可用		可用	可用			
滑动式	闸阀								
	楔式刚性单闸板	可用			可用	适当可用	可用		
	楔式弹性单闸板	可用			可用		适当可用		
	楔式双闸板	可用			可用				
	平行式双闸板	可用			可用				
旋转式	旋塞阀								
	非润滑式(直通)	可用	适当可用		可用	可用			可用
	(三通,四通)	可用		可用	可用	可用			
	润滑式(直通)	可用	适当可用		可用	可用			
	(三通,四通)	可用		可用	可用	可用	可用		
	球阀	可用		可用	可用	可用	可用	可用	
	蝶阀	可用	可用		可用	可用	可用	可用	可用
挠曲式	隔膜阀								
	堰式	可用	可用		可用	可用			可用
	直通式	可用	适当可用		可用	可用		可用	可用

阀门类型选择（二） 表 4-8

使用条件	阀门基本形式					
	闸阀	截止阀	止回阀	球阀	旋塞阀	蝶阀
温度、压力						
常温-高压	●	●	●	●	◆	◆
常温-低压	○	○	○	○	○	○
高温-高压	○	●	●	▲	◆	◆
高温-低压	○	○	○	▲	▲	▲
中温-中压	○	○	○	●	●	●
低温	○	●	●	◆	◆	◆
公称直径/mm						
＞1000	▲	◆	▲	◆	▲	○
＞500	○	◆	▲	◆	◆	○
300～500	○	◆	●	▲	◆	○
＜300	○	○	○	●	●	●
＜50	●	○	●	○	○	◆

注：○表示适用，●表示可用，▲表示适当可用，◆表示不适用。

阀门类型的选择一般应根据介质的性质、操作条件及其对阀门的要求等因素确定。

4.1.11 低温泵的选择及对比

泵是根据所需的流量和扬程进行设计或选用的，流量的选择要依照工艺设计中的最大流量去确定泵的流量。泵的扬程，因确定管路系统阻力计算误差较大，应留有适当的余量，一般取正常工作所需扬程的1.05～1.1倍，另外应考虑特殊工况时的最高扬程。

此外，系统的有效汽蚀余量必须大于泵允许的汽蚀余量，否则泵因汽蚀的影响无法正常工作。还应指出的是，泵抽取贮槽中的液面应以最低液面来进行扬程的计算。

在选择泵的类型时，通常流量大、扬程较低时采用离心式；流量小、扬程高时选择往复式。

离心式低温泵和往复式低温泵的对比见表4-9。

离心泵与往复泵比较表　　表4-9

类型	主要构件	工作原理	性　　能	操作与调节	结构特点
离心泵	叶轮与泵体	叶轮旋转产生离心力，使液体的能量增加，而后在泵的蜗壳扩散管中将速度能转变成压力能	(1)流量大而均匀(稳定)且随扬程而变； (2)扬程大小取决于叶轮外径和转速； (3)扬程与流量、轴功率呈对应关系，流量增大扬程降低，轴功率随流量增大而增加； (4)吸入高度较小且易产生汽蚀； (5)低流量时效率低，在设计点时效率最高，大型泵效率较高； (6)转速高	启动前需要灌泵，采用出口阀或转速调节。不宜在低流量下运行	结构简单紧凑，易于安装检修，占地面积小，与电机直接连接
往复泵	活(柱)塞与泵缸	活(柱)塞作往复运动，使泵缸容积间歇变化，用泵阀自动控制液体的吸入和排出而构成工作循环，间歇脉动排出液体	(1)流量小而不均匀(脉动)流量几乎不随扬程而变化； (2)扬程高，其大小取决于动力泵体强度及密封； (3)扬程与流量几乎无关，只是扬程高泄漏损失大，流量稍有减少；轴功率随流量和扬程的增大而增加； (4)吸入高度高，不易产生抽空，有自吸能力； (5)效率高，在不同扬程和流量下效率相关不大； (6)转速低	启动时必须打开出口阀进行预冷； 运转时，出口阀全开不用出口阀调节； 采用旁路阀或改变转速或活(柱)塞行程调节流量	结构复杂，易损件多，易出故障，占地面积大

4.1.12 地下车库集水井设计与潜水排污泵选择

近年来，由于住宅楼盘的高档化及私家车拥有量的增加，在地下修建一层或多层地下车库，几乎成了各个楼盘竞相效仿的热点。而地下车库的排水设计也随之成为一个重要问题。大型多层地下车库的排水设计中，外设高坡和防水沟渠，内置地漏和集水井，再选用相应功率的潜水排污泵，外防内排，“御”水于车库之外。地下车库的排水设计主要包括了集水井位置和尺寸的设计及潜水排污泵的选择。

一、地下车库“水涝危害”

由于地下车库的地面标高普遍低于室外地面标高，其排水不能自流排入市政排水管网，尤其是暴雨时节，若排水设计不当，常造成积水，影响车库的安全和使用。“内涝——车库变水库”、“160万元新购奥迪A8被淹”、“业主因车被淹与物业纠纷”……大量此类报道见诸媒体。对此，地下车库的排水设计必须引起高度的重视。

二、地下车库排水设计相关规范

《建筑给水排水设计规范》GB 50015—2003（2009年版）第4.7.2条规定：“建筑物地下室生活排水，应设置污水集水池和污水泵提升排至室外检查井。地下室地坪排水应设集水坑和提升装置。”

《人民防空地下室设计规范》GB 50038—205第6.3.1条规定：“防空地下室的污废水宜采用机械排出。”

《自动喷水灭火系统设计规范》GB 50084—2001（2015年版）第6.5.1条规定：“末端试水装置和试水阀应便于操作，且应有足够排水能力的排水设施。”

《民用建筑水灭火系统设计规程》DGJ 08-94—2007第9.2.4条规定：“电梯的井底应设置排水设施，排水井的容量不应小于2m³，排水泵的排水量不应小于10L/s。”

三、集水井的设计

1. 集水井的设置准则

集水井对于车库排水非常重要，设置时一般应根据车库的形状，合理布局。因此每设一处集水井，将增加潜水排污泵的数量，增加供配电系统以及自控系统的数量，同时由于集水井的设置，最下一层的结构底板将作挖深处理，在增加造价的同时，亦增加维修费用。

在集水井的设置中，还要特别注意以下几点：

（1）每个集水井的受水区内应无沉降缝、伸缩缝、变形缝，根据《建筑给水排水设计规范》GB 50015—2003（2009年版）的规定：建筑物内排水管不得穿越以上诸缝。

（2）每个防火分区必须独立设置集水井，以免排水直埋管穿越防火分区。

（3）在有人防的地下车库，每个人防防护单元内应独立设置集水井，排水直埋管也不应穿越防护单元，且排水直埋管亦不能穿越人防区与非人防区。

一般集水井位置的确定是先由建筑专业提位置及数量，再由水专业确认数量及大概位置（常规的做法是集水井的间距不大于50m，排水沟的长度控制在30m以内），最后由结构专业确认准确位置。

2. 集水井的设置位置

由于地下车库地面标高低于室外道路标高，所以，防止暴雨时道路路面水的侵入是排水设计的第一个问题。其二，车辆出入口敞开部分雨水的汇集、冲洗地面的污水、扑救火灾时的消火栓系统和喷淋系统的积水如何排除，是排水设计的重点。一般在地下车库出入口起坡处作一定的抬高处理，并设第一集水明沟，以阻断室外地坪瞬时积水的侵入；在出入口坡道最低处再设第二集水明沟，以拦截坡道处的雨水；在地下车库室内设地漏及排水直埋管汇集冲洗地坪的排水；设适量集水井，由排水直埋管收集各种排水，并利用潜水排污泵提升、排放。

（1）起坡处的挡水，由建筑专业设计，它关系到暴雨时车库能否抵御道路雨水的倾泻。设计中，通常在车道起坡处设坡度为7.5%、高出室外地坪300mm的斜坡，并在最高处设置第一集水明沟，然后再以7.5%的坡度坡向室外地坪，明沟内雨水直接排入雨水管网。该明沟净宽为450mm，深度为300mm，上设钢制或铸铁箅子。

（2）在车道出入口坡道最低处设第二集水明沟，以拦截坡道雨水。因该明沟设于结构底板内，故其深度不宜过大，其尺寸同第一集水明沟。根据车道有、无顶盖的情况，应充分考虑坡道的汇水面积，并对该集水井的设计流量进行校核。

（3）车库地坪排水的收集：可以通过地漏及明沟（带盖板）来排除地面积水，地漏及明沟汇水至集水井，地下车库集水井不宜设置隔板集水井（现场施工反映设置隔板增加施工难度及造价，且地下车库服务目标为家庭轿车，不会出现大量油污，不需设置隔油集水井）。

（4）设备泵房的排水：现在小区的生活及消防水泵房等一般设置在相应地下车库内，与水池的泄水、泵的检修等相关，其集水井尺寸及潜水排污泵应另行设计及选择。

（5）避免排水干管进入地下车库，也即避免车库以外的排水进入车库，在不得不进的情况下，进行合理位置选择，不得影响车库的使用功能。

3. 集水井的尺寸

集水井的平面尺寸，对地下车库而言，一般无太多的限制，可根据场地情况及排水量进行合理选择，为方便实际施工，应尽量设计规格及尺寸相同的集水井。集团总师室建议两种尺寸“1000mm（长）×1500mm（宽）×1500mm（深）”、“1000mm（长）×1000mm（宽）×1500mm（深）”。集水井的深度主要考虑以下三部分：

（1）淹没部分：即最低水位线以下。对于小功率潜水排污泵，其电机无水套冷却装置，主要靠淹没在周围的污水冷却。这部分高度即为潜水排污泵保护高度。这一数值一般在潜水排污泵说明书中针对每一型号均有规定。对于2.2kW左右的潜水排污泵，其高度在300～400mm。

（2）调节部分：即有效高度。地下车库排水流量不稳定，为保证潜水排污泵不因频繁启停而损坏电机。同时这一高度将对集水井的设计深度起到决定的作用。设计中，在满足控制设备灵敏要求的前提下，通常尽量压缩这一高度，取500～600mm，以减少集水井的总深度，以利于结构设计并适当降低造价。

（3）超高部分：一般取300～400mm，该部分要满足控制系统装置的要求及盖板的厚度。

四、潜水排污泵的选择

1. 潜水排污泵的选择方法

首先，判断需要的扬程，即从集水坑到排放水末端的高差＋管损＋安全水头（一般取

2～4m)；然后，判断需要的排放速度来决定水泵流量，也即排涝1min排水多少吨，一般坡道及附近的汇水区域大致算的秒流量，一般按5～8L/s计算即可。对于地下车库，注意同一防火分区潜水排污泵的总排水能力不应小于消防系统的设计水量。根据总的流量和扬程，在潜水排污泵特性曲线高效区选泵。并注意选用潜水排污泵保护高度小者，且应设有自动控制、故障声光报警与备用泵自动切换功能。

2. 小型潜水排污泵安装方式的选用

小型潜水排污泵可综合考虑安装方式、使用场合、优缺点、软管连接方式等选用。

小型潜水排污泵的安装方式可以根据国家设计标准图集《小型潜水排污泵选用及安装》08S305选用。

3. 潜水排污泵的经济比较

泵业市场，"熊猫"在国内建筑行业算是好的，但价格也是贵的，一般高档产品，国内首选熊猫、凯泉；中低档产品选大河、连成、东方等。笔者对潜水排污泵价格进行了网络询价，结果如下：潜水排污泵价格范围为880～23000元，均价7271元（共9件）。

笔者同时比较了两种在地下车库常用的潜水排污泵的价格（均为熊猫牌）。Q=10t/h、N=0.75kW的潜水排污泵价格为1118.15元/台；Q=10t/h、N=1.5kW的潜水排污泵价格为1421.20元/台，差价近300元。以一中型（1.5万m^2）地下车库设计为例，设地下车库集水井为15个，每个集水井内设两台水泵（一用一备），则需30台潜水排污泵，若两种型号的潜水排污泵都符合设计条件（流量、扬程都满足），则选择Q=10t/h、N=1.5kW的潜水排污泵比选择Q=10t/h、N=0.75kW的潜水排污泵成本高出近一万元。同时，为响应国家节能号召，在功能得到满足的前提下，应选择低功率的水泵，避免不必要的浪费。作为负责任的设计方，应选择可靠及经济的产品，符合整体利益。

为避免"车库内涝"事件发生，设计单位应结合实际，合理布置集水井及潜水排污泵，做到经济与可靠兼顾。同时，物业管理单位要保证配电房不被水淹，加强对水泵的检查，及时发现故障，及时维修，保证正常运行，要制定应急预案并准备必要的沙包等阻水抢险物资，当出现积水时及时用水泵排出，遇到险情时也可向当地排水抢险部门求救。

4.2 施工工艺

4.2.1 【精彩分享】十年管道工告诉你，室内给水排水管道安装一定要注意哪7点

给水排水管道安装是自建房不可缺少的一部分，甚至可以说关系到整个建筑的成败，以下七个方面尤其重要！

一、给水排水管道是用PVC管好还是金属管好？

看下面的四点对比就知道了：

第一，塑料管更轻，安装起来更方便也更节省人工；同管径的PVC管价格是铸铁管

的 80%，更经济。

第二，同管径的 PVC 管排水能力优于铸铁管，可以采用小直径 PVC 管代替铸铁管，省工、省料、省空间。

第三，PVC 管颜色为纯白，不用作防腐处理，不存在如铸铁管外壁锈蚀脱落等问题，暗装不需经常维修护理，明装则比铸铁管更为美观。同时，PVC 管使用年限为 50 年，比铸铁管长。

第四，PVC 管不易传热，导热系数只有 0.2，而铸铁管的导热系数是 80，PVC 管保温性能是铸铁管的 400 倍！

所以目前市面上，除了老房子，基本上都是采用 PVC 管，已经很少见到金属管了。

二、PVC 给水排水管道都是一样的吗？

错，大错特错！目前市面上的 PVC 管道主要有两种，PP-R 管和 PVC-U 管（见图 4-19、图 4-20），它们有什么区别呢？

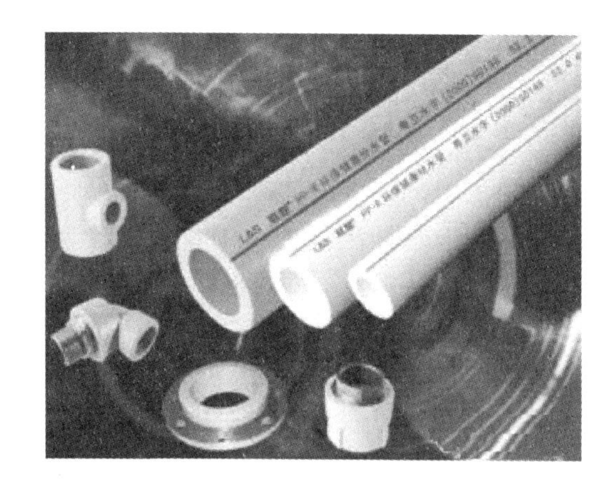

图 4-19　PP-R 管

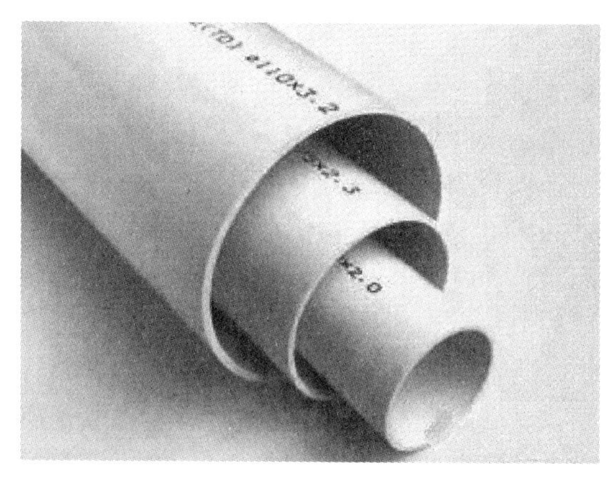

图 4-20　PVC-U 管

第一，PP-R 管无毒、卫生，它的原料分子只有碳、氢元素，没有有害有毒的元素存在。PVC-U 管内存在一些有毒添加剂和增塑剂，可能渗出或气化；部分添加剂会干扰生物内分泌（影响生殖机能）！

第二，PP-R 管耐高温，在 95℃的温度下可工作 50 年；而 PVC-U 管不耐高温，当工作温度超过 65℃时会迅速老化，且会释放有毒物质。

第三，PP-R 管价格高于 PVC-U 管。

所以，PP-R 管做给水管，PVC-U 管做排水管，是最合理的。如果给水排水管道都是 PVC-U 管时，你就要当心了！

三、给水排水管道通过什么方式连接？

由于给水管道要承受很大的供水水压，所以管道之间的连接质量要求自然也就高了，通常采用的连接方式是热熔连接（见图 4-21），这种连接方式的接头强度甚至比管道本身的强度都要大。其次是螺纹连接，一般用于与用水设备相接的地方（见图 4-22）。

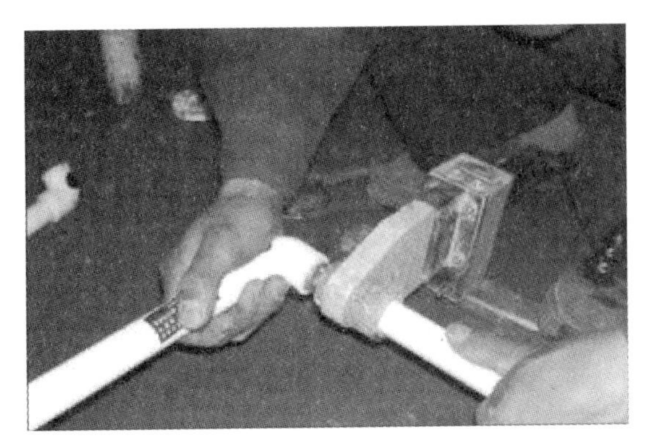

图 4-21 PP-R 管热熔连接

图 4-22 管道与用水设备之间采用螺纹连接

排水管道侧重于气密性能良好，一般采用承插接头连接（见图 4-23），不漏水就可以了。

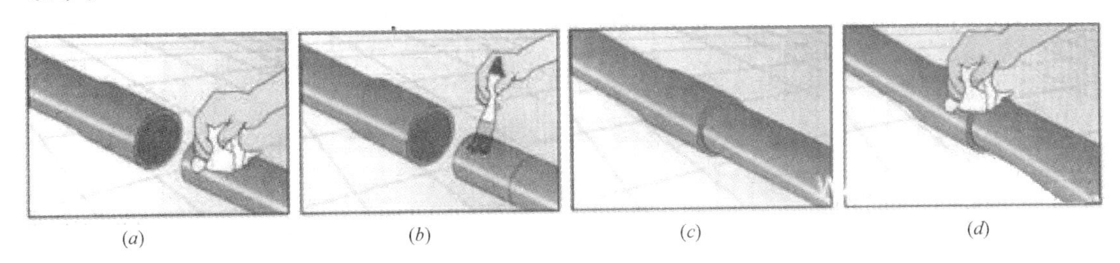

(*a*) (*b*) (*c*) (*d*)

图 4-23 承插连接

（*a*）清除管道接口污物；（*b*）涂刷胶粘剂；（*c*）连接；（*d*）擦拭多余胶粘剂

四、当管道要拐弯的时候怎么办呢?

PVC 管道有各种各样的接头来满足管道的变向（见图 4-24），但它们有两个共同的特点：

第一，不管在什么情况下根据水流的方向都是同直径相接或由小直径管进入大直径管。避免大直径管进入小直径管，造成水压突增，挤爆管道！如图 4-25 所示。

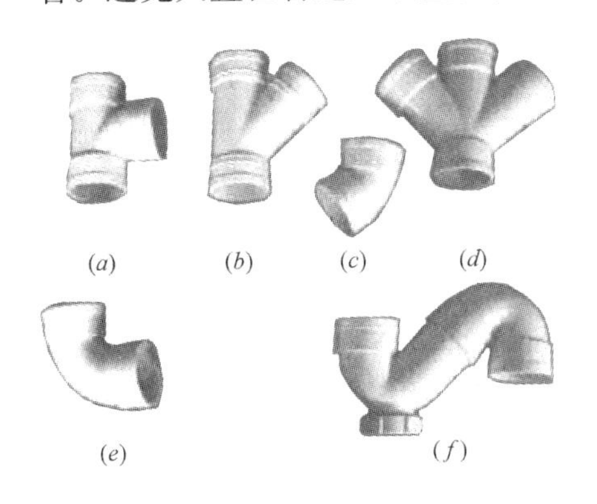

(*a*) (*b*) (*c*) (*d*) (*e*) (*f*)

图 4-24 各种接头

（*a*）三通；（*b*）斜三通；（*c*）45°弯头；（*d*）四通；（*e*）90°弯头；（*f*）返水弯

图 4-25 不同管径管道的连接

第二，水流变向半径不小于90°！这同样是为了减小水压，保护管道。

五、给水排水管道内装好还是外装好？

这是个颇具争议的问题，内装有更多的优点，可以节省出更多的空间，也能对管道起到很好的保护作用，避免损坏，同时装饰效果也更加美观，如图4-26所示。此外，墙体具有一定的隔声性能，能够有效地减少水流流动声音对人们造成的干扰。缺点是不易检修。外装则完全相反，如图4-27所示。具体喜欢哪一种，看你自己了。

图4-26 管道内装

图4-27 管道外装

六、给水排水管道过墙怎么办？

这是无法避免的，但却是可以解决的。给水排水管道过墙要提前预留过墙孔且安装护筒，护筒一般为钢管或PVC-U管，护筒的直径要大于过墙管10～20mm，安装管道后，中间的空隙用砂浆或其他材料填满，如图4-28所示。

尤其有一点要注意，当管道必须要穿过卫生间等有水地面时（见图4-29），一定要做好防水！

图4-28 管道穿墙

图4-29 管道穿卫生间地面

七、给水系统安装完成怎么进行清洗、消毒？

为了保证管道清洁安全，给水系统安装完成后应进行通水清洗和压力试验（见图

4-30）。冲洗水流速宜大于 2m/s，不留死角，每个配水点龙头都打开，系统最低点设放水口，清洗时间控制在冲洗口处排水的水质与进水相当为止。生活饮用水系统冲洗干净后还可应用含 20～30mg/L 游离氯的水灌满管道，进行消毒。含氯水在管中应滞留 24h 以上。管道消毒后，再用饮用水冲洗。

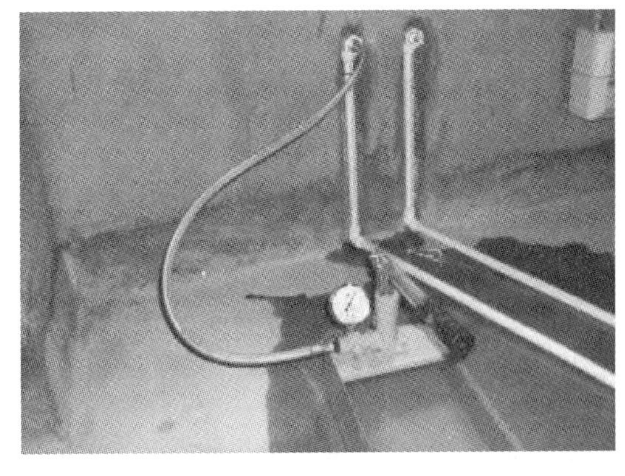

图 4-30 给水管道压力试验

4.2.2 【给水排水施工点 29 号】水电安装工程各工序做法

一、混凝土结构板内 PVC 管/盒的施工

1. 工序流程

图纸固化→线盒定位、固定→线管敷设、固定→隐蔽验收→浇混凝土时值班看护→线管、盒清理→线管疏通→管内穿引铁丝→线盒标识→弱电线管移交。

2. 控制要点

图纸固化、线盒定位、线管敷设、弱电线管移交共四个方面。

3. 工序流程图文解析

（1）线盒固定牢固、排列整齐、预留接口方向准确，如图 4-31 所示。

（2）线管弯曲半径符合要求、上下交叉合理，如图 4-32 所示。

图 4-31 线盒定位、固定

图 4-32 线管敷设

（3）线管隐蔽前监理复核坐标，进行施工质量验收，如图 4-33 所示。

（4）线管、盒在浇混凝土前安装状态，如图 4-34 所示。

（5）浇混凝土时派专职电工值班看护，保证线盒隐蔽，如图 4-35 所示。

（6）后砌墙线管甩口排列整齐，长短一致、间距均匀，如图 4-36 所示。

（7）线盒排列整齐、间距一致、盒内清洁干净，如图 4-37 所示。

图 4-33　隐蔽验收

图 4-34　线管、盒安装状态

图 4-35　浇混凝土时值班看护

图 4-36　后砌墙线管甩口

（8）线盒清理后及时穿引铁丝，保证管路畅通，如图 4-38 所示。

（9）线盒标识清楚，便于移交和检查，如图 4-39 所示。

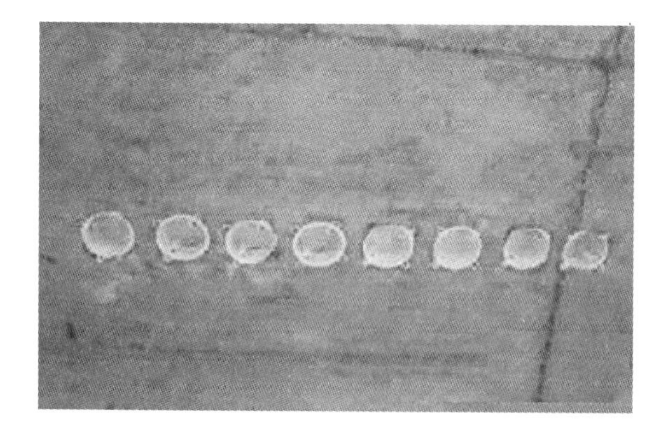

图 4-37　线盒排布

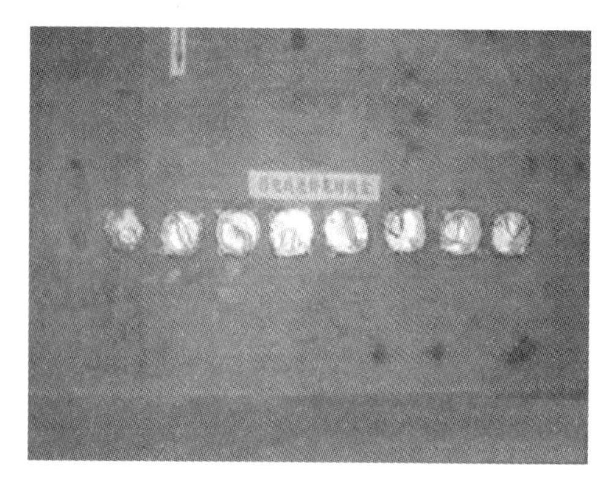

图 4-38　线盒穿引铁丝

二、混凝土剪力墙内 PVC 线管/盒的施工

1. 工序流程

墙体内线管预留→预留线盒位标高测定→泡沫板固定→混凝土墙体内泡沫清理→线盒固定→洞口修补→线盒打磨。

2. 控制要点

线管预留位置、泡沫板预埋标高和坐标、线盒安装共三个方面。

3. 工序流程图文解析

（1）混凝土剪力墙内采用泡沫板预留线盒安装位置，标高准确，如图 4-40 所示。

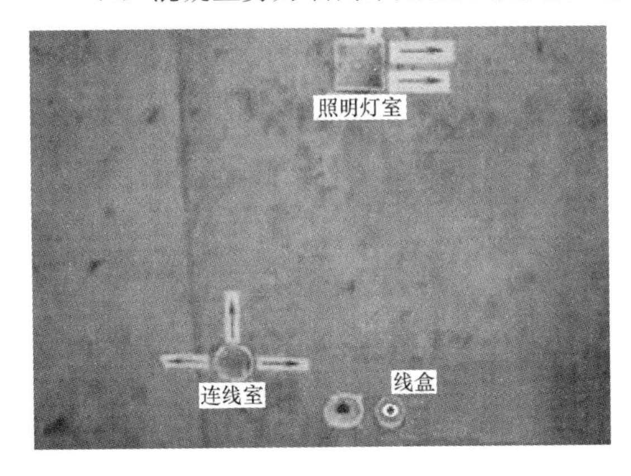

图 4-39 线盒标识

图 4-40 采用泡沫板预留线盒安装位置

（2）混凝土浇筑完成后预留线盒位的泡沫成型（规矩、方正），如图 4-41 所示。

（3）混凝土剪力墙上预留泡沫清理完成后，孔洞内干净整洁，如图 4-42 所示。

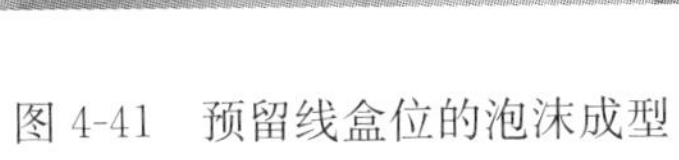

图 4-41 预留线盒位的泡沫成型

图 4-42 预留泡沫清理

（4）混凝土剪力墙上 PVC 线盒安装，标高准确，如图 4-43 所示。

（5）混凝土剪力墙上线盒修补，填塞饱满、表面平整，如图 4-44 所示。

（6）混凝土剪力墙上线盒安装完成后与墙面平齐，如图 4-45 所示。

图 4-43 线盒安装

图 4-44 线盒修补

三、后砌墙内 PVC 线管 /盒的施工

1. 工序流程

墙体上划线定位→开槽→垃圾清运→线盒安装→线管敷设及固定→管线疏通→管口保护→墙槽修补→空鼓检查和移交→抹灰前线盒成品保护→线盒打磨和清理。

2. 控制要点

划线定位、线盒安装、空鼓检查、成品保护共四个方面。

3. 工序流程图文解析

（1）后砌墙上开槽，槽宽度和深度符合要求，割缝顺直，如图 4-46 所示。

图 4-45 线盒安装完成

图 4-46 后砌墙上开槽

（2）后砌墙上线盒固定，砂浆填塞饱满，如图 4-47 所示。

（3）后砌墙内 PVC 暗配管，线管敷设顺直，如图 4-48 所示。

（4）PVC 线盒内管口成品保护，如图 4-49 所示。

（5）后砌墙线槽修补，全部采用瓜米石填缝，表面平整、无空鼓，如图 4-50 所示。

（6）抹灰完成后，线盒面冒出抹灰面 1～2mm，如图 4-51 所示。

图 4-47 线盒固定

图 4-48 PVC 暗配管

图 4-49 PVC 线盒内管口成品保护

图 4-50 后砌墙线槽修补

（7）PVC 线盒冒出抹灰面打磨，保证线盒面与墙面平整，如图 4-52 所示。

图 4-51 线盒面冒出抹灰面 1～2mm

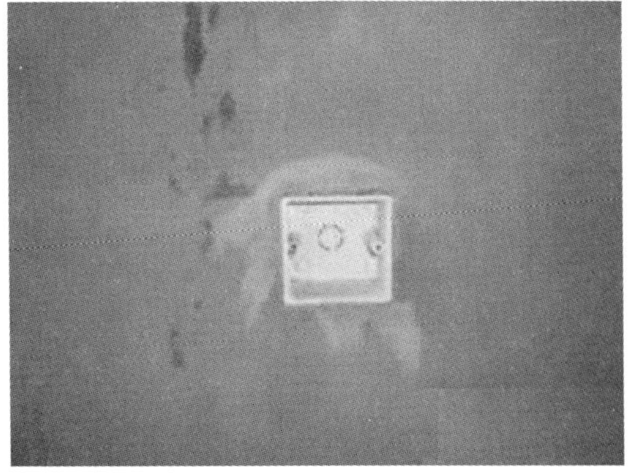

图 4-52 PVC 线盒冒出抹灰面打磨平整

（8）成排线盒标高一致、线盒面与墙面平齐，如图 4-53 所示。

（9）墙面刮完腻子后，线盒安装效果，如图 4-54 所示。

图 4-53 成排线盒

图 4-54 线盒安装效果图

四、户内强/弱电箱安装

1. 工序流程

砌体上留洞→箱体上开孔→箱体坐标和标高复核→箱体安装、固定→灌浆→配管→箱体成品保护和清理。

2. 控制要点

箱体上开孔、坐标和标高复核、灌浆、成品保护共四个方面。

3. 户内强电箱安装工艺流程图文解析

（1）混凝土墙上强电箱预留孔，洞口尺寸满足箱体安装要求，如图 4-55 所示。

（2）后砌墙上强电箱预留孔，洞口尺寸满足箱体安装要求，如图 4-56 所示。

图 4-55 混凝土墙上强电箱预留孔

图 4-56 后砌墙上强电箱预留孔

（3）后砌墙上强电箱固定，采用瓜米石填塞饱满，箱体安装标高准确，箱体上开孔符合要求，如图 4-57 所示。

（4）强电箱暗配 PVC 管排列整齐、线管间距均匀，入箱锁扣固定牢固，如图 4-58 所示。

图 4-57 后砌墙上强电箱安装

图 4-58 强电箱暗配 PVC 管安装

（5）安装在有保温要求的砌体上的箱体，应预留保温板厚度，确保配电箱体与保温完成后墙面平齐，如图 4-59 所示。

（6）强电箱安装完成后与装饰面平齐，标高准确，箱体内干净整洁，如图 4-60 所示。

图 4-59 有保温要求的砌体上的箱体安装

图 4-60 强电箱安装效果图

4. 户内弱电箱安装工艺流程图文解析

（1）混凝土墙上弱电箱预留孔洞，固定牢靠，标高准确，如图 4-61 所示。

（2）后砌墙上弱电箱周围缝隙用瓜米石填塞饱满，线管开孔位置准确、孔距均匀，如图 4-62 所示。

（3）入箱线管排列整齐、管口封堵严密，如图 4-63 所示。

（4）弱电箱安装完成与装饰平齐效果，如图 4-64 所示。

五、强/弱电桥架安装

1. 工序流程

定位弹线→支架安装→支架水平、垂直度校验→桥架安装、固定、校平→支架接地扁钢敷设→扁钢搭接口焊接→扁钢上接地标识安装→桥架跨接安装→桥架标识。

2. 控制要点

弹线、支架安装、桥架安装、扁钢安装、跨接安装共五个方面。

图 4-61 混凝土墙上弱电箱预留孔洞

图 4-62 弱电箱上线管开孔位置

图 4-63 入箱线管管口封堵严密

图 4-64 弱电箱安装完成效果图

3. 工序流程图文解析

（1）激光定位仪（见图 4-65），用于桥架支架定位弹线。

（2）墙体上弹标高控制线，如图 4-66 所示。

（3）桥架支架安装控制线，如图 4-67 所示。

（4）桥架上预留接管孔，排列整齐、间距均匀，如图 4-68 所示。

（5）预留接管孔与顶板上线盒位对应，如图 4-69 所示。

（6）桥架接缝严密、固定牢靠，支架设置合理，如图 4-70 所示。

（7）桥架过桥弯美观、规范，避让合理，如图 4-71 所示。

（8）桥架过桥处，接地扁钢制作，如图 4-72 所示。

（9）桥架翻弯处接地扁钢制作规范，如图 4-73 所示。

图 4-65　激光定位仪

图 4-66　弹标高控制线

图 4-67　桥架支架安装控制线

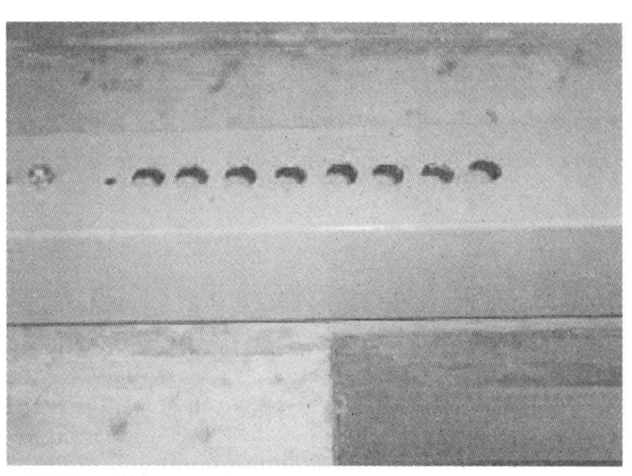

图 4-68　桥架上预留接管孔

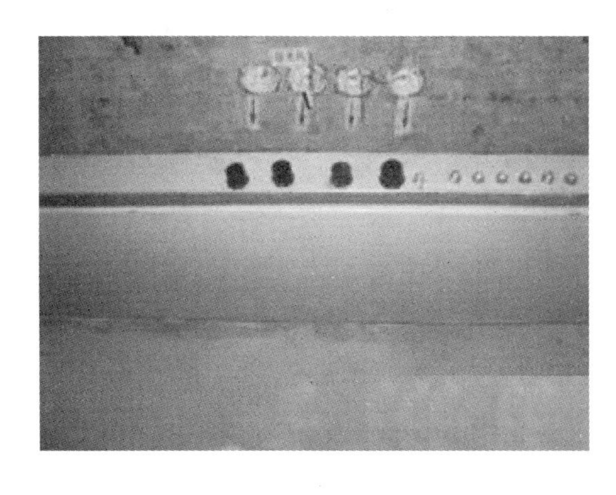

图 4-69　接管孔与线盒位对应

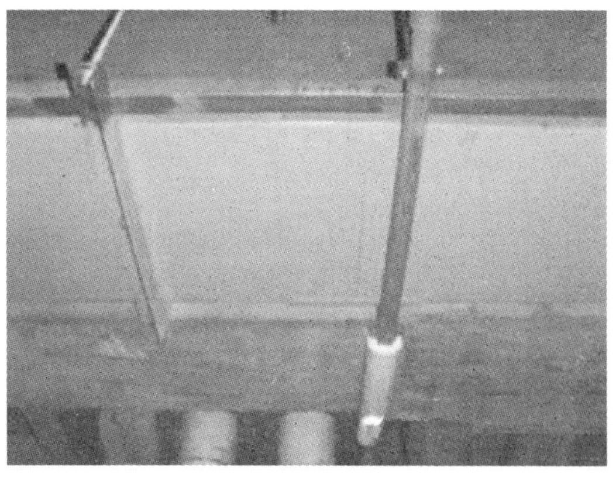

图 4-70　桥架支架安装

(10) 在单根桥架中间位置增加接地扁钢固定支座，采用铆接，如图 4-74 所示。

(11) 桥架支架接地扁钢采用搭接，用螺栓固定牢靠，接地标识清晰、规范，如图 4-75所示。

(12) 桥架标识清晰，张贴规范，如图 4-76 所示。

图 4-71 桥架过桥弯设置

图 4-72 桥架过桥处接地扁钢制作

图 4-73 桥架翻弯处接地扁钢制作

图 4-74 接地扁钢固定支座

图 4-75 桥架支架接地扁钢连接

图 4-76 桥架标识

(13) 桥架支架上接地扁钢，在阴角转角处的做法，如图 4-77 所示。

(14) 桥架支架上接地扁钢，在阳角转角处的做法，如图 4-78 所示。

(15) 桥架支架上接地扁钢，在变径处的做法，如图 4-79 所示。

图 4-77 接地扁钢在阴角转角处的做法

图 4-78 接地扁钢在阳角转角处的做法

（16）桥架接地跨接做法，如图 4-80 所示。

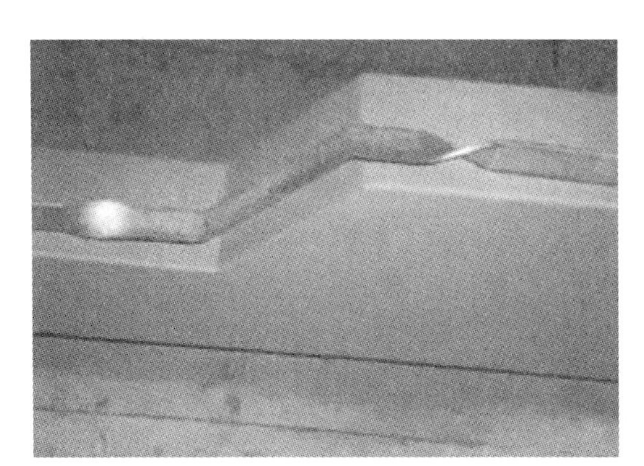

图 4-79 接地扁钢在变径处的做法

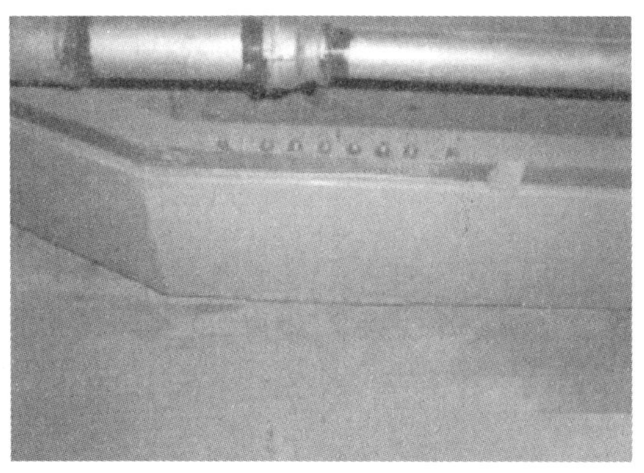

图 4-80 桥架接地跨接做法

（17）公共过道上桥架安装整体效果，如图 4-81、图 4-82 所示。

图 4-81 公共过道上桥架安装整体效果图（一）

图 4-82 公共过道上桥架安装整体效果图（二）

4.2.3 给水排水安装常见质量通病及预防措施

现象一：管道螺纹渗漏

现象：管道丝扣连接处渗漏，影响管道使用。

原因分析：螺纹加工时不符合规定，断丝或缺丝的总数已超过规范规定；螺纹连接时，拧紧程度不合适；填料缠绕方向不正确；管道安装后，没有认真进行水压试验。

预防措施：加工螺纹时，要求螺纹端正、光滑、无毛刺、不断丝、不乱扣等；螺纹加工后，可以用手拧紧2～3扣，再用管钳继续上紧，以上紧后留出2～3扣为宜；选用的管钳要合适，用大规格的管钳上小管径的管件，会因用力过大使管件损坏，反之因用力不够致使管件上不紧而造成渗水或漏水；螺纹连接时，应根据管道输送的介质采用相应的辅料，以达到连接严密；安装完毕要严格按施工及验收规范的要求，进行严密性和强度水压试验；经试验合格的管道，应防止踩、踏或用来支撑其他物体，防止因受力不均而导致管道接口漏水。

现象二：排水管道堵塞

现象：排水管道堵塞，造成排水不畅。

原因分析：排水管道在施工过程中，未及时对管道上的临时甩口进行封堵，致使有杂物掉入管内；排水管道管径未按设计要求施工或变径过早，使管道流量变小；排水管道未进行通水、通球试验；排水管倒坡。

预防措施：排水管道在施工过程中的临时甩口需进行临时封堵，并保证封堵严密，防止杂物掉入管道内；管道直径应严格按设计要求进行施工，严禁变径过早，造成管道流量变小，进而造成管道堵塞；同时也应保证排水管道坡度坡向立管或检查井，标准坡度见表4-10，在施工过程中坡度不宜过小。排水管道在竣工验收前，必须做通水和通球试验，把排水管道内的杂物冲洗干净，防止管道堵塞现象的发生。

排水管道标准坡度　　　　表4-10

管径 DN(mm)	50	75	100	150	200
坡度	0.035	0.025	0.020	0.010	0.008

现象三：地漏排水不畅

现象：地漏排水不畅，造成地面积水。

原因分析：排水支管堵塞；地漏水封内有杂物；地面砖在施工过程中产生倒坡现象；地漏安装高度高于地面。

预防措施：安装地漏前，应对排水支管进行通水试验，保证管道畅通后，方可进行地漏安装；地漏安装标高，应根据土建提供的建筑标高线进行，以低于地面2～3mm为宜；土建工程在贴砖时，应严格按事先弹好的标高线进行，防止地面砖铺贴标高低于地面，产生地面倒坡；地漏在安装使用一段时间后，应定期对地漏内的杂物进行清理，防止杂物掉入排水管道内。

4.2.4 【新手必读】消防安装中一些常见问题

1. 火灾自动报警灭火系统

（1）系统布线不太合理，如线色不统一、上线不牢固、校线无记录、端子排不标准、接线错误、隐蔽工程内穿管保护没有到位等。将消防电话线路与报警联动线路穿于同一线管内，弱电与强电线路敷设于同一桥架或线槽内。

（2）有些工程绝缘电阻达不到20MΩ，个别仅为0.5MΩ，严重影响系统运行的可行性。工作接地与保护接地没有做好，且没有接地电阻检验记录。报警控制器的电源连接为插头连接。报警控制柜内导线未编号、未绑扎等。

（3）火灾探测器安装不够牢固，离风口、梁的位置太近，探测器确认灯的方向不正确。手动报警按钮安装高度不符合规范要求。复示盘（楼层显示器）安装位置偏高等。

2. 消火栓系统

（1）消防水池的浮球阀未安装。

（2）消防水泵吸水管上的阀门采用蝶阀，吸水管采用同心变径。出水管上无压力表、放水阀、泄压阀。

（3）消防水箱出水管上的单向阀安装在立管上，消防水箱无水位指示器。

（4）水泵接合器距室外消火栓或消防水池的取水口较远，未位于通道旁，安装在玻璃幕墙下，安装高度不是0.70m，未标明所属系统，止回阀的方向不正确，检修阀未处于常开状态。

（5）≤DN100的管道采用焊接，管道防晃支架偏少，室外管道未采取保温措施，管道穿墙体或楼板时未加设套管，管道的试压、冲洗和严密性试验未严格按照规范要求执行。

3. 自动喷水灭火系统

（1）报警阀距地面的高度不是1.2m。在报警阀以后的管路上安装室内消火栓。

（2）压力开关可靠地自动控制性差。

（3）管道未设置伸缩器。

（4）水力警铃未设在公共通道、有人室内或值班室内。

（5）管道的试压、冲洗和严密性试验未严格按照规范要求执行。

（6）末端放水处未设检修口，将末端试验装置等同于排水管，末端试验装置管径小于25mm，未设置压力表等。

（7）喷头与顶棚距离大于30cm，在高层地下室且直立安装的喷头上未设置集热罩。

4. 泡沫灭火系统

（1）泡沫喷头的布置不合理，使设备的有些部位不能受泡沫喷头的保护。

（2）立管与水平管连接道处未设金属软管。

（3）管道涂色不正确，混合液管道应有红色或红色环状标记，给水泵和给水管道应涂绿色。

5. 气体灭火系统

（1）集流管有漏气现象，漏装防晃支架，输液管上的单向阀方向装反。

（2）在承重墙处未设保护套管。

（3）独立系统的灭火执行盘安装在无人的储瓶间内，声光报警器、气体释放灯、紧急启动按钮未安装在防护区门口。

（4）管道的试压、冲洗和严密性试验未严格按照规范要求执行。

6. 防火分隔设施

（1）防火卷帘的上方有大量的空隙，没有阻止火灾蔓延的措施，卷轴、电动机无防火隔热保护措施。

（2）防火门门框上未设密封槽，同时未设不燃性材料制成的密封条。

（3）防火门、防火锁开启方向有误，未朝疏散口方向开启。

（4）防火门上的小五金安装不齐全，未采用防火玻璃嵌装，耐火等级与钢质防火门的耐火等级不相同。

（5）管道井、电缆井未作防火分隔或分隔不严密。

（6）防火分隔材料的耐火等级小于0.5h。

（7）防火卷帘门的帘板在导轨内的嵌入深度不够。

（8）防火卷帘门的导轨预埋钢件间距大于60mm。

（9）防火卷帘门的座板与地面间隙大于20mm。

7. 防排烟系统

（1）金属竖井与送风阀（排烟阀）连接处不牢固、不密封，造成较大的泄漏。

（2）砖砌竖井有漏洞，且内表面未采用砂浆抹平。

（3）正压送风竖井与排烟竖井之间以及送风竖井与电梯井之间用砖墙分隔，不密封。竖井底部未封。

（4）在该用70℃动作的防火阀的地方安装了280℃动作的排烟阀，在该用280℃动作的排烟阀的地方安装了70℃动作的防火阀。

（5）竖井内有杂物将竖井堵塞，使系统不能正常工作。

（6）送风机与竖井连接处未装导流板。

（7）排烟阀未设置在排烟风机吸入口处。

（8）防火阀、排烟阀未设置独立支架。

（9）在该设防烟风机的地方安装了排烟风机，在该设排烟风机的地方安装了防烟风机。

（10）地下室增设的隔墙破坏了原有排烟系统的设置，并有部分排烟口被墙堵死或被封闭在房内。

4.2.5 【分享】【安装工程】各种管道连接方式

一、管道丝扣连接（镀锌钢管、衬塑镀锌钢管）

1. 断管

根据现场测绘草图，在选好的管材上画线，按线断管。

（1）用砂轮锯断管，应将管材放在砂轮锯卡钳上，对准画线卡牢，进行断管。断管时压手柄用力要均匀，不要用力过猛，断管后要将管口断面的铁屑、毛刺清除干净。

（2）用手锯断管，应将管材固定在压力案的压力钳内，将锯条对准画线，双手推锯，锯条要保持与管的轴线垂直，推拉锯用力要均匀，锯口要锯到底，不许扭断或折断，以防管口断面变形。

2. 套丝

将断好的管材，按管径尺寸分次套制丝扣，一般以管径 15～32mm 者套丝 2 次，40～50mm 者套丝 3 次，70mm 以上者套丝 3～4 次为宜。

（1）用套丝机套丝，将管材夹在套丝机卡盘上，留出适当长度将卡盘夹紧，对准板套号码，上好板牙，按管径对好刻度的适当位置，紧住固定扳机，将润滑剂管对准丝头，开机推板，待丝扣套到适当长度，轻轻松开扳机。

（2）用手工套丝板套丝，先松开固定扳机，将套丝板板盘退到零度，按顺序上好板牙，把板盘对准所需刻度，拧紧固定扳机，将管材放在压力案压力钳内，留出适当长度卡紧，将套丝板轻轻套入管材，使其松紧适度，而后两手推套丝板，带上 2～3 扣，再站到侧面扳套丝板，用力要均匀，待丝扣即将套成时，轻轻松开扳机，开机退板，保持丝扣应有的锥度。

3. 配装管件

根据现场测绘草图将已套好丝扣的管材，配装管件。

（1）配装管件时应将所需管件带入管丝扣，试试松紧度（一般用手带入 3 扣为宜），在丝扣处涂铅油、缠麻后带入管件，然后用管钳将管件拧紧，使丝扣外露 2～3 扣，去掉麻头，擦净铅油，编号放到适当位置等待调直。

（2）根据配装管件的管径大小选用适当的管钳。

4. 管段调直

将已装好管件的管段，在安装前进行调直。

（1）在装好管件的管段丝扣处涂铅油，连接两段或数段，连接时不能只顾预留口方向也要照顾到管材的弯曲度，相互找正后再将预留口方向转到合适部位并保持正直。

（2）管段连接后，调直前必须按设计图纸核对其管径、预留口方向、变径部位是否正确。

（3）管段调直要放在调管架上或调管平台上，一般以两人操作为宜，一人在管段端头目测，一人在弯曲处用手锤敲打，边敲打，边观测，直至管段无弯曲为止，并在两管段连接点处标明印记，卸下一段或数段，再接上另一段或数段直至调完为止。

（4）对于管段连接点处弯曲过死或直径较大的管道可采用烘炉或气焊加热到 600～800℃（火红色），然后放在管架上将管道不停地转动，利用管道自重使其平直，或用木板垫在加热处用锤轻击调直，调直后在冷却前要不停地转动，等温度降到适当时在加热处涂抹机油。

凡是经过加热调直的丝扣，必须标上印记，卸下来重新涂铅油、缠麻，再将管段对准印记拧紧。

（5）配装好阀门的管段，调直时应先将阀门盖卸下来，将阀门处垫实再敲打，以防震裂阀体。

（6）镀锌碳素钢管不允许用加热法调直。

（7）管段调直时不允许损坏管段。

二、管道法兰连接（需要拆卸、与设备阀门等连接）

（1）凡管段与管段采用法兰盘连接或管段与法兰阀门连接者，必须按照设计要求和工作压力选用标准法兰盘。

（2）法兰盘的连接螺栓直径、长度应符合规范要求，紧固法兰盘螺栓时要对称拧紧，紧固好的螺栓外露丝扣应为2～3扣，且不宜大于螺栓直径的二分之一。

（3）法兰盘连接衬垫，一般给水（冷水）管道采用厚度为3mm的橡胶垫，供热、蒸汽、生活热水管道采用厚度为3mm的石棉橡胶垫。垫片要与管径同心，不得放偏。

三、管道焊接连接

（1）根据设计要求，工作压力在0.1MPa以上的蒸汽管道、管径在32mm以上的采暖管道以及高层建筑消防管道可采用电焊、气焊连接。

（2）管道焊接时应有防风、防雨雪措施，焊区环境温度低于－20℃时焊口应预热，预热温度为100～200℃，预热长度为200～250mm。

（3）一般管道焊接为对口形式及组对。

（4）焊接前要将两管轴线对中，先将两管端部点焊牢，管径在100mm以下者可点焊三点，管径在150mm以上者以点焊四点为宜。

（5）管材壁厚在5mm以上者应对管端焊口部位铲坡口，如用气焊加工管道坡口，必须除去坡口表面的氧化皮，并将影响焊接质量的凹凸不平处打磨平。

（6）管道与法兰盘焊接，应先将管道插入法兰盘内，先点焊2～3点再用角尺找正找平后方可焊接，法兰盘应两面焊接，其内侧焊缝不得凸出法兰盘密封面。

四、管道承插口连接

1. 水泥捻口

一般用于室内外铸铁排水管道的承插口连接。

（1）为了减少捻固定灰口，对部分管道与管件可预先捻好灰口，捻灰口前检查管道与管件有无裂纹、砂眼等缺陷，并将管道与管件进行预排，校对尺寸有无差错，承插口的灰口环形缝隙是否合格。

（2）管道与管件连接时可在临时固定架上操作，管道与管件按图纸要求将承口朝上、插口向下插好，捻灰口。

（3）捻灰口时，先用麻钎将拧紧的比承插口环形缝隙稍粗一些的青麻或扎绑绳打进承口内，一般以打两圈为宜（约为承口深度的三分之一），青麻搭接处长度应大于30mm，而后将麻打实，边打边找正、找直，并将麻捣平。

（4）将麻打好后，即可把捻口灰（水与水泥质量比1∶9）分层填入承口环形缝隙内，先用薄捻凿，一手填灰，一手用捻凿捣实，然后分层用手锤、捻凿打实，直到将灰口填满，用厚薄与承口环形缝隙大小相适应的捻凿将灰口打实打平，直至捻凿打在灰口上有回弹的感觉即为合格。

（5）拌和捻口灰，应随拌随用，拌好的灰应控制在1.5h内用完，同时要根据气候情况适当地调整用水量。

（6）预制加工两节管道或两个以上管件时，应将先捻好灰口的管道或管件排列在上部，再捻下部灰口，以减轻其震动。捻完最后一个灰口后应检查其余灰口后有无松动，如有松动应及时处理。

(7) 预制加工好的管道与管件应码放在平坦的场所，放平垫实，用湿麻绳缠好灰口，浇水养护，保持湿润，一般常温 48h 后方可移动运到现场安装。

(8) 冬季捻灰口应采取有效的防冻措施，抹灰用水可加适量盐水，捻好的灰口严禁受冻，存放环境温度应保持在 5℃以上，有条件时亦可采取蒸汽养护。

2. 石棉水泥捻口

一般室内外铸铁给水管道敷设均采用石棉水泥捻口，即在水泥内掺适量的石棉绒拌和。

3. 铅接口

一般用于工业厂房室内铸铁给水管敷设，设计有特殊要求或室外铸铁给水管紧急抢修、管道碰头急于通水的情况也可采用铅接口。

4. 橡胶圈接口

一般用于室外铸铁给水管铺设、安装的管与管接口。管与管件仍需采用石棉水泥捻口。

五、管道粘接连接（UPV-C 管、ABS 管）

(1) 管道粘接不宜在湿度很大的环境中进行，操作场所应远离火源，防止撞击，当焊区环境温度低于－20℃时，焊口应预热，预热温度为 100～200℃，预热长度为 200～250mm。

(2) 管道和管件在粘接前应采用清洁棉纱或干布将承口的内侧和插口的外侧擦拭干净，并保持粘接面洁净。若表面沾有油污，应采用棉纱蘸丙酮等清洁剂擦净。

(3) 用油刷涂抹胶粘剂时，应先涂承口内侧，后涂插口外侧。涂抹承口时应顺轴向由里向外涂抹均匀、适量，不得漏涂或涂抹过厚。

(4) 承插口涂刷胶粘剂后，宜在 20s 内对准轴线一次连续用力插入。管端插入承口的深度应根据实测承口深度，在插入管端表面作出标记，插入后将管旋转 90°。

(5) 插接完毕，应即刻将接头外部挤出的胶粘剂擦拭干净。应避免受力，静置至接口固化为止，待接头牢固后方可继续安装。

(6) 粘接接头不宜在环境温度 0℃以下操作，应防止胶粘剂结冻。不得采用明火或电炉等设施加热胶粘剂。

六、管道的卡套式连接（铝塑复合管）

(1) 按设计要求的管径和现场复核后的管段长度截断管道。检查管口，如发现管口有毛刺、不平整或端面不垂直管轴线时，应修正。

(2) 用专用刮刀将管口处的聚乙烯内层削坡口，坡角为 20°～30°，深度为 1.0～1.5mm，且应用清洁的纸或布将坡口残屑擦干净。

(3) 用整圆器将管口整圆。

(4) 将锁紧螺帽、C 型紧箍环套在管上，用力将管芯插入管内，至管口达管芯根部。

(5) 将 C 型紧箍环移至距管口 0.5～1.5mm 处，再将锁紧螺帽与管件本体拧紧。

七、管道的热熔连接（目前，多用于室内生活给水 PP-R 管、PB 管的安装）

（1）将热熔工具接通电源，达到工作温度指示灯亮后方能开始操作。

（2）切割管道，必须使端面垂直于管轴线。管道切割一般使用管子剪或管道切割机，必要时可使用锋利的钢锯，但切割后管道断面应去除毛边和毛刺。

（3）管道与管件连接端面必须清洁、干燥、无油。

（4）用卡尺和合适的笔在管端测量并标绘出热熔深度。

（5）熔接弯头或三通时，按设计图纸要求（应注意方向），在管件和管道的直线方向上，用辅助标志标出其位置。

（6）连接时，无旋转地把管端导入热套内，插入到所标志的深度，同时，无旋转地把管件推到加热头上，达到规定标志处。

（7）达到加热时间后，立即把管道与管件从加热套与加热头上同时取下，迅速无旋转地均匀插入到所标深度，使接头处形成均匀凸缘。

（8）在表 4-11 规定的加工时间内，刚熔接好的接头还可校正，但严禁旋转。

管道热熔连接要求 **表 4-11**

管外径(mm)	焊接深度(mm)	加热时间(s)	加工时间(s)	冷却时间(min)
20	14	5	4	3
25	16	7	4	3
32	20	8	4	4
40	21	12	6	4
50	22.5	18	6	5
63	24	24	6	6
75	26	30	10	8
90	32	40	15	8
110	38.5	50	10	10

八、铜管的连接

建筑供水系统中使用铜管，其连接方式主要有卡套式连接和焊接连接两种。

（1）卡套式连接操作方便、简洁，选用正确的配件可以使连接处紧密，不会产生渗漏，并能承受足够的压力。

卡套式连接分为两种类型，即非操作接头 A 型和可操作接头 B 型。

非操作接头 A 型：安装过程包括选择符合管子规格的套管，按正确长度切割管子，除去所有毛刺，检查管端是否清洁以及有没有深的划痕或其他缺陷。如果管端是椭圆的，应采用适宜的工具使之变圆，然后把管子插入套管直到不变到挡圈，用手和一个扳手拧紧螺母直到压环夹紧管子，这时用手无法将套管上的螺母转动，现在用两个扳手再将螺帽拧紧到 1/3～2/3 圈。这样使压环咬入管子并使管子微小变形。

可操作接头 B 型：该接头可同时夹紧管子的内、外表面，这样接头既可以支撑，又可以紧紧卡住铜管。连接方法包括：确认管子的规格和所使用的套管规格正确无误，然后用细齿锯将管子切割为所需长度，清洁管子内外的毛刺，将压紧螺母和压环套入管端，将相应的扩口工具或冲头敲入管端使管口扩大，最后将立体管正确地放入管端和套管中，拧紧压紧螺母。先用手拧，然后再用扳手拧紧一周左右，便可以制成一个牢固、严密的接头。

（2）焊接方式主要有两种，锡焊和铜焊。

二者的区别主要在于使用的金属填料不同、焊药不同、应用的部位不同，使用焊接方式需要由具有专业资质的人员进行操作。

九、沟槽式连接

（1）用钢管切割机将钢管按所需长度切割，切口应平整，切口的毛刺应用砂轮机磨平，使其端面平整光滑。

（2）用专用滚槽机压槽。将需加工沟槽的钢管架设在滚槽机和滚槽机尾架上，用水平仪调整滚槽机尾架使滚槽机与钢管处于水平位置，将钢管端面与滚槽机槽轮挡板端面贴紧，即钢管与滚槽机槽轮挡板端面成 90°；压槽时应持续渐进。

（3）检查橡胶密封圈是否匹配，涂润滑剂，并将其套在一根管段的末端，将对接的另一根管段套上，将胶圈移至连接段中央。

（4）将卡箍套在胶圈外，并将边缘卡入沟槽中。

（5）将带变形块的螺栓插入螺栓孔，并将螺母旋紧。

十、柔性排水铸铁管连接

柔性排水铸铁管连接方式主要有两种，即 A 型承插橡胶圈法兰压盖连接和 W 型不锈钢卡箍内衬橡胶圈连接。

十一、薄壁不锈钢管

1. 卡箍连接

卡箍连接是挤压连接的一种。借助专制的快速液压钳工具，用外力使不锈钢压紧圈变形，使其紧密地与钢管连接在一起；再套上橡胶密封圈，拧紧不锈钢螺母（橡胶密封圈、不锈钢螺母与管件出厂时已整体组装）与管件连接。适用于 *DN*15、*DN*20 的薄壁不锈钢管的连接。

2. 胀形连接

用专制的胀形器将薄壁不锈钢管内胀成一山形台凸缘，在凸缘一端套上橡胶密封圈，拧紧不锈钢螺母与管件连接。适用于 *DN*25～50 的薄壁不锈钢管的连接。

3. 橡胶密封圈

按输送介质的不同要求，选用硅橡胶、三元乙丙橡胶等材料密封圈，作为薄壁不锈钢管及管件之间连接的密封圈。

4. 氩弧焊连接（对接焊连接）*DN*15～100

两配管（或配管与管件）作环缝 T1G 焊接。

十二、各种连接方式图示实例

（1）PE 管道与 PP-R 管道连接，黑色部分是 PE 变径弯头，其前面接 PE 管道，后面部分后接 PP-R 管道。如图 4-83 所示。

对图 4-83 中的连接件进行分解，黑色的配件为外螺纹直接，一边与 PE 热熔连接，一边与 PP-R 螺纹连接。如图 4-84 所示。

图 4-83 PE 管道与 PP-R 管道连接件

图 4-84 分解后的连接件

（2）图 4-85 中阀门上方为 PE 管道（*DN*50），下方为 PP-R 管道，中间通过一个阀门连接，采用的配件均为两个外螺纹直接。

（3）PE 管道与法兰阀门连接，使用管径较大的管道连接，法兰两边可连接两种不同的管道或同种管道。如图 4-86 所示。

图 4-85 PE 管道与 PP-R 管道通过阀门连接

图 4-86 PE 管道与法兰阀门连接

（4）PE 管道与 PVC-U 管道连接，所用的配件与图 4-84 相似。如图 4-87 所示。

（5）镀锌钢塑管与阀门连接，如图 4-88 所示。

图 4-87 PE 管道与 PVC-U 管道连接

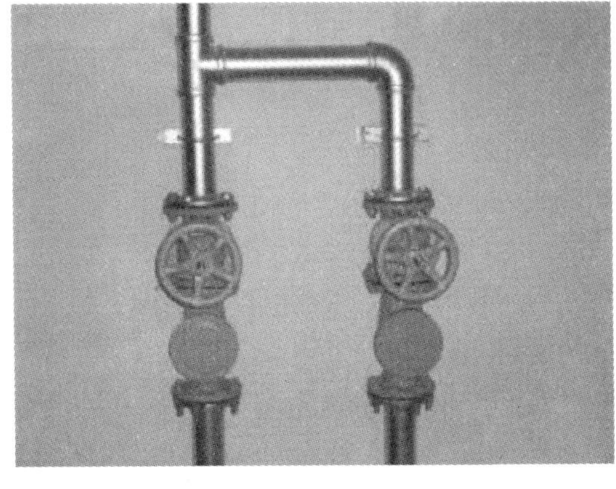

图 4-88 镀锌钢塑管与阀门连接

图 4-88 局部放大，可以看到闸阀与止回阀的连接情况，如图 4-89 所示。

（6）消防信号阀与 $DN150$ 镀锌钢管连接，如图 4-90 所示。

图 4-89 闸阀与止回阀连接

图 4-90 消防信号阀与 $DN150$ 镀锌钢管连接

（7）水泵接合器与消防管道采用法兰连接，如图 4-91 所示。

图 4-91 水泵接合器与消防管道连接（法兰连接）

图 4-92 机械三通

（8）*DN*100 的消火栓管用机械三通分支，如图 4-92 所示。

（9）图 4-93 所示为机械四通，*DN*150 主管两边接喷淋支管。

（10）消防管道中大于 *DN*100 的管道采用沟槽配件（卡箍）连接，如图 4-94、图 4-95 所示。

图 4-93　机械四通

图 4-94　消防管道的沟槽配件（卡箍）连接

（11）对夹式蝶阀与消防管道采用法兰连接，如图 4-96 所示。

图 4-95　消防管道的卡箍连接

图 4-96　对夹式蝶阀与消防管道连接（法兰连接）

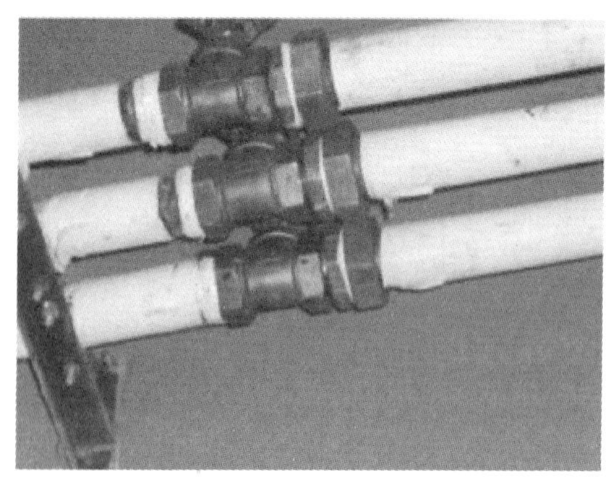

图 4-97　钢管与阀门连接（焊接）

图 4-98　电熔机

（12）铜管与阀门连接，铜管一般采用焊接，如图 4-97 所示。

（13）PE 钢丝管网采用电熔连接，图 4-98 所示为电熔机。

（14）彩铝檐沟管（铝管）属于金属管道，接口用承插打胶，如图 4-99 所示。

（15）湿式报警阀连接，如图 4-100 所示。

图 4-99　彩铝檐沟管连接

图 4-100　湿式报警阀连接

（16）HDPE 双壁波纹管采用橡胶圈连接，如图 4-101 所示。

4.2.6 【给水排水施工课堂】室外建筑给水管道设备安装施工详解

图 4-101　HDPE 双壁波纹管

一、范围

《室外给水管道及设置安装工艺标准》适用于民用建筑群（小区），工作压力不大于 0.6MPa 的室外给水和消防管网的给水铸铁管及镀锌碳素钢管铺设安装。

二、施工准备

1. 材料设备要求

（1）给水铸铁管及管件规格品种应符合设计要求，管壁薄厚均匀，内外光滑整洁，不得有砂眼、裂纹、飞刺和疙瘩。承插口的内外径及管件应造型规矩，并有出厂合格证。

（2）镀锌碳素钢管及管件管壁内外镀锌均匀，无锈蚀。内壁无飞刺，管件无偏扣、乱扣、方扣、丝扣不全、角度不准等现象。

（3）阀门无裂纹，开关灵活严密，铸造规矩，手轮无损坏，并有出厂合格证。

（4）地下消火栓、地下闸阀、水表品种规格应符合设计要求，并有出厂合格证。

（5）捻口水泥一般采用强度等级不小于 42.5 级的硅酸盐水泥和膨胀水泥（采用石膏矾土膨胀水泥或硅酸盐膨胀水泥）。水泥必须有出厂合格证。

（6）其他材料：石棉绒、油麻绳、青铅、铅油、麻线、机油、螺栓、螺母、防锈漆等。

2. 主要机具

（1）机具：套丝机、砂轮锯、试压泵等。

（2）工具：手锤、捻凿、钢锯、套丝板、剁斧、大锤、电气焊工具、捯链、压力案、管钳、大绳、铁锹、铁镐等。

（3）其他：水平尺、钢卷尺等。

3. 作业条件

（1）管沟平直，管沟深度、宽度符合要求，阀门井、表井垫层完成，消火栓底座施工完毕。

（2）管沟沟底已夯实，沟内无障碍物。且应有防塌方措施。

（3）管沟两侧不得堆放施工材料和其他物品。

三、操作工艺

（1）工艺流程：安装准备→清扫管膛→管道、管件、阀门、消火栓等就位→管道连接→灰口养护→水压试验→管道冲洗。

（2）根据施工图检查管沟坐标、深度、平直程度、沟底管基密实度是否符合要求。

（3）管道承口内部及插口外部飞刺、铸砂等应预先铲掉，沥青漆用喷灯或气焊烤掉，再用钢丝刷除去污物。

（4）把阀门、管件稳放在规定位置，作为基准点。把铸铁管运到管沟沿线沟边，承口朝向来水方向。

（5）根据铸铁管长度，确定管段工作坑位置，铺管前把工作坑挖好。工作坑尺寸见表4-12。

工作坑尺寸 **表 4-12**

管径(mm)	工作坑尺寸(m)			
	宽度	长度		深度
		承口前	承口后	
75～250	管径+0.6	0.6	0.2	0.3
250以上	管径+1.2	1.0	0.3	

（6）用大绳把清扫后的铸铁管顺到沟底，清理承插口，然后对插安装管路，将承插接口顺直定位。

（7）安装管件、阀门等位置应准确，阀杆要垂直向上。

（8）室外地下消火栓底座下设有预制好的混凝土垫块或现浇混凝土垫层，下面的土层要求夯实（见图4-102）。

（9）铸铁管稳好后，在靠近管道两端处填土覆盖，两侧夯实，并应随即用稍粗于接口间隙的干净麻绳将接口塞严，以防泥土及杂物进入。

（10）石棉水泥接口

1）接口前应先在承插口内打上油麻，打油麻的工序如下：

① 打油麻时将油麻拧成麻花状，其粗度比管口间隙大1.5倍，麻股由接口下方逐渐

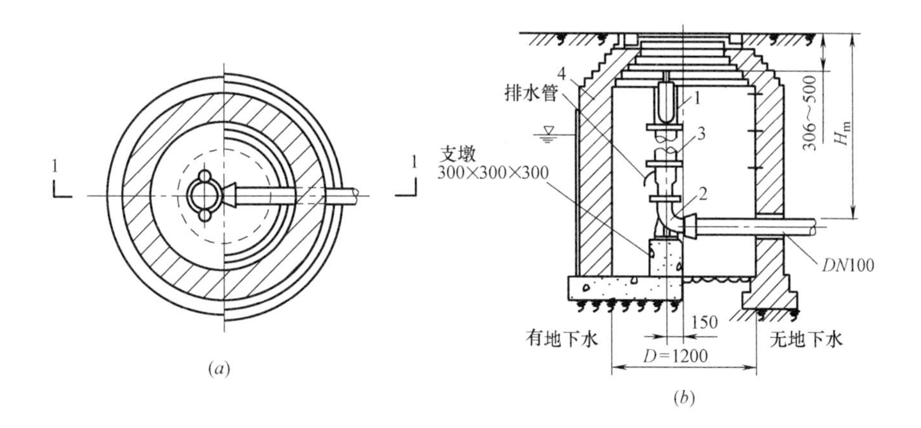

图 4-102 室外地下消火栓

(a) 平面图；(b) Ⅰ—Ⅰ剖面图

1—消火栓；2—弯头底座；3—法兰接管；4—圆形阀

向上方，边塞边用捻凿依次打入间隙，捻凿被弹回表明麻已被打结实，打实的麻深度应是承口深度的 1/3。

② 承插铸铁管填料深度见表 4-13。

承插铸铁管填料深度 **表 4-13**

管径(mm)	接口间隙(mm)	承口总深(mm)	接口填料深度(mm)	
			石棉水泥接口	铅口
			麻灰	麻铅
75	10	90	3357	4050
100～125	10	95	3362	4550
150～200	10	100	3367	5050
250～300	11	105	3570	5550

2) 石棉水泥捻口可用不小于 32.5 号硅酸盐水泥，3～4 级石棉，质量比为水∶石棉∶水泥=1∶3∶7。加水质量与气温有关，夏季炎热时要适当多加。

3) 捻口操作：将拌好的灰由下方至上方塞入已打好油麻的承口内，塞满后用捻凿和手锤将填料捣实，按此方法逐层进行，打实为止。当灰口凹入承口 2～3mm，深浅一致，同时感到有弹性，灰表面呈光亮时可认为已打好。

4) 接口捻完后，对接口要进行不少于 48h 的养护。

(11) 铅接口：铅接口详见《室内给水管道安装施工工艺标准》SGBZ-0502。

(12) 胶圈接口

1) 外观检查胶圈粗细均匀，无气泡，无重皮。

2) 根据承口深度，在插口管端划出符合承插口的对口间隙不小于 3mm，最大间隙不大于表 4-14 规定的印记。将胶圈塞入承口胶圈槽内，胶圈内侧及插口抹上肥皂水，将管子找平找正，用捯链等工具将铸铁管徐徐插入承口内至印记处即可。承插接口的环形间隙详见表 4-15。

铸铁管承插口的对口最大间隙　　表 4-14

管径(mm)	沿直线铺设(mm)	沿曲线铺设(mm)
75	4	5
100～200	5	7～13
300～500	6	14～22

铸铁管承插口的环形间隙　　表 4-15

管径(mm)	标准环形间隙(mm)	允许偏差(mm)
75～200	10	+3　−2
250～450	11	+4
500	12	−2

3）管道与管件连接处采用石棉水泥接口。

（13）镀锌碳素钢管铺设：镀锌碳素钢管埋地铺设要根据设计要求与土质情况做好防腐处理。

（14）单元水表安装：单元水表安装于表井底中心（见图 4-103）。

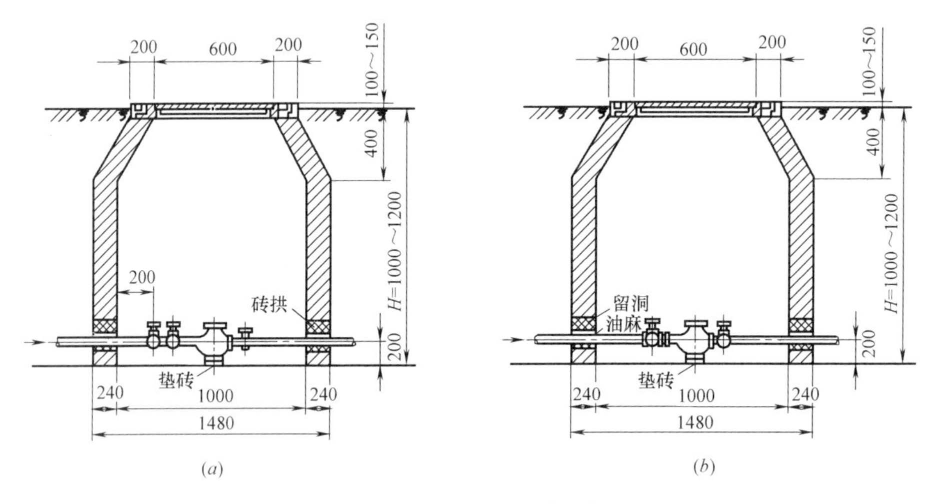

图 4-103　单元水表安装示意图
（a）甲型；（b）乙型

（15）洒水栓安装见图 4-104。

（16）水压试验：对已安装好的管道进行水压试验，试验压力值按设计要求及施工规范规定确定。

（17）管道冲洗：管道安装完毕，验收前应进行冲洗，使水质达到规定洁净要求。并请有关单位验收，做好管道冲洗验收记录。

四、质量标准

1. 一般规定

（1）“室外给水管网安装工程的质量检验与验收”适用于民用建筑群（住宅小区）及厂区的室外给水管网安装工程的质量检验与验收。

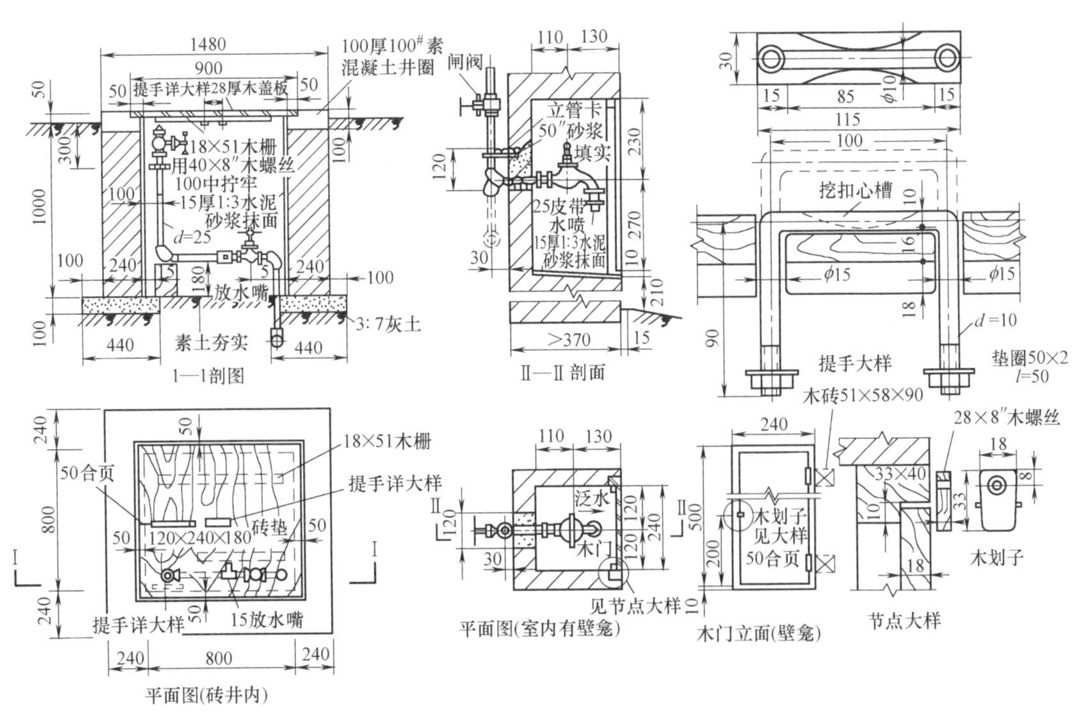

图 4-104 洒水栓安装示意图

（2）输送生活给水的管道应采用塑料管、复合管、镀锌钢管或给水铸铁管。塑料管、复合管或给水铸铁管的管材、配件，应是同一厂家的配套产品。

（3）架空或在地沟内敷设的室外给水管道其安装要求按室内给水管道的安装要求执行。塑料管道不得露天架空铺设，必须露天架空铺设时应有保温和防晒等措施。

（4）消防水泵接合器及室外消火栓的安装位置、形式必须符合设计要求。

2. 给水管道安装

（1）主控项目

1）给水管道埋地敷设时，应在当地的冰冻线以下，如必须在冰冻线以上敷设时，应采取可靠的保温防潮措施。在无冰冻地区，埋地敷设时，管顶的覆土埋深不得小于500mm，穿越道路部位的埋深不得小于700mm。

检验方法：现场观察检查。

2）给水管道不得直接穿越污水井、化粪池、公共厕所等污染源。

检验方法：观察检查。

3）管道接口法兰、卡扣、卡箍等应安装在检查井或地沟内，不应埋在土壤中。

检验方法：观察检查。

4）给水系统各种井室内的管道安装，如设计无要求时，井壁距法兰或承口的距离：管径小于或等于450mm时，不得小于250mm；管径大于450mm时，不得小于350mm。

检验方法：尺量检查。

5）管网必须进行水压试验，试验压力为工作压力的 1.5 倍，但不得小于 0.6MPa。

检验方法：管材为钢管、铸铁管时，试验压力下 10min 内压力降不应大于 0.05MPa，然后降至工作压力进行检查，压力应保持不变，不渗不漏；管材为塑料管时，试验压力下，稳压 1h 压力降不大于 0.05MPa，然后降至工作压力进行检查，压力应保持不变，不渗不漏。

6）镀锌钢管、钢管的埋地防腐必须符合设计要求，如设计无要求时，可按表 4-16 的规定执行。卷材与管材间应粘贴牢固，无空鼓、滑移、接口不严等。

检验方法：观察和切开防腐层检查。

管道防腐层种类　　表 4-16

防腐层层次	正常防腐层	加强防腐层	特加强防腐层
（从金属表面起）	冷底子油	冷底子油	冷底子油
1	沥青涂层	沥青涂层	沥青涂层
2		强加包扎层	加强保护层
3		（封闭层）	（封闭层）
3		沥青涂层	沥青涂层
4		外保护层	加强包扎层
5			（封闭层）
6			沥青涂层
6			外保护层
7			外包保护层
防腐层厚度不小于(mm)	3	6	9

7）给水管道在竣工后，必须对管道进行冲洗，饮用水管道还要在冲洗后进行消毒，满足饮用水卫生要求。

检验方法：观察冲洗水的浊度，查看有关部门提供的检验报告。

（2）一般项目

1）管道的坐标、标高、坡度应符合设计要求，管道安装的允许偏差应符合表 4-17 的规定。

室外给水管道安装的允许偏差和检验方法　　表 4-17

项次	项目			允许偏差(mm)	检查方法
1	坐标	铸铁管	埋地	100	拉线和尺量检查
			敷设在沟槽内	50	
		钢管、塑料管复合管	埋地	100	
			敷设在沟槽内或架空	40	
2	标高	铸铁管	埋地	±50	拉线和尺量检查
				±30	
		钢管、塑料管、复合管	埋地	±50	
			敷设在沟槽内或架空	±30	

续表

项次	项目			允许偏差(mm)	检查方法
3	水平管纵槽向弯曲	铸铁管	直段(25m以上) 起点～终点	40	拉线和尺量检查
		钢管、塑料管、复合管	直段(25m以上) 起点～终点	30	

2）管道和金属支架的涂漆应附着良好，无脱皮、起泡、流淌和漏涂等缺陷。

检验方法：现场观察检查。

3）管道连接应符合工艺要求，阀门、水表等安装位置应正确。塑料给水管道上的水表、阀门等设施的重量或启闭装置的扭矩不得作用于管道上，当管径≥50mm时必须设独立的支承装置。

检验方法：现场观察检查。

4）给水管道与污水管道在不同标高平行敷设，且其垂直间距在500mm以内时，给水管管径小于或等于200mm的，管壁水平间距不得小于1.5m；管径大于200mm的，不得小于3m。

检验方法：观察和尺量检查。

5）铸铁管承插捻口连接的对口间隙应不小于3mm，最大间隙不得大于表4-18的规定。

铸铁管承插捻口的对口最大间隙 **表4-18**

管径(mm)	沿直线敷设(mm)	沿曲线敷设(mm)
75	4	5
100～200	5	7～13
300～500	6	14～22

检验方法：尺量检查。

6）铸铁管沿直线敷设，承插捻口连接的环形间隙应符合表4-19的规定；沿曲线敷设，每个接口允许有2°转角。

铸铁管承插捻口的环形间隙 **表4-19**

管径(mm)	标准环型间隙(mm)	允许偏差(mm)
75～200	10	+3 −2
250～450	11	+4 −2
500	12	+4 −2

检验方法：尺量检查。

7）捻口用的油麻填料必须清洁，填塞后应捻实，其深度应占整个环形间隙深度的1/3。

检验方法：观察和尺量检查。

8）捻口用水泥强度应不低于32.5MPa，接口水泥应密实饱满，接口水泥面凹入承口边缘的深度不得大于2mm。

检验方法：观察和尺量检查。

9）采用水泥捻口的给水铸铁管，在安装地点有侵蚀性的地下水时，应在接口处涂抹沥青防腐层。

检验方法：观察检查。

10）采用橡胶圈接口的埋地给水管道，在土壤或地下水对橡胶圈有腐蚀的地段，在回填土前应用沥青胶泥、沥青麻丝或沥青锯末等材料封闭橡胶圈接口。橡胶圈接口的管道，每个接口的最大偏转角不得超过表 4-20 的规定。

橡胶圈接口最大允许偏转角　　表 4-20

公称直径(mm)	100	125	150	200	250	300	350	400
允许偏转角度	5°	5°	5°	5°	4°	4°	4°	3°

检验方法：观察和尺量检查。

4.2.7 【给水排水施工课堂】室内给水排水管道铺设的注意事项

一、给水管道的布置

1. 引入管

从配水平衡和供水可靠考虑，宜从建筑物用水量最大处和不允许断水处引入（用水点分布不均匀时）。用水点分布均匀时应从建筑中间引入，以缩短管线长度，减小管网水头损失。

条数：一般 1 条，当不允许断水或消火栓个数大于 10 个时 2 条，且从建筑不同侧引入，从同侧引入时，间距应大于 10m。

防冰防压室外：冰冻线以下 0.2m，覆土 0.7m 以上；室内穿基础，基础下。

2. 水表节点

北方：承重墙内；南方：水表井中。

3. 室内给水管网

与建筑性质、外形、结构状况、卫生器具布置及采用的给水方式有关。

（1）力求长度最短，尽可能呈直线走，平行于墙、梁、柱，照顾美观，考虑施工检修方便。

（2）干管尽量靠近大用户或不允许间断供水的用户，以保证供水可靠，减少管道转输流量，使大口径管道最短。

（3）不得敷设在排水间、烟道和风道内，不允许穿过大小便槽、橱窗、壁柜、木装修。

（4）避开沉降缝，如果必须穿越时，应采取相应的技术措施。

（5）车间内给水管道可架空可埋地，架空时，不得妨碍生产操作及交通，不从设备上通过。不允许在遇水会引起爆炸、燃烧或损坏的原料、产品、设备上面布管道。埋地应避开设备基础，避免压坏或震坏。

二、给水排水管道的敷设

1. 安装方式

根据建筑对卫生、美观方面的要求不同，可分为明装和暗装。

（1）明装：管道在室内沿墙、梁、柱、顶棚下、地板旁暴露敷设。

优点：造价低，便于安装维修；

缺点：不美观，凝结水，积灰，妨碍环境卫生。

（2）暗装：管道敷设在地下室或吊顶中，或在管井、管槽、管沟中隐蔽敷设。

特点：卫生条件好，美观，造价高，施工维护均不便。

适用范围：建筑标准高的建筑，如高层、宾馆，要求室内洁净无光的车间，如精密仪器、电子元件等。

室内给水管道可以与其他管道一同架设，但应考虑安全、施工、维护等要求。当管道平行或交叉设置时，对管道的相互位置、距离、固定等应按管道综合有关要求统一处理。

2. 引入管

（1）防冰防压

室外部分：管顶标高在冰冻线以下 20cm；覆土厚度不小于 0.7～1.0m。

（2）离墙：从基础下通过，留洞；穿基础 $d+200$。

3. 水表节点

北方：第一道承重墙内；南方：水表井中。

气温＞2℃，便于维修查表，不受污染，不被损坏。

三、管道防腐、防冻、防结露、防漏的技术措施

使建筑内部给水系统能在较长年限内正常工作，除应加强维护管理外，在施工中还需采取如下一系列措施。

1. 防腐

不论明装或暗装的管道和设备，除镀锌钢管外均需做防腐。

钢管外防腐——刷油法：除锈、防锈漆二道（樟丹），面漆（银粉）。

防腐层：底漆（冷底子油）、沥青玛蹄脂、防水卷材、牛皮纸等。

冷底子油、沥青玻璃布二道、热力清三道（二布三油）。

铸铁管——埋地外表一律刷沥青防腐。

明露刷樟丹及银粉

内防腐——输送具有腐蚀性液体时，除用耐腐蚀管道外，也可将钢管或铸铁管内壁涂衬防腐材料，如衬胶、衬玻璃钢。

2. 防冻

避开易冻房间。

保暖——寒冷地区屋顶水箱，冬季不采暖的室内管道，设于门厅、过道处的管道应采取保暖措施，如包裹矿渣棉、玻璃棉等。

3. 防结露

对于采暖卫生间及温度较高的房间（洗衣房），当管道水温低于室温时，管道及设备外壁结露，久而久之会损坏墙面，引起管道腐蚀，影响环境卫生。

防结露措施——防潮绝缘层，一般与温保法相同。

四、水质防护

（1）各给水系统（生活给水、直饮水、生活杂用水）应各自独立、自成系统，不得串接。

（2）生活用水不得因管道产生回流污染。

（3）建筑内二次供水的生活饮用水箱应独立设置，其贮量不得超过48h的用水量，并不允许其他用水的溢流水进入。

（4）埋地式生活贮水池与化粪池、污水处理构筑物的净距不应小于10m。

（5）建筑物内的生活贮水池应采用独立结构形式，不得利用建筑物本体结构作为水池的壁板、底板及顶盖。

（6）生活水池（箱）与其他用水水池（箱）并列设置时，应有各自独立的池壁，不得合用同一分隔墙；两池壁之间的缝隙渗水，应自流排出。

（7）建筑内的生活水池（箱）应设在专用房间内，其上方的房间不应设有厕所、卫生间、厨房、污水处理间等。

（8）生活水池（箱）的构造和配管应符合下列要求：

1）水池（箱）的材质、衬砌材料、内壁涂料应采用不污染水质的材料。

2）水池（箱）必须有盖并密封；人孔应有密封盖并加锁；水池透气管不得进入其他房间。

3）进出水管应布置在水池的不同侧，以避免水流短路，必要时应设导流装置。

4）通气管、溢流管应装防虫网罩，严禁通气管与排水系统通气管和风道相连。

5）溢水管、泄水管不得与排水系统直接相连。应有不小于0.2m的空气隔断。

4.2.8 【给水排水施工课堂】如何做好地下室防水、防渗漏措施

地下室因其特殊性就更不可避免地会出现渗漏潮湿的现象，国内的一些做法我们大都已经熟悉，不妨来看看国外是怎么做的。

住宅内部出现局部潮湿或者漏水的现象，是一种常见的建筑工程质量通病，不仅存在于已经使用多年的旧住宅中，即便是在刚刚买到的新建住宅中，在室内厕所、厨房、阳台、屋顶等位置出现漏水潮湿的现象，也是比较多见的。国内住宅，基本上是多层甚至是高层形式的公寓式楼房住宅。从结构上讲，有砖混结构的住宅形式，也有大量的现浇钢筋混凝土结构的住宅形式（具体又可分为：框架结构、框架剪力墙结构、框架短肢剪力墙结构、筒体结构，等等）。

人们在住宅里面居住生活，在某些功能房间的内部，有管道输送水和经常使用水是不可避免的事情，比如浴室、厕所、厨房等位置。这些功能房间内部的天棚、墙面、地面上有水不要紧，关键是这些位置从材料构造上来讲应该不能渗水，并且能够迅速将水排放掉。因此在室内地面及墙面的构造组成上，设置防水层是很重要的。

图4-105～图4-132展示了地下室防水排水构造及地下室基础防水的做法和一些工程实例。

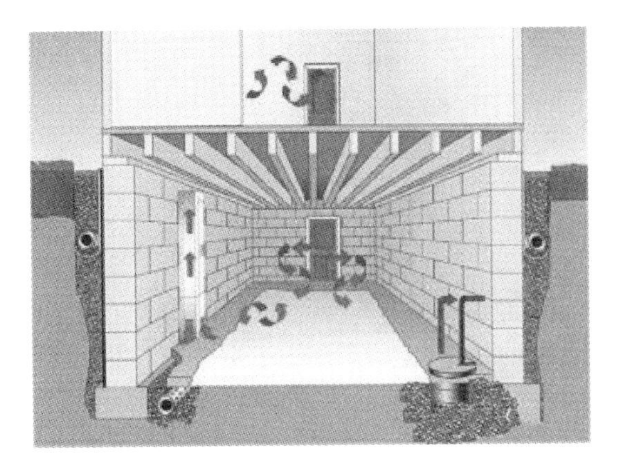

图 4-105 地下室防水排水构造示意图（一）

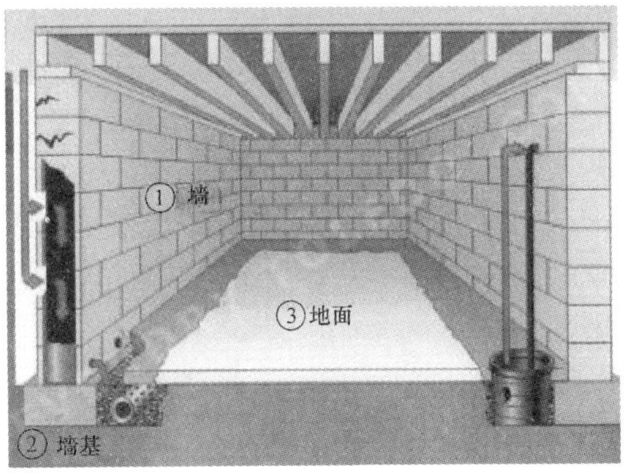

图 4-106 地下室防水排水构造示意图（二）

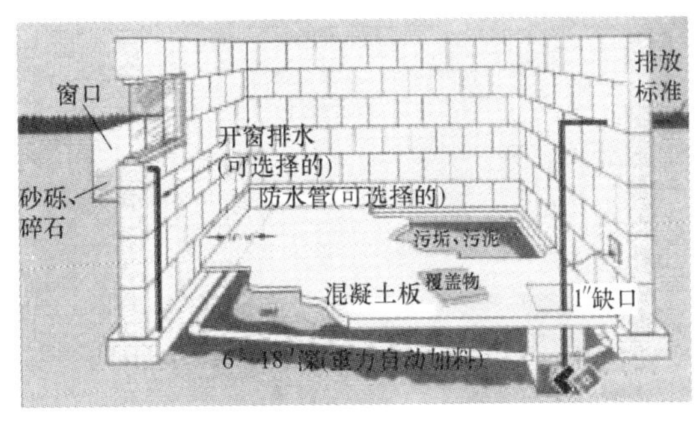

图 4-107 地下室防水排水构造示意图（三）

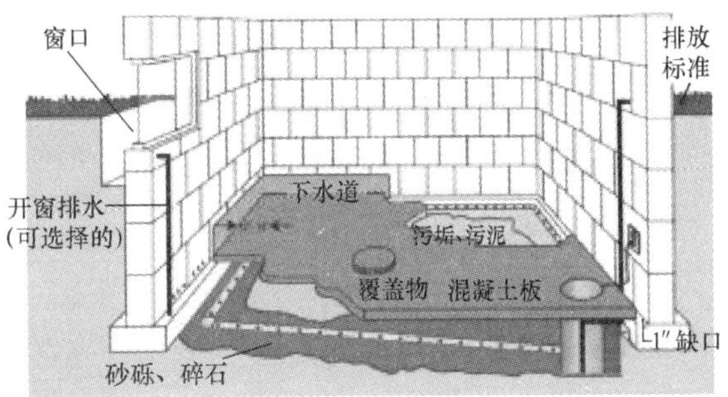

图 4-108 地下室防水排水构造示意图（四）

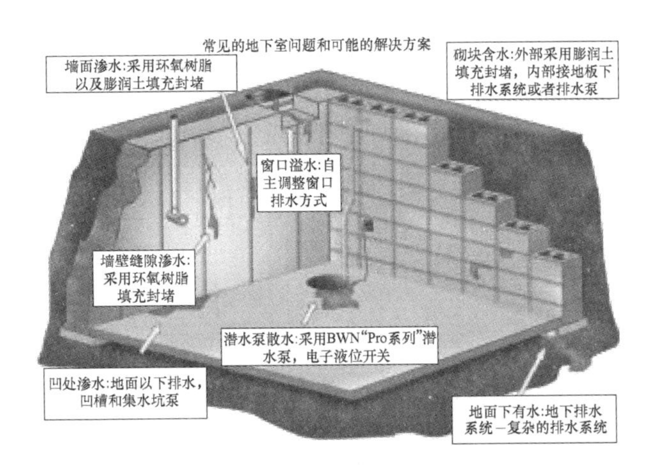

图 4-109 地下室防水排水构造示意图（五）

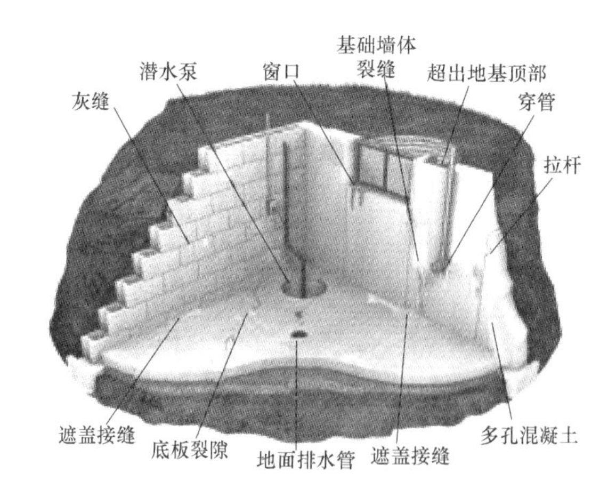

图 4-110 地下室防水排水构造示意图（六）

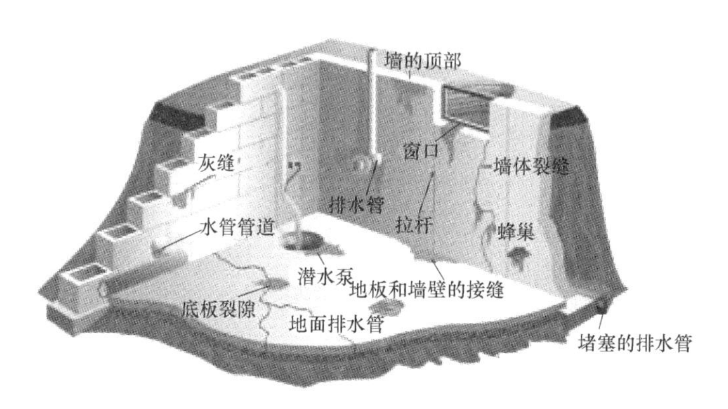

图 4-111 地下室防水排水构造示意图（七）

图 4-112 地下室防水构造局部节点示意图

图 4-113 地下室水泵排水构造组成局部位置示意图

图 4-114 地下室内部排水设施局部位置现场实例

图 4-115 地下室基础外侧液体防水材料涂刷实例（一）

图 4-116 地下室基础外侧液体防水材料涂刷实例（二）

图 4-117 地下室基础外侧液体防水材料涂刷实例（三）

图 4-118 地下室基础外侧液体防水材料涂刷实例（四）

图 4-119 地下室基础外侧液体防水材料涂刷实例（五）

图 4-120 地下室基础外侧液体防水材料涂刷实例（六）

图 4-121 地下室基础外侧液体防水材料涂刷实例（七）

图 4-122 地下室基础外侧液体防水材料涂刷实例（八）

图 4-123 地下室基础外侧液体防水材料涂刷实例（九）

图 4-124 地下室基础外侧液体防水材料涂刷及铺贴耐水保温层实例（一）

图 4-125 地下室基础外侧液体防水材料涂刷及铺贴耐水保温层实例（二）

图 4-126 地下室基础外侧粘贴专用防水卷材实例（一）

图 4-127 地下室基础外侧粘贴专用防水卷材实例（二）

图 4-128 地下室基础外侧粘贴专用防水卷材实例（三）

图 4-129 地下室基础外侧粘贴专用防水橡胶薄膜实例（一）

图 4-130 地下室基础外侧粘贴专用防水橡胶薄膜实例（二）

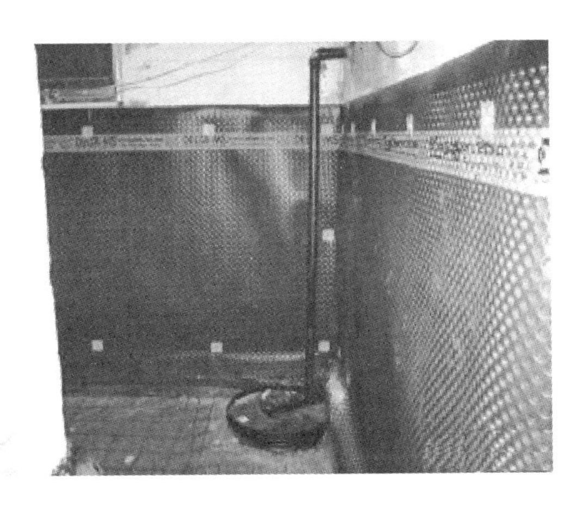

图 4-131 地下室基础里侧粘贴专用防水橡胶薄膜实例（三）

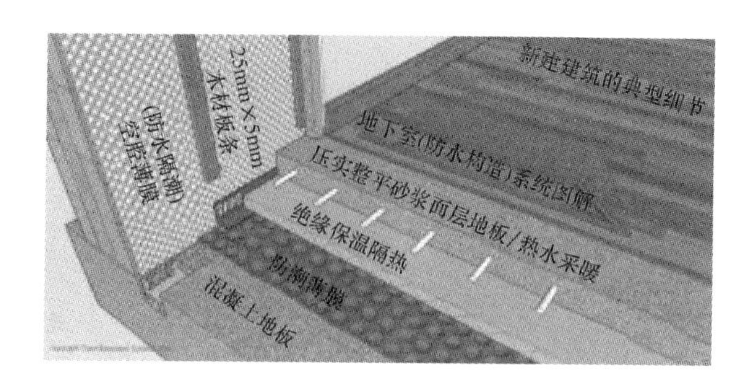

图 4-132 地下室外部墙体基础和室内地面地板的节点位置防水构造处理示意图

4.2.9 【给水排水施工课堂】第一讲：超实用的屋面防水施工做法

一、屋面构造

保温屋面构造层次示意图如图 4-133 所示；倒置式屋面构造层次示意图如图 4-134 所示。

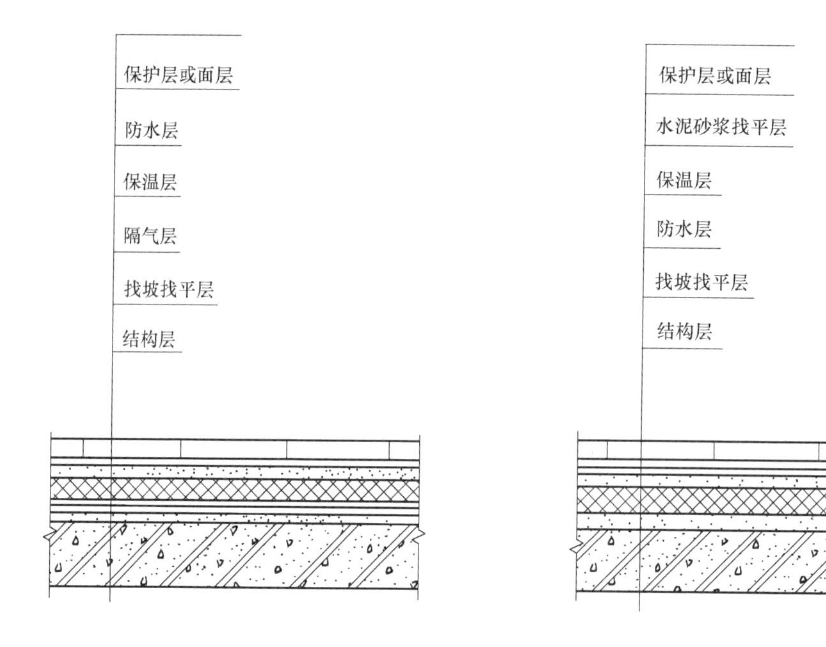

图 4-133 保温屋面构造层次示意图

图 4-134 倒置式屋面构造层次示意图

二、找平层施工

一般采用水泥砂浆、细石混凝土或沥青砂浆作屋面的整体找平层。

1. 厚度及技术要求

(1) 水泥砂浆找平层：当结构层为现浇混凝土整体板时，厚度为15～20mm；当有整体或块状材料保温层时，厚度为20～25mm；当结构层为装配式混凝土板且保温层为松散材料时，厚度为20～30mm。水泥砂浆采用1∶2.5～1∶3（水泥：砂）体积比，水泥强度等级不低于32.5级。

(2) 细石混凝土找平层：厚度为30～35mm，混凝土强度等级不低于C20。

(3) 沥青砂浆找平层：当结构层为现浇混凝土整体板时，厚度为15～20mm；当结构层为装配式混凝土板且保温层为整体或块状材料时，厚度为20～25mm。沥青砂浆采用1∶8（沥青：砂）质量比。

2. 找平层的排水坡度

平屋面采用结构找坡时不应小于3%，采用材料找坡时宜为2%；天沟、檐沟纵向找坡不应小于1%，沟底水落差不得超过200mm。

3. 节点处理

找平层在凸出屋面结构（女儿墙、山墙、变形缝、烟囱）的交接处和转角处应做成圆弧形，当防水层为沥青防水卷材时圆弧半径R=100～150mm，为高聚物改性沥青防水卷材时R=50mm，为合成高分子防水卷材时R=20mm。内部排水的落水口周围，找平层应做成略低的凹坑。

(1) 高低跨变形缝处理，如图4-135所示。

(2) 伸出屋面管道防水处理，如图4-136所示。

(3) 直式水落口，如图4-137所示。

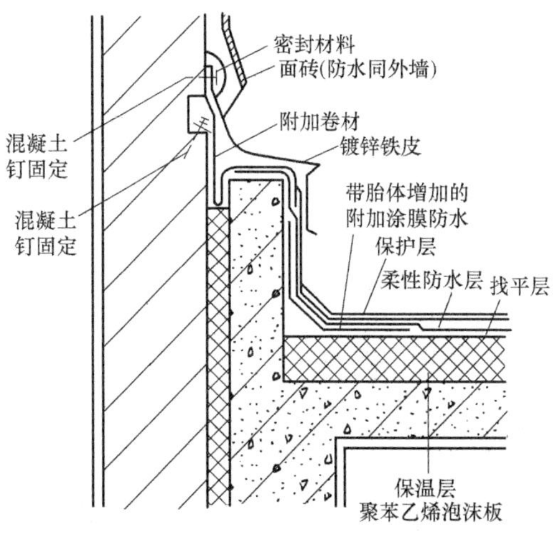

图4-135 高低跨变形缝处理

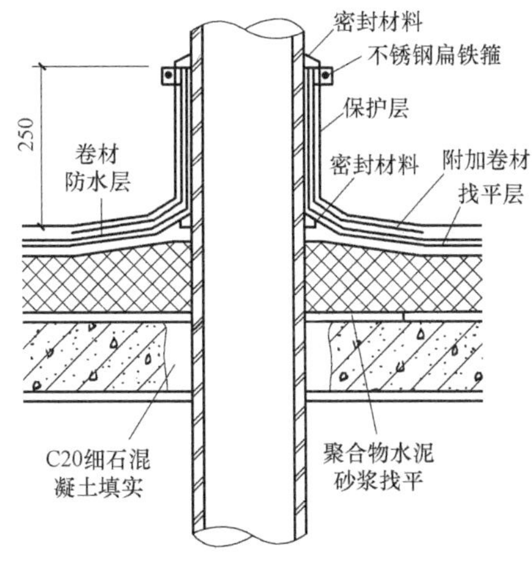

图4-136 伸出屋面管道防水处理

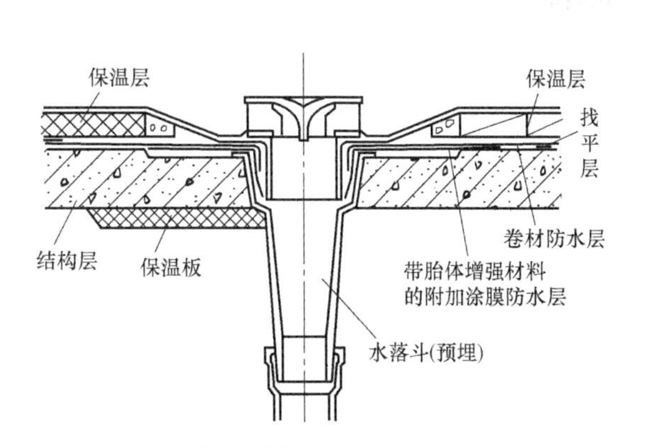

图4-137 直式水落口

4. 找平层的分格缝

找平层宜设分格缝，并嵌填密封材料。分格缝应留设在板端缝处，其纵横缝的最大间距，水泥砂浆或细石混凝土找平层不宜大于 6m，沥青砂浆找平层不宜大于 4m。

屋面分格缝的面层处理，如图 4-138 所示。

图 4-138　屋面分格缝的面层处理

三、保温层施工

1. 保温材料

保温材料可分为三类：一是松散材料，如炉渣、膨胀蛭石、膨胀珍珠岩等，目前已较少使用。二是板状材料，如膨胀蛭石、膨胀珍珠岩块、泡沫水泥、加气混凝土块、岩棉板、EPS 聚苯板、XPS 挤塑板。三是整体现浇（喷）保温层，如沥青膨胀蛭石、沥青膨胀珍珠岩、聚氨酯硬泡防水保温一体化系统等。目前使用较多的是岩棉板、EPS 聚苯板、XPS 挤塑板等板状材料。聚氨酯硬泡防水保温一体化系统发展迅速。

2. 保温层的施工

保温层施工前基层应平整、干燥和干净，保温板紧贴（靠）基层、铺平垫稳，分层铺设时上下层接缝错开，拼缝严密，板间缝隙应采用同类型材料嵌填密实，粘贴应贴严粘牢，找坡正确。

岩棉板保温层铺设 ，如图 4-139 所示。

XPS 挤塑板保温屋面，如图 4-140 所示。

图 4-139　岩棉板保温层铺设

图 4-140　XPS 挤塑板保温屋面

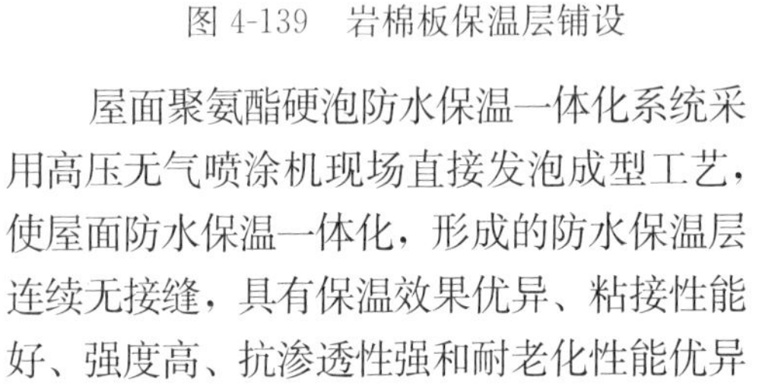

屋面聚氨酯硬泡防水保温一体化系统采用高压无气喷涂机现场直接发泡成型工艺，使屋面防水保温一体化，形成的防水保温层连续无接缝，具有保温效果优异、粘接性能好、强度高、抗渗透性强和耐老化性能优异等特点。如图 4-141～图 4-143 所示。

图 4-141　喷涂聚氨酯硬泥

四、卷材防水层施工

1. 沥青卷材防水层施工

沥青卷材防水层只允许在防水等级为Ⅲ、Ⅳ级的屋面防水层中使用，Ⅲ级屋面为三毡四油，Ⅳ级屋面为二毡三油。

图 4-142 聚氨酯防水保温屋面

图 4-143 屋面效果

（1）卷材存放

不同品种、标号、规格的卷材应分别直立堆放，高度不超过 2 层（见图 4-144）。避免雨淋、日晒和受潮，严禁接近火源和热源，避免与化学介质和有机溶剂等有害物质接触。

图 4-144 防水卷材的存放

（2）基层清理及干燥程度检查

沥青卷材防水层的施工应在屋面其他工程完工后进行。铺设屋面隔气层和防水层前，基层必须干净、干燥，并应铲除灰渣、油污等附着物。图 4-145 为工人在清理基层；图 4-146 为工人在铲除灰渣、油污等附物。

将一块 $1m^2$ 的卷材平坦干铺在找平层上，静置 3～4h 后掀开检查，找平层覆盖部位无水印即可铺设。

（3）基层处理

基层处理剂（冷底子油）具有较强的渗透性和憎水性，能增强沥青胶结材料与找平层

图 4-145 清理基层

图 4-146 铲除灰渣、油污等附着物

的黏结力。基层处理剂的涂刷一般在找平层干燥后进行，涂刷应薄而均匀，不得有空白、麻点或气泡。如图 4-147、图 4-148 所示。

图 4-147 冷底子油施工

图 4-148 涂刷环氧改性沥青基层处理剂

（4）卷材的铺贴方向

当屋面坡度小于 3%时，卷材宜平行屋脊铺贴；当屋面坡度为 3%～15%时，卷材可平行或垂直屋脊铺贴；当屋面坡度大于 15%或屋面受震动时，卷材应垂直屋脊铺贴；上下层卷材不得相互垂直铺贴。

平行于屋脊铺贴时，应从天沟或檐口开始向上逐层铺贴，两幅卷材的长边搭接（压边）应顺流水方向，长边搭接宽度不小于 70mm（满粘法）或 100mm（空铺、点粘、条粘法）；短边搭接（接头）应顺主导风向，搭接宽度不小于 100mm（满粘法）或 150mm（空铺、点粘、条粘法）。相邻两幅卷材短边搭接缝应错开不小于 500mm，上下两层卷材应错开 1/3～1/2 幅卷材宽度。平行于屋脊铺贴可一幅卷材一铺到底，工作面大、接头少、效率高，利用了卷材横向抗拉强度高于纵向抗拉强度的特点，防止卷材因基层变形而产生裂缝，宜优先采用。卷材水平铺贴搭接要求如图 4-149 所示；卷材平行于屋脊铺贴如图 4-150 所示。

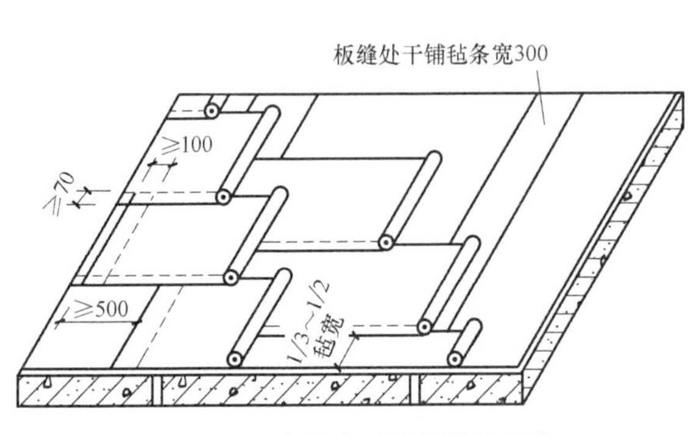

图 4-149 卷材水平铺贴搭接要求

图 4-150 卷材平行于屋脊铺贴

垂直于屋脊铺贴时，则应从屋脊向檐口铺贴，压边顺主导风向，接头顺流水方向，屋脊处不能留设搭接缝，必须使卷材相互越过屋脊交错搭接以增强屋脊的防水和耐久性。

铺贴大面积屋面防水卷材前，应先对落水口、天沟、女儿墙和沉降缝等地方进行加强处理，做好泛水处理，再铺贴大屋面的卷材，当铺贴连续多跨或高低跨屋面时，应按先高跨后低跨、先远后近的顺序进行。高低跨屋面泛水处理如图 4-151 所示。

（5）铺贴方法

主要有浇油法、刷油法、刮油法和撒油法。

图 4-151 高低跨屋面泛水处理

1）浇油法：又称赶油法，是将沥青胶浇到基层上，然后推着卷材向前滚动使卷材与基层粘结紧密。

2）刷油法：是用毛刷将沥青胶在基层上刷开，刷油长度以 300～500mm 为宜，出油边不应大于 50mm，然后快速铺压卷材。

3）刮油法：是将沥青胶浇在基层上后，用厚 5～10mm 的胶皮刮板刮开沥青胶铺贴。

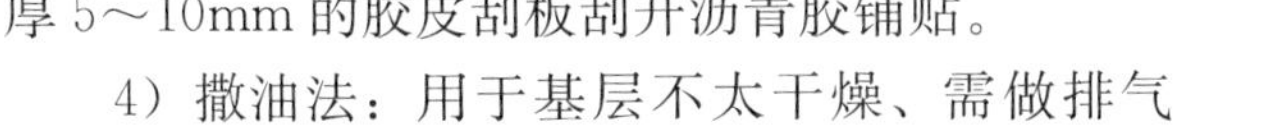

4）撒油法：用于基层不太干燥、需做排气屋面的情况，在铺第一层卷材时，先在卷材周边满涂沥青，中间用撒蛇形花的方法撒油铺贴，其余各层仍按浇油、刮油、刷油法铺贴。

沥青胶中的沥青成分应与卷材中的沥青成分相同。热沥青玛蹄脂的加热温度不超过 240℃，使用温度不低于 190℃，沥青玛蹄脂应涂刮均匀，不得过厚或堆积。

黏结层厚度：热沥青玛蹄脂为 1～1.5mm，冷沥青玛蹄脂为 0.5～1mm；

面层厚度：热沥青玛蹄脂为 2～3mm，冷沥青玛蹄脂为 1～1.5mm。

（6）保护层的施工

绿豆砂保护层是在各层卷材铺贴完后，在上层表面浇一层 2～4mm 的沥青胶，趁热撒上一层粒径为 3～5mm 的小豆石，并加以压实，使豆石与沥青胶粘结牢固，未粘结的豆石应扫除干净。

采用水泥砂浆、块材或细石混凝土等刚性保护层时，保护层与防水层之间应设置隔离层，保护层应设分格缝，水泥砂浆保护层分格面积宜为 $1m^2$，块体材料不宜大于 $100m^2$，细石混凝土保护层不宜大于 $36m^2$。刚性保护层与女儿墙、山墙之间应预留宽度为 30mm 的缝隙，并用密封材料嵌填严密。

2. 高聚物改性沥青卷材防水层施工

高聚物改性沥青卷材可在防水等级为Ⅰ、Ⅱ、Ⅲ级的屋面防水层中使用。Ⅲ级屋面可一道设防，卷材厚度不小于 4mm；Ⅱ级屋面应两道设防，卷材厚度不小于 3mm；Ⅰ级屋面应三道或三道以上设防，卷材厚度不小于 3mm。

长边搭接宽度不小于 80mm（满粘法）或 100mm（空铺、点粘、条粘法）；短边搭接宽度不小于 80mm（满粘法）或 100mm（空铺、点粘、条粘法）。SBS 卷材的长边搭接如图 4-152 所示。

4.2.10 【新手入门】管道布置中各种阀门的安装使用注意事项

一、如何正确安装疏水阀

疏水阀（见图 4-153）安装是否合适，对疏水阀的正常工作和设备的生产效率都有直接的影响。安装疏水阀必须按正规安装要求才能使疏水阀和设备达到最佳工作效率。

图 4-152 SBS 卷材的长边搭接

图 4-153 疏水阀

（1）在安装疏水阀之前一定要用带压蒸汽吹扫管道，清除管道中的杂物。

（2）疏水阀前应安装过滤器，确保疏水阀不受管道杂物的堵塞，定期清理过滤器。

（3）疏水阀前后要安装阀门，方便疏水阀随时检修。

（4）凝结水流向要与疏水阀安装箭头标志一致。

（5）疏水阀应安装在设备出口的最低处，及时排出凝结水，避免管道产生汽阻。

（6）如果设备的最低处没有位置安装疏水阀，应在出水口最低位置加个反水弯（凝结水提升接头），把凝结水位提升后再装疏水阀，以免产生汽阻。

（7）疏水阀的出水管不应浸在水里（如果浸在水里，应在弯曲处钻个孔，破坏真空，防止沙土回吸）。

（8）机械型疏水阀要水平安装。

（9）蒸汽疏水阀不要串联安装。

（10）每台设备应该各自安装疏水阀。

（11）热静力型疏水阀前需要有 1m 以上不保温的过冷管，其他形式的疏水阀应尽量靠近设备。

（12）滚筒式烘干（带虹吸管型）设备选用疏水阀时请注明：选用带防汽阻装置的疏水阀，避免设备产生汽锁。

（13）疏水阀后如有凝结水回收，疏水阀出水管应从回收总管的上面接入总管，减少背压，防止回流。

（14）疏水阀后如有凝结水回收，不同压力等级的管线要分开回收。

（15）疏水阀后凝结水回收总管不能爬坡，否则会增加疏水阀的背压。

（16）疏水阀后凝结水进入回收总管前要安装止回阀，防止凝结水回流。

（17）在蒸汽管道上安装疏水阀，主管道要设一个接近主管道半径的凝结水集水井，然后再用小管引至疏水阀。

（18）机械型疏水阀长期不用时，要卸下排污螺丝把里面的水放掉，以防冰冻。

（19）发现疏水阀跑汽时，要及时排污和清理过滤网，根据实际使用情况勤检查，遇有故障随时修理。每年至少要检修一次，清除里面的杂质。疏水阀在整个蒸汽系统中被认为是个小配件，但对系统工作和经济运行影响很大，所以疏水阀的维护和检修也是至关重要的。只有充分重视疏水阀在生产上的重要作用，勤检修，使疏水阀经常处在良好的工作状态下，才能保证达到最佳节能效果和提高经济效益。

二、平衡阀安装使用的注意事项

图4-154～图4-158为几种常用平衡阀。

图4-154 平衡阀（一）

图4-155 平衡阀（二）

图4-156 平衡阀（三）

图4-157 平衡阀（四）

图4-158 平衡阀（五）

暖通系统主要由冷冻系统、冷却系统和冷凝系统组成（见图4-159）、冷冻系统是参与冷热交换、实现制冷和供热的主要系统；冷却系统是将运行中的主机冷却的系统；冷凝系统是将系统中的冷凝水收集并排放的系统。

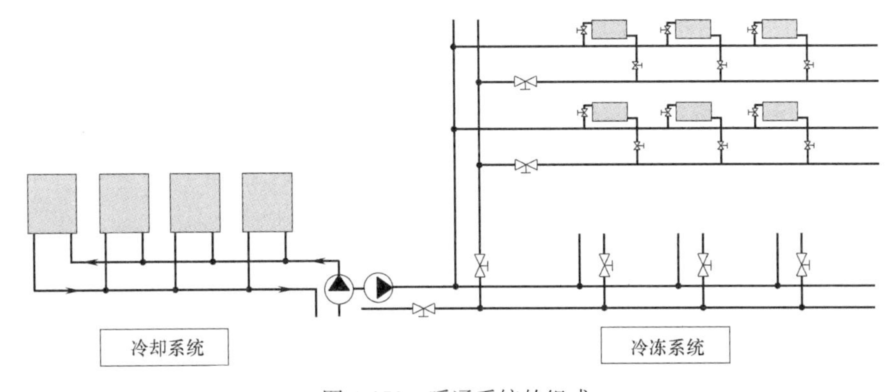

图4-159 暖通系统的组成

暖通系统主要由冷热源站、输配系统和末端装置构成（见图 4-160）。冷热源站是由主机（制冷机、锅炉等）产生冷热源并通过水泵输送出去的源头；输配系统是通过管路将冷热载体（冷水或热水）配送到各区域、各子区域、各子子区域的管路系统；末端装置是实现用户端冷热交换的最终装置。

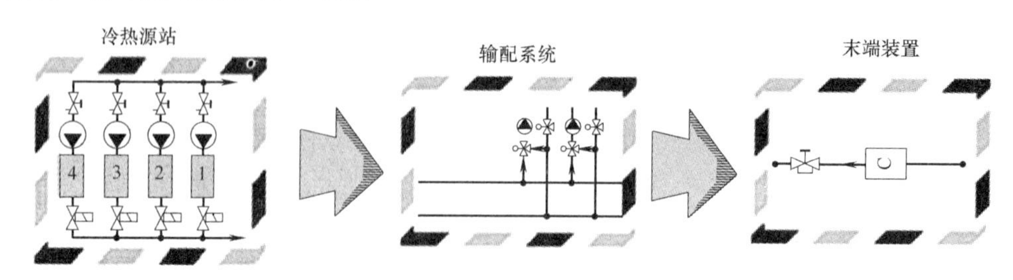

图 4-160　暖通系统的构成

经冷热交换后，通过输配系统中的回水管路进入冷热源主机重新循环，95%以上的 HVAC 系统是闭式循环系统。

1. 冷/热量 L

主机产生冷热量，末端装置进行冷热量的释放，其中冷热量的输送需要冷热媒作为载体。冷热媒可以是蒸汽、水、乙二醇溶液等，在 HVAC 系统中主要采用水。

冷/热量 $L=Q\times\Delta T$，其中：Q 为流量；ΔT 为温差。

2. 定流量和变流量

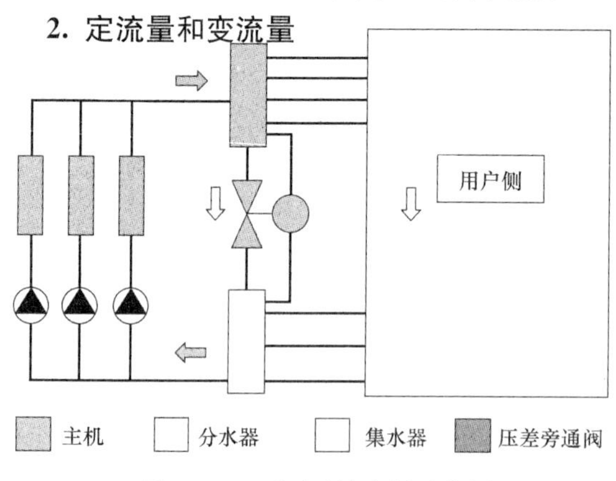

图 4-161　暖通系统流量示意图

（1）主机侧（一次泵系统）通过压差旁通管路，为定流量。输配系统及用户侧（二次泵系统）可以采用定流量系统和变流量系统两种方式。我们通常讲的定流量或变流量就是指用户侧。如图 4-161 所示。

（2）主机侧的节能是通过压差旁通阀的旁通流量来实现主机开机台数的变化达到的，如果压差旁通阀的旁通流量达到一台主机的流量，即通知控制系统关闭一台主机。但在开启的主机侧流量是定流量。

（3）由于 $L=Q\times\Delta T$，如果用户侧的需求冷量改变，则可以通过改变用户侧流量或用户侧进回水温差来实现，但在实际使用中，主机侧、进回水间的温差均为定值，主要依靠改变系统流量来实现冷量的改变。

（4）用户侧如果采用定流量系统，即不安装电动二通阀，则采取变风量（改变风机风速大小）来实现调节室内温度；或安装电动三通阀实现定流量。如图 4-162 所示。定流量系统，业主初始投资少，但不节能，系统始终按最大流量运行，运行费用高。

（5）由于用户侧实际需求的冷量会随着用户数量的变化（开关）或环境温度的变化（设定温度变化，导致阀门开度变化，引起流量变化）而改变，这时安装电动二通阀即可

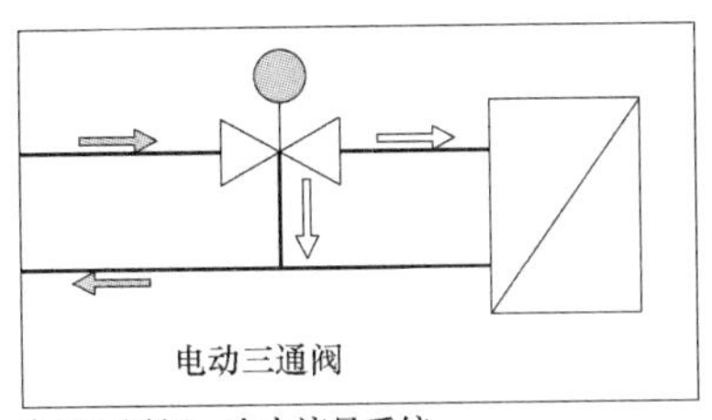

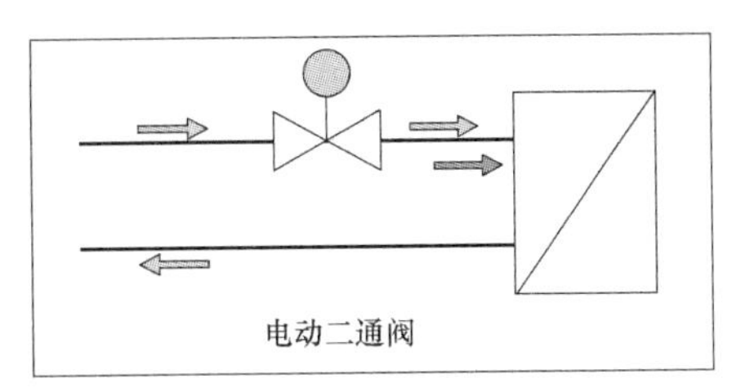

电动三通阀：为定流量系统

进水流量= 回水流量= 旁通流量+ 用户流量=定流量

电动二通阀：为变流量系统

二通阀开启，流量为 ：二通阀关闭，流量为零

图 4-162 电动三通阀，为定流量系统/电动二通阀，为定流量系统

实现变流量，达到节能的目的。

3. 一次泵系统和二次泵系统

（1）一次泵系统（也称一次循环系统）

主机、一次水泵和冷却塔是一一对应关系：一台主机配置一台一次水泵，配置一台冷却塔。一次泵系统独立构成一次循环也叫一次循环系统，一次循环系统也可分为定流量和变流量两种系统。定流量一次泵系统肯定不节能，主要用在楼层低的小项目中，我们不讨论；变流量一次泵系统通过压差旁通管路实现主机测定流量，用户侧通过安装电动二通阀实现变流量，因此主机和一次水泵为定流量运行，节能是通过用户侧流量的变化由自控系统调节主机和水泵运行台数来实现的。

调节主机和水泵运行台数的过程：

1）通过电子式压差旁通阀（注意：此时无法使用 A800-自力式压差旁通阀，因为它无法反馈压差的电信号），由压差传感器传递进回水间运行压差的电信号到主机或水泵的控制系统，如图 4-163 所示。假设：当用户数量减少时，通过用户侧的流量下降，压差旁通阀自动开大，流量增加，保证总流量不变；当用户数量增加时，通过用户侧的流量增加，压差旁通阀自动关小，流量减少，总流量不变。所以通过压差旁通阀的流量与进回水间的压差有关，我们只要设定主机或水泵的控制系统，当压差传感器检测到 ΔP 增加到 $\Delta P_{\max}$（当压差旁通阀的流量达到一台主机开启时的流量，此时进回水间的压差设定为 $\Delta P_{\max}$）时控制系统即可关闭一台主机，达到节能之目的。反之，当压差传感器反馈 ΔP

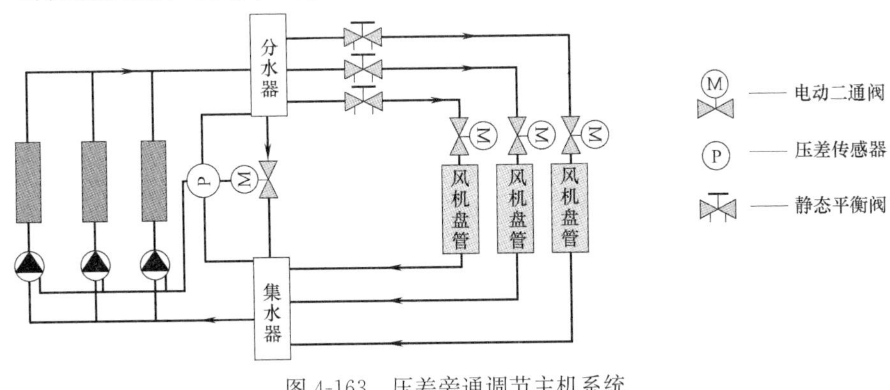

图 4-163 压差旁通调节主机系统

下降到 ΔP_{min} 时，控制系统即可开启一台主机。

2）通过旁通系统安装的流量计（此时可使用 A800-自力式压差旁通阀）将流量信号反馈给主机和水泵的控制系统，当旁通系统的流量达到一台主机的运行流量时，关闭一台主机；当旁通系统的流量小于现主机运行所需求的最低流量时，重新开启一台主机。如图 4-164 所示。

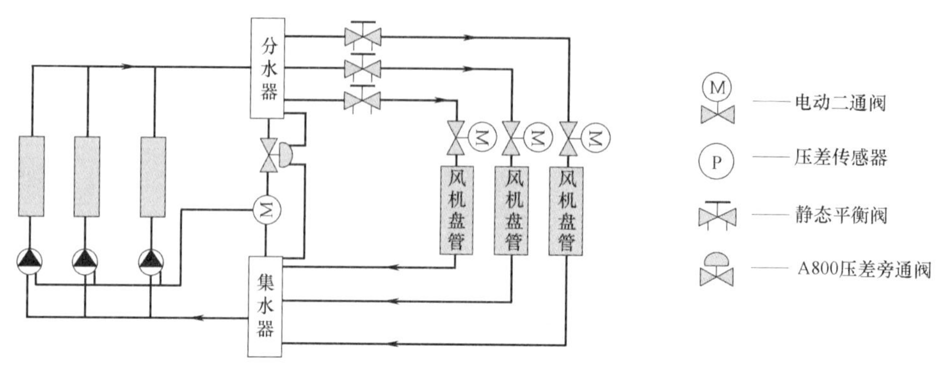

图 4-164　流量计调节主机系统

（2）二次泵系统（二次循环系统）

在高层建筑中更多选用二次泵系统（见图 4-165），主要考虑用户流量变化范围大，要更加节能，就需要更加灵活的控制水泵；二次泵无需和主机一一对应，数量可更多；除可根据流量的变化调节水泵台数以外，还可在二次泵系统中选用变频泵。

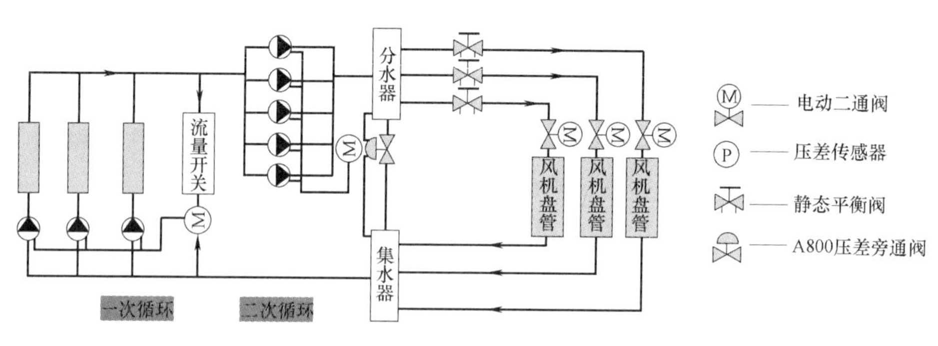

图 4-165　二次泵系统

一次泵为定流量系统，一定是定频泵；而二次泵可选用变频泵。

一次泵的台数控制采用旁通系统流量盈亏方式控制：当用户侧流量需求减少时，二次泵通过变频减少二次循环总流量，当二次循环总流量小于一定值时，此时一次泵输出的流量过大，为“盈”，在一次循环和二次循环间的回路上，水流自上而下，流量计显示如通过此回路流量等于一次泵流量时，关闭一台一次泵；反之，当用户侧流量需求增加时，二次泵通过变频增加二次循环总流量，当二次循环总流量大于一定值时，此时一次泵输出流量过小，为“亏”，在一次循环和二次循环间的回路上，水流自下而上，流量达到某设定值时，开启一台一次泵。

4. 一次泵站用阀门

当然，我们对系统的了解主要还是要明白在各个系统中所用阀门的情况。

由于一次泵站采取主机—水泵—冷却塔的一一对应，同时一般高层建筑一次泵流量很大，所以，在一次泵站主要使用到水泵出口的大口径止回阀、电动蝶阀（用于两管制系统春秋季节制冷或供热的自动切换，详见备注）、动态流量平衡阀、定流量多功能阀和吸入口扩散器、Y型过滤器或自动反冲洗过滤装置。如图4-166所示。

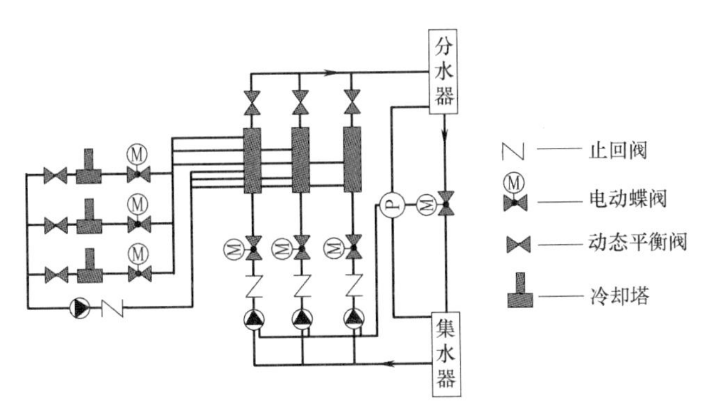

图4-166 一次泵站用阀门

备注：两管制系统是指输配系统在夏季供冷和冬季供热时都仅有一套管路，适合中国国情且经济，是现在采用的主要方式，因此两管制系统主要用于夏、冬季节性供应空调，在春、秋时需对空调进行切换；四管制系统是指供热和制冷各有一套输配系统，在很大的项目中，由于从楼外立面到楼内部可能进深很长，会出现冬季时楼内部核心区很热需要制冷，而夏季时楼内部核心区可能需要供冷，所以四管制系统一年四季均有冷热供应，适用于超级大的项目以及全年均须供应空调的场所，项目初始投资高。

注意：

（1）由于一次循环系统是定流量定频系统，因此此处的止回阀口径较大，往往在*DN*300以上，应采用速闭式止回阀，例如CVRS——卷帘无声止回阀或CVKR——大口径短体静音止回阀。此时如果安装手动调节阀（也叫静态平衡阀），应无需安装动态平衡阀。

（2）水泵出口止回阀如果不安装手动调节阀，就必须安装动态平衡阀来保护水泵和主机，保证其在额定流量的工况下运行。

（3）采用定流量多功能阀取代止回阀和调流阀，这是更好的方案，同时节省空间。

（4）在此处安装水力控制型的缓闭式止回阀或多功能阀是现在设计院不好的应用。既不能更好地实现其功能，同时带来太大的水力损失。应强力否决。

（5）对于冷却塔处应强力建议设计院选用电动蝶阀，如果随主机台数的关闭，冷却塔不能同时关闭，会造成能量的浪费，同时冷却效率下降；选用动态平衡阀，也能更好地提高冷却效率。

（6）如对主机和水泵有控制要求，压差旁通阀应采用电子式压差控制器（口径在*DN*200以上的采用电动调节型蝶阀，既可实现功能，安装空间也少，同时又便宜）。

三、蝶阀和闸阀性能比较

闸阀是指关闭件（闸板）沿通道轴线的垂直方向移动的阀门，在管路上主要作为切断介质用，即全开或全关使用。一般，闸阀不可作为调节流量使用。它可以适用于低温低压也可以适用于高温高压，并可根据阀门的不同材质适用于各种不同的介质，但闸阀一般不用于输送泥浆等介质的管路中。

蝶阀是用圆盘式启闭件往复回转90°左右来开启、关闭和调节流体通道的一种阀门。

1. 闸阀

（1）闸阀的优点

1）流体阻力小；

2）启、闭所需力矩较小；

3）可以使用在介质向两个方向流动的环网管路上，也就是说介质的流向不受限制；

4）全开时，密封面受工作介质的冲蚀比截止阀小；

5）形体结构比较简单，制造工艺性较好；

6）结构长度比较短。

（2）闸阀的缺点

1）外形尺寸和开启高度较大，所需的安装空间亦较大；

2）在启闭过程中，密封面会发生相对摩擦，磨损较大，甚至在高温时容易引起擦伤现象；

3）一般闸阀都有两个密封面，给加工、研磨和维修增加了一些困难；

4）启闭时间长。

闸阀是作为截止介质使用，在全开时整个流道直通，此时介质运行的压力损失最小。闸阀通常适用于不需要经常启闭，而且保持闸板全开或全闭的工况。不适于作为调节或节流使用。对于高速流动的介质，闸板在局部开启状况下可以引起闸门的振动，而振动又可能损伤闸板和阀座的密封面，而节流会使闸板遭受介质的冲蚀。从结构形式上看，闸阀的主要区别是所采用的密封元件的形式不同。根据密封元件的形式，常常把闸阀分成几种不同的类型，如楔式闸阀、平行式闸阀、平行双闸板闸阀、楔式双闸板闸阀等。最常用的形式是楔式闸阀和平行式闸阀。

2. 蝶阀

（1）蝶阀的优点

1）结构简单，体积小，质量轻，耗材省，特别适用于大口径阀门中；

2）启闭迅速，流阻系数小；

3）可用于带悬浮固体颗粒的介质，依据密封面的强度也可用于粉状和颗粒状介质。可适用于通风除尘管路的双向启闭及调节，广泛用于冶金、轻工、电力、石油化工系统的煤气管道及水道等。

（2）蝶阀的缺点

1）流量调节范围不大，当开启度达30%时，流量达95%以上；

2）由于蝶阀的结构和密封材料的限制，不宜用于高温高压的管路系统中。一般工作温度在300℃以下，压力在40MPa以下（6～40MPa）；

3）密封性能相对于球阀、截止阀较差，故用于密封要求不是很高的地方。

蝶阀的蝶板安装于管道的直径方向。在蝶阀阀体圆柱形通道内，圆盘形蝶板绕着轴线旋转，旋转角度为0°～90°，旋转到90°时，阀门则呈全开状态。

蝶阀结构简单、体积小、质量轻，只由少数几个零件组成。而且只需旋转90°即可快速启闭，操作简单，同时该阀门具有良好的流体控制特性。蝶阀处于完全开启位置时，蝶板厚度是介质流经阀体时唯一的阻力，因此通过该阀门所产生的压力降很小，故具有较好的流量控制特性。蝶阀有弹性密封和金属密封两种密封形式。弹性密封阀门，密封圈可以镶嵌在阀体上或附在蝶板周边。采用金属密封的阀门一般比弹性密封的阀门寿命长，但很难做到完全密封。金属密封能适应较高的工作温度，弹性密封则具有受温度限制的缺陷。如果要求蝶阀作为流量控制使用，主要的是正确选择阀门的尺寸和类型。蝶阀的结构原理尤其适合制作大口径阀门。蝶阀不仅在石油、煤气、化工、水处理等一般工业中得到广泛应用，而且还应用于热电站的冷却水系统。常用的蝶阀有对夹式蝶阀和法兰式蝶阀两种。对夹式蝶阀是用双头螺栓将阀门连接在两管道法兰之间，法兰式蝶阀是阀门上带有法兰，用螺栓将阀门上两端法兰连接在管道法兰上。阀门的强度性能是指阀门承受介质压力的能力。阀门是承受内压的机械产品，因而必须具有足够的强度和刚度，以保证长期使用而不发生破裂或产生变形。

按国标生产的蝶阀分为：对夹式蝶阀（橡胶密封，中线型或单偏心型）、对夹式衬胶蝶阀、手动调节型对夹蝶阀、长系列对夹式金属密封蝶阀（双偏心型）、氟橡胶衬里对夹式蝶阀（中线型或单偏心型）、手动对夹式中线蝶阀、螺旋传动对夹式蝶阀、蜗轮传动对夹式中线蝶阀、蜗轮传动调节型对夹式蝶阀、气动蝶阀、气动对夹式蝶阀、气动调节型对夹式蝶阀、气动对夹式中线蝶阀、电动传动调节对夹式蝶阀、电动对夹式中线蝶阀、电动对夹式蝶阀、手柄法兰式蝶阀、蜗轮蜗杆法兰式蝶阀（中线型或单偏心型）、气动法兰式蝶阀（中线型或单偏心型）、电动法兰式蝶阀（中线型或单偏心型）、短系列双偏心法兰式蝶阀（蜗轮蜗杆）、短系列双偏心法兰式蝶阀（气动）、短系列双偏心法兰式蝶阀（电动）、防泥沙型蝶阀、通风调节蝶阀（一）、通风调节蝶阀（二）、通风调节蝶阀（三）。

按国外标准生产的蝶阀分为：对夹式蝶阀、凸形和薄形蝶阀、手柄操作蝶阀、蜗轮传动蝶阀、电动蝶阀、蜗轮传动法兰式金属密封蝶阀、蜗轮传动对夹式金属密封蝶阀。

四、截止阀的工作原理和选用方法指导

1. 截止阀的工作原理

打个比方，假设有一个带盖的水缸，水从缸底进入、从缸口流出，缸盖就相当于阀的关闭件。要是用手向上提起缸盖，就相当于截止阀的工作原理；要是用手向旁边移开缸盖，就相当于闸阀的工作原理。

2. 主要标准

（1）设计标准《石油、石化及相关工业用钢制截止阀和升降式止回阀》GB/T 12235—2007。

（2）连接标准

1）对焊端BW：《钢制阀门一般要求》GB/T 12224—2005；

2）法兰端RF：《整体钢制管法兰》JB/T 79—2015、《整体钢制管法兰》GB/T 9113—2010、《钢制管法兰、垫片、紧固件》HG/T 20592～20635—2009。

（3）阀门检验与试验

《工业阀门压力试验》GB/T 13927—2008、《阀门的检验与试验》JB/T 9092—1999。

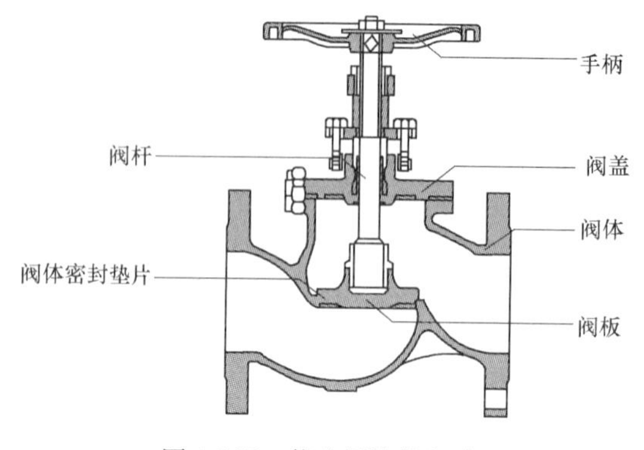

图 4-167 截止阀结构组成

3. 结构组成

截止阀采用以下结构：明杆支架式，螺栓连接阀盖、内压自紧式阀盖，整体式上密封座。截止阀结构组成如图 4-167 所示。

截止阀的启闭件是圆柱形的阀瓣，密封面呈平面或锥面，阀瓣沿流体的中心线作直线运动。阀杆的运动形式有升降杆式（阀杆升降，手轮不升降），也有升降旋转杆式（手轮与阀杆一起旋转升降，螺母设在阀体上）。截止阀只适用于全开和全关，定做时允许作调节和节流使用。

截止阀开启时，阀瓣的开启高度为公称直径的 25%～30%时，流量已达到最大，表示阀门已达全开位置。所以截止阀的全开位置，应由阀瓣的行程来决定。

截止阀的阀杆轴线与阀座密封面垂直。阀杆开启或关闭行程相对较短，并具有非常可靠的切断动作，使得这种阀门非常适合作为介质的切断或调节及节流使用。

截止阀一旦处于开启状态，它的阀座和阀瓣密封面之间就不再有接触，因而它的密封面机械磨损较小。由于大部分截止阀的阀座和阀瓣比较容易修理或更换密封元件时无需把整个阀门从管线上拆下来，因此它对于阀门和管线焊接成一体的场合是很适用的。介质通过此类阀门时的流动方向发生了变化，因此截止阀的流动阻较高于其他阀门。

4. 常用截止阀的类型

（1）角式截止阀：在角式截止阀中，流体只需改变一次方向，以至于通过此阀门的压力降比常规结构的截止阀小。

（2）直流式截止阀；在直流式或 Y 形截止阀中，阀体的流道与主流道成一斜线，这样流动状态的破坏程度比常规截止阀要小，因而通过阀门的压力损失也相应的小了。

（3）柱塞式截止阀：这种形式的截止阀是常规截止阀的变形。在该种阀门中，阀瓣和阀座通常是基于柱塞原理设计的。阀瓣磨光成柱塞与阀杆相连接，密封是由套在柱塞上的两个弹性密封圈实现的。两个弹性密封圈用一个套环隔开，并通过由阀盖螺母施加在阀盖上的载荷把柱塞周围的密封圈压牢。弹性密封圈能够更换，可以采用各种各样的材料制成，该阀门主要用于“开”或者“关”，在备有特制形式的柱塞或特殊的套环时，也可以用于调节流量。

五、止回阀的安装使用知识

止回阀又称单向阀或逆止阀（见图 4-168），其作用是防止管路中的介质倒流。水泵吸水管的底阀也属于止回阀类。

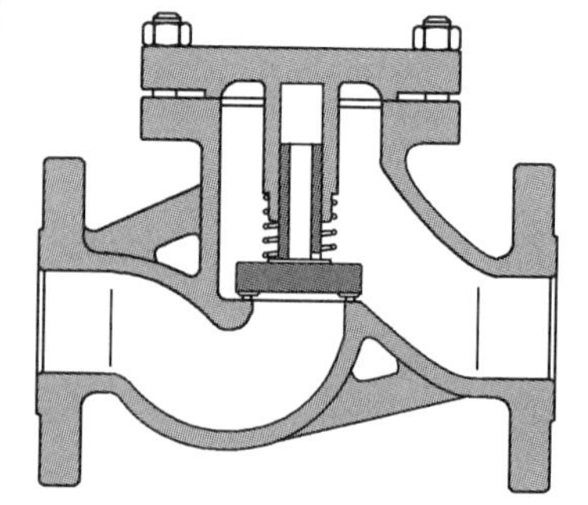

图 4-168 止回阀

启闭件靠介质流动的力量自行开启或关闭，以防止介质倒流的阀门叫止回阀。止回阀属于自动阀类，主要用于介质单向流动的管道上，只允许介质向一个方向流动，以防止发生事故。

止回阀按结构划分，可分为升降式止回阀、旋启式止回阀和蝶式止回阀三种。升降式止回阀分为立式止回阀和卧式止回阀两种。旋启式止回阀分为单瓣式止回阀、双瓣式止回阀和多瓣式止回阀三种。蝶式止回阀分为直通式止回阀、立式升降式止回阀。以上几种止回阀在连接形式上可分为螺纹连接止回阀、法兰连接止回阀和焊接连接止回阀三种。

止回阀的安装应注意以下事项：

（1）在管线中不要使止回阀承受重量，大型的止回阀应独立支撑，使之不受管系产生的压力的影响。

（2）安装时注意介质流动的方向应与阀体所标箭头的方向一致。

（3）升降式垂直瓣止回阀应安装在垂直管道上。

（4）升降式水平瓣止回阀应安装在水平管道上。

止回阀的选用

（1）止回阀：一般适用于干净介质，不宜用于含有固体颗粒和黏度较大的介质。

（2）对于 DN50 以下的低压止回阀，宜选用蝶式止回阀、立式升降止回阀和隔膜式止回阀；对于 200mm＜DN＜1200mm 的中低压止回阀，宜选用无磨损球形止回阀；对于 500m＜DN＜2000mm 的低压止回阀，宜选用蝶式止回阀和隔膜式止回阀。

（3）隔膜式止回阀适用于易产生水击的管路上，隔膜可以很好地消除介质逆流时产生的水击，但受温度和压力限制，一般使用在低压常温管道上。

（4）对于要求关闭时水击冲击比较小或无水击的管路，宜选用缓闭旋启式止回阀和缓闭蝶式止回阀。

六、安全阀的作用

安全阀的作用是防止管路或装置中的介质压力超过规定数值，从而达到安全保护的目的。图 4-169 所示为两种常用安全阀的示意图。

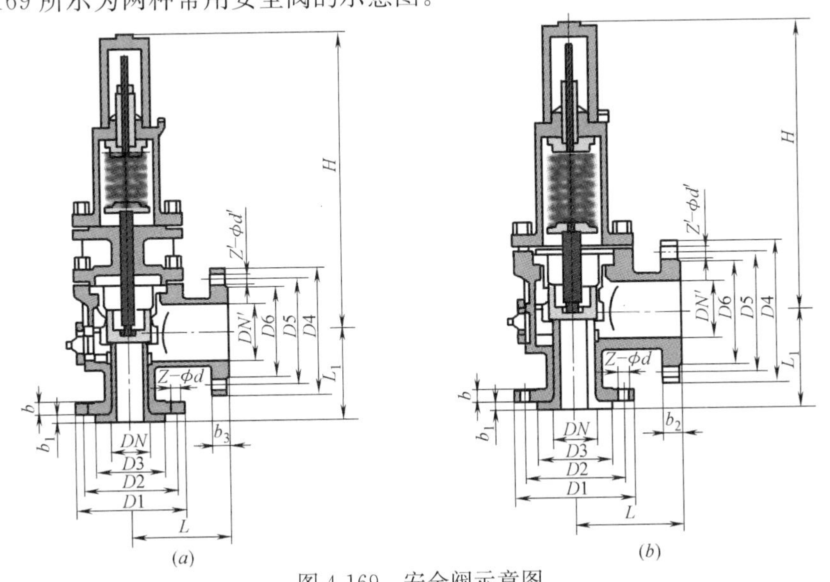

图 4-169　安全阀示意图

（a）TA 型弹簧安全阀；（b）A 型弹簧安全阀

安全阀是一种安全保护用阀，它的启闭件在外力作用下处于常闭状态，当设备或管道内的介质压力升高，超过规定值时自动开启，通过向系统外排放介质来防止管道或设备内介质压力超过规定数值。安全阀属于自动阀类，主要用于锅炉、压力容器和管道上，控制压力不超过规定值，对人身安全和设备运行起重要保护作用。

七、不锈钢球阀使用的注意事项

球阀是由旋塞阀演变而来的。它具有相同的旋转90°即动作，不同的是旋塞体是球体，有圆形通孔或通道通过其轴线。球面和通道口的比例应该是这样的，即当球旋转90°时，在进、出口处应全部呈现球面，从而截断流动。

球阀只需要用旋转90°的操作和很小的转动力矩就能关闭严密。完全平等的阀体内腔为介质提供了阻力很小、直通的流道。通常认为球阀最适宜直接做开闭使用，但近来的发展已将球阀设计成使它具有节流和控制流量的作用。球阀的主要特点是本身结构紧凑，易于操作和维修，适用于水、溶剂、酸和天然气等一般工作介质，而且还适用于工作条件恶劣的介质，如氧气、过氧化氢、甲烷和乙烯等。球阀阀体可以是整体式的，也可以是组合式的。如图4-170所示。

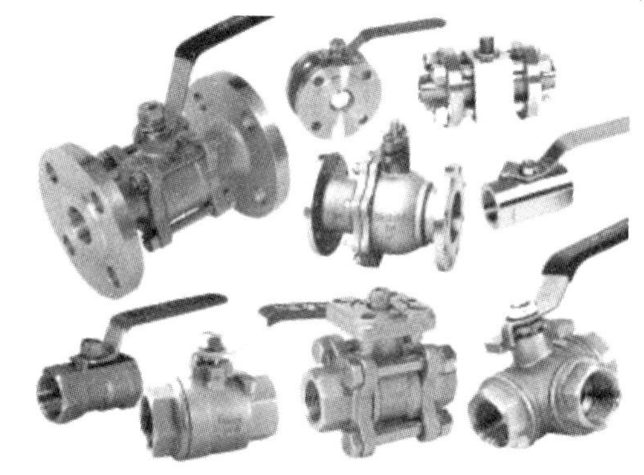

图4-170 不锈钢球阀

不锈钢球阀的优点：

（1）浮动不锈钢球阀流体阻力小，其阻力系数与同长度的管段相等。

（2）软密封不锈钢球阀结构简单、体积小、质量轻。

（3）丝扣不锈钢球阀紧密可靠，目前球阀的密封面材料广泛使用塑料，密封性好，在真空系统中也已广泛使用。

（4）法兰不锈钢球阀维修方便，球阀结构简单，密封圈一般都是活动的，拆卸更换都比较方便。

（5）在全开或全闭时，球体和阀座的密封面与介质隔离，介质通过时，不会引起阀门密封面的侵蚀。

（6）操作方便，开闭迅速，从全开到全关只要旋转90°，便于远距离的控制。

（7）适用范围广，通径从几毫米到几米、从高真空至高压力都可应用。

4.2.11 室内排水管道安装的详细步骤及不同连接方式要点分析

建筑内部铸铁排水管道安装顺序一般是：先安装地下管线（即安装排出管），然后安装立管或横支管。埋在地下的铸铁排水管一般采用承插连接。

排水管的安装铺设原则：先地下、后地上；先大管、后小管；先主管、后支管。

1. 安装准备

根据施工图纸及技术交底，检查、核对预留孔洞位置和尺寸是否正确，将管道坐标、标高位置画线定位。如图4-171所示。

2. 排出管安装

排出管安装如图 4-172 所示。

图 4-171 安装准备工作

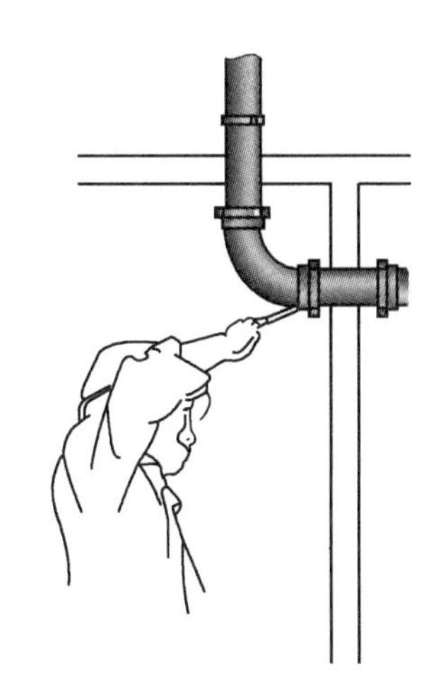

图 4-172 排出管安装

（1）排出管的埋深取决于室外排水管道标高并应符合设计要求，排出管与室外排水管道一般采用管顶平接，其水流转角不小于 90°；若采用排出管跌水连接且跌落差大于 0.3m，则其水流转角不受限制。排出管在室外埋设时须保证管道有足够的覆土深度以满足防冻、防压要求。

（2）安装托、吊排出管要先搭设架子，将托架按设计坡度栽好或栽好吊卡，量准吊杆尺寸，将预制好的管道托、吊牢固，横管支承件间距不大于 2m。

（3）托、吊排出管在吊顶内者，在吊顶前需做闭水试验，按隐蔽工程项目办理隐检手续。

3. 立管安装

排水立管通常沿卫生间墙角设置，需穿过楼板时应预留孔洞。立管与墙面的距离及楼板预留孔洞的尺寸，应按设计要求或有关规定预留。立管安装如图 4-173 所示。

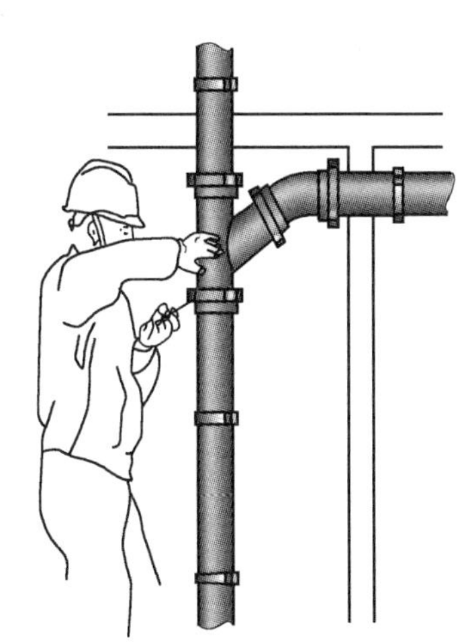

图 4-173 立管安装

立管安装注意事项：

（1）安装立管时，先将管段吊正对准下层承口将管端插入，不可摇动挤入，用力应均匀。要注意将三通口即甩口方向对准横管方向。

（2）安装后立即将立管固定，用不低于楼板标号的细石混凝土堵好立管洞口。

（3）立管承口外侧与饰面的距离应控制在 20～50mm。在立管上每间隔 10m 设置一个检查口。如有乙字管，则在该层乙字管上部设置检查口。检查口中心距所在楼层地面高度为 1m，允许偏差±20mm，并高于该层卫生器具上边缘 150mm。检查口的朝向应便于检修，检查口盖的垫片一般选用厚度不小于 3mm 的橡胶板。

（4）安装立管时，一定要注意将三通口的方向对准横管方向，以免在安装时由于三通口的偏斜而影响安装质量。三通口的高度，应根据横管的长度和坡度来确定。三通口中心与楼板的净距不得小于250mm，且不得大于450mm。

（5）立管向上延伸出屋顶面的管道称为通气管。通气管不能与风道、烟道连接，不宜设在屋檐口、阳台下，要高出屋面0.3m以上，且应大于最大积雪厚度。经常有人停留的平屋顶，通气管应高出屋面2m。如通气管4m以内有门窗，则应高出窗顶600mm，或引向无门窗的一侧。通气管出口上应加做铁丝球网罩或透气帽。通气管安装后，管道与屋面接触处应做防水处理。

（6）立管安装完毕后，配合土建用不低于楼板标号的混凝土将洞灌满堵实，并拆除临时支架。如系高层建筑或管道井内的管道，应按设计要求用型钢做固定支架。

4. 横管安装

横管安装如图4-174所示。

（1）先将安装横管的尺寸测量记录好，按正确尺寸和安装的难易程度先行预制好（若横管过长或吊装有困难时可分段预制和吊装），然后将吊卡装在楼板上，并按横管的长度和规范要求的坡度调整好吊卡高度，再开始吊管。

（2）横管与立管的连接及横管与横管的连接，应采用45°三通、四通或90°斜三通、斜四通，尽量少采用90°正三通、正四通。横管吊卡的间距不得大于2m，且必须将吊环装在承口部位，吊杆要垂直。

5. 室内排水管道的充水试验

排水管道安装完毕，应进行充水试验（见图4-175），用以检查安装质量。其试验方法和要求如下：

图4-174　横管安装

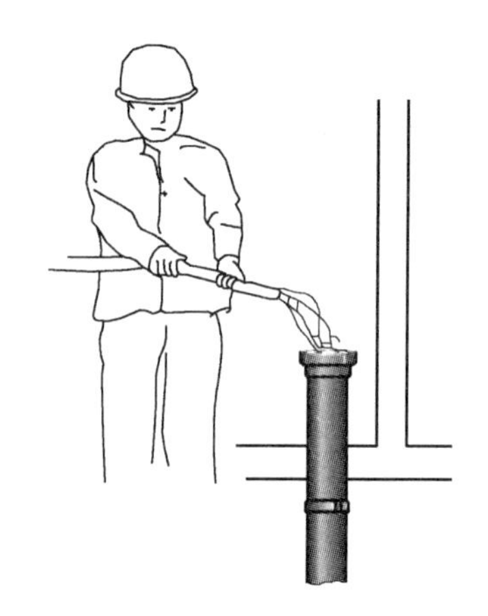

图4-175　排水管道充水试验

（1）试验时，先将排出管外端及底层地面上各承接口堵严，然后以一层楼高为标准往管内注水，但灌水高度不能超过8m，对试验管段进行外观检查，若无渗漏则认为试验合格。

（2）楼层管道可打开排水立管上的检查口，选用球胆充气作为塞子堵住检查口上端试验管段，分层进行试验，不渗、不漏为合格。

注：当在安装中发生交叉矛盾时，应遵循的原则为：小管让大管，给水管让排水管，支管让主管。

6. 管道安装连接要点及步骤

国内铸铁排水管的常用连接方式有卡箍式连接、单法兰连接、双法兰连接三种。

(1) 卡箍式连接

卡箍式连接（柔性 W 型），又称平口连接。其在安装施工中采用不锈钢卡箍连接，连接时直管根据需要长度用砂轮切割机断开，断面应与管中心线垂直，偏差不大于 2mm，断口齐整、光滑、无毛刺和裂缝。套入胶圈时沾肥皂水润滑，用专用定力扳手进行螺栓紧箍即可。

连接步骤如下：

1）用工具松开卡箍螺栓，取出橡胶圈，将钢套先套入要连接的管道或管件上。如图 4-176所示。

2）把橡胶圈套入端口至橡胶圈内限位环处，将限位环上面部分橡胶圈作 180°外翻转至下面。如图 4-177 所示。

3）将要连接的管道或管件置于其上，把翻转下来的橡胶圈再复位，使两个相互连接的管道或管件的端口都紧贴橡胶圈套筒内的限位环。如图 4-178 所示。

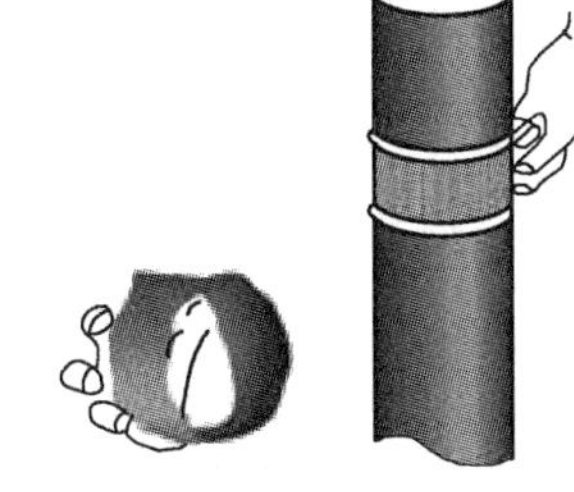

图 4-176 取出橡胶圈

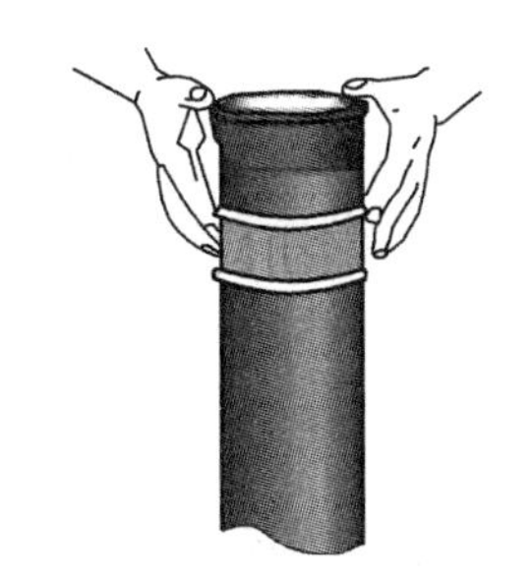

图 4-177 套入橡胶圈并翻转

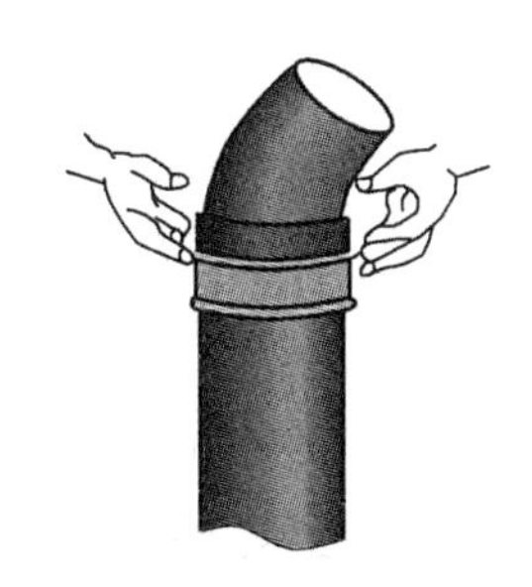

图 4-178 管道或管件连接

4）将钢套拉回橡胶圈上，使两边平整对好。如图 4-179 所示。

5）拧紧节套上的螺栓，使紧箍带紧固到位即可，防止紧力过大、螺栓打滑。如图 4-180所示。

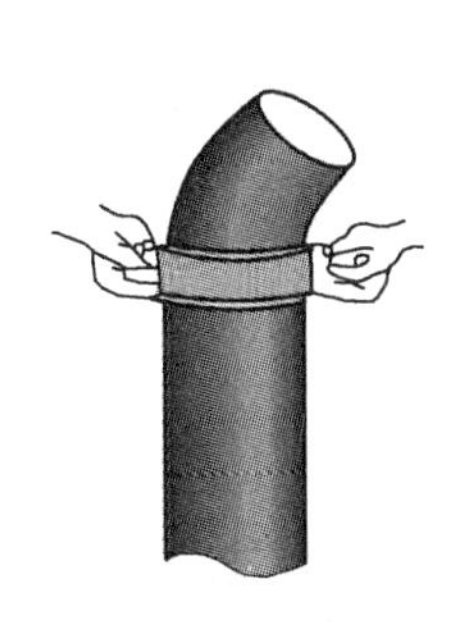

图 4-179 拉回钢套

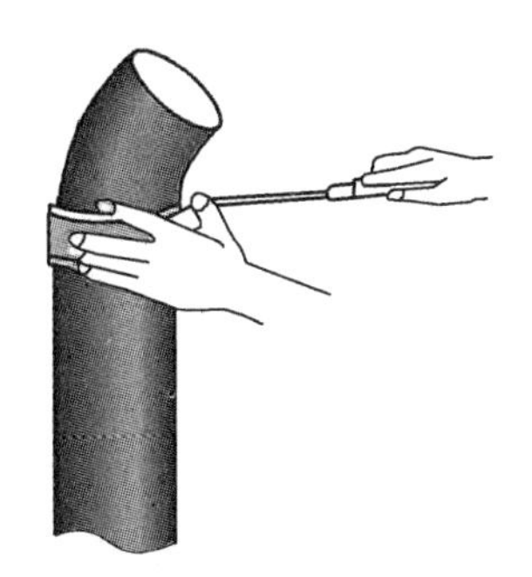

图 4-180 拧紧螺栓

(2) 单法兰连接

单法兰连接（柔性 A 型），又称柔性螺栓连接。法兰式柔性抗震接头由法兰承口、法兰压盖、密封橡胶圈、固定螺栓四部分组成，橡胶圈在螺栓、法兰压盖的作用下，呈压缩状态与管壁紧贴，起密封作用。同时由于橡胶圈具有弹性，插口可以在承口内一定范围内伸缩和偏斜，而保证不渗漏。

连接步骤如下：

1）在插口上画好插入深度标志线，插入端进入承口的长度应小于承口的深度。根据管道的胀缩补偿原则，在承口处要留出5～10mm的胀缩补偿余量。如图4-181所示。

2）在插口端先套入法兰压盖再套入橡胶圈，橡胶圈的边缘应与插口上的插入深度标志线齐平。如图4-182所示。

3）将插口端插入法兰承口内，为保持橡胶圈在承口内的深度相同，在推进过程中，尽量保证插入管的轴线与承口轴线在同一轴线上。如图4-183所示。

图4-181　在插口上画出插入深度标志线（A型）

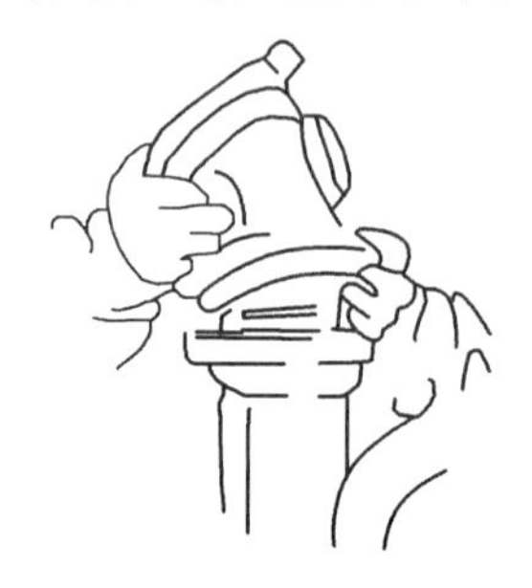

图4-182　在插口端套入法兰压盖及橡胶圈（A型）

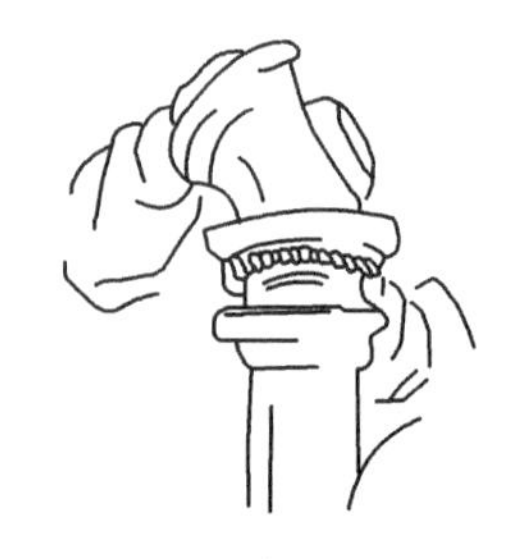

图4-183　将插口端插入法兰承口内（A型）

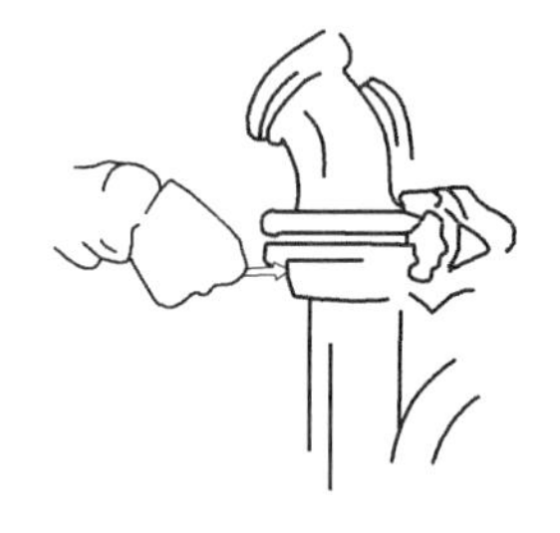

图4-184　紧固螺栓（A型）

4）从上至下放入螺栓，紧固螺栓时对应交叉进行，逐个、逐次、逐渐均匀紧固，使橡胶圈均匀受力。如图4-184所示。

（3）双法兰连接

双法兰连接（柔性B型），其管件设计是在A型管件（单法兰管件）基础上发展起来的，管件的几个端口都有法兰承口，为了区分A型管件的单法兰连接，顾命名双法兰。

双法兰连接（柔性B型）雷同单法兰连接（柔性A型），双法兰柔性抗震接头也由法兰承口、法兰压盖、密封橡胶圈、固定螺栓四部分组成，橡胶圈在螺栓、法兰压盖的作用下，呈压缩状态与管壁紧贴，起密封作用。同时由于橡胶圈具有弹性，插口可以在承口内一定范围内伸缩和偏斜，而保证不渗漏。

连接步骤如下：

1）在插口上画好插入深度标志线，插入端进入承口的长度应小于承口的深度。根据管道的胀缩补偿原则，在承口处要留出5～10mm的胀缩补偿余量。如图4-185所示。

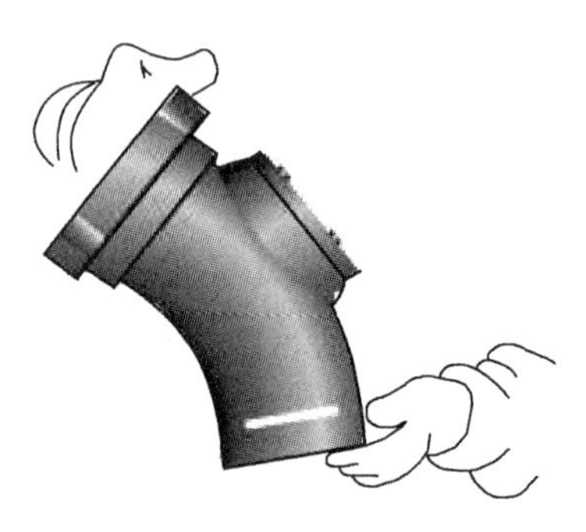

图4-185　在插口上画出插入深度标志线（B型）

2）在插口端先套入法兰压盖再套入橡胶圈，橡胶圈的边缘应与插口上的插入深度标志线齐平。如图4-186所示。

3）将插口端插入法兰承口内，为保持橡胶圈在承口内的深度相同，在推进过程中，尽量保证插入管的轴线与承口轴线在同一轴线上。如图

4-187 所示。

4）从上至下放入螺栓，紧固螺栓时对应交叉进行，逐个、逐次、逐渐均匀紧固，使橡圈均匀受力。如图 4-188 所示。

图 4-186 在插口端套入法兰压盖及橡胶圈（B 型）

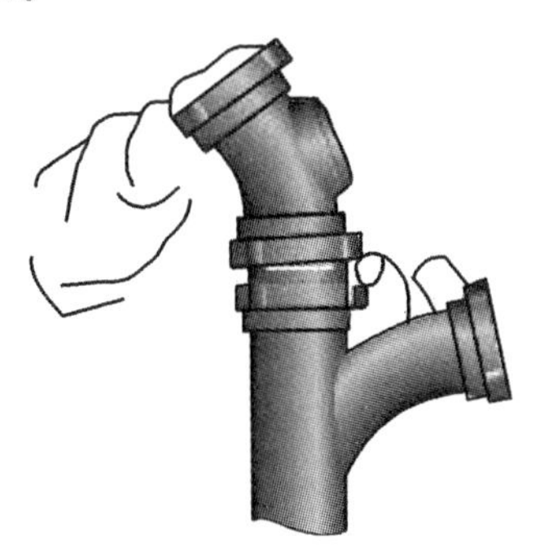

图 4-187 将插口端插入法兰承口内（B 型）

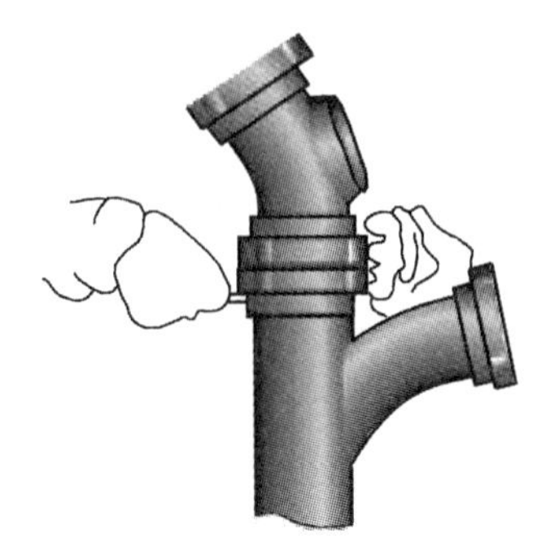

图 4-188 紧固螺栓（B 型）

4.2.12 给水排水安装预留预埋常见问题及措施

在施工中如何做好水电安装的预留预埋，很多人会认为这是件小事。没有预埋好，总是有办法解决的。的确不错。但是如果把预留预埋做好了，对后序的施工起到事半功倍的作用。

1. 给水排水安装预留预埋常见的问题

（1）预留洞预留的不够大，导致后来砸得太多。这里要特别注意，高层建筑一根管从底层一直要预留洞到屋顶的情形，一般预留洞预留时比预留的管道大两档就够了，但像高层建筑这种情形要尽量把洞留大一些。因为每层预留时肯定有误差，层数越多，误差的累积就越大。

（2）阳台雨水管或排水管预留洞在留置时未考虑土建外墙的保温厚度。其他预留洞在留置时未考虑土建的抹灰厚度。卫生间的预留洞在留置时不仅要考虑抹灰厚度，还要考虑贴瓷砖的厚度。

（3）有些管道预埋时没有包扎好，如地下室的消防电梯一般都要预埋管直通集水坑，在预埋时管的两头没包好，导致混凝土进入堵塞管道。

（4）有些喷淋管穿梁，为了美观的需要，按常规留洞是做不起来的。如图 4-189 所示。

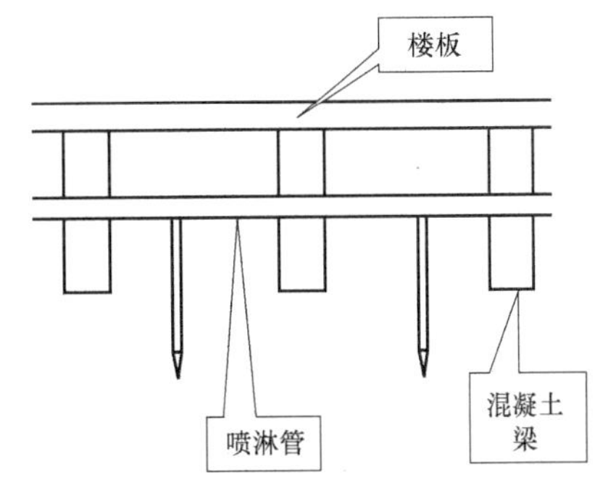

图 4-189 喷淋管穿梁留洞示意图

（5）卫生间给水管在结构验收前不允许开横槽。这个问题可以在图纸会审时就变更好。如图 4-190 所示。

（6）卫生间排水管预留洞在预留之前，要建设单位明确是按图施工，还是建设单位另有要求，最好是书面的。建议卫生间预留洞最好留成锥形（见图 4-191），这样可以解决以下问题：

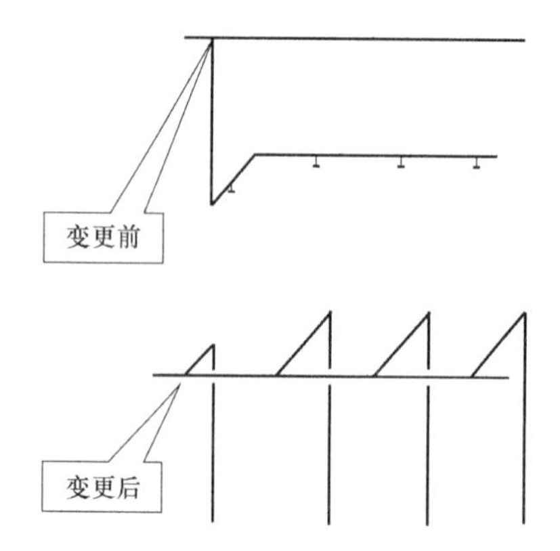

图 4-190 图纸变更前后卫生间给水管留洞问题

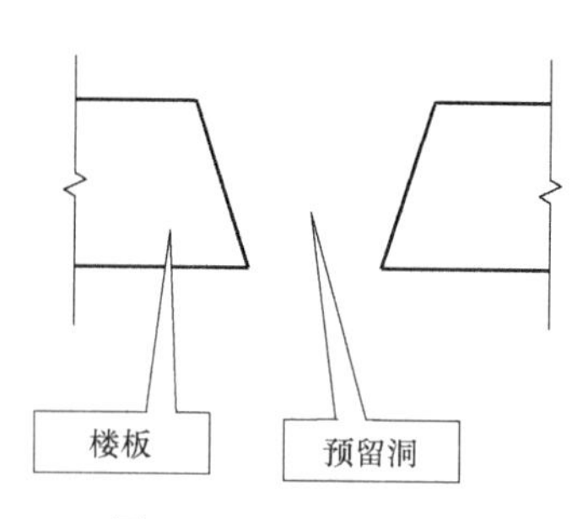

图 4-191 锥形预留洞

1）预留洞的提桶容易拔出来。

2）可以更好地解决堵洞的渗漏问题。

2. 做好给水排水安装预留预埋的措施

（1）现场施工人员的责任心和经验

对于现场施工人员，在预留预埋之前，首先要熟悉图纸，做到胸有成竹。然后要与土建的结构图和建筑图进行对比，因为有些比较大的洞是在结构图上有显示的，这时就要对照结构图中是否有遗漏，大小、标高是否符合施工要求。曾经在施工中发现，安装的风管为 600mm×400mm 的，而土建结构图中的留洞也为 600mm×400mm。

这时安装的技术人员就要跟安装的设计人员进行沟通，让安装的设计单位与结构的设计单位进行协商，最好结构设计单位发设计变更给施工单位。一般情况下，风管留洞每边要比风管每边大 5～10cm。如果是保温风管还要考虑风管保温的厚度。另外，在预留预埋时要特别注意地下室等管道比较密集的地方，这时的预留洞还要考虑管道是否能够通过。

对于高层建筑，预留预埋时还要考虑管道安装为一条竖直线，特别是一些明装的管道，比如说阳台的排水管等，这时就要把预留洞留大一些，即使随着层高的增加误差加大，也可以最终将管道做成一条直线，而免除对预留洞进行修整，浪费人工。

在屋顶施工时，有时要预埋一些穿屋顶的套管，可能设计图上还会标注预留长度为多少，这时我们就要考虑，一般情况下，套管要比屋顶面的最终完成面高 30cm 以上，而屋顶结构混凝土的厚度为 12～15cm，几乎屋面都要保温，保温厚度加防水加找平等厚度一般为 30cm，这时屋顶套管长度一般要预留到 80～90cm 才行。

在喷淋管道留洞时，有些管道是在梁上留洞的，按照规范要求，预留洞大小比所穿管道大两档就够了，但是管道必须做成一条直线，预留洞误差总是有的，所以像这种情况在图纸会审时就建议设计将预留洞加大，如果按照规范预留有可能喷淋管道将做不成一条直线。

所以说，在预留预埋时，现场施工人员除了要有责任心以外，还必须要有一点经验。

（2）预埋材料的质量情况

在预留预埋时，材料的质量也很关键，例如在高层建筑施工中，如果电气配管用塑料管（电气配管塑料管分轻型、中型、重型几种），一般采用重型，如果采用轻型的话估计堵塞的几率就大一些。所以说预埋时材料的质量好坏也很关键。

（3）安装劳务队伍的素质

活毕竟最终是要靠工人干出来的，所以说预留预埋时，劳务队伍的素质也很重要，如果是一个比较成熟的劳务队伍，预留预埋肯定会好些，他会知道控制标高、套管固定牢固且填充包扎好、灯头位置准确、线路按要求加过路盒；土建拆模后迅速将预留洞、预留盒找出来，并且清理干净；将固定时用的铁钉拔掉，该刷防锈漆的刷上防锈漆，该封口的封上。

（4）土建的配合程度

预留预埋时，土建的配合也很重要，一是及时提供准确的标高，这个标高和以后的施工标高要一致。这对以后管道、插座、开关等安装高度是否正确将起到关键的作用。二是及时提供工作面，有些土建不及时提供工作面，最后又要求安装在短短的时间里完成，有时甚至像赶鸭子一样。这样预留预埋的质量也会受影响。三是土建对土建劳务队伍的管理状况，如果土建对土建劳务队伍管理得好，安装的预留预埋也会好一些。四是土建的变更及时提供给安装。

4.2.13 【室内给水排水施工工艺】管道及设备防腐施工工艺标准

1. 范围

《管道及设备防腐施工工艺标准》适用于室内外管道、设备和容器的防腐工程。

2. 施工准备

（1）材料要求

1）防锈漆、面漆、沥青等应有出厂合格证。

2）稀释剂：汽油、煤油、醇酸稀料、松香水、酒精等。

3）其他材料：高岭土、七级石棉、石灰石粉或滑石粉、玻璃丝布、矿棉纸、油毡、牛皮纸、塑料布等。

（2）主要机具

1）机具：喷枪、空压机、金刚砂轮、除锈机等。

2）工具：刮刀、锉刀、钢丝刷、砂布、砂纸、刷子、棉丝、沥青锅等。

（3）作业条件

1）有码放管材、设备、容器及进行防腐操作的场地。

2）施工环境温度在5℃以上，且通风良好，无煤烟、灰尘及水汽等。气温在5℃以下施工要采取冬施措施。

3. 操作工艺

（1）工艺流程

管道、设备及容器清理、除锈→管道、设备及容器防腐刷油。

（2）管道、设备及容器清理、除锈

1）人工除锈

用刮刀、锉刀将管道、设备及容器表面的氧化皮、铸砂除掉，再用钢丝刷将管道、设备及容器表面的浮锈除去，然后用砂纸磨光，最后用棉丝将其擦净。

2）机械除锈

先用刮刀、锉刀将管道表面的氧化皮、铸砂去掉。然后一人在除锈机前，一人在除锈机后，将管道放在除锈机内反复除锈，直至露出金属本色为止。在刷油前，用棉丝再擦一遍，将其表面的浮灰等去掉。

（3）管道、设备及容器防腐刷油

1）管道、设备及容器阀门，一般按设计要求进行防腐刷油，当设计无要求时，应按下列规定进行：

① 明装管道、设备及容器必须先刷一道防锈漆，待交工前再刷两道面漆。如有保温和防结露要求应刷两道防锈漆。

② 暗装管道、设备及容器刷两道防锈漆，第二道防锈漆必须待第一道防锈漆干透后再刷。且防锈漆稠度要适宜。

③ 埋地管道做防腐层时，其外壁防腐层的做法可按表 4-21 的规定进行。

管道防腐层种类 **表 4-21**

防腐层层次（从金属表面起）	正常防腐层	加强防腐层	特加强防腐层
1	冷底子油	冷底子油	冷底子油
2	沥青涂层	沥青涂层	沥青涂层
3	外包保护层	加强包扎层（封闭层）	加强保护层（封闭层）
4		沥青涂层	沥青涂层
5		外包保护层	加强包扎层（封闭层）
6			沥青涂层
7			外包保护层
防腐层厚度不小于（mm）	3	6	9
厚度允许偏差（mm）	－0.3	－0.5	－0.5

注：1. 用玻璃丝布做加强包扎层，须涂一道冷底子油封闭层；
2. 做防腐内包扎层，接头搭接长度为 30～50mm，外包保护层，搭接长度为 10～20mm；
3. 未连接的接口或施工中断处，应做成每层收缩为 80～100mm 的阶梯式接茬；
4. 涂刷防腐冷底子油应均匀一致，厚度一般为 0.1～0.15mm；
5. 冷底子油的质量配合比：沥青∶汽油＝1∶2.25。

当冬季施工时，宜用橡胶溶剂油或航空汽油溶化 30 甲或 30 乙石油沥青。其质量比为：沥青∶汽油＝1∶2。

2）防腐涂漆的方法有以下两种：

① 手工涂刷：手工涂刷应分层涂刷，每层应往复进行，纵横交错，并保持涂层均匀，不得漏涂或流坠。

② 机械喷涂：喷涂时喷射的漆流应和喷漆面垂直，喷漆面为平面时，喷嘴与喷漆面应相距 250～350mm，喷漆面为圆弧面时，喷嘴与喷漆面的距离应为 400mm 左右。喷涂时，喷嘴的移动应均匀，速度宜保持在 10～18m/min，喷漆使用的压缩空气压力为 0.2～0.4MPa。

3）埋地管道的防腐

埋地管道的防腐层主要由冷底子油、石油沥青玛蹄脂、防水卷材及牛皮纸等组成。

① 调制冷底子油的沥青为 30 号甲建筑石油沥青。熬制前，将沥青打成 1.5kg 以下的

小块，放入干净的沥青锅中，逐步升温和搅拌，并使温度保持在180～200℃范围内（最高不超过220℃），一般应在这种温度下熬制1.5～2.5h，直到不产生气泡，即表示脱水完毕。按配合比将冷却至100～120℃的脱水沥青缓缓倒入计量好的无铅汽油中，并不断搅拌至完全均匀混合为止。

在清理管道表面后24h内刷冷底子油，涂层应均匀，厚度为0.1～0.15mm。

② 沥青玛瑺脂的配合比为：沥青∶高岭土＝3∶1。

沥青应采用30号甲建筑石油沥青或30甲与10号建筑石油沥青的混合物。将温度为180～200℃的脱水沥青逐渐加入干燥并预热到120～140℃的高岭土中，不断搅拌，使其混合均匀。然后测定沥青玛瑺脂的软化点、延伸度、针入度三项技术指标，达到表4-22中的规定时为合格。

沥青玛瑺脂技术指标　　表4-22

施工气温(℃)	输送介质温度(℃)	软化点(环球法)(℃)	延伸度(+25℃)(cm)	针入度(0.1mm)
−25～+5	−25～+25	+56～+75	3～4	—
	+25～+56	+80～+90	2～3	25～35
	+56～+70	+85～+90	2～3	20～25
+5～+30	−25～+25	+70～+80	2.5～3.5	15～25
	+25～+56	+80～+90	2～3	10～20
	+56～+70	+90～+95	1.5～2.5	10～20
+30以上	−25～+25	+80～+90	2～3	—
	+25～+56	+90～+95	1.5～2.5	10～20
	+56～+70	+90～+95	1.5～2.5	10～20

涂沫沥青玛瑺脂时，其温度应保持在160～180℃，施工气温高于30℃时，温度可降低到150℃。热沥青玛瑺脂应涂在干燥清洁的冷底子油层上，涂层要均匀。最内层沥青玛瑺脂如用人工或半机械化涂沫时，应分成两层，每层各厚1.5～2mm。

③ 防水卷材一般采用矿棉纸油毡或浸有冷底子油的玻璃网布，呈螺旋形缠包在热沥青玛瑺脂层上，每圈之间允许有不大于5mm的缝隙或搭边，前后两卷材的搭接长度为80～100mm，并用热沥青玛瑺脂将接头粘合。

④ 缠包牛皮纸时，每圈之间应有15～20mm的搭边，前后两卷的搭接长度不得小于100mm，接头用热沥青玛瑺脂或冷底子油粘合。牛皮纸也可用聚氯乙烯塑料布或没有冷底子油的玻璃网布代替。

⑤ 制作特强防腐层时，两道防水卷材的缠绕方向宜相反。

⑥ 已做了防腐层的管子在吊运时，应采用软吊带或不损坏防腐层的绳索，以免损坏防腐层。管子下沟前，要清理管沟，使沟底平整，无石块、砖瓦或其他杂物。上层如很硬时，应先在沟底铺垫100mm松软细土，管子下沟后，不许用撬杠移管，更不得直接推管下沟。

⑦ 防腐层上的一切缺陷、不合格处以及检查和下沟时弄坏的部位，都应在管沟回填前修补好，回填时，宜先用人工回填一层细土，埋过管顶，然后再用人工或机械回填。

4. 质量标准

(1) 埋地管道的防腐层应符合以下规定：

材质和结构符合设计要求和施工规范规定。卷材与管道以及各层卷材之间粘贴牢固，表面平整，无皱折、空鼓、滑移和封口不严等缺陷。

检验方法：观察或切开防腐层检查。

（2）管道、箱类和金属支架涂漆应符合以下规定：

油漆种类和涂刷遍数符合设计要求，附着良好，无脱皮、起泡和漏涂，漆膜厚度均匀，色泽一致，无流坠及污染现象。

检验方法：观察检查。

5. 成品保护

（1）已做好防腐层的管道及设备之间要隔开，不得粘连，以免破坏防腐层。

（2）刷油前先清理好周围环境，防止尘土飞扬，保持清洁，如遇大风、雨、雾、雪不得露天作业。

（3）涂漆的管道、设备及容器，漆层在干燥过程中应防止冻结、撞击、震动和温度剧烈变化。

6. 应注意的质量问题

（1）管材表面脱皮、返锈。主要原因是管材除锈不净。

（2）管材、设备及容器表面油漆不均匀，有流坠或漏涂现象，主要是刷子沾油漆太多和刷油不认真。

7. 质量记录

（1）防锈漆、面漆、沥青及稀释剂等材料应有出厂合格证。

（2）应有进场的验收记录。

（3）管道及设备防腐前的预检记录。

（4）完工后的验收记录。

4.2.14 【给水排水施工点24号】排水板、块状蓄排水板的施工工艺

一、块状蓄排水板的铺设工艺

（1）清理铺设现场的垃圾，水泥找平，使现场没有明显凹凸处，室外车库顶和屋顶花园需要有2‰～5‰的找坡。

（2）屋顶绿化和室外车库顶板绿化可配多孔渗水管使用，这样能把块状蓄排水板中排出的水集中排到附近的排水管或附近城市下水道。

（3）块状蓄排水板因其中间有镂空（见图4-192），因此块状蓄排水板的阻根效果就受影响了，有些设计在蓄排水板下面铺设一层隔根层，隔根层平铺，蓄排水板的铺设很简单，用产品自带的搭接扣扣接即可（注意：蓄排水板的铺设不同于卷材排水板，蓄排水板的铺设是凸点向下，这样才能达到蓄、排水功能）；

（4）蓄排水板上面铺设无纺布，其他同卷材排水板（蓄排水板的铺设是凸点向下的）。其他注意事项：有些设计加了隔根层、土工网；顺序为：隔根层→蓄排水板→土工布（无纺布）→回填土；蓄排水板的铺设就是这个顺序，一般对隔根层、土工网不做要求的可以直接省略；但是蓄排水板、无纺布是必须使用的土工材料。

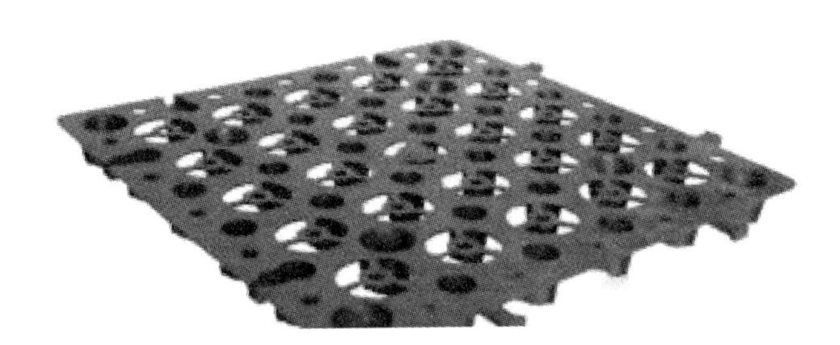

图 4-192 块状蓄排水板

二、排水板的铺设工艺

1. 工艺流程

基层验收→规划弹线→空铺排水板（只有要求固定的部位、区域才固定）→钉挂侧墙防水排水板→橡胶锤轻扣扣合搭接带→自检验收→检查验收。

2. 基层种类要求

（1）坚实、平整的混凝土表面；

（2）坚实、平整的水泥砂浆抹面；

（3）铺贴于坚实稳定基层的防水材料表面。

3. 操作要点及技术要求

（1）排水板自然展开、舒松地铺设于规划好的位置。

（2）排水板可按排水坡度的纵向或横向统一的方向铺设。

（3）搭接必须按照顺排水坡度的方向搭接，不允许逆向搭接。

（4）需要定位的部位或形状变化的部位需要临时固定时，采用沥青玛蹄脂点式粘接固定。

（5）排水板的终止收口需要结合建筑部位设计确定。

4. 回填方法

在排水系统上回填土，为了防止运土车辆对排水系统造成破坏，回填需要由周边向内进行，工序如下：

（1）回填时先行铺设无纺布，一边铺设无纺布一边采用回填土堆点压固，随后回填土（可直接铺设带布排水板直接回填土）。

（2）第一层回填土一次性回填厚度要大于600mm，用蛙夯机夯实后才可以在回填土上行走。

（3）其后分层回填，每次回填厚度可为600mm。

（4）最后留有300～500mm厚为人工配制种植土，自然回填，不夯实。

施工注意事项：

（1）请在干燥、通风的环境下储存排水板，防止曝晒，远离火源。

（2）请立放或平放排水板，不得倾斜或交叉横压，堆放高度不要超过3层，避免重物堆压。

（3）铺设时要平整自然，顺坡或依水流方向铺设。

铺设前的准备工作：

（1）清理铺设现场的垃圾，水泥找平，使现场没有明显凹凸处，室外车库顶和屋顶花园需要有2‰～5‰的找坡。

（2）屋顶绿化和室外车库顶板绿化可配多孔渗水管使用，这样能把排水板中排出的水集中排到附近的排水管或附近城市下水道。

（3）地下室地面防渗水，在基础上面架空地坪，也就是在做地坪前先做一层排水板，圆凸台向上，四周留有盲沟，使地下水上不来，渗水自然通过排水板的空间流入四周盲沟，再通过盲沟流入集水坑。

（4）地下室内墙防渗水，可在建筑物主体墙面上铺设排水板，圆凸台面向主体墙面，排水板外再砌一层单墙或用钢丝网粉水泥来保护排水板，使墙外面的渗水通过排水板的空间直向下流入盲沟直至集水坑。

（5）在任何地段铺设排水板，必须注意，不要让泥土、水泥、黄沙等垃圾进入排水板的正面空间，确保排水板的空间畅通。

（6）铺设排水板时尽可能做好保护措施，屋面或室外车库铺设排水板应及时做好回填土工作，防止大风吹乱排水板影响铺设质量；地下室地面和内墙防水要尽快做好保护层，预防排水板被人或物破坏。

（7）若回填土是黏性土，需在土工布上面铺3～5cm的黄沙，以利于土工布的滤水；若回填土是一种营养土或轻质土就无需再铺设黄沙了，这种土本身就很松很容易滤水。

（8）排水板在铺设时边与边右搭接下来1～2支点，也可以两块底板碰齐，上面利用土工布搭接，只要保持没有泥土进入排水板的排水通道就可以，保持排水畅通。

4.2.15　浅谈建筑给水排水管道敷设问题

1. 给水排水立管的敷设

（1）立管安装在厨房、卫生间的墙角处。在以往的住宅设计中较多采用这种敷设方式，施工方便，但明露管道有碍居室美观，住户在二次装修时大多会用轻质材料将其隐藏起来。管道明装在室内时，应不影响厨房、卫生间各卫生设备功能的使用。

（2）立管敷设在管道井内。这种方式居室洁净美观，但管道井占用了卫生间的面积，且管道施工、维修较困难。卫生间设置集中管道井，把给水管、排水管等管道都集中布置在管道井里，这是现代住宅厨房、卫生间居住文明的重要体现。

2. 给水支管敷设

（1）一般住宅给水支管管径$De \leqslant 40$mm或$DN \leqslant 32$mm，小管径的塑料给水管呈弯曲状态，且热稳定性差，故住宅给水支管提倡采用埋墙暗设。

（2）支管设在砖墙里。施工时在砖墙面开管槽，管槽宽度为管子外径$De+20$mm，深度为管子外径De；采用金属管件连接时，需加大管槽尺寸；管道直接嵌入管槽，并用管卡固定在管槽内。

（3）小管径给水支管（$De \leqslant 20$mm），可暗设在楼（地）面找平层里。施工时在楼（地）板面上开管槽，槽宽为$De+10$mm，深为$0.5De$，管道半嵌入管槽里，并用管卡将管子固定在管槽内。

（4）墙体内埋水管，要做到布局合理、槽内抹灰圆滑，然后在凹槽内刷防水涂料，提倡水管凹槽做防水。管道施工完毕，应由土建统一抹灰，并在墙体上统一用红油漆或水泥浆把管道走向在墙体上标记清楚。

3. 排水支管敷设

住宅室内排水横支管应敷设在本层套内，这样排水横支管渗透时可避免污水进入邻户，管道维修时也不会影响到邻户的正常生活。

4.3 成果验收

4.3.1 【分享】给水排水施工图审查原则和5大要点

一、审图原则

（1）设计是否符合国家有关技术政策和标准规范及《建筑工程设计文件》编制深度的规定。

（2）图纸资料是否齐全，能否满足施工需要。

（3）设计是否合理，有无遗漏。图纸中的标注有无错误。有关管道编号、设备型号是否完整无误。有关部位的标高、坡度、坐标位置是否正确。材料名称、规格型号、数量是否正确完整。

（4）设计说明及设计图中的技术要求是否明确。设计是否符合企业施工技术准备条件。如需要采用特殊措施时，技术上有无困难，能否保证施工质量和施工安全。

（5）设计意图、工程特点、设备设施及其控制工艺流程是否明确。各部分设计是否明确，是否符合工艺流程和施工工艺要求。

（6）管道安装位置是否美观和使用方便。

（7）管道、组件、设备的技术特性，如工作压力、温度、介质是否清楚。

（8）对固定、防振、保温、防腐、隔热部位及采用的方法、材料、施工技术要求及漆色规定是否明确。

（9）需要采用特殊施工方法、施工手段、施工机具的部位要求和做法是否明确。

（10）有无特殊材料要求，其规格、品种、数量能否满足要求，有无材料代用的可能性。

二、审图要点

1. 要点一：总说明

（1）设计总说明应包括设计依据、设计范围，给水排水、消防各个系统扼要的叙述，管材及接口、阀门及阀件、管道敷设、管道试压、防腐油漆、管道及设备保温等内容。

（2）主要设备、材料表中的水泵、水处理设备、水加热设备、冷却塔、消防设施、卫生器具等的造型是否安全合理。

（3）管道、设备的防隔振、消声、防水锤、防膨胀、防伸缩沉降、防污染、防结露、防冻、放气泄水、固定、保温、检查、维护等是否采取有效合理的措施。

(4) 是否按消防规范的要求设置了相应的消火栓、自动喷水灭火、气体灭火、水喷雾灭火、灭火器等系统和设施，消防水量计算是否合理。

(5) 是否选用了已淘汰的产品。

2. 要点二：给水排水平面图

(1) 生活水池、水箱是否为独立的结构形式。

(2) 给水管道与水加热设备及可能引起回流的卫生设备的连接是否有防止回流污染的措施。

(3) 生活给水泵房的位置是否避开了有防振或有安静要求的房间。水泵机组，吸、压水管支架及机房墙体顶板是否采取了隔振或消声措施。

(4) 有无厕所、盥洗室布置在餐厅、食品加工、仪器储存及变配电等有严格卫生要求用房的上层。

(5) 地下污水泵井是否设置了密封井盖和通气管。

(6) 选用的水加热设备及其布置、敷设是否考虑了检修要求。

(7) 管道的布置、敷设是否满足规范要求。

3. 要点三：水消防、人防部分平面图

(1) 建筑物内不同用房或公共场所灭火设施的选择是否恰当，有无遗漏的地方。

(2) 消防水池、高位水箱及消防水泵房是否满足规范要求。

(3) 消火栓及自动喷洒头、水泵接合器的布置是否满足规范要求。

(4) 需要水幕分区或配合防火卷帘分区处是否按规范要求设置了相应的水幕设施。

(5) 消防电梯是否设置了排水设施。

(6) 寒冷地区、无采暖地下车库有结冻可能的水消防管道是否有合理可行的防冻措施。

(7) 灭火器的造型与布置是否满足规范要求。

(8) 当有人防或防空地下室时，给水排水设计应符合人防设计有关规范及当地人防主管部门的要求。

4. 要点四：总平面图

(1) 消防专用或生活共用的室外给水管是否按规范要求连成环状管网，室外消火栓、水泵接合器的布置是否符合规范的要求。

(2) 入市政污、雨水管接合井的管径、标高是否合适。

(3) 化粪池、污水池等与埋地生活用水储水池的距离是否不小于 10m，当不满足时，是否采取了防止污染生活用水储水池水质的有效措施。

5. 要点五：系统图

(1) 给水系统

1) 高层、低层建筑的给水区是否符合规范要求，最不利用水处的水压能否得到保证。

2) 给水管道的连接是否存在回流污染问题。

3) 水池、水箱至生活饮用水点的供水管上是否按规定采取了安全可靠的一次防污染措施。

4）按规定需设中水的项目，是否设置了中水处理与供水系统，中水水量是否平衡。

（2）热水系统

1）热水供水分区是否与给水分区一致，热水供水压力能否与冷水压力平衡（单独使用冷水或热水者除外）。

2）热水供应系统是否设置了有效的循环系统，高层建筑的热水系统采用减压阀分区时能否保证各分区循环系统的正常工作。

3）公共浴室是否设有水温稳定和节水措施。

4）系统上是否设有防膨胀泄压用的安全阀、膨胀管（或膨胀罐）、伸缩节、固定支架等附件。是否设有防止和减缓管道及设备结垢、锈蚀的装置。

（3）排水系统

1）排水系统是否采用了雨、污分流；雨水斗及其布置是否符合要求。

2）污水立管底部的排水横管的连接是否满足规范要求，或采取单独出户的措施。

3）水管是否按规范要求设置通气管及检查口、清扫口。

（4）消防系统

1）消防水池和屋顶消防水箱的储水容积是否符合规定。当消防、生活合用水池、水箱时，有无保证消防水量不被动用的措施。

2）消防是否满足规范要求，系统上是否有减压、泄压等安全使用和保证灭火效果的措施，有无消防水泵的自检措施。

3）消防水泵及增压设备是否满足规范要求。

4）室内消火栓管网是否按规范要求连成环状，环状管网的引入管是否不少于两根，管网上阀门的布置是否满足规范要求。

5）屋顶是否设有试验用消火栓，自动喷水灭火系统各层末端是否设有终端放水试验装置。

6）消火栓与自动喷水灭火系统管径是否合理。

7）寒冷地区、地下不采暖车库是否采用干式或预作用自动喷水灭火系统。

8）消防水泵接合器的设置是否满足规范要求。

4.3.2 【给水排水施工点23号】施工验收标准（水路、电路、木工）全面解析

施工验收标准：包含水路、电路、木工、泥工、防水、油漆、乳胶漆，所有装修业主必看！

1. 电路工艺

（1）强电和弱电分开开槽，主管槽间距200mm以上。

（2）墙面线槽底宽是管径的两倍，且外大内小。

（3）布线符合设计要求，暗敷电线必须穿阻燃管，不能穿阻燃管的部分必须穿黄蜡线管。

（4）线路敷设横平竖直，线管固定应低于墙面10mm。

（5）线管进入暗盒时，管口应进入3～5mm。

（6）线管转角和直接头不许使用黄蜡线管。

（7）电源线和信号线不得穿入同一根管内。

（8）配线时，火线和零线的颜色不同，同一住宅火线（L）颜色应统一，并宜用红色，零线（N）宜用蓝色，地线（PE）必须用黄绿双色线。

（9）穿入配管的导线接头应设在接线盒内，接头搭接应牢固，并不少于5圈，绝缘带包缠应均匀紧密。

（10）木质结构内电源线必须穿PVC管。

（11）水路、电路不能同槽。

（12）封管时管槽应湿水，并略低于墙面。

2. 水路工艺

（1）连接水龙头的内弯平面应高出基层墙面10～12mm。

（2）管道应在自由状态下固定牢固。

（3）混水阀接口中心距150mm，允许偏差2mm。

（4）冷、热水管安装应上热下冷，左热右冷。

（5）管道交叉要求使用过渡弯接头。

（6）冷、热水管安装中间距离应大于等于150mm。

（7）冷、热水管不得同槽安装。

（8）水管槽底宽是管径的两倍且外大内小。

（9）混水阀安装接点处水平高度允许偏差1mm。

（10）管道焊接处应形成均匀的环状熔节。

（11）排水管铺设涂胶应均匀、粘接牢固

（12）排水管铺设应按顺水流方向放0.5%～1%的坡度。

（13）给水管敷设完成后应进行水压试验。

（14）排水管敷设完成后应进行通水试验。

3. 木工工艺

（1）材料品种、规格、颜色应符合设计要求。饰面板颜色、花纹应谐调。

（2）不同结构的连接应符合设计要求。

（3）同一立面上柜门缝隙应均匀一致，横平竖直。

（4）纹钉、气钉帽应略低于板面。禁止用气钉枪头砸高出板面的钉帽。

（5）所有线条收口部位顺直，表面平整，同一收口头尾宽度必须一致（设计有特殊要求的除外）。

（6）整体立面拼逢应严密平整。

（7）抽屉、梭门、柜门等应开启灵活，回位正确。

（8）石膏板接口应留V形缝，采用镙钉固定。

（9）做乳胶漆的部位，木板不得外露。

（10）家私宝表面平整并不得有钉眼。家私宝不得局部打补丁。

（11）家私宝阴角接口缝不得大于0.5mm，阴角必须压在收口线条或面板下。

4. 防水工艺

（1）贴地砖及墙面最下面一块砖之前防水验收。

（2）墙面防水做到300mm。

(3) 墙角密实，包管处密实，门口处密实，蹲便器、地漏四周密实，地面表层密实。

(4) 门槛石在做防水前安装完毕。

(5) 防水层没有起皮或损坏。

(6) 不漏水、不浸水。

5. 泥工工艺

(1) 卫生间最下面一片墙砖待贴完地砖后再贴。

(2) 砌墙用1∶2水泥砂浆，抹灰用1∶1水泥砂浆，表面应平整。

(3) 封线管用1∶1水泥砂浆，低于墙面5～8mm。

(4) 墙砖铺贴采用2∶1水泥砂浆湿贴法。

(5) 地砖铺贴应采用体积比为1∶3的干性水泥砂浆。

(6) 铺贴前应对饰面砖的规格、颜色进行分检选配。

(7) 铺贴前应进行放线定位和排砖。

(8) 墙砖铺贴前泡水时间不少于2h，并阴干。

(9) 非整砖应排放在次要部位或角落处。

(10) 勾缝应密实，线条顺直，表面洁净。

(11) 厨房（有地漏的）、卫生间地砖铺贴应顺排水口方向留1%～2%的坡度。

(12) 墙面不宜有小于三分之一的非整砖。

(13) 地面石材或地砖铺设完毕后必须确保72h之内无人踩踏，必须进行现场保护。

6. 油漆工艺

(1) 场地必须洒水清扫干净。基层表面应无污染，清理干净。

(2) 钉眼、嵌缝应平整，无凹陷和凸起。

(3) 涂刷应顺木纹方向，涂刷均匀，每遍油漆后必须打磨平整，清理洁净。

(4) 饰面板应色泽一致，纹理通顺，轮廓清晰。

(5) 不得有漏刷、流坠、疙瘩等缺陷。

(6) 涂刷墙壁应均匀、光滑、色泽一致，无刷痕。

(7) 硝基漆、聚酯色漆漆膜光滑、色泽一致，无刷痕。

(8) 涂刷油漆不得对其他装饰造成污染。

7. 乳胶漆工艺

(1) 场地必须洒水清扫干净。基层腻子表面应无污染，清理干净。

(2) 基层腻子、嵌缝应平整，无凹陷和凸起。

(3) 刷纹应通顺、分色线应通直。

(4) 不得有掉粉、起皮、透底、漏刷、流坠、疙瘩等缺陷。

(5) 墙面应平整，侧光检查应无明显波浪起伏。

(6) 所有基层接缝部位刮腻子贴纸带处理。

(7) 所有分色部位均应贴分色纸。

(8) 所有玻璃均应贴分色纸或整面遮盖保护。

(9) 腻子要兑适量胶水。

(10) 电器面板宜在乳胶漆和油漆完成后安装。

（11）阴角弹线修直。阴角靠尺修直。

4.3.3 【每周一议】新规下消防验收通过率为什么这么低

《火灾自动报警系统设计规范》GB 50116—2013（简称消防新规）自2014年5月1日起开始实施，自消防新规实施以来，很多消防验收中遇到种种问题导致验收不通过。

一、消防新规中的一些规定

（1）每个报警回路实际连接的消防报警及联动设备总数不应超过180个，其中实际连接的联动点数量不应超过90个，每台主机，实际连接的设备总数不要超过2880点，如超过该点数可多台区域机联网实现。除此之外，每个隔离器所带的编码设备一般不超过32个。

（2）消火栓报警按钮的防护等级要达到IP65，如果消火栓报警按钮旁需要安装消防电话插口，该插口需单独安装在消火栓箱外距消火栓箱边缘0.5m以外处。

（3）所有的消防报警产品应通过CCC认证和消防检测合格并有消防检测报告书，同时模块要具备检测与被控制设备之间线路的功能。

（4）大型消防设备（如消防泵、消防风机）的远程直启控制功能不应受其控制柜手自动转换开关的影响，同时控制柜不应采用变频启动控制方式。相关消防控制模块严禁放置在控制柜内。

（5）迫降首层的电梯中如果有非消防电梯，该电梯应提供足够从最高层迫降到首层所需要的备用电源，以防止因切电导致的电梯无法迫降问题，同时轿厢内的紧急呼叫电话主机应放置在总消防控制中心。

（6）消防控制中心必须独立设置，不能与其他控制室合用，控制中心应避免靠近强干扰源，消防控制中心主机应预留有接入城市消防远程网络的接口，消防控制中心的壁挂消防设备的安装高度为主显示屏距地1.5m。

（7）消防泵房、风机房、空调机房、电梯机房、计算机房、钢瓶间、气体灭火控制器附近、区域消防控室应设置固定消防电话分机。

（8）消防应急电源输出功率应大于消防总负荷的120%，蓄电池应能保证对应消防负荷持续工作3h以上的容量。

（9）消防控制中心应设置消防专用接地体，接地电阻不应大于4Ω，该接地体与消防控制器专用接地铜板应通过线芯截面积不小于$4mm^2$的接地线连接，消防专用接地极严禁与PE线混接。

（10）消防信号总线和24V电源线可以共管，但消防电话线、消防广播线、远程直启线及联网线不能共管，需各自单独穿管。

（11）消防风机和水泵控制柜必须提供2对直流24V中间继电器分别作为总线控制和远程直启控制的消防外控接口，并将相关启动、回答及故障（如有）线路引至控制柜接线端子排并标注线号。

（12）多个消防控制器联网的情况下，壁挂区域控制器必须配备联网型壁挂电源箱，即该种电源箱需要具备电源异常信息远传的功能。

（13）气体灭火喷洒区内的烟感和温感需成对安装，烟感和温感同时报警作为气体灭火喷洒的触发条件。

(14) 在消防喷淋系统中，应由压力开关动作信号作为直接启泵的条件，该联动启泵功能不应受到消防控制器处于手、自动状态的影响。

二、消防新规现场验收十重点

(1) 主机，无论是国产还是进口的，所带的探头、按钮及模块总数不能超过3200点，超过此数，应增加主机。

(2) 水泵、风机，都不允许用变频方式启动，都得是一步直接启动，其控制柜里面不允许加变频器。

(3 回路，编的最大号不允许超过200，超过此数，另加回路。且在回路上应加隔离器，一个隔离器只能带32个点。

(4) 模块，不允许装在强电配电柜（箱）内，应装在专用模块盒里。

(5) 大楼，无论有多少个声光报警器，无论有多少个广播，在火灾时候都应全部启动，应让每一个部位、每一个角落都同时知道发生了火灾，以便快速撤离。

(6) 消防联动24V电源，无论距离有多远，在现场用万用表测量，电压不能低于22.8V，如低于此数，应在现场另加24V电源。

(7) 施工人员，以后穿24V电源线时，都应穿耐火型铜芯线，就是NH开头的线，截面不低于1.5mm^2，信号线可以降低要求，用阻燃型的，就是ZR开头的。

(8) 火灾时，普通动力用电、自动扶梯、排污泵、康乐设施、厨房用电等应立即切断；而另外的正常照明、生活水泵、安防系统、客梯等应延迟切断或者手动选择性切断，以利于人员疏散。

(9) 厂家在编联动关系的时候，不应再用一个探头来联动消防设施，应用该区域内的任意两个探头或者任意一个探头加任意一个手动火灾报警按钮来联动启动。

(10) 以后的住宅楼，住户内入口处的1.3～1.5m处，都应装家用的独立报警系统，在卧室及厨房内应设置烟感探测器及可燃气体探测器。

4.3.4 消防验收存在的问题的探讨分析

一、土建问题

一些建筑（特别是旧建筑）的改建、扩建工程在验收时主要存在以下问题，因此无法通过消防验收：

(1) 没有设置环形消防车道及登高面。

(2) 防火间距不足。

(3) 疏散楼梯的设置不符合规范要求，如楼梯间的形式、楼梯宽度、楼梯间的防烟方式（高层建筑不具备自然排烟条件的防烟楼梯间、合用前室未设机械防烟设施；高层塔式住宅剪刀楼梯合用前室时楼梯间未设机械加压送风系统）。

二、消防系统问题

(1) 没有按规范设计。

（2）安装不符合规范要求。

（3）联动控制功能不齐全、不正常。

消防系统验收常见问题见附件。

三、装修问题

（1）装修后妨碍消防设施和安全出口、疏散走道的正常使用。

（2）使用的装修材料不符合规范要求，一类高层民用建筑使用的吊顶耐火极限达不到0.25h。

（3）对装修材料的阻燃处理不规范，处理后没有检测。

附件：消防系统验收常见问题

一、消火栓给水系统

（1）消防水池、消防水箱：有效容量偏小、无消防专用的技术措施，屋顶合用水箱的出水管上未设单向阀，水位信号没有反馈到消防控制室。

（2）消防水泵：流量偏小、扬程偏大，一组消防水泵只有一根吸水管或只有一根出水管，吸水管采用同心变径，出水管上无压力表、泄压阀，引水装置设置不正确，吸水管的管径偏小，以普通水泵代替消防水泵。

（3）增压设施：增压泵的流量偏大。

（4）水泵接合器：与室外消火栓或消防水池的取水口距离大于40m、数量偏少、未分区设置。

（5）消火栓：屋顶未设检查用的试验消火栓。

（6）消火栓管道：直径小，有的安装单位违章进行焊接。

（7）最不利点动压、最不利点静压、最不利点充实水柱不符合规范要求。

二、火灾自动报警系统

（1）火灾探测器：选型与场所不符；安装不牢固、松动；安装位置、间距、倾角不符合规范和设计要求；探测器编码与竣工图标识、控制器显示不相对应，不能反映探测器的实际位置；报警功能不正常。

（2）手动火灾报警按钮：报警功能不正常；报警按钮编码与竣工图标识、控制器显示不相对应，不能反映报警按钮的实际位置；安装不符合规范和设计要求；安装不牢固、松动、倾斜。

（3）火灾报警控制器：未选用国家质量认证的产品，安装不符合要求，柜内配线不符合要求，火灾报警控制器电源与接地形式及隔离器的设置不符合要求，控制器13种基本功能（供电、火灾报警、二次报警、故障报警、消音复位、火灾优先、自检、显示与记录、面板检查、报警延时时间、电源自动切换、备用电源充电、电源电压稳定度和负载稳定度功能）不能全部实现，主、备电源容量及电源电性能试验不合格。

（4）火灾显示盘：未选用国家检测中心检验合格的产品，安装不符合要求，电源与接地形式不符合要求。

（5）消防联动控制设备：未选用国家质量认证的产品，安装、配线不符合要求。

（6）消防控制室未设置可直接报警的外线电话；火灾报警控制器、消防联动柜的主电源采用插头连接；消防控制柜未设置手动直接启动消防水泵、防排烟风机的装置。

三、自动喷水灭火系统

（1）消防水池、消防水泵、水泵接合器、消防水箱（参见消火栓系统）。用气压罐代替高位消防水箱，消防水箱的出水管未与报警阀前的管道连接。

（2）稳压系统：稳压泵的流量偏大，稳压泵的位置不符合要求（在高位水箱处设置稳压泵，就近接入自动喷水灭火系统的立管顶部）。

（3）湿式报警阀：设置的地点不适宜（水力警铃位置不规范），供水控制阀未设置。

（4）水流指示器前未安装信号阀或与水流指示器间的距离小于300mm。

（5）末端试验装置（试验阀、压力表、排水管），试验管径小于25mm。

（6）系统联动试验时，末端试验阀打开，压力表读数小于0.049MPa。

（7）喷头：选型不符合要求，与大功率发热灯具和通风管风口距离近。

（8）泄压阀：在水泵的出水管上未装设泄压阀。

（9）湿式报警阀组没有安装压力开关，直接用水流指示器的信号启动喷淋泵。

（10）随意扩大集热挡水盘的使用范围，挡水盘的平面面积过小，未设弯边的下沿。

四、气体灭火系统

（1）围护结构的耐火极限和抗压强度不足，未设置泄压口。

（2）火灾时，气体灭火系统的联动控制不能做到关闭开口、停止风机等功能。

（3）喷嘴的安装位置及间距不符合设计要求。

五、防火分隔系统

（1）用于疏散通道上的防火卷帘两侧未设置手动控制按钮，疏散通道上的防火卷帘不能实现“两步”降。

（2）用作防火分隔的防火卷帘，火灾探测器动作后，卷帘没有下降到底。

（3）同一防火分区内用作防火分隔的防火卷帘，火灾探测器动作后，多樘卷帘没有群降。未按着火层和上、下层同时动作的要求进行调试。

（4）防火卷帘动作及到底的反馈信号在消防控制室内不能显示。

（5）普通防火卷帘没有设置独立的闭式自动喷水灭火系统保护。

（6）防火门未安装膨胀密封条，住户的防火门都带有猫眼，防火门联动控制时，防火门不能自动关闭且不能向消防联动控制装置反馈动作信号。

（7）常开式双扇防火门未安装闭门器和顺序器等。

（8）防火卷帘的座板与地面间隙大于20mm。

六、防排烟、空调通风系统

（1）自然排烟时开窗面积不足，位置偏低，不能方便开启。

（2）机械排烟系统的排烟量偏小，机械防烟系统的正压送风量偏小。

（3）设置机械排烟的地下室未设置送风量不小于排烟量50%的送风系统。

（4）地下室机械排烟系统的排烟口与排风口不能联动切换。

（5）排烟口、送风阀打开不能联动风机启动。

（6）通风、空调系统的风管穿越防火分区、穿越通风空调机房及重要的或火灾危险性大的房间隔墙和楼板处未设防火阀。

（7）厨房、浴室、厕所等垂直排风管道，未采取防火回流的措施，未在支管上设置防火阀。

（8）防排烟风机远程不能停止，且未设手动直接控制，原有的大部分工程防排烟风机远程控制均能启动，但远程停止不能实现。

（9）同一楼层的几个送风阀（排烟口）的反馈信号并接而未串接。

（10）排烟风机入口处和排烟支管上未设排烟防火阀，排烟防火阀未与排烟风机连锁，平时不能自动关闭。

（11）送风口设置位置偏高，排烟口设置位置偏低。

（12）正压送风系统的新风入口位置设置不当。

（13）防排烟风机设计安装位置不当。

（14）机械加压送风系统的吸入口未设置止回阀或与风机连锁的电动阀。

（15）控制室不能显示通风和空气调节系统防火阀的工作状态，且不能关闭联动的防火阀。

（16）排烟机与排烟管道连接的软接头采用普通帆布。

（17）防火阀、排烟防火阀未设置独立支架、未做防火处理。

（18）任一排烟阀开启时，排烟风机不能自动启动。

（19）砖砌的竖井有漏洞，且内表面未采用砂浆抹平，竖井底部未封。

（20）地下室的排烟系统设置未能与人防协调好，排出的烟被人防门挡回等，影响排烟效果。

七、火灾应急照明、疏散指示和火灾事故广播

（1）火灾应急照明的配电线路没有按消防设备用电线路敷设，用普通灯具作应急灯具，在火灾时继续工作的场所应急照明时间不够，且照度低，疏散指示数量少、照度不足、安装位置不当。

（2）控制中心报警系统，火灾时不能在消防控制室将火灾疏散层的扬声器和公共广播扩音机强制转入火灾事故广播状态，应急广播未按着火层和上、下层同时动作的要求进行调试。

（3）控制中心报警系统，消防控制室不能监控用于火灾事故广播时的扩音机的工作状态，且不具有遥控开启扩音机和采用使扬声器播音的功能。

八、消防电梯

（1）井道未按规范要求独立设置。

（2）消防电梯机房与其他电梯机房之间未按规范要求进行有效防火分隔。

（3）井底未设排水设施或排水井容量小于 2.0m^3 或排水泵的排水量小于 10L/s。

（4）首层未设供消防员专用的操作按钮。

（5）有的电梯迫降后，不能继续投入运行。

九、消防供电

（1）一类高层建筑自备发电，应设有自动启动装置，并能在 30s 内供电。

（2）消防控制室无法监视重要消防设施的供电电源。

（3）水泵、防排烟风机、消防电梯等设备，其供电线路未选用耐火型电缆。

（4）楼梯间集中供电的应急照明灯，在火灾时不能发挥其正常功能。

（5）有的系统不能满足两路供电的要求，有的虽配备了发电机，但容量偏小，不能满足负荷要求。

（6）消防控制室、消防水泵房、消防电梯机房、正压送风机房、排烟风机房的供电，未在最末端配电箱处设置自动切换装置。

4.3.5 【分享】消防给水工程验收重点、方法及常见问题

一、消防验收重点及验收方法

1. 消火栓给水系统验收的重点

（1）水泵、室内外消火栓、消防水泵接合器及闸阀等主要设备的性能指标的资料和产品合格证书，隐蔽工程的施工验收记录、管道通水冲洗记录、管道试压试验记录、水泵等消防用电设备的试运转记录、工程质量事故的处理记录。

（2）系统安装情况的一般性检查：主要检查消防水泵、水泵接合器、消防水池取水口、室内外消火栓及闸阀等主要设备的安装与图纸是否相符，使用是否方便，有无正确的明显标志，有无外观损坏及明显缺陷；系统中各常开或常闭闸阀的启闭状态是否符合原设计要求。

（3）系统综合性功能试验：根据原设计的不同要求，对消防水泵分别进行自动、手动、远程和泵房内就地启泵的试验；消防水泵组的主泵与副泵互为备用功能的相互切换试验；系统压力试验和供水试验。

2. 火灾自动报警系统验收的重点

（1）图纸、资料的审查：初始设计图纸、施工图纸、设计变更及竣工图，火灾探测器、报警控制器、火灾显示盘、手动火灾报警按钮、消防联动控制设备等主要设备及线路的性能指标的资料和产品合格证书，隐蔽工程的施工验收记录、报警系统检测报告等。

（2）系统综合性功能试验：火灾探测器模拟报警试验及核实编码，火灾报警控制器和火灾显示盘的自检等其他功能、电源转换、消音复位操作、电源容量、电源电性能，联动控制设备的故障报警、自检、控制、火灾信号接收功能和电源容量、电源电性能，核实手动火灾报警按钮编码。

3. 自动喷水灭火系统验收的重点

（1）图纸、资料的审查：初始设计图纸、施工图纸、设计变更及竣工图，喷头、水流指示器、报警阀组、消防水泵、消防水泵接合器及闸阀等主要设备的性能指标的资料和产品合格证书，隐蔽工程的施工验收记录、管道通水冲洗记录、管道试压试验记录、水泵等消防用电设备的试运转记录，工程质量事故的处理记录。

（2）系统安装情况的一般性检查：检查消防水泵、水泵接合器、消防水池取水口及闸阀等主要设备的安装与图纸是否相符，使用是否方便，有无正确的明显标志，有无外观损坏及明显缺陷。现场查看、测量喷头类型、布置间距、数量，管网的管材及管径、管网连接形式和质量、管道安装的位置及配水管设置的喷头数量、末端试水装置、管道减压措施、系统排水装置等。

（3）系统综合性功能试验：根据原设计的不同要求，对消防水泵分别进行自动、手动、远程和泵房内就地启动的试验；消防水泵组的主泵与副泵互为备用功能的相互切换试验；根据有关要求进行水压试验和气压试验；对报警控制装置功能进行检验（如：

湿式、干式系统的喷头动作后，是否由报警阀组的压力开关直接连锁控制并自动启动供水泵。消防控制室（盘）能否控制水泵、电磁阀、电动阀等的操作，并能显示水流指示器、压力开关、信号阀、水泵、消防水池及水箱水位、有压气体管道和电源等是否处于正常状态的反馈信号）；报警阀功能试验（打开报警阀，查看、测量报警动作状态、输出信号情况和消防水泵启动、联动、控制盘显示情况是否符合检验要求；打开放水试验阀，测量水的流量和压力是否符合检验要求）；系统联动试验（模拟火灾信号，火灾自动报警系统应发出声光报警信号并启动自动喷水灭火系统；启动末端试水装置处放水）。

二、高层建筑消防验收常见问题汇总

1. 建筑防火

（1）土建防火封堵不到位

1）所有给水管道穿越楼板、墙体部位未封堵；

2）所有电气管、桥架穿越楼板、墙体部位未封堵；

3）穿越平层及竖向的桥架内未采用防火封堵；

4）所有通风、空调、防排烟管道穿越楼板、墙体部位未封堵；

5）土建预留洞口后开孔未封堵；

6）土建风道未封堵；

7）玻璃幕墙与楼板隔墙处的缝隙未用不燃材料填充密实；

8）防火墙未到顶；

9）防火分区未形成。

（2）土建防火门

1）防火门安装反向，未开向疏散方向；

2）封闭楼梯间及防烟楼梯间开设了非疏散门、洞；

3）防火门检测报告与实体不符，防火门身份标识未张贴；

4）未安装闭门器、顺序器；

5）应设置单向逃生部位未设置相应的开启装置；

6）未按设计要求安装防火门。

（3）安全疏散

1）由于装修装设栏杆造成楼梯疏散宽度不够；

2）由于装修、土建改动，疏散出口数量不够；

3）由于装修、土建改动，疏散出口距离超标。

（4）消防车道

1）车道宽度不能满足规范要求；

2）消防扑救面未形成；

3）环形车道未形成或回车场未形成；

4）消防扑救面有高大树木或有障碍物；

5）防烟楼梯间无前室或消防电梯合用前室未设计正压送风系统。

（5）防火卷帘

1）导轨与墙体及柱体之间未封堵；
2）卷帘顶部未完全封堵；
3）双轨卷帘一侧未封堵到顶，形成单轨卷帘；
4）穿越卷帘包厢的管道及桥架未封堵；
5）疏散通道卷帘门两侧未设置手动控制按钮；
6）卷帘门手动拉链未设置拉链孔。
（6）建筑装修
1）建筑装修材料选用不当，特别是吊顶及墙面材料耐火极限达不到规范要求；
2）建筑装修饰面影响消防功能的正常实现；
3）消火栓箱门装修后无法打开；
4）正压送风口、排烟口装修后出现风口与装修面层内漏风及检修不便的现象；
5）格栅吊顶影响上喷喷水效果，灯槽内喷头影响喷水效果；
6）建筑装修开设的检查孔部位及大小不满足正常检修的需求；
7）大于 $60m^2$ 的房间只设置 1 个门；
8）会议室、观众厅等场所的门未向外开启。
（7）排烟口
1）设置位置过低，低于 2m；
2）设置在顶部的排烟口、排烟阀未设置手动控制装置；
3）排烟口距离最远点水平距离超过了 30m；
4）排烟口距离安全出口间距小于 1.5m。
（8）排烟系统漏设
1）无自然通风长度超过 20m 的内走道；
2）超过 60m 长度的走道；
3）面积超过 $100m^2$ 的区域未设置排烟系统。
（9）防火阀
1）风管穿越防火分区，防火分隔处未设置防火阀；
2）防火阀安装距墙体超过 200mm；
3）常开、常闭排烟防火阀设置错误。
（10）自然排烟区域开窗净面积不满足规范要求。
（11）正压送风系统
1）部分封闭楼梯间或防烟楼梯间或前室未设置正压送风口。
2）风口数量偏少。
3）防排烟系统末端风口风量偏低，系统风量偏低可能的原因有：
① 风机风量不满足规范要求；
② 土建风道封堵不严或未完全封闭；
③ 土建风道平层割断封堵平层风管有漏风现象；
④ 风机风压不足；
⑤ 管道风阻过大；
⑥ 风机电源反相。

4）排烟风机出风口与加压风机进风口垂直距离小于3m。

5）排烟风机出风口低于加压风机进风口。

6）排烟风机出风口与加压风机进风口在同一面上时间距小于10m。

7）排烟口与送风口距离小于5m。

8）风机控制箱未设置在风机就近位置。

9）正压送风口入口及机械排烟系统出口防雨百叶均未设置在室外与大气相通。

10）电机外置离心式风机未设置风机房。

2. 消防水

（1）喷头布置

1）不受梁体影响的直立型喷头距离顶板过近（超过了75～150mm）；

2）受梁体影响的直立型喷头距顶板距离不满足规范要求；

3）喷头距边墙距离不满足规范要求。

（2）消火栓布置

1）由于建筑装修变动，消火栓的保护面积超过了规范要求；

2）由于装饰原因，取消了消火栓门；

3）消防电梯前室漏设消火栓；

4）未按规范要求设置自救式消火栓箱；

5）室外消火栓距建筑外墙及路边距离不满足规范要求；

6）夹层及设备层漏设消火栓。

（3）水泵结合器

1）未按系统分区设置水泵结合器；

2）水泵结合器数量不满足规范要求；

3）水泵接合器设置在不易取用的部位；

4）水泵接合器充水试验不成功。

（4）室外取水口位置设置不合理，取水口吸水高度超过6m，距外墙距离超过规范要求。

（5）末端试水装置。

1）末端试水装置位置设置不合理，设置在了系统的最低处，而不是系统最不利点处；

2）末端试水装置未采用间接排水方式。

（6）自动喷水灭火系统存在漏设区域

1）空调及风机房；

2）车库室内车道；

3）建筑面积大于5m^{2}的卫生间；

4）自动扶梯的底部；

5）楼梯及电梯前室；

6）净高小于等于12m的室内中空区域；

7）净高大于800mm且有可燃物吊顶内；

8）宽度大于1.2m的风管及排管下方；

9）一类高层的消防控制室；

10）弱电设备间。

（7）气体灭火系统

1）防护区内风口、防火阀、风机未参与联动控制；

2）防护区未设置自动泄压口（泄压装置）；

3）防护区的围护结构不能达到0.5h的耐火极限及1200Pa的耐压极限；

4）储油间未设置呼吸阀、通气管道；

5）气体灭火控制盘系统电源不能满足同时启动气体灭火装置的要求；

6）控制中心不能对气体灭火区域设备进行联动控制；

7）气体灭火防护区未设置手自动转换开关；

8）配电房未设置气体灭火系统。

3. 火灾自动报警系统

（1）火灾自动报警系统漏设区域

1）超高层建筑的室内住户部分未设置探测器；

2）强弱电井未设置探测器；

3）水泵房、消防控制中心、各类设备用房未设置探测器；

4）公共部位未设置楼层显示器；

5）厨房内未设置可燃气体探测器。

（2）消防管线

1）与消防有关的所有线路明配钢管未刷防火涂料或防火涂料涂刷不均匀；

2）与设备连接处的金属软管未到位；

3）明配及吊顶内线盒未上盖板；

4）吊顶内部分导线未穿管。

（3）联动控制及相关功能不齐全

1）门禁系统未进行断电控制；

2）常开电动防火门未联动控制；

3）单向逃生锁未联动控制。

（4）消防联动控制系统逻辑关系混乱

1）相应区域探测器报警，对应区域的正压送风机未启动；

2）一台风机负担多个防烟分区时，防烟分区内探测器报警，所有风口都打开；

3）手动打开排烟口、正压送风口，相应的风机未启动；

4）非消防断电及应急照明强投未编入联动关系；

5）中庭区域报警时，各层卷帘门未启动；

6）大空间探测装置如双波段、光截面及线形探测器报警时未联动相关常规火灾报警系统；

7）消防补风机未编入火灾时启动的联动关系；

8）排烟风机入口处排烟阀门未与排烟风机连锁。

（5）控制中心

1）引入火灾报警控制器的导线未绑扎成束，未标明编号；

2）控制设备接地支线小于4mm；

3）控制设备背后距墙操作距离小于1m；
4）CRT未完善，外部设备报警后CRT界面无反应；
5）消防控制主机存在屏蔽和故障点位。
（6）消防电话系统
1）主机不能进行分机呼叫；
2）消防外线电话未设置；
3）电梯机房、与消防有关的设备用房未设置电话分机；
4）消防电话分机安装不牢固，电话分机安装位置不合理。

4. 其他

（1）验收范围内的土建、装修工作未完；
（2）验收范围内的机电安装相关工作未完；
（3）市政供电，供水未到位；
（4）柴油发电机不能启动或自投功能未实现；
（5）消防电梯按钮及三方通话未完成；
（6）未按消防标识化相关要求制作标识标牌；
（7）PVC管穿越楼层部位未设置阻火圈；
（8）建筑灭火器、消防水带、水枪等未布置到位；
（9）未按相关要求设置逃生门锁；
（10）部分设备用房、电梯机房未设置应急照明，消防控制室及重要设备用房应急照明照度不够。

4.3.6 【盘点】消防验收中易出现的致命问题

一、水系统中存在的问题

（1）主备泵切换的问题。虽然水泵控制柜由控制柜厂家提供，但个别厂家由于对消防规范不了解或订货时没有提出要求，控制柜中没有提供水泵切换功能或切换功能无法实现，而施工人员在公司调试组调试前又没有发现，造成不必要的麻烦。

（2）消火栓按钮启泵问题。某工程，消火栓按钮接线采用1.5mm^2，造成压降过多而不能启动水泵或启泵按钮灯不亮。

（3）喷淋系统中压力开关应直接启泵，而某工程是由报警控制器联动启泵，目前消防规范是不允许这样启泵的。

（4）水泵启动方式。当水泵电机超过11kW时，应采用降压启动方式，不应直接启动。

（5）附设在建筑内的消防水泵房，应设直通室外的出口，通向室内的门应采用防火门。

（6）雨淋系统、预作用系统的启泵问题。当雨淋阀、预作用阀采用报警探测器连锁启动时，应是该区域火灾确认或两点报警联动。压力开关应接入水泵控制柜直接启动水泵。

（7）水流指示器前应安装信号蝶阀，不应采用其他阀门。某工程，水流指示器前安装的是带锁定装置的蝶阀，调试时阀门是关闭的，而报警控制器中无反馈信号。如果发生火灾，该系统就失去了应有的功能。所以水流指示器和信号蝶阀的反馈信号应接入报警控制器。

（8）末端试水装置出口应接入排水管。某工地在施工中，未将末端试水装置出口接入排水管，排出的水将旁边建筑的设施冲走了，造成了不良影响。

（9）喷淋头的选择。某些工程中，厨房内的喷淋头采用68°喷淋头，而规范要求采用93°喷淋头。在选择闭式喷头时，喷头的公称动作温度宜高于环境温度30℃。

（10）消火栓箱内水带应采用挂钩式，不应采用卷盘式。

（11）消火栓栓口处的出水压力问题。当栓口处的出水压力大于0.5MPa时，应设置减压措施。

（12）在调试中经常发现有些阀门是关闭的，希望各项目部在施工完工后，检查阀门是否开启。

（13）水泵房内的排水问题。个别工程试验阀的排水口未接到排水沟或室外，造成水泵房内到处是水。

二、报警系统及气体系统中存在的问题

（1）探头报警灯的安装方向不规范，探头报警灯的安装应面向主要出入口方向。

（2）个别工地的报警控制器还在使用电源插座和漏电保护器，应直接接入消防电源。

（3）报警系统的接地不按规范要求安装合格的接地线。

（4）某些工程，电梯联动迫降未调试好，就要求公司调试，误认为模块到位就可以了，其实消防调试开通是对整个工程而言，不能认为这项工作不是我做的，是否能联动关系不大。消防开通报告是为消防工程整体验收提供数据的，只有工程内所有消防报警联动设备运行状态正常后才能出开通报告，所以要为整体考虑。

（5）启动正压风机、排烟风机的联动个别工地没有调试好。特别是防火阀、排烟口的联动、复位均不能到位。

（6）排烟风机机体进风口安装的280°防火阀是用作火灾排烟时当大火烧到该防火阀温度超过280°时该阀门关闭的同时关闭排烟风机，防止将大火引入排烟风机烧毁电机，但许多现场施工管理操作人员只是将该点作为一个报警点而不联动关闭排烟风机来处理，这是错误的。

（7）水力警铃、消防广播、声光报警器在安装前对线路的检查不到位。最后出现同一防火分区内个别点不能发出正确警示的低级错误。

（8）许多工地为赶工期，对工程质量只布置不检查，出现探头、水力警铃、手动报警按钮安装不牢固，有松动的现象，甚至有些探头一碰就会掉落到地上。

三、气体灭火系统调试中存在的问题

（1）施工队不能提供气体输送管的试压数据，只是口头上告知试过压了，具体是何时试压、试压人员是谁，都无法提供。所以是否试过压只能是个问号。

（2）申请调试前施工操作人员对产品不作细致的了解。结果调试时出现声光报警不动作，报警点无法打印。要求其整改时反而提出用备用电池时是不能打印的论点。咨询了生

产厂家后才得到无其之说的结论。

（3）对气体灭火的性质了解不到位。防护区的门窗只是用一般性的材料和玻璃。在施工中不能提出异议，到调试验收中才发现该问题为时已晚，特别是防护区的门应是能自动关闭的也不清楚，也就太不应该了。

（4）气体储存室与配电间合用，这是不允许的。储存室的通道、应急照明、门、窗的防火等级、开启方向和储存室的排风装置关系到人身安全应予以重视。

四、防排烟系统中存在的问题

（1）有的工地还不具备调试的条件，就申请调试，比如个别风口还没有安装、风口还没封堵等。

（2）有的工地安装得比较好，但风量调节阀没调整好，或者是风口的百叶窗没调整好，导致风量严重不均，离风机近的风口风量太大，而远端的风口风量达不到防排烟的要求。

（3）有的工地的板式风口的动作执行机构开启、关闭不灵敏，风口开启后，脱扣钢丝或脱落或生锈导致风口不能正常关闭。

（4）个别工地的风管做得不够严密，或封堵的不够好，导致风口的总风量与风机铭牌上的风量差太多。

4.4　常见问题

4.4.1　【给水排水施工点 25 号】给水排水管道施工中的常见问题

一、雨水管不该用伸缩节、管箍连接

原因：雨水管本身壁厚较薄，在遇到暴雨时，管路内容易形成真空，导致雨水管被吸扁爆裂。

解决措施：在安装时必须采用直落水接头连接。直落水接头主要有两个作用：

（1）连接管路；

（2）用于管路透气、溢流、消除伸缩余量。

二、PE 管、PVC-U 管不能用于热水

使用场合：

（1）PE 管正常通水温度不能超过 40℃；

（2）PVC-U 管正常通水温度不能超过 45℃。

案例：将 PVC-U 给水管与太阳能热水器管路相通，没有考虑到热水回流的情况，使管道内经常充满热水，最终使管道严重变形。

三、给水管道不应该未经过试压就回填、暗敷

原因：试压用来检测管道的强度和气密性，以防管路在使用过程中出现漏水，造成更大的损失。

解决措施：给水管道在安装完毕后应首先按照相关技术规程进行试压，在确保管道未出现漏水的情况下，再进行回填、暗敷。

四、落差较大的给水管路不能没有透气装置

原因：当给水管路落差较大或距离较长时，管道内会形成水锤或真空负压，导致管路吸扁或破坏。

解决措施：消除水锤和负压必须安装排气阀。

排气阀的作用：（1）排气消除水锤；（2）补气消除负压。

案例：有一些工程都是由于没有安装排气阀导致管道内形成真空负压使管道吸扁。

五、PE给水管夏天试压不应该在中午或下午进行

原因：PE给水管由于材料性能，极易吸收空气中的热量，使管道内水温升高，最高温度可达到50℃左右。因此在温度较高时试压，应根据实际水温选择相应的折减系数来计算管道的试验压力。

案例：夏天管道安装完毕后，在午后气温相对较高时进行灌水试压，由于管道在阳光下曝晒，吸收热量，使管道内试压水温度迅速升高，再按平时试验压力，导致管道韧性破裂；而选择气温相对较低的早晨进行试压，管路运行正常。

六、PP-R热水管在地板下安装时应该设置管卡

原因：由于PP-R材料线性膨胀系数较大，在通热水时受到热胀冷缩的影响，造成埋在地板下的管道变形拱起，导致地板翘起。

解决措施：必须根据实际情况用一定数量的管卡来固定管道。

案例：热水管安装在地板下没有用管卡固定，管道通水后由于管路膨胀导致地板全部翘起。

七、冬季电工套管弯曲时不能用力过猛

原因：在低温时电工套管的韧性下降较大，弯曲时会造成管道开裂。

解决措施：在气温较低的冬季，最好是先将弯曲部位摩擦生热后，再用弹簧进行弯曲。

八、PE管、PP-R管在焊接前必须清洁加热板、模头表面及焊接端面

原因：PE管、PP-R管在焊接时，由于加热板、模头及焊接端面存在杂质，会形成焊接缺陷，致使管路出现漏水的现象。

解决措施：在焊接前必须对加热板、模头表面及焊接端面进行清洁。

案例：使用PE给水管时，由于焊接端面未进行清洁，焊接后导致管路漏水。

九、*DN*110 以上（包括 *DN*110）PVC 给水管不该用平扩口

原因：PVC 大口径给水管平扩口锥度较大，管道和平口端完全插入平扩口底部较难，导致管道接口漏水。

解决措施：*DN*110 以上 PVC 给水管一般采用活套连接或用束节直接粘接。

十、PP-R 热水管不应该在室外长时间裸露使用

原因：PP-R 材料抗老化性能差。

解决措施：暗敷或者加保护层。

案例：将 PP-R 热水管当作太阳能室外管道连接，在室外裸露使用 2 年后，出现了韧性破裂现象。

十一、高层建筑中，PVC-U 排水管应设置消能装置

在高层建筑排水中，水的势能较大，极易损坏底部弯头和横支管。因此，PVC-U 排水管用于高层住宅楼（≥20m）时，应在立管上设置消能装置，每六层安装一个。

十二、管箍伸缩节不应该用于横管中

原因：管箍伸缩节密封性能较差，在横管中使用易引起漏水事故。

解决措施：横管中一般使用伸缩节，确保管道不会漏水。

十三、PE 管、PP-R 管焊接温度不应过高

原因：由于材料的特性，在高温时材料降解，使其碳化。

解决措施：PE 管焊接温度一般为 200～240℃；PP-R 管焊接温度一般为 260℃。

案例：PE 管在 300℃ 的高温下进行焊接，用了 1 年后，管路在焊口处出现大面积漏水。

十四、大口径 PVC-U 管在转弯处应有加固措施

原因：管道转弯处，水的冲击力较大，容易造成管路破坏。

解决措施：在转弯处用水泥墩进行加固。

十五、PE-RT 管路在不使用的情况下，及时将水排出

原因：气温较低时水会结冰膨胀导致管道破坏。

解决措施：管道在不使用时必须及时将管路内的积水排除。

十六、普通 PP-R 热水管不建议用于高温散热器采暖

原因：高温散热器采暖水温一般在 70℃ 以上，长期使用影响管道的使用寿命；家庭小锅炉采暖时温度控制较高，时常有水被烧开的现象，且管路连接较短，管内温度时高时低，严重影响管道的正常使用。

解决措施：当用于高温散热器采暖，特别是用于家庭小锅炉采暖时，建议采用 PP-R

塑铝稳态管。

4.4.2 浅析同层给水排水设计施工中常见问题

一、设计阶段

设计方案是否合理决定了同层排水系统是否能够正常运行，在设计阶段，需要从设计要点控制、降板高度、装饰层厚度、立管与地梁的处理、地漏设计等方面加以重视。

1. 设计要点控制

（1）生活污、废水重力流排放；

（2）卫生器具布置在同一侧墙面或相邻墙面上；

（3）墙体内设置隐蔽式支架；

（4）卫生器具固定在隐蔽式支架上；

（5）坐便器冲洗水箱采用隐蔽式冲洗水箱；

（6）坐便器采用悬挂式（或称挂壁式）；

（7）排水管采用高密度聚乙烯（HDPE）管，热熔和电熔连接；

（8）排水立管敷设在管道井内；

（9）排水横管充满度控制在 0.5 以内，坐便器排水管管径为 *DN*100 以上；

（10）卫生器具与支架固定处及支架与楼板固定处均采取防噪声传递措施。

2. 降板高度

降板高度直接影响到排水管道走向的设计，特别是地漏的位置和管道敷设，通常来讲理想的降板高度在 12cm 以上（通常采用 15cm），若是在此高度以上的户型，管道走向、地漏及卫生器具布局更为灵活多变，并可以减少假墙的使用。最基本的降板高度为 10cm，在降板 10cm 的情况下，假墙的设计可较少考虑；若是降板不足 10cm，影响到地漏的设计及施工，假墙的利用率会增加。

3. 装饰层厚度

要完成深化设计，需确认卫生间的装饰层厚度。这里所指的装饰层厚度不仅仅指卫生间的装饰层厚度，还包括卫生间外地面装饰层厚度。根据卫生间外地面装饰层的厚度，可调整卫生间的装饰层厚度以满足室内支管及地漏的设计。在这里需要说明的是同层排水系统管道坡度应不小于 2%。

4. 立管与地梁的处理

（1）应注意项目现场立管预留口的布置方向、管径以及是否有部分已被填埋；

（2）根据立管预留情况合理设置卫生器具，能减少假墙的应用和节约材料；

（3）地板上是否有剪力墙或地梁，如有可能会影响到水箱的安装，无法尽量靠近墙体。

5. 地漏设计要求

降板高度不同对地漏的设计会产生重大影响。

（1）降板高度在 12cm 以上，地漏位置设计较为灵活多变；

（2）降板高度为 10cm，地漏尽量靠近主立管设计；

（3）降板高度不足10cm，需在楼板上取直径为12cm的孔，孔的深度依管道敷设的情况确定，满足地漏面正好与装饰层齐平，并做好防水。

6. 卫生器具位置设计应遵循的原则

（1）坐便器靠近主立管；

（2）地漏靠近主立管；

（3）视具体情况，确定淋浴房是否需做垫高处理，是否需安装淋浴房地漏。

7. 水箱

UP300水箱假墙高度设计为120cm（以地板装饰面为基准）；UP120水箱假墙高度设计为90cm。配合不同洗脸盆及妇洗器支架高度，假墙高度也分为120cm及90cm。综合以上高度，视具体户型设计要求或客户需求来确定不同高度的隐藏式水箱及支架。

二、施工阶段

施工阶段的工艺控制直接关系到系统的可靠性和实用性，因此对施工班组做好技术交底、认真执行操作规范至关重要。

1. 进场施工准备工作

先确认洁具。了解样板房或今后精装房所采用洁具的尺寸、款式及排水方式。再确认施工现场。所需工具：卷尺、记录工具、设计图纸、照相机。结合施工现场实际情况，对设计方案作出优化和调整。并及时将发现的问题与相关人员沟通，并逐一落实。

2. 施工过程中

专业厂家务必派专人指导施工方使用专用管道工具，包括管道割刀、管道焊接板及电焊包；施工方应及时了解工程进展，抓住工程节点并进行拍照及文字记录。

3. 工程工艺顺序不可颠倒

通常来讲，工艺顺序为：材料进场→确认开工日期→坐便器、妇洗器、面盆等卫生器具排水点现场放样→确认装饰层厚度→根据现场放样安装水箱及支架固定螺丝→管道安装（先排水管道后给水管道）→通球试验→试运行。

4. 施工完成后

管道及地漏施工完成后要做好管道的坡度调整和地漏的保护措施。

总的来讲，同层排水作为一种较为新型的应用技术，在设计合理、施工控制得当的前提下，在卫生医疗、高档宾馆和写字楼等领域具有广阔的市场应用空间。

4.4.3　建筑给水排水设计施工中水的常见问题

一、地漏的水封

《建筑给水排水设计规范》GB 50015—2003（2009年版）第4.5.8条规定："地漏应设置在易溅水的器具附近地面的最低处。"第4.5.9条规定："带水封的地漏水封深度不得小于 50mm。”此规定的目的就是防止水封被破坏后污水管道内的有害气体窜入室内污染室内环境卫生。但是在给水排水设计说明中很少有人提及，建设及施工单位为了降低造价使用市场上价格低廉的地漏，这种地漏水封深度一般不大于 3cm，满足不了水封深度要求。建议设计施工时采用高水封或新型防返溢地漏。厨房内地面溅水很少，可以不设置地漏。

二、排水塑料管道噪声较大

随着普通排水铸铁管道被淘汰，排水管道普遍使用塑料管道，但是普通 PVC-U 管道的排水噪声要比铸铁管高约 10dB，若排水立管靠近卧室，加上现浇楼板的隔声效果较差，住户能明显感觉到排水管道的噪声，降低了生活质量。卫生器具布置时要尽量考虑使排水立管远离卧室和客厅，管材考虑新型降噪产品。芯层发泡 PVC-U 管道和 PVC-U 螺旋管道则能明显降低噪声，市场上新出现了一种超级静音排水管，它加入了特殊吸声材料，噪声低于排水铸铁管。各种管材（Φ110）噪声水平比较：PVC-U 管为 58dB；铸铁管为 46.5dB；超级静音排水管为 45dB（测试地点位于距离管道 1m 处，排水量为 2.7L/s，环境噪声为 42dB）。

三、吸气阀的应用

设计中经常遇到排水立管无法穿越楼层伸出屋面的情况，此时只能通过加大排水管管径来增加排水能力，排水效果不理想，容易形成负压，破坏水封。若在立管顶部设置吸气阀即可解决，该阀负压时开启吸气，正压时关闭，臭气无法逸进室内。该阀还有如下作用：

（1）替代室外通气帽，建筑屋面干净美观。

（2）替代环形通气管及通气立管，节约空间。

（3）替代器具透气管，保护水封。

（4）作为排水检查口，便于疏通管道。

该阀发明于 1974 年，在欧洲、美国、日本得到广泛的应用，最近几年在我国深圳、广州等地也有工程实例，经实践证明效果良好。

四、排水支管户内检修

由于卫生间漏水引起上下层邻居间纠纷的现象越来越多，漏水的主要原因在于排水横管敷设于楼板下，居民装修时破坏管道及防水层。因此，卫生间应设计成下沉式，下沉 350～400mm，将排水横管布置在本层内，防水层设在管道下方，发生堵塞及漏水时均在本层解决。为了减少下沉空间，可以选用后排水坐便器及多通道地漏，卫生间吊顶后的高度能保证 2.40m 左右。

五、坐便器排水口位置

目前坐便器的型号规格较多，对排水口的位置要求也不同，设计施工中应选择合理的位置以便适应多数居民的要求，否则完工后很难改变。大多数居民抱怨坐便器排水口距墙面距离不够，选择坐便器时颇费周折。有的工程由于设计没有注明洁具间距，施工人员将排水口偏向中间甩口，导致住户无法安装淋浴房。综合多个厂家的产品样本，排水口距墙面的距离为305mm，考虑装修前的墙面的距离宜为340mm，住户反映较好。另外，施工图纸应有各种卫生器具的定位尺寸。

六、空调凝结水的处理

随着生活水平的提高，家庭安装多台空调比较普遍，无组织排放凝结水容易引起上下楼层居民纠纷，设计时应充分考虑多数住户的生活习惯，预留空调板并设计凝结水排水管。排水管应设专用管道并散流至附近雨水口，不宜直接接入雨水井。曾经发生过雨水井堵塞造成合用管道内雨水沿凝结水管倒灌进入底层住户的现象。

七、水表出户的问题

随着居民对私密性和安全性的重视，水表出户甚至出楼势在必行，远传水表、卡式水表的出现也为水表出户创造了条件。

（1）可以在一层设置独立对外开门的水表房，将水表集中设置，每户设单独立管，互不影响。

（2）结合暖气分户计量管道井，将分户给水立管布置在井内，室外设置水表池。

（3）在休息平台设管道井，将分户水表及管道集中排列。

（4）户内设置水表，采用远传或卡式水表。

（5）南方地区由于不必考虑保温、地下水位较高的原因，可以采用地上式安装。

为便于抄表，上述方案均应设置数据采集器，显示于建筑物外墙或物业中心。

八、给水管道减压降噪

住宅中双卫的设置已经比较普遍，厨卫距离较远，管线加长，有的设计人员仍然将进户管道设计成*DN*20，末端用水时容易产生噪声。有的城市市政自来水的压力较高，为0.30～0.40MPa，三层以下的管道压力较高、水流过快，引起管道接近共振产生颤动和噪声，用水高峰时还会影响顶部楼层的供水。建议分户水管采用*DN*25，设置可曲挠橡胶接头，低层部分设置减压装置（减压阀、减压孔板、节流塞等）。

九、七层住宅干式消火栓的必要性

按照《建筑设计防火规范》GB 50016—2014条文说明中的解释，不超过七层的普通住宅可以不设消火栓系统。北方某城市消防局从安全角度考虑要求设置消火栓，但是自来水公司为了防止消防水回流污染生活用水不给接市政管道，实际上成了干式消火栓系统。发生火灾时由消防车通过水泵接合器向室内消火栓供水，或者直接由消防车供水扑灭火灾。这种情况下的干式消火栓可以取消，因为发生火灾的前10min内消防车尚未到达，消火栓内无水无法由居民展开自救，等消防车到达后，消防队员可以直接从消防车接水龙带取水灭火，随着消防设备的更新，对于七层住宅完全可以从室外灭火。如前所述，干式消火栓系统成了一种投资的浪费，因此可以不设干式消火栓或者设置湿式消火栓，为了防止回流污染可以设置止回阀和防污隔断阀。

十、二次供水的水质

二次供水的传统做法是水池和水箱联合供水，在水箱出水管前设消毒装置，生活水池或水箱一般与消防水池或水箱合用。实际运行中，有的物业公司疏于管理，消毒设备的运行并不能达到设计效果。由于消防管道系统内的水为死水，每月消防水泵巡检时，部分死水流入贮水池，消防管道与生活水箱及水池均连通，水体中细菌会交叉感染。设计中将生活与消防水池（箱）分开设置，根据市政供水情况区别对待：供水不可靠的工程，底层设置大容量不锈钢水箱，出水消毒后由变频供水设备分区减压供水；双路供水的工程底层仅设置小容量不锈钢水箱贮存 2h 生活用水量，由恒压变频供水设备分区减压供水。若建筑物要求稳定的水压，则在屋顶设置小容量水箱（1～2h 用水量）进行稳压，由于水滞留时间短，可以不设消毒设备。这样大大降低了水质污染的几率，运行效果良好。

4.4.4 【给水排水疑难杂症】给水排水工程常见问题及解答

在建筑给水排水工程中，有很多疑难问题困扰着设计人员、施工人员和管理人员，同时，也给使用者带来诸多不便和烦恼。下面对给水排水工程中遇到的疑难问题一一进行解答。

问：安装工程中水池、浴缸、坐便器不安装，但是预留排水管道出楼板并堵洞，如何计价？

答：应套用《江苏省建筑与装饰、安装、市政补充定额》（2007 年版）中浴缸、水池、坐便器预留定额子目。

问：卫生洁具排水的分界点如何确定？

答：浴盆、净身盆：排水平面计算到排水中心，垂直方向计算到铸铁排水管水平面；洗脸盆、洗手盆、洗涤盆、化验盆、蹲式大便器、坐便器、挂斗式小便器安装：排水平面计算到排水中心，垂直方向计算到地面；立式小便器安装：排水平面计算到排水中心，垂直方向计算到铸铁排水管平面。

问：碳钢法兰丝接如何套用定额？

答：可执行铸铁法兰丝接定额。

问：何种情况下可以计算管道消毒冲洗？

答：设计和施工验收规范中有要求的，才能套用管道消毒冲洗定额子目。

问：给水管道绕房屋周围 1m 以内敷设，按什么计算？

答：按室外管道计算。

问：室内外给水铸铁管定额中，只有铸铁给水管，没有任何管件，如何计算？

答：定额中已包括接头零件安装人工，但接头零件按设计需要量，另计主材价。

问：管道安装工程量计算规则如何？

答：各种管道的工程量均按图示中心线以延长米计算，阀门及管件所占长度均不扣除。

问：管道支架形式与定额不同时，可否调整？

答：管道支架无论采用何种形式，不作任何调整。

问：若设计要求合金钢阀门需进行光谱分析时，应如何计算？

答：定额中未包括光谱分析，如设计要求可另行计算。

问：安装定额中套用了带水龙头的洗脸盆定额，能否再计算水龙头安装费用？

答：不能，带水龙头的洗脸盆定额包含了水龙头的安装费，不能另计。

问：小便斗上采用电子感应阀门，要不要另计安装费用？

答：小便斗安装定额中已包含了阀门的安装费用，不另计。

问：铜管、不锈钢管给水排水安装项目，套用什么定额？

答：可执行《工业管道工程》相关子目。

问：水箱连接管应执行什么定额？

答：在给水排水工程中，各类水箱连接管，均未包括在定额内，编制预算时，可按“管道安装”定额中“室内管道”安装的相应子目执行。

问：镀锌钢塑复合管如何套用定额？

答：镀锌钢塑复合管属定额缺项，可参照镀锌管丝扣连接定额，其中镀锌管零件的材料单价，按扣除镀锌钢塑复合管的管零件单独计算。

问：给水排水、采暖、煤气工程中配合土建施工的留洞、留槽、修补洞的材料和人工，其定额是如何考虑的？

答：给水排水、采暖、煤气工程安装定额中已考虑了为配合土建施工而留洞、留槽、修补洞所需的材料和人工，因为其材料用量很少，故列在其他材料费内。

问：管道酸洗项目需做的钝化处理，应选用什么定额？

答：在《工业管道工程》中，管道酸洗项目中不包括管道的钝化处理工作内容，如需要做管道钝化处理，则可补充定额。

问：在工业管道工程中，如遇弯头，其工程量如何计算？

答：在工业管道工程中，如遇弯头，其计算管道工程量，应按两管交叉处的中心线交点计算工程量。

问：消防系统调试费如何计算？

答：按有关文件规定，根据甲乙双方认可的现场调试报告，谁调试，谁收费，一个系统只能计取一次调试费用。

问：安装预算中 *DN*、*DG*、*De* 有什么区别？

答：*DN*、*DG* 是指公称直径，在一般情况下，大多数制品其公称直径既不等于外径，也不等于实际内径，而是与内径相近的一个整数。*De* 则是指管件内径。

问：在提供工程清单时，采暖工程中的玛钢配件数量是否按规格提供，如果不提供，配件数量还不小，恐怕影响工程报价，如果提供，则工作量太大，这且不说，实际上有些配件根本就无法提供出来，如管箍等，这个问题怎样处理？还有室内给水排水工程中铸铁排水管和塑料给水排水管中的管件也存在同样的问题，怎样解决？

答：清单项目主体外所综合的工程内容，不列数量。因为《计价规范》对此部分的量没有做统一规定。投标人应依据施工图纸和方法，自行确定数量，计算出综合单价。

问：消火栓管道系统套用第七册《城镇防洪》还是第八册《电气与自控》子目？

答：普通消防管道即消火栓消防系统及室外管道安装执行第八册《电气与自控》相应项目，自动喷水灭火系统、气体灭火系统管道安装执行第七册《城镇防洪》相应项目。

问：第八册过楼板套管的安装按室外钢管（焊接）项目计算。如管道和套管的安装不是同一家公司，请问，套管与管道之间的填充费用是含在套管安装费中还是含在管道安装费中？第六册一般穿墙套管安装的封堵费用是含在套管安装费中，还是含在管道安装费中？

答：套管的安装包括套管与管道之间的填充。

问：对于8-省补10，给水塑料管热熔连接，定额中材料为：聚丙烯管、管子托钩、其他材料费。管件的数量为什么没有？

答：管件数量按实计算。

问：室内塑料排水管安装，定额中工作内容为：切管、调制、对口、熔化接口材料、粘接、管道、管件及管卡安装、灌水试验。没有包括管道的预留洞口及补洞，该部分工作量如何计算？

答：塑料排水管留堵孔洞定额未包括，可另计

问：根据安装工程量计算规则：第7.9.6条说明：套管制作与安装所需钢管和钢板已包括在制作安装定额内；但江苏省单位估价表第六册6-2945～2961定额——刚性防水套管制作工料中显示焊接钢管为带括号的耗用量，应不应计取刚性防水套管所需焊接钢管主材？

答：江苏省计价表将刚性防水套管制作工料中的焊接钢管作为括号内材料处理，应计取。

问：塑料排水支管部分的垂直段是否计算，是否已全部包含在卫生器具安装定额中；如果要计算，按照什么规则计算，在哪里可以查到相关规则？

答：成组安装的卫生器具，定额均已按标准图集计算了与给水、排水管道连接的人工和材料，如浴盆安装范围分界点：排水管在存水弯处；洗脸盆、洗手盆安装范围分界点：排水管垂直方向到地面；大便器安装范围包括水平管、冲洗管、存水弯、普通冲洗阀。

问：如今采用卡压式不锈钢给水管的安装材料越来越多，可江苏省安装工程计价表中没有相应的定额，管材的规格从$DN15$～$DN100$其施工方式是采用专用的卡压工具进行施工，管件规格大小不同其主材价格差异很大，在第六册中只有不锈钢管电弧焊和氩弧焊，施工工艺完全与之不同，专家能否出台关于这方面的定额，以弥补这一施工定额的空缺，以解决这一施工定额的有关争议。

答：定额缺项。定额的补充必须等到国家相应的施工规范出来后，才可以编制相应的定额。第六册定额中的不锈钢管电弧焊和氩弧焊，施工工艺完全不同，不可以借套。双方协商处理或到当地造价部门补充一次性定额。

问：高层住宅设计中的“管道井”内管道及阀门安装人工费是否调整？高层住宅设计电井电缆敷设是否可以套用竖直通道电缆敷设子目？

答：由于管道井是封闭的，影响到了管道、阀门的安装，所以计取相应的人工降效系数。高层住宅设计在竖直电井内的电缆敷设，可以套用竖直通道电缆敷设子目。

问：安装工程中的系统水压试验与管道安装定额中的水压试验有什么区别？如何计算？

答：镀锌钢管安装定额中包括的水压试验是指工序内一次性水压试验（即每层管道施

工完后均做一次水压试验）。

系统水压试验是指当装饰工程施工到喷头定位后，喷头的立管安装完，即全部管道安装工程施工完后，整个管道系统才能做系统的水压试验。系统水压试验应按第六册《工业排水》相应定额计算。

问：管网水冲洗定额适用范围如何？

答：管网水冲洗定额是按《自动喷水灭火系统施工及验收规范》编制的，只适用于自动喷水灭火系统管网。

问：各种塑料给水管、PP-R给水管、铝塑复合管安装工程中其管件如何调整，需要单独列项吗？

答：塑料给水管、PP-R给水管、铝塑复合管安装定额的工作内容中已包括其管件的安装，管件安装不得单独列项，而不同管材，其管件价格相差较大，在工程计价过程中管件应作为未计价材料按设计用量进行调整计算。

4.4.5 【新手必读】4大招数搞定给水排水施工问题

一、排水管道堵塞问题产生的原因和处理措施

1. 问题产生的原因

在土建与安装交叉施工中，管道被堵塞的事例很多，特别是卫生间排水管口与地漏更为严重。即使管道安装后，管口用水泥砂浆封闭，还往往被人打开，作为清洗水泥及平整地面的污水排出口。排水管道管腔内已部分堵塞，在通水试水过程中未能及时发现，投入使用后，必然出现管道堵塞。

2. 处理措施

（1）当立管上设有乙字管时，应根据规范要求，在乙字管的上部设检查口以便于检修。

（2）当设计无要求时，应按施工及验收规范规定，在连接2个及其以上大便器或3个及其以上卫生器具的污水横管上设置清扫口，在转角小于135°的污水横管上设置检查口或清扫口。

（3）排水管道安装时，埋地排出管与立管暂不连接，在立管检查口管插端用托板或其他方法支牢，并及时补好立管穿二层的楼板洞，待确认立管固定可靠后，拆除临时支撑物。

二、管道渗漏问题产生的原因和处理措施

1. 问题产生的原因

（1）材料方面的原因包括：管道和管件的强度不合格；管道和管件有砂眼；管道安装后被人为损坏。

（2）施工方面的原因包括：镀锌钢管的螺纹加工不合格；管道接口连接不严密。

2. 处理措施

对于各批次的管道、管件的使用情况做好记录，一旦发现问题及时更换。对于PP-R管的安装，应对其伸缩性采取措施进行预防。尽量利用管道折角自由臂补偿管道的伸缩；当管道不能利用折角作自然补偿时，应采取其他类型补偿措施。水平干管与水平支管连接、水平干管与立管连接、立管和每层支管连接，应有管道伸缩时相互不受影响的补偿措施。

采取相关措施进行处理：更换不合格的管道、管件；施工操作不合格的一律返工，重新制作安装；由于热胀冷缩造成PP-R管变形的，截去一段管道采取上述的技术措施进行整改。

三、阀门的选择安装问题产生的原因和处理措施

1. 问题产生的原因

阀型与管道系统功能及压力不匹配，闸阀与截止阀混用、蝶阀与球阀混用、柱塞阀与闸阀混用、明杆阀与暗杆阀混用等，给管道运行和维修带来不良后果。阀门安装不利于操作和维修。

2. 处理措施

安装时应考虑操作和维修空间，注意安装高度和手柄朝向；如两个阀门直接连接时，中间缺少穿入螺栓的间隙，应在两个阀门之间增设短管等；止回阀必须按指示箭头安装。高位水箱出水管的止回阀，应在距水箱底≥1m处水平安装，以利于止回阀正确动作，或采用低阻力止回阀。

四、噪声问题产生的原因及处理措施

1. 问题产生的原因

排水管道噪声问题：排水管的水流呈不充盈和重力流状态，噪声难免，且受管道材质影响。

2. 处理措施

适当加大管径、采用曲挠橡胶接头、支架与管道接触处加橡胶垫以及加装减压阀等。但注意减压阀本身也有噪声，要经反复调试，使噪声减至最小。

网址索引

1 建筑给水排水板块

1.1 建筑给水系统

超高层给水及消防系统设计经典案例剖析
http：//bbs. co188. com/thread-8641711-1-1. html
高层建筑给水系统设计步骤详解
http：//bbs. co188. com/thread-8620367-1-1. html
给水排水审图要点之给水系统
http：//bbs. co188. com/thread-8781293-1-1. html
居住小区给水系统的选择的一些认识
http：//bbs. co188. com/thread-8732863-1-1. html
超高层建筑设计中的给水系统分区及加压方案
http：//bbs. co188. com/thread-9105926-1-1. html
【给水排水图鉴】建筑生活给水排水系统详解图示
http：//bbs. co188. com/thread-9024474-1-1. html

1.2 建筑排水系统

【每周误区】住宅排水系统设计中常见的问题
http：//bbs. co188. com/thread-9194654-1-1. html
【给水排水精品案例】第五期：日本景观排水沟的精细化设计解析
http：//bbs. co188. com/thread-9087674-1-1. html
【每周误区】排水系统水封的五个认识误区
http：//bbs. co188. com/thread-9128244-1-1. html
【每周误区】建筑工程同层排水系统的优缺点集锦
http：//bbs. co188. com/thread-9096167-1-1. html
单立管排水系统的特点、设计优势及在民用建筑中的应用
http：//bbs. co188. com/thread-9057790-1-1. html
上海中心大厦给水排水系统几点技术难点剖析
http：//bbs. co188. com/thread-8598155-1-1. html
高层建筑排水系统设计步骤详解
http：//bbs. co188. com/thread-8724430-1-1. html
住宅排水系统堵塞的原因和防治措施

http：//bbs. co188. com/thread-8826180-1-1. html
【精彩分享】建筑给水排水系统中的噪声产生分析以及预防对策
http：//bbs. co188. com/thread-9155990-1-1. html
【精彩分享】建筑给水排水系统节能设计要求
http：//bbs. co188. com/thread-9140922-1-1. html
多层建筑与高层建筑给水排水系统方式
http：//bbs. co188. com/thread-9173363-1-1. html
小小的总结下住宅单体给水排水系统
http：//bbs. co188. com/thread-9057455-1-1. html

1.3 建筑雨水系统

上海世博会主题馆屋面雨水排水系统设计
http：//bbs. co188. com/thread-9128152-1-1. html
【给水排水精品案例】关于钢结构厂房雨水排水系统的设计探讨
http：//bbs. co188. com/thread-9196407-1-1. html
图析：雨水管以及屋面排气管、落水口、披水做法
http：//bbs. co188. com/thread-9105938-1-1. html
雨水回收和利用系统设计探讨——南沙某案例
http：//bbs. co188. com/thread-9106059-1-1. html
屋面雨水排水技术的探讨分析
http：//bbs. co188. com/thread-9133605-1-1. html
江苏省老年公寓雨水与水景综合设计
http：//bbs. co188. com/thread-9142735-1-1. html

1.4 建筑热水系统

超清晰建筑热水供应系统图示
http：//bbs. co188. com/thread-9131908-1-1. html
【新手入门】集中空调冷、热水系统的一级泵二级泵设计
http：//bbs. co188. com/thread-9055065-1-1. html
生活热水系统——蒸汽板换系统介绍
http：//bbs. co188. com/thread-8925625-1-1. html
高层住宅集中热水供应系统设计的几点体会
http：//bbs. co188. com/thread-8749085-1-1. html
高层建筑热水供应系统的故障分析及解决办法
http：//bbs. co188. com/thread-8749136-1-1. html

1.5 建筑给水排水系统设计案例

【精彩分享】建筑给水排水工程各系统的设计步骤
http：//bbs. co188. com/thread-9176747-1-1. html

【给水排水精品案例】第十五期：酒店给水排水设计实战案例
http：//bbs. co188. com/thread-9171599-1-1. html
【每周一议】浅谈建筑给水排水中的节水技术
http：//bbs. co188. com/thread-9155452-1-1. html
【精彩分享】现代医院建筑设计中的给水排水设计与应用
http：//bbs. co188. com/thread-9188640-1-1. html

2 消防给水排水板块

2.1 消防给水系统

浅议室内消火栓系统中的压力开关与流量开关
http：//bbs. co188. com/thread-9184276-1-1. html
【给水排水图文讲解】消防给水排水工程图文详解
http：//bbs. co188. com/thread-9132816-1-1. html
【给水排水经典案例】无市政水源地铁车站给水及消火栓系统临时方案设计
http：//bbs. co188. com/thread-9200113-1-1. html
室内消火栓保护半径大算法
http：//bbs. co188. com/thread-9200265-1-1. html
【每周一议】高层普通住宅自喷与消火栓系统如何合用
http：//bbs. co188. com/thread-9091788-1-1. html

2.2 自动喷水灭火系统

【yigeqingchen 学给水排水】之自动喷淋系统设计流程
http：//bbs. co188. com/thread-9005191-1-1. html
【给水排水施工课堂】消防工程喷淋组成系统图文解析
http：//bbs. co188. com/thread-9030036-1-1. html
地下车库的消火栓、自动喷淋系统与给水排水设计
http：//bbs. co188. com/thread-8791209-1-1. html
青春年少系列之——钢结构建筑的喷淋管道如何布置
http：//bbs. co188. com/thread-9047493-1-1. html
安装水喷雾灭火系统的注意事项
http：//bbs. co188. com/thread-9109192-1-1. html
有关变压器水喷雾灭火系统的探讨
http：//bbs. co188. com/thread-9108170-1-1. html
多区域地下发电机房水喷雾设计探讨
http：//bbs. co188. com/thread-9034986-1-1. html
大型变压器新型水喷雾灭火系统
http：//bbs. co188. com/thread-9034985-1-1. html

2.3 其他固定灭火系统

【每日精彩】浅谈气体灭火系统存在的问题及对策
http：//bbs. co188. com/thread-9184188-1-1. html
机房气体灭火系统设计的 12 点要求
http：//bbs. co188. com/thread-8603177-1-1. html
消防水泵房设计、施工安装的一些注意事项
http：//bbs. co188. com/thread-8800035-1-1. html
消防水池取水口或取水井做法深究
http：//bbs. co188. com/thread-8642462-1-1. html
大于 500m^3 的消防水池的几种常见做法
http：//bbs. co188. com/thread-8644283-1-1. html

2.4 消防给水排水系统设计案例

【给水排水精品案例】第十六期：某消防工程设计案例
http：//bbs. co188. com/thread-9173688-1-1. html
【给水排水疑难杂症】建筑防火设计常见误区与防范对策
http：//bbs. co188. com/thread-9167476-1-1. html
【精彩分享】工业排水管道的防火、防爆有哪些一般规定
http：//bbs. co188. com/thread-9166415-1-1. html
大火反思之商场消防设计问题解析
http：//bbs. co188. com/thread-9052784-1-1. html
【精彩分享】万达酒店消防系统设计运营常见问题及解决办法
http：//bbs. co188. com/thread-9187050-1-1. html
大型机库给水排水专业消防设计介绍及总结
http：//bbs. co188. com/thread-9130999-1-1. html
【给水排水精品案例】第八期：某国际机场大厦消防给水设计的浅析
http：//bbs. co188. com/thread-9126907-1-1. html
【给水排水疑难杂症】不了解这些敢说你懂消防给水系统设计吗
http：//bbs. co188. com/thread-9149784-1-1. html
【消防工程给水案例】多层建筑群消防给水系统实例分析
http：//bbs. co188. com/thread-9094819-1-1. html

3 市政给水排水板块

3.1 城市给水系统

浅议城市给水管道安装存在的问题与解决
http：//bbs. co188. com/thread-9125551-1-1. html

【对话给水排水】城市给水排水系统的设计现状及问题分析
http：//bbs. co188. com/thread-9046356-1-1. html

3.2 城市雨水系统

【泡汤城市】之解析国外不淹城先进的给水排水系统
http：//bbs. co188. com/thread-9034910-1-1. html
【泡汤城市】之解析海绵城市的雨水收集利用之谜
http：//bbs. co188. com/thread-9055501-1-1. html
【泡汤城市】之解析荷兰鹿特丹城市水广场给水排水系统设计
http：//bbs. co188. com/thread-9046292-1-1. html
【给水排水探讨时间】多雨城市不涝之谜　揭秘古代城市排水艺术
http：//bbs. co188. com/thread-9193784-1-1. html
城市排水（雨水）防洪规划编制重点问题探讨——用模型说话
http：//bbs. co188. com/thread-9157062-1-1. html
【分享】景观水体雨水收集利用系统
http：//bbs. co188. com/thread-9229060-1-1. html
【泡汤城市】之解析青岛现代排水系统之谜
http：//bbs. co188. com/thread-8976611-1-1. html

3.3 城市污水系统

【每周一议】发达的下水道系统是一种什么状态
http：//bbs. co188. com/thread-9163451-1-1. html
【给水排水探讨时间】在有下水道和现代排污系统之前，古代城市是如何解决排污的
http：//bbs. co188. com/thread-9141424-1-1. html
城市排水管道非开挖修复技术的优势与工艺
http：//bbs. co188. com/thread-8800720-1-1. html
分析市政污水管设计中存在的一些问题
http：//bbs. co188. com/thread-9229061-1-1. html
【分享】探究小型建筑排水和污水处理
http：//bbs. co188. com/thread-9222812-1-1. html
【分享】德国市政污水处理厂提效改造措施的借鉴
http：//bbs. co188. com/thread-9223470-1-1. html
http：//bbs. co188. com/thread-9223472-1-1. html

3.4 城市给水排水系统设计案例

【精彩分享】国外建设“海绵城市”的成功案例
http：//bbs. co188. com/thread-9185686-1-1. html
【分享】水敏性城市设计 · 让城市不再有涝灾
http：//bbs. co188. com/thread-9224785-1-1. html

青春年少系列之——解读海绵城市
http：//bbs. co188. com/thread-9062377-1-1. html
【每周一议】你知道海绵城市在城市排水防涝建设中有什么样的作用吗
http：//bbs. co188. com/thread-9184595-1-1. html

4 给水排水施工板块

4.1 选材对比

超高层建筑给水排水设计中的节能、节材研究
http：//bbs. co188. com/thread-9131076-1-1. html
【精彩分享】给水管材分类与特点
http：//bbs. co188. com/thread-9200102-1-1. html
【精彩分享】给水排水管材选用及接法
http：//bbs. co188. com/thread-9082261-1-1. html
排水管材和给水管材的选择注意事项
http：//bbs. co188. com/thread-8727973-1-1. html
和大家分享一下自己总结的关于各种管材的连接方式
http：//bbs. co188. com/thread-9053604-1-1. html
给水排水工程常见的管道管材及特点
http：//bbs. co188. com/thread-8713522-1-1. html
各种管道管材大集合
http：//bbs. co188. com/thread-1167363-1-1. html
关于大直径给水管道的管材选择问题
http：//bbs. co188. com/thread-8795542-1-1. html
给水工程中供水管材的性能对比与选择
http：//bbs. co188. com/thread-8789156-1-1. html
阀门主要零件材料及阀门的选择
http：//bbs. co188. com/thread-9203699-1-1. html
低温泵的选择及对比
http：//bbs. co188. com/thread-9223414-1-1. html
地下车库集水井设计与潜水排污泵选择
http：//bbs. co188. com/thread-8727046-1-1. html

4.2 施工工艺

【精彩分享】十年管道工告诉你，室内给水排水管道安装一定要注意哪 7 点
http：//bbs. co188. com/thread-9199254-1-1. html
【给水排水施工点 29 号】水电安装工程各工序做法
http：//bbs. co188. com/thread-9205868-1-1. html

给水排水安装常见质量通病及预防措施
http：//bbs. co188. com/thread-9121588-1-1. html
【新手必读】消防安装中一些常见问题
http：//bbs. co188. com/thread-9131371-1-1. html
【分享】【安装工程】各种管道连接方式
http：//bbs. co188. com/thread-9030924-1-1. html
【给水排水施工课堂】室外建筑给水管道设备安装施工详解
http：//bbs. co188. com/thread-9023541-1-1. html
【给水排水施工课堂】室内给水排水管道铺设的注意事项
http：//bbs. co188. com/thread-9055072-1-1. html
【给水排水施工课堂】如何做好地下室防水、防渗漏措施
http：//bbs. co188. com/thread-9039638-1-1. html
【给水排水施工课堂】第一讲：超实用的屋面防水施工做法
http：//bbs. co188. com/thread-9010477-1-1. html
【新手入门】管道布置中各种阀门的安装使用注意事项
http：//bbs. co188. com/thread-9049401-1-1. html
室内排水管道安装的详细步骤及不同连接方式要点分析
http：//bbs. co188. com/thread-8659165-1-1. html
给水排水安装预留预埋常见问题及措施
http：//bbs. co188. com/thread-8610846-1-1. html
【室内给水排水施工工艺】管道及设备防腐施工工艺标准
http：//bbs. co188. com/thread-9082620-1-1. html
【给水排水施工点 24 号】排水板、块状蓄排水板的施工工艺
http：//bbs. co188. com/thread-9201271-1-1. html
浅谈建筑给水排水管道敷设问题
http：//bbs. co188. com/thread-9080972-1-1. html

4.3 成果验收

【分享】给水排水施工图审查原则和 5 大要点
http：//bbs. co188. com/thread-8970645-1-1. html
【给水排水施工点 23 号】施工验收标准（水路、电路、木工）全面解析
http：//bbs. co188. com/thread-9200128-1-1. html
【每周一议】新规下消防验收通过率为什么这么低
http：//bbs. co188. com/thread-9192021-1-1. html
消防验收存在的问题的探讨分析
http：//bbs. co188. com/thread-9109227-1-1. html
【分享】消防给水工程验收重点、方法及常见问题
http：//bbs. co188. com/thread-9057181-1-1. html
【盘点】消防验收中易出现的致命问题

http：//bbs. co188. com/thread-9058549-1-1. html

4.4 常见问题

【给水排水施工点 25 号】给水排水管道施工中的常见问题
http：//bbs. co188. com/thread-9201120-1-1. html
浅析同层给水排水设计施工中常见问题
http：//bbs. co188. com/thread-9080498-1-1. html
建筑给水排水设计施工中的常见问题
http：//bbs. co188. com/thread-9107895-1-1. html
【给水排水疑难杂症】给水排水工程常见问题及解答
http：//bbs. co188. com/thread-9142881-1-1. html
【新手必读】4 大招数搞定给水排水施工问题
http：//bbs. co188. com/thread-9134449-1-1. html